Perspektiven
der Forschung
und ihrer Förderung

Prof. Dr. Wolfgang Hassenpflug
Erziehungswissenschaftliche Fakultät
der Christian-Albrechts-Universität zu Kiel
Institut für Kulturwissenschaften und ihre Didaktiken
- Abteilung Geographie -
Olshausenstraße 75, D-24118 Kiel
Telefon (04 31) 880 - 12 58

Geographisches Institut
der Universität Kiel
ausgesonderte Dublette

© VCH Verlagsgesellschaft mbH, D-6940 Weinheim (Federal Republic of Germany), 1987

Vertrieb:
VCH Verlagsgesellschaft, Postfach 1260/1280, D-6940 Weinheim
(Federal Republic of Germany)
USA und Canada: VCH Publishers, Suite 909, 220 East 23rd Street,
New York NY 10010-4606 (USA)

ISBN 3-527-27013-2

DFG Deutsche Forschungsgemeinschaft

Perspektiven der Forschung und ihrer Förderung

Aufgaben und Finanzierung VIII
1987 bis 1990

Deutsche Forschungsgemeinschaft
Kennedyallee 40
D-5300 Bonn 2
Telefon: (02 28) 8 85-1
Telex: (17) 2 28 312 DFG
Teletex: 228 312 DFG

CIP-Kurztitelaufnahme der Deutschen Bibliothek

Perspektiven der Forschung und ihrer Förderung :
Aufgaben u. Finanzierung / DFG, Dt.
Forschungsgemeinschaft. - Weinheim ;
New York, NY : VCH
  Erscheint unregelmässig. - Aufnahme nach
  8. 1987/90 (1987)
  Bis 7. 1983/86 (1983) u.d.T.: Deutsche
  Forschungsgemeinschaft: Aufgaben und
Finanzierung ...

8. 1987/90 (1987) -

© VCH Verlagsgesellschaft mbH, D-6940 Weinheim, 1987
Alle Rechte, insbesondere die der Übersetzung in andere Sprachen, vorbehalten. Kein Teil dieses Buches darf ohne schriftliche Genehmigung des Verlages in irgendeiner Form – durch Photokopie, Mikroverfilmung oder irgendein anderes Verfahren – reproduziert oder in eine von Maschinen, insbesondere von Datenverarbeitungsmaschinen, verwendbare Sprache übertragen oder übersetzt werden.
Die Wiedergabe von Warenbezeichnungen, Handelsnamen oder sonstigen Kennzeichen in diesem Buch berechtigt nicht zu der Annahme, daß diese von jedermann frei benutzt werden dürfen. Vielmehr kann es sich auch dann um eingetragene Warenzeichen oder sonstige gesetzlich geschützte Kennzeichen handeln, wenn sie nicht eigens als solche markiert sind.
All rights reserved (including those of translation into foreign languages). No part of this book may be reproduced in any form – by photoprint, microfilm, or any other means – nor transmitted or translated into a machine language without written permission from the publishers. Registered names, trademarks, etc. used in this book, even when not specifically marked as such, are not to be considered unprotected by law.
Satz: Hagedornsatz GmbH, 6806 Viernheim
Druck: Taunusbote, D-6380 Bad Homburg vor der Höhe 1
Bindung: Josef Spinner, D-7583 Ottersweier
Printed in the Federal Republic of Germany

Vorwort

Die Deutsche Forschungsgemeinschaft legt hiermit zum achten Mal ihren mehrjährigen Aufgaben- und Finanzierungsplan vor – erstmals unter dem Titel „Perspektiven der Forschung und ihrer Förderung", aber doch in Konzeption, Zielsetzung und Methode anknüpfend an seine sieben Vorgänger.

Dies ist, wie unten näher dargelegt, jedoch kein Plan im eigentlichen Sinne; viel eher eine Vorausschau, die von einem möglichst zuverlässig bestimmten Standort aus wesentliche Entwicklungen der nächsten Jahre zu erkennen sucht. Da sein Gegenstand, die Grundlagenforschung, gerade dort, wo sie besonders produktiv ist, vor allem für Überraschungen und Unvorhergesehenes gut ist, käme ein solcher Plan der Quadratur des Kreises nahe, wenn es nicht längst Allgemeingut wäre, daß auch die unerwarteten Entdeckungen, die umwälzenden neuen Methoden, die grundlegend neuen Theorien sich nur aus einem breiten Strom wissenschaftlichen Erkenntnisgewinns entwickeln können, der sich im Zeitraum weniger Jahre durchaus in einigermaßen vorhersehbarer Richtung und Geschwindigkeit bewegt. In diesem Sinne soll die vorliegende Schrift nicht als Festlegung und Richtlinie verstanden werden, sondern als Ortsbestimmung und Markierung wichtiger erkennbarer Trends.

Wer die den einzelnen Fachdisziplinen gewidmeten Abschnitte dieses Bandes durchliest, erkennt nicht nur die Breite und Vielfalt der wissenschaftlichen Forschungsrichtungen, die alle gleichermaßen Anspruch auf Förderung ihrer besten Vorhaben durch die Deutsche Forschungsgemeinschaft erheben können. Er wird auch erkennen, in wie vielen Bereichen wissenschaftlicher Forschung sich durch neue empirische Erkenntnisse, neue theoretische Einsichten, neue Meßgeräte und neue Untersuchungs- oder Datenverarbeitungsverfahren ganz neue und oft bahnbrechende Möglichkeiten wissenschaftlichen Erkenntnisfortschritts eröffnen, die nicht nur unser Verständnis für die Welt, in der wir existieren, erweitern und vertiefen, sondern zugleich die wesentliche Voraussetzung innovativer technischer und in der Folge wirtschaftlicher Entwicklungen sind, von deren Nutzung der Wohlstand und die wirtschaftliche Konkurrenzfähigkeit unseres Landes in entscheidendem Maße abhängen.

Mit einer Projektion dieser Art nimmt die Deutsche Forschungsgemeinschaft einen wesentlichen Teil der **Verantwortung der Wissenschaft** wahr, und zwar in zweierlei Hinsicht: einmal nach außen gegenüber den staatlichen Geldgebern und damit letztlich gegenüber den Steuerzahlern, die ein berechtigtes Interesse daran haben, von qualifizierten Forschern selbst zu erfahren, für welche Forschungsaufgaben in den nächsten Jahren die öffentlichen Mittel benötigt werden, und zum andern nach innen, indem der Diskussionsprozeß der Erstellung der Schrift, aber auch ihre Rezeption innerhalb der Wissenschaft selbst, in den einzelnen Fächern und in vielfältiger Wechselwirkung zwischen ihnen, zum Nachdenken darüber Gelegenheit gibt, auf welchen Gebieten ein besonders qualifiziertes Potential von Wissenschaftlern besonders aussichtsreiche Ergebnisse verspricht, die auch im internationalen Vergleich an vorderster Stelle Beachtung finden können. Für viele Wissenschaftler hat deshalb gerade die vertiefte Diskussion bei der Vorbereitung des Aufgaben- und Finanzierungsplans einen eigenständigen Wert. Für die Geldgeber mag dies ein gewichtiges Indiz auch für die Zuverlässigkeit der Prognosen sein.

Die Qualität der Vorausschau ergibt sich, wie schon in früheren Aufgaben- und Finanzierungsplänen, aus dem mittlerweile bewährten Verfahren, in dem diese Schriften entstehen. Die wesentlichen Beiträge stammen von den Mitgliedern des Senats und des Präsidiums. In sie ist eine Fülle von Stellungnahmen und Beratungsergebnissen von Mitgliedern anderer DFG-Gremien, von gewählten Gutachtern, von Senatskommissionen und Ausschüssen eingegangen. Die Diskussion in den einzelnen Fächergruppen hat wesentlich dazu beigetragen, daß das Ergebnis beanspruchen kann, einen weitgehenden Konsens der qualifiziertesten Vertreter der jeweiligen Fächer wiederzugeben, mit der unvermeidlichen Einschränkung, daß es Vollständigkeit hier ebensowenig geben kann wie absolute Einmütigkeit. Es sei deshalb an dieser Stelle hervorgehoben, daß die Nichterwähnung einzelner Fächer, Fachgebiete und Forschungsthemen keinesfalls bedeutet, daß die Deutsche Forschungsgemeinschaft diese nicht in gleicher Weise wie andere zu fördern bereit sei.

Schon das Überwiegen der Darstellung einzelner Fächer gegenüber den im Allgemeinen Teil (1) und dem Tabellenteil (7) entwickelten finanziellen Vorausschätzungen läßt erkennen, daß aus der Betrachtung der Einzelfächer nur Aussagen zur qualitativen Entwicklung verantwortet werden können. Der Bedarf an Förderungsmitteln läßt sich allenfalls aufgrund globaler Einflußgrößen grob schätzen. Ihn auf einzelne Fächer vorab verteilen zu wollen, wäre ein verfehltes Denken in Kategorien der Planbarkeit des Finanzbedarfs der wissenschaftlichen Disziplinen, der sich doch erst aus ihren Forschungsanstrengungen heraus entwickelt. In dieser Hinsicht flexibel zu sein ist einer der größten Vorzüge des Förderungssystems der Deutschen Forschungsgemeinschaft.

Verantwortung der Wissenschaft gegenüber sich selbst und gegenüber dem Staat und der Gesellschaft, deren integraler Bestandteil sie ist und immer mehr wird, heißt also vor allem Offenlegung ihrer Ziele und Möglichkeiten, ihrer heutigen und künftigen Beiträge zur technisch-wirtschaftlichen ebenso wie zur kulturellen Entwicklung. Investitionen in Wissenschaft und Forschung sind heute mehr denn je Investitionen zur Sicherung unserer materiellen und immateriellen Zukunft und dürfen daher schon deshalb Priorität erwarten. Der größte Teil der Förderungsmittel der Deutschen Forschungsgemeinschaft kommt vor allem dem reichen Potential begabter, hervorragend ausgebildeter und hochmotivierter junger Menschen zugute, die in den nächsten Jahren die Hochschulausbildung abschließen werden, um anschließend jeder für sich die Wissenschaft ein Stück voranzubringen. Um die darin liegenden Chancen zu nutzen und den steigenden Anforderungen gerecht zu werden, fordert die Deutsche Forschungsgemeinschaft für die nächsten Jahre eine maßvolle Steigerung ihrer Mittel.

Grundlagenforschung überschreitet manchmal unerwartet rasch die Grenze zur Anwendung ihrer Erkenntnisse und trägt damit im günstigen Fall zur Lösung vieler drängender Probleme bei. Auch darin kommt die Verantwortung der Wissenschaft zum Ausdruck. Wie schwierig es mitunter ist, hier allein den wünschenswerten Zielen zum

Durchbruch zu verhelfen und möglichst alle unerwünschten Folgen von vornherein zu vermeiden, dafür bietet diese Schrift reichlich Beispiele. Wichtige Forschungsinitiativen haben ausdrücklich zum Ziel, die Konsequenzen der Anwendung von Forschungsergebnissen zu erkennen und in ihren Auswirkungen abzuschätzen, um Fehlentwicklungen und Gefährdungen zu begegnen. Nicht zuletzt auch über die Grenzen ihres eigenen Tuns unter rechtlichen und ethischen Gesichtspunkten reflektiert die Wissenschaft zunehmend intensiv; auch davon berichtet dieser Band.

Ein besonderes Wort des Dankes gilt an dieser Stelle den Gutachtern der Deutschen Forschungsgemeinschaft. Viele von ihnen haben neben ihrer zeitraubenden Gutachtertätigkeit die Mühe auf sich genommen, in zahlreichen schriftlichen Beiträgen und Diskussionen an der Erstellung dieser Schrift mitzuwirken. Es sei deshalb auch besonders hervorgehoben, daß die Deutsche Forschungsgemeinschaft in Zukunft ihr besonderes Augenmerk darauf richten wird, die bestehenden Belastungen für ihre Gutachter nicht weiter anwachsen zu lassen und sie zu reduzieren, wo immer dies möglich erscheint. Den Mitgliedern des Präsidiums und des Senats sowie den Mitarbeitern der Geschäftsstelle, die gemeinsam die einzelnen Beiträge verfaßt haben, sei an dieser Stelle für ihre Arbeit ebenfalls herzlich gedankt. Diese Schrift ist vom Senat der Deutschen Forschungsgemeinschaft verabschiedet worden.

Professor Dr. Hubert Markl
Präsident der Deutschen Forschungsgemeinschaft

Inhaltsverzeichnis

1	*Allgemeiner Teil*	1
1.1	Einleitung	3
1.2	Zur gegenwärtigen Situation der Forschung und ihrer Förderung	3
1.3	Grenzen der Planung in der Grundlagenforschung	5
1.4	Förderung des wissenschaftlichen Nachwuchses	7
1.5	Rahmenbedingungen der Forschungsförderung	9
1.6	Grundzüge der Forschungsförderung	11
1.7	Die einzelnen Förderungsverfahren	15
	1.7.1 Normalverfahren	15
	1.7.2 Forschergruppen	16
	1.7.3 Schwerpunktverfahren	17
	1.7.4 Sonderforschungsbereiche	19
	1.7.5 Gottfried Wilhelm Leibniz-Förderpreis	23
	1.7.6 Heisenberg-Programm	24
	1.7.7 Postdoktoranden-Programm	25
	1.7.8 Großgeräte einschließlich Rechenanlagen	26
	1.7.9 Wissenschaftliches Bibliothekswesen	40
	1.7.10 Hilfseinrichtungen der Forschung	45
1.8	Koordinierung und Beratung	46
1.9	Internationale Zusammenarbeit	49
1.10	Finanzielle Perspektiven	53
2	*Geistes- und Sozialwissenschaften*	59
2.1	Einleitung	61
2.2	Philosophie	63
2.3	Theologie	66
2.4	Geschichte	67
2.5	Altertumswissenschaften	70
2.6	Orientalistik	74
2.7	Geographie	76
2.8	Völkerkunde; Afrikanische, Indonesische und Südseesprachen	78
2.9	Sprach- und Literaturwissenschaft	81
2.10	Kunstgeschichte	84
2.11	Musikwissenschaft	85

2.12	Psychologie	85
2.13	Erziehungswissenschaft	90
2.14	Sozialwissenschaften	93
2.15	Wissenschaft von der Politik	99
2.16	Wirtschaftswissenschaften	103
2.17	Rechtswissenschaft	111
3	*Biologie und Medizin*	119
3.1	Biologische und medizinische Grundlagenforschung	121
	3.1.1 Einleitung	121
	3.1.2 Biochemie	124
	3.1.3 Biophysik	128
	3.1.4 Genetik	130
	3.1.5 Virologie	133
	3.1.6 Mikrobiologie	135
	3.1.7 Parasitologie	139
	3.1.8 Botanik	139
	3.1.9 Zoologie	142
	3.1.10 Entwicklungsbiologie	146
	3.1.11 Neurobiologie	147
	3.1.12 Immunbiologie	149
	3.1.13 Biotechnologie	151
3.2	Humanmedizinisch-theoretische Forschung	153
	3.2.1 Einleitung	153
	3.2.2 Anatomie und Pathologie	154
	3.2.3 Physiologie und Pathophysiologie	157
	3.2.4 Pharmakologie und Toxikologie	160
	3.2.5 Humangenetik	162
	3.2.6 Medizinische Biometrie und Informatik	164
3.3	Klinische Forschung	165
	3.3.1 Einleitung	165
	3.3.2 Ethische Fragen und medizinische Forschung	169
	3.3.3 Konservative Medizin (nichtoperative Fächer)	171
	3.3.4 Psychiatrie und Psychosomatik	177
	3.3.5 Operative Medizin	179
3.4	Veterinärmedizinische Forschung	181
3.5	Agrar- und Forstwissenschaften	182
4	*Naturwissenschaften*	189
4.1	Einleitung	191
4.2	Mathematik	195

4.3	Physik	201
4.4	Chemie	217
4.5	Wissenschaften der festen Erde	226
4.6	Meeresforschung	239
4.7	Wasserforschung	244
4.8	Atmosphärische Wissenschaften	248
4.9	Polarforschung	253
5	*Ingenieurwissenschaften*	257
5.1	Einleitung	259
5.2	Werkstoffe	260
5.3	Kunststofftechnik, Textiltechnik	263
5.4	Meß- und Regelungstechnik	265
5.5	Technische Mechanik	266
5.6	Arbeitswissenschaft	268
5.7	Konstruktionstechnik	268
5.8	Kolbenmaschinen, Turbomaschinen	270
5.9	Energietechnik, Wärme- und Kältetechnik	272
5.10	Verfahrenstechnik	274
5.11	Fahrzeugtechnik	276
5.12	Fertigungstechnik	277
5.13	Luft- und Raumfahrttechnik	280
5.14	Strömungsforschung	281
5.15	Materialflußtechnik	284
5.16	Architektur, Städtebau und Landesplanung	286
5.17	Bauingenieurwesen	289
5.18	Bergbau	295
5.19	Hüttenwesen, Metallurgie	296
5.20	Elektrotechnik	298
5.21	Informatik	304
6	*Umweltforschung*	309
6.1	Atmosphäre	312
6.2	Meeresforschung	314
6.3	Geowissenschaften	315
6.4	Gewässer	317
6.5	Biosphäre	318

6.6	Geistes- und Sozialwissenschaften	320
7	*Tabellenteil*	323
	Vorbemerkung	325
7.1	Finanzbedarf bis 1990	326
	7.1.0 Förderungsmittel 1986–1990 (Gesamtübersicht)	326
	7.1.1 Normalverfahren (einschließlich Forschergruppen)	328
	7.1.2 Schwerpunktverfahren	329
	7.1.3 Wissenschaftliches Bibliothekswesen	330
	7.1.4 Wissenschaftliche Beziehungen zum Ausland	331
	7.1.5 Hilfseinrichtungen der Forschung	332
	7.1.6 Großgeräte einschließlich Rechenanlagen	333
	7.1.7 Postdoktoranden-Programm	334
	7.1.8 Sonderforschungsbereiche	335
	7.1.9 Heisenberg-Programm	336
	7.1.10 Gottfried Wilhelm Leibniz-Programm	336
7.2	Liste der Schwerpunktprogramme 1987	337
7.3	Liste der Sonderforschungsbereiche 1987	344
7.4	Liste der Forschergruppen 1987	352
7.5	Verzeichnis der Mitglieder des Präsidiums und des Senats 1986 und 1987	354
8	*Stichwortregister*	357

1 Allgemeiner Teil

1.1	Einleitung	3
1.2	Zur gegenwärtigen Situation der Forschung und ihrer Förderung	3
1.3	Grenzen der Planung in der Grundlagenforschung	5
1.4	Förderung des wissenschaftlichen Nachwuchses	7
1.5	Rahmenbedingungen der Forschungsförderung	9
1.6	Grundzüge der Forschungsförderung	11
1.7	Die einzelnen Förderungsverfahren	15
1.8	Koordinierung und Beratung	46
1.9	Internationale Zusammenarbeit	49
1.10	Finanzielle Perspektiven	53

1.1 Einleitung

Mit der vorliegenden Schrift unter dem Titel „Perspektiven der Forschung und ihrer Förderung – Aufgaben und Finanzierung VIII, 1987 bis 1990" knüpft die Deutsche Forschungsgemeinschaft (DFG) an den im Jahre 1983 erschienenen Band „Aufgaben und Finanzierung 1983 bis 1986, Grauer Plan VII" an. Mit ihren seit 1961 in Abständen von mehreren Jahren erschienenen „Grauen Plänen" – diese Kurzbezeichnung hat sich aufgrund der Einbandfarbe der Reihe mehr und mehr eingebürgert – hat die DFG für jeweils überschaubare Zeiträume die vor ihr liegenden Aufgaben der Forschungsförderung zusammenfassend dargestellt und die dafür voraussichtlich benötigten finanziellen Mittel abgeschätzt. Aufbau und Gliederung des vorliegenden Bandes haben sich gegenüber seinen drei Vorläufern nicht grundlegend geändert. Den breitesten Raum nimmt nach wie vor die Beschreibung wesentlicher Entwicklungslinien der Grundlagenforschung in den einzelnen Fächern ein. Diese Darstellungen beruhen zunächst auf der Entwicklung von Fördermaßnahmen der Forschungsgemeinschaft, vor allem soweit sie, wie Schwerpunktprogramme, Forschergruppen und Sonderforschungsbereiche, längerfristig angelegt sind und über die kommende Vierjahresperiode hinweg ganz oder teilweise fortdauern. Darüber hinaus werden allgemein erkennbare fachliche Entwicklungslinien beschrieben sowie Wechselbeziehungen zwischen einzelnen Fächern hervorgehoben, und es wird, wo dies angebracht erscheint, auch auf Forschungslücken hingewiesen. Daß in diesen fachlichen Teilen kein Anspruch auf Vollständigkeit im Detail erhoben werden kann, liegt in der Natur der Sache, vor allem in der Begrenztheit des verfügbaren Platzes und des möglichen Aufwandes. Die Nichterwähnung einzelner Teilfächer oder Forschungsrichtungen bedeutet aber keineswegs, daß die Forschungsgemeinschaft qualifizierten Vorhaben in diesen Gebieten künftig ihre Förderung versagen wird. Sie begrüßt erfolgversprechende Initiativen in allen Bereichen der Forschung; das gilt für die vorliegende Schrift ebenso wie für die früheren „Grauen Pläne".

1.2 Zur gegenwärtigen Situation der Forschung und ihrer Förderung

In den vergangenen vier Jahren – dem Planzeitraum des letzten „Grauen Plans" – ist die wirtschaftliche Bedeutung der Forschung in der politischen Diskussion und in der öffentlichen Meinung weiterhin in den Vordergrund gerückt. Wer dagegen daran erinnert, daß Forschung, namentlich Grundlagenforschung, ein Wesenselement unserer Kultur ist, indem sie dem Streben des Menschen nach grundlegenden neuen Erkenntnissen die Möglichkeit der Entfaltung bietet, findet zumeist weniger Resonanz. Stärker als je zuvor prägt der wirtschaftliche Wettbewerb zwischen den großen Industrienationen die Forschungspolitik der beteiligten Staaten; speziell innerhalb Europas verstärken sich die Bemühungen, gemeinsam gegenüber den USA und Japan konkurrenzfähig zu bleiben.

Einige Kennzahlen unterstreichen diese Entwicklung: So ist der Anteil der Wirtschaft an den Wissenschaftsausgaben der Bundesrepublik Deutschland von 1979 bis 1985 von 40,6 % auf 44,4 % gestiegen, ihr Anteil an den Ausgaben für Forschung und Entwicklung von 53,3 % im Jahre 1979 auf 58,9 % im Jahre 1983; die für 1984 und 1985 vorliegenden Daten bestätigen diese Tendenz (Zahlenangaben hier und im folgenden, soweit nichts anderes vermerkt: Faktenbericht 1986 zum Bundesbericht Forschung). Am Gesamtbudget Forschung der Bundesrepublik Deutschland nach durchführenden Sektoren von 52,2 Mrd. DM im Jahre 1985 hatten die Hochschulen einen Anteil von 7,2 Mrd. DM oder 13,8 %. Im Jahre 1979 betrug der Anteil der Hochschulen noch 16 %. Neben dem Anteil der Hochschulen ist auch der Anteil der staatlichen und privaten Forschungseinrichtungen ohne Erwerbszweck von 15,3 % im Jahre 1979 auf 13,3 % oder 6,9 Mrd. DM im Jahre 1985 gesunken, während der Anteil der Wirtschaft von 66,1 % auf 70,3 % stieg. Obwohl nicht übersehen werden darf, daß die staatlichen Ausgaben für die Hochschulen einschließlich der Kliniken in absoluten Beträgen nach den Schätzungen des Bundesministeriums für Forschung und Technologie (BMFT) bis 1985 stetig gestiegen sind, und zwar auf die Höhe von 21,9 Mrd. DM – gleiches gilt für den darin enthaltenen geschätzten Anteil für Forschung und Entwicklung, der 1985 7,2 Mrd. DM betrug –, so wird doch die Möglichkeit sichtbar, daß die Hochschulen langsam, aber stetig an relativer Bedeutung verlieren könnten, und dies in einer Zeit, in der die Studenten in vorher nie erreichter Zahl in die besonders teure, forschungsintensive Ausbildungsphase kommen. Es ist auch ökonomisch richtig, ihr Leistungsvermögen in der Forschung zur Entfaltung kommen zu lassen.

Die besondere Bedeutung der Forschungsgemeinschaft gerade für die Hochschulen wird deutlich, wenn man bedenkt, daß nach wie vor mehr als neun Zehntel ihrer Förderungsmittel in die Hochschulforschung fließen. Einschließlich des Verwaltungskostenanteils beliefen sich die Mittel der DFG im Jahre 1986 laut Wirtschaftsplan auf 1,059 Mrd. DM. Diese sicherlich beträchtliche Summe macht freilich, gemessen am Gesamtbudget für Forschung und Entwicklung in der Bundesrepublik, nur einen Anteil von rund 2 % aus. Die Mittel der DFG, die zu über 99 % staatlicher Herkunft sind, haben 1985 an den gesamten staatlichen Aufwendungen für Forschung und Entwicklung einen Anteil von 4,7 % gehabt; 1975 hat der Anteil noch 5,2 % betragen.

Wie wichtig gerade dieser (vergleichsweise geringe) Teil aller Aufwendungen für Forschung ist, wird deutlich, wenn man bedenkt, daß die Forschungsgemeinschaft die Förderungsinstitution ist, die allen Wissenschaftlern und Wissenschaftlerinnen die Möglichkeit einräumt, zu jedem Zeitpunkt in jeder vernünftigen Größenordnung auf jedem Fachgebiet einen Antrag auf finanzielle Unterstützung eines Forschungsvorhabens zu stellen. Die Wirksamkeit dieser Förderung kann in ihrer Bedeutung nicht überschätzt werden. Sie bietet Wissenschaftlern die einzigartige Möglichkeit, die Ziele ihrer Forschung ganz und gar selbst festzulegen und frei von programmatischen Vorgaben eines Geldgebers in Angriff zu nehmen. Unverzichtbares Förderkriterium ist die Qualität des Vorhabens, so wie sie von ausgewiesenen Fachgutachtern beurteilt wird.

Die wissenschaftlichen Hochschulen sind nach wie vor der Ort, an dem die wichtigsten Vorbedingungen für das Gelingen guter Forschung gegeben sind, unbeschadet vieler Verbesserungsmöglichkeiten im einzelnen. Zu diesen Bedingungen gehört vor allem auch der ständige Kontakt des Forschers zu immer neuen Generationen von Studenten, aus denen sich der wissenschaftliche Nachwuchs rekrutiert. Alle Forschungsanstrengungen außerhalb der Hochschulen, seien sie eher grundlagenorientiert oder mehr an wirtschaftlicher Verwertbarkeit von Forschungsergebnissen orientiert, sind darauf angewiesen, daß die Hochschulen ihre Funktion als Stätte der Nachwuchsausbildung wahrnehmen können. Dies wird aber auch weiterhin nur möglich sein, wenn sie in den Stand versetzt werden, erstklassige Forschung in eigener Zielsetzung zu betreiben.

Die Hochschulen sehen sich vielfältigen Erwartungen, Anregungen und Ratschlägen zur Verbesserung ihrer Leistungsfähigkeit gegenüber. Diese reichen von mehr Wettbewerb und Differenzierung unter den Hochschulen, von der Schwerpunktbildung in der Forschung und in der Ausbildung von Studenten, Doktoranden und Postdoktoranden über eine bessere Zusammenarbeit mit außeruniversitären Forschungseinrichtungen und eine verstärkte Kooperation mit Unternehmen der Wirtschaft bis hin zur Intensivierung des Wissens- und Technologietransfers in die Wirtschaft. Jeder dieser Vorschläge enthält sicherlich im Kern vernünftige Ziele. So hat gerade auch die DFG durch ihre Förderung zur Bildung von Forschungsschwerpunkten beigetragen. Eigene Entscheidungen – vor allem in der Berufungspolitik – geben den Hochschulen ebenso ein individuelles Profil wie die hinzutretende Förderung durch die DFG. Diese Wechselwirkung hat immer schon starke Elemente des Wettbewerbs enthalten. Würden die oben genannten Ratschläge allerdings als Patentrezepte fehlinterpretiert, so könnten sie in ihrer Summe die Gefahr bergen, daß langfristig lebenswichtige Strukturelemente der Hochschulforschung darunter leiden, etwa dann, wenn autonome Entscheidungen der Hochschulen allzusehr unter dem Blickwinkel der wirtschaftlichen Nutzbarkeit von Forschungsergebnissen getroffen würden oder wenn im Wettbewerb um die Förderung gerade besonders aktuell erscheinender Gebiete andere langfristig nicht weniger wichtige Bereiche vernachlässigt würden.

1.3 Grenzen der Planung in der Grundlagenforschung

In der Forschung, die sich ausschließlich oder überwiegend die Gewinnung neuer Erkenntnisse zum Ziel gesetzt hat, haben gerade die am wenigsten vorhergesehenen Ergebnisse häufig die nachhaltigste Wirkung, lassen neue Forschungsrichtungen entstehen und andere in ihrer Bedeutung zurücktreten, verändern den Bedarf apparativer Ausstattung oder eröffnen ganz unerwartete Perspektiven der Zusammenarbeit und gegenseitigen Befruchtung zwischen Fächern, die bislang ohne Berührungspunkte waren. Wissenschaftliche Innovationen dieser Art sind zwar sicher kein alltägliches Ereignis, und ein großer Teil auch der erstklassigen Forschung vollzieht sich in überschaubaren Einzelschritten auf gesicherten methodischen Bahnen, die ein verläßliches Urteil über die Erfolgsaussicht erlauben. Die Betrachtung größerer Forschungsgebiete oder Fächer über mehrere Jahre hinweg sieht sich jedoch der prinzipiellen Schwierigkeit ausgesetzt, daß die mögliche Entwicklungsrichtung und -geschwindigkeit nur in sehr eingeschränktem Maße vorhergesehen werden kann. Gegenwärtige Entwicklungen können Trends angeben, die jedoch möglicherweise schon bald überholt sind.

Zwischen der so begrenzten Vorhersehbarkeit oder gar Planbarkeit der Grundlagenforschung und ihrer Förderung einerseits und dem Bedürfnis der Forschungsgemeinschaft und ihrer Geldgeber nach verläßlichen Abschätzungsgrundlagen für den Bedarf an finanziellen Mitteln in den nächsten Jahren bestand und besteht somit ein unvermeidliches Spannungsverhältnis. Der Erfolg früherer „Grauer Pläne" wie auch der vorliegenden Schrift kann somit nicht daran gemessen werden, inwieweit etwa Planungen „erfüllt" werden oder Vorhersagen eintreten. Die DFG wird gerne gerade auch diejenigen Entwicklungen fördern, die sich nicht schon Jahre zuvor abzeichneten.

Was die Vorausschau auf die Entwicklung der Einzelwissenschaften in den jeweils nächsten Jahren angeht, so sind alle bisherigen Planungen der Forschungsgemeinschaft in unterschiedlich starker Ausprägung davon ausgegangen, daß die zuverlässigste Erkenntnisquelle die Meinung von ausgewiesenen Wissenschaftlern der jeweiligen Fächer ist. Das sind in erster Linie die Mitglieder des Senats und des Präsidiums und die gewählten Fachgutachter der Forschungsgemeinschaft gewesen. Senat und Präsidium als die zentralen wissenschaftspolitischen Entscheidungsgremien der Forschungsgemeinschaft haben für den fachlichen Teil des vorliegenden Bandes zahlreiche Anregungen und Vorschläge von gewählten Fachgutachtern und Fachausschußvorsitzenden sowie Mitgliedern anderer DFG-Gremien eingeholt und verarbeitet. Wie früher wurde allerdings aus den oben erläuterten Gründen darauf verzichtet, für die einzelnen Fächer den jeweiligen finanziellen Bedarf der nächsten Jahre zu beziffern. Dies wird auch durch den Umstand nahegelegt, daß die Forschungsgemeinschaft im Gegensatz zu manchen vergleichbaren Förderungsinstitutionen des Auslands davon absieht, ihre Förderungsmittel im voraus einzelnen Fächern zuzuteilen. Globale Vorausschätzungen des Mittelbedarfs auf der Grundlage der wissenschaftlichen Entwicklung in den einzelnen Disziplinen, wie sie sich nicht zuletzt in den Forschungsvorhaben, um deren Unterstützung die DFG gebeten wird, dokumentiert, sind gleichwohl mit einem hohen Grad an Zuverlässigkeit möglich. Die Verteilung der Mittel der DFG auf die großen Disziplinengruppen, wie sie den Jahresberichten der DFG entnommen werden kann, hat sich in den letzten Jahrzehnten nur langsam und insgesamt geringfügig verändert. Dies erlaubt auch eine Prognose für die kommenden Jahre, ohne daß damit eine Festlegung verbunden sein müßte.

Dies beläßt den Entscheidungsgremien der DFG die im Interesse der Forschung unverzichtbare Möglichkeit, rasch auf sich ändernde Anforderungen einzelner Fächer zu reagieren, ohne an abstrakt festgelegte Teile des Etats für einzelne Disziplinen gebunden zu sein. Am ausgeprägtesten ist diese Flexibilität im Normalverfahren, in dessen Rahmen auch die Forschergruppen gefördert werden; in modifizierter Weise gilt dies jedoch auch für die Förderung der Schwerpunktprogramme und der Sonderforschungsbereiche: Hier wird zwar durch die längerfristige Festlegung einzelner Programme ein größerer Anteil der Mittel gebunden, jedoch werden auch hier neue Programme nach Gesichtspunkten wissenschaftlicher Qualität und den für diese Verfahren typischen Strukturmerkmalen, nicht aber nach vorab festgelegten Fächerquoten eingerichtet.

Daß diese Form der flexiblen Planung und Förderung sich nunmehr in Jahrzehnten bewährt hat, ist ein eindrucksvoller Beleg für das Funktionieren des Prinzips der wissenschaftlichen Selbstverwaltung auf überregionaler Ebene, wie es in der Forschungsgemeinschaft verwirklicht ist. Von größter Wichtigkeit, auch im Vergleich zu vielen ausländischen Förderungsorganisationen, ist die Zusammenfassung und gemeinsame Betreuung praktisch aller Fächer unter einem gemeinsamen organisatorischen Dach. Seinen praktischen Ausdruck findet dieses Prinzip zunächst darin, daß in den zentralen Gremien, die über die Geldmittel entscheiden, eine Mehrheit von Wissenschaftlern zusammen mit den Geldgebern vertreten ist. Die praktische Arbeit gerade dieser Gremien ist gekennzeichnet von vielfältigen interdisziplinären Bezügen, kritischen Fragen und gegenseitigen Anregungen. Die Förderung der Zusammenarbeit verschiedener Fachrichtungen an gemeinsamen Forschungsaufgaben erhält dadurch wichtige Impulse, gerade auch im Normalverfahren. Erinnert sei noch einmal an die oben bereits erwähnte Zahl von 2 %, die die von der DFG verteilten Mittel am Gesamtbudget der Forschung in der Bundesrepublik ausmachen. Bedenkt man, daß der ganz überwiegende Teil der übrigen 98 %, vor allem die Forschungsausgaben der Wirtschaft, aber auch die Mittel der staatlichen Ressortforschung und Großforschung bis hin zu den Förderungsmitteln des BMFT für die Hochschulen – um nur die wichtigsten Beispiele zu nennen – von vorgegebenen Zielen und Programmen abhängig sind, so erscheint die Unabhängigkeit der Forschungsgemeinschaft nicht als unangemessen, sondern vielmehr als notwendige Ergänzung.

1.4 Förderung des wissenschaftlichen Nachwuchses

Alle qualifizierten Wissenschaftlerinnen und Wissenschaftler, insbesondere auch jüngere, können bei der Forschungsgemeinschaft Förderungsmittel beantragen, soweit ihre Forschung nicht bereits aus anderen Quellen ausreichend finanziert wird. Der überwiegende Teil der Förderungsmittel wird für Personal bewilligt; damit werden zusätzliche Mitarbeiter im Rahmen des vom Bewilligungsempfänger verantwortlich geleiteten Projekts beschäftigt. In der Mehrzahl handelt es sich hier neben nichtwissenschaftlichem Personal und studentischen Hilfskräften um wissenschaftliches Personal, das ganz überwiegend der Altersgruppe des wissenschaftlichen Nachwuchses zugerechnet werden kann: wissenschaftliche Mitarbeiter vor und nach der Promotion. Nachwuchswissenschaftler sind auch die Empfänger von Postdoktoranden-, Ausbildungs-, Forschungs-, Habilitations- und Heisenberg-Stipendien.

Das Ausmaß der Nachwuchsförderung der Forschungsgemeinschaft mögen folgende Zahlen veranschaulichen: Von den im Jahre 1985 ausgesprochenen Bewilligungen in Höhe von 1,054 Mrd. DM waren allein rund 519 Mio. DM, also fast die Hälfte, zur Beschäftigung von Wissenschaftlern und Wissenschaftlerinnen bestimmt; 10 296 Personenjahre – wenn man so will: Arbeitsplätze ganz überwiegend für junge Forscher und Forscherinnen – konnten damit finanziert werden. Hinzu kommen neben rund 156 Mio. DM oder 3380 Personenjahren für nichtwissenschaftliches Personal weitere 65 Mio. DM oder 2414 Personenjahren für studentische und wissenschaftliche Hilfskräfte.

Mit diesen Mitteln, die in den zurückliegenden vier Jahren zwar kleineren Schwankungen unterworfen waren, sich in der Größenordnung jedoch nicht wesentlich verändert haben, hat die Forschungsgemeinschaft die Kontinuität der Nachwuchsförderung in einer Zeit nachhaltig gesichert, die von der Diskussion über zahlreiche politische Lösungsvorschläge für die Probleme des wissenschaftlichen Nachwuchses auf allen Qualifikationsstufen gekennzeichnet war. Das gilt besonders auch für die Phase zwischen Hochschulabschluß und Promotion. Die Forschungsgemeinschaft fördert zwar Promotionen nicht direkt, da dies eine genuine Aufgabe der Hochschulen und der Länder ist. In DFG-Vorhaben werden jedoch zahlreiche nichtpromovierte wissenschaftliche Mitarbeiterinnen und Mitarbeiter finanziert, die in diesem Rahmen auch ihre Dissertation anfertigen. Ein beachtlicher Teil der Promotionen wird auf diese Weise von der DFG gefördert.

Die forschungspolitische Diskussion der letzten vier Jahre war von Fragen des wissenschaftlichen Nachwuchses maßgeblich mitbestimmt. Einige wichtige Entwicklungen sind in diesem Zusammenhang zu nennen: Die Förderung in der Promotionsphase konnte nach Auslaufen des Graduiertenförderungsgesetzes in allen Bundesländern auf eine neue Grundlage gestellt werden. Die Forschungsgemeinschaft fördert seit 1985 mit Sondermitteln des BMFT das **Postdoktoranden-Programm,** in dem besonders qualifizierte promovierte junge Wissenschaftler gefördert werden. Ihnen soll damit die Möglichkeit gegeben werden, in der Regel unmittelbar nach der Promotion für zwei bis maximal drei Jahre in der Grundlagenforschung mitzuarbeiten und sich dadurch für eine künftige Tätigkeit auch außerhalb der Hochschulen weiter zu qualifizieren. Dieses Programm ergänzt die schon bisher von der DFG angebotene Stipendienförderung.

Für den habilitierten Wissenschaftlernachwuchs trug das **Heisenberg-Programm** der Deutschen Forschungsgemeinschaft weiterhin wesentlich dazu bei, der Forschung vor allem an den Hochschulen hochqualifizierte Wissenschaftler auch und gerade in einer Zeit zu erhalten, in der die Zahl der jährlich freiwerdenden Professorenstellen deutlich unter dem langjährigen rechnerischen Durchschnitt liegt. Demselben Ziel, wenn auch mit anderen Mitteln, dienen mittlerweile in mehreren Bundesländern die sogenannten „**Fiebiger-Programme**", die auf dem Grundgedanken beruhen, für den Hochschullehrernachwuchs eine begrenzte Anzahl zusätzlicher Dauerstellen zu schaffen, die Mehrbelastung der Länderhaushalte aber von vornherein dadurch in überschaubaren Grenzen zu halten, daß der künftige Wegfall entsprechender Stellen in kommenden Jahren verbindlich gemacht wird. Schließlich ist in diesem Rahmen auch das **Programm „Stiftungsprofessuren"** des Stifterverbandes für die Deutsche Wissenschaft zu erwähnen, ebenso wie eine Reihe von Stiftungsprofessuren außerhalb dieses Programms.

Ein wichtiges neues Strukturelement der Nachwuchsförderung hat der Wissenschaftsrat im Jahre 1986 mit den **Graduiertenkollegs** vorgeschlagen. Nach dem Hochschulabschluß soll Doktoranden die Möglichkeit gegeben werden, ihre Promotion im Rahmen eines größeren zusammenhängenden Forschungsprogramms anzufertigen und begleitend dazu ein systematisch aufgebautes postgraduales Studium zu absolvieren. Die Forschungsgemeinschaft kann es nur begrüßen, wenn der Gedanke einer intensiven Weiterbildung von Doktoranden von vielen Hochschulen, Fakultäten und Fachbereichen aufgegriffen wird. Im Rahmen von Sonderforschungsbereichen oder Forschergruppen entstehen bereits jetzt zahlreiche Promotionen in wissenschaftlich koordinierter Form, wie dies auch in Graduiertenkollegs angestrebt wird. Es scheint deshalb folgerichtig, daß die ersten Initiativen der Hochschulen für neue Graduiertenkollegs in enger Anlehnung an bestehende Sonderforschungsbereiche entstehen. Zur Förderung der Forschung an Graduiertenkollegs kann die Forschungsgemeinschaft mit allen ihren Förderungsinstrumenten beitragen, allerdings stets gebunden an konkrete Forschungsprojekte und aufgrund der Voten von Gutachtern.

Der wissenschaftliche Nachwuchs wird sich in den Jahren bis 1990 in den einzelnen Fächern und auf den verschiedenen Qualifikationsstufen höchst unterschiedlichen Bedingungen und Chancen gegenübersehen. Die oben beschriebenen Programme und Maßnahmen werden in ihrer Summe erst gegen Ende der achtziger Jahre ihre Wirkung voll entfalten. Die Zahl der freiwerdenden Professorenstellen wird danach im Durchschnitt der Fächer wieder langsam ansteigen. In naturwissenschaftlichen und technischen Fächern mit einem großen Arbeitsmarkt in der Privatindustrie wird der wissenschaftliche Nachwuchs von der wirtschaftlichen Entwicklung begünstigt, in manchen Fächern, die starken Einfluß auf die technologische Entwicklung haben, heute schon zum Teil so stark, daß Hochschullehrer von einer Beeinträchtigung der Hochschulforschung sprechen, wenn gerade die begabtesten unter den jungen Nachwuchswissenschaftlern und -wissenschaftlerinnen attraktiven Angeboten aus der Wirtschaft folgen. In anderen Fächern, vorwiegend in den Geistes- und Sozialwissenschaften, wird die Chance, eine Dauerposition in der Forschung an den Hochschulen zu finden, auch in den neunziger Jahren noch unter dem langjährigen rechnerischen Durchschnitt der sogenannten Erneuerungsrate des wissenschaftlichen Personals liegen.

1.5 Rahmenbedingungen der Forschungsförderung

Die Forschungsgemeinschaft kann für qualifizierte Forschungsvorhaben diejenigen Mittel bereitstellen, die über den aus Etatmitteln zu deckenden Bedarf hinausgehen. Sie kann jedoch nicht Defizite der **Grundausstattung** der Forscher an den Hochschulen und Forschungsinstituten ausgleichen. Dies würde schon ihre finanziellen Möglichkeiten bei weitem übersteigen. Sie ist daran aber auch durch Bund und Länder ausdrücklich gehindert, die in der Ausführungsvereinbarung vom 28. 10./17. 12. 1976 zur Rahmenvereinbarung Forschungsförderung festgelegt haben, daß die DFG Mittel zur Deckung der Grundausstattung nicht bereitstellen darf. Die Grundausstattung umfaßt die erforderlichen Gebäude, die Erstausstattung der Gebäude sowie die Personal- und Sachausstattung, soweit sie üblicherweise auf dem betreffenden Fachgebiet zur jeweiligen Forschungseinrichtung gehören. Die Forschungsgemeinschaft erneuert hier ihren Appell an die Länder als Träger der Hochschulen, einer angemessenen Grundausstattung größte Aufmerksamkeit zu widmen. In vielen Einzelfällen, in denen die Forschungsgemeinschaft die Bewilligung bestimmter Mittel ablehnen muß, da sie der Grundausstattung zuzurechnen sind, war und ist es möglich, gestützt auf das sachkundige Urteil der Gutachter, die jeweilige Hochschule oder das Bundesland zur Übernahme dieser Kosten zu bewegen. Dies ist vor allem der Fall bei der Förderung der Sonderforschungsbereiche, die ein besonderes Engagement der jeweiligen Hochschule für diese Form der Schwerpunktbildung voraussetzen. Es muß aber auch Wissenschaftlern außerhalb von Sonderforschungsbereichen die Möglichkeit offenstehen, zusätzliche Grundausstattungsmittel ihrer Hochschule zu erhalten, wenn dies für Vorhaben notwendig ist, die die Gutachter der Forschungsgemeinschaft für förderungswürdig halten. Dies gilt nicht nur für die anderen schwerpunktsetzenden Verfahren der DFG, also die Forschergruppen, Schwerpunktprogramme, Gruppenanträge und Langfristprojekte der Geisteswissenschaften, sondern auch für das Normalverfahren, das die Grundlage für alle übrigen Verfahren bildet.

Wichtig mit Wirkung für die Zukunft ist das sogenannte „**Zeitvertragsgesetz**", mit dem die Befristung von Beschäftigungsverhältnissen der wissenschaftlichen Mitarbeiter auf eine gesicherte Grundlage gestellt worden ist. Dies ist für die Forschungsgemeinschaft, die Personalmittel ausschließlich befristet zur Verfügung stellen kann, von wesentlicher Bedeutung. Die Neuregelung hat zwar für Vorhaben, die auf langfristig tätige wissenschaftliche Mitarbeiter angewiesen sind, beträchtliche und zum Teil noch ungelöste Anpassungsschwierigkeiten mit sich gebracht, aber nach langen Jahren der Rechtsunsicherheit die Rechtslage geklärt und dazu beigetragen, langwierige und für beide Seiten unbefriedigende gerichtliche Auseinandersetzungen zu vermeiden.

Die **Absenkung der Eingangsvergütungen im öffentlichen Dienst,** aus Gründen der Konsolidierung der öffentlichen Haushalte zum Jahresbeginn 1984 eingeführt, hat gerade an den Forschungseinrichtungen, die bei der Rekrutierung wissenschaftlicher Mitarbeiter mit der privaten Wirtschaft konkurrieren, erhebliche Beunruhigung ausgelöst. Die überproportionale Benachteiligung der Wissenschaft – der rasche personelle Wechsel der wissenschaftlichen Mitarbeiter im Turnus weniger Jahre führt hier de facto zu einer Dauerabsenkung dieser Stellen, während der Absenkungserlaß eigentlich nur die Reduzierung der Bezüge während der ersten Jahre der Lebensarbeitszeit beabsichtigt – konnte durch nachträglich eingeführte Ausnahmeregelungen zwar im Einzelfall gemildert, aber nicht insgesamt ausgeglichen werden. In zahlreichen Fächern mit guten Verdienstmöglichkeiten für hochqualifizierte junge Wissenschaftler außerhalb der Hochschulen und der anderen an den Bundesangestelltentarif gebundenen Forschungseinrichtungen wird die Chance, den Nachwuchs an diesen Forschungseinrichtungen zu halten, gemindert. Die Wettbewerbsbedingungen werden so zum Schaden gerade hochqualifizierter Forschung verzerrt. Die Forschungsgemeinschaft fordert deshalb die Verantwortlichen auf, die Absenkungen bei allen befristet beschäftigten wissenschaftlichen Mitarbeitern rückgängig zu machen. Gerade bei Mitarbeitern in Projekten, die nach strenger Qualitätsprüfung aus Drittmitteln gefördert werden, vermag die Absenkung am wenigsten zu überzeugen.

1.6 Grundzüge der Forschungsförderung

Die DFG hat sich in § 1 ihrer Satzung zum Ziel gesetzt, „der Wissenschaft in allen ihren Zweigen durch die finanzielle Unterstützung von Forschungsaufgaben und durch die Förderung der Zusammenarbeit unter den Forschern" zu dienen. Diese Selbstverpflichtung hat weitreichende Folgen. Sie führt nämlich dazu, daß die Forschungsgemeinschaft als einzige große Förderungseinrichtung darauf verzichtet, einen Antrag allein mit der Begründung abzulehnen, sein Thema und seine fachliche Ausrichtung fügten sich nicht in vorgegebene Programme ein. Jedes Thema kann von der Forschungsgemeinschaft gefördert werden; nur auf einigen wenigen Gebieten, z. B. Großforschungsprojekten der Kernenergietechnik und der Weltraumforschung, die von der Bundesregierung in großem Umfang unterstützt werden, fördert die DFG nicht. Jeder Wissenschaftler mit einer abgeschlossenen Ausbildung kann im Normalverfahren zu jedem beliebigen Zeitpunkt Anträge auf Finanzierung von Projekten stellen und damit seine Vorhaben der Kritik seiner als Gutachter gewählten Fachkollegen unterwerfen. Diese Förderung im Normalverfahren mit maximaler thematischer und zeitlicher Flexibilität wird ergänzt durch Förderungsinstrumente wie Forschergruppen, Schwerpunktprogramme und Sonderforschungsbereiche, in denen bei weitestgehender Aufrechterhaltung der Flexibilität die Vorhaben mehrerer Wissenschaftler in einem selbstbestimmten thematischen Rahmen örtlich konzentriert oder überregional koordiniert zusammengefaßt sind.
    Alle Anträge werden von wissenschaftlichen Gutachtern geprüft und den zuständigen Gremien der Forschungsgemeinschaft zur Entscheidung vorgelegt.
    Das Begutachtungssystem der Forschungsgemeinschaft zeichnet sich durch einige Besonderheiten aus, die es von dem vergleichbarer Förderungseinrichtungen des Auslands teilweise unterscheiden: Die Fachgutachter der DFG werden alle vier Jahre in geheimer Wahl auf Vorschlag wissenschaftlicher Fachgesellschaften von praktisch allen seit mindestens drei Jahren promovierten, aktiv in der Forschung tätigen Wissenschaftlern bestimmt. Zur Zeit sind in 172 Fächern, von denen jeweils mehrere zu insgesamt 36 Fachausschüssen zusammengefaßt sind, 445 gewählte Fachgutachter tätig. Hinzu kommen von Fall zu Fall Sondergutachter, wenn das spezielle Thema eines Antrags dies erfordert. Die Gutachter erhalten keinerlei Vergütung für ihre Tätigkeit, sondern nur Ersatz für ihre Auslagen, z. B. für Reisen. Den Gutachtern fällt die für jede Forschungs-

förderung essentielle Aufgabe zu, die Anträge nach ihrer wissenschaftlichen Qualität zu beurteilen und Vorschläge für die finanziell angemessene Förderung zu entwickeln.

Die steigende Zahl der Anträge hat in den letzten Jahren zu einer nicht unbeträchtlichen Mehrbelastung der Gutachter geführt. Die Sorge, daß diese Entwicklung die eigene wissenschaftliche Tätigkeit der Gutachter, die ja zu den anerkanntesten und produktivsten ihrer Fächer zählen sollen, beeinträchtigt, ist sehr ernst zu nehmen, zumal sie nicht nur von der Forschungsgemeinschaft, sondern oft auch von zahlreichen anderen Institutionen um ihr fachkundiges Urteil gebeten werden. Wo immer es ohne Nachteil für das Prinzip des qualitätsorientierten Wettbewerbs um Förderungsmittel möglich ist, wird die Forschungsgemeinschaft deshalb weitere Mehrbelastungen ihrer Gutachter zu vermeiden suchen und deren Entlastung anstreben.

Die verschiedenen Förderungsverfahren der Forschungsgemeinschaft, ihr wechselseitiges Ineinandergreifen und ihre gegenseitige Ergänzung stellen ein vielfältig differenziertes und in sich abgestimmtes System der Förderung dar, welches sich bewährt hat. Die Instrumente der Forschungsgemeinschaft bedürfen jedoch der ständigen Überprüfung und Anpassung an neue Gegebenheiten im Detail, um den sich gelegentlich rasch wandelnden Anforderungen aus der Wissenschaft immer flexibel gerecht werden zu können. In den kommenden vier Jahren wird die Forschungsgemeinschaft nach Möglichkeiten der Fortentwicklung ihrer Verfahren vor allem in den folgenden Bereichen suchen:

- Das Normalverfahren, die Forschergruppen, Schwerpunktprogramme und Sonderforschungsbereiche unterscheiden sich in Teilaspekten wegen ihrer unterschiedlichen Zielsetzung. Es wird aber zu prüfen sein, ob sich über die zwangsläufigen und notwendigen Unterschiede hinaus Differenzen zwischen den einzelnen Förderungsverfahren entwickelt haben, die sich bei näherem Hinsehen als entbehrlich erweisen könnten. Gleiche Förderungszwecke sollten möglichst über alle Verfahren hinweg mit vergleichbaren Mitteln angestrebt werden. So wird z. B. zu prüfen sein, ob die globale Bewilligung von Reisemitteln, die den Sonderforschungsbereichen attraktive und flexible Dispositionsmöglichkeiten einräumt, nicht in ähnlicher Weise auch bei Schwerpunktprogrammen und Forschergruppen in Betracht kommt.

- Die Förderung von Gastaufenthalten auswärtiger Wissenschaftler im Rahmen von Sachbeihilfen war bisher ausdrücklich nur in Forschergruppen und Sonderforschungsbereichen möglich. Aufgrund von Beschlüssen des Senats und des Hauptausschusses wird zur Zeit in einer zweijährigen Probephase geprüft, ob die Bereitstellung von Mitteln für Gastaufenthalte auswärtiger Wissenschaftler sich unter bestimmten, enggefaßten Voraussetzungen auch in Schwerpunktprogrammen und im Normalverfahren bewährt.

- Die Bewilligungszeiträume, Antrags- und Begutachtungsperioden unterscheiden sich in den einzelnen Verfahren beträchtlich. Im Normal- und Schwerpunktverfahren einschließlich der Forschergruppen stimmt der Begutachtungszeitraum mit dem Bewilligungszeitraum überein und beträgt ein oder zwei Jahre; die Bewilligungen werden unabhängig von Haushaltsjahren ausgesprochen. Sonderforschungsbereiche dagegen werden nur alle drei Jahre begutachtet; die Förderungsmittel werden jeweils nur für ein Haushaltsjahr im voraus verbindlich bewilligt und für die Folgejahre nach Maßgabe der Begutachtung in Aussicht gestellt. Eine gewisse Ungleichbehandlung der Antragsteller in den einzelnen Verfahren ist nicht zu übersehen. Nicht zuletzt im Interesse der stark belasteten Gutachter werden deshalb Möglichkeiten geprüft, auch außerhalb des SFB-Verfahrens Anträge und Begutachtungen im Dreijahresrhythmus zuzulassen. Für Forschergruppen wurde dies bereits eingeleitet.

- In Zeiten knapper Grundausstattungsmittel an den Hochschulen ist es für Nachwuchswissenschaftler, vor allem wenn sie keinen Zugriff auf Institutsmittel haben, besonders schwierig, eigene Arbeitsgruppen aufzubauen. Dies gilt namentlich für Spitzenkräfte vor der Habilitation, ferner für „Fiebiger"-Professuren, Stiftungsprofessuren, Heisenberg-Stipendiaten und Privatdozenten, aber auch mancherorts für Inhaber von C-2-Professuren auf Zeit. Diesen jungen Wissenschaftlern, soweit sie hervorragend qualifiziert sind, will die Forschungsgemeinschaft besondere Aufmerksamkeit zuwenden. Auch hier gilt zwar, daß fehlende Grundausstattung nicht aus DFG-Mitteln bereitgestellt werden kann; an die Verantwortung der Länder hierfür wird erneut erinnert. Die Gutachter können jedoch die besondere Situation dieser Antragsteller in vielfältiger Weise berücksichtigen. Beispielsweise nehmen viele Heisenberg-Stipendiaten die Möglichkeit wahr, gleichzeitig die Förderung eines Projektes zu beantragen. Auch im Rahmen von Sonderforschungsbereichen werden Teilprojektleiter gefördert, die, ohne über eine Professorenstelle zu verfügen, bereits eine kleine wissenschaftliche Arbeitsgruppe eigenverantwortlich leiten. Solche verbesserten Möglichkeiten der Förderung können auch in den anderen Verfahren, namentlich im Normalverfahren, verwirklicht werden.

- Ebenso wie der Senatsausschuß für die Angelegenheiten der Sonderforschungsbereiche hat der Senat im Hinblick auf die Forschergruppen das in diesen beiden Förderungsarten existierende Ortsprinzip wieder stärker betont. In einer Reihe von Zweifelsfällen wurden Sonderforschungsbereiche und Forschergruppen nicht eingerichtet, weil die daran beteiligten Wissenschaftler örtlich so weit voneinander getrennt waren, daß eine spezifische Schwerpunktsetzung an einem bestimmten Ort nicht mehr gegeben und die wesentlich vorausgesetzte kontinuierliche Zusammenarbeit nicht gewährleistet war. Für alle Formen überörtlicher Zusammenarbeit mehrerer Arbeitsgruppen, auch über die Fächergrenzen hinweg, wird künftig das Schwerpunktverfahren in Betracht kommen. Dieses bietet auch kleineren Zahlen teilnehmender Arbeitsgruppen die angemessene Form koordinierter Förderung, gerade auch dann, wenn die Zusammenarbeit unter diesen auf engerer Vorabsprache beruht als bei Schwerpunktprogrammen allgemein üblich. Nötigenfalls muß hierfür das Förderungsinstrumentarium in geeigneter Weise weiterentwickelt werden.

- Alle Förderungsmöglichkeiten der Forschungsgemeinschaft stehen, ohne daß dies besonderer Erwähnung bedarf, Wissenschaftlerinnen und Wissenschaftlern gleichermaßen zur Verfügung. Frauen sind allerdings im Wissenschaftsbereich noch immer stark unterrepräsentiert. Den Frauenanteil in der Wissenschaft nachhaltig und möglichst rasch zu erhöhen, ist vor allem eine Aufgabe der Personalpolitik der Hochschulen und Forschungseinrichtungen. Die geringe Zahl von Frauen unter den von der Forschungsgemeinschaft Geförderten spiegelt im wesentlichen die Situation an den Hochschulen und Forschungseinrichtungen wider. Die Forschungsgemeinschaft ist jedoch bestrebt, ihre Förderinstrumente flexibel gerade auch dort anzubieten, wo wissenschaftliche Arbeit durch Lebenssituationen behindert wird, in denen sich heute noch typischerweise überwiegend Frauen befinden. Wo die Betreuung von Kindern und Familie eine ganztägige wissenschaftliche Arbeit nicht zuläßt, können Teilzeitstipendien oder Teilzeit-Beschäftigungsverhältnisse in DFG-geförderten Vorhaben die Fortsetzung oder das Wiederaufgreifen einer wissenschaftlichen Laufbahn erleichtern. Hier kann auch die Laufzeit eines Stipendiums entsprechend verlängert werden. Volle Stipendien können z. B. dann zur Überbrückung zweckmäßig sein, wenn durch einen Ehepartner ein Ortswechsel veranlaßt wird und der andere seine wissenschaftliche Tätigkeit ohne Unterbrechung fortsetzen will, um in absehbarer Zeit wiederum eine Stelle zu finden. Diese Möglichkeiten sollen, wie erwähnt, nicht auf Wissenschaftlerinnen beschränkt bleiben, sondern gleichermaßen auch von Wissenschaftlern in Anspruch genommen werden können, wenn sie sich in derselben Situation befinden.

– In der internationalen Zusammenarbeit der Forscher standen in der Vergangenheit in vielen Disziplinen die bilateralen Beziehungen zu den Vereinigten Staaten von Amerika im Vordergrund; seit einigen Jahren nehmen aber auch die Bemühungen um eine verstärkte Zusammenarbeit innerhalb Europas in erfreulichem Maße zu. Die Deutsche Forschungsgemeinschaft sieht es für die bevorstehenden Jahre als eine wichtige Aufgabe an, die wissenschaftliche Zusammenarbeit innerhalb Europas intensiver und in vielfältiger Weise zu unterstützen als schon bisher, ohne daß damit bewährte Kooperationsbeziehungen zu außereuropäischen Ländern einschließlich der Dritten Welt zurückgedrängt werden sollen. Diese Bemühungen werden über die Staaten der Europäischen Gemeinschaften hinausreichen und alle Länder Europas einschließen. Namentlich die Beziehungen zu Wissenschaftlern der Deutschen Demokratischen Republik werden auszubauen sein. Wissenschaftliche Zusammenarbeit über Grenzen hinweg ist integraler Bestandteil aller Förderungsinstrumente der DFG; sie kann in Sonderforschungsbereichen ebenso stattfinden wie in Forschergruppen, Schwerpunktprogrammen oder Einzelprojekten. Vor allem auch jüngere Nachwuchswissenschaftler einschließlich Doktoranden sollen zu gemeinsamen Forschungsprojekten innerhalb Europas zusammengeführt werden. Die Forschungsgemeinschaft wird sich hier wie in ihrer übrigen Förderungstätigkeit von der Maxime leiten lassen, daß Initiativen der Forscher selbst die Grundlage für jedwede Aktivität bilden müssen. Ihnen zur bestmöglichen Entfaltung zu verhelfen, muß das Ziel aller Überlegungen zur Ausgestaltung der Förderung sein.

1.7 Die einzelnen Förderungsverfahren

1.7.1 Normalverfahren

Das Normalverfahren bildet die Grundlage der Förderungstätigkeit der DFG. Sein Name wurde 1952 eingeführt, um die Förderung von einzelnen Projekten von der Förderung größerer Arbeitsgebiete in Schwerpunktprogrammen zu unterscheiden. Das Normalverfahren ist das unmittelbare Korrelat der ersten Satzungsaufgabe der Forschungsgemeinschaft, „der Wissenschaft in allen ihren Zweigen durch die finanzielle Unterstützung von Forschungsaufgaben" zu dienen. Diese Satzungsbestimmung gebietet der DFG, für Forscher aus allen Institutionen, die nicht Erwerbszwecke verfolgen, und aus allen Disziplinen offen zu sein und alle Initiativen, die an sie herangetragen werden, nach Maßgabe ihrer Qualität und Erfolgsaussichten zu unterstützen, soweit finanzielle Mittel dafür verfügbar sind. Alle übrigen Förderungsaufgaben und -verfahren der DFG sind aus dieser primären Verpflichtung abgeleitet. Sie ergänzen das Normalverfahren; sie können es nicht nur nicht ersetzen, sie sind darauf angewiesen, daß im Normalverfahren die vorbereitend-explorierende Forschung erfolgt, auf die spätere Schwerpunktförderung aufbauen kann.

Das Normalverfahren ist allen zu eigenständiger wissenschaftlicher Arbeit qualifizierten Forschern außerhalb der Wirtschaft offen, unabhängig von ihrer Stellung, ihrer Disziplin, der Art der Institution, in der sie arbeiten. Mit Ausnahme der Grundausstattung, die vom Institutsträger gestellt werden muß, kann die DFG alle für ein Forschungsvorhaben erforderlichen Kosten (für Personal, Geräte, Verbrauchsmittel, Reisen usw.) finanzieren. Die wissenschaftliche Verantwortung für das Vorhaben liegt allein beim Projektleiter oder bei der Arbeitsgruppe, die es gemeinsam betreiben will. Bedingung für die Förderung durch die DFG ist allerdings die Bereitschaft, das Vorhaben so darzustellen, daß Sachverständige es beurteilen können, und es der Kritik unabhängiger Gutachter auszusetzen, deren Votum die Grundlage für die Entscheidung des zuständigen Gremiums der Forschungsgemeinschaft – im Normalverfahren des Hauptausschusses – bildet. Diese Bedingung muß die Bereitschaft einschließen, fachliche Einwände zu akzeptieren, auch wenn sie zur Konsequenz haben, daß ein Vorhaben nicht, nicht voll oder nicht wie vorgeschlagen gefördert wird.

Dieses Verhältnis zwischen dem Forscher als dem für seine Arbeit Verantwortlichen und der Forschungsgemeinschaft, deren kritisches Gewissen in den Gutachtern gleichsam verkörpert ist, liegt allen Förderungsverfahren der DFG mit geringen Modifikationen zugrunde. Der „Dienst" der DFG für die Wissenschaft besteht, was ihre Förderungstätigkeit angeht, in der Organisation wissenschaftlicher Auseinandersetzung (als Beurteilungsgrundlage) und auf sie gestützter Entscheidungen (im Zusammenwirken zwischen Wissenschaftlern und Vertretern der öffentlichen Hand sowie der übrigen Geldgeber der DFG) als Beitrag zur Selbstverwaltung der Wissenschaft.

Die Bedeutung des Normalverfahrens als zentraler Teil der Forschungsförderung der DFG läßt sich in Zahlen veranschaulichen. Seit jeher wird die Mehrzahl der an die DFG gerichteten Förderungsanträge in diesem Verfahren vorgelegt; es beansprucht daher auch einen größeren Anteil der gesamten Mittel der DFG als jedes andere Förderungsverfahren und soll dies auch in Zukunft tun.

Zu Beginn der vorletzten Planperiode, im Jahr 1979, wurden in der allgemeinen Forschungsförderung (ohne Sonderprogramme wie Kongreß- und Vortragsreisen und die Bibliotheksförderung) rund 7100 Anträge bearbeitet, davon ca. 5400 mit einem Gesamtbetrag von rund 500 Mio. DM im Normalverfahren. Bei den Anträgen, die nicht vor der Entscheidung zurückgezogen wurden, konnten mehr als 70 % der beantragten Mittel für etwa 4600 Forschungsvorhaben bewilligt werden. Im Jahr 1985 war die Zahl der Anträge in der allgemeinen Forschungsförderung insgesamt auf 8400 gestiegen, davon 6400 mit einem Volumen von mehr als 800 Mio. DM im Normalverfahren. In weit geringerem Maß als Zahl und Umfang der Anträge sind die Bewilligungen gestiegen: Ihre Zahl lag mit knapp 5000 weniger als 10 % über der Zahl von 1979. 1986 lag das Antragsvolumen im Normalverfahren wie im Vorjahr über 800 Mio. DM, die Zahl der bearbeiteten Anträge bei rund 5900. Bewilligt werden konnten rund 4700 Anträge, das sind nur knapp 100 mehr als 1979. Von den beantragten Mitteln konnten 60 % bewilligt werden. Die Beschränkung der verfügbaren Mittel, die hinter den beantragten und durch den Anstieg der Anträge gut begründbaren Summen zurückblieben, gestatteten keine großzügigere Förderung.

Entgegen einer verbreiteten Meinung dient das Normalverfahren in gleichem Maße der ersten Satzungsaufgabe der DFG (finanzielle Unterstützung von Forschungsaufgaben) wie der zweiten (Unterstützung der Zusammenarbeit unter den Forschern). Anders als manche der übrigen Verfahren macht es allerdings die Zusammenarbeit nicht zur Voraussetzung für die Förderung: Es ermöglicht sie, wo sie gewünscht wird, verlangt sie aber nicht. Dennoch zeigen z. B. die für Reisen zur Ermöglichung der Zusammenarbeit genutzten Mittel, daß viele Wissenschaftler gerade durch die Förderung im Normalverfahren in überregionaler Kooperation forschen können, wie sie ihnen aus den Haushaltsmitteln der Universitäten nicht möglich wäre.

1.7.2 Forschergruppen

In Forschergruppen wirken mehrere Wissenschaftler aus einer Institution oder aus eng benachbarten Instituten verschiedener Trägerschaft an einer größeren Forschungsaufgabe zusammen. Die Förderung gilt vor allem solchen Arbeiten, die innerhalb längerer, aber überschaubarer Zeiträume einen besonders reichen wissenschaftlichen Ertrag versprechen; sie setzt daher eine besondere, durch anerkannte Forschungsergebnisse nachgewiesene Qualifikation der beteiligten Forscher voraus. Diesen soll für ihre Zusammenarbeit die notwendige mittelfristige Sicherheit geboten werden. Mit der ersten Förderungszusage, der neben dem Hauptausschuß auch der Senat der

Forschungsgemeinschaft zustimmen muß, verbindet die Forschungsgemeinschaft daher eine Absichtserklärung, die Arbeiten für einen Zeitraum bis zu sechs Jahren finanziell zu unterstützen. Auf diese Weise kann auch die Bildung von Forschungsschwerpunkten an den Trägerinstitutionen der Forschergruppen – zumeist Hochschulen – vorbereitet werden.

Mit der Förderung von Forschergruppen will die DFG Forschungsaufgaben von herausgehobener Bedeutung angemessen unterstützen. Sie bietet deshalb in diesem Verfahren u.a. die Möglichkeit zu längerfristigen Einladungen an Gastwissenschaftler und zur Freistellung der beteiligten Hochschullehrer und wissenschaftlichen Mitarbeiter, die Etatstellen innehaben, von einem Teil ihrer Lehrverpflichtungen, um ihnen eine möglichst intensive Mitwirkung an den Forschungsarbeiten zu ermöglichen.

Die Bedeutung der Aufgaben und die zu ihrer Förderung notwendigen Mittel – nach Erfahrungswerten zwischen 0,5 und 1 Mio. DM pro Forschergruppe und Jahr, mit Abweichungen nach oben und nach unten – legen es nahe, für die Zahl der geförderten Forschergruppen eine Obergrenze zu bestimmen. Die Zahl der geförderten Forschergruppen hat in den letzten Jahren um 30 gelegen. Sie wird in der nächsten Zeit zunehmen, jedoch ohne daß ein sprunghaftes Wachstum angestrebt wird. Hingegen wird darauf zu achten sein, daß dieses Förderungsinstrument von allen Fachgebieten genutzt wird, in denen es mit Erfolg genutzt werden kann.

Eine Liste der am 31. Mai 1987 geförderten Forschergruppen befindet sich in Tabelle 7.4.

1.7.3 Schwerpunktverfahren

Die ersten Schwerpunktprogramme der DFG in den fünfziger Jahren waren vor allem darauf angelegt, bestimmte Fachrichtungen, besonders in den experimentellen Wissenschaften, in überregional koordinierter Weise mit einer dem damaligen internationalen Stand möglichst angenäherten Infrastruktur für die Forschung zu versehen. In der Folgezeit verlagerte sich der Akzent bald auf die Förderung von Arbeitsgebieten, deren rasche wissenschaftliche Entwicklung der Forschung besondere Chancen bot und deren Ausbreitung im Interesse der Hochschulen und der übrigen Forschungseinrichtungen in der Bundesrepublik besonders wünschenswert erschien. Die Schwerpunktprogramme *„Festkörperforschung", „Molekulare Biologie"* und *„Physik der Polymeren"* sowie zahlreiche ingenieurwissenschaftliche Schwerpunktprogramme vor allem in den Werkstoff- und Materialwissenschaften sind Beispiele für diesen Typ der Förderung.

Zwar ist keine dieser beiden Zielsetzungen gänzlich obsolet geworden, vielmehr sind sie in einer Anzahl derzeit laufender und für die Planperiode vorgesehener Programme noch aktuell; jedoch liegt die primäre Zielsetzung der Schwerpunktförderung der DFG heute in der Unterstützung der überregionalen Zusammenarbeit besonders qualifizierter Wissenschaftler auf solchen Arbeitsgebieten oder zu solchen Forschungsproblemen, für die diese nach Meinung der beteiligten Forscher selbst sehr dringlich oder wünschenswert ist. Schwerpunktprogramme sollen für begrenzte Zeit (fünf bis höchstens zehn Jahre) die Zusammenarbeit von Wissenschaftlern an Hochschulen und Forschungsinstituten in allen Teilen der Bundesrepublik (mit Berlin-West) besonders intensiv fördern. Diesem Ziel dienen die besonderen Modalitäten des Verfahrens: Förderungsanträge werden nach Aufforderung zu bestimmten Terminen eingereicht und nach einem wissenschaftlichen Kolloquium gemeinsam einer Prüfungsgruppe vorgelegt, die zu allen gleichzeitig ein Votum für den Hauptausschuß der DFG formuliert. Wie die Gutachter wird der Koordinator eines Schwerpunktprogramms ehrenamtlich tätig; von seinem Geschick und seiner Initiative hängt in hohem Maße ab, welcher wissenschaftliche Ertrag aus dem Programm als Ganzem hervorgeht.

Als besonders fruchtbar erweisen sich in vielen Schwerpunktprogrammen die längerfristige Zusammenarbeit von Forschern aus Max-Planck-Instituten, Großforschungseinrichtungen und anderen außeruniversitären Instituten mit Wissenschaftlern an Hochschulen und der regelmäßige Austausch neuer Ideen und Ergebnisse in Kolloquien und kleinen Arbeitsgruppen.

Die Mittel für das Schwerpunktverfahren – und mithin die Zahl der Programme ebenso wie der Umfang jedes einzelnen Programms – müssen begrenzt sein, weil es – wie ausgeführt – das Normalverfahren zwar wirksam ergänzen, aber nicht ersetzen kann. So hängt die Möglichkeit, dieses Verfahren in Zukunft verstärkt anzubieten, in besonderem Maße davon ab, ob die DFG in den kommenden Jahren insgesamt ausreichend mit Förderungsmitteln ausgestattet wird. Eine Vielzahl neuer wissenschaftlicher Initiativen zur überregionalen Zusammenarbeit macht eine Ausweitung der Schwerpunktförderung in den nächsten Jahren wünschenswert. Diese darf jedoch aus den angeführten Gründen nicht zu Lasten der Mittel für das Normalverfahren gehen.

Vergleicht man wie beim Normalverfahren die Situation zu Beginn der vorletzten Planperiode im Jahr 1979 mit der jüngsten Entwicklung, so ist die Zahl der geförderten Programme bis 1985 von 95 auf 110, die Zahl der bearbeiteten Anträge von ca. 1700 mit rund 180 Mio. DM auf etwa 2000 mit rund 290 Mio. DM gestiegen. 1986 blieb die Zahl der geförderten Schwerpunktprogramme mit 109 fast auf gleicher Höhe, während die bearbeiteten Anträge auf 1800 mit einem Antragsvolumen von 260 Mio. DM zurückgingen, bedingt durch den zweijährigen Bewilligungsturnus vieler Programme. Auch im Schwerpunktprogramm konnten 1979 mehr als 70 % der beantragten Mittel bewilligt werden, 1986 dagegen rund zwei Prozentpunkte weniger, obwohl im Schwerpunktprogramm die Kürzung bei länger laufenden Vorhaben schwieriger ist als im Normalverfahren.

Schwerpunktprogramme haben eine begrenzte Laufzeit nicht nur wegen der begrenzten Aktualität jedes wissenschaftlichen Arbeitsgebiets, sondern auch weil sie mehr dazu dienen, eine Zusammenarbeit in Gang zu setzen, als sie in Gang zu halten. Sie sind außerdem prinzipiell nach Maßgabe der verfügbaren Mittel allen Forschern offen, die sich mit qualifizierten, thematisch einschlägigen Vorhaben an ihnen beteiligen wollen und können.

Die Forschungsgemeinschaft hat gerade in jüngster Zeit zunehmend Hinweise erhalten, daß den Schwerpunktprogrammen in ihrer heutigen Form und Zielsetzung eine Förderungsform zugesellt werden sollte, die die Überregionalität des Schwerpunktprogramms mit dem nicht zu großen, aber konstanten Teilnehmerkreis einer Forschergruppe verbindet. Sie sollte Arbeitsgemeinschaften, die von verschiedenen Standorten aus an einer größeren, gemeinsamen Forschungsaufgabe eng zusammenarbeiten, hierfür die Planungssicherheit auf mittlere Sicht und die Förderung gewähren, die der Bedeutung der Aufgabe entspricht. Inwieweit es erforderlich und finanziell möglich ist, solchen Wünschen durch eine spezielle Art der Förderung Rechnung zu tragen, wird Gegenstand der Beratung in den Organen der DFG sein.

1.7.4 Sonderforschungsbereiche

Sonderforschungsbereiche sind langfristig, in der Regel auf die Dauer von 12 bis 15 Jahren, angelegte Forschungseinrichtungen, in denen Wissenschaftler im Rahmen eines fächerübergreifenden Forschungsprogramms zusammenarbeiten. An einem Sonderforschungsbereich können außeruniversitäre Einrichtungen sowie, unter der Voraussetzung einer wissenschaftlich überzeugenden Schwerpunktbildung an einem bestimmten Hochschulort, benachbarte Hochschulen beteiligt sein.

Sonderforschungsbereiche ermöglichen Forschung unter Konzentration der personellen und materiellen Ausstattung durch Koordination und fachliche Abstimmung in den Hochschulen. Sie sollen die Kooperation, auch über die Grenzen der Fächer, Institute, Fachbereiche und Fakultäten hinweg, sowie die Zusammenarbeit zwischen den Hochschulen und Forschungseinrichtungen außerhalb der Hochschulen verbessern.

Sonderforschungsbereiche sind Einrichtungen der wissenschaftlichen Hochschulen. Die Hochschulen sind deshalb Antragsteller und Empfänger der Förderung durch die DFG. Als langfristig geplante Forschungsschwerpunkte setzen Sonderforschungsbereiche vor allem die langfristige Bereitstellung einer ausreichenden personellen, finanziellen und räumlichen Grundausstattung durch die antragstellende Hochschule sowie die langfristige Sicherung einer angemessenen Finanzierung durch die DFG voraus.

Die an einem Sonderforschungsbereich beteiligten Wissenschaftler entscheiden über die wissenschaftliche Entwicklung und die laufenden Angelegenheiten des Sonderforschungsbereichs. Dazu geben sie sich im Einvernehmen mit der Hochschule und in Abstimmung mit der DFG eine Ordnung. Die DFG führt eine Begutachtung der Programm- und Finanzplanung jedes Sonderforschungsbereichs einschließlich einer Bewertung der bis dahin geleisteten Forschungsarbeit in Abständen von höchstens drei Jahren durch. Auf der Grundlage dieser Begutachtung, die mit Hilfe vieler ehrenamtlich als Gutachter tätigen Wissenschaftler am Ort des Sonderforschungsbereichs stattfindet, entscheidet der aus Wissenschaftlern und Vertretern der zuständigen Bundes- und Landesministerien zusammengesetzte Bewilligungsausschuß der DFG jährlich über die Förderung der Sonderforschungsbereiche. Vor der Entscheidung über den ersten Finanzierungsantrag eines Sonderforschungsbereichs (Einrichtungsantrag) nimmt der Wissenschaftsrat unter wissenschaftspolitischen Gesichtspunkten zu dem Antrag Stellung.

Am 1. Januar 1987 wurden insgesamt 157 Sonderforschungsbereiche gefördert. Davon entfallen 17 (11 %) auf die Geistes- und Gesellschaftswissenschaften, 61 (39 %) auf die Biowissenschaften, 43 (27 %) auf die Naturwissenschaften und 36 (23 %) auf die Ingenieurwissenschaften. Die jährliche finanzielle Zuwendung für alle Sonderforschungsbereiche beträgt etwa ein Drittel des Etats der DFG, im Haushaltsjahr 1987 321,5 Mio. DM zuzüglich verschiedener Sondermittel des Bundes in der Größenordnung von etwa 7 Mio. DM.

Die DFG hat im Frühjahr 1985 einen zusammenfassenden Bericht über die Entwicklung des Förderprogramms von der Gründung der ersten Sonderforschungsbereiche Ende 1968 bis zum Heranwachsen der zweiten Generation der Sonderforschungsbereiche im Jahre 1985 herausgegeben. Das Buch nennt noch einmal die mit dem Programm verbundenen Ziele, schildert den schwierigen Beginn, ruft die Krise von 1975 und deren Ursachen in Erinnerung, verweist auf die anschließende rechtliche und finanzielle Konsolidierung des Programms und beschreibt den Generationswechsel, also den bis Ende 1984 erreichten Stand der Ablösung vieler älterer Sonderforschungsbereiche durch eine noch größere Zahl neuer Sonderforschungsbereiche.

Die in dem Bericht geäußerte Erwartung einer weiteren Zunahme von Initiativen für neue Sonderforschungsbereiche hat sich in den beiden folgenden Jahren, 1985 und 1986, erfüllt. Nicht weniger als 57 Sonderforschungsbereiche konnten in diesem Zeitraum eingerichtet werden, erfreulicherweise auch in jüngeren Hochschulen wie Bielefeld, Hamburg-Harburg, Osnabrück und Siegen. Am 1. Januar 1987 sind noch einmal 13 neue Sonderforschungsbereiche in die Förderung aufgenommen worden. Mit dem Start weiterer Sonderforschungsbereiche ab Jahresmitte 1987 oder zu einem späteren Zeitpunkt ist zu rechnen.

Die fachliche Verteilung der Sonderforschungsbereiche ist bei allgemeiner Betrachtung – wie die eingangs genannten Daten zeigen – im wesentlichen unverändert. Innerhalb von Teilbereichen werden jedoch neue Akzente gesetzt. So gibt die stark gewachsene Anzahl der Sonderforschungsbereiche, die sich mit unterschiedlichsten Fragestellungen dem breitgefächerten Gebiet zellbiologischer Forschung widmen, der Biologie im Förderprogramm einen deutlichen Schwerpunkt. Genetische Forschung und Tumorforschung nehmen ebenfalls breiteren Raum ein als in früheren Jahren. Weitere Beispiele für solche Akzentverschiebungen sind das Vordringen von Sonderforschungsbereichen mit Interessen in der Informatik und Informationstechnik sowie die besonderen Anstrengungen verschiedener Hochschulen bei der Erforschung von Grundlagen automatisierter Konstruktions-, Fertigungs- und Montageprozesse.

Das Förderprogramm gilt im Drittmittelbereich zur Zeit als wichtigstes Instrument der Schwerpunktsetzung und Profilierung universitärer Forschung. Hochschulen und Forscher nutzen die damit gegebenen Möglichkeiten und erhalten dabei Unterstützung aus Landesmitteln, die den oft drückenden Mangel an personeller und apparativer Grundausstattung beheben oder jedenfalls weniger fühlbar machen, als er ohne die forschungspolitische Anziehungskraft eines Sonderforschungsbereichs zu spüren wäre.

Man weiß, daß sich die Chance, mit einem Einrichtungsantrag vor den Gutachtern und den Entscheidungsgremien der Forschungsgemeinschaft zu bestehen, erhöht, wenn der Antrag auf erfolgreichen Vorarbeiten aufbaut und einen hohen Grad fachlicher Kohärenz aufweist. Die neuen Sonderforschungsbereiche sind deshalb durchweg homogener und damit meist kleiner als Sonderforschungsbereiche der ersten Generation. Dies erleichtert nicht nur die von Sonderforschungsbereichen erwartete intensive Zusammenarbeit, sondern schafft auch von Beginn an günstige Voraussetzungen für den zu gegebener Zeit unvermeidlichen Abschluß der Förderung.

Der außergewöhnliche Erfolg der Sonderforschungsbereiche läßt leicht vergessen, daß mit diesem Programm etwas sehr Seltenes erreicht werden konnte, nämlich Forschungsunternehmen in der finanziellen Größenordnung von durchschnittlich und jährlich 2 Mio. DM, allein an Ergänzungsmitteln, nach spätestens 15 Jahren zu beenden und neue Unternehmungen dieser Art mit anderen Zielsetzungen zu gründen. Hier liegt einer der ganz großen Vorteile konzentrierter, aber nicht an Institutsformen gebundener Forschungsförderung. Nur so war es überhaupt möglich, trotz kleiner finanzieller Zuwachsraten in wenigen Jahren nicht nur viel Neues zu schaffen, sondern auch eine erhebliche Programmausweitung durchzusetzen. Die Daten sprechen für sich: Vom Herbst 1968 bis zum 1. Januar 1987 sind, mit unterschiedlicher Dauer, insgesamt 268 Sonderforschungsbereiche gefördert worden; 145 von ihnen sind in der Zeit seit dem 1. Juli 1978 begonnen worden. Die bezogen auf 268 Sonderforschungsbereiche vollzogenen 111 Beendigungen fallen zu rund 70 %, also mit 79 beendeten Sonderforschungsbereichen, in den verhältnismäßig kurzen Zeitraum von 1982 bis 1986. Im selben Zeitabschnitt sind 102 neue Sonderforschungsbereiche, also etwa 38 % der Gesamtförderungszahl (268), eingerichtet worden. Der Anteil derjenigen neuen Sonderforschungsbereiche, die mit veränderter Themenstellung erkennbar auf der Arbeit eines beendeten Sonderforschungsbereichs aufbauen, liegt bei etwa einem Viertel. Die weit überwiegende Zahl der Sonderforschungsbereiche betrifft also in dieser Förderungsform Initiativen ganz neuer Gruppen.

Eine Analyse der Beendigung von Sonderforschungsbereichen und der davon ausgehenden Wirkungen in den Hochschulen steht noch aus. Allgemein läßt sich aber feststellen, daß gravierende, von einer Hochschule allein nicht zu lösende Probleme nur selten auftreten. Dazu trägt bei, daß die Beendigung eines Sonderforschungsbereichs fast immer zwei bis drei Jahre vor dem letzten Tag der Förderung mitgeteilt wird, also ausreichend Zeit zur Vorbereitung notwendiger Maßnahmen, vor allem im Personalbereich, bleibt. Die Hochschulen sind mit Unterstützung der Bundesländer bemüht, das in einem Schwerpunktgebiet über lange Zeit aufgebaute und mit dem Ende eines Sonderforschungsbereichs keineswegs unfruchtbar werdende Forschungspotential zu erhalten, beispielsweise in Gestalt von Einrichtungen der wissenschaftlichen Infrastruktur. Außerdem bieten sich sowohl bei der DFG selbst als auch bei anderen Fördereinrichtungen verschiedene Möglichkeiten, Mittel für Forschungsvorhaben zu beantragen, die über das Ende eines Sonderforschungsbereichs hinausweisen und weitere Förderung verdienen.

Die Zahl der Initiativen für neue Sonderforschungsbereiche hat im Vergleich zu den Daten der letzten zwei Jahre abnehmende Tendenz. Dies dürfte darauf zurückzuführen sein, daß ein sehr großer Teil der universitären Forschungskapazität, die ja in ihrer Gesamtheit von vielen Finanzierungsmöglichkeiten Gebrauch macht, zunächst einmal durch die Interessen der bestehenden Sonderforschungsbereiche gebunden ist. Dies darf jedenfalls für solche Forschungsfelder angenommen werden, die herkömmlicherweise an einzelnen Hochschulen in dem für Sonderforschungsbereiche ausreichenden Umfang vertreten sind.

Probleme ergeben sich vor allem dort, wo Sonderforschungsbereiche auf Grenzgebieten oder in kleinen Fächern angestrebt werden, für die sich nur selten genügend Forschungspotential an einem Ort findet. Der Versuch, in solchen Fällen die Einrichtung eines Sonderforschungsbereichs auf Teilschwerpunkte in mehreren Hochschulen zu stützen, kann nur dann erfolgreich sein, wenn wenigstens an einer der beteiligten Hochschulen so viel Potential vorhanden ist, wie es von einem Sonderforschungsbereich erwartet wird. Die Einbeziehung kooperationsbereiter Gruppen anderer Hochschulen in den Sonderforschungsbereich ist dann möglich, sofern die räumliche Distanz zwischen den einzelnen Standorten das vom Forschungsgebiet her notwendige Maß an Zusammenarbeit noch zuläßt.

Es ist verständlich, daß Forscher, die für eine überzeugende Idee eine gegenwärtig sehr attraktive Finanzierungsmöglichkeit in Anspruch nehmen wollen, alle verfügbaren Kräfte zusammenfassen und dabei das Ortsproblem gern als bürokratische Frage betrachten. Die örtliche Schwerpunktbildung gehört aber im Konzept dieses Förderprogramms, wie es der Wissenschaftsrat empfohlen hat, von Anfang an zu den Grundgedanken. Für überörtlich oder überregional angelegte Forschung gab und gibt es andere Formen der Förderung, beispielsweise das Schwerpunktprogramm der DFG. Die Förderung der Sonderforschungsbereiche, deren Kriterien auf einem förmlich beschlossenen und auch in der Ortsbindung forschungspolitisch bewußt gestalteten Konsens mit den staatlichen Zuwendungsgebern beruhen, läßt sich nicht beliebig verändern oder dehnen. Dies wird jeder akzeptieren müssen, der den Fortbestand und die kontinuierliche Unterstützung bewährter Förderverfahren im Rahmen der wissenschaftlichen Selbstverwaltung nicht tangiert sehen möchte.

Die DFG kann sich aber mit der Feststellung dessen, was nicht geht, nicht zufriedengeben, sondern hat mit all ihren Möglichkeiten dafür zu sorgen, daß gute Forschung adäquat gefördert wird. Diese Schrift enthält deshalb Vorschläge (vgl. Abschnitte 1.7.2 und 1.7.3), die als Alternative herangezogen werden können, wenn die Einrichtung eines Sonderforschungsbereichs aus strukturellen Gründen der geschilderten Art nicht möglich ist.

In allen Sonderforschungsbereichen steht die Förderung des Nachwuchses an erster Stelle. Etwa 3000 Mitarbeiter, die aus Mitteln der DFG in diesem Programm gefördert werden, sind dem wissenschaftlichen Nachwuchs zuzurechnen. Dazu kommen zahlreiche jüngere Wissenschaftler, die Planstellen innehaben und ebenfalls in Sonderforschungsbereichen mitarbeiten. Die wissenschaftlichen Mitarbeiter befinden sich teils in der Promotionsphase, teils in der Postdoktorandenphase. Ihre Einbindung in einen Kreis erfahrener Forscher mit einer gemeinsamen, fachlich übergreifenden Zielsetzung ist nicht nur ein Gewinn für sie selbst, sondern umgekehrt auch für die Arbeit des ganzen Sonderforschungsbereichs eine stete Quelle neuer Ideen und

Forschungsanstöße. Es ist zu begrüßen, daß die Bedeutung einer kontinuierlichen, wissenschaftlich anspruchsvollen und auch finanziell angemessenen Förderung des Nachwuchses in jüngster Zeit zum Gegenstand konkreter Vorschläge der staatlichen Seite geworden ist. Die DFG beabsichtigt, Daten über den von ihr geförderten wissenschaftlichen Nachwuchs zu erheben, die ihren gegenwärtigen Kenntnisstand erweitern und eine Antwort auf die Frage erleichtern, welche zusätzlichen Maßnahmen sinnvoll sind und wo diese ansetzen müssen. Sie sieht in den Sonderforschungsbereichen auch künftig bevorzugte Orte der wissenschaftlichen Weiterqualifikation auf hohem Niveau. Besondere Bemühungen der Länder oder gemeinsame Anstrengungen des Bundes und der Länder zur Nachwuchsförderung, wie sie zur Zeit stattfinden oder diskutiert werden, wird die DFG mit all ihren Verfahren, namentlich aber im Rahmen der Sonderforschungsbereiche, nach Kräften unterstützen.

1.7.5 Gottfried Wilhelm Leibniz-Förderpreis

Mit dem Förderpreis für deutsche Wissenschaftler im Gottfried Wilhelm Leibniz-Programm der DFG sollen hervorragende Wissenschaftler oder Gruppen von Wissenschaftlern für herausragende wissenschaftliche Leistungen ausgezeichnet und vor allem in ihrer weiteren Forschungsarbeit gefördert werden. Die Förderung soll die Arbeitsmöglichkeiten der ausgewählten Forscher und Forschergruppen verbessern und erweitern, die Mitarbeit besonders qualifizierter jüngerer Wissenschaftler sowie die aus der jeweiligen Notwendigkeit des Vorhabens resultierende Zusammenarbeit mit Wissenschaftlern aus dem Ausland erleichtern. Mit dem Leibniz-Programm soll insbesondere ein Vertrauensvorschuß gewährt werden, der den Forschern für einen längeren Zeitraum Mittel zur Verfügung stellt, die nach den Wünschen und Bedürfnissen des Forschers und nach dem Verlauf der Forschungsarbeit flexibel eingesetzt werden können. Damit soll das Programm auch dazu beitragen, die beteiligten Wissenschaftler von Verwaltungsarbeit zu entlasten und sie verstärkt für die wissenschaftliche Arbeit freizustellen.

Das wesentliche Kriterium für die Auswahl der Preisträger ist die herausragende Qualität ihrer bisherigen, vor allem aber der künftig von ihnen zu erwartenden wissenschaftlichen Arbeiten. Dabei fließen Gesichtspunkte wie die Anerkennung des oder der Vorgeschlagenen im jeweiligen engeren Fachgebiet, aber auch über die Fächergrenzen hinweg und auf internationaler Ebene ein. Die Anziehungskraft für fähige junge Nachwuchswissenschaftler spielt ebenfalls eine wichtige Rolle. In welcher Lebensphase der Preis verliehen werden soll, wird von Fall zu Fall und von Fach zu Fach unterschiedlich zu beantworten sein; stets aber soll mit dem Preis durch beträchtliche zusätzliche Mittel eine weitere Phase hoher wissenschaftlicher Leistungen nachhaltig gefördert werden. Nur bei gleicher Qualität treten Gesichtspunkte wie die ausgewogene Verteilung auf die Fächer, auf die Regionen und nach Geschlechtern hinzu, wobei sich mögliche Ungleichgewichte in dieser Hinsicht mit zunehmender Laufzeit des Programms voraussichtlich ausgleichen lassen.

Die Förderung im Leibniz-Programm wird nur auf Vorschlag Dritter gewährt. Vorschlagsberechtigt sind u.a. die Wissenschaftlichen Hochschulen, die Max-Planck-Gesellschaft, die Akademien der Wissenschaften und die Fachausschußvorsitzenden der DFG.

Der Förderpreis kann je nach Bedarf des ausgezeichneten Wissenschaftlers oder der Wissenschaftlergruppe für einen Zeitraum von fünf Jahren bis zu 3 Mio. DM betragen. Nach einem Beschluß der Bund-Länder-Kommission für Bildungsplanung und Forschungsförderung vom Juli 1985 werden die erforderlichen Mittel der DFG zunächst für fünf Bewilligungsperioden von Bund und Ländern zur Verfügung gestellt. Gefördert werden können wissenschaftliche Aktivitäten in der Bundesrepublik Deutschland sowie in deutschen Forschungseinrichtungen im Ausland tätige Forscher und Forschergruppen.

Der Hauptausschuß der DFG trifft die Entscheidung über die Verleihung des Förderpreises. Er hat zur Vorbereitung dieser Entscheidung einen aus angesehenen Wissenschaftlern zusammengesetzten Nominierungsausschuß konstituiert, dem der Präsident der DFG vorsitzt und dem die Bewertung der eingehenden Vorschläge sowie die Vorbereitung der Entscheidung des Hauptausschusses obliegt.

1.7.6 Heisenberg-Programm

Das Heisenberg-Programm zur Förderung des wissenschaftlichen Nachwuchses ist nach einer Initiative der Präsidenten und Vorsitzenden der großen Wissenschaftsorganisationen in der Bundesrepublik aufgrund einer Empfehlung der Bund-Länder-Kommission für Bildungsplanung und Forschungsförderung am 4. November 1977 von den Regierungschefs des Bundes und der Länder zunächst für die Dauer von fünf Jahren beschlossen und vorerst bis 1988 verlängert worden. Die Durchführung wurde der DFG übertragen.

Vorrangiges Ziel des Programms ist die Förderung junger hochqualifizierter Wissenschaftler. Da in den Hochschulen und Forschungsinstitutionen zur Zeit immer noch Stellen gestrichen bzw. umgewidmet werden und die vorhandenen Stellen in vielen Disziplinen überwiegend mit verhältnismäßig jungen Wissenschaftlern besetzt sind, sind die Chancen des wissenschaftlichen Nachwuchses, auf Dauerstellen zu gelangen, noch für einige Jahre gemindert. Um diese Chancen zu verbessern, bieten – abgesehen von Stellen des Fiebiger-Planes oder Stiftungsprofessuren – die Stipendien des Heisenberg-Programms die Möglichkeit, sich eine Reihe von Jahren ganz der Forschung zu widmen. Die Stipendien werden auf drei Jahre bewilligt und können auf Antrag um weitere zwei Jahre verlängert werden. Eine zeitlich darüber hinausgehende Förderung im Rahmen des Heisenberg-Programms ist ausgeschlossen.

Der Auswahlausschuß hat seit Beginn des Programms an die Qualifikation der Bewerber sehr hohe Anforderungen gestellt: Die Habilitation oder eine gleichwertige Qualifikation ist eine notwendige, aber keine hinreichende Bedingung für die Bewilligung eines Stipendiums. Zusätzlich ist stets die Frage gestellt worden, ob ein Bewerber aus dem wissenschaftlichen Nachwuchs seines Faches durch besondere Leistungen herausrage, zur Spitzengruppe gehöre, und überdies „jung" für seine Leistungen sei.

Insgesamt sind von 1978 bis zum 31. Dezember 1986 von über 1400 Bewerbungen 529 Stipendien bewilligt worden; das mittlere Alter der Stipendiaten bei Aufnahme in die Förderung betrug 36 Jahre. Bis zum gleichen Zeitpunkt wurden 231 Stipendien zurückgegeben, weil Stipendiaten sich erfolgreich um eine Stelle im In- oder Ausland beworben hatten. 66 Stipendien sind ausgelaufen. Am 31. Dezember 1986 gab es mithin 232 Stipendiaten.

Aus diesen Zahlen geht hervor, daß sich von den jeweils rund 1000 Habilitierten der letzten Jahre ein beachtlicher Teil um Heisenberg-Stipendien beworben hat.

Die Fortsetzung des Programms über 1988 hinaus um weitere fünf Jahre scheint der Forschungsgemeinschaft geboten, weil erst dann eine wesentliche Zielsetzung des ursprünglichen Vorschlags der Präsidenten und Vorsitzenden der Wissenschaftsorganisationen, nämlich: hochqualifizierte Nachwuchswissenschaftler in der Forschung zu halten, bis in den Hochschulen und Forschungsinstitutionen wieder vermehrt Stellen frei werden, tatsächlich erreicht werden kann.

Der Finanzbedarf für das Programm richtet sich nach der Zahl der vergebenen Stipendien, die bislang in jedem Jahr deutlich unter der von den Regierungschefs beschlossenen Zahl von 150 gelegen hat. Eine Ausweitung gegenüber dem Umfang der bisherigen Förderung erscheint nicht geboten.

1.7.7 *Postdoktoranden-Programm*

Das Postdoktoranden-Programm wurde 1985 von der DFG mit Sondermitteln des Bundes eingerichtet. In diesem Programm sollen promovierte junge Wissenschaftler gefördert werden, die sich durch die Qualität ihrer Promotion als besonders befähigt ausgewiesen haben. Die Förderung soll es ihnen ermöglichen, in der Regel unmittelbar nach der Promotion für eine begrenzte Zeit in der Grundlagenforschung mitzuarbeiten und sich dadurch für eine künftige Tätigkeit auch außerhalb der Hochschulen weiterzuqualifizieren. Das Programm soll damit sowohl der Förderung der Grundlagenforschung als auch dem Wissenstransfer in die Berufswelt dienen. Habilitierte und Habilitanden werden nicht gefördert. Die Bewerber sollen bei Förderungsbeginn nicht älter als 30 Jahre sein.

Antragsberechtigt gegenüber der DFG sind die Hochschulen. Sie wählen aus den Bewerbungen diejenigen aus, für die sie einen Antrag stellen wollen. Bei der Auswahl sollen – neben der hervorragenden wissenschaftlichen Qualifikation – auch der Wille zur Mobilität, insbesondere dokumentiert durch den Wunsch nach einem Auslandsaufenthalt, sowie ein Bezug der geplanten Arbeit auf ein außeruniversitäres Berufsfeld beachtet werden. Durch die Auswahl der Bewerber kann die antragstellende Hochschule Schwerpunkte in bestimmten Wissenschaftsbereichen setzen.

Die Förderung erfolgt in der Regel durch Stipendien; in sachlich begründeten Fällen können auch Mittel für eine Beschäftigung im Angestelltenverhältnis bewilligt werden. Die Förderung ist begrenzt auf zwei Jahre mit einer Verlängerungsmöglichkeit von maximal einem Jahr. Bis Ende 1986 sind insgesamt 504 Anträge eingereicht worden. Die Altersgrenze wurde in 60 % der Anträge eingehalten. Entschieden wurde bis Ende 1986 über 393 Anträge; 274 Bewilligungen standen 119 Ablehnungen gegenüber. Der Grund für die Ablehnungsquote von 30 % liegt in den Qualitätsmaßstäben, die in der Begutachtung angelegt werden – nicht selten in Verbindung mit dem Kriterium der Altersgrenze.

Bemerkenswert ist, daß 75 % der Stipendien mit Auslandsaufenthalten verbunden sind. Zurückgegeben wurden ca. 10 % der Stipendien, in der Regel, weil die Stipendiaten Festanstellungen, sei es innerhalb, sei es außerhalb der Hochschulen, erhalten haben.

Das Postdoktoranden-Programm ist unbefristet eingerichtet worden. Die finanzielle Ausstattung dürfte etwa 400 gleichzeitig in Anspruch genommene Stipendien ermöglichen. Es ist zu erwarten, daß diese Zahl im Jahre 1987 erreicht wird.

1.7.8 Großgeräte einschließlich Rechenanlagen

1.7.8.1 Großgeräte

Aussagen zur Ausstattung von Hochschulen mit Großgeräten sind besser verständlich, wenn man sich der unterschiedlichen Verfahren zur Beschaffung von Großgeräten bewußt ist. Es erscheint daher notwendig, diese – wie in den vergangenen Grauen Plänen und wie in den Tätigkeitsberichten der Forschungsgemeinschaft immer geschehen – erneut in Erinnerung zu bringen.

Im Rahmen der Förderungsverfahren der DFG können Großgeräte nur dann beschafft werden, wenn sie für die Durchführung von Forschungsvorhaben unbedingt erforderlich sind und nicht zur Grundausstattung einer Hochschuleinrichtung gerechnet werden müssen. Zur Grundausstattung einer Einrichtung für Forschung und Lehre zählen Geräte, die in der jeweils erforderlichen Mindestzahl vorhanden sein müssen, um der wissenschaftlichen Einrichtung einen dem Stand der Wissenschaft entsprechenden Lehr- und Forschungsbetrieb zu ermöglichen.

Da sich der Begriff Grundausstattung nicht immer allgemein eindeutig abgrenzen läßt, prüft die Forschungsgemeinschaft jeden Einzelfall. Besonders bei der Einführung neuer Methoden oder gerätetechnischer Neuerungen gibt es fließende Übergänge. Die Gutachter, die alle Anträge an die Forschungsgemeinschaft prüfen, nehmen auch zu Zweifelsfällen dieser Art Stellung.

Die Finanzierung der Grundausstattung ist Aufgabe der Bundesländer. Dabei beteiligt sich bei Geräten über 150 000 DM nach dem Gesetz über die Gemeinschaftsaufgabe „Ausbau und Neubau von Hochschulen" (Hochschulbauförderungsgesetz –

HBFG) der Bund mit 50 % an den Investitionsmitteln, wenn der Wissenschaftsrat aufgrund einer Empfehlung der DFG die von den Bundesländern angemeldeten Geräte in die jährlichen Rahmenpläne für den Hochschulbau aufgenommen hat.

Eine ausgewogene Grundausstattung ist die Voraussetzung für die Funktionsfähigkeit der Mehrzahl aller wissenschaftlichen Disziplinen in Forschung, Lehre und Krankenversorgung. Die Ausgewogenheit soll hier nicht nur auf das Verhältnis der Geräte mit unterschiedlichen Anschaffungskosten bezogen werden, sondern auch auf das Betriebsalter der Geräte und auf das Verhältnis methodisch und technisch neuer Geräte zu Geräten mit z. B. geringerer Auflösung oder geringerem Automatisierungsgrad.

Ferner müssen alle apparativen Investitionen von der Bereitstellung qualifizierten Personals für die kontinuierliche Unterhaltung und Betreuung der Geräte begleitet werden.

Wissenschaftsrat und DFG haben in den vergangenen Jahren mehrfach auf die Bedeutung eines ausreichenden Mittelvolumens besonders für Ersatz- und Ergänzungsbeschaffungen von Großgeräten hingewiesen.

In den vergangenen Jahren wurde im Zusammenhang mit dem Neubau von Hochschulinstituten auch die Geräteausstattung modernisiert. Der Neubau solcher Institute geht zurück, und die in den siebziger Jahren errichteten Institute und Kliniken haben heute eine veraltete Geräteausstattung, die ersetzt und mit Neuentwicklungen ergänzt werden muß. Daher kommt im Rahmen des HBFG-Verfahrens dem Mittelansatz der Bundesländer für die jährliche Ersatz- und Ergänzungsausstattung eine besondere Bedeutung zu, da hiervon die Leistungsfähigkeit der Hochschulen in vielen Disziplinen abhängig ist.

Ausreichende Mittel für Ersatz- und Ergänzungsbeschaffungen an wissenschaftlichen Geräten sind aber auch deshalb notwendig, weil der Betrieb von veralteten Geräten über eine normale Nutzungszeit hinaus unwirtschaftlich ist.

Der Wissenschaftsrat hat seine Stellungnahme zu den Großgeräte-Investitionen zwischenzeitlich für die Jahre 1984 und 1985 fortgeschrieben und dabei den Finanzbedarf für die Großgeräte-Investitionen für die Jahre 1987 bis 1990 ermittelt.

Die Abschätzung des Wissenschaftsrates wird von der DFG voll unterstützt. Leider muß festgestellt werden, daß die Globalansätze für Geräte-Ersatzbeschaffungen der einzelnen Bundesländer des 16. Rahmenplans für den Hochschulbau für die Jahre 1987 bis 1990 in vielen Fällen zu niedrig sind, um den Bedarf an notwendigen Großgeräte-Ersatzinvestitionen zu decken und den Gerätebestand zu erhalten.

Daraus kann gefolgert werden, daß in den nächsten Jahren zunehmend Mittel von der Forschungsgemeinschaft oder von anderen Drittmittelgebern eingeworben werden müssen, um die entstehenden Lücken zu schließen. Dies wird nicht nur für Großgeräte erwartet, sondern auch für die vielen kleinen und mittleren Geräte, die zur Durchführung der verschiedenen Forschungsprojekte notwendig sind.

Im Zusammenhang mit der Grundausstattung der Hochschulen wird immer wieder die Frage der Angemessenheit der Kostengrenze von 150 000 DM im Rahmen des Hochschulbauförderungsgesetzes diskutiert. Besonders für die Fachhochschulen mit der Praxisnähe des Fachhochschulstudiums, aber auch bei den wissenschaftlichen

Hochschulen bildet sich eine Finanzierungslücke für Geräte zwischen ca. 50 000 und 150 000 DM.

Legt man jedoch den mittleren Preisindex für Großgeräte, bezogen auf das Jahr 1973, zugrunde, so ergibt sich bis zum Jahre 1985, über verschiedene Gerätearten gemittelt, ein Preisanstieg von etwa 75,4 %, was – bezogen auf 1973 – einer Absenkung der Finanzierungsgrenze im HBFG von 150 000 DM auf 85 000 DM entsprechen würde.

Damit hat die Zahl der über das HBFG-Verfahren zu finanzierenden Geräte von Jahr zu Jahr zugenommen, was sich auch in den Zahlen der von der Forschungsgemeinschaft begutachteten HBFG-Anmeldungen widerspiegelt. Die sich hieraus ergebende finanzielle Entlastung der Bundesländer sollte aber auch voll den Hochschulen zugute kommen.

Im folgenden sollen exemplarisch aus den Fachgebieten Ingenieurwissenschaften, Naturwissenschaften, Biologie und Medizin Entwicklungen beschrieben werden, die Rückwirkungen auf die apparative Ausstattung der Institute und Kliniken haben werden.

Großgeräte in den Ingenieurwissenschaften

Die rasche Entwicklung neuer Technologien und neuer Werkstoffe – wie z. B. Hartstoffe und Keramik – führt in der Fertigungstechnik tiefgreifende Veränderungen herbei: Bekannte Werkstoffe werden zum Teil durch neue Materialien ersetzt, und vor allem die weitgehende Integration der Datenverarbeitung in allen Stufen der Produktion und der Fertigung wird in den nächsten Jahren die Entwicklung maßgeblich beeinflussen. Heutige und künftige Forschungsanstrengungen werden auch Auswirkungen auf die Gerätetechnik haben:

- Es besteht ein erheblicher Bedarf an anwendungsorientierter Rechner-Hard- und Rechner-Software. Fragen der rechnerintegrierten Produktion und der Experten-Systeme spielen in Zukunft eine größere Rolle.

- Die Entwicklung im Rechnerbereich führt zu einer schnelleren Veralterung vieler wissenschaftlicher Geräte und damit tendenziell zu einem höheren Gerätebedarf.

- Hinsichtlich der zukünftigen Geräteentwicklungen sind Anträge zur verbesserten Ausstattung mit NC-Bearbeitungsmaschinen und Industrierobotern zu erwarten; dies betrifft neben den wissenschaftlichen Hochschulen in besonderem Maße auch die Fachhochschulen.

- Zu den neuartigen Fertigungsverfahren, die ältere in bestimmten Anwendungsbereichen substituieren werden, gehören die Laserstrahlverfahren zum Schneiden, Schweißen, Härten und Oberflächenbeschichten.

- Einrichtungen für die Materialflußverkettung, z. B. fahrerlose Transportsysteme und Lagereinrichtungen, sowie Einrichtungen zur Automatisierung der Informationsverarbeitung wie CAD/CAM-Systeme und Systeme zur Produktionsleittechnik werden Auswirkungen auf zukünftige Geräteentwicklungen haben.

Obgleich auch im Bereich anderer ingenieurwissenschaftlicher Fächer, z. B. der Verfahrenstechnik, maschinentechnisch hochentwickelte Anlagen zur Verfügung stehen, sind Neuentwicklungen zu erwarten:

- Aufgrund nicht ausreichender Grundlagenkenntnisse über die meist komplexen Beschichtungsvorgänge im Bereich der Oberflächentechnik ist es bisher nicht möglich, die Prozesse gezielt zu optimieren bzw. zu kontrollieren. Hierzu sind methodische Neuentwicklungen erforderlich, z. B. Simulationsverfahren bzw. Rechenmodelle, die es erlauben, Modelluntersuchungen zur Gas-Metall-Wechselwirkung beim thermischen Spritzen vorzunehmen. Ein hohes Potential zur apparatetechnischen Entwicklung liegt in diesem Zusammenhang auch in der Schaffung kombinierter Verfahrenstechniken, sogenannter Hybridtechniken. Beispiel: Der Einsatz von Ionenstrahlquellen zum Ionenplattieren.

- Im Bereich der Schweißverfahren verfügen Elektronen- und Laserstrahlen über hohe Leistungsdichte und Wirtschaftlichkeit. Für eine effektivere Nutzung dieser optimierten Energiequellen zur Materialbearbeitung an der Atmosphäre wird eine Kombination beider Verfahren erwartet.

Auf dem Gebiet der Qualitätssicherung und hier insbesondere der zerstörungsfreien Prüfung werden drei apparatetechnische Weiterentwicklungen erwartet:

- die Weiterentwicklung der Sensortechnologie bis hin zum teilintelligenten Sensor;
- die apparatetechnische Entwicklung der Handhabungstechnik zur besseren Reproduzierbarkeit und Interpretation der Prüfbefunde;
- Weiterentwicklung der Verfahren der Datenverarbeitung für die Mustererkennung oder die Bildanalyse;
- Holographie und Tomographie werden bei nahezu allen zerstörungsfrei arbeitenden Prüfverfahren wie der Röntgengrob- und -feinstrukturprüfung, der Ultraschallprüfung, der Optik, der Schallemissionsanalyse und auch bei den elektrisch-magnetischen Verfahren zum Tragen kommen.

Da zur Zeit noch empfindliche Lücken in der Meßtechnik der genannten Problemkreise zu verzeichnen sind, vor allem was den praktischen Betrieb anbelangt, ist hier mit weiteren apparatetechnischen Entwicklungen in den nächsten Jahren zu rechnen.

Großgeräte in den Naturwissenschaften

Für die Naturwissenschaften wird eine Wertung der apparativen Entwicklungen der nächsten Jahre exemplarisch für wenige Forschungsschwerpunkte gegeben, da diese in Teilaspekten für unterschiedliche Fachdisziplinen wichtig sind.
      Einen solchen Schwerpunkt bildet die Materialforschung. Dabei besteht eine Wechselwirkung zwischen Naturwissenschaften und Ingenieurwissenschaften (Werkstoffkunde, Verfahrenstechnik und Elektrotechnik).

Ein zentrales Problem ist hier die apparativ oft sehr aufwendige Herstellung ausreichender Untersuchungsobjekte und Proben. Nur wer Zugang zu den richtigen Proben hat, kann auf internationalem Niveau wissenschaftlich erfolgreich arbeiten. Zugang heißt heute Zusammenarbeit, ein echtes Wechselspiel zwischen physikalischer Analyse, Meßtechnik und Probenherstellung.

Die apparativen Voraussetzungen für Ausbildung und Forschung an den Hochschulen auf diesem Gebiet sind zu begrenzt. Die Anlagen sind teuer, und eine optimale Nutzung erfordert Zentralisation, überregionale Zusammenarbeit und ausreichendes Personal.

Prinzipiell ist die Herstellung von Materialien nur sinnvoll mit begleitender Analytik. Auch für die Analytik können die Investitionssummen in Grenzen gehalten werden, wenn die Möglichkeiten zentraler Einrichtungen und überregionaler Kooperation im Vorfeld einzelner Investitionen geprüft und realisiert werden.

- Die apparativen Möglichkeiten wie Kristallzuchtanlagen und Molekülstrahlepitaxieanlagen müssen auf breiter Basis geschaffen werden.

- Die analytischen Verfahren der Elektronenmikroskopie, Sekundärionenmassenspektroskopie, der Photoelektronenspektroskopie und entsprechende Verfahren bedürfen einer weiteren Entwicklung.

- Festkörper-Resonanzmethoden können eine wichtige Ergänzung zur Strukturbestimmung mit Röntgen- und Neutronenbeugungsmethoden darstellen. Die Beschaffung weiterer Festkörper-NMR-Geräte erscheint daher notwendig.

- Voraussetzungen für die Kristallstrukturbestimmung mit Röntgenbeugung an Pulvern könnten durch die verstärkte Ausrüstung kristallographischer Laboratorien von chemischen, mineralogischen und materialwissenschaftlichen Instituten mit automatischen hochauflösenden Pulverdiffraktometern geschaffen werden.

Besonderes Gewicht wird die Herstellung von Bauelementen erhalten. Dies gilt für elektronische Bauelemente ebenso wie für Elemente der Supraleitung und Optik. Die Frage der Strukturierung wird an den Hochschulen insgesamt zu wenig bearbeitet. Es erscheint notwendig, auch hier die überregionale Zusammenarbeit auszubauen.

- Verfahren wie Elektronenstrahl-Lithographie, Plasmaätzen und andere bedürfen einer intensiven Weiterentwicklung.

Durch die Weiterentwicklung der Mikroskopie werden neue methodische Möglichkeiten erschlossen:

- Neuentwicklungen auf dem Gebiet der mikroskopischen Strukturanalyse wie das Laser-Scan-Mikroskop, das Akustische Mikroskop und das Raster-Tunnel-Mikroskop befinden sich noch in der Erprobungsphase und sind mit ihren methodischen Möglichkeiten noch nicht ausgeschöpft.

- Vor allem die hochauflösende Elektronenmikroskopie mit Beschleunigungsspannungen oberhalb 300 kV sollte bei der Gründung von analytischen Einrichtungen Beachtung finden.

- Die Möglichkeiten analytischer und bildverarbeitender Verfahren im Bereich der Transmissions- und Rasterelektronenmikroskopie werden zunehmend enger mit der elektronischen Datenverarbeitung verknüpft, und die Entwicklungsmöglichkeiten sind noch keinesfalls voll erschöpft.

Für die allgemeine chemische Analytik wird erwartet, daß weniger völlig neue Methoden zum Einsatz gelangen, als daß vielmehr bekannte Verfahren und Analysen weiterentwickelt, ausgebaut und mit immer moderneren DV-Systemen ausgerüstet werden. Dies führt zu komfortableren und teureren Geräten, aber auch zu höherer Meßgenauigkeit, Verkürzung der Meßzeiten oder besserem Auflösungsvermögen:

- Dies gilt sowohl für die Kernspin-Resonanz-, Elektronenspin-Resonanz-, Infrarot-, RAMAN- und optische Spektroskopie, aber auch für Diffraktometer, Massenspektrometer, Oberflächen- und Thermoanalysesysteme.

Ein weiterer Schwerpunkt wird die Weiterentwicklung und Nutzung von Laser-Geräten sein:

- Schwerpunkte dieser Entwicklung sind die Präzisionsspektroskopie, Kurzzeitphysik, Untersuchung von Stoßprozessen und Wechselwirkungen von Laserstrahlen mit biologischen Strukturen und Geweben, der Bereich der Anwendung von Laserstrahlung photoinduzierter chemischer Reaktion und der Strukturforschung.

Für alle apparativen Entwicklungen gilt, daß diese mit der ständigen Verbesserung und höherem Automatisierungsgrad zwar leistungsfähiger, aber auch immer teurer werden und daher die Planung von Investitionen hier ein immer größeres Gewicht erhält.

Großgeräte in der Biologie

In Ergänzung zur klassischen Lichtmikroskopie werden moderne mikroskopische Großgeräte wie das Laser-Scan-Mikroskop, das Akustische Mikroskop und das Raster-Tunnel-Mikroskop, die ihren Einsatz zunächst vorwiegend in der Physik und der Materialforschung hatten, auch für viele aktuelle Arbeitsrichtungen der Biologie immer wichtiger. In der Zellbiologie etwa haben diese neuen Techniken der Mikroskopie den großen Vorzug, die Untersuchungen lebender Zellen zum Teil in hoher Auflösung zu erlauben. Die Chromosomenstruktur, bestimmte Aspekte der Signalübertragung, die Struktur und Dynamik von Zytoskelett-Elementen oder mechanische Eigenschaften wie Härte, Elastizität, Dichte und Viskosität von Zellelementen lassen sich so zerstörungsfrei analysieren. Auch die fortgeschrittenen abbildenden und analytischen Verfahren der Elektronenmikroskopie werden viele neue Möglichkeiten in der Biologie eröffnen. So kann man z. B. mit der Elektronen-Energie-Verlustspektroskopie im Transmissions-Elektronenmikroskop die Verteilung bestimmter wichtiger Elemente wie Calcium und Natrium in einzelnen Zellen unmittelbar darstellen.

Der Einsatz dieser modernen Geräte setzt die Entwicklung neuer Präparationstechniken voraus. Mit sogenannten Kryotechniken bleiben z. B. die Strukturen der zu untersuchenden biologischen Objekte bei sehr tiefen Temperaturen besser erhalten.

Ergänzt werden solche auf Großgeräten basierende Verfahren durch die Fortentwicklung und Integration verschiedener kleinerer Geräte. Das ganze Spektrum lichtmikroskopischer Verfahren - wiederum an lebenden Zellen - entfaltet sich vor allem dort, wo das eigentliche Mikroskop mit bestimmten Möglichkeiten zur Manipulation und Veränderung des Objekts während der Beobachtung ausgestattet ist, z. B. das Inverse Mikroskop in Verbindung mit Mikromanipulatoren, mit denen etwa bestimmte Substanzen in Zellbestandteile eingebracht werden können (Mikroinjektion). Die Verfahren sind vor allem für viele gentechnologische Projekte unverzichtbar.

Auf dem Gebiet der Analytik gelten die Aussagen zur chemischen Analytik (vgl. S. 31) entsprechend: Die weitere Entwicklung wird vermutlich nicht so sehr von völlig neuen Methoden als vielmehr von der - meist aufwendigen - Weiterentwicklung bekannter Verfahren bestimmt sein. Für viele biologische, molekularbiologische und biochemische - auch pharmazeutische - Arbeitsrichtungen werden die Kernspin-Resonanz-(NMR-)Spektroskopie und das Röntgendiffraktometer wichtige Schritte der Strukturaufklärung biologisch relevanter Substanzen ermöglichen.

Viele gen- und biotechnologische Projekte setzen schließlich den Einsatz von DNA- und Protein/Peptid-Syntheseautomaten und der entsprechenden Sequenzer voraus.

Großgeräte in der Medizin

Die Einführung digitaler Techniken, wie sie auf dem Gebiet der Computer-Tomographie, Magnetresonanz-Tomographie, digitalen Subtraktions-Angiographie sowie der Ultraschalltechnik bereits teilweise realisiert worden ist, wird zunehmend in allen Disziplinen der Medizin zu neuen apparatetechnischen Möglichkeiten führen.

Speziell im Bereich der Radiologie steht die Einführung digitaler Röntgenverfahren im Vordergrund, dies bedeutet:

- allgemeine Gewinnung von digitalisierten Bildern,

- Digitalisierung der Projektionsradiographie einschließlich der Schichttechnik,

- erweiterte Möglichkeiten der Bildmanipulation, Dokumentation und Archivierung.

Voraussetzung für diese Möglichkeiten ist unter dem Aspekt eines breiten Marktangebotes verschiedener Hersteller die Schaffung von Schnittstellen, wie sie auf dem DV-Markt seit Jahren üblich sind, eine Verbesserung der Bildschirmsysteme sowie die Entwicklung von brauchbaren Text- und Organisationssystemen.

Dieser apparativen Entwicklung ist ein hoher Stellenwert einzuräumen, da sie nicht nur unter dem Aspekt der Qualitätsverbesserung, sondern auch unter dem Aspekt der Einschränkung der Strahlenbelastung für die Untersuchten im diagnostischen Bereich ohne Alternative ist.

Auf dem Gebiet der Strahlentherapie wird erwartet, daß

- die Möglichkeiten der Bestrahlungsplanung einschließlich der vollautomatischen Herstellung von Ausgleichs-Blenden weiterentwickelt werden,
- die Forschungsanstrengungen auf dem Gebiet thermischer Beeinflussung des Gewebes intensiviert werden und
- intraoperative Verfahren an Bedeutung gewinnen.

In der nuklearmedizinischen Diagnostik wird die Möglichkeit, Stoffwechsel- und Durchblutungsvorgänge, also biochemische und physiologische Prozesse im Körper, abhängig vom Ort und streng quantitativ bestimmen zu können, Einfluß auf weitere apparatetechnische Entwicklungen haben. Mit diesem Ziel werden z. B.

- für die Positronen-Emissions-Tomographie (PET) in der Welt zur Zeit an mehr als 50 Zentren die notwendigen Grundlagen erarbeitet.

Im Bereich der Anästhesiologie und der operativen Intensivmedizin werden die schnelle Entwicklung im DV-Bereich und die Medizingeräte-Verordnung vom Januar 1985 Rückwirkungen auf die Geräteentwicklung der nächsten Jahre haben:

- Es wird zwangsläufig zu einer Erweiterung des perioperativen Monitorings kommen, wobei insbesondere die kontinuierliche Gaskonzentrationsbestimmung angesprochen ist.
- Nichtinvasive Überwachungsverfahren von Patienten werden ihren Einzug in die klinische Praxis konsequent fortsetzen, wobei diese Verfahren im Hinblick auf die Praktikabilität und Kosten-Nutzen-Relation noch weiterer Entwicklungsarbeit bedürfen.
- Technologisch wäre es heute schon möglich, einen kompletten Narkose-Arbeitsplatz herzustellen, der als geschlossene Einheit die Funktionen Beatmung/Narkose sowie Überwachung der wesentlichen hämodynamischen Parameter und Beatmungs-Parameter integriert.
- Im intensivmedizinischen Bereich müßten die Systeme der Patientenüberwachung neben Bedside-Rechnern weiterentwickelt werden. Diese Entwicklung wäre für den klinischen Alltag von großem Nutzen.

Generell kann festgestellt werden, daß naturwissenschaftliche Verfahren zunehmend im Bereich der Medizin Anwendung finden. Ein Beispiel dafür ist die gezielte technische Weiterentwicklung des Lasers und seine Anwendung

- in der Ophthalmologie zur Diagnose und Therapie,

34   *1 Allgemeiner Teil*

- in vielen Bereichen der Chirurgie sowohl zum Schneiden als auch zum Koagulieren,
- in der Tumordiagnose und -therapie, z. B. durch gezielte Anreicherung von fluoreszierenden bzw. Strahlung absorbierenden Substanzen.

Bei diesen Beispielen müssen technische Weiterentwicklung, Grundlagenforschung und klinische Anwendung kontinuierlich betrieben und miteinander abgestimmt werden.

1.7.8.2 Rechenanlagen

Die Anwendung automatisierter Methoden zur Verarbeitung und Speicherung von Daten ist in allen Industrienationen weit vorangeschritten. Die schnell steigende Ausbreitung von Mikrorechnern und deren Verwendung als alltägliche Arbeitsgeräte sind auffällige Merkmale dieser Entwicklung. Aber auch der Einsatz konventioneller Rechenanlagen und sogar von Superrechnern rückt verstärkt in das Bewußtsein der Öffentlichkeit.

Die Wissenschaft ist von diesen Möglichkeiten und Chancen besonders betroffen. Da es wesentliches Merkmal wissenschaftlicher Arbeit ist, neue Erkenntnisse zu gewinnen, sie zu ordnen und in wiederverwendbarer Weise darzustellen, zu speichern und weiterzugeben, müssen sich hier veränderte Methoden und Hilfsmittel der Informationsverarbeitung besonders grundlegend und nachhaltig auswirken. Die Rolle des Computers in der wissenschaftlichen Arbeit ist nicht mehr die eines Hilfsgerätes für besondere Teilaufgaben, sondern vielmehr die eines Werkzeugs für geistige Arbeit. Der Computer am Arbeitsplatz ist so in die gesamte Tätigkeit des Wissenschaftlers integriert. Schon in die ersten Lösungsansätze werden die durch den Computereinsatz gegebenen Möglichkeiten einbezogen, und die Art der Darstellung und Weiterverwertung der Ergebnisse wird sofort als Teil des Projektes eingeplant.

Die Methoden der Aufbewahrung und Weitergabe von Wissen haben sich grundsätzlich verändert. Statt der alleinigen Niederlegung in Büchern werden Wissensdarstellungen so angelegt und unterhalten, daß sie zum wiederholten Gebrauch mittels Automaten sofort eingesetzt werden können. Codiertes Wissen wird damit unmittelbar verwendbar und auch als wirtschaftliche Größe und vermarktungsfähige Handelsware angesehen.

Neben dem Besitz von Programmen für wichtige Verfahren ist es im internationalen Wettbewerb mitentscheidend, wer über die leistungsfähigsten Computer verfügt, um diese Programme in möglichst kurzer Zeit für eine möglichst große Zahl von Einzeluntersuchungen einzusetzen. So ist heute schon besonders im Bereich der Naturwissenschaften und Ingenieurwissenschaften der Computer eines der wichtigsten Hilfsmittel im wissenschaftlichen Wettbewerb. Dies trifft zunehmend auch für die Geisteswissenschaften zu.

Damit durchdringt die Datenverarbeitung alle Wissenschaftszweige. Sie ist zur wichtigsten methodischen Herausforderung geworden, der sich die Universität heute gegenübersieht.

1.7.8 Großgeräte einschließlich Rechenanlagen

Von der beschleunigten Ausstattung aller Forschungseinrichtungen mit den jeweils benötigten Rechnersystemen und rechnergestützten Systemen wird die internationale Konkurrenzfähigkeit unserer Forschung künftig maßgeblich mitbestimmt. Das gilt nicht nur für zentrale Systeme, sondern vor allem für arbeitsplatznahe, in der Durchführung von Forschungsprojekten integrierte Systeme. Mit Nachdruck muß vor allem die Ausbildung aller jüngeren Wissenschaftler im zweckdienlichen Einsatz datenverarbeitender Geräte betrieben werden. Deshalb muß die Versorgung aller Hochschuleinrichtungen mit der jeweils notwendigen Datenverarbeitungskapazität in der Grundausstattung und in drittmittelgeförderten Projekten hohe Priorität haben.

Die Bund-Länder-Kommission für Forschungsförderung und Bildungsplanung hat mit der Vorlage eines „Informationstechnischen Rahmenkonzepts" bereits entsprechende Folgerungen für die Hochschulen in Forschung, Lehre und Verwaltung gezogen.

1982 war das jährliche HBFG-Gesamtvolumen für die Beschaffung von Datenverarbeitungsanlagen für die Hochschulen auf einen Tiefpunkt von unter 70 Mio. DM abgesunken, nachdem in den siebziger Jahren stets mindestens 100 Mio. DM pro Jahr aufgebracht worden waren. Erfreulicherweise lagen diese Zahlen 1984 bei 140 Mio. DM und 1985 bei 132 Mio. DM (ohne das „Computer-Investitionsprogramm" CIP). Darin drückt sich auch die Anstrengung aus, den in den Vorjahren entstandenen Rückstand so schnell wie möglich aufzuholen. Der Anstieg verteilte sich fast gleichmäßig auf die Ausrüstung von Rechenzentren, Kliniken, Bibliotheken, Verwaltungen einerseits und die Beschaffung von Rechnern für Institute und sonstige wissenschaftliche Arbeitsgruppen andererseits.

Zu einer allgemein bemerkbaren Bewußtseinsänderung an den Universitäten hat das von der Kommission für Rechenanlagen angeregte und von Bund und Ländern ermöglichte Computer-Investitions-Programm (CIP) beigetragen, das auf eine intensive Grundausbildung der Studenten unter Benutzung moderner Methoden der Informationsverarbeitung abzielt. Damit wurde ein tragfähiges Fundament für eine flächendeckende Versorgung der Hochschulen mit Computerleistungen für die Lehre geschaffen. Die eindrucksvolle Akzeptanz, mit der dieses Investitionsprogramm von nahezu allen wissenschaftlichen Disziplinen aufgenommen und inzwischen zum Teil bereits realisiert wurde, bestätigt die Effizienz und die Breitenwirkung dieser Maßnahme. Der Wissenschaftler von morgen muß eines seiner wichtigsten Werkzeuge schon heute im Studium beherrschen lernen. Für eine sinnvolle „Informatisierung" der Hochschulen in ihrer Breite wurde damit ein wichtiger Anstoß gegeben. Die jährlichen Aufwendungen für das CIP betragen etwa 60 Mio. DM. Sie ergänzen in eindrucksvoller Weise die zuvor genannten HBFG-Aufwendungen. Allerdings kann durch dieses Programm der Mangel an DV-Ausbildungsplätzen nur gemildert, aber noch nicht behoben werden.

Im Rückblick auf die letzten vier Jahre kann festgestellt werden, daß sich die Versorgung der Hochschulen mit DV-Systemen, gemessen an der Ausgangslage, verbessert hat. Es ist allerdings, durch unterschiedliche lokale Finanzvorgaben beeinflußt, eine stärkere Differenzierung zwischen den einzelnen Hochschulen unverkennbar.

Bei der Beschaffung von Vektorrechnern ist eine ihrer Bedeutung angemessene Entwicklung zu beobachten. Gegenwärtig stehen Vektorrechner für überwiegenden Hochschuleinsatz in Bochum, Karlsruhe, Stuttgart, Berlin und Kaiserslautern zur Verfügung. Weitere Neubeschaffungen sind in Bayern, Niedersachsen, Schleswig-Holstein und Nordrhein-Westfalen zu erwarten. Die bisherige Nutzung dieser Anlagen, auch der Bundesländer überschreitende Zugriff, den die DFG in einem Pilotprojekt ermöglichte, hat die von der Kommission für Rechenanlagen in sie gesetzten Erwartungen voll erfüllt. Benutzer dieser Anlagen im Bereich der Naturwissenschaften konnten durch ihre Ergebnisse international Spitzenpositionen erringen.

Im Rahmen des mehrstufigen Versorgungskonzepts für die Hochschulen, das die Nutzung von DV-Anlagen unterschiedlicher Leistung und Ausstattung für die verschiedenen, nach örtlichen und fachlich-organisatorischen Gesichtspunkten abgegrenzten Versorgungsbereiche vorsieht, bilden Vektorrechner die oberste Ebene. Weitere Stufen sind die an Hochschulrechenzentren betriebenen Universalrechner, die Fachrechner für Fakultäten, Institute und Arbeitsgruppen sowie Workstations, Arbeitsplatzrechner und einfache Sichtgeräte am unteren Ende des Spektrums. Voraussetzung für eine flexible Nutzung der Ressourcen ist eine hohe Durchlässigkeit zwischen den einzelnen Stufen der Versorgungsstruktur, damit DV-Aufträge bei Bedarf auf einfache Weise von einer Stufe auf die andere übermittelt werden können.

Für diese Durchlässigkeit ist die Vernetzung der DV-Geräte und -Anlagen auf allen Ebenen dringend erforderlich. Während im lokalen Bereich und in Campus-Situationen angemessen hohe Übertragungsraten kostengünstig möglich sind und in einer ganzen Reihe von Fällen auch schon eingesetzt werden, sind grundstücksübergreifende Teilnetze in Hochschulen und, ganz allgemein, Fernleitungen zum Zugriff auf Großverarbeitungszentren mit den erforderlichen Übertragungsraten infolge der für die Hochschulen gegebenen Postgebührensituation in den Länderhaushalten kaum finanzierbar. Hierdurch wird wissenschaftliche Arbeit unnötigerweise sehr behindert. Das von der Firma IBM bis Ende 1987 wesentlich finanzierte European Academic and Research Network (EARN) hat schon bei geringer Übertragungsrate pilotartig erkennen lassen, welche Intensivierung der DV-Unterstützung der wissenschaftlichen Arbeit durch ein breitbandiges Wissenschaftsnetz eintreten würde.

Zum gegenwärtigen Stand der Rechnersituation an den Hochschulen ist außerdem kritisch anzumerken, daß die Zahl der computergestützten Wissenschaftler-Arbeitsplätze noch wesentlich unter dem anzustrebenden Niveau liegt. Schließlich besteht ein fühlbarer Mangel an professioneller Anwendungssoftware; sie ist teuer, aber erforderlich. Es muß sichergestellt werden, daß die elementaren Arbeitsvoraussetzungen des Wissenschaftlers an der Hochschule mit denen in der Industrie vergleichbar werden.

Die Bundesrepublik muß sich dem Vergleich mit DV-technologisch fortgeschrittenen Ländern wie den USA, Japan und England stellen. In den USA sind an einer ganzen Reihe von Universitäten bereits heute viele DV-Dienste in integrierter Form vorhanden. So besteht Zugriff auf Rechenleistung, Datenbanken und Bibliotheken vom Arbeitsplatz aus. Mehrere akademische Netze ermöglichen landesweiten Zugriff. An einer Anzahl von Universitäten verfügt der Student normalerweise über einen eigenen

PC und Zugang zum hochschuleigenen Kommunikationsnetz, wobei einige Universitäten von den Studenten Programmierkenntnisse sowie die individuelle Beschaffung eines PC bereits als Studienvoraussetzung fordern. Zum Teil haben Studenten schon von ihrem Wohnbereich aus Zugang zu einem lokalen Netz. Im Rahmen des CIP ist dagegen in Deutschland nach Abschluß des Programms Ende 1988 erst ein Arbeitsplatz pro 100 Studenten vorgesehen.

Die National Science Foundation plant gegenwärtig ein neues breitbandiges Netz, das zunächst für den Zugriff auf die im Aufbau oder im Betrieb befindlichen Supercomputerzentren eingesetzt werden soll. Die Nutzung DV-gestützter Dienste wie Datenbanken und die Austauschbarkeit theoretischer und experimenteller Ergebnisse bis hin zur gemeinsamen Dokumentenbearbeitung prägt zunehmend den Arbeitsstil der Wissenschaftler. Die Kooperation mit Arbeitsgruppen in den USA erfordert ein Schritthalten mit dieser Entwicklung.

Die Einschätzung der großen Bedeutung der Informationsverarbeitung wird in den US-Spitzen-Universitäten durch das Amt eines Vice President for Information Technology evident. Eine breite und intensive Kooperation mit der Industrie im Bereich der Informationsverarbeitung hat zu der schon erwähnten guten Geräteausstattung geführt und wird rasch weiter ausgebaut. Ein ähnliches Engagement der deutschen Industrie erscheint selbst bei großer Anstrengung wegen der begrenzten Marktvolumina nicht möglich.

Für Japan ist charakteristisch, daß die Industrie in sehr großem Umfang den Universitäten die jeweils neuesten und fortgeschrittensten DV-Geräte zur Verfügung stellt. Die dadurch bei Forschenden und Studierenden ausgelöste Stimulation ist in ihrer längerfristigen Auswirkung gar nicht hoch genug einzuschätzen.

Die Bemühungen in England zeichnen sich durch eine besonders intensive und breit angelegte Beschaffung und Benutzung von Mikrorechnern als Arbeitsplatzrechner aus, die sehr frühzeitig eingesetzt hat. Ein Wissenschafts- und Forschungsnetz wird bereits seit Jahren intensiv genutzt. Jahrelange, gut geplante Bemühungen um die mehrstufige DV-Versorgung tragen bereits Früchte.

Zusammenfassend kann man sagen, daß die DV-Ausstattung unserer Hochschulen zwar einen der vorderen Plätze einnimmt, daß sich aber der Abstand zu anderen Ländern, wie den USA und Japan, nicht verringert hat.

Wichtige Anwendungsschwerpunkte der Datenverarbeitung in den Hochschulen sind zur Zeit die folgenden:

- Simulationen oder Modellrechnungen anstelle des Experiments oder ergänzend zu ihm, gerade auch in solchen Fächern, deren Forschungsobjekte sich teilweise der mathematisch formalisierenden Beschreibung entziehen, wie der Biologie und ihrer Anwendungen in Agrar- und Forstwirtschaft, teilweise z. B. auch zum Zwecke des Ersatzes von Tierversuchen;

- Steuerung von Experimenten, charakteristisch für alle experimentierenden Fächer;

- Visualisierung komplexer Informationen, wie in Bildgewinnungssystemen der Medizin, oder direkte Ausgabe von Simulationsergebnissen in Bewegtbildern. Als

Beispiele seien das Verhalten ökologischer Systeme oder Klima- und Wettermodelle genannt;

- Einsatz hochempfindlicher Sensorik zur Bilderkennung, zum Beispiel in Anwendungen aus den Geowissenschaften oder der Biologie und besonders der Medizin;

- Rechnersteuerung integrierter Fertigungssysteme;

- Bearbeitung von Texten als Objekten geisteswissenschaftlicher Forschung, zum Beispiel automatische Erzeugung von Hilfsmitteln der stilistischen Analyse wie Frequenzlisten und Konkordanzen, Erstellung von Wörterbüchern, rechnergestützte Verfahren der Texterschließung (Freitext-Retrieval), kritische Textedition;

- wissenschaftliches Publikationswesen, beginnend bei der Texterstellung wissenschaftlicher Veröffentlichungen (einschließlich diakritischer Zeichen und Formeln) über die Integration von Grafik (Bilder, Tabellen und dergleichen) bis zur Erzeugung der fertigen Druckvorlage;

- Rechnerunterstützung der Hochschulverwaltungen einschließlich der Sekretariate.

Wie schon erwähnt, haben sich, einschließlich der Aufwendungen für das CIP, die im Rahmen des HBFG finanzierten Ausgaben für die DV-Grundausstattung der Hochschulen in jüngster Zeit im Vergleich zum mehrjährigen Mittel Anfang der 80er Jahre fast verdoppelt. Aus den im vorliegenden Band enthaltenen Ausführungen über die Entwicklung in vielen Fachgebieten und den Darlegungen der Kommission für Rechenanlagen in diesem Abschnitt ergibt sich, daß die DV-Aufwendungen im Hochschulbereich auch für die Jahre 1987 bis 1989 weiter erheblich gesteigert werden müssen. Folgende Finanzierungsschwerpunkte sind in diesem Zeitraum zu setzen:

- Die Weiterführung von Maßnahmen zur Bereitstellung von Kleinrechnern für die studentische Grundausbildung für alle Hochschuldisziplinen (CIP) ist über 1988 hinaus erforderlich. Die Nutzung leistungsstärkerer Arbeitsplatzrechner für die fortgeschrittene fachspezifische Studentenausbildung muß in der Breite begonnen werden. Dabei ist ein gestuftes Vorgehen, beispielsweise in Abhängigkeit von der bereits erreichten Durchdringung der entsprechenden Fachdisziplin mit DV-Nutzung, in Forschung, Grundlagenausbildung und der zu berücksichtigenden beruflichen Praxis zu erwägen.

- Von entscheidender Bedeutung für die internationale wissenschaftliche Wettbewerbsfähigkeit der Hochschulforschung ist die Bereitstellung von Hochleistungs-Arbeitsplatzstationen für die forschenden Wissenschaftler (Wissenschaftler-Arbeitsplatzrechner) unter Einbeziehung der rechnergestützten Experimentsteuerung. Da hier sowohl in der Arbeitsplatzrechner-Entwicklung als auch im Applikationsbereich eine besondere Dynamik zu verzeichnen ist, sollte von Bund und Ländern gegebenenfalls ein Sonderprogramm für Wissenschaftler-Arbeitsplatzrechner erwogen werden.

1.7.8 Großgeräte einschließlich Rechenanlagen

- Aufwendungen für den Ersatz und die Ergänzung der Ausrüstung von Hochschulrechenzentren einschließlich der Zentralrechner an Fachhochschulen sollten im bisherigen Umfang geleistet werden.
- Die Bereitstellung von Spezial- und Superrechenkapazität (z. B. Vektorrechnereinrichtungen) für eine regional ausgeglichene, bedarfsgerechte Versorgung ist systematisch fortzusetzen.
- Von steil ansteigender Bedeutung für alle Aspekte der Hochschularbeit ist der Aufbau schneller universitätsinterner und interuniversitärer Datenkommunikationsnetze. Bei der Schaffung leistungsfähiger Hochschul- und Regionalnetze bedürfen die Zugänge zu internationalen Wissenschaftsnetzen der Stabilisierung. Dabei muß das Auslaufen der Teilfinanzierung des Nachrichtenübertragungsnetzes EARN Ende 1987 durch IBM beachtet werden. Außerdem sollte damit begonnen werden, die Voraussetzungen für ein breitbandiges nationales Wissenschaftsnetz zu schaffen. Im überörtlichen Bereich wird voraussichtlich die Realisierbarkeit einer – sachlich erforderlichen – intensiven Netznutzung durch die Hochschulen weitgehend von der Postgebührensituation bestimmt werden.
- Für die kontinuierliche Versorgung mit hochwertiger Software müssen wesentlich mehr Mittel bereitgestellt werden als bisher. Hier kommt Sammel-Lizenzen von langer Laufzeit eine besondere Bedeutung zu.
- Das von der Kommission für Rechenanlagen nachdrücklich begrüßte Wachstum der DV-Investitionen erfordert zur sinnvollen Nutzung erhebliche Anstrengungen im personellen Bereich und bei der Lösung des Folgekostenproblems (Betriebsmittel, langfristige Gerätegarantien und Wartung, Kommunikationskosten usw.). Diese Anstrengungen betreffen die Grundausstattung an den Hochschulen.

Auch weiterhin kann seitens der DFG mit der Förderung von Datenverarbeitungsprojekten gerechnet werden. Dabei sollen neben der Unterstützung der bislang noch überwiegend aus Mitteln der DFG als Pilotzentren finanzierten Hochschulrechenzentren in den kommenden Jahren die folgenden Bereiche als Schwerpunkte betont werden:

- Neue technologische Möglichkeiten der Datenverarbeitung sollen den Hochschulen im Rahmen von Pilotprojekten sowohl in den Rechenzentren als auch an ausgewählten Instituten erschlossen werden. Zu nennen sind: lokale Netze, die im jeweiligen Versorgungsbereich eine wesentliche Verbesserung der Infrastruktur sowie die Einführung neuer Dienstleistungen ermöglichen; Aufteilung traditioneller Großrechnerstrukturen in spezielle Komponenten, wie z. B. Zusatzprozessoren, Datenbankrechner, Dateispeicher und ähnliche Server; Einsatz weiterer Spezialrechner sowohl im vorgenannten Rahmen als auch in Form eigenständiger Systeme, beispielsweise Vektorrechner der zweiten Generation, Bild- und Sprachbearbeitungssysteme; Piloteinsatz von Expertensystemen; Einsatz umfangreicher Anwendungssoftwarepakete, um dem generellen Nachholbedarf in diesem Bereich, etwa bei der graphischen Datenverarbeitung oder den computerunterstützten Methoden und Verfahren, Rechnung zu tragen.

– Wie bisher sollen Rechenanlagen für spezielle, von der DFG geförderte Forschungsvorhaben beschafft werden, vor allem für Gebiete, in denen der Rechnereinsatz neuartig ist oder besonderer Förderung bedarf.

1.7.9 Wissenschaftliches Bibliothekswesen

Leistungsfähige wissenschaftliche Bibliotheken gehören zu den unentbehrlichen Arbeitsinstrumenten der Forschung. Diese Erkenntnis hat die Forschungsgemeinschaft seit 1949 zu Förderungsmaßnahmen für das wissenschaftliche Bibliothekswesen veranlaßt. Schon von der finanziellen Größenordnung her kann es dabei freilich nicht das Ziel sein, Lücken in den Etats einzelner Bibliotheken zu schließen und die Unterhaltsträger von ihrer eigenen Verantwortung zu entlasten. Aufgabe der Träger ist es, in ausreichendem Maße Sach- und Personalmittel bereitzustellen, die vor Ort und in dem betreffenden Bundesland eine dem wissenschaftlichen Bedarf entsprechende Grundversorgung sicherstellen. Die Forschungsgemeinschaft konzentriert ihre Mittel demgegenüber bewußt auf Projekte, die der Verbesserung der Bibliotheksverhältnisse unter überregionalen Gesichtspunkten dienen und für die andere Finanzträger nicht oder nicht hinreichend aufkommen. Darunter fallen insbesondere Gemeinschaftsunternehmen der Bibliotheken, Einrichtungen oder Dienstleistungen von zentraler Bedeutung sowie Starthilfen und Modellversuche für neue technische und organisatorische Entwicklungen. Aktivitäten auf regionaler Ebene können einbezogen werden, soweit sie funktional unmittelbar mit überregionalen Vorhaben zusammenhängen. In vielen Fällen sollen die von der Forschungsgemeinschaft bewilligten Mittel den beteiligten Bibliotheken einen finanziellen Ausgleich für überdurchschnittliche Lasten und solche Leistungen bieten, die sie im Interesse der Gesamtheit auf sich nehmen. Es versteht sich dabei von selbst, daß sich die Zusammenarbeit zwischen den Bibliotheken und der Forschungsgemeinschaft ausschließlich auf freiwilliger Basis vollziehen kann. Die Gesamtaufwendungen betrugen von 1949 bis 1985 rund 284 Mio. DM, davon über 170 Mio. DM in den letzten zehn Jahren. Das Verhältnis von Personal- und Sachkosten liegt heute im Durchschnitt bei 42:58.

Charakteristisch für die Bibliotheksförderung ist von Anfang an eine sorgfältige Planung gewesen, in deren Rahmen sich die einzelnen Programme und Vorhaben einordnen müssen. Planung und Koordinierung – u.a. mit dem Ziel einer vernünftigen Arbeitsteilung zwischen Bibliotheks- und Dokumentationswesen – werden auch in den kommenden Jahren aus sachlichen wie aus wirtschaftlichen Gründen eine wichtige Rolle spielen. Der Bibliotheksausschuß der Forschungsgemeinschaft wird hierbei von derzeit 14 Unterausschüssen und einigen Arbeitsgruppen unterstützt. Ein wichtiger Partner wird in diesem Zusammenhang das Deutsche Bibliotheksinstitut (DBI) in Berlin bleiben.

Von der konkreten Zielsetzung her lassen sich in dem Förderungsprogramm für die wissenschaftlichen Bibliotheken heute drei große Komplexe unterscheiden: die laufende Weiterentwicklung des Gesamtsystems der überregionalen Literaturversorgung, die Erschließung von Beständen sowie die Modernisierung der Bibliotheken und die Verbesserung ihrer Dienstleistungen.

1.7.9.1 Überregionale Literaturversorgung

Die Ausweitung von Wissenschaft und Forschung bewirkt eine wachsende Produktion und einen ständig steigenden Bedarf an Literatur. Eine wesentliche Rolle spielen in diesem Zusammenhang die von Bund und Ländern geförderten Fachinformationseinrichtungen und die Verfügbarkeit in- und ausländischer Datenbanken, da sich der Ausbau von Literaturnachweisen in erhöhten Anforderungen an die Bibliotheken niederschlägt. Um die wissenschaftlich relevante Literatur unabhängig von den lokalen Gegebenheiten in der Bundesrepublik möglichst weitgehend verfügbar zu machen, ist im Laufe der Jahre für die überregionale Literaturversorgung ein System entwickelt worden, das mit den Zentralen Fachbibliotheken, Sondersammelgebieten an Universalbibliotheken und bestimmten Spezialbibliotheken Sammelschwerpunkte für Fächer und Regionen, daneben Nachweisinstrumente und Verfahren des Zugriffs auf die betreffenden Bestände umfaßt. Die 1975 vom Bibliotheksausschuß herausgegebene Denkschrift zur überregionalen Literaturversorgung, die eigenen Anstrengungen der Bibliotheken und die verstärkten Förderungsmaßnahmen der Forschungsgemeinschaft haben in den vergangenen Jahren insgesamt eine Steigerung der Leistungsfähigkeit dieser Bibliotheken bewirkt. Dies zeigt sich etwa im Erwerbungsvolumen (die Zentralen Fachbibliotheken und Sondersammelgebietsbibliotheken halten derzeit z. B. rund 88 000 laufende Periodika bereit) oder in der Verbesserung der aktiven Information über die bei diesen Bibliotheken vorhandenen speziellen Bestände. Obwohl das System seiner Grundidee nach subsidiäre Funktionen zu erfüllen hat – d. h. die Grundversorgung soll durch die Bibliotheken am Ort bzw. der Region erfolgen –, kommt der Erhaltung des erreichten Niveaus und der Weiterentwicklung dieser „Schwerpunktbibliotheken" heute um so größere Bedeutung zu, als die Etats vieler wissenschaftlicher Bibliotheken sich in den letzten Jahren verschlechtert haben, Kaufkraftverluste eingetreten sind und die verfügbaren Mittel insgesamt hinter dem Bedarf zurückbleiben. Die Möglichkeiten des Rückgriffs auf zentrale Ressourcen werden damit um so wichtiger. Bei der Berechnung der notwendigen Aufwendungen für dieses Programm sind die Faktoren Produktionszuwachs – entsprechend der Entwicklung der Fächer –, Preissteigerung und Wechselkursentwicklung flexibel zu berücksichtigen. Die Steigerungsraten für die Jahre 1987 bis 1990 müssen so bemessen sein, daß das erreichte Niveau gehalten werden und die Literaturerwerbung durch die Schwerpunktbibliotheken dem Forschungsbedarf Rechnung tragen kann.

Zentrale Fachbibliotheken sind mit Hilfe der Forschungsgemeinschaft für die großen anwendungsnahen Gebiete der Technik, Medizin, Wirtschafts- und Landbauwissenschaft gegründet beziehungsweise ausgebaut worden. Aufgrund der Rahmenvereinbarung zu Artikel 91 b des Grundgesetzes werden die Technische Informationsbibliothek, die Zentralbibliothek der Medizin und die Zentralbibliothek der Wirtschaftswissenschaften seit 1977 von Bund und Ländern gemeinsam finanziert. Die Zuwendungen der Forschungsgemeinschaft betreffen daher insoweit nur noch zusätzliche Projekte, für die Etatmittel nicht zur Verfügung stehen. Dagegen wird die Zentralbibliothek der Landbauwissenschaft nach wie vor vom Land Nordrhein-Westfalen und der Forschungsgemeinschaft allein getragen. Bis zu einer (vom Sitzland beantragten und von der DFG dringend befürworteten) Übernahme dieser Bibliothek in die Bund-Länder-Gemeinschaftsfinanzierung sind Zuwendungen der Forschungsgemeinschaft erforderlich, um die überregionale Literaturversorgung weiterhin sicherzustellen.

Das **Sondersammelgebietsprogramm**, an dem 17 Staats- und Hochschulbibliotheken beteiligt sind, erfüllt im wesentlichen Aufgaben der überregionalen Versorgung der Geistes- und Sozialwissenschaften, der Biologie und Geowissenschaften. Außer der umfassenden Erwerbung der Neuerscheinungen (Zeitschriften, Monographien, Mikroformen) ist weiterhin auch ältere Quellenliteratur zu berücksichtigen, auf die die geisteswissenschaftliche Forschung in besonderem Maße angewiesen ist und bei der häufig noch empfindliche Lücken bestehen. Der Information über die bei den Sondersammelgebietsbibliotheken vorhandenen speziellen Bestände dienen u.a. fachliche Kataloge und Zeitschrifteninhaltsverzeichnisse, die für die laufende Unterrichtung des Fachwissenschaftlers gedacht sind und ihm auch den direkten Zugriff auf diese Sammlungen erleichtern sollen.

Leistungsfähige **Spezialbibliotheken** (gegenwärtig knapp 30) werden von der Forschungsgemeinschaft unter dem Gesichtspunkt gefördert, daß sie entweder für bestimmte Fachgebiete beziehungsweise Literaturkategorien als zentrale Ressourcen für die überregionale Literaturversorgung dienen oder aber, unabhängig davon, als Arbeitsinstrumente der Forschung eine herausragende, über lokale Funktionen hinausgehende Bedeutung besitzen. Das Programm bezieht sich in erster Linie auf Einrichtungen außerhalb der Hochschulen, die sich ganz auf die Bedürfnisse der Forschung konzentrieren können und deren Kontinuität und Unabhängigkeit auch im bibliothekarischen Bereich gewährleistet sind. Dabei stehen die Geisteswissenschaften im Vordergrund, für die Bücher, Zeitschriften und andere gedruckte Materialien nach wie vor hauptsächliche Arbeitsmittel sind.

Ergänzungsprogramme zur Verbesserung der überregionalen Literaturversorgung betreffen die gezielte Beschaffung von in der Bundesrepublik nicht nachweisbarer Literatur, von dokumentarischen und informatorischen Materialien für die Forschung, die Verfilmung zur Erhaltung historisch wertvoller Zeitungsbestände (die nach mehrjähriger Pause aufgrund des vorhandenen Bedarfs erneut in die Förderung einbezogen wurde) und den Ankauf geschlossener Spezialsammlungen und Nachlässe aus Mitteln des Stifterverbandes. Die eigenen internationalen Tauschbeziehungen der Forschungsgemeinschaft mit derzeit rund 1200 wissenschaftlichen Institutionen und Bibliotheken in gegenwärtig 76 Ländern werden zugunsten der „Schwerpunktbibliotheken" weiterhin zur Erwerbung von Literatur eingesetzt, die auf anderem Wege nicht zu erhalten ist. Bei schwierigen Beschaffungsvorgängen in den USA und in Japan leisten zwei von der Gesellschaft für Information und Dokumentation (GID)/Gesellschaft für Mathematik und Datenverarbeitung (GMD) getragene und von der Forschungsgemeinschaft mitgeförderte Außenstellen wertvolle Hilfe.

1.7.9.2 Erschließung von Beständen

Das Ziel mehrerer, zum Teil langfristig angelegter Förderungsprogramme ist es, der Forschung in Form einzelner publizierter Kataloge neue Quellen zu erschließen und entsprechende Bestände von Bibliotheken und Archiven nach modernen Methoden aufzuarbeiten. Die Richtlinien, die diesen Programmen großenteils zugrunde liegen, tragen dazu bei, einheitliche Qualitätsmaßstäbe für die an den verschiedenen Orten erarbeiteten Kataloge zu sichern. Bei der Katalogisierung von abendländischen Handschriften und der Inventarisierung von Archivalien, der 1986 aufgenommenen Erschließung bibliotheks- und buchgeschichtlicher Quellen und der Katalogisierung bedeutender Spezialbestände handelt es sich um personalintensive Programme, die fortgeführt und mit ausreichenden Förderungsmitteln ausgestattet sein müssen. Hinsichtlich der erforderlichen Mittel sind Modellversuche zum Einsatz der EDV bei der Handschriften- und Nachlaßkatalogisierung sowie für die EDV-Erfassung der Zentralkartei der Autographen einzukalkulieren. Bei der Erschließung einzelner Buchbestände wird in Zukunft verstärkt darauf zu achten sein, daß die Ergebnisse über Einzelkataloge hinaus in die regionalen Katalogisierungsverbünde und in den mit Mitteln der Forschungsgemeinschaft aufgebauten „Verbundkatalog maschinenlesbarer Monographiendaten" als zentrales Nachweisinstrument Eingang finden.

 Ein dezentral organisiertes Bibliothekswesen wie das in der Bundesrepublik erfordert zentrale Nachweisinstrumente, die den Forschern und den Bibliotheken die Standortermittlung gesuchter Literatur erleichtern. Die Forschungsgemeinschaft hat deswegen kooperative Katalogunternehmen, in denen mehrere, zum Teil auch eine große Zahl von Bibliotheken nach einheitlichen Vorgaben zusammenarbeiten, unterstützt und wird dies auch in Zukunft tun. Dies gilt für die Zeitschriftendatenbank des Deutschen Bibliotheksinstituts und der Staatsbibliothek Preußischer Kulturbesitz ebenso wie für das Verzeichnis der im deutschen Sprachbereich erschienenen Drucke des 16. Jahrhunderts (VD 16) oder die Erschließung historisch wertvoller Kartenbestände. Während diese Unternehmen schon laufen und in den nächsten Jahren weiter ausgebaut werden sollen, sind für den schon seit längerem diskutierten Inkunabelcensus, der als zentraler Nachweis für die in Bibliotheken der Bundesrepublik vorhandenen Bestände geplant ist, zusätzliche Mittel vorzusehen.

 Wegen des zunehmenden Interesses der Forschung ist darüber hinaus die weitere Erschließung historischer Bestände der großen wissenschaftlichen Bibliotheken dringlich geworden. Für nationalbibliographische Unternehmen nach Art des VD 16 ist bis zur Fertigstellung mit sehr langen Fristen zu rechnen, so daß Verfahren für einen Altbestandsnachweis zu entwickeln sind, mit denen in überschaubaren Zeiträumen große Mengen von Titeln erfaßt werden können. Anknüpfend an die bereits geförderten Projekte der Bayerischen Staatsbibliothek München und der Staats- und Universitätsbibliothek Göttingen sollen maschinenlesbare Kurztitelkataloge unter Verzicht auf Autopsie und in normierter Namensansetzung erarbeitet werden, die für eine Aufnahme in die regionalen Verbünde und den zentralen Verbundkatalog zur Verfügung stehen. Die Einbeziehung einiger weiterer Bibliotheken wird derzeit durch eine Studie vorbereitet. Für die dann vorgesehene Ausweitung dieses Förderungsprogramms sind entsprechende Mittel einzuplanen.

1.7.9.3 Modernisierung der Bibliotheken und Verbesserung ihrer Dienstleistungen

Diesem Ziel dient ein speziell dafür eingerichtetes Förderungsprogramm, das durch den Einsatz technischer Hilfsmittel, vor allem der elektronischen Datenverarbeitung, dazu beitragen soll, die Leistungsfähigkeit wissenschaftlicher Bibliotheken zu erhöhen. Während im Rahmen von Modellversuchen geförderte Projekte und darüber hinausgehende Planungsinitiativen sich in den vergangenen Jahren auf die innerbetriebliche Rationalisierung und Modernisierung der Bibliotheken und den Aufbau regionaler und überregionaler Verbundsysteme bezogen, sind die Aktivitäten der Forschungsgemeinschaft künftig auf die Intensivierung der Zusammenarbeit und die technische Vernetzung der Verbundsysteme zu konzentrieren. Dabei müssen vorhandene bzw. gegenwärtig für die Forschung aufgebaute Kommunikationssysteme genutzt werden, was besonders für das derzeit mit Förderung des Bundes entwickelte Deutsche Forschungsnetz (DFN) gilt. Für Projekte zur Vorbereitung und Unterstützung der Nutzung offener Kommunikationssysteme durch bibliothekarische Verbundsysteme sind daher Mittel einzuplanen.

Mit dem Aufbau lokaler hochschulinterner Kommunikationssysteme, in die die örtlichen Bibliothekssysteme integriert werden müssen, wird eine Entwicklung mit weitreichenden Folgen eingeleitet. Die 1986 vom Bibliotheksausschuß veröffentlichten „Vorschläge zur Weiterentwicklung der Verbundsysteme unter Einbeziehung lokaler Netze", die planerische Hinweise und Strukturüberlegungen unter Betonung überregionaler Gesichtspunkte enthalten, sollen durch die Förderung geeigneter Pilotvorhaben unterstützt werden. Besonderes Gewicht ist dabei dem Aspekt der funktionalen Abhängigkeiten verschiedener bibliothekarischer Handlungsebenen (lokal, regional, überregional) und den für eine Kooperation unerläßlichen Standards und Normen sowie der Systemkompatibilität beizumessen. Teil lokaler Bibliotheksnetze sind On-line-Benutzerkataloge (OPAC: On-Line Public Access Catalogue), deren Entwicklung durch Pilotvorhaben im Interesse kompatibler, vernetzbarer Lösungen gefördert werden soll.

Exemplarisch ist in diesem Zusammenhang eine Reihe technischer Entwicklungen zu nennen, deren Einsatz in wissenschaftlichen Bibliotheken gegebenenfalls Service- und Leistungsverbesserungen bewirkt. Dies gilt für die Unterstützung von Modellversuchen mit Geräten zur Digitalisierung und Fernübertragung von Texten ebenso wie für den Einsatz optischer Datenplatten (insbesondere CD ROM: Compact Disc Read-Only-Memory) als Massenspeicher für Bibliotheken und für bibliothekarische Nachweisinstrumente. Die Erprobung bestandsschonender Kopiergeräte ist dringlich geworden, um Literatur, die von ihrem physischen Zustand her gefährdet und schutzbedürftig ist, auch weiterhin überregional benutzen zu können.

1.7.9.4 Buchspenden

Mit Buchspenden kann die Forschungsgemeinschaft wissenschaftlichen Einrichtungen im Ausland dringend benötigte deutsche wissenschaftliche Literatur zur Verfügung stellen. Vor allem in devisenschwachen Ländern kann dadurch ein bedeutender Beitrag zur Anbahnung oder Festigung wissenschaftlicher Beziehungen geleistet werden. Befristete Zeitschriftenabonnements und sonstige Periodika machen rund ein Drittel des Förderungsvolumens aus.

Bei jährlich rund 1200 Anträgen beziehungsweise Spendenvorschlägen standen in den letzten Jahren – im wesentlichen aus Sondermitteln des Bundes – durchschnittlich 2 Mio. DM zur Verfügung. Um das Programm in angemessenem Umfang fortführen zu können, sind angesichts der steigenden Buch- und Zeitschriftenpreise in Zukunft erhöhte Mittel erforderlich.

1.7.10 Hilfseinrichtungen der Forschung

Die Forschung und die Zusammenarbeit unter den Forschern können in vielen Disziplinen davon abhängen, daß Einrichtungen der Infrastruktur vorhanden sind, deren Errichtung und Unterhalt keine Forschungseinrichtung für sich allein wissenschaftlich rechtfertigen oder auch finanzieren kann, die aber gleichwohl für alle oder viele Forscher auf einem Arbeitsgebiet erforderlich sind. Eine Anzahl solcher Einrichtungen wird von Bund und Ländern nach der Rahmenvereinbarung Forschungsförderung von 1975 und der Ausführungsvereinbarung Forschungseinrichtungen von 1976 auf der Grundlage von Artikel 91 b Grundgesetz gemeinsam finanziert. Solche „Einrichtungen mit Servicefunktion für die Forschung" sind beispielsweise die Fachinformationszentren, das Deutsche Primatenzentrum und das Institut für den wissenschaftlichen Film. Auch die Forschungsgemeinschaft hat in der Vergangenheit Hilfseinrichtungen der Forschung errichtet und betrieben, wenn besondere personelle und/oder apparative Voraussetzungen für wissenschaftliche oder wissenschaftlich-technische Dienstleistungen allen Forschern des jeweiligen Fachgebiets in der Bundesrepublik zur Verfügung stehen mußten. Zu den bekanntesten unter ihnen zählen das Forschungsschiff „Meteor", das Zentralinstitut für Versuchstierzucht in Hannover und das Zentrum für Umfragen, Methoden und Analysen (ZUMA) in Mannheim. Da sie solche Einrichtungen grundsätzlich nicht auf Dauer unterhalten kann, hat die DFG sich seit jeher bemüht, Hilfseinrichtungen nach einer Anlaufzeit in eine ständige Trägerschaft umzuwandeln. Mit der Eingliederung von ZUMA in die seit Anfang 1987 von Bund und Ländern gemeinsam geförderte Gesellschaft sozialwissenschaftlicher Infrastruktureinrichtungen e.V. (GESIS) haben diese Bemühungen nach langjährigen Verhandlungen zu einem wichtigen Erfolg geführt.

Eine Liste der geförderten Hilfseinrichtungen findet sich in Tabelle 7.1.5 (vgl. Kapitel 7).

1.8 Koordinierung und Beratung

Die Forschungsgemeinschaft hat neben der finanziellen Unterstützung von Forschungsvorhaben auch die Aufgabe, die Zusammenarbeit zwischen den Forschern zu fördern sowie die Legislative und die Exekutive in wissenschaftlichen Fragen zu beraten. Der Senat, der nach der Aufgabenverteilung zwischen den Gremien der Forschungsgemeinschaft für diesen Bereich zuständig ist, hat zur Wahrnehmung seiner Aufgaben eine Reihe von Ausschüssen und Kommissionen eingesetzt. Der überwiegende Teil dieser Ausschüsse und Kommissionen nimmt Beratungs- und Koordinierungsaufgaben auf bestimmten Wissenschaftsgebieten wahr. Im Bereich der Geistes- und Sozialwissenschaften hat der Senat die Kommission für germanistische Forschung (vgl. Abschnitt 2.9), die Kommission für Friedens- und Konfliktforschung (vgl. Abschnitt 2.15) und die Kommission für Berufsbildungsforschung (vgl. Abschnitt 2.13) berufen. Im Bereich der Biowissenschaften nehmen die Kommission für Versuchstierforschung, die Kommission für Sicherheitsfragen bei der Neukombination von Genen (vgl. Abschnitt 3.1.1) und die Kommission für Krebsforschung Koordinierungs- und Beratungsaufgaben wahr. Auf dem Gebiet der Naturwissenschaften wird die Forschungsförderung durch die Arbeit der Kommission für Geowissenschaftliche Gemeinschaftsforschung (vgl. Abschnitt 4.5), der Kommission für Ozeanographie (vgl. Abschnitt 4.6), der Kommission für Wasserforschung (vgl. Abschnitt 4.7), der Kommission für Atmosphärische Wissenschaften (vgl. Abschnitt 4.8) und des Senatsausschusses für Umweltforschung (vgl. Kapitel 6) unterstützt. Im Senatsausschuß für Angewandte Forschung (vgl. Abschnitt 5.1) wird die Förderung ingenieurwissenschaftlicher Vorhaben aufeinander abgestimmt. Die genannten Ausschüsse und Kommissionen haben die Aufgabe, Forschungsdesiderate aufzuzeigen, Initiativen aus den von ihnen betreuten Wissenschaftsgebieten aufzugreifen und zu koordinieren sowie interdisziplinäre Kontakte zu initiieren und die interdisziplinäre Zusammenarbeit zu stärken. Die Ausschüsse und Kommissionen sind deshalb ein Diskussionsforum für Pläne zur Einrichtung von Schwerpunktprogrammen, Forschergruppen oder Sonderforschungsbereichen. Sie begleiten zudem beratend die Durchführung von umfangreichen Forschungsvorhaben auf nationaler und internationaler Ebene.

Betrachtet man das Aufgabenfeld der genannten Ausschüsse und Kommissionen, so wird deutlich, daß die Forschungsgemeinschaft auch zukünftig auf deren Mitarbeit, die eng mit der Entwicklung in den jeweiligen Wissenschaftsbereichen verbunden sein wird, angewiesen ist.

Um seine Beratungsaufgaben gegenüber Legislative und Exekutive wahrnehmen zu können, hat der Senat auf den Gebieten des Arbeits-, Gesundheits- und Umweltschutzes mehrere Kommissionen eingerichtet. Die **Kommission zur Prüfung gesundheitsschädlicher Arbeitsstoffe** erarbeitet wissenschaftliche Grundlagen für Maßnahmen des Gesetz- und Verordnungsgebers zum Schutz der Beschäftigten vor schädlichen Wirkungen chemischer Stoffe am Arbeitsplatz. Sie stellt toxikologisch-arbeitsmedizinische Grenzwerte für die höchstzulässigen Konzentrationen von Arbeitsstoffen (Werte für maximale Arbeitsplatzkonzentrationen = MAK-Werte) auf, die auch bei wiederholter, ein ganzes Arbeitsleben währender täglicher achtstündiger Einwirkung die Gesundheit der Beschäftigten nicht beeinträchtigen und diese nicht unangemessen belästigen. Ferner beurteilt sie die Karzinogenität von Arbeitsstoffen und berücksichtigt auch fruchtschädigende und erbgutverändernde Wirkungen solcher Stoffe. Seit einigen Jahren stellt sie außerdem Grenzwerte für die beim Menschen höchstzulässige Quantität eines Arbeitsstoffes bzw. Arbeitsstoffmetaboliten (biologische Arbeitsstofftoleranzwerte = BAT-Werte) auf. Die Arbeitsgruppe „Analytische Chemie" der Kommission erarbeitet und publiziert Analyseverfahren zur Bestimmung gesundheitsschädlicher Arbeitsstoffe in der Luft des Arbeitsplatzes und an biologischem Material.

Die **Kommission zur Prüfung von Lebensmittelzusatz- und -inhaltsstoffen** prüft die bei der Herstellung und Verarbeitung von Lebensmitteln einschließlich Bestrahlung von Lebensmitteln verwendeten Zusatzstoffe und Verfahren sowie Lebensmittelinhaltsstoffe auf ihre gesundheitliche Unbedenklichkeit. Ihre Tätigkeit ist besonders für das Bundesministerium für Jugend, Familie, Frauen und Gesundheit im Hinblick auf die Lebensmittelgesetzgebung von Bedeutung. Gegenstand der wissenschaftlichen Diskussionen sind zur Zeit vordringlich die Verwendung von gesundheitlich unbedenklichen Süßstoffen, die gesundheitliche Bewertung von Zuckeraustauschstoffen, die Verwendung von Enzympräparaten und Starterkulturen in der Lebensmittelproduktion, die Untersuchung von Aromastoffen, die Prüfung von gesundheitlichen Beeinträchtigungen durch die Räucherung von Lebensmitteln, mögliche gesundheitsschädigende Wirkungen hoher Vitamindosen sowie Maßnahmen zur Senkung des Nitratgehalts in pflanzlichen Lebensmitteln.

Die **Kommission zur Prüfung von Rückständen in Lebensmitteln** bearbeitet vorrangig das Problem der Rückstandsbildung von Umweltchemikalien und Stoffen mit pharmakologischer Wirkung in Nahrungsmitteln. Dabei wird die Auswirkung von Rückständen und Verunreinigungen auf die menschliche Gesundheit unter medizinischen, hygienischen und toxikologischen Aspekten geprüft. Die Empfehlungen der Kommission wurden im Lebensmittel-, im Arzneimittel- und im Futtermittelrecht aufgegriffen. Die Kommission hat für ihre zukünftige Arbeit folgende Themenbereiche in Aussicht genommen: Bedeutung von Tierarzneimitteln und Futtermittelzusatzstoffen hinsichtlich der Entstehung von Resistenzen und der Beeinflussung selektiver Resistenzmechanismen; Problematik der Verminderung von Rückständen in Lebensmitteln durch Verschneiden oder Vermischen im Zusammenhang mit Vorschlägen für Höchstmengenregelungen bestimmter Schadstoffe. Weitere Aufgabengebiete bestehen in der Bestandsaufnahme der Polychlorierten Biphenyle (PCB) hinsichtlich ihres Vorkommens, der Kinetik und Toxikologie. Die laufende Überprüfung der Verunreinigungen und Rückstände in der Frauenmilch, besonders die Problematik des Vorkommens von Dibenzodioxinen und Dibenzofuranen, sowie Verfahrensweisen der toxikologischen Beurteilung der Rückstände und Verunreinigungen in der Frauenmilch stellen ebenfalls ein Tätigkeitsfeld für die Kommissionsarbeit dar. Auch die Rückstandssituation in den Lebensmitteln Süßwasserfisch und Honig sowie das Vorkommen und die gesundheitliche Relevanz von Mykotoxinen in Lebensmitteln, vor allem im Getreide, sowie die Erarbeitung allgemeiner Beurteilungskriterien und Begriffsdefinitionen (Bioverfügbarkeit, Bindungsformen, Kombinationswirkungen) sollen zukünftig bearbeitet werden.

Die **Farbstoffkommission** befaßt sich mit Fragen der Verträglichkeit von Farbstoffen für die menschliche Gesundheit. Ihre Empfehlungen beziehen sich sowohl auf die Verwendung von Farbstoffen für Lebensmittel als auch von Färbemitteln für Kosmetika und für andere Bedarfsgegenstände (z. B. Fingermalfarben). Zukünftig will sich die Kommission besonders der Untersuchung von Textilfarben zuwenden.

Die **Kommission für Pflanzenschutz-, Pflanzenbehandlungs- und Vorratsschutzmittel** mit den drei Arbeitsgruppen Analytik, Toxikologie und Phytomedizin befaßt sich weiterhin intensiv mit der Fortschreibung und Aktualisierung der von ihr herausgegebenen Methoden- und Datensammlung auf den Gebieten Rückstandsanalytik und Toxikologie der Herbizide sowie mit aktuellen Problemen der Anwendung von Pflanzenschutzmitteln und der Entwicklung umweltschonender Systeme des Integrierten Pflanzenschutzes. Eine Darstellung der Grundlagen und Forschungsansätze zum biologischen Pflanzenschutz ist in Vorbereitung.

Die **Kommission für klinisch-toxikologische Analytik** hat zuverlässige Nachweisverfahren für Medikamente und Gifte aufgezeigt, die beim Menschen zu akuten Vergiftungen führen oder führen können. Dabei ist es für die Diagnose und den Therapieerfolg außerordentlich wichtig, daß die selektiven, qualitativen Nachweisverfahren und die quantitativen Bestimmungsverfahren für Arzneimittel und Gifte in Körperflüssigkeiten schnell und einfach durchzuführen sind. In der von der Kommission erarbeiteten Denkschrift „Dokumentation und Information in der klinisch-toxikologischen Analytik" schlägt die Kommission ferner den Aufbau einer Datenbank vor, in der für Arzneimittel und Chemikalien sorgfältig geprüfte Stoffdaten, analytische Daten und auch klinische Daten (Toxizität, Toxikokinetik, Blutspiegel usw.) gesammelt werden, so daß sie für die Identifizierung eines Giftes sowie die Interpretation erhaltener Analysenwerte rund um die Uhr abrufbar sind. Hierdurch soll auch die Notwendigkeit zur Durchführung von Tierversuchen mehr und mehr verringert werden.

In den genannten Senatskommissionen arbeiten ehrenamtlich Wissenschaftler aus Hochschulen oder aus anderen von der öffentlichen Hand finanzierten Forschungseinrichtungen sowie, wenn die besondere Aufgabenstellung einer Kommission dies erfordert, auch Wissenschaftler aus der Industrie. Wissenschaftler von Bundes- oder Landesbehörden, die von Amts wegen mit Aufgaben aus dem Arbeitsbereich der Kommission befaßt sind, wie z. B. das Bundesgesundheitsamt oder Landesuntersuchungsämter, können als ständige Gäste an den Beratungen beteiligt werden. Aufgabe der Kommissionen ist es, hinsichtlich der von ihnen bearbeiteten Fragen die herrschende wissenschaftliche Meinung festzustellen und zu formulieren. Im Mittelpunkt der Kommissionsarbeit steht daher die Auswertung und Beurteilung bereits vorliegender wissenschaftlicher Ergebnisse; die Kommissionen können aber auch die Durchführung weiterer Forschungsvorhaben anregen oder selbst übernehmen. In den letzten Jahren ist die Arbeitsbelastung für die einzelnen Kommissionen nicht unerheblich angewachsen. Dies liegt zum einen an der gesteigerten Aufmerksamkeit, auf die die Probleme des Arbeits-, Gesundheits- und Umweltschutzes in der Öffentlichkeit stoßen. So haben z. B. auch die Anfragen aus dem Parlament an die Bundesregierung in den Bereichen Arbeits-, Gesundheits- und Umweltschutz zugenommen. In Wahrnehmung ihrer Beratungsaufgabe unterstützen die Senatskommissionen die Bundesregierung bei der Beantwortung derartiger parlamentarischer Anfragen. Ferner sind die Analyseverfahren in den letzten Jahren in einer Weise verbessert worden, daß heute auch Schadstoffe in kleinsten Konzentrationen aufgefunden werden können. Durch die verbesserte Analytik gewinnen zwei Themenbereiche für die Kommissionsarbeit ebenfalls zunehmend an Bedeutung, und zwar die wissenschaftliche Beratung bei der Festsetzung von Grenz- und Schwellenwerten sowie die Entwicklung von Methoden zur Prüfung der Kombinationswirkungen chemischer Stoffe.

Die Bedeutung der Kommissionsarbeit läßt sich nicht zuletzt daran ermessen, daß die Empfehlungen der Kommissionen bisher vom Gesetz- und Verordnungsgeber weitgehend aufgegriffen wurden. Da die Kommissionsempfehlungen allein unter wissenschaftlichen Aspekten und ohne Berücksichtigung von politischen, wirtschaftlichen oder sonstigen Zweckmäßigkeitskriterien erarbeitet werden, kommt ihnen im Rechtsetzungsverfahren erhebliches Gewicht zu. Die Arbeit der Kommissionen wird deshalb fortgeführt werden, wobei aktuellen Entwicklungen durch eine entsprechende Veränderung des Mandats einzelner Kommissionen sowie durch eine entsprechende Berufung von Mitgliedern durch den Senat Rechnung getragen werden wird. Es bleibt zu wünschen, daß sich weiterhin Wissenschaftler, und vor allem auch vermehrt jüngere Wissenschaftler, zur Mitarbeit in den Senatskommissionen bereit finden.

Für den Hauptausschuß nehmen der Apparateausschuß (s. Abschnitt 1.7.8.1), die Kommission für Rechenanlagen (s. Abschnitt 1.7.8.2), der Bibliotheksausschuß (s. Abschnitt 1.7.9), der Verlagsausschuß und der Ausschuß für langfristige Unternehmen Beratungsaufgaben wahr, indem sie die Förderentscheidungen des Hauptausschusses durch die Erarbeitung von Voten vorbereiten.

Der Apparateausschuß und die Kommission für Rechenanlagen haben außerdem die Aufgabe, im Zusammenwirken mit dem Wissenschaftsrat Bund und Länder bei der gemeinsamen Finanzierung von Großgeräten und Rechenanlagen nach den Vorschriften des Hochschulbauförderungsgesetzes (HBFG) zu beraten. Im Jahr 1986 wurden Stellungnahmen zu 658 Anträgen auf Aufnahme von Großgeräten und Rechenanlagen in den Rahmenplan nach dem HBFG im Gesamtvolumen von 205,2 Mio. DM abgegeben. Zusätzlich wurden im Computer-Investitionsprogramm (CIP) im Jahre 1986 insgesamt 246 Pools mit 3138 Arbeitsplätzen und Kosten in Höhe von 61,8 Mio. DM zur Aufnahme in den Rahmenplan empfohlen.

1.9 Internationale Zusammenarbeit

Die Anfänge einer gezielten Auslandsarbeit der DFG reichen in die frühen fünfziger Jahre zurück: 1952 wurde die DFG nationales Mitglied des International Council of Scientific Unions (ICSU). 1959 übernahm sie vom Auswärtigen Amt die Finanzierung der Teilnahme deutscher Wissenschaftler an internationalen Tagungen in Übersee und Osteuropa. Seit dem Auslaufen des deutsch-sowjetischen Kulturabkommens im Jahre 1960 betreut sie die wissenschaftlichen Beziehungen zur UdSSR. Schließlich übernahm die DFG während der sechziger Jahre auf Bitten des Bundesministers für Wirtschaft die nationale Betreuung der vorwiegend angewandten Gemeinschaftsprojekte der Organization for Economic Cooperation and Development (OECD). Im Sommer 1964 bewog der wachsende Umfang der auslandsbezogenen Arbeit den Senat zur Berufung eines Ausschusses für Internationale Angelegenheiten.

Die Arbeitseinheiten der Geschäftsstelle, welche Aufgaben im internationalen Bereich wahrnahmen und die ihre Einrichtung der fallweisen Übernahme von Einzelaufgaben verdankten, wurden Anfang der siebziger Jahre in der Gruppe Wissenschaftliche Auslandsbeziehungen (WA) zusammengefaßt. Durch den seither erfolgten personellen Ausbau trug die DFG dem Bedarf an Information, Beratung und Koordinierung Rechnung, der im Gefolge der wachsenden Zahl von Forschern und der vermehrten internationalen Verflechtung ihrer Arbeit während der vergangenen zwei Jahrzehnte stark zugenommen hat und weiter zunimmt. Die Sammlung, die Aufbereitung und die Weitergabe gezielter Auskünfte über den Aufbau und die Tätigkeit forschungsrelevanter Organisationen in aller Welt, über die auslandsbezogenen Unternehmungen anderer staatlicher und nichtstaatlicher Einrichtungen in der Bundesrepublik Deutschland sowie über die Aktivitäten der DFG selbst machen denn auch einen wesentlichen Anteil an der Arbeit der Gruppe aus. Dabei umschreibt die Aufzählung zugleich den Kreis derjenigen, die sie und über die sie unterrichtet.

Im Bereich der internationalen Wissenschaftsbeziehungen machen Regierungen und Parlamente zunehmend Gebrauch von der in der Satzung verankerten Beratungspflicht der DFG. Eines der herausragenden Beispiele war die Vorbereitung und die Durchführung des Hamburger Wissenschaftsforums der Konferenz für Sicherheit und Zusammenarbeit in Europa (KSZE) im Januar 1980. Im wesentlichen vollzieht sich die Beratung des Auswärtigen Amtes, des Bundesministeriums für Forschung und Technologie, des Bundesministeriums für Bildung und Wissenschaft, des Bundesministeriums für wirtschaftliche Zusammenarbeit und anderer Ministerien jedoch in der Form schriftlicher Stellungnahmen und durch die regelmäßige Teilnahme an Ressortbesprechungen. Diesem Bereich ist auch die Pflege der Beziehungen zu den diplomatischen Vertretungen in Bonn zuzurechnen, von denen eine wachsende Zahl über eigene Wissenschaftsabteilungen verfügt. Sie sehen in der DFG ihren wichtigsten nichtstaatlichen Ansprechpartner, wenn sie Auskunft über die Gegebenheiten und die Förderung der Forschung in der Bundesrepublik Deutschland suchen.

Die DFG ist nationales Mitglied in einer Reihe qualifizierter nichtstaatlicher internationaler Organisationen. Die Entscheidungen ihrer Gremien werden in den deutschen Nationalkomitees und durch die Ausrichtung von Sondersitzungen vorbereitet. Zudem dienen die Zusammenkünfte internationaler Gremien über den eigentlichen Anlaß hinaus in hohem Maße der Pflege der bilateralen Beziehungen zu den beteiligten Partnerorganisationen.

Zur Intensivierung der wissenschaftlichen Auslandsbeziehungen bietet die DFG – außerhalb des Normal- und des Schwerpunktverfahrens sowie der Sonderforschungsbereiche – eine Reihe von Förderinstrumenten an, die deutschen Wissenschaftlern die Teilhabe an der internationalen Forschung und an deren Ergebnissen sichern. Ferner wirkt sie mit Forschungsförderungsorganisationen in West- und Osteuropa bei der gemeinsamen Finanzierung von Forschungsvorhaben zusammen. Die Kooperation zwischen der DFG, der Max-Planck-Gesellschaft, der Arbeitsgemeinschaft der Großforschungseinrichtungen, der Alexander von Humboldt-Stiftung, dem Deutschen Akademischen Austauschdienst und der Westdeutschen Rektorenkonferenz, die in Zukunft, auch im Hinblick auf Initiativen der EG-Kommission, verstärkt werden sollte, erfolgt im Rahmen des Ausschusses zur Koordinierung der Auslandsbeziehungen.

In den kommenden Jahren wird sich die Forschungsgemeinschaft bei der Betreuung der wissenschaftlichen Auslandsbeziehungen von den folgenden Prinzipien leiten lassen:

- Die DFG muß sich darum bemühen, daß deutsche Wissenschaftler die Türen zum Ausland offen finden.

- Die DFG muß selbst für das Ausland offen sein, ist sich jedoch bewußt, daß sie nicht alle Aufgaben selbst erfüllen kann.

- Die DFG muß helfen, die richtigen Partner zu finden, um nicht nur eine Addition der Aktivitäten zu erreichen, sondern synergistisch zusammenwirken zu können. Dabei kommt es auf eine katalytische Funktion der DFG an.

- Die DFG muß den Ländern Hilfestellung geben, die selbst in der Wissenschaft etwas erreichen wollen und sich stark engagieren, es aber schwer haben, dies allein zu erreichen.

Um dieser Aufgabe besser gerecht werden zu können, wird derzeit ein Ausbau des Förderinstrumentariums in den Gremien der Forschungsgemeinschaft erwogen. Er bedarf jedoch noch intensiver Beratungen. Folgende Maßnahmen werden in Betracht gezogen:

- Verbesserung der Mobilität und der Zusammenarbeit in Westeuropa;

- verstärkter Einsatz von Reisemitteln für deutsche Forscher für die Vorbereitung und Durchführung von Forschungsvorhaben im Ausland und Kontaktaufnahme zur ausländischen Wissenschaft;

- Ausbau der Möglichkeit von Beteiligung ausländischer Wissenschaftler bei der Durchführung von Forschungsvorhaben in Deutschland;

- verstärkter Einsatz der Kongreß- und Vortragsreise-Mittel und der Mittel für die Unterstützung internationaler Kongresse in der Bundesrepublik Deutschland zugunsten bilateraler Kontakte;

- Durchführung bilateraler Symposien und Internationalisierung von Schwerpunktprogrammen;

- Verbesserung der Zusammenarbeit mit Entwicklungsländern.

Insbesondere für die **Verstärkung der wissenschaftlichen Zusammenarbeit innerhalb Europas** strebt die DFG in den kommenden Jahren einen Ausbau ihrer Instrumente in allen Förderungsverfahren (Normal- und Schwerpunktverfahren, Sonderforschungsbereiche, Forschergruppen) an. Sie benötigt dafür allerdings zusätzliche Mittel, mit denen Forschungsaufenthalte ausländischer Wissenschaftler einschließlich Doktoranden in der Bundesrepublik Deutschland für die Dauer von bis zu sechs Monaten, die gegenseitige Kontaktaufnahme deutscher und ausländischer Wissenschaftler, projektbezogene Kongreßreisen deutscher Wissenschaftler ins westeuropäische Ausland, die Teilnahme deutscher Nachwuchswissenschaftler an Kurzlehrgängen und Ferienkursen in Westeuropa und an besonderen Nachwuchs-Fachkonferenzen sowie die Durchführung bilateraler Tagungen ebenso gefördert werden sollen wie Gastprofessuren westeuropäischer Gelehrter in der Bundesrepublik Deutschland, ferner die Teilnahme an Sprachkursen im Rahmen von Ausbildungs-, Forschungs- und Habilitandenstipendien.

Für den Ausbau und die Abrundung der bilateralen Kontakte in Übersee und Osteuropa ergibt sich die im folgenden dargestellte Perspektive:

- Sozialistische Länder Ost- und Südosteuropas:
  Die Beziehungen zu den sozialistischen Ländern Ost- und Südosteuropas sind nach übereinstimmender Meinung konsolidiert. Die bereits begonnenen Verhandlungen mit der Akademie in der CSSR sollen weiter fortgesetzt werden. Besondere vertragliche Regelungen der Beziehungen zu Jugoslawien und Albanien scheinen derzeit nicht notwendig.
- Angelsächsische Überseeländer:
  Es gibt vielfältige Verbindungen zwischen Wissenschaftlern in den USA, Kanada und der Bundesrepublik. Die vorhandenen vertraglichen Bindungen zu diesen Ländern sind ausreichend. Zusätzliche Initiativen können zu den zentralen Organisationen in Australien und Neuseeland notwendig werden.
- Lateinamerika:
  Die bisher etablierten Kontakte zu den Ländern Lateinamerikas mit Ausnahme Boliviens werden als notwendig und wichtig angesehen. Die Reise des Präsidenten Ende 1986 hat diese Kontakte durch Beziehungen zu Argentinien und Venezuela vervollständigt. Darüber hinaus erscheint in Zukunft eine Entwicklung der Beziehungen zu Mexiko, Costa Rica u. a. wünschenswert.
- Ostasien:
  Die institutionellen Kontakte zu Ostasien sind im allgemeinen zufriedenstellend. Die jetzt schon bedeutenden Beziehungen zu Japan werden sich voraussichtlich intensivieren. Die Beziehungen zu dem in raschem Wandel befindlichen Wissenschaftssystem der Volksrepublik China sollen den Bedingungen entsprechend fortentwickelt werden.
- Süd- und Südostasien:
  Die Beziehungen zu Indien sind weiter auszubauen. Institutionelle Beziehungen zu Indonesien, Singapur und Malaysia sollten nach vorheriger Sondierung gegebenenfalls aufgenommen werden.

– Afrika:
  Mit den Beziehungen zu Ägypten und Marokko sind wichtige Kontakte zu den islamischen Ländern Afrikas etabliert. Die Beziehungen zu Afrika südlich der Sahara sollten weiter beobachtet werden.

Im Hinblick auf die Beteiligung deutscher Wissenschaftler an der Arbeit internationaler Organisationen ist festzustellen, daß die vorhandenen Förderinstrumentarien ausreichend sind. Sie sollten jedoch verstärkt und gezielt für eine deutsche Beteiligung in internationalen Organisationen eingesetzt werden. Die Beteiligung der DFG als nationales Mitglied in den großen internationalen nongouvernementalen Organisationen wie ICSU, IFS und ESF soll weiter ausgebaut und durch finanzielle Beteiligung der DFG an den Aktivitäten dieser Organisationen verstärkt werden.

Ausführlicher dargestellt ist dieser Themenbereich in der demnächst erscheinenden Schrift „Die DFG und ihre Auslandsbeziehungen – eine Bestandsaufnahme".

1.10 Finanzielle Perspektiven

Die Förderungsmittel der DFG haben sich in den zurückliegenden beiden Planperioden bis zum Jahr 1987 wie folgt entwickelt:

Förderungsmittel (ohne Verwaltungsausgaben) in Millionen DM
– Haushaltssoll des Wirtschaftsplans –

	1979	1980	1981	1982	1983	1984	1985	1986	1987
Allgemeine Forschungsförderung	496,6	522,3	551,3	574,6	594,6	609,8	629,5	686,7	707,0
Sonderforschungsbereiche	234,8	249,0	264,0	274,6	285,6	294,5	303,3	314,1	328,8
Heisenberg-Programm	12,6	12,6	13,7	13,6	14,6	15,5	14,6	14,6	13,6
Leibniz-Programm	–	–	–	–	–	–	–	8,0	16,0
Zusammen	744,0	783,9	829,0	862,8	894,8	919,8	947,4	1023,4	1065,4
Davon zweckgebundene Sondermittel	21,5	23,2	19,1	23,3	23,2	23,6	25,5	77,5	92,2
Allgemeine Zuwendungen	722,5	760,7	809,9	839,5	871,6	896,2	921,9	945,9	973,2

Bei der Interpretation der Zahlenreihe ist zu berücksichtigen, daß zum Zweck der Vergleichbarkeit durchweg die Haushaltsansätze (Soll-Zahlen) wiedergegeben sind und daß die genannten Beträge nicht nur die gemeinsame Zuwendung von Bund und Ländern sowie des Stifterverbandes für die Deutsche Wissenschaft, sondern auch Sondermittel, u.a. des Auswärtigen Amtes und des Bundesministers für Forschung und Technologie, enthalten. Diese Sondermittel sind zweckgebunden und werden zum größten Teil jeweils für begrenzte Zeit gewährt. Wie die vorletzte Zeile der Tabelle ausweist, unterliegt ihr Umfang von Jahr zu Jahr Schwankungen und wird dies auch weiterhin tun. Ferner muß bedacht werden, daß die Beträge, wie in der Forschungsstatistik des Bundes üblich, in jeweiligen Preisen, also nicht bereinigt um die Kaufkraftentwicklung, wiedergegeben sind. Dies in Betracht zu ziehen ist deshalb wichtig, weil seit langem rund drei Viertel der Förderungsmittel der DFG zur Bezahlung von Personal verwendet werden, das nach den Regeln vergütet wird, die in den Hochschulen und Forschungseinrichtungen gelten. Schon allein durch die Gehaltsentwicklung im öffentlichen Dienst wurde deshalb in den zurückliegenden Jahren die Erhöhung der Förderungsmittel weitgehend aufgezehrt; Preissteigerungen bei den Sachkosten kamen hinzu. Von 1979 bis 1986 stiegen die Förderungsmittel zwar nominal um 37,6 %; preisbereinigt um den amtlichen Preisindex für den Staatsverbrauch betrug der Anstieg der Mittel jedoch real nur 9,3 %, die Zunahme der allgemeinen Zuwendungen sogar nur 4,0 % in diesen acht Jahren.

Insgesamt zeigt die Tabelle, daß die Förderungsmittel der DFG in den beiden zurückliegenden Planperioden – bei erheblichen Unterschieden zwischen den einzelnen Jahren – beträchtlich zugenommen haben. In den meisten Jahren haben die Zuwachsraten über denen der öffentlichen Haushalte gelegen, auch wenn das in den Aufgaben- und Finanzplänen der DFG für wünschenswert gehaltene Niveau nicht erreicht worden ist. Im Jahr 1987 setzt sich, wenn entsprechend den von Bund und Ländern verabschiedeten Ansätzen Mittel bereitgestellt werden, die Aufwärtsentwicklung der letzten Jahre fort.

Für die Jahre ab 1988 hält die DFG trotz des erreichten hohen Niveaus einen stärkeren Zuwachs ihrer von Bund und Ländern gemeinsam gewährten regulären Haushaltsmittel für erforderlich. Diese sollten für die allgemeine Forschungsförderung und für die Sonderforschungsbereiche

im Jahr 1988 um 5 %,
im Jahr 1989 um 5,5 % und
im Jahr 1990 erneut um 5,5 %

gesteigert werden. Ausgenommen hiervon sind das Heisenberg-Programm und das Gottfried Wilhelm Leibniz-Förderprogramm, deren finanzielle Ausstattung besonderen Bedingungen unterliegt, und die Sondermittel für spezielle Programme, deren Höhe von Fall zu Fall festzulegen ist (s. dazu Tabellen 7.1.0 bis 7.1.10).

Diese Bitte der Forschungsgemeinschaft an Bund und Länder steht in Einklang mit deren erklärten forschungspolitischen Zielen. Denn sowohl in der Vergangenheit als auch in jüngster Zeit haben Regierungen und Parlamente des Bundes und der Länder übereinstimmend der Förderung der Forschung und des wissenschaftlichen

Nachwuchses eine hohe Priorität zuerkannt, nicht zuletzt wegen der hohen Bedeutung, die sie ihr für die künftige Entwicklung der Volkswirtschaft beimessen.

Diese erklärte Priorität gerade in den kommenden Jahren auch in der finanziellen Ausstattung der DFG zu verwirklichen, besteht aus mehreren Gründen Anlaß, die in den einzelnen Teilen dieser Schrift ausführlicher dargelegt sind und hier kurz zusammengefaßt werden:

Die Forschung in den Hochschulen, in die mehr als 90 % der Mittel der DFG fließen, spielt wegen ihres Umfangs, ihrer Vielfalt und wegen der dort gegebenen unmittelbaren Verbindung zur Förderung des wissenschaftlichen Nachwuchses eine Schlüsselrolle für Grundlagenforschung, angewandte Forschung und technische Entwicklung sowie für die Anwendung von Forschungsergebnissen in allen übrigen Bereichen. Die Heranführung von Nachwuchswissenschaftlern an die Forschung muß im Studium beginnen. Diese Aufgabe kann allein von den Hochschulen wahrgenommen werden, auch wenn außeruniversitäre Forschungseinrichtungen eine bedeutsame ergänzende Funktion für die Ausbildung des wissenschaftlichen Nachwuchses von der Promotion an haben und ausfüllen. Die Leistungsfähigkeit der Hochschulen als Einrichtungen der Forschung hängt entscheidend davon ab, daß allen nach dem Urteil sachverständiger Gutachter förderungswürdigen neuen Initiativen der Forschung eine Förderung unabhängig von programmatischen Gesichtspunkten und Verwendungsinteressen geboten werden kann, wie sie allein die DFG gewährleistet.

Die Hochschulen stellen in der Bundesrepublik Deutschland weiterhin das größte Forschungspotential außerhalb der Wirtschaft. Daß aus ihnen in noch immer wachsender Zahl förderungswürdige Initiativen an die DFG herangetragen werden (z. B. in der allgemeinen Forschungsförderung 1979 rund 7100, 1986 rund 8600), zeigt, wie lebendig die Forschung in den Hochschulen ist und welche Chancen das dort vorhandene Potential birgt. Dafür, daß es in den kommenden Jahren vermehrt zur Entfaltung kommen kann und sollte, sprechen folgende Gründe: Auf der einen Seite gelangen in den Jahren ab 1988 die stärksten Studentenjahrgänge in die Phase der Vorbereitung auf das Diplom und die Promotion, in der eine aktive Beteiligung der Nachwuchswissenschaftler an der Forschung möglich wird. Dieser Absolventengeneration eine angemessene Chance zur Weiterqualifikation durch die Mitwirkung an Forschungsaufgaben zu bieten, ist für die Hochschulen eine Aufgabe von eminenter Dringlichkeit, und zwar sowohl im gesamtstaatlichen Interesse an der bestmöglichen Entfaltung der vorhandenen Talente als auch im eigenen Interesse der Hochschulen selbst: Aus den Nachwuchswissenschaftlern der späten achtziger Jahre werden diejenigen Forscher hervorgehen, die in den neunziger Jahren Hochschullehrerstellen einnehmen können, welche dann in erheblich größerem Umfang als derzeit wieder zu besetzen sein werden. Auf der anderen Seite sehen die Hochschulen derzeit auch einer verbesserten Möglichkeit entgegen, diese Aufgaben in der Nachwuchsförderung durch neue Forschungsinitiativen aufzugreifen; denn der – nach Orten und Fächern unterschiedliche – Rückgang der Zahl der Studienanfänger läßt erwarten, daß die extremen Überlastbedingungen, unter denen zur Zeit die meisten Hochschulen ihre Aufgaben erfüllen, sich in den nächsten Jahren verbessern werden. Diese Erwartung begründet auch die gegenüber 1988 noch einmal erhöhten Steigerungsraten in den Jahren 1989 und 1990.

1 Allgemeiner Teil

Die Forschungsgemeinschaft sieht es als ihre Pflicht an, die Hochschulen in der Wahrnehmung dieser großen Aufgaben zu unterstützen. Die dafür notwendigen Förderungsmittel sind im Sinne einer Zukunftsinvestition gut angelegtes Geld.

Die Forschungsgemeinschaft steht in einer besonderen Verantwortung für die Hochschulen vor allem deshalb, weil sie die Vergabe ihrer Mittel nicht mit einer Einflußnahme auf die Richtung der Forschung verbindet. Wie eine vom Wissenschaftsrat vorgelegte Statistik (Drittmittel der Hochschulen 1970, 1975, 1980 bis 1985, Köln 1986) zeigt, haben sich die Hochschulen im zurückliegenden Jahrzehnt und vor allem in den letzten Jahren zunehmend und mit Erfolg an andere Drittmittelgeber als die Forschungsgemeinschaft gewandt. So sehr die darin zum Ausdruck kommende Fähigkeit und Bereitschaft zur Beteiligung an Forschungsprogrammen des Staates, vor allem der Bundesregierung, und zur stärkeren Zusammenarbeit mit der privaten Wirtschaft zu begrüßen ist, so muß doch zu Bedenken Anlaß geben, daß der Anteil der Mittel der DFG an den gesamten Drittmitteln der Hochschulen von 48,3 % im Jahr 1980 auf unter 40 % im Jahr 1985 zurückgegangen ist. Bei einer Fortsetzung dieser Entwicklung werden, worauf auch der Wissenschaftsrat hingewiesen hat, Fragen der Unabhängigkeit der Forschung in den Hochschulen von externen Interessen akut, die ernstgenommen werden müssen.

Ein weiterer wichtiger Grund dafür, daß die Forschungsgemeinschaft gerade in den nächsten Jahren einen erheblich stärkeren Mittelzuwachs benötigen wird, liegt in der mit der Steigerung der Intensität und Qualität unvermeidlich einhergehenden Verteuerung der Forschung. Diese zeigt sich beispielsweise darin, daß mit der erwähnten Zunahme der Anträge in der allgemeinen Forschungsförderung um rund 1500 zwischen 1979 und 1986 eine Erhöhung des Antragsvolumens von 760 Mio. DM 1979 auf rund 1,2 Mrd. DM 1986 einhergegangen ist. Die Gründe dafür sind vielfältig; sicherlich spielt die erwähnte Gehaltsentwicklung im öffentlichen Dienst dabei ebenso eine Rolle wie – bis zu einem gewissen Grade – die Entwicklung der Ausstattung der Hochschulen mit Geräten und laufenden Mitteln, bei der allerdings in den letzten Jahren in einer Anzahl von Ländern erheblich vermehrte Anstrengungen zu beobachten sind (Wissenschaftsrat: Investitionen für Großgeräte an den Hochschulen 1984 und 1985 sowie: Erhebung der laufenden Mittel für Forschung und Lehre 1985, beide Köln 1986). Es kann jedoch kein Zweifel bestehen, daß eine der wichtigsten Ursachen dafür in der Revolutionierung der wissenschaftlichen Arbeit in zahlreichen Disziplinen liegt, die sich in den letzten Jahren durch neue methodische und apparative Entwicklung vollzogen hat und die noch keineswegs abgeschlossen ist. Der gerätetechnischen Entwicklung ist weiter oben in diesem Kapitel bereits ein gesonderter Abschnitt (1.7.8) gewidmet worden. Diese wissenschaftsimmanente Ursache ist besonders stark ausgeprägt in denjenigen Disziplinen und wissenschaftlichen Arbeitsrichtungen, deren Ausweitung an den Hochschulen trotz insgesamt weitgehend konstanten Stellenbestandes von fast allen Bundesländern intensiv betrieben wird, weil von ihnen Beiträge zur Erhaltung und Steigerung der wirtschaftlichen Wettbewerbsfähigkeit der Bundesrepublik erwartet werden. Beispiele dafür sind unter anderem die Mikroelektronik, die Materialwissenschaften, die Biotechnologie und die Informatik. Die wissenschaftlichen Erfolge dieser Disziplinen in der Bundesrepublik und (zum Teil vor allem) im Ausland gehen zum größten Teil auf neue

Methoden z. B. der Mikrostrukturforschung, der Materialherstellung und -charakterisierung, der chemischen Analytik und Synthese, der Gentechnologie, der digitalen Bildauswertung, Nachrichtenübertragung und Informationsverarbeitung, der mathematischen Modellierung komplexer Prozesse u. a. m. zurück, die überwiegend erst durch neue technische Entwicklungen möglich geworden sind. Die folgenden Kapitel dieser Schrift zu den einzelnen großen Disziplingruppen enthalten dafür eine Fülle von Beispielen. Solche methodischen Entwicklungen sind im übrigen nicht auf die wegen ihres potentiellen Anwendungsinteresses zur Zeit besonders rasch expandierenden Wissenschaftsgebiete beschränkt; Anwendungen der Informationstechnik in den Geistes- und Sozialwissenschaften und neue bildgebende Verfahren in der Medizin (magnetische Kernresonanzspektroskopie, Positronenemissionstomographie u.a.) sind nur zwei bekannte Belege dafür.

Die Einführung solcher neuen Methoden in die Forschung an den Hochschulen erfordert nicht nur eine erhebliche Risikobereitschaft der Forscher selbst, sondern, wenn nach internationalen Maßstäben konkurrenzfähige Arbeiten ermöglicht werden sollen, einen hohen Einsatz von Mitteln für zusätzliches Personal, Geräte und laufende Kosten. Diese Mittel können nur in der Weise wissenschaftlich und wirtschaftlich sinnvoll eingesetzt werden, daß Arbeitsgruppen nachgewiesener Leistungsfähigkeit sie nach Prüfung ihrer Forderungen anhand wissenschaftlicher Kriterien erhalten. Die Forschungsgemeinschaft kann sich der Mitwirkung an dieser Aufgabe aber nur stellen, wenn sie qualifizierte Forscher nicht in Ermangelung ausreichender Mittel enttäuschen muß. Eine unzureichende Förderung lähmt die Initiative auch gerade der Wissenschaftler, die zu besonderen Forschungsleistungen am besten qualifiziert sind.

2 Geistes- und Sozialwissenschaften

2.1	Einleitung	61
2.2	Philosophie	63
2.3	Theologie	66
2.4	Geschichte	67
2.5	Altertumswissenschaften	70
2.6	Orientalistik	74
2.7	Geographie	76
2.8	Völkerkunde; Afrikanische, Indonesische und Südseesprachen	78
2.9	Sprach- und Literaturwissenschaft	81
2.10	Kunstgeschichte	84
2.11	Musikwissenschaft	85
2.12	Psychologie	85
2.13	Erziehungswissenschaft	90
2.14	Sozialwissenschaften	93
2.15	Wissenschaft von der Politik	99
2.16	Wirtschaftswissenschaften	103
2.17	Rechtswissenschaft	111

2.1 Einleitung

Unter den Begriff der „Geistes- und Sozialwissenschaften" fallen in der Fächergliederung der Deutschen Forschungsgemeinschaft sehr verschiedenartige Disziplinen. Das Spektrum reicht von der Theologie und Rechtswissenschaft über Sprach- und Literaturwissenschaft, Geschichte, Geographie, Philosophie, Pädagogik bis zu den Wirtschafts-, Sozial- und Verhaltenswissenschaften.

Die Geisteswissenschaften befinden sich aufgrund der nach wie vor sehr hohen Studentenzahlen im Augenblick noch in einer schwierigen Lage. Selbst sogenannte „kleine" Fächer wie Archäologie, Kunstgeschichte, Völkerkunde oder Volkskunde sind davon betroffen. Die Normalisierung, die von den Bildungsstatistikern für die neunziger Jahre in Aussicht gestellt wird, zeichnet sich in den bislang stark frequentierten Lehramtsstudiengängen zwar schon deutlich ab, wird aber konterkariert durch die vermehrte Inanspruchnahme der Magisterstudiengänge in den entsprechenden Fächern. In dem Maße, in dem künftig die Lehrbelastung in diesen Fächern insgesamt sinken wird, entsteht für die Forschung ein lange entbehrter und dringend benötigter Freiraum, der keinesfalls durch die Streichung von Stellen wieder zunichte gemacht werden darf.

Aus der starken Belastung der Geisteswissenschaften durch Lehrverpflichtungen für die jetzt studierenden Jahrgänge ergeben sich zwei Anforderungen an die Forschungsförderung. Zum einen muß durch zeitweilige Freistellung von Hochschullehrern dafür gesorgt werden, daß auch unter der Überlast von Lehre und Prüfungen qualifizierte Forschung in den Geisteswissenschaften weiterhin geleistet werden kann. Forschungsfreijahre oder -freisemester bieten sich vor allem in den Fällen an, wo für den erfolgreichen Abschluß eines anspruchsvollen Projektes die Beteiligung des Projektleiters mit seiner vollen Arbeitskraft erforderlich ist.

Zum anderen muß Vorsorge getroffen werden, daß der hochbegabte Nachwuchs der Forschung nicht verlorengeht. Die vorhandenen Programme schaffen eine spürbare Erleichterung, werden aber den besonderen Bedingungen der Geistes- und Sozialwissenschaften noch nicht voll gerecht. Da den hochqualifizierten Nachwuchsforschern vieler Fächer außerhalb der Hochschule in der Regel kaum Berufe offenstehen, müssen die Möglichkeiten einer längerfristigen Absicherung dieser Wissenschaftler vermehrt und verbessert werden, wenn der Forschung kein bleibender Schaden entstehen soll.

Die unter der Kategorie „Geistes- und Sozialwissenschaften" zusammengefaßten Disziplinen sind in ihren Zielsetzungen und ihrem Methodenrepertoire so unterschiedlich, daß sich eine einheitliche Förderungskonzeption für diese Fächer von selbst verbietet. Wichtigstes Förderungsmittel ist nach wie vor das Normalverfahren. Es sichert dem Forscher, der nicht selten die Hauptarbeit an seinen Projekten selbst leistet, die nötige Unterstützung durch die Finanzierung von Hilfsarbeiten, Reisen usw. Auch Forschergruppen haben sich in den Geistes- und Sozialwissenschaften bewährt. Sie können freilich den beteiligten Nachwuchswissenschaftlern, die auf einen Lebensberuf hinarbeiten müssen, nur mittelfristig eine Position bieten. Die damit verbundenen sozialen Probleme müssen bei der Förderung mit bedacht werden.

Für viele Fächer hat sich das Schwerpunktprogramm als ein besonders geeignetes Förderungsinstrument erwiesen, bietet es doch Gelegenheit, eine größere Zahl einzelner Projekte durch überregionale Kooperation, Koordination und Konzentration längerfristig so zu bündeln, daß auch bei umfangreichen und komplexen Forschungsthemen bedeutsame, international konkurrenzfähige Erkenntnisfortschritte erzielt werden können.

Eine Bereitschaft zur Bildung von Sonderforschungsbereichen ist selbst bei den „klassischen" Fächern der alten Philosophischen Fakultät zu verzeichnen. Einzelne Beispiele lassen vermuten, daß die integrierende Wirkung der Sonderforschungsbereiche als ein Mittel gegen die Folgen der Aufspaltung der alten Fakultäten in Fachbereiche verstanden und genutzt wird. Initiativen dieser Art werden begrüßt.

Viele geisteswissenschaftliche Fächer haben die Objekte ihrer Forschung in fremden Ländern. Für sie ist die Gewährung von Mitteln für Forschungsreisen und Forschungsaufenthalte in ihren Untersuchungsgebieten die wichtigste Form der Förderung durch die DFG überhaupt. Im Falle der archäologischen Wissenschaften kommt die Finanzierung von Grabungskampagnen hinzu.

Die internationale Verflechtung ist bei den Geistes- und Sozialwissenschaften weit fortgeschritten. Zur Aufrechterhaltung und Verbesserung der notwendigen Kontakte ist die Finanzierung von Kolloquien, Arbeitsgesprächen usw. ein wichtiges Förderungsinstrument. Besondere Bedeutung gewinnt zur Zeit der Ausbau wissenschaftlicher Beziehungen innerhalb Europas. Die zahlreichen Ansätze zur Kooperation mit Partnern aus dem europäischen Ausland werden deshalb nachhaltig unterstützt.

Den Langfristprojekten (Editionen, Corpora, Wörterbücher, aber auch Grabungen) kommt in den Geisteswissenschaften eine ähnlich wichtige Rolle zu wie den Labors und Großgeräten in den experimentellen Wissenschaften. Die Geisteswissenschaften im engeren Sinn werden ihre internationale Stellung nur halten können, wenn Wege gefunden werden, um wichtige Langfristprojekte materiell und personell so abzusichern, daß daran kontinuierlich gearbeitet werden kann. Es muß auch in Zukunft die Möglichkeit geben, neue Langfristprojekte zu planen und zu beginnen. Sonst würde es in den Geisteswissenschaften zu einer unerträglichen Stagnation der Forschung kommen. Voraussetzung muß selbstverständlich sein, daß es sich um Projekte von herausragender Bedeutung und Qualität handelt. Die DFG ist im Bereich der Langfristprojekte auf die vertrauensvolle Zusammenarbeit mit den Akademien angewiesen, denen im Rahmen des Akademieprogramms der Bund-Länder-Kommission für Bildungsplanung und Forschungsförderung die Möglichkeit zum Betreiben solcher Projekte eingeräumt worden ist. Sie vertraut darauf, daß die sehr erfolgreich begonnene Zusammenarbeit in Zukunft zum Gedeihen der Geisteswissenschaften fortgesetzt werden kann.

Viele Geisteswissenschaften sind reine Buchwissenschaften. Die Editionen, Monographien und Zeitschriften, die sie für die Darstellung ihrer Ergebnisse benötigen, können in der Regel nur mit Hilfe von Druckkostenzuschüssen veröffentlicht werden. Die DFG unterstützt das Publikationswesen in diesem Bereich mit nicht unbeträchtlichen Mitteln. Sie beschränkt ihre Hilfe auf die Publikation von Forschungsergebnissen von anhaltender Bedeutung, die für die Entwicklung dieser Disziplinen unentbehrlich sind. Ihr Gutachterverfahren gewährleistet, daß die Förderung auf das für die einzelnen Fächer Notwendige beschränkt bleibt. In diesem Umfang wird die Förderung fortgesetzt.

Im Unterschied zu den Geisteswissenschaften im engeren Sinn benötigen die Wirtschafts-, Sozial- und Verhaltenswissenschaften darüber hinaus eine ausreichende Infrastruktur zur Durchführung empirischer Untersuchungen. Dazu gehören nicht nur die jeweils notwendige, inzwischen keineswegs auf diese Fächergruppen beschränkte EDV-Ausstattung, sondern in Abhängigkeit von den dominierenden Forschungsaufgaben z. B. auch Video-Ausstattungen, experimentelle Einrichtungen, Versuchstieranlagen, Servicestationen für sozialwissenschaftliche Umfragen und das dafür erforderliche technische Personal. Da diese Infrastruktur in vielen Hochschulinstituten unzureichend ist, entstehen für die Forschungsgemeinschaft besondere Probleme, da sie nur eine Ergänzungs-, nicht aber die erforderliche Grundausstattung für die Forschung finanzieren kann.

Das ist deshalb ein besonderer Grund zur Sorge, weil die Grundlagenforschung in den Geistes- und Sozialwissenschaften an den Hochschulen im Vergleich zu vielen natur- und ingenieurwissenschaftlichen Fächern insgesamt weniger durch Ministerien, durch die Industrie und andere Institutionen finanziert wird, sondern weitgehend auf die DFG und auf Stiftungen angewiesen ist. Der Forschungsgemeinschaft erwächst daraus eine große Verantwortung für diese Fächer.

2.2 *Philosophie*

Ein großer Teil der laufenden Arbeiten im Fach Philosophie ist nach wie vor historisch orientiert und der Edition von Texten bzw. der Interpretation oder rationalen Rekonstruktion von Theorien der Tradition gewidmet. Die Philosophie der Neuzeit steht dabei zwar noch immer im Mittelpunkt, aber es läßt sich erfreulicherweise wieder eine stärkere Zuwendung zu Antike und Mittelalter beobachten. Deutlich ist auch eine Tendenz, die Geschichte der großen Philosophie durch Untersuchungen zu weniger bekannten Autoren und Schulen zu ergänzen und die Rezeption der Ideen zu verfolgen, um so zu einem vollständigeren Bild der Entwicklungen zu gelangen. Die Editionen, auch solche von zentraler Bedeutung (z. B. Kant und Leibniz), gehen leider nur sehr langsam voran. Man sollte sich daher noch mehr als bisher zu Teil- oder Auswahleditionen entschließen, die der historischen Forschung besonders wichtige Texte schon möglichst früh zur Verfügung stellen. Es wäre auch wünschenswert, daß die Herausgeber weniger isoliert arbeiten, ihre Arbeiten frühzeitig einer breiteren Diskussion zugänglich machen und in ihren Forschungen das historische Umfeld und systematische Gesichtspunkte stärker berücksichtigen. Auffällig ist ferner der (schon auf der Ebene der universitären Grundausbildung fühlbare) Mangel an Kommentaren von zentralen Texten der nach-antiken Tradition, insbesondere der neuzeitlichen Philosophie.

Auf systematischem Gebiet stehen Arbeiten zur Wissenschaftstheorie und zur Ethik im Vordergrund. Hier gibt es intensive Diskussionsverbindungen vor allem mit angelsächsischen Forschern. Zwischen historischen und systematischen Untersuchungen besteht ein enger Zusammenhang, denn eine systematische Problemdiskussion muß das Spektrum historischer Lösungsansätze berücksichtigen, und die Bewertung der Relevanz traditioneller Theorien und Fragestellungen, die sich wiederum auf gründliche systematische Kenntnisse stützen muß, ist andererseits ein unverzichtbarer Teil der Philosophiegeschichte. Daher ist es sehr zu begrüßen, daß in den letzten Jahren in historischen Untersuchungen das systematische Element und in systematischen Arbeiten der geschichtliche Hintergrund der Problemstellungen und Lösungsansätze verstärkt zur Geltung kommt. Auch die Zusammenarbeit der Philosophie mit den verschiedenen Fachwissenschaften ist weiter intensiviert worden. Sie ist für die Philosophie selbst besonders wichtig, da sie heute keinen einzigen ihr allein vorbehaltenen Gegenstandsbereich mehr hat. An ihr sind aber zunehmend auch andere Fächer interessiert, sofern sie, wie z. B. Biologie, Psychologie oder Allgemeine Sprachwissenschaft, in Gebiete vordringen, die traditionell der Philosophie zugerechnet wurden. Da interdisziplinäre Forschung institutionell nicht abgesichert und meist langfristig angelegt ist, bedarf sie in besonderem Maße der Förderung.

Im internationalen Vergleich hat die Philosophie in der Bundesrepublik ein hohes Ansehen bewahrt oder in den vergangenen Jahrzehnten erworben. Deutlicher denn je zeichnet sich indes eine wachsende Konkurrenz des Auslandes auch in denjenigen Bereichen ab, die traditionell eine Domäne der deutschen Philosophie waren, so etwa in der historischen und systematischen Auseinandersetzung mit der klassischen deutschen Philosophie. Konkurrenz und internationale Diskussion sind als Stärkung der Forschung zu begrüßen; sie verlangen aber auch nach einer Stärkung der Auslandskontakte. Die Forschungsgemeinschaft kann hierbei Hilfestellung leisten, indem sie international ausgerichtete Kongresse, Fachkonferenzen und Rundgespräche sowie Auslandsaufenthalte fördert.

Da philosophische Forschung sich in erster Linie als Individualforschung vollzieht, erfolgt ihre Förderung zumeist im Normalverfahren. Ferner hat sich die Durchführung von Rundgesprächen und Kolloquien bewährt. Von diesen Förderinstrumenten sollte noch mehr Gebrauch gemacht werden. Soweit sich das übersehen läßt, werden auch in den kommenden Jahren Philosophiegeschichte einerseits und auf systematischem Gebiet Wissenschaftstheorie und praktische Philosophie andererseits die Schwerpunkte der philosophischen Forschungsprojekte bilden. Die Forschungsgemeinschaft fördert seit 1987 das Schwerpunktprogramm *„Philosophische Ethik – Interdisziplinärer Ethikdiskurs".* In der Öffentlichkeit hat in den letzten Jahren die Diskussion von Anwendungsfragen der Ethik (Ethik wissenschaftlicher Forschung, der Technik, der Wirtschaft, der Gentechnologie, des Umgangs mit der Umwelt und den natürlichen Ressourcen) erheblich zugenommen. Die innerphilosophische Diskussion hat sich hingegen vorwiegend auf Grundlagenfragen der Ethik bezogen, so daß die Philosophie zur öffentlichen Erörterung ethischer Fragen bisher noch zu wenig beitragen konnte. Angesichts dieser Situation ist die Philosophie aufgefordert, sich stärker auf Anwendungsfragen einzulassen und ihr Potential zur Problem- und Begriffsklärung in die Diskussion einzubringen ebenso wie die Erkenntnisse, die sie in der langen Geschichte der Ethik durch die Erörterung der verschiedensten Lösungsansätze gewonnen hat. Das Schwerpunktprogramm zielt darauf ab, die innerphilosophische Erörterung zu intensivieren, insbesondere Anwendungsfragen ein stärkeres Gewicht zu verleihen und dazu Kontakte mit jenen Wissenschaften auszubauen, auf deren Gebiete sich die Anwendungen beziehen. Es ist also interdisziplinär angelegt und damit geeignet, der philosophischen Ethik neue Horizonte zu öffnen und sie in die Lage zu setzen, der öffentlichen Nachfrage nach einem „Orientierungswissen" besser gerecht zu werden, die sich unter anderem auch in einer zunehmenden Beteiligung von Philosophen an Gremien zeigt, in denen politische Entscheidungen vorbereitet werden.

Ein vergleichbares Projekt – das freilich weniger öffentliches Interesse auf sich ziehen wird – ist ein Schwerpunktprogramm zum Thema *„Kognitive Funktionen und Gehirnprozesse",* das von Philosophen gemeinsam mit Neurobiologen, Psychologen, Psychiatern und Linguisten vorbereitet wird.

Ein wichtiges Desiderat ist auch eine Reflexion auf die Wissenschaft selbst und die Erforschung der ihr innewohnenden Entwicklungsdynamik. Auch hier wird ein Beitrag der Philosophie gebraucht. Wiederum kann er nur in Kooperation mit anderen Disziplinen, unter denen in diesem Fall der Wissenschaftsgeschichte besondere Bedeutung zukommt, erfolgreich erarbeitet werden. Seit den sechziger Jahren ist auch innerhalb der Wissenschaftstheorie die Überlappung mit der Wissenschaftsgeschichte als wesentlich anerkannt. Im westlichen Ausland sind etliche Departments für „History and Philosophy of Science" entstanden. In der Bundesrepublik ist umgekehrt die Wissenschaftsgeschichte meist an isolierte Lehrstühle gebunden, die je nach der historisch aufzuarbeitenden Fachwissenschaft unterschiedlichen Fakultäten zugeordnet sind (s. auch Abschnitt 2.4, „Geschichte"). Der übergreifende Kontext wird zwar gesehen, seine Erforschung ist jedoch institutionell behindert. Es gibt daher Überlegungen, in der Nachfolge des seinerzeit sehr erfolgreichen Schwerpunktprogramms *„Wissenschaftstheorie"* ein Schwerpunktprogramm *„Philosophie und Geschichte der Wissenschaften"* vorzubereiten. Ähnliches gilt für den Bereich Wissenschaftsforschung, d. h. für interdisziplinäre Untersuchungen zu Entwicklungsbedingungen und Strukturen wissenschaftlicher Forschung.

Endlich sollte sich die Philosophie intensiver als bisher mit der Biologie befassen, die heute, vor allem in der Verhaltensforschung, über den Bereich einer Naturwissenschaft im traditionellen Sinn hinausgreift. Die Wissenschaftstheorie ist vorwiegend an Mathematik und Physik orientiert und hat demgegenüber die speziellen methodologischen Probleme der Biologie vernachlässigt. Bislang fehlt auch noch eine gründliche Auseinandersetzung der Philosophie mit der evolutionären Erkenntnistheorie wie mit den Versuchen, über die Erforschung der genetischen Bedingungen menschlichen Verhaltens Handlungsnormen zu begründen.

Drückend sind nach wie vor und in wachsendem Maß die Probleme des wissenschaftlichen Nachwuchses, zumal in der Philosophie – im Unterschied zu den meisten anderen Fächern – kaum außeruniversitäre Berufsfelder offenstehen. Die Zahl der Habilitierten ohne Anstellung ist hier besonders hoch, so daß Hilfen wie dem Heisenberg-Programm und Maßnahmen der Länder wie z. B. den „Fiebiger-Programm" zur

Förderung hochqualifizierter Nachwuchswissenschaftler eine besondere Bedeutung für das Fach zukommt.

2.3 Theologie

Die theologischen Wissenschaften verstehen sich unter den Gesichtspunkten der modernen Wissenschaftsökonomie als Geisteswissenschaft. Die wissenschaftliche Theologie hat ihren Ort unbeschadet ihrer Bestimmung als kirchliche Glaubenswissenschaft innerhalb der komplexen ideengeschichtlichen Bewegungen und Entwicklungen als reflexive Bemühung um den christlichen Glauben angesichts der vielfachen und wechselnden geistesgeschichtlichen Herausforderungen der Neuzeit. Eine bemerkenswerte Folge dieser Entwicklung im Selbstverständnis der Theologie ist darin zu sehen, daß sich in der theologischen Arbeit zu einem großen Teil die Methoden und Zielvorstellungen der historischen Wissenschaft Raum verschafft haben. Ihre Aufgabe sieht diese mehr historisch arbeitende Theologie darin, die Inhalte der christlichen Überlieferung unter den Gesichtspunkten ihres geschichtlichen Wandels und ihrer ideellen Wirkungsgeschichte darzustellen und zu interpretieren. Damit sollen und dürfen die eigenständige Bedeutung der spekulativen und der praktischen Theologie und ihre wissenschaftstheoretischen Voraussetzungen und Methoden nicht übersehen werden. Aber es versteht sich, daß die mit historischen und philologischen Methoden arbeitenden Quellenuntersuchungen bisher eine breitere finanzielle Förderung beansprucht haben. Die verschiedenen mittel- und längerfristigen Projekte, die die DFG im Fachgebiet Theologie (evangelische und katholische Theologie) unterstützt hat, lassen die kirchen- und dogmengeschichtlichen Arbeiten als einen besonderen Schwerpunkt hervortreten. Dieser mehr rekonstruierenden historischen Arbeit sind auch einige Teile der bibelwissenschaftlichen Forschung zuzuordnen wie die von der DFG unterstützten Arbeiten an der verbesserten Edition des griechischen Neuen Testamentes. Diese seit langem zu konstatierende Schwerpunktbildung in der theologischen Forschung dürfte sich auch in der nächsten Zukunft fortsetzen. Neben den erwähnten Werken sind hierzu besonders die patristischen Texte, die Schriften der Reformatoren und das Corpus Catholicorum zu nennen, aber auch die Spezialuntersuchungen zur Erschließung dieser Quellen. Hierzu gehört auch die noch im Anfangsstadium befindliche textanalytische Untersuchung des hebräischen Alten Testaments. Hier liegt es nahe, die bereits bestehenden interdisziplinären Kooperationen zwischen Kirchengeschichtlern und Vertretern verwandter historischer Disziplinen, z. B. im Bereich der Mediävistik, auszubauen und verstärkt zu fördern.

Dagegen zeigt sich in den mehr *systematischen* Teilen der theologischen Forschung die Vorrangigkeit der wissenschaftlichen Kompetenz des *einzelnen* Forschers. Zwar werden in der systematischen Theologie wissenschaftliche Symposien und Sammelarbeiten gefördert, aber der größere Teil der geförderten Projekte umfaßt Arbeiten einzelner Forscher. Aus dem Gebiet der praktischen Theologie sind bisher nur wenige Forschungsprojekte an die Forschungsgemeinschaft herangetragen worden. Begrüßenswert wäre ein stärkeres Engagement der Pastoraltheologie und der Religionspädagogik, das auch zu Innovationen in der Praxis der Seelsorge und der Verkündigung in den Kirchen führen könnte. Zunehmende Bedeutung werden die Erforschung von interkulturellen Begegnungen und Beziehungen von Religionen sowie die Darstellung und Interpretation religiöser Bewegungen in Geschichte und Gegenwart erlangen. Dies gilt auch für systematisch-theologische Arbeiten zum Selbstverständnis des Christentums als religiöser Bewegung.

Innerhalb des Förderinstrumentariums der Forschungsgemeinschaft haben sich vor allem die Förderung wissenschaftlicher Zeitschriften und Symposien als fruchtbar für den interdisziplinären Gedankenaustauch insbesondere mit Philosophen und Historikern erwiesen. Die interdisziplinäre Zusammenarbeit wird ferner im Rahmen längerfristig angelegter Projekte unterstützt. Zur Förderung des wissenschaftlichen Nachwuchses haben sich Habilitations- und Forschungsstipendien bewährt. Diese Förderinstrumente werden zukünftig verstärkt in Anspruch genommen werden.

2.4 Geschichte

Geschichtswissenschaftliche Forschung ist nicht nur in historischen Instituten und Seminaren angesiedelt, sondern auch in vielen anderen Bereichen, vor allem in der Theologie, der Jurisprudenz, den Wirtschaftswissenschaften und in der Altertumskunde, zu der hier auch die Alte Geschichte und die Ur- und Frühgeschichte gerechnet werden. Die im engeren Sinne historische Forschung (Mittlere und Neuere Geschichte), von der im folgenden die Rede ist, steht mit der Geschichtsforschung anderer Fächer in zahlreichen Verbindungen. Doch sind auch ihre eigenen Tätigkeitsfelder vielgestaltig und weit.

Einen deutlichen Schwerpunkt der Förderung bilden schon seit längerer Zeit wirtschafts- und sozialgeschichtliche Forschungen. Im Zeichen der zunehmenden Verwendung von Computern auch bei historischen Projekten haben sie eher noch zugenommen. Im einzelnen haben hierdurch vor allem personengeschichtliche Untersuchungen, die vielfach überhaupt erst mit Hilfe der elektronischen Datenverarbeitung in Angriff genommen werden konnten, eine Intensivierung erfahren. Zu den Forschungsansätzen mit immer noch zunehmendem Gewicht zählen im übrigen mentalitätsgeschichtliche Studien und – als relativ neues Feld – die Alltagsgeschichte.

Nicht zuletzt wird die historische Forschung durch eine vermehrte Bearbeitung von Themen der Geschichte seit 1945 charakterisiert. Die Möglichkeit und auch Notwendigkeit gerade dieser Forschungen ergibt sich daraus, daß die Akten zur Geschichte der Nachkriegszeit inzwischen nicht mehr der Sperrfrist von 30 Jahren unterliegen. Andererseits schließen sich diese Studien auch der in den vorangegangenen Jahrzehnten besonders intensiv betriebenen Erforschung der nationalsozialistischen Zeit und der Geschichte der Weimarer Republik an.

Generell gilt für die gegenwärtige Lage der Geschichtswissenschaft, daß aktuelle Schwerpunkte nicht so sehr die Resultate eines überstürzten „Paradigmenwechsels" sind, sondern vielmehr häufig an ältere Tendenzen anknüpfen. Bemühungen um eine „neue", die materiellen Hinterlassenschaften und ikonographischen Quellen der Vergangenheit nutzende Kulturgeschichte nehmen frühere kulturgeschichtliche Forschungen auf. Die außerordentlich lebhafte, gerade auf die Geschichte der jüngsten Zeit zielende regionalgeschichtliche Forschung setzt die namentlich seit den zwanziger Jahren des Jahrhunderts für die deutsche Geschichtswissenschaft so charakteristische – zunächst vornehmlich an Themen der älteren Geschichte interessierte – landeskundliche und landeshistorische Arbeit fort.

Dabei erstreckt sich die Forschung in der Bundesrepublik Deutschland auch auf die Geschichte der einstmals deutschen, heute zu Polen und zur Sowjetunion gehörenden Gebiete. Diese Forschung profitiert inzwischen von vielfachen Kontakten mit der polnischen Geschichtswissenschaft. Doch gibt es bestimmte Bereiche der Grundlagenforschung, die nur oder überwiegend in der Bundesrepublik zu Hause sind. Als Beispiel mögen zentrale und teilweise von der DFG geförderte Editionen wie das schlesische, das pommersche und das preußische Urkundenbuch genannt werden.

Ähnliches gilt für die Erforschung derjenigen Gebiete, die heute die DDR bilden. Die Förderung der landesgeschichtlichen Forschung in der DDR ist außerordentlich ungleichmäßig. Die Geschichtsforschung in der Bundesrepublik nimmt auch hier Funktionen wahr, denen im Anschluß an die schon erwähnte landesgeschichtliche Tradition Rechnung zu tragen ist, die aber auch von der Weiterentwicklung des regionalgeschichtlichen Methoden-Instrumentariums profitieren.

Abgesehen von solchen Forschungsfeldern, die durch Kontinuität charakterisiert sind, lassen sich aber auch gewissermaßen klassische Aufgabenbereiche benennen, welche die gegenwärtige Forschung zurückzugewinnen und zu erneuern im Begriff ist, z. B. die politische und die Geistesgeschichte.

Die Kontinuität, welche die Entwicklung der Geschichtswissenschaft auch während der letzten Jahrzehnte gekennzeichnet hat, tritt besonders deutlich dort zutage, wo zentrale Dokumentenbestände gesichtet und zugänglich gemacht werden. Die in der ersten Hälfte des 19. Jahrhunderts begonnenen großen Unternehmungen zur Edition mittelalterlicher Quellen wie namentlich die Monumenta Germaniae Historica und die Regesta Imperii werden derzeit nicht nur fortgeführt, sondern beschleunigt vorangebracht. Als Beispiel kann die von der DFG geförderte Edition der Urkunden Kaiser Friedrichs I. (Barbarossa) gelten, die heute zum größeren Teil vorliegt und bald vollendet sein wird: ein Desiderat seit vielen Jahrzehnten. Charakteristisch hierfür ist auch die Edition der deutschen Inschriften des Mittelalters und der frühen Neuzeit, die erst nach 1945 wirklich in Gang gekommen ist und derzeit mit größerer Intensität vorangetrieben wird.

Zentrale Dokumentenbestände zur Geschichte des späteren Mittelalters und der Neuzeit werden vor allem von der Historischen Kommission bei der Bayerischen Akademie der Wissenschaften ediert. Hier sind in erster Linie die deutschen Reichstagsakten zu nennen, eine Edition, die auf Leopold von Ranke zurückgeht und die nun auch auf das spätere 16., das 17. und das frühe 18. Jahrhundert zielt. Dieses Ausgreifen einer gewissermaßen klassischen Edition auf spätere Jahrhunderte steht zugleich für energische Bemühungen um eine angemessene Erfassung der Geschichte des „alten" Reichs.

Die Geschichtswissenschaft gehört zu jenen Fächern, in denen ein beträchtlicher Teil der Forschung an Universitätsseminaren und Forschungsinstituten ohne die Inanspruchnahme von Projektmitteln geschieht. Wo die Förderung durch die DFG in Anspruch genommen wird, kommt dem Normalverfahren – und hier nicht zuletzt den Druckbeihilfen für Editionen, Monographien und Zeitschriften – besondere Bedeutung zu. So kann eine Hervorhebung von Arbeiten, die im Rahmen von Schwerpunktprogrammen und von Sonderforschungsbereichen gefördert werden, nicht die derzeitige Entwicklung des Faches insgesamt bezeichnen.

Eine Intensivierung der Zusammenarbeit mit der deutschen Philologie ist von dem 1985 angelaufenen Sonderforschungsbereich 321 *„Mündlichkeit und Schriftlichkeit"* (Freiburg) und von dem seit 1986 geförderten Sonderforschungsbereich 231 *„Träger, Felder und Formen pragmatischer Schriftlichkeit im Mittelalter"* (Münster) zu erwarten.

Nicht zuletzt komparatistische Absichten wurden und werden in einigen Schwerpunktprogrammen verfolgt. Durch das Schwerpunktprogramm *„Historische Statistik in Deutschland"* soll dem wachsenden Bedarf der historischen Forschung an gesicherten statistischen Langzeitreihen entsprochen werden. Im Rahmen des Schwerpunktprogramms *„Westeuropa und Nordamerika – Geschichte der transatlantischen Wechselbeziehungen"* wird der Prozeß wechselseitiger Beeinflussung im politischen, wirtschaftlichen und kulturellen Bereich im 20. Jahrhundert untersucht und weiter in das 19. Jahrhundert zurückverfolgt. Dabei soll dieser Prozeß nicht wie bisher meist bilateral, sondern im Rahmen einer multilateralen Interdependenz verstanden werden. Seit 1987 wird das Schwerpunktprogramm *„Die Stadt als Dienstleistungszentrum: Zusammenhänge zwischen Infrastrukturpolitik, Dienstleistungen und sozialer Daseinsvorsorge im 19. und 20. Jahrhundert"* gefördert. Ferner wurde 1986 in Bielefeld der Sonderforschungsbereich 177 *„Sozialgeschichte des neuzeitlichen Bürgertums"* eingerichtet.

Die Geschichtswissenschaft in Deutschland konzentriert sich naturgemäß auf Themen der deutschen Geschichte. Sie bedient sich dabei komparatistischer Fragestellungen, und sie arbeitet mit einer vielfältig an Gegenständen der deutschen Geschichte interessierten Forschung in anderen Ländern zusammen. Daneben stehen Arbeiten zur Geschichte anderer Länder – wie vor allem schon seit einem Jahrhundert zu der des mittelalterlichen Italien. Nach dem Vorbild des Deutschen Historischen Instituts in Rom und im Einklang mit einem wachsenden Interesse deutscher Historiker an der Geschichte Westeuropas sind in den letzten Jahren deutsche geschichtswissenschaftliche Institute in Paris und London gegründet worden. Ein historisches Institut in Washington wurde im April 1987 eröffnet.

Die Fächer Geschichte der Physik, Chemie, Biologie, Medizin, Pharmazie, Technik und Mathematik sind an den Hochschulen der Bundesrepublik in sehr unterschiedlichem Maße vertreten: die Medizingeschichte inzwischen fast überall, die anderen – im Gegensatz zur historischen Bedeutung dieser Gebiete – nur an wenigen Orten. Einen Ausbau haben in jüngster Zeit lediglich die Medizin- und die Technikgeschichte erfahren. Beide Fächer, insbesondere die Technikgeschichte, finden auch wachsende

Aufmerksamkeit bei anderen, vorwiegend geisteswissenschaftlichen Disziplinen. Für die Forschung auf den genannten Gebieten gilt insgesamt, daß sozialhistorische Fragestellungen stark in den Vordergrund gerückt sind; sie werden allerdings zum Teil mehr von Sozialhistorikern als von den betreffenden Wissenschaftshistorikern bearbeitet, so z. B. im Falle der Medizingeschichte. Eine allgemeine Tendenz der Forschung zeigt sich weiter darin, daß Themen aus dem 19. und 20. Jahrhundert immer mehr Gewicht erhalten: etwa die Quantentheorie, die Festkörperphysik und die Entstehung physikalischer Großforschungsanlagen; die Biochemie und die physikalische Chemie; die Biologie der Goethe-Zeit, die Anfänge der Rassenkunde und die Evolutionslehre; die Grundlagen der naturwissenschaftlich-klinischen Medizin im 19. Jahrhundert und das allzulange ausgesparte Thema Medizin und Nationalsozialismus. Kennzeichnend ist ferner der erhebliche Anteil, den Werk- und Briefausgaben (z. B. führender Physiker des 20. Jahrhunderts) sowie umfassende Bestandsaufnahmen von Quellen (z. B. Sammlung der mathematischen Handschriften des lateinischen Mittelalters) an der Forschung haben. Neben den neuen Schwerpunkten im 19. und 20. Jahrhundert ist intensive Forschung der Antike und deren Fortwirken im islamischen und lateinischen Mittelalter sowie in der frühen Neuzeit gewidmet, besonders auf den Gebieten Mathematik und der Medizin. Projekte auf dem Gebiet der mittelalterlichen Medizingeschichte werden im Sonderforschungsbereich 226 *„Wissensorganisierende und wissensvermittelnde Literatur des Mittelalters"* (Würzburg/Eichstätt) gefördert. Obwohl sich Wissenschaftsgeschichte hierzulande eines steigenden Interesses erfreut, kann sie wegen der – abgesehen von der Medizingeschichte – völlig ungenügenden personellen Ausstattung dieser Nachfrage nicht gerecht werden. Ein Rückstand gegenüber dem Ausland ist denn auch zumindest auf einigen Gebieten unverkennbar; so wird z. B. die Erforschung der deutschen Chemiegeschichte bisher noch ganz von angelsächsischen Autoren bestritten.

2.5   Altertumswissenschaften

Die Altertumswissenschaften gehören zur Grundausstattung Philosophischer Fakultäten. Im frühen 19. Jahrhundert entstanden, entwickelten sie je nach zeitbedingten Bildungsidealen Fragestellungen und Methoden, die den Quellen, aus denen sie zu schöpfen hatten, angemessen schienen: die **Altphilologie** und die **Alte Geschichte** aus schriftlicher Überlieferung, die **Klassische Archäologie** aus den dinglichen Überresten. Alle drei Wissensgebiete erweiterten alsbald ihr Forschungsfeld, das anfänglich auf Griechenland und Italien begrenzt war, auf den Alten Orient und die antiken Randkulturen, vor allem deshalb, weil es nur auf diesem Wege möglich war, das hellenistische Staatensystem und das römische Imperium als historische Gebilde zu verstehen. Denn inzwischen war die Entzifferung der Schriftzeugnisse in Ägypten und Mesopotamien so weit gediehen, daß es sich lohnte, die Texte philologisch und historisch zu untersuchen (Assyriologie, Ägyptologie) und die Forschungen auf die Ruinenfelder dort auszudehnen (Ägyptische und Vorderasiatische Archäologie). Erst gegen Ende des 19. Jahrhunderts trat die prähistorische Archäologie (Vor- und Frühgeschichte) in diesen Kreis erprobter Wissenschaften ein. Die Frage, wie der Mensch gewesen sei, ehe etwas über ihn geschrieben wurde (Rudolf Virchow), stellte sich zunächst in der somatischen Anthropologie und in der Völkerkunde, bis sie die Geschichtsforschung von neuem aufwarf. Seither hat die **Vor- und Frühgeschichte,** die wie die ältere Schwester ihr Wissen vorwiegend aus dinglicher Überlieferung bezieht, selbständige Arbeitsverfahren entwickelt und ein eigenes Lehrgebäude errichtet, das die prähistorischen Kulturen in ihrer Gesamtheit und weltweit erfaßt, zu den Klassischen Altertumswissenschaften (einschließlich Mykenologie, Etruskologie etc.), zur Vorderasiatischen Archäologie und zur Ethnologie (Altafrikanistik, Altamerikanistik) aber besondere Beziehungen unterhält. Zu einem eigenen Forschungszweig entwickelte sich die Provinzialrömische Archäologie, die sich der Erforschung der römisch besetzten Gebiete außerhalb Italiens widmet.

Klassische Philologie und Alte Geschichte arbeiten weitgehend mit bekanntem Quellenstoff. Die Texte und ihre Deutung lassen sich zwar durch Vergleich mit Parallelüberlieferung, Berichtigung der Lesart und schärfere Analyse der Begriffsinhalte verbessern, aber quantitativ nur durch Material erweitern, das aus Grabungsfunden in kaum überschaubarer Fülle ständig zufließt: Inschriften, Papyri und Münzgeld. Deshalb ist die vollständige Sammlung und kritische Edition dieses Materials von erheblicher Bedeutung; sie wird daher langfristig weiter gefördert werden (beispielhaft das Corpus Inscriptionum Latinarum und seine Ergänzung durch Supplemente). Dringend notwendig ist auch die systematisch kommentierte Neuedition bekannter Texte, weil deren Interpretation dem gegenwärtigen Stand der Forschung angepaßt werden muß.

Dagegen steckt die Ordnung der Sachquellen durch die Archäologie noch in den Anfängen: Die Publikation der reichen Bestände in Museen und Privatsammlungen ist bei weitem nicht abgeschlossen; Feldforschung sorgt für ständigen Zufluß; wechselnde Fragestellungen, vielfach durch die Ergebnisse der Grabungen ausgelöst oder durch das Gespräch mit den Nachbardisziplinen neu entwickelt, erfordern thematisierte Corpora zur Aufarbeitung des Quellenmaterials nach bestimmten Gattungen (z. B. minoisch-mykenische Siegel, griechische oder römische Skulptur, Wandmalerei in Pompeji, Sarkophagreliefs, prähistorische Bronzefunde). Daneben wird jedoch die Grabung als besonders kostspieliges Mittel der Quellenerschließung noch lange im Zentrum der Förderung durch die DFG stehen. Denn noch sind die unerforschten Überreste vergangener Kulturen überaus zahlreich, werden jedoch durch Großbaumaßnahmen in erschreckendem Umfang und immer rascherem Tempo weltweit zerstört. Nur systematische Feldforschung kann die Befunde für die Wissenschaft und die Denkmäler bedeutenderer Art für die Nachwelt retten. Vielfach resigniert man vor den politisch eingeschränkten Möglichkeiten und den wachsenden Kosten, die mit der Prospektion, der Bauaufnahme, der Dokumentation und der langwierigen Auswertung verbunden sind, auch wenn diese Teilaufgaben heute mit technischer bzw. naturwissenschaftlicher Hilfe leichter zu bewältigen sind als früher, z. B. durch Luftbild und Luftbildanalyse, elektromagnetische Widerstandsmessungen, Phosphatkartierung, Photogrammetrie.

Konsequenterweise begnügt man sich in der Regel mit stichprobenartigen Kleinflächen. Will man aber klar umrissene historische Probleme lösen, können eindeutige Antworten nur aus der Kenntnis der Anlage insgesamt erwartet werden. Deshalb muß eine möglichst vollständige Untersuchung angestrebt werden. Das setzt langfristige Bindung an den Grabungsplatz voraus, eine ständige, technisch geschulte Mitarbeiterschaft und ausreichende Mittel, die sinnvoll einzusetzen der gewissenhaften Entscheidung des Grabungsleiters zufällt und durch bürokratische Maßnahmen nicht behindert werden darf. Bei dem notwendigerweise hohen und in der Regel längerfristig benötigten Finanzbedarf wird die Auswahl der Objekte nach ihrer historischen Bedeutung ebenso sorgfältig zu prüfen sein wie die Kompetenz der Antragsteller.

In der Alten Geschichte rücken derzeit Untersuchungen zur antiken Historiographie, zur Wirtschaftsgeschichte und zu den Formen und Strukturen politischen Handelns und Denkens bei Griechen und Römern in den Mittelpunkt.

Der Themenkatalog altertumskundlicher Forschung ist vielgestaltig. Rhythmischer Trendwandel ist weder zu erwarten noch wünschenswert. Die Pluralität der Forschungsansätze und der Methoden sorgt für Bewegung; Kontinuität wird von der Sache selbst gefordert. Dennoch stehen bestimmte Themenkreise heute im Vordergrund: in der Altphilologie etwa die Epik der Griechen und Römer, das griechische Drama in seinem Bezug zum Theater und zu den Rezeptionsstufen, die klassische griechische Philosophie auch in ihrem Verhältnis zur modernen Philosophie und die lateinische Literatur der Spätantike als spezifisches Epochenphänomen.

Die archäologischen Disziplinen wandten sich während der letzten Jahrzehnte mit hervorragendem Erfolg und in zahlreichen Fällen mit finanzieller Unterstützung durch die DFG den Burgen und Städten des Altertums und des Mittelalters zu, weil die wirtschaftlichen, sozialen und politischen Verhältnisse ihrer Zeit in dieser Denkmälergruppe besonders eindeutigen Niederschlag gefunden haben. In diese Unternehmen integriert sind Untersuchungen zur Wohnkultur, zur Funktion der öffentlichen Gebäude sowie zu Handwerk und Technik. Einen weiteren Schwerpunkt bildet die Erforschung der Bildprogramme in der Ideal- und Porträtplastik, beim Relief und in der Malerei. Hier geht es nicht mehr nur um stilgeschichtliche Expertisen, sondern verstärkt auch um die Motive für die Auswahl der Bildthemen und deren Darstellungsart, die von schichtspezifischen Denk- und Verhaltensformen abhängen können. Begreiflicherweise sind es Phänomene des Kulturwandels, die man dabei zu verstehen sucht, wobei nicht mehr nur der Wirkung von Kulturkontakten eine entscheidende Rolle beigemessen wird, sondern auch der von gesellschaftlichen Entwicklungen vielfältiger Art, die ihren Niederschlag in der Kunst gefunden haben.

Forschungsdesiderate gibt es in Fülle: Die Geschichte der antiken Geographie gehört ebenso dazu wie eine Geschichte der Technik im Altertum, deren Grundlagen unter natur- und ingenieurwissenschaftlicher Beteiligung erst zu beschreiben und in paradigmatischen Versuchsreihen zu sichern wären, vor allem aber die Geschichte des ländlichen Siedelwesens, der Landwirtschaft und der Agrarverfassung, ohne deren Kenntnis die Entstehung der Städte nicht verstanden werden kann; schließlich sind es nach wie vor die religiösen Ausdrucksformen und ihre unterschiedliche Ausprägung in den verschiedenen Heiligtümern, deren Untersuchung weitere Förderung verdient.

Die Vor- und Frühgeschichte arbeitet auf dem siedlungsarchäologischen Gebiet besonders intensiv. Die Untersuchungen, die im Rahmen von Schwerpunktprogrammen typische Siedel-, Wirtschafts- und Gemeinschaftsformen bäuerlicher Verbände an den Küsten der Nordsee erschlossen haben, finden ihre Fortsetzung im Schwerpunktprogramm *„Siedlungsarchäologische Untersuchungen im Alpenvorland",* wo neolithische und bronzezeitliche Siedlungen in Mooren und an Uferrändern erforscht werden. Die Erfahrungen, die man bei diesen Grabungen hat sammeln können, sollten auch für die Erforschung der Anfänge bäuerlicher Wirtschaft nutzbar gemacht werden, vor allem dort, wo die frühesten Zeugnisse agrarischer Lebensform zu erwarten sind, im Vorderen Orient, in Südosteuropa und in Mitteleuropa selbst. Da menschliche Siedlungen immer auch eine Umgestaltung des natürlichen Umfelds verursacht und zur Entstehung unserer Kulturlandschaft entscheidend beigetragen haben, wir aber über die Geschichte des Klimas, der Vegetation und der Böden nur in Grundzügen unterrichtet sind, setzen solche Felduntersuchungen eine intensive Grundlagenforschung in enger Zusammenarbeit mit naturwissenschaftlichen Spezialdisziplinen (Bodenkunde, Archäobotanik, Archäozoologie, Klimatologie) voraus. So entstand in den letzten Jahren ein Forschungszweig, den man als Paläo-Ökologie bezeichnen kann; zentrales Thema ist die Veränderung der Umwelt durch Eingriffe des Menschen seit seiner Seßhaftigkeit, ferner die Wahl der Siedelplätze nach geeigneten Biotopen. Auch hier gilt: Die Beantwortbarkeit der Frage nach den Ursachen des wirtschaftlichen Wandels, nach dem Beginn arbeitsteiliger Prozesse und nach der sozialen Schichtung innerhalb bäuerlicher oder städtischer Zweckverbände hängt davon ab, wie vollständig Siedlungen aufgedeckt werden; Umfang, Stabilitätsgrad und Populationsdynamik müssen als berechenbare Größen bekannt sein. Dies wird nur im Zuge umfangreicher, längerfristig angelegter und folglich kostenintensiver Grabungsunternehmen zu klären sein.

Die Gesellschaftsformen, die in Alteuropa und im Alten Orient auf verschiedenartige Weise zur Entstehung der Hochkulturen geführt haben, wiederholen sich auch außerhalb der Alten Welt. Es ist eine alte Frage, ob der Kulturwandel in dieser Richtung durch Kontakte mit bereits entsprechend organisierten Systemen der Alten Welt ausgelöst und gesteuert worden sei oder ob endogene Kräfte unter ähnlichen Bedingungen vergleichbare Resultate hervorgebracht hätten. Deshalb erscheint es im Sinne einer Allgemeinen und Vergleichenden Archäologie als wünschenswert, die historisch relevanten Verhaltensnormen derjenigen Bevölkerungsgruppen in Asien, Afrika und Amerika zu untersuchen, die zu staatlich organisierten Hochkulturen gelangt sind.

Die aufgeführten Fragestellungen lassen sich nur mit gut geschulten, risikofreudigen Nachwuchskräften in Angriff nehmen oder weiterführen. Diese sollten auf fachspezifischen und fachübergreifenden Kolloquien einander verstehen lernen; denn die Beziehungen zwischen den Einzelfächern haben sich mit zunehmender Spezialisierung derart gelockert, daß das Bewußtsein, an einem Gemeinschaftswerk zu wirken, so gut wie verlorenging. Die Forschungsgemeinschaft wird deshalb auch weiterhin die Beteiligung von jungen Wissenschaftlern an Grabungen sowie an der Erarbeitung von Quelleneditionen und Sammelwerken fördern.

Eine unabdingbare, aber durch die Auszehrung der Bibliotheksetats zunehmend gefährdete Voraussetzung für die Forschung in allen altertumskundlichen Disziplinen ist der Zugang auch zu den entlegensten Veröffentlichungen von Forschungsergebnissen aus anderen Ländern. Deshalb wird die Förderung der altertumskundlich orientierten Sondersammelgebiete der DFG immer wichtiger, da durch sie die Fachliteratur des In- und Auslands zumindest in den zuständigen Schwerpunktbibliotheken verfügbar ist.

2.6 Orientalistik

Die Orientalistik umfaßt die Gesamtheit der Wissenschaften von den Sprachen und Kulturen Asiens und Nordafrikas von den frühesten Zeiten an bis zur Gegenwart. Ihre Forschung, die in ganz besonderem Maße auf internationale Kooperation angewiesen ist, gilt Ländern, in denen heute rund drei Fünftel der Erdbevölkerung leben.

Der Sonderforschungsbereich 19 *„Tübinger Atlas des Vorderen Orients",* der in diesen Jahren die Fülle seiner seit mehr als einem Jahrzehnt multidisziplinär geleisteten und international verflochtenen Arbeit in einem umfangreichen Kartenwerk und in zwei ergänzenden monographischen Publikationsreihen (einer natur- und einer geisteswissenschaftlichen) vorlegt, veranschaulicht wie kein anderes wissenschaftliches Unternehmen unserer Tage geographische Weite und kulturhistorische Breite und Tiefe paradigmatischer orientalistischer Forschung.

Vielzahl und Vielfalt der orientalistischen Disziplinen und die traditionellerweise weitgehend auf Einzelaktivitäten ausgerichteten Forschungsaktivitäten lassen nur wenige, aber charakteristische Schwerpunkte erkennen, die auch in Zukunft einer Förderung durch die DFG bedürfen. Diese sind in der Regel der Erfassung, Erhaltung und Erschließung von grundlegendem Quellenmaterial gewidmet, das es zudem nicht selten vor dem Verfall oder der Zerstörung zu retten gilt. Zu diesen für viele Gebiete der Orientalistik zentralen Unternehmen gehört das seit 1970 von der DFG geförderte Nepal-German-Manuscript-Preservation Project, das eine systematische Aufnahme und Verfilmung aller in Nepal noch greifbaren Handschriftenbestände zum Ziel hat und dessen Abschluß kaum vor 1990 erwartet werden kann. Ein entsprechendes langjährig gefördertes Projekt zur Aufnahme und Verfilmung arabischer Handschriften in Mauretanien ist in der Feldarbeit abgeschlossen, so daß in nächster Zukunft die Ergebnisse in Form von geeigneten Verzeichnissen der Wissenschaft zugänglich gemacht werden können.

Auf das gleiche Ziel der Sicherung und Erfassung gefährdeten Kulturguts und aussterbender Überlieferungen sind auch die Arbeiten des seit 1969 geförderten Sonderforschungsbereichs 12 *„Zentralasien-Forschung"* in Bonn gerichtet, in deren Zentrum die Sammlung und Erschließung mongolischer, tibetischer, chinesischer und japanischer Quellen zur mündlichen und schriftlichen Überlieferung, zur Religion, zur Geschichte und zur Folklore Zentralasiens steht, sowie des seit 1980 geförderten und bis

1990 verlängerten Schwerpunktprogramms „*Nepal-Forschung*", in dessen Rahmen am Beispiel eines Landes in rapider Übergangsentwicklung – und jetzt konzentriert auf die Erforschung des zentralen Heiligtums des Svayambunath – vielfältige, in anderen Ländern Asiens bereits durch westliche Einflüsse überlagerte oder veränderte Traditionen untersucht werden. Schließlich gehört in diesen Kontext auch das seit über 30 Jahren geförderte Unternehmen der „Katalogisierung der orientalischen Handschriften in Deutschland", in dem die einschlägigen Handschriftenbestände der wissenschaftlichen Bibliotheken in der Bundesrepublik Deutschland und der Deutschen Demokratischen Republik nach einheitlichen Regeln beschrieben und erschlossen werden. Als Ergebnis der bisherigen Arbeiten liegen mittlerweile bereits 67 Katalogbände sowie rund 30 Bände einer ergänzenden Supplementreihe vor. Ein Abschluß dieses für die gesamte Orientalistik grundlegenden Projekts ist kaum vor Ende dieses Jahrhunderts zu erwarten.

Neben der Sicherung schon bekannter Quellen besteht insbesondere für die Ägyptologie und die Vorderasiatische Archäologie, zum Teil aber auch schon für die Islamwissenschaften und die Indologie ein großes Interesse an der Erweiterung der Quellengrundlagen und der Gewinnung neuer Erkenntnisse durch archäologische Grabungen. Die Finanzierung derartiger, zumeist lang- bis längerfristig angelegter Vorhaben bildet seit jeher einen deutlichen Schwerpunkt in der Förderung der Orientalistik durch die DFG und wird dies voraussichtlich auch in Zukunft bleiben, selbst wenn die Staudammbauten, die vielfach den Anstoß zum Beginn derartiger Projekte in Syrien und im Irak gegeben haben, in absehbarer Zeit fertiggestellt sein werden.

Zu den umfassender angelegten Vorhaben der Orientalistik, die auch in Zukunft ohne eine Förderung durch die DFG nicht realisiert werden können, gehören nach wie vor Corpora und Lexika, in denen der erreichte Wissens- und Erkenntnisstand kritisch aufbereitet und zusammenfassend für die weitere Forschung zugänglich gemacht wird. Zum Abschluß gekommen ist nach 25jähriger Förderung im Jahre 1987 das „Lexikon der Ägyptologie"; andere Vorhaben vergleichbarer Art bedürfen dagegen noch auf Jahre hinaus einer kontinuierlichen Unterstützung durch die DFG.

Angesichts der intensiven internationalen Beziehungen der Orientalistik, die oft in besonderem Maße auf enge Kooperation mit Wissenschaftlern des betreffenden Landes angewiesen ist, haben die Forschungsaktivitäten dieser Disziplinen in der Regel stets auch eine erhebliche wissenschaftspolitische Bedeutung – ein Aspekt, der in Zukunft noch erheblich an Relevanz gewinnen wird. Daher wird der Förderung internationaler Gemeinschaftsunternehmen und der Intensivierung des internationalen wissenschaftlichen Austauschs besonders aktive Aufmerksamkeit zu widmen sein.

Im übrigen gilt auch für die meisten der orientalistischen Disziplinen, daß dem wissenschaftlichen Nachwuchs die Chance geboten werden muß, in fachspezifischen, aber auch fächerübergreifenden Symposien einen kritischen Dialog mit den Nachbardisziplinen zu führen, um verstärkt auch die Möglichkeiten interdisziplinärer Zusammenarbeit bzw. von vergleichenden Untersuchungen zu einzelnen Fragestellungen in verschiedenen Kulturzusammenhängen auszuloten.

Auch für die Orientalistik mit all ihren verschiedenen Disziplinen gilt, daß die Verfügbarkeit der einschlägigen Fachliteratur eine der wesentlichen Vorbedingungen für eine erfolgreiche weiterführende Forschungsarbeit ist. Angesichts der schwierigen Finanzlage der Instituts- und Universitätsbibliotheken kommt daher der Förderung der entsprechenden Sondersammelgebiete der DFG erhöhte Bedeutung zu, damit sichergestellt bleibt, daß auch die spezielle ausländische Fachliteratur zur Orientalistik wenigstens in den Schwerpunktbibliotheken zur Verfügung steht.

2.7 Geographie

In beiden Teilbereichen der Geographie – der Physischen wie der Anthropogeographie (Kulturgeographie) – setzt sich der Trend kostenaufwendiger, computerunterstützter Aufarbeitung von Forschungsergebnissen und zum Einsatz der Fernerkundung fort. In der Physischen Geographie tritt dazu die vermehrte Anwendung physikalischer und chemischer Labormethoden. Neben der formalen Modell- und Theorienbildung, vornehmlich auf der Grundlage statistischer Analysen, gewinnen in der Anthropogeographie heuristische und qualitative Arbeitsweisen an Bedeutung. Die fachinternen Forschungsprojekte deutscher Geographen setzen eine kooperative Zusammenarbeit über Grenzen und in wachsendem Ausmaß auch die Mitarbeit von Geographen an interdisziplinären Vorhaben voraus. Als Beispiele wären etwa ein deutsch-französisch-schweizerisches Forschungsprojekt über grenzüberschreitende Verflechtungen, ein internationaler und interdisziplinärer Arbeitskreis für „genetische Siedlungsforschung" in Mitteleuropa und die gebietsbezogenen Programme zu nennen, wie sie von der Arbeitsgemeinschaft deutscher Lateinamerikaforschung, der Afrikagruppe deutscher Geowissenschaftler oder dem Arbeitskreis Polargeographie koordiniert werden.

Die **Physische Geographie** befaßt sich mit den natürlichen Erscheinungen der Erdoberfläche und deren räumlicher Differenzierung. Die wichtigsten Teildisziplinen sind die Geomorphologie (s. auch Abschnitt 4.5, „Wissenschaften der festen Erde"), deren Forschungsobjekt das Relief der Erde ist, die Klima-, die Hydro-, die Boden- und die Biogeographie. Darüber hinaus werden die Teildisziplinen unter biogeographischen Aspekten in der „Landschaftsökologie" oder auch „Geoökologie" zusammengeführt, die die Wechselbeziehungen zwischen der Landschaft und den Organismen untersucht. Landschaft wird verstanden als ein Ausschnitt der Erdoberfläche, der sich durch eine jeweils typische Konstellation von Relief, Boden, Klima etc. auszeichnet und sich deshalb gegenüber der Umgebung abgrenzen läßt.

Traditionsgemäß hat die Geomorphologie in der deutschen Physischen Geographie eine starke Stellung. Das Relief ist Träger vieler anderer Erscheinungen der Erdoberfläche, ihm kommt häufig „Regelfunktion" zu. Ein Schwerpunkt der derzeitigen Forschung befaßt sich mit den Prozessen, die in der Vergangenheit und gegenwärtig das Relief in Mitteleuropa durch fließendes Wasser prägten bzw. prägen und damit die anderen geoökologischen Faktoren nachhaltig beeinflussen. Vor allem werden in diesem Zusammenhang auch die Auswirkungen der durch den Menschen ausgelösten Bodenerosion durch Wasser untersucht. Diese Forschungen werden seit 1987 im Schwerpunktprogramm *„Fluviale Geomorphodynamik im jüngeren Quartär"* verstärkt gefördert. Vergleichbare Untersuchungen laufen auch – oft in Zusammenhang mit Entwicklungshilfeprojekten – in den Tropen und Subtropen. Hierbei bildet die Desertifikationsforschung derzeit und in Zukunft einen Schwerpunkt.

Außerdem konzentrieren sich geomorphologische Aktivitäten auf dem Gebiet der Polarforschung – auch deswegen, weil große Teile Mitteleuropas während der Eiszeiten unter ähnlichen Klimabedingungen standen und ähnlichen Formungsvorgängen unterlagen. Diese Aktivitäten dokumentieren sich in der Beteiligung am Schwerpunktprogramm *„Antarktisforschung"* und in der Intensivierung der Periglazialforschung; dazu sind größere Forschungsunternehmen in der europäischen Arktis geplant. Mit verwandten Themen beschäftigt sich auch die geomorphologische Hochgebirgsforschung, die regionale Schwerpunkte in den Anden und im Himalaya hat. Stärkere Bedeutung gewann schließlich in jüngster Zeit die Küstenmorphologie.

Die im Bereich der Hydrologie arbeitenden Geographen werden sich weiterhin mit Schadstoffbelastungen der Gewässer und Fragen des Gebietswasserhaushaltes, z. B. der Entwicklung von Abflußmodellen, befassen (s. Abschnitt 4.7, „Wasserforschung").

In der Klimageographie werden vor allem stadt- und regionalklimatische Probleme untersucht. Bedeutung hat auch die Beteiligung an paläoklimatischen Forschungen.

Vegetationsgeographische Untersuchungen haben Schwerpunkte in Hochgebirgen und in Trockenräumen. Besonders in Mitteleuropa sind sie häufig sehr eng mit geoökologischen Fragestellungen verbunden, die z. B. auch den Bodenschutz betreffen.

Mit ähnlichen Problemen beschäftigen sich die Landschaftsökologen, die an einer Konzeption für eine großmaßstäbliche geoökologische Kartierung arbeiten. Auf diesem Gebiet ist noch erhebliche Grundlagenforschung zu leisten, bevor das Verfahren anwendungsreif ist.

In der **Anthropogeographie** (Kulturgeographie) wendet sich die genetische Kulturlandschaftsforschung als Teil der Historischen Geographie verstärkt der Veränderung der Umwelt in der Vergangenheit zu. Dazu ist eine enge Zusammenarbeit mit der Naturgeographie erforderlich. In anderen Teilbereichen sind wahrnehmungstheoretische Ansätze ebenso Schwerpunkte wie räumliche Verhaltensforschung und Themen zum Aktionsraum, zur Metropolisierung, zur postindustriellen Stadt und zur Wanderungsforschung. Eine neue politische Geographie zeichnet sich durch raumpolitische Prozeßforschung auf Mikro-, Meso- und Makroebene ab, wozu auch die Erforschung von Konflikten gehört. Hier und im Bereich der Entsorgung, der Industrie-, Verkehrs- und Freizeitgeographie ergeben sich besonders enge Zusammenhänge mit einer planerisch orientierten angewandten Geographie. Ihre Bedeutung wächst durch starke Zunahme der Studenten des Diplomstudienganges und entsprechenden Rückgang der Zahl der Lehramtsstudenten. Als anzustrebende Aufgabe der Anthropogeographie bleibt die Zusammenführung der einzelnen Arbeitsrichtungen zur Erforschung multivariater Geosysteme, wozu eine verstärkte Zusammenarbeit mit der Physischen Geographie unabdingbar ist. Dies gilt auch für die Erforschung und Bewertung konkreter Daseinsräume.

Solche Erforschung des Zusammen- oder Gegeneinanderwirkens der verschiedenen Natur- und Anthroposphären in konkreten Teilen der Erdoberfläche führt zur **regionalen Geographie**. Sie findet neue Fragestellungen durch eine Kombination bewährter mit neuen Arbeitsweisen unter Beachtung naturgeographischer, historischer, demographischer, ökonomischer, sozialer, politischer und normativ-planerischer Bedingungen und ihrer Folgen. Dabei finden auf internationaler Ebene die Probleme bei konkurrierenden Ansprüchen verschiedener Teile der Gesellschaft auf die Flächen und die Frage der optimalen Nutzung von Flächen unter Berücksichtigung von Nutzung und Schutz natürlicher Ressourcen zunehmende Beachtung. Ferner werden Städtesysteme und Stadttypen (z. B. auch Mittel- und Kleinstädte), die Urbanisierung, die grundbedürfnisorientierte Regionalentwicklung und der regionale Strukturwandel untersucht.

Ein besonderes Interesse haben im Zusammenhang mit neuen Problemstellungen in der deutschen Landeskunde Fragen nach dem Regionalbewußtsein in konkreten Teilräumen und dem sich daraus ergebenden Verhalten gefunden. Auf diesem Gebiet wird ein Schwerpunktprogramm *„Regionalbewußtsein und Landeskunde"* vorbereitet. In der Diskussion ist ein weiteres Schwerpunktprogramm *„Raumwirksame Folgen neuer Techniken"* (z. B. Telematik, Telekommunikation). Ferner gibt es Überlegungen, im Bereich der weiterhin durch die Geographie intensiv betriebenen Entwicklungsländerforschung aufgrund sehr guter fachlicher Zusammenarbeit einen zukünftigen Schwerpunkt auf die Forschung in Lateinamerika zu legen.

2.8 Völkerkunde; Afrikanische, Indonesische und Südseesprachen

Traditionell wird die Förderung der Völkerkunde und der Erforschung der Afrikanischen, Indonesischen und Südseesprachen von einem Fachausschuß betreut. Beide Gebiete sollen deshalb gemeinsam behandelt werden. Aufgrund der geringen Kapazitäten, die diesen Fächern für Forschungsaufgaben zur Verfügung stehen, sind sie sehr stark auf eine Förderung durch die DFG angewiesen. Dabei steht die Förderung von Einzelprojekten im Normalverfahren nach wie vor im Vordergrund.

2.8.1 Völkerkunde (Ethnologie)

Der Begriff „Völkerkunde" faßt noch immer eine Vielzahl zum Teil völlig heterogener Fächer zusammen, von allgemeiner Sozialanthropologie über afrikanische Geschichte oder amerikanische Archäologie bis hin zu den Problemen der angewandten Entwicklungstheorie. Das hat Vorteile und Nachteile. Daß eine Aufgliederung noch nicht stattgefunden hat, liegt vor allem an der geringen Zahl völkerkundlicher Institutionen und Stellen. Der infolge der relativ großen Anzahl von Studenten angewachsene Lehrbetrieb schränkt die Durchführung von Forschungsvorhaben sehr stark ein. Das gilt auch für die erhebliche Beanspruchung der Museumsethnologen durch die von der Öffentlichkeit an sie gestellten Forderungen. Eine gewisse Tendenz zur Teilung in „Museums"- und „Universitätsethnologen" ist immer noch vorhanden und für die Entwicklung des Fachs nicht günstig.

Eine der Hauptaufgaben der Völkerkunde besteht nach wie vor in der ethnographischen Dokumentation traditioneller Kulturen, die weltweit in zunehmendem Maße vom Untergang bedroht sind. Im Bereich der thematisch orientierten Forschung sind als neuere Tendenzen die wachsende Beschäftigung mit aktuellem Kulturwandel einschließlich der Technisierung und mit Fragen der kulturellen Identität, der interethnischen Beziehungen sowie der Volksmedizin zu erwähnen. Forschungsprojekte aus diesen Bereichen werden seit 1984 in dem interdisziplinär angelegten Sonderforschungsbereich 214 *„Identität in Afrika – Prozesse ihrer Entstehung und Veränderung"* in Bayreuth gefördert. Auch systematische Untersuchungen des Verhältnisses zwischen Kulturen und ihrer Umwelt – im angelsächsischen Sprachraum längst eine etablierte Teildisziplin der Ethnologie – werden bei uns in naher Zukunft an Bedeutung gewinnen. In Zusammenarbeit zwischen Ethnologen und Sprachwissenschaftlern wird die Erforschung mündlicher Literatur unter Einsatz moderner Datenverarbeitungstechniken besondere Beachtung finden. Zu einem weiteren Arbeitsschwerpunkt entwickelt sich neuerdings der Bereich der „visuellen Anthropologie", der auf den ethnographischen Film angewiesen ist. Die Einbeziehung der außereuropäischen Archäologie in die vergleichende völkerkundliche Forschung erscheint unverzichtbar. Viele Probleme der außereuropäischen Archäologie können nur im Zusammenhang mit der Völkerkunde gelöst werden. Hier hat sich die Altamerikanistik als traditionelles Spezialgebiet der Völkerkunde herausgebildet, das fast zu einer selbständigen Wissenschaft geworden ist. Einen besonderen Schwerpunkt bildet hier außer der Archäologie die Textforschung. Auch in Afrika nehmen die archäologischen Forschungen zu.

Für die völkerkundliche Forschung sollen hier drei Komplexe in den Vordergrund gestellt werden, die – von der DFG seit längerer Zeit gefördert und zum Teil bemerkenswerte Ansätze zeigend – für die weitere Entwicklung des Faches von Wichtigkeit sind:

1. die „angewandte" Forschung, vor allem im Hinblick auf Probleme der Entwicklungshilfe;

2. die Zusammenarbeit mit Nachbarwissenschaften, sowohl in der Feldforschung als auch in Deutschland;

3. die Bildung von Forschungsschwerpunkten.

Zu 1.
Völkerkundliche Forschung trägt in zunehmendem Maße in Ausstellungen und im Unterricht der Museen zur besseren Kenntnis und zum besseren Verständnis anderer Völker und ihrer Kulturen bei. Jedoch werden die Ergebnisse der völkerkundlichen Forschung für Entwicklungsprojekte in der Dritten Welt von der praktischen Entwicklungshilfe noch immer nicht in der notwendigen Weise rezipiert. Es fehlt an Wissensaustausch, ja an Information über die Völkerkunde. Viele Nachbarwissenschaften arbeiten ohne Kenntnis völkerkundlicher Forschung und entwickeln ihre Modelle nach wie vor nach europäischen Gegebenheiten und Vorstellungen. Ethnologen werden nur selten an Entwicklungsunternehmen beteiligt, sei es, daß man über die Möglichkeiten ihres Einsatzes nicht informiert ist, sei es, daß man von ihren Forschungsergebnissen Komplikationen befürchtet, die sich zwar auf lange Sicht nur zugunsten eines Unternehmens auswirken, kurzfristig jedoch Verzögerungen hervorrufen können, wenn beispielsweise Rücksichtnahme auf kulturelle Institutionen gefordert wird („Entwicklungshilfe ohne Kultur"). Ähnliches gilt übrigens für die Beschäftigung mit Gastarbeiterproblemen in der Bundesrepublik.

Zu 2.
Die Neigung in der Ethnologie zur Zusammenarbeit mit anderen Disziplinen nimmt zu und wird von der DFG – etwa durch die Finanzierung von Kolloquien – unterstützt. Für eine Zusammenarbeit mit der Völkerkunde haben sich Geschichte, Sozialwissenschaften, Archäologie, Sprachwissenschaften, Orientalistik, Indologie und Sinologie, Geographie, aber auch Hydrologie, Klimatologie, Agrarwissenschaften, Botanik und Medizin („Ethno-Medizin") als besonders aufgeschlossen erwiesen. Nur zögernd entwickelt sich eine Zusammenarbeit mit Wissenschaftlern in den als Forschungsziel gewählten Regionen. Zur Verbesserung der internationalen Kooperation sollten deshalb die Förderinstrumente der DFG stärker genutzt werden.

Zu 3.
Völkerkunde kann – ebenso wie andere Disziplinen – angesichts der Weite des Fachs und angesichts des Mangels dafür notwendiger Stellen an keiner Universität „umfassend" betrieben werden – sowohl was die Regionen der Erde als auch was die unterschiedlichen theoretischen Ansätze angeht. Das hat allmählich zu einer durchaus begrüßenswerten Beschränkung auf bestimmte Kontinente und/oder Forschungsrichtungen geführt. Hand in Hand damit geht die Notwendigkeit, solche sich herausbildenden Schwerpunkte – die ursprünglich oft zufälliger Art waren – festzuschreiben, auch beim Wechsel von Wissenschaftlern. Das ist dann ganz besonders wichtig, wenn sich an den betreffenden Universitäten fachgebietsübergreifende Schwerpunkte herauszubilden beginnen, die regionaler wie auch methodischer Art sein können. Es sollte angestrebt werden, solche bereits vorhandenen Kapazitäten bzw. Schwerpunkte auszubauen.

2.8.2 Afrikanische, Indonesische und Südseesprachen

Die Sprachen Afrikas, Indonesiens und der Südsee stellen seit etwa hundert Jahren ein bevorzugtes Forschungsfeld der deutschen Wissenschaft dar. Diese Tradition wird heute vor allem an den Universitäten Hamburg, Köln, Frankfurt, Bayreuth und Mainz gepflegt und weitergeführt. Vordringlich erscheinen hier wie eh und je gründliche Aufnahmen und Analysen von Einzelsprachen sowie vergleichende Untersuchungen im Hinblick auf Sprach- und Kulturgeschichte. Auch die literaturwissenschaftliche Beschäftigung mit mündlich überlieferten Texten rückt immer mehr in den Mittelpunkt des Interesses: Das orale Kunstwerk wird untersucht.

Neben den traditionellen Forschungsbereichen der Afrikanistik, zu denen vor allem auch die Restsprachenforschung gehört, werden im Rahmen der angewandten Sprachwissenschaft Aufgaben wie die der nationalen Sprachplanung und -entwicklung sowie Probleme der Sprachvariation, insbesondere Dialektforschung, stehen. Weiter gehört dazu die Aufnahme volkstaxonomischer Systeme, d. h. die Erforschung traditioneller ethnobotanischer und ethnozoologischer Klassifikationsstrukturen.

Die Forschungstendenzen der Indonesischen und Südseesprachwissenschaften unterscheiden sich nicht wesentlich von denen der Afrikanistik. In Indonesien werden in den kommenden Jahren in zunehmendem Maße vom Aussterben bedrohte kleinere Sprachen Interesse gewinnen. Auch die Entwicklung des Verhältnisses der Nationalsprache(n) zu den Regionalsprachen wird hervorragende Beachtung finden. Die Beschäftigung mit der traditionellen Literatur Indonesiens ist immer noch von erheblicher Bedeutung: Vieles muß gerettet werden, was vom Vergessen bedroht ist.

Afrikanische Länder und viele Staaten der Südsee erteilen nicht mehr beliebig Forschungsgenehmigungen. Es ist damit zu rechnen, daß sie früher oder später mit der Bedingung verknüpft werden, sich am Lehrbetrieb der dortigen Universitäten oder an Projekten der angewandten Sprachwissenschaften zu beteiligen.

2.9 Sprach- und Literaturwissenschaft

Es liegt in der Natur der sprachwissenschaftlichen Forschung, daß auch in den kommenden Jahren vor allem in den historisch ausgerichteten Fächern (Indogermanistik), aber auch in den einzelsprachlichen Philologien größere Unternehmungen, die der Erschließung und Aufbereitung von Materialien in Wörterbüchern, historischen Grammatiken, Atlanten usw. dienen, unvermindert wichtig bleiben. Entsprechendes gilt natürlich auch für die historische Einzelforschung, gleich ob sie sich, wie seit geraumer Zeit wieder zu beobachten, mit den generellen Problemen des Sprachwandels oder mit historischen Rekonstruktionen beschäftigt.

Im Vordergrund der **allgemeinen sprachwissenschaftlichen Forschung** werden weiterhin die Universalienforschung und die Sprachtypologie stehen. Auch innerhalb der einzel- und besonders familiensprachlichen Philologien beanspruchen diese Themenbereiche zunehmend Interesse. Neuerdings gewinnt die Natürlichkeitsforschung größere Bedeutung. Erneuern und verstärken wird sich voraussichtlich die Projektarbeit auf dem Gebiet der linguistischen Datenverarbeitung. Hier ist in den kommenden Jahren mit größeren Vorhaben unter internationaler Beteiligung zu rechnen.

Ansonsten gilt, daß Entwicklungsrichtungen, die schon seit einiger Zeit zu bemerken waren, sich weiter verstärkt haben. Das Thema „Sprache und Kognition" wird zunehmend in größeren Forschungsprojekten im Mittelpunkt des Interesses stehen. Projekte aus diesem Bereich werden in den Schwerpunktprogrammen „*Spracherwerb*" und „*Kognitive Linguistik*" sowie in der Forschergruppe „*Modellierung von Kohärenzprozessen*" in Bielefeld gefördert.

Ein immer breiteres Spektrum bietet die Erforschung der sprachlichen Medien. Hier werden die verschiedenen Realisierungsformen der Sprache bearbeitet. Abgesehen von dem besonderen, weil zum Teil eigenständigen Bereich der Intonation, der seit 1983 im Schwerpunktprogramm „*Formen und Funktionen der Intonation*" gefördert wird, ist die gesprochene Sprache in ihrer Vielschichtigkeit insgesamt nach wie vor ein vor allem einzelfachlich bevorzugter Gegenstand. Günstige Chancen für gezielte Weiterentwicklung bietet hier der seit 1985 geförderte Sonderforschungsbereich 321 „*Übergänge und Spannungsfelder zwischen Mündlichkeit und Schriftlichkeit*" (Freiburg), der zudem den bisher relativ bescheidenen Bemühungen auf dem Gebiet der Schriftsprachenforschung neue Impulse geben könnte. Auf der anderen Seite wächst – parallel zur entsprechenden Neuorientierung auf seiten der Literaturwissenschaft – das wissenschaftliche Interesse an der durch Trägermedien (Rundfunk, Fernsehen) vermittelten mündlichen Sprachverwendung.

Ein expandierendes Forschungsgebiet stellt die Kreolistik dar, die im internationalen Forschungszusammenhang ihren Platz gefunden hat. Hier wie auch in anderen entsprechenden fachlichen Zusammenhängen wird man zu bedenken haben, daß Feldforschung ein wichtiger und vielfach der Förderung bedürftiger Aufgabenbereich der Sprachwissenschaft bleiben wird.

In der **Literaturwissenschaft** stehen neben Werkanalysen, Epochen- und Gattungsgeschichte Fragen der Sozialgeschichte der Literatur und des literarischen Lebens (einschließlich der Überlieferungsgeschichte, des Buch- und Zeitschriftenwesens und der Entwicklung von modernen Medien) weiterhin im Vordergrund.

Einer umfangreichen Förderung bedürfen wegen des vergleichsweise hohen Arbeitsaufwandes weiterhin Projekte der grundlegenden Erschließung und Darbietung der Texte, so vor allem die großen historisch-kritischen Editionen deutschsprachiger Autoren (z. B. Meister Eckhart, Klopstock, Schiller, Heine, Brentano, Hofmannsthal), aber auch ausgewählte Repertorien (z. B. eine Reihe von Zeitschriftenerschließungsprojekten) und Handbücher (z. B. der Grundriß der romanischen Literaturen des Mittelalters). Derartige Vorhaben werden von der Senatskommission für Germanistische Forschung beratend begleitet.

Theoretische Bemühungen sind derzeit selten systematisch ausgerichtet; seit 1987 beschäftigt sich jedoch eine Forschergruppe in Konstanz mit dem Thema „*Konstitution und Funktion fiktionaler Texte*". Meist sind entsprechende Arbeiten historisch eingebunden, wenn es etwa um Literaturtheorien einer Epoche, um Literaturkritik oder die Geschichte des Faches geht. Besonderer Aufmerksamkeit werden in den nächsten Jahren Projekte bedürfen, die Literatur im Zusammenhang mit anderen Zweigen der Kultur sehen und ihren spezifischen Beitrag zu einer historischen Anthropologie erforschen: Arbeiten zu Literatur und Rechtsordnung, Bildungsgeschichte, Frömmigkeitsgeschichte, Naturwissenschaft, Medizin, Musik, bildender Kunst. Verstärkt und im Vergleich zu den vergangenen Jahren konsolidiert hat sich schon jetzt die Zuwendung zu den außereuropäischen Literaturen in europäischen Sprachen, insbesondere auch zu solchen, die Länder repräsentieren, in denen die gewählte Sprache (vorzugsweise Englisch oder Französisch) nicht Volkssprache ist.

Mit Interesse zu vermerken ist schließlich, daß auch im Bereich der Literaturwissenschaft die Bereitschaft zu organisierter Zusammenarbeit im engeren oder weiteren fachlichen Rahmen zunimmt. So sind, was die zuletzt genannte Arbeitsrichtung angeht, entsprechende romanistische und anglistische Projekte an dem seit 1984 bestehenden Sonderforschungsbereich 214 „*Identität in Afrika – Prozesse ihrer Entstehung und Veränderung*" in Bayreuth beteiligt. Seit 1984 arbeitet in Würzburg und Eichstätt der mehrere philologische Disziplinen vereinigende Sonderforschungsbereich 226 „*Wissensorganisierende und wissensvermittelnde Literatur im Mittelalter*". Konkretisiert haben sich auch die Bestrebungen, die Medienforschung in einen wirkungsvolleren Forschungsrahmen einzubinden: Seit 1986 arbeitet in Siegen der Sonderforschungsbereich 240 „*Ästhetik, Pragmatik und Geschichte der Bildschirmmedien – Schwerpunkt: Fernsehen in der Bundesrepublik Deutschland*", in dem unter sprach- und vor allem literaturwissenschaftlicher Perspektive Formen und Aspekte der Fernsehkultur analysiert werden. Stärker auf den engeren Bereich der Literaturwissenschaft konzentriert sich der seit 1985 bestehende Sonderforschungsbereich 309 in Göttingen, der unter dem Thema „*Literarische Übersetzung*" einzelsprachlich ausgelegte Teilprojekte aus Germanistik, Anglistik, Romanistik und Slavistik vereinigt. Eine repräsentative literaturwissenschaftliche Beteiligung liegt auch vor bei dem Freiburger Sonderforschungsbereich 321 „*Übergänge und Spannungsfelder zwischen Mündlichkeit und Schriftlichkeit*", ebenso wie an dem seit 1986 geförderten Sonderforschungsbereich 231 „*Träger, Felder und Formen pragmatischer Schriftlichkeit im Mittelalter*" in Münster.

Zur **Volkskunde** bleibt anzumerken, daß sich hier neben der traditionellen, primär auf den bäuerlich-bodenständigen Bereich ausgerichteten Forschung eine vergleichend-ethnologische, auch Stadt, Arbeitswelt und Randgruppen einbeziehende soziologisch orientierte Kulturwissenschaft fest etabliert hat.

2.10 Kunstgeschichte

Eine Erweiterung und teilweise sogar Auflösung des überlieferten Kunstbegriffs hat in den vergangenen Jahren zu gewissen strukturellen Veränderungen kunstgeschichtlicher Forschung geführt. Im Bereich der Architekturgeschichte werden vielfach Stadtteile, Siedlungen, Wohnhäuser, Industrie- und Nutzbauten untersucht. Erzeugnisse trivialer Bildproduktion werden berücksichtigt, so daß des öfteren eher von Bildgutforschung als von Ikonographie im traditionellen Sinne zu sprechen ist. Die Geschichte der Photographie entfaltet sich zu einem selbständigen Zweig der Forschung. Bei der Untersuchung einzelner Kunstwerke ziehen Werkstoffe, Fassungen, handwerkliche und künstlerische Technik wachsendes Interesse auf sich. Probleme der Erhaltung, der Konservierung und der Verhinderung des Verschleißes erweisen sich immer mehr als zentral. Solche Fragen führen zur verstärkten Kooperation mit historisch interessierten Architekten, Volkskundlern, Restauratoren und Naturwissenschaftlern. Während auf manchen Gebieten – etwa Teilen der deutschen Kunst des 19. und 20. Jahrhunderts oder im Bereich der nichtmonumentalen Architektur – eine starke Expansion im Gang ist, fallen andere, ehemals klassische Bereiche der Forschung zurück. Das gilt beispielsweise für die kunstgeschichtliche Mittelalterforschung insgesamt und dabei wohl relativ gleichmäßig für die ganze Epoche, etwa für die Buchmalerei, sowie für die holländische Malerei des 17. Jahrhunderts. Man wird insgesamt auch von einem Rückgang der Italien- und Frankreichforschung sprechen müssen.

Die Forschungsgemeinschaft wird diese Entwicklung weiterhin aufmerksam verfolgen. Im Rahmen des Normalverfahrens bietet sie jungen Gelehrten die Möglichkeit, ihr Interesse auf die heute vernachlässigten Gebiete zu lenken. Die kunstgeschichtliche Forschung braucht den lebendigen Austausch mit den wissenschaftlichen Zentren in England, den Vereinigten Staaten, Frankreich, Italien und den Niederlanden. Auch scheint es mehr denn je geboten, langfristige, für die Kontinuität der Forschung wichtige Unternehmungen wie das „Corpus der italienischen Handzeichnungen" oder das „Reallexikon zur deutschen Kunstgeschichte" auch weiterhin zu stützen. Bestrebungen, die Bestände der Buchmalerei in den deutschen Bibliotheken oder die Baupläne in den deutschen Archiven zu erschließen, sind begrüßenswerte Schritte in die gleiche Richtung. Außerdem sind vielfach größere Katalogisierungsarbeiten deutscher Museen unterstützt worden. Große Sorge bereitet, daß die amtliche Denkmalpflege kaum mehr zur wissenschaftlichen Auswertung von Neufunden und Restaurierungen kommt und daß sie die für die kunstgeschichtliche wie für die historische Forschung gleich unentbehrliche sogenannte Großinventarisierung fast überall eingestellt hat.

2.11 Musikwissenschaft

Im Gesamtbild der deutschen Musikwissenschaft dominiert nach wie vor die musikhistorische Forschung, die nun schon seit mehreren Jahren in stärkerem Maße auch die Musikgeschichte des 19. und 20. Jahrhunderts einbezieht. Kräftige Impulse gehen in jüngerer Zeit von der Opernforschung aus, die sich als selbständiges Gebiet mit Forschungsproblemen ganz eigener Art etabliert hat. Während die Weiterentwicklung von neuen Ansätzen auf dem Gebiet der musikalischen Mediävistik erst allmählich in Gang kommt, ist ein verstärktes Interesse an musiktheoretischen Untersuchungen – sowohl unter historischem als auch unter systematischem Aspekt – zu konstatieren. Daneben machen sich erste Ansätze einer seriösen deutschen Jazzforschung bemerkbar.

Immer fühlbarer wird die Notwendigkeit verstärkter internationaler Zusammenarbeit, namentlich mit Musikforschern und musikalischen Forschungseinrichtungen in den USA. Durch die skizzierte jüngere Entwicklung der Musikwissenschaft gewinnt aber auch die fächerübergreifende Zusammenarbeit stärkere Bedeutung. Sie kann durch die finanzielle Unterstützung interdisziplinärer Rundgespräche gefördert werden.

Die Musikwissenschaft ist vor allem auf die Förderung von Einzeluntersuchungen angewiesen. Hier steht die Finanzierung von Forschungsreisen in ausländische Bibliotheken und Archive und, für die Musikethnologie, die Förderung der Feldforschung im Vordergrund.

Von entscheidender Bedeutung bleibt für die Musikwissenschaft die Unterstützung von längerfristigen Publikationsprojekten (Gesamtausgaben, Museums- und Bibliothekskataloge etc.).

2.12 Psychologie

Über die Situation der psychologischen Forschung in der Bundesrepublik Deutschland ist im Jahr 1983 fast gleichzeitig in einer Denkschrift der DFG und in Empfehlungen des Wissenschaftsrats kritisch berichtet worden. Beide Analysen kommen zu dem übereinstimmenden Ergebnis, daß sich Quantität und Qualität der Forschung in der Psychologie innerhalb der letzten Jahre zwar erkennbar verbessert haben, daß aber die Lage im Hinblick auf die vielfältigen Anforderungen an das Fach wie im internationalen Vergleich insgesamt gesehen noch keineswegs befriedigend ist. Als Gründe dafür werden a) die Diskrepanzen zwischen den Ausbildungsaufgaben in einem weiterhin harten Numerus-clausus-Fach und dem verbleibenden Freiraum für universitäre Forschung, b) die ungenügende Infrastruktur zur Durchführung anspruchsvoller empirischer Forschung in vielen psychologischen Instituten und c) das Mißverhältnis zwischen den aktuellen Anforderungen an praktisch-psychologische Handlungskompetenzen auf der einen und der kontinuierlichen Arbeit in der Grundlagenforschung auf der anderen Seite genannt.

Diese problematische Lage der psychologischen Forschung in der Bundesrepublik Deutschland hat sich seit der Verabschiedung der beiden Denkschriften nicht grundlegend verändert, auch wenn sich in einigen Forschungsbereichen die Situation im einzelnen verbessert hat. Dazu haben Förderungsprogramme der DFG beigetragen. So stieg die Zahl der von der DFG geförderten psychologischen Projekte. Im Jahre 1987 werden vier Schwerpunktprogramme, zwei Forschergruppen und einige Sonderforschungsbereiche mit psychologischen Teilprojekten gefördert.

Während die im Normalverfahren finanzierten Arbeitsvorhaben praktisch aus allen Teilgebieten der Psychologie stammen, konzentriert sich die Förderung in den Schwerpunktprogrammen auf so unterschiedliche Forschungsgebiete wie *„Einstellung und Verhalten"* (seit 1981), *„Physiologische Psychologie des Lernens"* (seit 1983), *„Interozeption und Verhaltenskontrolle"* (seit 1985) und *„Wissenspsychologie"* (seit 1985).

In diesen Schwerpunkten manifestieren sich wichtige Themenstellungen der modernen Psychologie. Sie verweisen zugleich auf einige allgemeine Entwicklungstendenzen innerhalb des Faches:

- In einer großen Anzahl von Arbeiten werden traditionelle Fragestellungen der Psychologie aufgegriffen, aber durch Verwendung neuer theoretischer Modelle und methodischer Ansätze in wissenschaftlich fruchtbarer Weise weiterentwickelt. Typisch dafür ist das Schwerpunktprogramm *„Einstellung und Verhalten".* Eine wesentliche Schwäche der klassischen Einstellungsforschung war und ist die ungenügende Vorhersagbarkeit des tatsächlichen Verhaltens aufgrund verbal erfaßter Einstellungen. Durch die Heranziehung entscheidungs-, gedächtnis- und motivationspsychologischer Modelle wird zur Zeit mit Erfolg versucht, die Erklärung und Vorhersage menschlichen Verhaltens zu verbessern.

- Verallgemeinerbare theoretische Modelle werden in der Psychologie immer häufiger als einheitsstiftende Grundlage für die Bearbeitung sehr unterschiedlicher Themenstellungen und Forschungsfragen herangezogen. Charakteristisch dafür ist zum Beispiel die breite Verwendung kognitionspsychologischer Modelle in fast allen Teilgebieten der Psychologie. In diesen Modellen wird angenommen, daß zur Erklärung und Vorhersage menschlichen Handelns die Gesetzmäßigkeiten der Verarbeitung, mentalen Repräsentation, Speicherung und Nutzung verfügbarer Informationen von grundlegender Bedeutung sind. Dieser theoretische Ansatz spielt deshalb in der Wissenspsychologie eine ebenso große Rolle wie im Schwerpunktprogramm *„Einstellung und Verhalten"* und in vielen anderen thematischen Einzelprojekten.

- In der wissenschaftlichen Psychologie hat es stets Forschungsbereiche gegeben, die besonders enge Verbindungen und einen intensiven Austausch mit Nachbardisziplinen hatten. Die damit verbundenen Tendenzen zur interdisziplinären Arbeit haben sich in jüngster Zeit außerordentlich verstärkt. Das hängt vor allem damit zusammen, daß viele neue wissenschaftliche Entwicklungen und prosperierende Forschungsfelder gerade in den Grenzzonen zwischen verschiedenen Fächern entstanden sind. Dabei geht es nicht mehr um die zwar beliebte, in der Vergangenheit aber oft folgenlose Forderung nach interdisziplinärer Zusammenarbeit, sondern die themenzentrierte Forschung selbst ist aus ihrer eigenen Entwicklungsdynamik heraus interdisziplinär geworden und hat dabei zum Teil traditionelle Fachgrenzen überwunden. Ein Beispiel dafür sind die Kognitionswissenschaften. Stimuliert durch beeindruckende Fortschritte der Computertechnologie, haben Zusammenarbeit und wechselseitige Beeinflussung zwischen Informatik, Computerwissenschaft, Kognitiver Psychologie, Linguistik, Neurologie und Philosophie eine so große Intensität erreicht, daß die Zugehörigkeit einzelner Arbeitsrichtungen zu den Kognitionswissenschaften allmählich wichtiger wird als ihre Herkunft aus den jeweiligen Einzeldisziplinen. Ähnliche Entwicklungen lassen sich im Bereich der Neurowissenschaften beobachten, in denen die Verwendung neuroanatomischer, elektrophysiologischer, biochemischer und verhaltensanalytischer Methoden ebenfalls zur Überwindung alter Fachgrenzen beiträgt. Das gleiche gilt für die Kommunikationswissenschaften, die Alternsforschung und manche andere Arbeitsgebiete. Die psychologischen Schwerpunktprogramme *„Physiologische Psychologie des Lernens"* sowie *„Interozeption und Verhaltenskontrolle"* sind dafür ebenso kennzeichnend wie einige Schwerpunktprogramme aus anderen Fachgebieten, z. B. zu *„Publizistischen Medienwirkungen"* (s. Abschnitt 2.14.1) oder über *„Nociception und Schmerz"* (s. Abschnitt 3.1.11).

- In der wissenschaftlichen Psychologie ist die lange Zeit für selbstverständlich gehaltene Unterscheidung von Grundlagenforschung und angewandter Forschung an vielen Stellen unwichtig geworden. Die Arbeiten zur Entwicklung intelligenter, rechnergestützter Tutorensysteme im Rahmen des Schwerpunktprogramms *„Wissenspsychologie"* belegen diese Feststellung ebensogut wie einige Projekte der schon vor einigen Jahren abgeschlossenen Schwerpunktprogramme *„Verhaltensmodifikation"* und *„Lehr-Lern-Forschung".*

- Die situationsabhängige Variabilität menschlichen Verhaltens wird neuerdings in der psychologischen Theoriebildung stark beachtet. Damit gewinnen Fragen der Übertragbarkeit von Ergebnissen aus psychologischen Laborexperimenten auf Alltagssituationen eine besondere Bedeutung. Im 1986 abgeschlossenen Schwerpunktprogramm *„Psychologische Ökologie"* wurden die damit verbundenen methodologischen Probleme unter verschiedenen inhaltlichen Fragestellungen untersucht. Die dabei erzielten Einsichten sind für die künftige Bearbeitung umweltpsychologischer Probleme von besonderem Interesse.

Die aktuelle Forschungslage in einem so heterogenen, mit vielen anderen Wissenschaften eng verbundenen Fach wie der Psychologie läßt sich mit Hilfe einiger weniger allgemeiner Entwicklungslinien nicht angemessen beschreiben, sondern nur tendenziell skizzieren. Die bisherige Förderung von Projekten im Normalverfahren zeigt nämlich, daß es in vielen Themenbereichen, bei sehr unterschiedlichen Fragestellungen und auf der Basis verschiedener theoretischer wie methodischer Ansätze wissenschaftliche Innovationen gibt. Deshalb wird das Normalverfahren auch künftig für die Psychologie von größter Bedeutung sein.

Auf der anderen Seite belegen die Ergebnisse einer kürzlich durchgeführten Umfrage bei den in Forschung und Lehre arbeitenden Wissenschaftlern des Faches, daß sich für die nähere Zukunft einige thematische Forschungsschwerpunkte abzeichnen, die eine besondere Förderung durch die DFG verdienen. Zum Teil handelt es sich dabei um Aufgaben, die bereits in laufenden Schwerpunktprogrammen und von bereits eingerichteten Forschergruppen bearbeitet werden; zum Teil sind es Fragestellungen, die neue Förderungsinitiativen erforderlich machen. Folgende Arbeitsgebiete verlangen eine konzentrierte und koordinierte Bearbeitung:

Das Gebiet der **Kognitionspsychologie** muß als Forschungsschwerpunkt noch weiter ausgebaut werden. Die stürmische internationale Entwicklung in diesem Bereich, die beachtlichen einschlägigen Leistungen der deutschsprachigen Psychologie in den letzten Jahren und die zu erwartenden mittelfristigen Nutzungsmöglichkeiten der Forschungsergebnisse im Rahmen einer interdisziplinär betriebenen Kognitionswissenschaft lassen eine Intensivierung der Arbeiten in diesem Bereich als notwendig und lohnend erscheinen. Obwohl die DFG mit dem Schwerpunktprogramm „*Wissenspsychologie*", mit der in Berlin angesiedelten Forschergruppe „*Nicht-technische Komponenten des Konstruktionshandelns bei zunehmendem Computer-Aided Design-(CAD-)Einsatz*" und einer größeren Zahl von Projekten im Normalverfahren bereits ein beachtliches Engagement eingegangen ist, sind zusätzliche Anstrengungen notwendig. Diese erfordern eine interdisziplinäre Zusammenarbeit von Psychologen mit Informatikern, Linguisten und Ingenieuren. Thematisch gesehen sind Studien über den Aufbau und die Nutzung von (rechnergestütztem wie menschlichem) Expertenwissen, über die Analyse von Wahrnehmungs-, Gedächtnis-, Entscheidungs- und Problemlösungsprozessen sowie über sprach- und sozialpsychologische Fragestellungen besonders wichtig. Weiterhin dringlich erscheint die Verknüpfung intelligenz- und kognitionspsychologischer Modelle. Einem solchen Ansatz kommt für die Hochbegabtenforschung besondere Bedeutung zu.

Im Bereich der **Neuropsychologie** ist eine Intensivierung und Konzentration der Forschung in der Bundesrepublik besonders dringlich. Dabei sollte eine enge Verknüpfung zwischen neurophysiologischen und experimentalpsychologischen Ansätzen angestrebt werden. Voraussetzungen dafür sind in vielen Instituten eine Verbesserung der personellen und sächlichen Grundausstattung für anspruchsvolle neuropsychologische Forschung sowie ein spezielles Programm zur Aus- und Weiterbildung von Nachwuchswissenschaftlern auf diesem interdisziplinären Arbeitsgebiet. Inhaltlich betrachtet gibt es besonderen Bedarf an neuropsychologischen Studien über Wahrnehmungsprozesse, über pathologische Mechanismen, über die Rehabilitation nach Erkrankungen, über Alternsprozesse. Über das Kerngebiet der Neuropsychologie im engeren Sinne hinaus verdient die Unterstützung biopsychologischer Forschungsansätze im weiteren Sinn auch künftig die Aufmerksamkeit der DFG. Dabei werden Tierversuche weiterhin eine unverzichtbare Rolle spielen müssen. Der Weiterentwicklung experimenteller Paradigmen der Verhaltensanalyse kommt künftig verstärkte Bedeutung zu. Ein gutes Beispiel dafür ist das Schwerpunktprogramm „*Physiologische Psychologie des Lernens*"; hier erscheint eine Konzentration auf eine verstärkte experimentelle Analyse des Lernens unterschiedlicher Verhaltensmuster sinnvoll.

Von besonderem Interesse ist die **systematische Verknüpfung neuropsychologischer und kognitionstheoretischer Forschungsansätze.** Dabei geht es vor allem um neurowissenschaftliche und experimentalpsychologische Analysen der menschlichen Informationsverarbeitung und ihrer Störungen. Beispielsweise durch ein Schwerpunktprogramm im Bereich der kognitiven Neuropsychologie könnte einerseits die gelegentlich beklagte mentalistische Ausrichtung der psychologischen Kognitionsforschung durch eine experimentelle neurophysiologische Orientierung ergänzt werden, andererseits würden die Verhaltensanalysen in neurowissenschaftlichen Studien durch kognitionspsychologische Modelle theoretisch wesentlich verbessert. In der gemeinsamen Bearbeitung kognitions- und neuropsychologischer Fragestellungen werden nicht nur große Vorteile für die Weiterentwicklung theoretischer Modelle gesehen, sondern es wird davon auch ein besonderer praktischer Nutzen für die Analyse, Diagnose und Rehabilitation kognitiver Auswirkungen von Ausfällen und Störungen des Nervensystems erwartet.

Interessante Entwicklungen zeigen sich zur Zeit auf einem Arbeitsfeld, das gelegentlich als **Gesundheitspsychologie** oder als Verhaltensmedizin bezeichnet wird und in dem es um die systematische Untersuchung psychischer Bedingungen und Prozesse bei der Prävention und Rehabilitation im Falle körperlicher Erkrankungen geht. Dieser notwendigerweise interdisziplinäre Forschungsansatz verspricht nicht nur interessante theoretische Erkenntnisse, sondern auch einen praktisch-psychologischen Beitrag zur Erhaltung oder Wiederherstellung der Gesundheit. Daneben scheinen weitere intensive Bemühungen um die Erforschung der Veränderungsprozesse, die sich während psychotherapeutischer Behandlungen abspielen, nach wie vor wichtig. Arbeiten auf diesem Gebiet werden im Sonderforschungsbereich 129 *„Psychotherapeutische Prozesse"* in Ulm gefördert. Schließlich sollte versucht werden, eine bessere Koordination der vielfältigen Arbeiten über psychische und psychosomatische Störungen bei Kindern und Jugendlichen zu erreichen.

Die zur Zeit prosperierende **Medienforschung** benötigt dringend eine experimentalpsychologische Fundierung, wenn es um die Analyse der Wirkungen verschiedener Medien geht. Besonders in der deutschsprachigen Forschung sind bisher sozialpsychologische und individualpsychologische Bedingungen und Prozesse zu wenig berücksichtigt worden. Diese Gesichtspunkte könnten im Rahmen des Schwerpunktprogramms *„Publizistische Medienwirkungen"* aufgegriffen werden (s. Abschnitt 2.14.1).

Die **Psychomotorik** ist ein Phänomenbereich, der die Zusammenarbeit zwischen experimentellen Psychologen verschiedener Fachrichtungen und Neurobiologen erfordert. Ein Schwerpunktprogramm könnte dafür günstige forschungsstrategische Voraussetzungen schaffen.

Für die **Arbeits- und Organisationspsychologie** haben sich sowohl durch die schnell verlaufenden Veränderungen im Bereich der Arbeitswelt als auch durch die Entwicklung neuer Forschungsansätze interessante theoretische und praktische Perspektiven ergeben. Dieses Gebiet bedarf der engen Zusammenarbeit von Arbeitswissenschaftlern unterschiedlicher disziplinärer Ausrichtungen mit Ingenieuren, wobei den Anwendungsmöglichkeiten der Ergebnisse großes Gewicht zukommt.

Bei mehreren der skizzierten psychologischen Forschungsfelder wurde auf die Rolle des methodisch zuverlässigen Erfassens, Beurteilens und Bewertens von Einflüssen und Wirkungen verschiedener Umweltfaktoren auf das menschliche Erleben und Verhalten gesprochen. Aus diesem Grund erscheint es wünschenswert, die Modelle und Methoden der **Evaluationsforschung** insgesamt systematischer als bisher zu entwickkeln und zu verbessern.

Die Lösung methodischer Fragen bei **psychologischen Längsschnittstudien** ist ein weiteres Forschungsdesiderat. Das Studium langfristiger Veränderungen des Verhaltens und Erlebens erfordert die wiederholte Untersuchung der gleichen Personen über längere Zeitspannen hinweg. Die methodischen Probleme solcher Zeitreihenuntersuchungen, die für die gesamte Entwicklungspsychologie und für viele andere Teildisziplinen von grundlegender Bedeutung sind, konnten bisher nicht befriedigend gelöst werden. Verstärkte Anstrengungen auf diesem Gebiet, auch im deutschsprachigen Bereich, sind deshalb erforderlich. Sie sollten mit laufenden Initiativen der European Science Foundation koordiniert werden.

In der erwähnten Umfrage bei Wissenschaftlern, die in der psychologischen Forschung und Lehre tätig sind, wurden neben den erwähnten Forschungsaufgaben noch andere interessante Fragestellungen genannt. Die DFG wird über das Normalverfahren hinaus für entsprechende Initiativen aus den Instituten offen bleiben. In jedem Fall zeigt sich aber schon jetzt aufgrund der modernen, zum Teil nur interdisziplinär bearbeitbaren psychologischen Themenstellungen eine verstärkte Notwendigkeit zur Konzentration und Koordination der Forschungsbemühungen. Dabei werden neben überregionalen Schwerpunktprogrammen künftig, wahrscheinlich in stärkerem Maße als bisher, Forschergruppen und Sonderforschungsbereiche mit psychologischer Akzentsetzung eine Rolle spielen.

2.13 Erziehungswissenschaft

2.13.1 Rahmenbedingungen

In der Erziehungswissenschaft haben sich neben Universitätsseminaren und -instituten und Pädagogischen Hochschulen vor allem verwaltungsabhängige Staatsinstitute und Forschergruppen sowie einige mehr oder weniger unabhängige Institute außerhalb der Hochschulen – zum Teil mit Spezialaufgaben – entwickelt. An diesen Instituten wird ein großer Teil der erziehungswissenschaftlichen Forschung durchgeführt. Die Arbeit an den Hochschulinstituten bleibt demgegenüber in der Regel wegen Personal- und Geldmangel auf kürzerfristige Einzel- und Qualifikationsprojekte beschränkt. Der wichtigste Drittmittelgeber für erziehungswissenschaftliche Forschung an den Hochschulen ist nach den drastischen Kürzungen etwa bei der Modellversuchsförderung die DFG.

Überlegungen zu Perspektiven der Forschung müssen diesen Rahmenbedingungen Rechnung tragen und die arbeitsteilige Kooperation der verschiedenen Institutionen im Auge behalten. Dabei ist vor allem zu berücksichtigen, daß die Hochschulen so heterogene Aufgaben verbinden müssen wie Ausbildung zur Berufsfähigkeit, Qualifikation für Forschungsarbeit, Praxisberatung, Weiterbildung, Versuchsbegleitung und Theorienentwicklung. Zwischen der erziehungswissenschaftlichen Qualifikation bzw. beruflichen Erfahrung der Projektmitarbeiter einerseits und der praktischen Bedeutung ihrer Forschungstätigkeit andererseits besteht ein Zusammenhang, der es nicht gestattet, Forschungsplanung nur auf die Diskussion von inhaltlichen Schwerpunkten einzugrenzen und von den sonstigen institutionellen Gegebenheiten und Aufgaben abzusehen.

Aufgrund dieser Sachlage ist die erziehungswissenschaftliche Forschung an den Hochschulen in der Regel durch einen hohen Grad von Diskontinuität sowohl bezüglich des Personals als auch der Themen gekennzeichnet. Dieser Tendenz könnte durch eine verstärkte Inanspruchnahme der Förderverfahren der DFG entgegengewirkt werden. Zur Zeit werden erziehungswissenschaftliche Projekte vor allem im Normalverfahren und in dem 1986 in Bielefeld eingerichteten Sonderforschungsbereich 227 *„Prävention und Intervention im Kindes- und Jugendalter"* gefördert.

In Ergänzung und im Unterschied zur Arbeit der politik- oder verwaltungsnahen Forschungsinstitute und Projektgruppen liegt die Bedeutung der erziehungswissenschaftlichen Forschung an den Hochschulen sowie an den unabhängigen Forschungseinrichtungen in Untersuchungen, die sich nicht auf kurzfristige Anwendungs- und Verwertungsinteressen stützen, sondern oft vernachlässigte Forschungsgebiete berücksichtigen, wie z. B.:

- außerschulische Erziehung, mißlingende Sozialisationsprozesse, kompensatorische Maßnahmen, Vergleichende und Historische Bildungsforschung;
- längerfristige theorie- und methodologieorientierte Fragestellungen;
- praxisorientierte Projekte, in denen sich Forschung, Ausbildung und Entwicklungsarbeiten verbinden.

2.13.2 Entwicklungstendenzen der Erziehungswissenschaft

Die Entwicklung des Faches Erziehungswissenschaft war in den sechziger und siebziger Jahren dadurch gekennzeichnet, daß historisch-hermeneutische, theoretisch-systematische und erziehungsphilosophische Fragestellungen und Verfahren durch empirisch-sozialwissenschaftliche Ansätze ergänzt und zeitweilig in den Hintergrund gedrängt wurden. Diese Entwicklung hat sich inzwischen zwar nicht wieder umgekehrt, aber doch dahin differenziert, daß ein Teil der Erziehungswissenschaft (z. B. Berufsbildungsforschung, Unterrichtsforschung, Historische und Vergleichende Pädagogik) sich weiterhin als empirische Forschungsdisziplin versteht, während ein anderer Teil des Faches eine erneute Hinwendung zur Pädagogik – verstanden als eher hermeneutische Geisteswissenschaft – vollzogen hat. Insgesamt aber überwiegen die Bemühungen um Ergänzung bzw. Integration verschiedener Methoden angesichts der komplexen Fragestellungen, und auch darin entspricht der skizzierte Prozeß in der Erziehungswissenschaft der in den Sozialwissenschaften allgemein zu beobachtenden zunehmenden Differenzierung zwischen einer tendenziell empirischen Sozialforschung einerseits und einer eher hermeneutisch-historisch-systematischen Analyse sozialer Prozesse, Interaktionen und Systeme andererseits. Für die Erziehungswissenschaft liegt der Grund für diese Entwicklung darin, daß sich Methoden der empirischen Sozialforschung auf das komplexe Feld pädagogischen Handelns, seiner Bedingungen und Wirkungen, nur bedingt anwenden lassen. Auch für diese Disziplin wie für andere Sozial- und Verhaltenswissenschaften gilt, daß Entwicklungs-, Erziehungs- und Sozialisationsprozesse per se nicht untersuchbar sind, sondern nur in ihren datenmäßig erfaßbaren und dokumentierbaren Repräsentations- und Darstellungsformen im Erleben und Verhalten von Subjekten. Diesen Aspekt und auch die Berücksichtigung von Wirkungszusammenhängen des pädagogischen Handelns teilt sie mit verschiedenen speziellen Bereichen der Sozialwissenschaften, in denen teilweise komplexe Modelle zur Beschreibung und Analyse sozialer Wirkungszusammenhänge entwickelt wurden. Spezifisch pädagogische Wirkungsforschung zeichnet sich jedoch dadurch aus, daß sie die Veränderung pädagogischer Handlungs- und Wirkungszusammenhänge nicht nur in Rechnung zu stellen hat, sondern daß deren Untersuchung gerade zum Zweck ihrer Veränderung erfolgt. Denn es geht hier immer um Menschen in ihrem Lebensverlauf und -vollzug, um pädagogische Interaktionssysteme, um deren edukative Funktionen und Intentionen. Insofern können erziehungswissenschaftliche Untersuchungen zwei ganz unterschiedliche Akzentsetzungen haben: Als Struktur- und Systemforschung geht es um die Klärung abhängiger und unabhängiger Variablen eines Erziehungsfeldes und ihrer Beziehungen zueinander, zugleich aber um die Erforschung verantworteter Möglichkeiten systematischer Veränderungen bzw. Beeinflussungen und Steuerung pädagogischer Prozesse.

2.13.3 Schwerpunkte erziehungswissenschaftlicher Forschung

Unter Berücksichtigung dieser Gesichtspunkte können folgende Themenschwerpunkte erziehungswissenschaftlicher Forschung als zur Zeit besonders dringlich benannt werden:

– Analyse außer- wie innerinstitutioneller Bedingungen pädagogischer Innovationen und deren Realisierung;

– Untersuchung von Kompetenzdefiziten – z. B. bei Lehrern, Ausbildern und Erziehern –, die der Verwirklichung pädagogischer Ideen entgegenstehen;

- Lehr-Lern-Forschung und Unterrichtsforschung, die unter den Gesichtspunkten der Individualisierung – z. B. durch innere Differenzierung – des Unterrichts und des sozialen Lernens auf Förderung abzielt;

- Entwicklung neuer Curricula und neuer Konzepte des Lehrens und Lernens zum Zwecke der praxisnahen Überwindung der noch immer anzutreffenden didaktischen Einfallslosigkeit in Schule, Ausbildung und Weiterbildung;

- problembezogene Forschung, z. B. geschlechts-, alters- und nationalitätenspezifischer Auswirkungen von Arbeitslosigkeit auf Lernmotivation und Persönlichkeitsentwicklung von Jugendlichen und Erwachsenen, Herausbildung sozialer Randgruppen als Folge neuer Armut;

- Geschichte der Erziehung, Bildung und Sozialisation in der Verknüpfung von Sozialgeschichte und Alltagsgeschichte, wobei diese Forschungen nicht allein auf die Institutionen im Bereich der Schule zu richten sind, sondern den Bereich der Erwachsenenbildung, der Sozialpädagogik und der Berufsbildung einbeziehen. In diesem Zusammenhang ist auf die Notwendigkeit pädagogisch-anthropologischer Forschungen hinzuweisen, die dem beschleunigten Wandel von Kultur und Gesellschaft und seiner Bedeutung für pädagogisches Handeln nachgehen;

- Untersuchungen zur Geschichte und Theorieentwicklung der Erziehungswissenschaft, mit Schwerpunkt 20. Jahrhundert.

Zur Bearbeitung dieser Themen sollten angesichts der eingangs aufgewiesenen Schwierigkeiten in den Hochschulen und Forschungseinrichtungen die Förderverfahren der DFG stärker genutzt werden. Der Vorbereitung von Förderungsmaßnahmen zum Themenbereich „Berufsbildungsforschung" widmet sich die hierzu gebildete Senatskommission. Weitere Gebiete, zu denen in den nächsten Jahren mit Anträgen für Schwerpunktprogramme zu rechnen ist, sind: „Moralentwicklung – Moralerziehung", „Lebenslaufforschung" und „Sozialgeschichte und Theorie der Erziehungswissenschaft".

2.14 Sozialwissenschaften

Unter Sozialwissenschaften werden im folgenden die Soziologie, die Empirische Sozialforschung und die Kommunikationswissenschaft verstanden. Für ihre Situation ist folgendes kennzeichnend:

- In den Hochschulen sind die für empirische Forschung erforderlichen Mittel in der Regel nicht etatmäßig abgesichert, und die DFG trägt hier – gemeinsam mit anderen Förderinstitutionen – dazu bei, solche Forschungen überhaupt zu ermöglichen.

- Der größte Teil der Hochschulforschung besteht im Bereich der Sozialwissenschaften nach wie vor aus unverbundenen Einzelprojekten, die aus dem Forschungsinteresse der jeweiligen Antragsteller erwachsen. Daneben hat sich aber die Tendenz zu Schwerpunktbildung und projektübergreifender Kooperation weiter verstärkt. Impulse für diese Richtung haben Schwerpunktprogramme, Sonderforschungsbereiche und auch die im Rahmen des Sonderförderungsprogramms für die Empirische Sozialforschung geförderten „koordinierten Anträge" gegeben. Im Rahmen dieser Förderverfahren ist eine kooperative und kontinuierliche Bearbeitung anspruchsvoller Forschungsfragen mit einem größeren Personaleinsatz möglich.

- Die infrastrukturellen Einrichtungen für Information und Dokumentation zur Versorgung der Forschung mit Daten (Datenbanken) sowie die mit dem Zentrum für Umfragen, Methoden und Analysen (ZUMA) geschaffene Förderung der forschungsmethodischen und -technischen Möglichkeiten der Sozialforschung sind weiterhin unentbehrlich. Dies gilt auch für die in einer Reihe von Großprojekten begonnene Erschließung von Datenquellen außerhalb des Bereiches der Umfrageforschung (z. B. im Bereich der Sozialindikatorenforschung und der Bereitstellung historischer Massendaten) sowie für die Entwicklung von Instrumenten zur gesellschaftlichen Dauerbeobachtung (Allbus, sozio-ökonomisches Panel). Deshalb fördern Bund und Länder seit 1987 die Gesellschaft Sozialwissenschaftlicher Infrastruktureinrichtungen e.V. (GESIS). In ihrem Rahmen wurden das mit Hilfe der Forschungsgemeinschaft aufgebaute Zentrum für Umfragen, Methoden und Analysen sowie ein Teil der übrigen genannten Einrichtungen in eine Dauerfinanzierung überführt.

Schwerpunktprogramme und Sonderforschungsbereiche

Im Schwerpunktprogramm *„Publizistische Medienwirkungen"* werden seit 1983 die Wirkungen von Kommunikationsmitteln, deren Mitteilungen allgemein zugänglich sind (z. B. Presse, Hörfunk und Fernsehen), behandelt. Als Wirkungen werden solche Effekte untersucht, die von allgemeiner Tragweite sind, wie dies beispielsweise gilt für Medieneinflüsse auf Politik, Familienleben oder Wertorientierungen der Gesellschaftsmitglieder (s. Abschnitt 2.12, „Psychologie").

Der Sonderforschungsbereich 3 *„Mikroanalytische Grundlagen der Gesellschaftspolitik"* (Frankfurt/Mannheim, gefördert seit 1979) gliedert sich in drei Projektbereiche. Im Projektbereich „Gesellschaftspolitik und Wohlfahrtsproduktion" werden Märkte, Bürokratien, Organisationen und private Haushalte als Instanzen untersucht, die in unterschiedlicher Weise die historische Wohlfahrtsentwicklung geprägt und die Lebensläufe von Individuen beeinflußt haben. Im Projektbereich „Grundlagen der Simulation" werden Verfahren der Mikrosimulation fortentwickelt sowie Prognosen und Alternativrechnungen für gesellschafts- und wirtschaftspolitische Maßnahmen durchgeführt. Im Projektbereich „Verteilung und soziale Sicherheit" werden Maßnahmen der Sozial- und der Einkommenspolitik in ihren Auswirkungen auf private Haushalte und Individuen untersucht. Seit 1983 fördert die DFG im Rahmen dieses Sonderforschungsbereichs die Durchführung einer Längsschnittuntersuchung (sozio-ökonomisches Panel), in welcher die Entwicklung sozial- und wirtschaftspolitischer Indikatoren im Zeitverlauf analysiert wird. Dieses Projekt, das in Zusammenarbeit mit dem Deutschen Institut für Wirtschaftsforschung (Berlin) durchgeführt wird, soll langfristig eine Datenbasis für sozialwissenschaftliche Untersuchungen verfügbar machen, die in dieser Form für die Bundesrepublik bislang nicht existiert.

In seiner Startphase befindet sich seit Anfang 1986 der Sonderforschungsbereich 333 *„Entwicklungsperspektiven von Arbeit"* (München). Eine erste Gruppe von Projekten befaßt sich hier mit Veränderungen des Zusammenhangs von Erwerbsarbeit und Tätigkeiten in anderen Lebensbereichen und fragt – im Hinblick auf vorliegende vielfältige kontroverse Hypothesen – inwieweit, in welcher Richtung und mit welchen Konsequenzen sich die Bedeutung der Erwerbsarbeit in der Lebensperspektive der Menschen wandelt. In einer zweiten Gruppe von Projekten werden Veränderungen der institutionell-organisatorischen Strukturen erforscht, in denen Erwerbsarbeit geleistet wird, die darauf bezogene Politik von öffentlichen Stellen und Verbänden sowie die Ursachen und Konsequenzen dieser Vorgänge.

Zukunftsperspektiven der Forschung und Forschungsförderung

Soweit der DFG erkennbar, zeichnen sich im Bereich der Sozialwissenschaften für die bevorstehenden Jahre einerseits etliche generelle Forschungsbedürfnisse und daraus hervorgehende Konsequenzen für die Forschungsförderung ab sowie andererseits spezifische Forschungsanliegen, von denen einige bereits das Stadium der Entwürfe für Forschungsschwerpunkte erreicht haben. Als generelle Forschungs- und Förderungsbedürfnisse sind vor allem zu nennen:

- die Weiterentwicklung der eingangs erwähnten Forschungsinfrastruktur, um diese den vorhandenen und spezifischen Bedürfnissen in der Bundesrepublik sowie dem in anderen Ländern zum Teil schon erreichten hohen Niveau anzupassen;

- eine weitere gezielte Bereitstellung von historisch und international vergleichenden sozialwissenschaftlich bedeutsamen Daten sowie der weitere Ausbau der Instrumente zur gesellschaftlichen Dauerbeobachtung;

- eine Intensivierung der international vergleichenden und länderübergreifenden Forschung. Angesichts der drängenden sozialen und politischen Probleme einer wachsenden funktionalen Integration der westeuropäischen Staaten und der länderübergreifenden Probleme industrieller Entwicklung (wie z. B. der Umweltprobleme und der grenzüberschreitenden Wanderungen) einerseits sowie unübersehbarer Dezentralisierungs-, Regionalisierungs- und Autonomieansprüche andererseits bedarf dieses Forschungsfeld der gezielten langfristigen Förderung. Im Hinblick auf die noch recht bescheidenen Erfolge der seit Jahren auf diesem Gebiet laufenden Bemühungen ist insbesondere zu prüfen, inwieweit neue finanzielle und institutionelle Förderungsformen ergänzend zu den vorhandenen und bewährten entwickelt werden müssen;

- die Fortführung der Bemühungen um intra- und interdisziplinäre Forschungskooperation. Erstens geht es hier um die Erprobung und Weiterentwicklung von Formen der intradisziplinären Verbundforschung, zweitens um die systematische Organisation interdisziplinärer Forschungszusammenhänge in solchen gesellschaftspolitisch bedeutsamen Feldern (z. B. der Berufsbildungs-, der Kriminalitäts-, der Medienwirkungs- und der Lebensrisikenforschung), in denen nur eine interdisziplinäre Bearbeitung erlaubt, die Vielschichtigkeit der Zusammenhänge angemessen in den Griff zu bekommen, und damit verhindert, daß einseitige Perspektiven die Entwicklung ungeeigneter, politischer Strategien und Maßnahmen zur Problembewältigung begünstigen. Drittens geht es um den Ausbau jener zweiseitigen Kooperationsformen zwischen sozialwissenschaftlichen Disziplinen und anderen Wissenschaftsgebieten, wie sie sich seit längerem in fruchtbarer Weise z. B. mit der Rechtswissenschaft, der Pädagogik, der Medizin und der Geographie angebahnt haben;

- eine Verstärkung jener Forschungsbemühungen, die in spezifischer Weise auf Strukturwandel in unserer Gesellschaft gerichtet sind. Es handelt sich hier zunächst um Forschungen, die nicht nur nach den bereits erkennbaren Auswirkungen bestimmter Erscheinungen neuer Produktionstechniken, neuer Kommunikationstechniken, neuer Medienformen usw. auf andere Gesellschaftsbereiche suchen, sondern die auch im Sinne projektiver Sozialforschung die Spanne der Möglichkeiten und deren jeweilige Konsequenzen abzustecken versuchen, die solche Neuerungen im Rahmen unserer Gesellschaft prinzipiell haben könnten. Darüber hinaus geht es um Forschungen, die der Frage nachgehen, ob und inwieweit es sich bei dem derzeit erkennbaren gesellschaftlichen Wandel nicht nur um das Weiterlaufen von Trends handelt, die sich innerhalb der in Industriegesellschaften seit langem prinzipiell geltenden Strukturen (der Arbeit, des Familienlebens, der Werthaltungen, des Anfalls und der Bewältigung von Lebensrisiken) bewegen, sondern möglicherweise um grundsätzliche Strukturneubildungen, die den Rahmen bisheriger Ordnungs-, Erfahrungs- und Denkformen sprengen und damit letztlich zur Ausprägung grundsätzlich „anderer" Lebens- und Gesellschaftsverhältnisse führen. Es betrifft schließlich Forschungen, die nach latenten Neben- und Folgewirkungen fragen, welche aus Maßnahmen und Entwicklungen in verschiedenen Gesellschaftsbereichen bzw. aus deren Kumulation hervorgehen und die von erheblicher Bedeutung für den einzelnen und die Gesellschaft sein können, ohne daß sie die Lebensformen der Industriegesellschaft sprengen (so z. B. die Entstehung der „neuen" Lebensphasen der Postadoleszenz, der nachelterlichen Gefährtenschaft und des hohen Alters, die aus einer Verbindung demographischer mit verschiedenen anderen Entwicklungen hervorgegangen sind).
Die hier erwähnten Formen von Strukturforschung haben alle gemeinsam, daß sie nicht einfach „Geschichte" schreiben, sondern den Blick öffnen für Gestaltungsaufgaben und -probleme, die auf die Gesellschaft zukommen. In dieser gesellschaftspolitischen Relevanz liegt ihre Förderungsnotwendigkeit und -würdigkeit begründet;

- ein verstärkter Forschungseinsatz für die theoretisch fundierte Entwicklung praktikabler Methoden zur Analyse des Zusammenhangs von mikro- und makrogesellschaftlichen Erscheinungen. Es gilt den letzten Endes doch atomistisch gebliebenen

Ansatz der bisherigen Kontext- und Mehrebenenanalyse zu überwinden und die dynamischen Interdependenzen in den Erhebungs- und Analyseverfahren sowie beim Forschungsdesign adäquat zu berücksichtigen. Hier ergeben sich wichtige Querverbindungen zu entsprechenden Entwicklungen in anderen Disziplinen, z. B. in den Wirtschaftswissenschaften;

– eine Intensivierung jener Forschungen, die sich mit der Analyse der Erscheinungsformen, Ursachen und Wirkungen sozialer Prozesse im Sinn von Lebensläufen und Berufskarrieren einzelner sowie Entwicklungsprozessen von Organisationen befassen. Es ist in den vergangenen Jahren immer deutlicher geworden, daß diese Form von Verlaufsanalysen für eine Erklärung gegenwärtiger und eine Abschätzung zukünftiger Entwicklungen sehr bedeutsam ist, daß hier aber noch Defizite im Hinblick auf die theoretische Erfassung dieser Zusammenhänge und deren methodisch adäquate Umsetzung in empirische Forschung bestehen. Aus der Kooperation zwischen Arbeitsgruppen, die solche Vorgänge auf verschiedenen Gebieten untersuchen, sind zunehmend fruchtbare „spill-over-Effekte" zu erwarten.

Es zeichnen sich folgende spezifische Forschungsanliegen ab, die sich vermutlich demnächst zu Anträgen auf die Einrichtung von Schwerpunktprogrammen konkretisieren werden:

Im Bereich der **Industriesoziologie** laufen Vorbereitungen für ein Schwerpunktprogramm *„Industrielle Beziehungen"*. In seinem Mittelpunkt sollen Analysen im Bereich des Arbeitsmarktgeschehens bzw. der „Arbeitsbeziehungen" stehen. In Verbindung mit dem technologischen Wandel, mit Bestrebungen in Richtung einer Flexibilisierung der Arbeitszeit u.a.m. zeigen sich seit längerem in den Industrieländern Probleme und Veränderungen im Bereich des Arbeitsmarktgeschehens sowie bei den institutionalisierten Beziehungen zwischen den Akteuren der industriellen Arbeitswelt (Arbeitgebern, Arbeitnehmern, deren Organisationen und staatlichen Institutionen). Diese Vorgänge bedürfen wegen ihrer großen gesellschaftspolitischen Bedeutung einer systematischen – und insbesondere auch international vergleichenden – wissenschaftlichen Analyse.

Im Rahmen der **Kommunikationsforschung** zeichnet sich ein Schwerpunktprogramm zur interdisziplinären Bearbeitung von Fragen ab, die sich auf die Erscheinungsformen, Implementierungsformen und Konsequenzen neuer Kommunikationstechniken und neuer Medien beziehen. Es wird als wichtig erachtet, zahlreiche sporadische Forschungsansätze zu integrieren, um zu gewährleisten, daß die beschleunigte Entwicklung zur „Informationsgesellschaft" im Licht systematischer Forschung verläuft.

Vertreter der **Wissenssoziologie** haben ein Konzept für ein Schwerpunktprogramm *„Kommunikative Formen der gesellschaftlichen Organisation des Wissens"* vorgelegt. Jede Gesellschaft steht vor der Aufgabe, kollektiv geteiltes Wissen zu bewahren, zu tradieren und veränderten Lebensbedingungen anzupassen. Diese Aufgabe wird mit Hilfe traditionell abgesicherter Formen kommunikativen Handelns gelöst. Dabei verfügt jede Gesellschaft über spezifische, sich historisch wandelnde „Strukturen" dieser kommunikativen Formen, durch die die Organisation gesellschaftlichen Wissens geleitet wird. Während sich das sozialwissenschaftliche Interesse bisher vorwiegend auf die Inhalte gesellschaftlichen Wissens richtet, geht es in dem vorgeschlagenen Programm um die historischen und kulturspezifischen Erscheinungsformen institutionell abgesicherter Kommunikationsformen, um die Frage, ob es unterhalb der Ebene konkret-historischer und kultureller Erscheinungsformen kommunikativen Handelns elementare „Bausteine" oder „Gattungen" gesellschaftlicher Organisation des Wissens gibt, und darum, in welcher Weise die Welt- und Wirklichkeitsbilder konkreter Gesellschaften und Kulturen abhängig sind von der jeweiligen Struktur der Kommunikationsformen.

In Zusammenhang mit der in letzter Zeit verstärkten Diskussion um „Lebensrisiken industrieller Gesellschaften" laufen Gespräche über ein Schwerpunktprogramm in diesem Bereich. Dabei soll es weniger darum gehen, erkannte Risiken (wie z. B. Umweltgefährdung, Bedrohung durch Strahlung usw.) hinsichtlich ihrer Ursachen, Erscheinungsformen und Wirkungen darzustellen, als vielmehr zu analysieren, wer eigentlich Risiken definiert, wieso und wie sie von verschiedenen gesellschaftlichen Gruppen unterschiedlich wahrgenommen und definiert werden, welche Konsequenzen diese Diskrepanz hat, welche „Praktiken" sich im Hinblick auf die Definition und den Umgang mit Risiken abzeichnen u.a.m.

Die sich in jüngster Zeit mehrenden Reformvorschläge zur Alterssicherung, zur Gesundheitspolitik, zum Familienlastenausgleich sowie zu weiteren Bereichen des **sozialen Sicherungssystems** haben zur Planung eines Schwerpunktprogramms *„Sozialer Wandel und Strukturprobleme sozialer Sicherung"* geführt. Es soll darauf abzielen, a) die zentralen Veränderungen, die als Herausforderung für die bisherigen sozialstaatlichen Einrichtungen wirken, genauer zu präzisieren, b) die spezifischen institutionellen Lösungen des Sicherungssystems in der Bundesrepublik international und historisch vergleichend im Rahmen einer Systematik und Typik unterschiedlicher Strukturmerkmale sozialstaatlicher Einrichtungen zu interpretieren und seine spezifischen Problemanfälligkeiten herauszuarbeiten, c) die für vergleichsweise weitgreifende Reformen des sozialen Sicherungssystems relevanten politischen Strukturen, Gerechtigkeitsvorstellungen und Interessenlagen genauer zu bestimmen, um Freiräume für bestimmte Reformen deutlicher zu lokalisieren, und d) die grundlegenden Orientierungsmuster und Legitimationsfiguren herkömmlicher Sozialpolitik daraufhin zu prüfen, inwieweit sie mit dem erforderlichen Reformbedarf kompatibel sind oder durch angemessenere Begründungen zu ersetzen wären.

Noch in einem frühen Stadium der Vorbereitung befindet sich ein Schwerpunktprogramm zum Thema *„Veränderung des Geschlechterverhältnisses und sozialer Wandel in Beruf, Politik und Familie".*

2.15 Wissenschaft von der Politik

2.15.1 Forschungsfelder und generelle Forschungsausrichtung des Faches

In den westlichen Industriegesellschaften, aber auch in anderen Gesellschaften und damit in internationalen Zusammenhängen, haben sich die Rolle, die Funktionen und die Handlungsbedingungen politischer Institutionen, Verfahren und Prozesse in den letzten Jahren deutlich gewandelt. Veränderte oder ganz neue ökonomische, ökologische, technische und soziale Probleme, gesellschaftliche Differenzierungsprozesse, veränderte Werte und Einstellungen, veränderte internationale Beziehungen und andere Faktoren stellen die politischen Institutionen, insbesondere den Staat, vor neue Anforderungen und Probleme hinsichtlich Legitimität, Effektivität und Effizienz des Handelns, aber auch bezüglich der Ausgestaltung der Binnenstrukturen und der Verfahren. Ordnungs- und Steuerungsaufgaben nehmen zu, sind miteinander verwoben und werden wieder auf Tradition wie auf zukünftige Herausforderungen bezogen. Wenn auch die normative und empirische Beschäftigung mit politischen Institutionen und Verfahren im Mittelpunkt steht, so sind doch auch übergreifende ökonomische, kulturelle und soziale Interaktionszusammenhänge ebenso wie historische, ideengeschichtliche und internationale Dimensionen von Ordnung und Steuerung zu berücksichtigen.

Diese komplexen Veränderungen des Politikfeldes stellen der politikwissenschaftlichen Forschung neue Aufgaben und zwingen zur Fokussierung von Erkenntnisinteressen in traditionellen Forschungsbereichen. Die politikwissenschaftliche Forschung wird sich mit erneuerten ordnungs- und verfassungspolitischen Grundsatzproblemen auseinanderzusetzen haben sowie neue Antworten bezüglich der Funktions- und Anpassungsfähigkeit, aber auch der Ausgestaltung der Institutionen und ihrer Entscheidungsproceduren geben müssen. Soweit sie mit der Formulierung materieller Politikinhalte befaßt ist, wird sie auch Probleme der Legitimität, Effektivität und Effizienz staatlicher Interventionen in gesellschaftlichen und ökonomischen Strukturen analysieren müssen. Bei allem erscheint eine Erweiterung des wissenschaftlichen und politischen Wahrnehmungs- und Diskussionshorizontes in Richtung auf eine genauere Kenntnis der außerdeutschen Regierungssysteme, ihrer politischen Willensbildungs- und Entscheidungsprozesse und ihrer wichtigsten Akteure dringend erforderlich.

Positiv hervorzuheben ist, daß in der Entwicklung des Faches während der letzten Jahre eine unfruchtbare Trennung von normativer und empirischer Analyse überwunden, neue Formen der Interdependenz von Grundlagenforschung und anwendungsbezogener Analyse gefunden und in vielen Bereichen die fachliche Kompetenz durch adäquate Forschungsleistungen dokumentiert werden konnten. Insgesamt hat die Politikwissenschaft einen deutlichen Konsolidierungsprozeß durchlaufen und dabei die unabdingbare Anbindung an Forschungstraditionen mit einem neuen Selbstverständnis, wie es sich in den folgenden Schwerpunkten politikwissenschaftlicher Forschung ausdrückt, verbunden. Was die von der DFG geförderten politikwissenschaftlichen Forschungsvorhaben angeht, so dominieren nach wie vor Arbeiten zur Politischen Theorie, Theoriegeschichte und Zeitgeschichte. Es gibt auch vermehrt Studien zur Entwicklungspolitik, während immer noch vergleichsweise wenige Projektanträge Fragen der „Internationalen Beziehungen" gewidmet sind. Die oben angesprochenen neuen Fragestellungen werden teilweise bereits in dem erfolgreich angelaufenen Sonderforschungsbereich 221 *„Verwaltung im Wandel"* (Konstanz) untersucht.

2.15.2 Theorie und Empirie politischer Institutionen

Im Bereich der Theorie und Geschichte politischer Institutionen zeichnet sich ein Schwerpunktprogramm ab, in dem weiterführende Erklärungen und normative Begründungen politischer Institutionen sowie Aussagen zu Stellenwert und Beitrag des institutionellen Aspekts für politikwissenschaftliche und interdisziplinäre Problemstellungen überhaupt entwickelt werden sollen. Durch empirische und theoretische Arbeiten soll eine Klärung des Verständnisses politischer Institutionen, welches als „Hintergrundwissen" für weitere Forschung dienen kann, herbeigeführt werden. Andererseits sind Grundprobleme der Politik, etwa aktuelle Integrations- und Steuerungsprobleme, am „Leitfaden" des Institutionsbegriffs neu zu formulieren. Schließlich soll eine neue Perspektive im Hinblick auf interdisziplinäre Problemstellungen entwickelt und ein historisch und empirisch fundierter Beitrag zur Diskussion, etwa über die Theorie der Moderne oder über die Theorie der kollektiven Rationalität, geleistet werden.

Als besonders dringend erscheinen ferner **Forschungen zur zentralen politischen Institution „Staat":** Angesichts der bisher schon vorliegenden Forschungserträge in Form von Einzelanalysen und Partialansätzen, die sich mit dem „arbeitenden Staat" und der spezifischen Rolle der öffentlichen Verwaltung befassen (auch als „Gesetzgeber"), ist nun die Entwicklung einer „neuen Staatslehre" als einer nicht nur verfassungsorientierten Wirklichkeitswissenschaft zu versuchen. Unter Berücksichtigung der historischen wie ordnungsorientierten Grundlagen verbinden sich hier spezifische Beiträge der Politikwissenschaft, vor allem im Bereich der Gesetzgebungslehre, der Analyse des Vollzugs und der Wirkungen staatlichen Handelns mit normwissenschaftlichen Forschungen der Rechtswissenschaft.

2.15.3 Wandel und Krise intermediärer Strukturen und Prozesse der heutigen Demokratien

Die intermediären Strukturen (insbesondere Parteien, Verbände, soziale Bewegungen) und Prozesse heutiger Demokratien sind in jüngster Zeit einem intensiven Wandel unterworfen, der sich auf die Bedingungen politischer Entscheidungsprozesse sowie auf die Legitimität, Effektivität und Effizienz staatlichen Handelns auswirkt. Bei der Diskussion über die Ursachen, Erscheinungsformen und Auswirkungen dieser Veränderungen und die Möglichkeiten ihrer Bewältigung stehen folgende Themenbereiche im Vordergrund:

- Wandel von Werten, Einstellungen, Interessen, Sinnstrukturen und politischen Milieus;
- Vermittlung von Sinnstrukturen und Handlungsorientierungen und der „politischen" Thematisierung neuer Probleme;
- Probleme der Technisierung politischer Kommunikation;
- Veränderungen von Verbändestrukturen sowie der Interaktion von Verbänden/sozialen Bewegungen und anderen politischen Akteuren;
- Auswirkungen der Veränderung intermediärer Strukturen und Prozesse auf die Legitimität, Effektivität und Effizienz staatlichen und politischen Handelns.

2.15.4 Internationale Verflechtung und nationale Systeme

Nachdem Strukturen und Prozesse des internationalen Systems in der jüngsten Zeit im Vordergrund des Forschungsinteresses der internationalen Politik standen, erscheint es angezeigt, das Augenmerk verstärkt auf eine **vergleichende Untersuchung der außenpolitischen Bewältigung internationaler Interdependenz** zu lenken. Dabei verdienen folgende Themenbereiche besondere Beachtung:

- der Vergleich der organisatorischen und inhaltlichen Ausgestaltung nationaler Außenpolitik angesichts der Verflechtung internationaler Beziehungen. Neben den klassischen Politikbereichen, Diplomatie, Sicherung, Wirtschaft, Kultur, gewinnen dabei neue Bereiche an Bedeutung, die zu untersuchen wären: Umwelt, Technik, Information und Kommunikation;
- die Handlungsfähigkeit nationaler Außenpolitik angesichts einer dezentralen Zuständigkeit von Politik sowohl auf nationaler Ebene als auch im Verhältnis von nationaler, zwischenstaatlich regionaler und interstaatlich regionaler (Länder-)Ebene;
- ein hoher Anteil autonomer transnationaler Aktivitäten nichtstaatlicher Akteure;
- eine Zunahme multilateraler Verhandlungsprozesse und internationaler Regimes;
- die Untersuchung der innerpolitischen und gesellschaftlichen Bedingungen von Außenpolitik, vor allem des Wechselverhältnisses von Gesellschaftssystemen und hegemonialer Außenpolitik (z. B. der Sowjetunion, aber auch der USA) sowie der

Rückwirkung sozialer Konflikte bzw. radikaler innenpolitischer Bewegungen auf staatliche Außenpolitik;

- die Übernahme internationaler Normen und Regeln und deren Umsetzung in innerstaatliche Politik;

- spezielle Aspekte der „Dritte-Welt"-Politik, auch in vergleichender Sicht.

Die Förderung der **Friedens- und Konfliktforschung,** die seit 1985 von der DFG aus Sondermitteln des Bundes und der Länder wahrgenommen wird, hat sich inzwischen konsolidiert und umfangmäßig die Förderung durch die 1984 aufgelöste Deutsche Gesellschaft für Friedens- und Konfliktforschung erreicht. Seit 1986 werden das Schwerpunktprogramm *„Institutionen und Methoden der friedlichen Behandlung internationaler Konflikte"* und das Schwerpunktprogramm *„Entstehung militanter Konflikte in Staaten der Dritten Welt"* gefördert. Untersuchungen auf dem Gebiet der Friedens- und Konfliktforschung wie überhaupt zu sicherheitspolitischen Problemen werden zur Zeit weitgehend in außeruniversitären Institutionen durchgeführt. Um auch innerhalb der Hochschulen die sicherheitspolitische Forschung auszubauen, bietet sich eine verstärkte Inanspruchnahme des Normalverfahrens an. In seinem Rahmen kann zudem ansatzweise der besonders schwierigen Lage des wissenschaftlichen Nachwuchses Rechnung getragen werden. Sicherheitspolitische Fragen dürfen aber nicht nur in einem kleinen Kreis von Experten erörtert werden, sondern müssen auch Gegenstand breiter öffentlicher Diskussion und Überzeugungsarbeit sein, damit sicherheitspolitische Entscheidungen demokratisch legitimiert und umgesetzt werden können. Die Forschungsgemeinschaft bietet hier Hilfestellung durch die Finanzierung von Rundgesprächen an, in deren Rahmen Wissenschaftler und Praktiker aus Politik und Verwaltung zusammentreffen können. Ferner hat der Senat der Forschungsgemeinschaft eine Kommission für Friedens- und Konfliktforschung eingesetzt, die die Entwicklung des Gebietes verfolgt und Förderungsmaßnahmen erörtert.

In den Mittelpunkt der **entwicklungspolitischen und -theoretischen Diskussion** rückte seit einigen Jahren das Syndrom des „schwachen Staates" bzw. „ineffizienten Entwicklungsstaates" und verdrängte zunehmend das dependenztheoretische Paradigma. Zu diesem Syndrom zählen politische Systemdefizite, die sich vor allem im Mangel an Handlungsfähigkeit und Legitimität der politisch-administrativen Systeme, an administrativer Rationalität, Kompetenz, Effizienz und an Partizipationschancen sowie in der Überbürokratisierung und Ressourcenverschwendung durch bürokratische und militärische Apparate ebenso manifestieren wie in der Korruptionsanfälligkeit der politisch-administrativen Kader und Führungsgruppen.

Es gibt zwar seit langem Forschungen über die politischen Systembedingungen von Entwicklung, über die Genese und Entwicklung der „Entwicklungsdiktaturen" im zivilen und militärischen Gewande (bzw. über „Diktaturen ohne Entwicklung") und über Handlungsbedingungen des „peripheren Staates" im Umfeld der ungleichgewichtigen Nord-Süd-Beziehungen. Aber es mangelt noch immer

- an einer empirisch hinreichend fundierten Bilanz der entwicklungspolitischen Leistungsfähigkeit verschiedener Systemtypen;
- an einer systematischen Typologie der „peripheren Gesellschaften", die über vordergründige Erscheinungsformen (z. B. der Zivil- oder Militärregime) hinausreicht und Zusammenhänge zwischen Politik, Ökonomie, Sozialstruktur und Kultur herstellt;
- an einer hinreichend breiten Erforschung der administrativen Handlungs- und Steuerungsdefizite durch die „Entwicklungsverwaltungswissenschaft" (development administration), die in anderen westlichen Ländern wesentlich weiter entwickelt ist;
- an einer vergleichenden und zugleich kulturspezifischen Erforschung der Bedingungen von Partizipation und Demokratie;
- an einer vergleichenden Forschung über die Ursachen der unterschiedlich geringen Anpassungsfähigkeit der Gesellschaften und politischer Systeme an weltwirtschaftliche Strukturveränderungen. Die politikwissenschaftliche Entwicklungsforschung muß sich verstärkt mit den politischen und sozialen Folgen der Verschuldungskrise beschäftigen;
- an einer Beobachtung und Aufbereitung der (wissenschaftlichen) Staats- und Demokratiediskussion, die in den Entwicklungsländern selbst geführt wird.

In den skizzierten Vorschlägen werden bereits vorhandene Forschungsaktivitäten gebündelt. Die Anregungen rücken aber das von der dependenztheoretisch orientierten Forschung etwas vernachlässigte politische und soziokulturelle System wieder in den Mittelpunkt, ohne auf das modernisierungstheoretische Paradigma zurückzufallen, das internationale Wirkungszusammenhänge von Unterentwicklung/Entwicklung weitgehend ausblendet.

2.16 Wirtschaftswissenschaften

2.16.1 Zur allgemeinen Forschungssituation

Trotz der auch durch institutionelle Förderung initiierten Fortschritte in den letzten Jahren ist nicht zu verkennen, daß gegenüber der Entwicklung der Wirtschaftswissenschaften in den Vereinigten Staaten in Teilgebieten Forschungsdefizite existieren. Verschiedene Indikatoren – Nobelpreise, internationales „Ranking" der Fachbereiche, Zitationsindizes – deuten dies an. Zum einen hat dies seinen Grund in der bereits 1976 im „Grauen Plan" aufgezeigten Zersplitterung der Forschung auf einzelne Lehrstühle mit nur wenigen Mitarbeitern. Diese konnte auch durch die Einrichtung von Sonderforschungsbereichen, Forschergruppen und Schwerpunktprogrammen durch die DFG nicht genügend überwunden werden. Zum anderen wird das Forschungspotential infolge der seit etwa 1984 sprunghaft steigenden, aber auch vorher schon relativ hohen Gesamtzahl der Studenten der Wirtschaftswissenschaften zu stark durch Lehr-, Prüfungs- und Verwaltungsaufgaben absorbiert. Das gilt zumindest für wichtige Teilgebiete des Faches, wie die Betriebswirtschaftslehre, und für Fakultäten mit einer ungünstigen Relation zwischen der Zahl der Studenten und der Hochschullehrer. Eine Besserung ist erst mit dem voraussichtlichen generellen Rückgang der Studentenzahlen zu erwarten.

Eine weitere Belastung der Forschungssituation ist in jüngster Zeit durch die befristeten Stellensperren und vor allem durch die Absenkung der Eingangsbesoldung von BAT IIa auf BAT III eingetreten. Für besonders befähigte Nachwuchskräfte, auf die die Forschung angewiesen ist, ergibt sich dadurch und durch die steigenden Anfangsgehälter in der Wirtschaftspraxis bei einer Hochschultätigkeit ein Einkommensnachteil in einem Ausmaß, das vielfach nicht mehr durch die Neigung zu wissenschaftlicher Arbeit kompensiert werden kann. Die in manchen Teilen der Wirtschaftswissenschaften zur Zeit schlechten Aufstiegsmöglichkeiten innerhalb des Hochschulbereiches vermindern die Anreize zu einer Forschungstätigkeit zusätzlich.

Aus den genannten Gründen ist eine Förderung des wissenschaftlichen Nachwuchses vordringlich. Die wirtschaftswissenschaftliche Lehr- und Forschungstätigkeit an Universitäten muß durch Verbesserung der Arbeitsbedingungen und der finanziellen Anreize wieder attraktiver gemacht werden. Dazu gehört auch die Realisierung der Vorschläge des Wissenschaftsrates zum Ausbau des Graduiertenstudiums vor allem durch Kooperation benachbarter Universitäten, um die „kritische Masse" für ein qualitativ überzeugendes und in der Breite des Fächerspektrums international attraktives Ausbildungsangebot zu erreichen und damit auch die Forschungssituation zu verbessern.

2.16.2 Volkswirtschaftslehre

Auf dem Gebiet der Volkswirtschaftslehre fördert die Forschungsgemeinschaft zur Zeit den in Mannheim angesiedelten Sonderforschungsbereich 5 *„Staatliche Allokationspolitik im marktwirtschaftlichen System",* die Forschergruppe *„Strukturanalyse – Theoretische Fundierung, methodische Aspekte und wirtschaftspolitische Relevanz"* in Augsburg und das Schwerpunktprogramm *„Ökonomik der natürlichen Ressourcen".*

Insgesamt betrachtet läßt sich feststellen, daß bis Mitte der siebziger Jahre die Makroökonomie zentrales Forschungsfeld war. Nunmehr ist eine stärkere Hinwendung zur Mikroökonomie zu beobachten. Das verdeutlicht auch die Forderung nach einer besseren mikroökonomischen Fundierung der Makroökonomie. Als Forschungsfeld bieten sich diesem neuen mikroökonomischen Ansatz nicht nur die traditionellen Wirtschaftsbereiche an, sondern wegen der Bezugnahme auf ökonomische, rechtliche, politische und institutionelle Restriktionen bei rationalen Entscheidungen alle wirtschafts- und gesellschaftspolitisch wichtigen Institutionen, von der Familie bis hin zur Verfassung. Ausgehend von dieser Umorientierung in der Sichtweise haben sich in jüngster Zeit Forschungsschwerpunkte herauskristallisiert, deren Förderung im Interesse einer internationalen wissenschaftlichen Konkurrenzfähigkeit notwendig und für die Bereitstellung wirtschaftspolitischer Handlungsalternativen erforderlich erscheint.

Ein Ansatz hierzu ist das 1986 eingerichtete Schwerpunktprogramm „*Monetäre Makroökonomie*", in dem mikroökonomische Aspekte der Erwartungsbildung, von Lernprozessen und Informationskosten in ihrer Bedeutung für makroökonomische Zusammenhänge untersucht werden.

Neben informationsökonomischen Problemen gewinnen zunehmend Methoden zur Behandlung von Entscheidungssituationen bei Risiko und bei mehrfacher Zielsetzung sowie spieltheoretische Ansätze zur Modellierung und Lösung von Konfliktsituationen und zur Analyse von Regulierungen und Deregulierungen von Märkten an Bedeutung. Insbesondere die Risikoaspekte verdienen besondere Aufmerksamkeit, da zahlreiche privatwirtschaftliche und staatliche Maßnahmen der Risikoreduktion oder der Risikoverlagerung dienen. Entscheidungstheoretische Ansätze für das Verhalten in Risikosituationen sind für die mikroökonomische Fundierung makroökonomischer Modelle unabdingbar. Sie bieten auch eine enge Verknüpfung mit der betriebswirtschaftlichen Finanzierungs- und Investitionstheorie. Einen Ansatz für diesen Forschungsbereich bietet zum Teil der Sonderforschungsbereich 303 „*Information und die Koordination wirtschaftlicher Aktivitäten*" in Bonn.

Die Industrieökonomik, deren thematische Spannweite von der Branchenanalyse bis zur Untersuchung der Implikationen rechtlicher Normen auf den Wirtschaftsablauf reicht, ist ebenfalls als ein immer wichtiger werdendes Forschungsfeld zu nennen, das wirtschafts- und vor allem ordnungspolitisch neue Erkenntnisse liefert. Hier findet eine Zusammenarbeit von Volks- und Betriebswirten und darüber hinaus mit Juristen statt, die weiter intensiviert werden sollte.

Das gilt auch für die „Neue Institutionenökonomie", die vom Transaktionskostenansatz ausgehend die Funktionsweise von Institutionen und deren Rolle für den Wirtschaftsprozeß analysiert und die wohlfahrtstheoretischen Aspekte alternativer Institutionsformen aufzeigt. Über diesen Ansatz hinausgehend hat sich eine Forschungsrichtung „constitutional economics" entwickelt, die vor allem der normativen Theorie neue Impulse zu verleihen vermag.

Erhebliches Interesse hat in den vergangenen Jahren vor allem in den Vereinigten Staaten die sogenannte Stadtökonomik („urban economics") gefunden, die sich mit den Folgen des sozialen, politischen und ökonomischen Wandels moderner Industriegesellschaften, in jüngster Zeit aber auch mit den Verstädterungsprozessen in Entwicklungsländern beschäftigt. Neben den mikroökonomischen Ansätzen, die Standortentscheidungen von Haushalten, Unternehmen und Behörden als Ausgangspunkt nehmen, werden auch systemtheoretische Ansätze herangezogen, um die mit dem Agglomerationsprozeß einhergehenden Probleme der strukturellen Arbeitslosigkeit,

Wohnungsversorgung, logistischen Ausgestaltung mit Verkehrssystemen u.a.m. zu untersuchen. Hier bietet sich ein Forschungsfeld an, das wegen der hohen Bevölkerungsdichte der Bundesrepublik Deutschland einerseits und der demographischen Entwicklung andererseits einer verstärkten Forschungstätigkeit bedarf.

Die zunehmende Integration von Nationalwirtschaften in die Weltwirtschaft sowie die aus der Eigendynamik der Weltwirtschaft resultierenden Anpassungsprobleme wurden bisher im Sonderforschungsbereich 86 *„Weltwirtschaft"* (Kiel/Hamburg) sowie im Schwerpunktprogramm *„Inflation und Beschäftigung in offenen Volkswirtschaften"* bearbeitet. Nunmehr hat sich der 1986 in Konstanz eingerichtete Sonderforschungsbereich 178 *„Internationalisierung der Wirtschaft"* diesem Aufgabenfeld zugewandt. Angesichts eines zunehmenden Protektionismus in den westlichen Industrieländern sowie offensichtlich größer werdender wirtschaftlicher und sozialer Schwierigkeiten vieler Entwicklungs- und Schwellenländer eröffnet sich hier ein neuer Forschungsbedarf. Die zunehmenden Finanzierungsschwierigkeiten der Sozialleistungen haben die Notwendigkeit einer Reform des **Systems der sozialen Sicherheit** deutlich gemacht. Der gestiegene Wohlstand ermöglicht eine verstärkte freiwillige Vorsorge. Eine Abschaffung jeder Kollektivsicherung wäre jedoch mit zu hohen sozialen Risiken verbunden. Es stellt sich deshalb die Frage – und zwar für die einzelnen Bereiche in unterschiedlicher Form –, welches Gewicht Freiheit und Sicherheit erhalten sollen. Aufgrund der Finanzierungsprobleme besitzt die Krankenversicherung Priorität für eine Reform, zumal sich der Staat aus diesem Bereich am ehesten zurückziehen kann.

Erhebliche Rückwirkungen auf die verschiedenen Bereiche der **Wirtschafts- und Sozialpolitik** wird die **demographische Entwicklung** haben. Das trifft nicht nur für die Kranken- und Rentenversicherung zu. Es stellt sich auch die Frage nach den Bestimmungsgründen des regenerativen Verhaltens und dessen Beeinflußbarkeit durch staatliche Maßnahmen.

Die verbesserte Bildung vieler Frauen und ihre verstärkte Erwerbstätigkeit haben zu einer veränderten Rollenverteilung und Lebensform in den Familien geführt, der sich der Arbeitsmarkt insofern nicht ausreichend angepaßt hat, als geeignete Formen für die Beteiligung am Erwerbsleben, die eine Verbindung zwischen Erwerbstätigkeit und Erziehungsaufgaben gestatten, nicht in ausreichendem Maße entwickelt wurden. Die enge Verbindung zur Bevölkerungsentwicklung ist unübersehbar, so daß Forschungen über die Familie auch bevölkerungswissenschaftliche Probleme mit einbeziehen sollten.

Die Diskussion über die **Grenzen des Wohlfahrtsstaates** und die Begrenzung der staatlichen Tätigkeit ist bisher keineswegs zu Ende geführt. Nach wie vor fehlt ein befriedigender Ansatz, mit dessen Hilfe Umfang und Verteilung der vom Staat in Anspruch genommenen Ressourcen bestimmt werden können. Das gilt auch für die Beurteilung der Effizienz der in Anspruch genommenen Ressourcen und für die Beurteilung der bisherigen Organisationsformen der Ausgabenbegrenzung. Public-Choice-Theorien erscheinen daher als wichtige Forschungsfelder.

Unter Effizienzgesichtspunkten ist eine Analyse der Personalausgaben vordringlich, auf die bei den Ländern und beim Bund bis zu 50 % der gesamten Ausgaben entfallen.

Auch die Schrumpfung der Bevölkerung und die damit verbundene Überalterung stellen den Staat vor die Aufgabe, seine Ausgabenstruktur anzupassen. Die Krise im Wohnungsbau ist mindestens teilweise das Ergebnis einer zu spät erfolgten Umstellung der staatlichen Förderung. Auch die Kontroverse über Beitrags- und Steuerfinanzierung der Renten und ihr Verhältnis zueinander wird sich mit der altersbedingten Verschärfung der Finanzierungsprobleme erneut stellen. Stärker theoretisch orientierte, aber auch haushaltsrechtliche Forschungen sind notwendig.

Das Verhältnis zwischen zentralisierten und dezentralisierten Entscheidungen in föderalistischen Systemen enthält nach wie vor viele offene Fragen. Der Finanzausgleich zwischen den Ländern und zwischen Bund und Ländern in der Bundesrepublik, zu dem auch die Gemeinschaftsaufgaben gehören, ist nicht nur verfassungsrechtlich umstritten, sondern auch ökonomisch unbefriedigend geregelt. Die ständig steigenden Anforderungen an den Bund durch den Finanzausgleich auf der Ebene der Europäischen Gemeinschaften machen grundsätzliche Reformen notwendig. Dafür sind internationale Vergleiche über die Steuersysteme, Untersuchungen über Umfang und Richtung einer Steuerharmonisierung und Grundlagen für einen supranationalen Finanzausgleich notwendig. Dahinter stehen Fragen einer Bewertung, Messung und Erfassung der Staatstätigkeit, z. B. der Messung und Zurechnung des kollektiven und individuellen Staatsverbrauchs und empirischer Verteilungsrechnungen.

Auf der Ebene der **Europäischen Gemeinschaften** bietet sich an, die Voraussetzungen für eine gemeinsame Währung zu untersuchen und, solange es sie nicht gibt, auf den Zusammenhang zwischen Finanzausgleich und Wechselkurssystem einzugehen. Dabei wäre zu untersuchen, wie sich durch den Finanzausgleich der Wechselkurs eines Landes ändert, welche Konsequenzen die zunehmende Verwendung des ECU für die Harmonisierung der Finanz- und Währungspolitik besitzt und ob und unter welchen Bedingungen es zulässig sein könnte, Steuern und Finanzzuweisungen statt in nationaler Währung auch in ECU zu bezahlen.

2.16.3 Betriebswirtschaftslehre

In der Betriebswirtschaftslehre ist eine Forschungsrichtung entstanden, die die Unternehmenstheorie als **Teil einer Wirtschaftstheorie der Institutionen** auffaßt. In der herkömmlichen Betriebswirtschaftslehre wurde häufig die Behandlung sogenannter „systemindifferenter" Tatbestände in den Vordergrund gestellt, wobei Fragen der Wirtschaftsordnung ausgeklammert und die Markt- und Unternehmensverfassung als Daten hingenommen wurde. Der neue Ansatz stellt sich besonders diesen Problemen, indem er neben einer Erklärung des Entstehens und des Wandels der zu untersuchenden Institutionen, wie Markt, Unternehmung und Konzern, sowie der vielfältigen Kooperationsformen zwischen Marktteilnehmern zugleich eine **ökonomische Grundlage des Rechts** zu schaffen versucht. In diesem Zusammenhang treten die **ökonomische Analyse** zunächst des Wettbewerbsrechts, dann aber auch des Kapitalmarkt-, Gesellschafts- und Insolvenzrechts sowie des Arbeitsrechts neu in den Blickpunkt. Für traditionelle Arbeitsgebiete betriebswirtschaftlicher Analyse, wie das Bilanz- und Steuerrecht, werden sowohl durch die Kapitalmarktgleichgewichtstheorie unter Ungewißheit und die Ansätze zu Principal-Agent-Modellierungen als auch durch das wiederaufgenommene Denken in Unternehmerfunktionen neue Einsichten gewonnen. Diese Entwicklung hat durch die **Harmonisierung** des Gesellschafts-, insbesondere des Rechnungslegungsrechts, in der EG besondere Impulse erhalten. Zugleich hat die **internationale Unternehmenstätigkeit,** vor allem in weltweit operierenden Konzernen, besondere Aufmerksamkeit gefunden.

Bei den Weiterentwicklungen auf dem Gebiet der **theoretischen Betriebswirtschaftslehre** scheint eine verstärkte Beachtung des güterwirtschaftlichen Aspekts in der Produktions- und in der Investitionstheorie angebracht zu sein, die auf eine auch in der Theorie engere Verbindung dieser beiden Gebiete abzielt. Eine Hinwendung zur dynamischen Betrachtungsweise führt im übrigen fast automatisch zu ihrer Integration, wobei zusätzlich der Finanzbereich der Unternehmung zu erfassen wäre.

Dynamische Ansätze auf der Grundlage technisch fundierter Produktionsmodelle, die als funktionsfähige Hilfsmittel zur langfristigen Abstimmung von Produktions-, Kapazitäts- und Verfahrensplanung auch unter Berücksichtigung des technischen Fortschritts eingesetzt werden können, bedingen dabei nicht nur die Anwendung (und damit Existenz) leistungsfähiger computergestützter Prognoseverfahren, sondern zudem die vertiefende Analyse zahlreicher Teilprobleme mehrperiodiger Planung wie etwa die problemadäquate Wahl des Planungshorizonts, die Untersuchung von Eigenschaften zur Vereinfachung der Lösbarkeit komplexer Ansätze oder die Frage „robuster" Anfangsentscheidungen.

Die Behandlung **betriebsökonometrischer Fragestellungen** wurde bisher eher vernachlässigt. Diese verdienen ebenso wie die moderne **Finanzierungstheorie** und ihre **empirische Fundierung** nachdrückliche Förderung. Vorhandene Datenbestände über Kapitalmärkte bleiben im Unterschied zu anderen Industrieländern weitgehend ungenutzt. Diese Forschungsfelder bieten zudem aussichtsreiche Möglichkeiten für die Zusammenarbeit von Volks- und Betriebswirten. In Vorbereitung befindet sich ein Schwerpunktprogramm *„Empirische Kapitalmarktforschung".*

Im Bereich der **Angewandten Betriebswirtschaftslehre** stehen vielfältige Fragestellungen des Marketing und der Kommunikation im Mittelpunkt des Interesses. Wünschenswert sind jedoch auch **interdisziplinäre Forschungsvorhaben** insbesondere zusammen mit Vertretern der Ingenieurwissenschaften zur Betriebswirtschaftslehre des Produktionsbereiches und zur Logistik. Reizvolle Forschungsfelder ergeben sich zudem aus Interdependenzen zwischen künftig zum Einsatz kommenden Techniken (vor allem Informations- und Kommunikationstechniken), betrieblicher Organisation und Mitarbeiterqualifikationen. Das berührt auch die Problematik gespaltener Arbeitsmärkte für die betriebliche Investitions- und Personalpolitik. Starkes Interesse hat sich ferner der Innovationsforschung zugewandt, was bedingt ist durch das zunehmende Gewicht, das Innovationen, Forschung und Entwicklung zugesprochen wird. Untersuchungen auf diesem Gebiet werden seit 1986 im Schwerpunktprogramm *„Theorie der Innovation in Unternehmen"* gefördert. Aufmerksamkeit wird auch dem Umweltschutz und seinen

Wirkungen auf die Unternehmungen entgegengebracht. Hier wären etwa unternehmerische Strategien des aktiven und passiven Umweltschutzes zu behandeln.

Ein offensichtliches Forschungsdefizit besteht hinsichtlich der historischen Dimension der Betriebswirtschaftslehre mit ihren zwei Teilaspekten: Wandel in den Unternehmungsstrukturen sowie der Unternehmungsfunktionen seit Beginn der Industrialisierung. In Verbindung damit ist noch weitere Grundlagenforschung für die Wissenschaftsgeschichte betrieblicher Theorien erforderlich.

2.16.4 Ökonometrie, Statistik und Wirtschaftsinformatik

Mit der stärkeren Berücksichtigung von Daten unterschiedlichen Skalenniveaus sowie dem Aufkommen größerer Paneldatenmengen aus sozioökonomischen Untersuchungen erwächst auch das Bedürfnis nach neueren statistischen und ökonometrischen Methoden sowie deren Umsetzung in geeignete DV-Programme. Paneldaten erfordern beispielsweise ökonometrische Methoden zur Analyse von Querschnitts-Zeitreihen-Modellen und von Übergangsratenmodellen. Multivariate Daten mit gemischtem Skalierungsniveau bedingen eine Erweiterung des Arsenals existierender statistischer Verfahren; dies gilt sowohl für die explorative als auch für die konformatorische Datenanalyse. Wirtschaftstheoretische Modelle, die unbeobachtbare oder nur mit großem Aufwand beobachtbare Variablen (ex-ante-Erwartungen, Risikoeinstellungen usw.) enthalten, erfordern für ihre empirische Überprüfung Methoden, die bislang nur rudimentär existieren. Diese Lücke könnte möglicherweise durch Weiterentwicklung der Fehler-in-den-Variablen-Modelle oder der Modelle mit latenten Variablen geschlossen werden. Der Einbau der Dynamik in ökonometrische Modelle und deren ökonometrische Behandlung ist nach wie vor ein zukunftsträchtiges Forschungsgebiet: dynamische Mehrgleichungsmodelle, Vektor-ARMAX-Modelle, dynamische Fehlermodelle, Kausalanalyse sind hier als Beispiele zu nennen.

Die Bedeutung der **Wirtschaftsinformatik** als Disziplin im Grenzgebiet zwischen Wirtschaftswissenschaften und Informatik ist inzwischen voll anerkannt. Durch das Schwerpunktprogramm *„Interaktive betriebswirtschaftliche Informations- und Steuerungssysteme"* wurde dem teilweise Rechnung getragen. Mit dem von Bund und Ländern finanzierten Computer-Investitions-Programm (CIP) konnte zwar inzwischen an vielen Fachbereichen die Rechnerausstattung zur breitangelegten Basisausbildung geschaffen werden, für die Neueinrichtung von Wirtschaftsinformatik-Lehrstühlen fehlen den Universitäten jedoch die benötigten Ressourcen. Bei der personellen und sachlichen Ausstattung der Lehrstühle werden die bisher gültigen Maßstäbe für Geisteswissenschaften zugrunde gelegt, obwohl eher Richtlinien angebracht wären, wie sie für die Informatik oder ingenieurwissenschaftliche Fächer gelten.

Zu den Forschungsschwerpunkten der Wirtschaftsinformatik in den nächsten Jahren dürften verteilte Systeme, auch im zwischenbetrieblichen Bereich, und die Verbindung von betriebswirtschaftlicher und technischer Datenverarbeitung (vor allem im

Computer Integrated Manufacturing) gehören sowie allgemein die Entwicklung und Anwendung von wissensbasierten Systemen für wirtschaftswissenschaftliche Fragestellungen.

2.16.5 Wirtschafts- und Sozialgeschichte

Die wirtschafts- und sozialgeschichtliche Forschung hat sich in den letzten Jahren weitgehend der Erhebung und Verwendung von Massendaten gewidmet. Die zahlreichen in diese Richtung gehenden Veröffentlichungen von Forschungsergebnissen zeigen dies ebenso wie die innerhalb des Schwerpunktprogramms *„Quellen und Forschungen zur historischen Statistik in Deutschland"* geförderten Vorhaben. Unter der Bezeichnung Cliometrie ist diese Entwicklung das Ergebnis einer Rezeption der Methoden der Ökonometrie, der New Economic History (NEH) und der empirischen Sozialforschung. Die Sozialgeschichte hat durch die empirische Sozialforschung eine neue Richtung und einen starken Auftrieb erhalten, wobei freilich die ökonomischen Aspekte nicht immer hinreichend beachtet wurden. Hier bedarf die Forschung neuer und zusätzlicher Impulse.

Als wichtige Problemfelder der Forschung sind Teilaspekte des betrieblichen Wirtschaftens nach Funktionen wie Absatz, Finanzierung, Organisation, betriebliche Sozialpolitik, Planung, Kostenentwicklung und Rechnungslegung zu nennen, die bisher im deutschen Schrifttum kaum systematisch behandelt wurden. Auch die bereits teilweise dokumentierte Geschichte von Institutionen (Unternehmensgeschichte) bedarf weiterer Untersuchungen.

Die agrargeschichtliche Forschung ist fast völlig zum Erliegen gekommen. Bei den wenigen auf diesem Gebiet angesiedelten Projekten fehlt es zumeist an Grundlagenkenntnissen im agrarwirtschaftlichen und nationalökonomischen Bereich. Auch die sozialgeschichtlichen Dimensionen der Agrargeschichte sind kaum noch Gegenstand der Forschung.

Besonders dringlich erscheint die Beschäftigung mit der Steuer- und Finanzgeschichte (öffentliches Finanzwesen). Ebenso sollte die Geschichte der interregionalen und der internationalen Wirtschaftsbeziehungen über die bisherige Handels- und Verkehrsgeschichte hinaus entwickelt werden. Die Geschichte der Beschäftigung und Einkommen, von staatlicher Finanzpolitik und Geldwertstabilität in ihren Wechselbeziehungen und damit vor allem in den Einflüssen auf die soziale Lage ist bisher nicht zusammenhängend erforscht worden. In diesem Bereich ist ein wichtiges Wirkungsfeld für die materielle Ausstattung der Menschen im Industriezeitalter zu sehen, teilweise auch in der vorindustriellen Zeit.

2.17 Rechtswissenschaft

Für die rechtswissenschaftliche Forschung gelten – vor allem im Vergleich zu den Natur-, Bio- und Ingenieurwissenschaften – eine Reihe von Besonderheiten, die auch in der Forschungsförderung durch die DFG ihren Niederschlag finden.

Rechtswissenschaftliche Forschung ist nach wie vor vorwiegend Individualforschung. Aus diesem Grunde steht die Förderung von einzelnen Projekten im Normalverfahren und von Habilitationsschriften durch Stipendien und Druckbeihilfen im Vordergrund. Die Bedingungen für rechtswissenschaftliche Forschung sind nur mit Einschränkungen dem Teamwork oder der Interdisziplinarität zugeneigt. Immerhin kann registriert werden, daß in jüngerer Zeit die kooperative rechtswissenschaftliche Forschungstätigkeit zugenommen hat. Im Rahmen der Forschergruppe *„Internationale Wirtschaftsordnung"* arbeiten seit 1987 in Tübingen Juristen mit Volkswirten und Politikwissenschaftlern zusammen. Juristen sind auch an dem in erster Linie wirtschaftswissenschaftlich ausgerichteten Sonderforschungsbereich 178 *„Internationalisierung der Wirtschaft"* in Konstanz beteiligt. Einige wenige rechtswissenschaftliche Projekte werden ferner im Sonderforschungsbereich 227 *„Prävention und Intervention im Kindes- und Jugendalter"* in Bielefeld gefördert, der im wesentlichen von Erziehungs- und Sozialwissenschaftlern sowie von Psychologen getragen wird. Die Bearbeitung interdisziplinärer Fragestellungen könnte sich in der Zukunft fortsetzen, je stärker die internationalen und supranationalen Einbindungen sowie die disziplinübergreifenden Interdependenzen in der Wirklichkeit zunehmen. Das gilt vor allem mit Blick auf die Wirtschafts- und Sozialwissenschaften, aber auch die Naturwissenschaften, etwa beim Schutz der natürlichen Lebensgrundlagen des Menschen, und die Biowissenschaften, z. B. im Hinblick auf die Gentechnologie.

Gleichwohl wird die rechtswissenschaftliche Forschung in ihrem größeren Umfang Einzelforschung bleiben. Das ist wesentlich in der Eigenart des jurisprudenziellen Forschens begründet. Die Kernfächer der Rechtswissenschaft, also Zivilrecht, Strafrecht und öffentliches Recht, und das jeweils dazugehörige Prozeßrecht verlangen eine vorwiegend systematisch-dogmatische Arbeitsweise, wobei freilich stets auch politische, ökonomische, historische, soziale und andere „Realien" einbezogen werden. Zentrum rechtswissenschaftlicher Forschung bleibt die Erkenntnis des geltenden Rechts im Wege der Interpretation der Rechtsnormen. Dies schließt weder Beiträge zur Fortbildung des Rechts noch Verbindungen zu rechtspolitischen Problemen aus, die in der Gesetzgebungsarbeit der Parlamente und in der Regierungsarbeit auftreten. Gerade dabei sich ergebende Fragen können zu besonders fruchtbarer rechtswissenschaftlicher Grundlagenforschung anregen.

Rechtswissenschaftliche Forschung repräsentiert sich heute wie früher vor allem in Lehrbüchern, Kommentaren, Monographien, Handbüchern, Sammelwerken, Festschriftbeiträgen und Aufsätzen in Fachzeitschriften und Archiven.

In der DFG-Förderung finden diese Kristallisationspunkte rechtswissenschaftlicher Forschung noch nicht den gebotenen Niederschlag. Zu selten sind – außerhalb von Habilitationsschriften – solche Forschungsarbeiten auf rechtsdogmatischen Grundlagenbereichen Gegenstand finanzieller Unterstützung. Zu zurückhaltend wurden hier in der Vergangenheit die typischen Förderungsinstrumente der DFG – etwa zur Einwerbung von Personalmitteln – in Anspruch genommen. Sachbeihilfeanträge von Wissenschaftlern im Normalverfahren zur Bearbeitung von Kernfragen des Zivil-, Straf- und Staats- oder Verwaltungsrechts sind eher die Ausnahme als der Regelfall. Oft wird die DFG erst nach Abschluß einer Arbeit für eine Druckbeihilfe in Anspruch genommen. Thematisch sind rechtshistorische, rechtsphilosophische und rechtssoziologisch-empirische Arbeiten überproportional an der Förderung beteiligt. Es ist zu wünschen, daß demgegenüber die Kernfächer der Jurisprudenz künftig häufiger mit qualifizierten Anträgen in Erscheinung treten, so daß dogmatische Grundlagenforschung in allen rechtswissenschaftlichen Disziplinen stärker gefördert werden kann. Angesichts der gestiegenen Lehrverpflichtungen, die der nach wie vor starke Zustrom von Studenten im Nicht-Numerus-clausus-Fach Rechtswissenschaft ausgelöst hat, wäre dies eine Chance zur Vermehrung der Forschungskapazitäten. Eine nachhaltige Unterstützung für die Entwicklung des Faches werden auch weiterhin Druckbeihilfen für Habilitationsschriften und besonders hervorragende Dissertationen sowie die Förderung von Symposien sein.

Mit Besorgnis ist die Lage des wissenschaftlichen Nachwuchses in den rechtswissenschaftlichen Fächern zu beobachten, die sich vor allem in einem Rückgang der Habilitationen und Promotionen äußert. Die Verschlechterung der Einstellungsbedingungen junger Wissenschaftler an den Universitäten hat dazu geführt, daß viele der Besten sich anderen beruflichen Laufbahnen zuwenden. Offenkundig sind für qualifizierte Juristen Justiz, Verwaltung, Wirtschaft oder Anwaltschaft attraktiver geworden; in den beruflichen Entwicklungsperspektiven werden diese Berufe seit einiger Zeit günstiger eingeschätzt als die wissenschaftliche Tätigkeit an einer Universität.

Über die Perspektiven der rechtswissenschaftlichen Forschung läßt sich unter Begrenzung auf die wichtigsten Fächer folgendes aussagen:

Die **rechtsgeschichtliche Forschung** hat sich im vergangenen Jahrzehnt zunehmend vom traditionellen Fächerkanon, vor allem der strikten Unterscheidung einer „römischen", „deutschen" und „kirchlichen" Rechtsgeschichte, gelöst und neue Fragestellungen mit deutlichen Schwerpunkten entwickelt, die das Bild der Disziplin in den kommenden Jahren wesentlich bestimmen werden. Dazu gehören einmal Forschungen zum Gerichtswesen und zur Rolle des Juristen, zum Gerichtsverfahren und zur Gesetzgebungsgeschichte. In diesem Zusammenhang wird auch die Geschichte der Jurisprudenz und ihres Selbstverständnisses ein wichtiges Thema bleiben. Daneben haben sich neuerdings breit angelegte Untersuchungen zur Wirtschaftsrechtsgeschichte als besonders fruchtbar erwiesen. Dasselbe gilt schließlich auch für die Verfassungsgeschichte. Charakteristisch für diese Forschungsrichtungen ist, daß sie unter Einbeziehung moderner sozialgeschichtlicher und personengeschichtlicher Methoden aus der Vergangenheit unmittelbar an die Gegenwart heranführen und diese selbst als Teil übergreifender historischer Prozesse zu interpretieren versuchen. Daneben wird die Rechtsgeschichte ihre traditionelle Aufgabe, durch vertikale Rechtsvergleichung das Reservoir juristischer Gestaltungsmöglichkeiten offenzuhalten, weiterhin wahrnehmen müssen. Als eine relativ aufwendige Form rechtswissenschaftlicher Grundlagenforschung ist die Rechtsgeschichte in besonderer Weise auf die außeruniversitäre Forschungsförderung angewiesen.

Für das **Zivilrecht** ist im letzten Viertel des 20. Jahrhunderts kennzeichnend die in vielen Gebieten geführte Reformdiskussion als Ausdruck des Anpassungsbedarfs des geltenden Rechts an die Veränderungen der Lebens- und Wirtschaftsverhältnisse, aber auch als Folge der europäischen Rechtsvereinheitlichung. Sie hat teilweise schon ihren gesetzlichen Niederschlag gefunden oder steht (wie beim Recht der Produzentenhaftung) kurz vor der Realisierung; teilweise befindet sie sich noch in den Anfängen, wie etwa bei der vom Bundesjustizministerium ins Gespräch gebrachten „großen" Schuldrechtsreform. Für die Zivilrechtswissenschaft ergibt sich daraus ein vielfacher Forschungsbedarf sowohl hinsichtlich der Erarbeitung neuer Konzeptionen als auch bei der Integration des neuen Rechts in den überkommenen Normenbestand. Exemplarisch erwähnt seien die durch die EDV-Technik geprägten modernen Formen rechtsgeschäftlicher Bindung und ihre Auswirkungen auf die klassischen Begriffe der Rechtsgeschäftslehre (Willenserklärung, Angebot und Annahme u.a.) sowie die rechtliche Konsolidierung der in der Wirtschaftspraxis entstandenen neuen Vertragstypen des besonderen Schuldrechts (Leasing, Factoring, Franchising u.a.) auf dem Hintergrund der Inhaltskontrolle des AGB-Gesetzes (Gesetz zur Regelung des Rechts der Allgemeinen Geschäftsbedingungen). Verstärkter Aufmerksamkeit bedürfen auch die im Deliktsrecht zu beobachtenden Ausweitungen des Haftungsrechts durch die höchstrichterliche Entwicklung von Verkehrspflichten zum Schutz des Vermögens (Produkthaftung, Prospekthaftung, vertragliche Schutzpflichten zugunsten Dritter) sowie die Anpassung des international veralteten Leistungsstörungsrechts des Bürgerlichen Gesetzbuches (BGB) an ein einheitliches grenzüberschreitendes Kaufrecht. Schwerpunkte im Sachenrecht bilden etwa das künftige Schicksal der Kreditsicherheiten im Zuge der Insolvenzrechtsreform, aber auch die Frage, ob der zivilrechtliche Umweltschutz nicht aus der nachbarschaftlichen Bindung gelöst werden sollte. Im Familienrecht bedürfen die Rechtsprobleme im Zusammenhang mit nichtehelichen Lebensgemeinschaften weiterer dogmatischer Aufhellung. Für eine wirklich sinnvolle Gestaltung des Scheidungsrechts sind Langzeitstudien über die Entwicklung geschiedener Familien wünschenswert, etwa hinsichtlich der Auswirkungen der familiengerichtlichen Kindeswohlentscheidungen bei der Sorgerechtsregelung. Schließlich sollte die zivilrechtliche Forschung auch den expandierenden Entwicklungen des Sonderprivatrechts (AGB-Recht, Abzahlungsgesetz, Gesetz über Haustürgeschäfte u.a.) Rechnung tragen, um der Gefahr von systematischen Fehlentwicklungen zu Lasten der Einheit des Zivilrechts vorzubeugen.

Im **Zivilverfahrensrecht** ist ein Schwerpunkt künftiger Forschungsaufgaben durch die Mißbrauchsgefahren vorgezeichnet, die sich mit der Inanspruchnahme gerichtlicher Entscheidungshilfe aufgrund von Rechtsschutzversicherungen verbinden. Weitere klärungsbedürftige Fragen betreffen das Bedürfnis nach Sonderregeln für Musterprozesse sowie die richterliche Praxis hinsichtlich der Versagung oder Gewährung von Hilfe im Rechtsgespräch auch mit der anwaltlich vertretenen Partei.

Gegenstände vordringlicher **internationalprivatrechtlicher Forschung** bilden etwa das auf europäischer und internationaler Ebene um sich greifende Einheitsprivatrecht, z. B. im Kaufrecht, und sein Verhältnis zum allgemeinen Internationalen Privatrecht. Dabei geht es u. a. um Probleme des Anwendungsbereichs des Einheitsrechts sowie um seine Lückenfüllung durch Rückgriff auf nationales Recht oder ungeschriebene internationale Regeln. Einen weiteren Schwerpunkt bildet angesichts des Geburtenrückgangs in den Industrieländern die Entwicklung des internationalen Adoptionsrechts. Insoweit könnten unter Auswertung des umfangreichen, bei den Landesjugendämtern vorhandenen Materials Lösungsvorschläge erarbeitet werden, die nicht nur das Zustandekommen der Adoption und ihre Anerkennung im Ausland, sondern auch deren Wirkung, etwa im Hinblick auf das Erbrecht, umfassen.

Die Gebiete des Handels- und Gesellschaftsrechts, des Arbeits-, Wirtschafts- und Wettbewerbsrechts werden stärker als die „klassischen" Disziplinen insbesondere des Zivil- und Strafrechts durch tatsächliche Entwicklungen geprägt, die sich ohne gesetzliche Grundlage in der Wirtschafts- und Arbeitspraxis herausbilden. Ihre rechtliche Aufarbeitung sowie die Herausbildung von Entscheidungsgrundlagen für die zur Konfliktbewältigung berufenen Gerichte gehören daher seit langem zu den zentralen Aufgaben rechtswissenschaftlicher Forschung in diesen Fächern.

Als Beispiele aktueller, klärungsbedürftiger Fragen seien aus dem **Handelsrecht** erwähnt die modernen Formen des grenzüberschreitenden kombinierten Transports oder die weiter zunehmende Technisierung des Bankverkehrs. Im **Gesellschafts-** und zunehmend auch im **Arbeitsrecht** stehen Fragen der Unternehmungsverbindungen und Konzerne und deren Ausstrahlung auf die Rechtsverhältnisse in den beteiligten Unternehmen und Betrieben im Zentrum des Interesses. Sie haben Bedeutung für den Schutz von Minderheiten, Gläubigern und Arbeitnehmern der einzelnen Konzerngesellschaften im Falle wesentlicher, ihre Gesellschaft betreffender Änderungen, die durch das Interesse des Gesamtkonzerns veranlaßt sind. Aus dem **Wirtschafts-** und **Wettbewerbsrecht** sei verwiesen auf die Probleme weiter zunehmender Marktmacht eines Teils der Marktteilnehmer einschließlich der Bewältigung der davon ausgehenden Störungen des Marktgeschehens, aber auch auf Fragen der Wettbewerbstätigkeit der öffentlichen Hand und ihrer Rückwirkung auf den privaten Sektor, die – möglichst im Verbund mit dem öffentlichen Recht – weiterer Klärung bedürfen.

Ebenfalls einen Schwerpunkt rechtswissenschaftlicher Forschung im Handels- und Wirtschaftsrecht werden in den kommenden Jahren die durch die **europäische Rechtsangleichung** schon eingetretenen und künftig zu erwartenden Veränderungen des nationalen Rechts bilden. Bedeutung und Gewicht dieser Angleichung haben in den letzten Jahren deutlich zugenommen, wie das Beispiel des Bilanzrichtliniengesetzes und seiner Auswirkungen auf das nationale Recht der Rechnungslegung zeigt. Ähnliche Entwicklungen sind etwa für das Recht der verbundenen Unternehmen zu erwarten. Aufgabe rechtswissenschaftlicher Forschung ist es insoweit, diese Entwicklungen durch – meist sehr arbeitsintensive – rechtsvergleichende Untersuchungen vorzubereiten und zu begleiten und an der möglichst bruchlosen Einfügung der Ergebnisse der Rechtsangleichung in das nationale Recht mitzuwirken.

Auf dem Gebiet des **internationalen Wirtschaftsrechts** wird seit 1987 die in Tübingen angesiedelte Forschergruppe *„Internationale Wirtschaftsordnung"* gefördert.

Sie untersucht die Tragfähigkeit und theoretische Weiterentwicklung des deutschen liberalen marktwirtschaftlichen Wirtschaftsmodells in den Auseinandersetzungen mit anders gearteten ausländischen Vorstellungen sowohl auf EG-Ebene als auch im Rahmen der Diskussion um eine „Neue Weltwirtschaftsordnung". Ferner ist in Aussicht genommen, in Fortführung des von der DFG geförderten Projekts *„Rohstoffrecht"* einen Forschungsschwerpunkt bei der Analyse neuer Rechtsquellen und Regelungsstrukturen im Rahmen des grenzüberschreitenden Warenverkehrs und der Auslandsinvestitionen zu bilden.

Im Bereich der **gesamten Strafrechtswissenschaft** zeichnen sich eine Intensivierung der strafrechtstheoretischen Debatte (mit der Notwendigkeit, in die Theorie des Zivilrechts, des Verwaltungsrechts, des Versicherungsrechts, des Sozialrechts usw. einzudringen) und eine eindrucksvolle Ausweitung empirischer Forschung ab.

Die **strafrechtstheoretische** Debatte verdient die uneingeschränkte Aufmerksamkeit der Forschungsförderung. In dieser Debatte wird wissenschaftlich geklärt, welche aktuellen politischen Hoffnungen das Strafrecht erfüllen kann und welche nicht. Diese Debatte bemüht sich, die dogmatischen und kriminalpolitischen Konsequenzen aus einer umfangreichen Gesetzgebung vor allem bei den Strafen und den Maßregeln und bei den modernen Straftatformen (z. B. Umwelt- und Wirtschaftsstraftaten) zu ziehen.

Die in den letzten Jahrzehnten deutlich zunehmende Beschäftigung mit **kriminalpolitischen Fragestellungen** hat die Arbeitsformen der Strafrechtswissenschaft intensiv beeinflußt. Die Grundfragen einer rechtsstaatlichen Kriminalpolitik werden nicht nur im Schrifttum und in Vorträgen heftig diskutiert, sondern es werden auch aufgrund von langdauernden privaten Initiativen vielfach Gesetzentwürfe zur Reform des Straf- und/oder Strafprozeßrechts von Wissenschaftlern erarbeitet.

Auf dem Gebiet **empirischer Forschung** hat sich die Förderung der Kriminologie in Schwerpunktprogrammen als außerordentlich stimulierend für die Durchführung auch langfristiger Forschungsvorhaben herausgestellt. Im Rahmen des im Jahre 1988 auslaufenden Schwerpunktprogramms *„Empirische Sanktionsforschung"* entwickelte sich eine enge Zusammenarbeit von Juristen vor allem mit Soziologen, Psychologen und Psychiatern. Die im Gebiet der Kriminologie sich abzeichnende Forschungslinie, die eine wissenschaftlich gesicherte Kriminalpolitik ergeben kann, wird auch zukünftig durch die Forschungsgemeinschaft unterstützt werden. Der empirischen Forschung in allen strafrechtlichen, strafprozessualen und vollzugsrechtlichen Gebieten kommt neben der Kriminologie eine zunehmend große Bedeutung zu. Diese Forschung wächst sichtbar mit der Kriminologie im engeren Sinne zusammen zu einem Gebiet der interdisziplinären und interinstitutionellen Empirie der Strafrechtspflege. Gesetzgebung und Wissenschaft können ohne diese Empirie kaum noch arbeiten. Im Gebiet der Sanktionsforschung ist eine verstärkte Zusammenarbeit zwischen Vertretern des Strafrechts, des Verwaltungsrechts, des Zivilrechts, des Wirtschaftsrechts, des Sozialrechts und des Versicherungsrechts notwendig. Zur Zeit wird ein Schwerpunktprogramm zum Thema *„Soziale Konflikte und Kriminalitätskontrolle im aktuellen und historischen Vergleich"* vorbereitet. In seinem Rahmen soll die Steuerungskraft strafrechtlicher Institutionen für die Gesellschaft auf dem Hintergrund von Vergleichen mit alternativen Konfliktregelungen geprüft werden. Außerdem soll der Zusammenhang von gesellschaftlichem und institutionellem Wandel und dem jeweiligen historischen Profil der Kriminalitätskontrolle untersucht werden.

Für die Entwicklung des **Staatsrechts** ist charakteristisch, daß sein zentraler Gegenstand, die Verfassung, auf nahezu alle anderen Rechtsgebiete einwirkt. Zivilrecht, Strafrecht, Prozeßrecht (Verwaltungsrecht ohnehin) konnten sich von verfassungsrechtlichen Fragestellungen nicht freizeichnen. Das hat zu mannigfachen Berührungen und Überschneidungen geführt und die Wissenschaft vom Grundgesetz zu einer „eindringlichen" rechtswissenschaftlichen Disziplin gemacht.

Die staatsrechtswissenschaftliche Forschung steht in einer außerordentlich fruchtbaren Wechselwirkung mit der Rechtsprechung der Verfassungsgerichte des Bundes und der Länder, namentlich des Bundesverfassungsgerichts. Die Spruchpraxis dieser Gerichte hat erhebliche Auswirkungen für Wissenschaft und Praxis. Den großen „Staats"- oder „Grundrechts"-prozessen dieses Gerichts wird vielfach in der Literatur vorgearbeitet oder in Kommentierungen der Urteile nachgearbeitet. Bedeutung und Funktion der Grundrechte werden die wissenschaftliche Diskussion weiterhin beherrschen, vor allem im Hinblick auf die Problemfelder Umweltschutz, Datenschutz, Großtechnologie, Gentechnologie, Organtransplantation, „neue Medien" und die Einbindung des Bürgers in behördliche und gerichtliche Verfahren. Die Forschung ist auf diesem Gebiet ungemein ergiebig, so daß die Kennzeichnung, Staatsrechtswissenschaft sei vor allem Grundrechtswissenschaft geworden, nicht ausbleiben konnte.

Zunehmend rücken in allen Bereichen Grundsatz- und Methodenprobleme in den Vordergrund. Die Suche nach dem Allgemeinen und Prinzipiellen in der Flut des Besonderen wächst sichtbar. Forschungsarbeiten auf diesem Gebiet verdienen verstärkte Förderung.

Als weitere Desiderate sind auszumachen: Mit dem Zusammenwachsen Europas und der Fortentwicklung der europäischen Institutionen wie des Europarats und der Europäischen Gemeinschaften ist auf die Entwicklung eines Europäischen Grundrechtsbewußtseins auch wissenschaftlich hinzuarbeiten. Ist dieses noch nicht in Angriff genommene Projekt zukunftsgerichtet, so darf darüber nicht vernachlässigt werden, daß die Gründungsphase der Bundesrepublik Deutschland in maßgeblichen staatsrechtlichen, auch heute noch relevanten Fragestellungen noch nicht umfassend aufgearbeitet ist.

Die **verwaltungsrechtliche Forschung** hat neben den überkommenen Bereichen des allgemeinen und besonderen Teils des Verwaltungsrechts einschließlich der kommunalen und funktionalen Selbstverwaltung die Aufmerksamkeit besonders auf neue Gebiete gerichtet. Dazu gehört vor allem das Umweltschutzrecht in allen seinen Verästelungen. Zunehmend Aufmerksamkeit ist auch dem Schul- und Hochschulrecht sowie technischen Aspekten der Verwaltung, wie elektronischer Datenverarbeitung und der Informatik, gewidmet worden. Hier sind Brücken vor allem zur **Verwaltungswissenschaft** zu schlagen. Starken und teilweise permanenten Wandlungen sind das Steuerrecht und das Baurecht unterworfen. Neue Handlungsformen der Verwaltung („informelles Handeln") überlagern die klassischen Rechtsformen und -institute. Alle verwaltungsrechtlichen Gebiete geraten zunehmend unter die verfassungsrechtlichen

Sogwirkungen – Verwaltungsrecht als „konkretisiertes" Verfassungsrecht –, namentlich der Grundrechte und der verfassungsrechtlichen Wesentlichkeitstheorie, die verlangt, daß zahlreiche Fragen durch den Gesetzgeber selbst geregelt werden müssen. Das Thema „Normenflut" erlangt dadurch gesteigerte Bedeutung und bedarf dringend wissenschaftlicher Grundlagenforschung.

Die gestärkte Rechtsposition des Bürgers bei allen administrativen, besonders Planungsverfahren liefert der verwaltungsrechtswissenschaftlichen Forschung neue Aufgaben. Das Verwaltungsprozeßrecht schließlich muß mit Massen- und Großverfahren fertig werden. Trotz der Zunahme von Standard-Lehrbüchern und -Kommentaren sowie umfassender Monographien muß als bedauerlich registriert werden, daß zwei klassische und grundlegende verwaltungsrechtliche Werke nicht mehr auf den neuesten Stand der Forschung gebracht worden sind. Die Forschungsförderung der DFG könnte hier Hilfestellung bieten.

Die **völkerrechtliche Forschung** wird nach wie vor dadurch behindert, daß zum einen das Völkerrecht im Lehrbetrieb der rechtswissenschaftlichen Fakultäten zumeist eine geringe Rolle spielt und damit die gegenseitige Befruchtung von Forschung und Lehre oft fehlt, und daß zum anderen die Vertreter der Völkerrechtswissenschaft den größeren Teil ihrer Arbeitskraft anderen Gebieten (Staats- und Verwaltungsrecht) widmen müssen. Um so wichtiger ist gerade hier die Förderung der Forschung durch die DFG. Besonders wichtige Teilbereiche, in denen die Forschung verstärkt werden sollte, sind die völkerrechtliche Rechtsquellenlehre, das internationale Wirtschaftsrecht, das Recht der internationalen Organisationen und das Meeresvölkerrecht. Darüber hinaus gibt es eine ganze Reihe weiterer wichtiger Teilbereiche; als Beispiele seien genannt: der völkerrechtliche Menschenrechtsschutz, das Luft- und Weltraumrecht, der internationale Umweltschutz, das Recht der Staatenverantwortlichkeit, die Streitbeilegung, das Kriegsverhütungs- und Kriegsrecht, die grenzüberschreitende Telekommunikation. In diesen Bereichen ist die Forschung des Auslands sichtbar intensiver.

Das Fach **Kirchenrecht** ist durch einen bedrohlichen Nachwuchsmangel gekennzeichnet. Dies liegt sicher unmittelbar weniger an allgemeinen Säkularisierungstendenzen, sondern vor allem daran, daß das Fach in den juristischen Ausbildungs- und Prüfungsordnungen kaum noch Erwähnung findet. Nur noch in Baden-Württemberg ist es Wahlfach. Aus naheliegenden Gründen beschäftigen sich Studenten kaum mit einem nicht examensrelevanten Fach. Die Folge ist, daß bereits Dissertationen im Kirchenrecht selten geworden sind. Daneben schreckt hochqualifizierter wissenschaftlicher Nachwuchs vor einer Habilitationsarbeit aus diesem Fach auch deshalb zurück, da nur noch an wenigen Fakultäten Lehrstühle für Fächerverbindungen bestehen, die das Kirchenrecht einschließen. Demgemäß gering werden die Aussichten eingeschätzt, daß eine spezielle Qualifikation in diesem Fach spätere Berufungsaussichten verbessert.

Damit droht die Gefahr, daß eines der traditionsreichsten juristischen Fächer einer schleichenden Auszehrung unterliegt, von dem in der Geschichte unser Rechtsdenken wesentlich geprägt worden ist. Es scheint deshalb besonders wichtig, daß die genannten Defizite jedenfalls teilweise durch eine Förderung seitens der DFG ausgeglichen werden können. Regelmäßig wird es dabei nicht um die Unterstützung umfangreicher Großprojekte gehen, sondern um diejenige einzelner Arbeiten aus den Bereichen der kirchlichen Rechtsgeschichte, des inneren Kirchenrechts und des Staatskirchenrechts.

3 *Biologie und Medizin*

3.1	Biologische und medizinische Grundlagenforschung	121
3.2	Humanmedizinisch-theoretische Forschung	153
3.3	Klinische Forschung	165
3.4	Veterinärmedizinische Forschung	181
3.5	Agrar- und Forstwissenschaften	182

Zum Wissenschaftsbereich „Biologie und Medizin" zählt die Deutsche Forschungsgemeinschaft in ihrer Fächergliederung die biologischen und medizinischen Grundlagenfächer, die theoretischen Fächer der Humanmedizin sowie die klinische Forschung, ferner die veterinärmedizinische Forschung und die Agrar- und Forstwissenschaften. Die Unterscheidung biologischer und medizinischer Grundlagenfächer einerseits und theoretisch-humanmedizinischer Forschung andererseits mag mit manchen guten Gründen für wissenschaftlich obsolet gehalten werden, da im Lichte moderner Methoden die Grenzen zwischen beiden Bereichen immer mehr verwischen. Gleichwohl wurde sie hier aus Gründen, die vor allem mit der Struktur unserer Hochschulen und Forschungseinrichtungen zu tun haben, beibehalten.

Aus diesem überaus breiten Spektrum ergeben sich viele wissenschaftliche Ansätze, die interdisziplinär bearbeitet werden. So werden – um nur zwei Beispiele zu nennen – wichtige Fragen der Neurobiologie in enger Zusammenarbeit mit Psychologen bearbeitet (vgl. Abschnitt 3.1.11), und das ökonomisch wie ökologisch in das Zentrum des Interesses rückende Gebiet der Biotechnologie steht im Schnittpunkt der Arbeit von Biologen, Chemikern und Verfahrensingenieuren (vgl. Abschnitt 3.1.13).

Wegen ihrer überragenden Bedeutung ist der Umweltforschung ein eigenes Kapitel (s. Kapitel 6) eingeräumt worden, in Anlehnung an frühere „Graue Pläne" und die Jahresberichte der DFG. Damit soll die Umweltforschung nicht als eigenes „Fach" dargestellt werden. Der Leser soll jedoch die Möglichkeit haben, die vielfältigen interdisziplinären Wechselwirkungen zahlreicher Einzeldisziplinen gerade in der umweltbezogenen Grundlagenforschung an einer Stelle zusammengefaßt zu finden.

3.1 Biologische und medizinische Grundlagenforschung

3.1.1 Einleitung

Die Entwicklung der biologischen und medizinischen Grundlagenforschung ist in den letzten zehn Jahren dramatisch vorangeschritten. Es ist inzwischen möglich, das Erbmaterial (DNA) zu analysieren, gezielt zu verändern und neu zu kombinieren. Monoklonale Antikörper sind als „Werkzeug" verfügbar geworden, um Zellmoleküle spezifisch zu „enttarnen". Mit der Patch-clamp-Technik sind Untersuchungen an einzelnen Ionenkanälen in biologischen Membranen möglich geworden. Diese und andere molekularbiologische und zellbiologische Methoden und ein hochleistungsfähiges Instrumentarium neuentwickelter Meßgeräte haben die gesamten Biowissenschaften revolutioniert. Revolutioniert auch deshalb, weil sich dadurch unmittelbar praktische Anwendungsmöglichkeiten aufgetan haben. Es ist geradezu unglaublich, was alles und mit welcher Geschwindigkeit experimentell möglich geworden ist: So kann man heute z. B. das ganze Genom eines Bakteriums innerhalb von vergleichsweise kurzer Zeit in seinem chemischen Aufbau exakt beschreiben; Bakterien können zur Produktion von menschlichem Insulin „umprogrammiert" oder einzelne Krebszellen können mit Hilfe von monoklonalen Antikörpern erkannt werden. Und diese Möglichkeiten sind erst der Anfang einer neuen Entwicklung; so ist es denn kein Wunder, daß die biologisch-medizinischen Wissenschaften in den Mittelpunkt des Interesses der Allgemeinheit gerückt sind.

Das sind sie auch wegen der übermächtig erscheinenden Umweltprobleme, die die „moderne Welt" nach sich gezogen hat. Das Waldsterben, das Artensterben und das Umkippen ganzer Ökosysteme beunruhigen die Menschen. Ihre Ursachen und Auswirkungen sind noch weitgehend unverstanden. Zu wenig wissen wir immer noch von den einzelnen Organismen selbst, von ihren Beziehungen sowohl untereinander als auch zu anderen Organismen und mit ihrer Umwelt. Bei aller Begeisterung für molekularbiologische Probleme dürfen daher die Fächer nicht vernachlässigt werden, die sich mit Fragestellungen zu den einzelnen Organismen, zur Evolution, zur Ökologie oder auch Taxonomie befassen.

Aber auch die mutmaßlichen Risiken biologischer Forschung bewegen die Öffentlichkeit. Diese werden z. B. in der gezielten Freisetzung von gentechnisch veränderten Organismen in die Umwelt gesehen oder in der Möglichkeit, daß Viren oder Bakterien durch Zufall im Labor neue pathogene Eigenschaften erhalten und sich unkontrolliert verbreiten könnten. Solche Risiken können nur durch eine thematisch breitgefächerte Grundlagenforschung auf allen Gebieten der Biologie ausgelotet werden. Alle Erfahrungen der letzten 15 Jahre sprechen dafür, daß die Gefahren bei Arbeiten mit neukombinierter DNA zunächst überschätzt wurden. Bisher hat kein Experiment ergeben, daß mit unerwarteten Risiken zu rechnen ist. Zweifellos sind aber die tatsächlichen Gefahren noch nicht abschließend zu beurteilen. Die rasche Entwicklung dieses Forschungsgebietes könnte sowohl neue Sicherheitsvorschriften erforderlich als auch bereits vorhandene entbehrlich machen. Deshalb sind Richtlinien, wie sie bisher vom Bundeskabinett erlassen und in regelmäßigen Abständen angepaßt wurden, einem nur schwer veränderbaren Gesetz vorzuziehen.

Die DFG verpflichtet alle Wissenschaftler, die von ihr Mittel zur Durchführung von Projekten erhalten, bei denen gentechnische Methoden eingesetzt werden, auf Einhaltung der Richtlinien der Bundesregierung. Sämtliche Projekte werden bei der „Zentralen Kommission für die Biologische Sicherheit" (ZKBS) am Bundesgesundheitsamt registriert. Vorhaben, in denen die gezielte Freisetzung von gentechnisch veränderten Organismen geplant ist, bedürfen der Einzelfallgenehmigung durch das Bundesgesundheitsamt (BGA).

Die Förderungsmittel der DFG können erst in Anspruch genommen werden, wenn die Anmeldung bei der ZKBS bzw. die Genehmigung des BGA erfolgt ist. Darüber hinaus besteht bei der DFG seit 1975 eine Senatskommission für „Sicherheitsfragen bei der Neukombination von Genen", die sich mit diesem Problemkreis befaßt.

Zu dem Anfang 1987 erschienenen Bericht der Bundestags-Enquetekommis-

3.1 Biologische und medizinische Grundlagenforschung

sion „Chancen und Risiken der Gentechnologie" hat die DFG kürzlich gesondert Stellung genommen.

Ethische Probleme werden im Bereich der biologischen und medizinischen Grundlagenforschung vor allem in der möglichen Anwendung von Erkenntnissen aus der Fertilisationsbiologie und Gentechnologie auf den Menschen gesehen. Aber auch Tierversuche werden unter ethischen Gesichtspunkten diskutiert. Für eine ausführliche Erörterung dieser Problematik sei auf das Kapitel „Ethische Fragen der medizinischen Forschung" (Abschnitt 3.3.2) verwiesen.

Die Tendenzen und Forschungsvorhaben von ausgewählten Fachgebieten der biologischen und medizinischen Grundlagenforschung werden in zwölf Kapiteln dargestellt. Die **Molekularbiologie** und die **Zellbiologie** tauchen dabei nicht als abgegrenzte Fachgebiete auf, da sie als essentielle Methoden und als grundlegende Konzepte in *allen* Bereichen der Biologie wichtig sind. Die **Parasitologie** ist aufgeführt, um darauf aufmerksam zu machen, von welch großer Bedeutung weltweit für den Menschen Forschungen sind, die zur spezifischen Erkennung und wirksamen Bekämpfung von Erkrankungen durch Parasiten (z. B. Malaria, Bilharziose) führen. Die **Biotechnologie** steht im Mittelpunkt hochgespannter Erwartungen und Hoffnungen. Die Grundlagenforschung auf diesem Gebiet hat deshalb einen eigenen Stellenwert bekommen.

Die Fachgebiete der biologischen und medizinischen Grundlagenforschung haben eine Reihe gemeinsamer Probleme, von denen hier einige aufgegriffen seien. Sie müssen in den kommenden Jahren verstärkt bedacht werden:

Voraussetzung für erfolgreiche Forschung in diesen Fächern ist die interdisziplinäre Zusammenarbeit. Nur durch das enge Zusammenwirken von Fachleuten und durch die Verwendung und Weiterentwicklung von modernen Methoden verschiedener Arbeitsrichtungen wird es möglich sein, echte Fortschritte zu erzielen. Interdisziplinäre Ansätze biologischer und medizinischer Grundlagenforschung sind daher weiterhin zu ermutigen, wie sie bereits in 30 Schwerpunktprogrammen, 16 Forschergruppen und 61 Sonderforschungsbereichen durch die DFG gefördert werden.

Immer teurere, raffiniertere, aber auch schneller veraltende Geräte spielen bei biologischen und medizinischen Untersuchungen eine entscheidende Rolle. NMR- und ESR-Spektrometer, DNA- und Peptid-Synthesizer, Ultraschall- und Laser-Scan-Mikroskope sind nur einige Beispiele. Es werden Spezialisten zu ihrer Bedienung und zur Auswertung der Ergebnisse benötigt. Anschaffung, Wartung und Bedienung der Geräte sind für den einzelnen Wissenschaftler personell und finanziell kaum mehr zu bewältigen. Nur Forschungszentren können das in Zukunft leisten (vgl. auch Abschnitt 1.7.8).

Neue Forschungsansätze in der Biologie benötigen heute meist mehr als zwei Jahre, bis mit konkreten Ergebnissen gerechnet werden kann. Sie zu wagen, ist für den Wissenschaftler mit großem Risiko verbunden, weil die übliche Forschungsförderung im Normalverfahren und in den Schwerpunktprogrammen nur für jeweils zwei Jahre gewährt wird und die Weiterförderung ohne greifbare Erfolge unsicher ist. Deshalb werden zu häufig alte, risikolose Forschungsansätze weiterverfolgt. Um dem zu begegnen, wird die DFG deshalb künftig bei Forschergruppen – ähnlich wie bei Sonderforschungsbereichen – dreijährige Antragszeiträume zulassen. Ein anderer wichtiger

Gesichtspunkt ist in diesem Zusammenhang, daß das Betreten von wissenschaftlichem Neuland naturgemäß oft Überraschungen birgt, die eine schnelle Umdisponierung von Mitteln notwendig machen. Die vorhandenen Umdispositionsmöglichkeiten zu erhalten und zu erweitern ist daher ein weiterhin anzustrebendes Ziel.

Die rapide Entwicklung der biologischen und medizinischen Wissenschaften ist mit einer Explosion der Zahl von Zeitschriften und Monographien einhergegangen. Die Etats an den Universitäten haben bei weitem nicht ausgereicht, um hier Schritt zu halten, und die Lücken in den meisten Universitätsbibliotheken sind besorgniserregend. Der Zugang zur biologischen Literatur droht an den Universitäten limitierend für die biowissenschaftliche Forschung zu werden. Hier muß an die Länder appelliert werden, die Etats speziell für die Bibliotheken zu erhöhen (vgl. auch Abschnitt 1.7.9).

Der rasche Fortschritt der biologischen Erkenntnisse macht eine Weiterbildung auch nach dem Studium notwendig. Die DFG wird sich deshalb um die Erweiterung ihrer Möglichkeiten bemühen, Doktoranden, die zu den Hauptträgern der Forschung an den meisten Universitätsinstituten gehören, an Kongressen, auch im Ausland, teilnehmen und moderne Methoden und Forschungsansätze, die meist nicht im Studium vermittelt werden können, in auswärtigen Kursen erlernen zu lassen. Dies trägt zu früherer Selbständigkeit und größerer Mobilität der jungen Wissenschaftler bei.

3.1.2 Biochemie

In den Biowissenschaften hat sich die Biochemie einen festen Platz als Grundlagenfach gesichert, da Fortschritte auf Gebieten wie der Physiologie, Immunologie, Pharmakologie, Toxikologie, Zellbiologie, Mikrobiologie oder der Klinischen Chemie ohne die theoretischen Erkenntnisse und methodischen Weiterentwicklungen der Biochemie nicht denkbar sind. Gerade die **biochemische Analytik** muß als integrierender Bestandteil der Biowissenschaften angesehen werden, und sie wird dafür sorgen, daß in Zukunft die Überlappung der Biochemie mit den genannten Fächern weiter zunehmen wird.

Die wesentlichen Fragestellungen der Biochemie waren von jeher verknüpft mit der Aufklärung von Struktur und Funktion biologischer Makromoleküle, vor allem der Proteine, Kohlenhydrate und Nukleinsäuren. Immer waren es **schnellere und empfindlichere Trenn- und Nachweismethoden,** die den Fortschritt bestimmten, und dies gilt besonders für die gerade stattfindende Revolution der chromatographischen Trennverfahren durch die Hochdruckflüssigkeitschromatographie (HPLC). Für die meist wasserlöslichen Makromoleküle ist sie die Trennmethode der Wahl, und in Verbindung mit spezifischen Detektormethoden (UV, IR, Radioaktivität, Elektrochemie, Antikörper) wird die Auftrennung und Quantifizierung auch sehr komplexer Gemische biologischer Substanzen keine prinzipiellen Probleme darstellen. Als sehr empfindliche und spezifische Methode wartet die Massenspektrometrie auf einen breiten Einsatz, der in Verbindung mit der Kapillargaschromatographie bei kleineren Molekülen bereits zu kaum für möglich gehaltenen Nachweisgrenzen bei gleichzeitiger Indentifizierungsmöglichkeit geführt hat. Für die **Aufklärung von Struktur und Funktion der gereinigten Makromoleküle** stehen die NMR-, ESR-, Laser-Raman- oder die Mößbauer-Spektroskopie zur Verfügung. Einige Techniken erlauben erstmals Aussagen über die Dynamik von Makromolekülen in Lösung oder sogar im Zellverband und erschließen damit ein bisher kaum zugänglich gewesenes Forschungsgebiet der Biochemie. Eine breitere Anwendung wird die Röntgenstrukturanalyse erfahren, da durch bessere Datenverarbeitung der notwendige Substanzbedarf auch hier reduziert werden kann.

Besonders die Peptid- und Proteinchemie wird von allen genannten Entwicklungen profitieren, und sie wird ihre Fragestellung auf Zellkulturen und schließlich auf Einzelzellen ausdehnen können. Arbeiten auf diesem Gebiet fördert die DFG unter anderem in den Sonderforschungsbereichen 9 *„Peptide und Proteine"* (Berlin) und 169 *„Membranständige Proteine"* (Frankfurt) sowie in der Forschergruppe *„Proteinbiosynthese: Mechanismen und Regulation"* (Hamburg).

Eine ähnlich bahnbrechende Entwicklung findet durch die Gentechnik statt, die die **Analyse, Synthese und Modifikation von DNA-Sequenzen** zu einer Routinemethode gemacht hat, durch die ein wesentlich schnellerer Zugriff zu Proteinstrukturen möglich geworden ist, als ihn die Proteinchemie trotz ihrer Weiterentwicklung anbieten kann. Genetik und Evolutionsbiologie, vor allem aber die Biotechnologie werden von dieser Entwicklung profitieren. Den bedeutenden Möglichkeiten und Anwendungen der molekularbiologischen Methoden hat die DFG durch entsprechende Schwerpunktprogramme (*„Gentechnologie", „Molekulare und klassische Tumorcytogenetik", „Analyse des menschlichen Genoms mit molekularbiologischen Methoden"*) und Sonderforschungsbereiche (229 *„Genexpression und Differenzierung"* in Heidelberg; 304 *„Genomorganisation"* in München) sowie durch die Forschergruppe *„Virus-Zell-Wechselwirkung: Modulation durch virale und zelluläre Kontrollelemente"* in München Rechnung getragen.

Zweifellos wird auch weiterhin eine Förderung dieser innovativen Techniken erforderlich sein, jedoch muß in den nächsten Jahren deutlich zwischen grundlagen- und anwendungsbezogener Forschung differenziert werden. Auch darf der Einsatz gentechnischer Methodik nicht Selbstzweck werden und in eine zu enge Spezialisierung von Wissenschaftlern münden. Vielmehr muß jedem Biochemiker die Möglichkeit gegeben werden, diese Methoden zu erlernen und sie dann einzusetzen, wenn dies als sinnvoll zu betrachten ist. Dies gilt auch unter Einbeziehung der ethischen Dimension für Projekte mit gentherapeutischen Zielen.

Die Palette biochemischer Methodik erhielt durch die Einführung der Hybridomtechnik eine weitere Bereicherung. **Monoklonale Antikörper** bieten einen Weg zur Isolierung von Enzymen oder Rezeptoren; sie ermöglichen gleichzeitig den immunhistochemischen Nachweis des Antigens und können für reproduzierbare Immuntests auf viele Biomoleküle eingesetzt werden. Dies wird sich besonders die Klinische Chemie zunutze machen, deren diagnostische Möglichkeiten durch exakt reproduzierbare Antikörper, durch Chemilumineszenzmethoden und weitere Automatisierung so vielfältig werden, daß auch komplexe oder seltene pathobiochemische Veränderungen im Stoffwechsel nachweisbar werden. Gerade in der Kette Biochemie – Pathobiochemie – Klinische Chemie wird deutlich, wie eng die Beziehungen zwischen biochemischer Grundlagenforschung und dem Fortschritt in der Medizin sind. Mit dieser Zielrichtung hat die DFG Schwerpunktprogramme eingerichtet, z. B. *„Nociception und Schmerz", „Posttraumatisches progressives Lungenversagen", „Physiologie und Pathophysiologie der Eicosanoide", „Biologie und Klinik der Reproduktion"* und *„Molekulare Biologie und Pathobiochemie des Bindegewebes",* ferner den Sonderforschungsbereich 207 *„Grundlagen und klinische Bedeutung der extrazellulären limitierten Proteolyse"* in München.

Mit der Intention, die medizinische Grundlagenforschung zu verbessern, wird die DFG auch in den nächsten Jahren erhebliche Mittel für den biochemischen Bereich zur Verfügung halten.

Durch die Steigerung von Selektivität und Sensitivität von Nachweismethoden eröffnen sich der biochemischen Forschung neue, bisher nicht zugänglich gewesene Fragen. Dies betrifft vor allem die **Steuerungsvorgänge im Zellstoffwechsel und beim Zellwachstum,** aber auch die **Kommunikationssysteme zwischen Zellen und Organen.** Mehrere zu dieser Thematik gegründete Sonderforschungsbereiche beweisen das steigende Interesse an diesem Gebiet. Zu nennen sind vor allem die Sonderforschungsbereiche 103 *„Zellenergetik"* (Marburg), 223 *„Pathobiologie zellulärer Wechselwirkungen"* (Bielefeld/Münster), 310 *„Zelluläre Erkennungssysteme"* (Münster) und 43 *„Biochemie von Zelloberflächen"* (Regensburg). Diese Thematik bietet sich ideal für kooperative Vorhaben an, da sowohl physiologische als auch morphologische Fragestellungen mit den biochemischen kombiniert werden müssen. Die Kenntnisse über Rezeptoren, Hormone und andere Signalsubstanzen, z. B. die Prostaglandine, über Ionentransport und über das *„Zytoskelett"* (im gleichnamigen Schwerpunktprogramm gefördert) werden erweitert werden müssen, um die zellulären Kommunikationsmechanismen zu verstehen. Beginnend bei Zellkulturen werden auch komplexere Systeme ihrer biochemischen Erforschung zugänglich werden, wobei sicher das Nervensystem und Phänomene wie Schmerz, Lernen, Gedächtnis oder Verhalten die größte Herausforderung bilden werden. Die Voraussetzungen in der Bundesrepublik für eine enge Kooperation und Verbundforschung auf dem Gebiet der Zellkommunikation sind vielversprechend, so daß bei weiterer gezielter Förderung diese physiologisch-biochemische Forschungsrichtung einen international hervorragenden Platz einnehmen könnte.

Es ist offensichtlich, daß Kenntnisse über Regelvorgänge auf Zell- und Organebene die Voraussetzung für die Erforschung pathophysiologischer Erscheinungen sind. Erst auf dieser Basis wird ein **Verstehen des Tumorwachstums, der Genese von Allergien, Rheuma, Entzündung oder Herzinfarkt** möglich sein. Nach Aufklärung der zugrundeliegenden pathobiochemischen Ereignisse werden sich auch Möglichkeiten ihrer therapeutischen Beeinflussung finden und der klassischen Pharmakologie eine neue Basis verleihen.

Diese auch als „Molekulare oder Biochemische Pharmakologie" bezeichnete Biowissenschaft hat sich die Aufgabe gestellt, auf zellulärer Ebene die Wirkungsweise von Pharmaka zu testen und ihre Angriffspunkte zu verstehen. Dabei kommt den Rezeptoren als den primären Angriffspunkten von Pharmaka und auch den Mechanismen, über welche die Information in Stoffwechselleistungen der Zelle umgewandelt wird, eine wichtige Rolle zu. Der modernen **„Biochemischen Pharmakologie"** wird auch die Rolle zufallen, so weit wie möglich die Testung von Pharmaka in den zellulären

Bereich zu verlegen und damit einen Bereich der Tierversuche durch objektivere Testmethoden zu ersetzen.

Auch von der Toxikologie muß erwartet werden, daß sie mit biochemischen Methoden die Wirkung von Schadstoffen auf lebende Organismen erfassen und beurteilen kann. Das Forschungsdefizit erscheint hier besonders hoch, zumal wenn man nicht nur den Menschen, sondern alle Ökosysteme in die Untersuchungen einschließt. Forschungsansätze aus dem auslaufenden Schwerpunktprogramm „*Mechanismen toxischer Wirkungen von Fremdstoffen*" werden mit neuen und vielleicht enger gefaßten Fragestellungen fortgeführt werden müssen. Noch zu wenig ist über die Toxizität von halogenierten organischen Verbindungen oder den Einfluß von Fremdstoffen auf unser Immunsystem bekannt. Die Förderungsverfahren der DFG einschließlich der Arbeiten ihrer Kommissionen sind flexibel genug, um solche auftauchenden Fragen in Projekten oder Schwerpunkten einer Lösung zuzuführen.

Welche Konsequenzen ergeben sich nun aus der skizzierten Entwicklung der biochemischen Forschung für ihre Förderung?

Zunächst wird sich aus der Einführung neuer chromatographischer, gentechnischer und immunologischer Methoden eine wesentliche Steigerung des Bedarfs an Verbrauchsmaterialien ergeben. Hohe finanzielle Steigerungsraten sind auch bei den physikalischen Methoden der Strukturermittlung zu erwarten, die vor allem auf der Anwendung der Datenverarbeitung beruhen. Hierbei muß überlegt werden, ob bei solch hohen Investitionen eine breite Streuung der Geräte noch verantwortet werden kann oder ob nicht eine Zentrenbildung mit optimaler Bestückung an Geräten und gesicherter technischer Wartung sowie wissenschaftlicher Beratung die bessere Lösung darstellt. Schwerpunktprogramme oder Sonderforschungsbereiche könnten wertvolle Aufgaben bei der Koordinierung und der effizienten Auslastung solcher zentraler Einrichtungen übernehmen.

Die breite methodische Basis der biochemischen Forschung hat auch Konsequenzen für die Ausbildung in zweierlei Hinsicht. Zunächst muß dafür Sorge getragen werden, daß bei gleichbleibender Studiendauer allen methodischen Neuentwicklungen in Theorie und Praxis Rechnung getragen wird. Darüber hinaus verlangt die Überlappung der Biochemie mit ihren Nachbarfächern eine Information des Studierenden in den Fragen auch dieser Fächer. Da für diese Ausbildung während des normalen Curriculums der klassischen Studienfächer Biochemie, Biologie, Chemie und Medizin nur wenig Zeit zur Verfügung steht, müßte eine Zusatzausbildung hauptsächlich in der Zeit der Diplom- und Doktorarbeiten und während der Postdoktorandenzeit, also während der Forschungsarbeiten stattfinden. Nicht immer werden alle Methoden und Fragestellungen im Bereich der eigenen Hochschule vorhanden sein, so daß die unbürokratische Gewährung von Kurzaufenthalten in Gastlaboratorien das wirksamste Mittel zum Erreichen einer breiten biochemischen Ausbildung sein dürfte.

3.1.3 Biophysik

Die Entwicklung in der Biophysik und Biophysikalischen Chemie bis zum Jahre 1990 wird mehr denn je geprägt sein durch interdisziplinäre Fragestellungen, die erfolgreich nur im Verbund von Wissenschaftlern verschiedener Fachrichtungen bearbeitet werden können. Entsprechend werden weniger als früher Modellsysteme Gegenstand intensiver Untersuchungen sein, vielmehr werden immer mehr komplexe biologische Systeme in Kooperation mit Biologen und Medizinern bearbeitet werden.

Es ist prinzipiell nicht abzusehen, welche *neuen* Methoden entwickelt werden. Sicherlich werden aber die Möglichkeiten, die durch leistungsfähige Computer jeglicher Dimension für die Datenerfassung und Datenverarbeitung gegeben sind, vermehrt genutzt werden, um bewährte und weiter zu entwickelnde physikalische und physikochemische Methoden ergiebiger einzusetzen. Ganz vergleichbar werden die neuen biologischen Techniken, vor allem die Gentechnologie, die biophysikalische Forschung wesentlich stimulieren.

Besonders profitieren wird davon die **Strukturaufklärung von biologischen Makromolekülen** und die Untersuchung von Struktur-Funktions-Beziehungen bei diesen Molekülen. Die kristallographische Elektronenmikroskopie erlaubt bereits heute die dreidimensionale Analyse periodisch geordneter molekularer Ensembles mit einer Auflösung im Bereich von 20Å. Für die Röntgenstrukturkristallographie stehen leistungsstarke Röntgenquellen, z.B. Synchrotronstrahlung und Flächenzähler, zur Verfügung, die genaue Daten in kurzer Zeit liefern. Es ist abzusehen, daß vermehrt „Lösungsstrukturen" mit hochauflösender NMR-Spektroskopie von kleinen Proteinen und Nukleinsäuren ermittelt werden. Mit derzeit in Entwicklung befindlichen NMR-Geräten, die im Gigahertz-Bereich arbeiten, würden auch größere Biopolymere zu vermessen sein. Mit zunehmender Anzahl aufgeklärter Strukturen bei Proteinen wie auch Nukleinsäuren wird es möglich sein, sicherer als bisher Aussagen zur Tertiärstruktur dieser Moleküle nur aus der Kenntnis ihrer Sequenz zu machen. Ganz besonders hilfreich werden hier systematische Studien sein, die über gezielte Mutagenese den Zusammenhang von Primär- und Tertiärstruktur zu klären versuchen. Die gezielte Mutagenese wird natürlich vor allem bei der Untersuchung der Beziehung von Struktur und Funktion ein unentbehrliches Hilfsmittel sein. Damit wird es möglich sein, z.B. die Beteiligung von bestimmten Aminosäureresten eines Enzyms bei der Substratbindung, bei der Stabilisierung des Übergangszustands und der katalytischen Umsetzung nachzuweisen und so die katalytische Effektivität von Enzymen physikalisch-chemisch zu beschreiben. Von beträchtlichem Wert bei der Planung solcher Experimente dürften die durch die Computergraphik gegebenen Möglichkeiten der bildhaften Darstellung sein. Eine ökonomisch interessante Konsequenz solcher Grundlagenforschung kann in **Protein-Design** und Entwicklung von **Biokatalysatoren** gewünschter Spezifität gesehen werden. Strukturuntersuchungen werden mit zunehmender Leistungsfähigkeit der apparativen Möglichkeiten größeren makromolekularen Ensembles, wie z.B. Multienzymkomplexen, gelten. Die Strukturuntersuchungen an ribosomalen Untereinheiten, an Nukleosomen, an ganzen Viren und am bakteriellen photosynthetischen Reaktionszentrum weisen hier die Richtung. Neben der Untersuchung der Struktur wird vermehrt die der **Dynamik von Biopolymeren** betrieben werden, wobei neben NMR-Messungen, der Bestimmung von Temperaturfaktoren durch Röntgenstrukturanalyse, schnellen kinetischen Messungen durch Stopped-Flow und Relaxationsverfahren, die zeitaufgelöste Röntgenkleinwinkelstreuung, die dynamische Lichtstreuung und Neutronen-Spin-Echo-Spektroskopie wertvolle Beiträge liefern werden. In diesem Zusammenhang sind auch Versuche zu sehen, den Faltungsweg von Proteinen von der Biosynthese der Polypeptidkette(n) zum nativen Protein zu beschreiben und zu verstehen.

Die detaillierten Ergebnisse von biophysikalischen Untersuchungen an Membranmodellen werden sich als sehr wertvoll für die **Untersuchung von Prozessen an natürlichen Membranen** erweisen, seien es Vorgänge wie Zellfusion, Exo- und Endozytose, Ionen- bzw. Molekültransport oder Signaltransduktion über die Membran hinweg. Man wird sich mit der Plastizität von Membranen befassen müssen. Änderungen in der Feinstruktur von synaptischen Membranen könnten eine wichtige Rolle für das Kurz- und/oder Langzeitgedächtnis spielen. Nicht zu unterschätzen dürfte auch der Einfluß sein, den die **Biotechnologie** aus den Ergebnissen der Membranbiophysik für die Entwicklung von matrixgebundenen Enzymen und Biosensoren erfahren wird. Schon heute werden elektrische Feldpulse für die transiente Permeabilisierung von Zellen für Gentransfer oder Zellfusion genutzt. Über geeignete Vesikel scheint ein selektiver Pharmakatransport möglich.

Die **Zellbiologie** wird jetzt schon und zunehmend von biophysikalischer Methodik bestimmt, wobei in diesem Feld die Notwendigkeit der Kooperation verschiedener Disziplinen besonders deutlich wird. Es gilt hier, mit elaboraten Techniken grundlegende Mechanismen, z. B. bei der Reizleitung im Nervensystem, weiter aufzuklären, d. h. Transmitter und ihre Rezeptoren zu identifizieren und zu lokalisieren sowie ihre Kopplung an Ionenkanäle und Enzyme zu bestimmen, wobei die Untersuchung der Einzelkanal-Leitfähigkeit mit der **Patch-Clamp-Technik** von herausragender Bedeutung sein wird. Es wird, als weiteres Beispiel, die Dynamik des Zytoskeletts zu erfassen sein, das die Form und die Formänderung jeder Zelle bestimmt und das am intrazellulären Transport durch Plasmaströmungen oder Organellbewegungen beteiligt ist. Man wird sich mit biophysikalischer Methodik der räumlichen und temporalen Organisation der Zelle zu widmen haben, um Prozesse der Zellentwicklung und Zelldifferenzierung zu verstehen. Die Affinität von Zellen zueinander im Zellverband ist bisher nur wenig verstanden. Hier werden umfangreiche biochemische und biophysikalische Untersuchungen notwendig sein, um die molekulare Basis dafür zu verstehen. Arbeiten zu diesem Thema werden unter anderem in den Schwerpunktprogrammen *„Biophysik der Organisation der Zelle"* und *„Zytoskelett"* gefördert.

Schließlich werden die Biophysik und die Biophysikalische Chemie mit nichtinvasiven spektroskopischen Methoden bei der **Sondierung und Stoffwechseluntersuchung von Geweben und ganzen Organismen in vivo** eine herausragende Rolle spielen. Was vor einigen Jahren die Domäne einiger spezialisierter Laboratorien war, findet zunehmend Verbreitung und Anwendung in der Medizinischen Diagnostik. NMR-Tomographie kann als Ergänzung zur (Röntgen-) Computertomographie in der Radiologie bereits als etabliert angesehen werden. Während bisher von den zugänglichen spektroskopischen Parametern der NMR-Messung in der Tomographie überwiegend die Relaxationsparameter genutzt werden, ist über die chemische Verschiebung und Kopplungskonstanten noch viel mehr Information zugänglich. Es können durch NMR-Spektroskopie in vivo die Konzentrationen bestimmter Metabolite bestimmt und damit Stoffwechselwege in vivo aufgeklärt werden. Eine ergänzende Rolle könnte dabei der ESR-Spektroskopie zukommen, da mit gepulster ESR ortsselektiv gemessen werden kann, wobei neue spektrale Bereiche für die ESR-Anwendung erschlossen werden müssen. Damit wäre es möglich, die radikalischen Zwischenstufen im In-vivo-Stoffwechsel zu fassen.

Sehr fruchtbare Entwicklungen für das Verständnis der Abläufe komplexer biologischer Reaktionswege sind aus **Computer-Simulationen** unter Zugrundelegung von Detailinformationen über die einzelnen Reaktionsschritte zu erwarten. Was sich in der Biochemie für Stoffwechselwege wie die Glykolyse bewährt hat und z. B. für den Elongationszyklus der Proteinbiosynthese bearbeitet wird, wird sicherlich auch für andere komplexe Reaktionen angewandt werden. Hierbei sollte es vor allem um das Verständnis der Dynamik von (Selbst-) Organisation biologischer Materie gehen, z. B. an Viren, Membranen oder Chromosomen. Auf Zellzyklus und Zellteilung angewandt könnten sich neue Ansätze für Therapieschemata in der Cytostatikabehandlung ergeben.

3.1.4 Genetik

Die neueren Methoden im **Umgang mit Nukleinsäuren,** oft als **Gentechnologie** zusammengefaßt, haben der Genetik und gleichzeitig nahezu allen biomedizinischen Disziplinen zu neuen Fragestellungen verholfen und damit Forschungswege gewiesen, die vor einigen Jahren noch undenkbar waren. Gentechnologische Verfahren werden in der Zukunft weitere Verbreitung finden. Sie werden Gegenstand des biologisch-biochemischen Grundunterrichts auch in solchen Fakultäten werden, die bisher der neuen Entwicklung gegenüber weniger aufgeschlossen waren. Daraus folgt, daß die Zahl der Wissenschaftler zunehmen wird, die mit größter Selbstverständlichkeit Experimente entwerfen, um nahezu jedes beliebige Gen aus nahezu jedem Organismus zu isolieren, in größerer Menge herzustellen und dann auf Struktur und Funktion zu untersuchen. Schon jetzt haben die neuen Methoden Gebiete eröffnet, die noch längst nicht abgesteckt sind, nicht nur im Bereich der Genetik, sondern auch in anderen medizinischen und biologischen Fachrichtungen, besonders in der angewandten Biologie, der Biotechnologie. Der folgende kurze und notwendigerweise unvollständige Abriß mutmaßlicher Forschungstendenzen bezieht sich freilich auf Fragen der Genetik, genauer: auf Fragen der genetischen Grundlagenforschung.

In den vergangenen Jahrzehnten haben **Untersuchungen an Bakterien und Bakteriophagen** die Grundlage der heutigen „molekularen" Genetik gelegt. Auch in der Zukunft erwarten wir von Forschungen an bakteriellen Systemen wichtige Erkenntnisse. Ein erst in Ansätzen gelöstes Problem betrifft die molekularen Grundlagen der spezifischen Wechselwirkung von Nukleinsäuren-Abschnitten und Proteinen. Wechselwirkungen dieser Art spielen eine zentrale Rolle auf den verschiedenen Ebenen des genetischen Informationsflusses, beispielsweise bei der Regulation der Genaktivität oder bei den unterschiedlichen Teilschritten der Proteinsynthese. Bei der weit fortgeschrittenen genetischen und biochemischen Analyse dieser Prozesse im prokaryontischen Bereich sollte hier am ehesten die Frage nach dem Aufeinanderpassen von Aminosäure-Seitengruppen und spezifischen Nukleinsäure-Sequenzen zu beantworten sein.

Weiter wird die Bakteriengenetik auch in der Zukunft wichtige Beiträge zur Regulation genetischer Aktivität vor allem als Antwort auf veränderte Umweltbedingungen liefern. Als Beispiel sollen die Funktionen der hitzeinduzierten („Hitzeschock") Proteine, der SOS-Antwort nach DNA-Schäden, der stickstoffverwertenden Systeme genannt werden. Schon jetzt deutet sich an, daß manche verschiedenen Genregulationsvorgänge miteinander verbunden sind und sich gegenseitig beeinflussen. Eine modellartige Aufklärung dieser komplexen Beziehungen in Bakterien sollte von großem allgemeinbiologischem Interesse sein.

Gegenwärtig wird an vielen Orten intensiv die Organisation und Funktion der Genome neuentdeckter Mikroorganismen untersucht, die ihre Lebenswelt in extremen Umwelten mit hohen Temperaturen und hohen Säure- oder Alkaligehalten gefunden haben. Solche Untersuchungen haben ihren Wert in sich selbst, führen aber darüber hinaus zur Entdeckung neuer physiologischer und biochemischer Prinzipien.

Die **molekulare Genetik der Viren,** insbesondere von pflanzlichen und tierischen Viren, wird ihren Stellenwert behalten, als ein Beitrag zur Aufklärung der Vermehrungs- und Infektionswege von Viren und auch als ein experimenteller Weg zum Verständnis ihrer Pathogenität.

Virussysteme sind ferner von entscheidender Bedeutung für die Untersuchung elementarer genetischer Prozesse, etwa der Gentranskription, des Spleißens von mRNA-Vorläufern und der Translationskontrolle. Man erwartet ähnliche Beiträge von der Virusforschung in der Zukunft.

Die Zahl der **Gene von Pflanzen, Tieren und vom Menschen,** die in den kommenden Jahren isoliert und charakterisiert werden, wird ständig zunehmen. Für die Untersuchung von Genfunktionen, besonders im komplexen Verbund der lebenden Zelle, werden die Studien an einzelligen Eukaryonten, etwa an Hefezellen und an Flagellaten, als Modellsysteme weiterhin große Beachtung finden.

Die Bearbeitung vieler grundlegender Fragen der Eukaryontengenetik befindet sich noch in den Anfängen, trotz zahlreicher und intensiver Bemühungen in vielen Laboratorien.

Zu den offensichtlichen Beispielen, von deren Untersuchung in der Zukunft noch wichtige Informationen zu erwarten sind, gehört die Beziehung zwischen Chromatinstruktur und Genaktivität, eine alte genetische Fragestellung, für deren Bearbeitung aber erst jetzt das methodische Handwerkszeug bereitsteht. Dazu gehören auch Forschungen über die molekularen Mechanismen der Genregulation. Einzelne Abschnitte des Eukaryontengenoms sind als Schaltstellen der Genregulation erkannt worden, z. B. die sogenannten TATA-Boxen, GC-Boxen und Enhancer. Die offenen Probleme beziehen sich auf die Natur sogenannter **transwirkender Faktoren,** Proteine, die sich an die genannten DNA-Elemente binden und dort die Genaktivität beeinflussen. Ein genaueres Studium dieser Verhältnisse wird mehr Klarheit für das alte Problem der „differentiellen" Genexpression bringen, für die Frage, warum in den über 200 verschiedenen Zelltypen eines erwachsenen Organismus jeweils andere Genprogramme abgelesen werden, obwohl die Ausrüstung mit genetischer Information in allen Zellen gleich ist. In diesem Zusammenhang werden auch bisher relativ weit entwickelte experimentelle Systeme, etwa die steroidhormoninduzierte Gentranskription, noch an Bedeutung zunehmen. Aber auch andere Arten der Regulation genetischer Aktivität werden eine wachsende Rolle in der wissenschaftlichen Diskussion spielen, etwa das differentielle oder selektive Spleißen von mRNA-Vorläufern oder Unterschiede in der Halbwertszeit des Überlebens von mRNA-Sorten und schließlich die Einleitung der Translation.

In den vergangenen Jahren konnte gezeigt werden, daß die **Entwicklung vielzelliger Organismen** von der zeit- und ortsgerechten Aktivität spezifischer Gene abhängt. Definierte Gengruppen prägen zunächst das Grundmuster des sich entwickelnden Organismus. Andere Gengruppen sind später in der Entwicklung aktiv und bestimmen die Differenzierung bestimmter Zellpopulationen. Noch ist unbekannt, wie diese Gene, oder besser: wie die von ihnen kodierten Proteine wirken. Höchstes Interesse werden auch in den folgenden Jahren die Gene mit sogenannten Homeoboxen finden. Solche Gene, zuerst bei *Drosophila* entdeckt, sind weit im Tierreich bis hin zum Menschen verbreitet. Die Nucleotidsequenz der Homeoboxen läßt an eine DNA-bindende Funktion des betreffenden Proteins denken. Es wird nun zu fragen sein, ob und, wenn ja, an welche DNA-Sequenzen diese Proteine binden und welche Aktivitäten dadurch ausgelöst werden.

Aber Entwicklung setzt nicht nur differentielle Genexpression voraus, sondern auch die **differentielle Proliferation von Zellen.** Die Regulation der Zellproliferation wird zur Zeit intensiv im Zusammenhang mit der Wechselwirkung sogenannter Wachstumsfaktoren und ihrer Rezeptoren auf der Zelloberfläche untersucht. Die an diesen Vorgängen beteiligten Gene sind relativ gut zugänglich, weil sie als **Onc-Gene** von Retroviren transduziert werden. Nicht zuletzt deswegen hat man wichtige Informationen über die Vorgänge an der Zelloberfläche gewinnen können. Dagegen ist weniger bekannt über die Prozesse, die durch die Ereignisse an der Zelloberfläche ausgelöst werden, über die Einleitung und den Ablauf der Chromatinreplikation, über Mitose und Zellteilung.

Die neuen Methoden der Genforschung lassen erstmals **Einblicke in komplexe Gensysteme** erwarten, beispielsweise durch die intensiv vorangetriebenen Arbeiten über die Gene des Immunsystems, vor allem über die noch fehlenden Lücken im Verständnis der molekularen Prozesse, die zur Vielfalt der Antikörper und der T-Zell-Rezeptoren führen.

Das wichtige Feld der Genetik polymorpher Zelloberflächenstrukturen ist mit dem Studium der sogenannten MHC-Proteine eröffnet worden. Die Erforschung entsprechender Proteine auf den Oberflächen von Zellen außerhalb des Immunsystems steht noch am Anfang. Diese Arbeiten werden von großer Bedeutung für das Verständnis des Mechanismus sein, durch den sich Zellen im Zellverband erkennen, und damit eine Grundlage für zukünftige Forschungen zur Anordnung von Zellen in Geweben und Organen bilden.

Überaus wünschenswert sind alle Versuche zur Lösung eines alten Problems der Genetik, nämlich des Problems der polygenen Vererbung. „**Polygene Vererbung**" ist eine Modellvorstellung, mit der die Genetiker die Vererbung sogenannter metrischer Eigenschaften, etwa der Körpergröße oder des Kopfumfanges, zu deuten versuchen. Die Annahme ist, daß die Ausprägung dieser Eigenschaften durch viele Gene bestimmt, aber zugleich durch Umwelteinflüsse modifiziert wird. Freilich muß ein experimenteller Weg, der Licht in das Dunkel der „polygenen Vererbung" bringen könnte, noch gefunden werden.

Zur Zeit der sogenannten klassischen Genetik waren **pflanzliche Systeme** oft bevorzugte Studienobjekte. Dagegen hat die molekulargenetische Untersuchung von Pflanzen erst im vergangenen Jahrzehnt die Bedeutung erlangt, die diesem Bereich der Biologie aus praktischen, aber auch aus wissenschaftlichen Gründen zukommt. Für die weitere Entwicklung des Gebietes sind Methoden wichtig, mit deren Hilfe Gene in Pflanzenzellen übertragen werden können, entweder über Plasmid- oder Virusvektoren oder direkt durch Elektroporation. Die Anwendung solcher Methoden bei möglichst vielen, auch bisher dafür noch unzugänglichen Pflanzenarten ist eine wichtige Aufgabe. Ein Ziel der Arbeiten ist die gezielte Veränderung oder, praktisch gesehen, Verbesserung des pflanzlichen Genoms, im Hinblick auf Produktivität und Resistenz gegen Schädlinge. Ein anderes Ziel ist beispielsweise die Erforschung polymorpher Gensysteme, die dem Phänomen der Inkompatibilität zugrunde liegen. Forschungen dieser Art, die im wesentlichen auf die Aufklärung einer präzisen Protein-Protein-Wechselwirkung hinauslaufen, werden über das Pflanzenreich hinaus von allgemein-biologischer Bedeutung sein. Das gilt auch für eine andere Forschungsrichtung, deren Gegenstand die funktionelle Wechselwirkung zwischen dem Kern-, dem Chloroplasten- und dem Mitochondriengenom, den drei Genomsystemen der Pflanzenzelle, ist.

Die Genetik des Menschen wird in einem eigenen Kapitel behandelt (vgl. Abschnitt 3.2.5).

3.1.5 Virologie

Die Behandlung der Frage, auf welche Weise Viren Krankheiten hervorrufen, ist nach wie vor ein wesentliches Anliegen virologischer Forschung. Darüber hinaus werden virusinfizierte Zellen als effektive Modellsysteme zum Studium molekularbiologischer und zellbiologischer Prozesse verwendet, so daß die Viren nicht mehr als alleinige Domäne der klassischen Virologie angesehen werden können.

Verschiedene Arbeitsgruppen der **medizinischen Virologie** haben in den vergangenen Jahren hervorragende Beiträge zur Analyse solcher Viren geliefert, die akute

Erkrankungen verursachen. Dabei wurden bisher unbekannte Viren isoliert und biochemisch charakterisiert sowie wichtige Prinzipien von Pathogenitätsmechanismen aufgeklärt. Als Beispiele seien hier die Fortschritte genannt, die bei der Erforschung der Virus-Hepatitis, der Maul- und Klauenseuche der Paarhufer, bei solchen Viruserkrankungen, die durch Insekten übertragen werden, sowie bei der Influenza als einer ganz besonderen Art einer Zoonose bereits unmittelbar in die mehr anwendungsorientierte Forschung führten. Besonders mit Hilfe gentechnologischer Methoden ist es möglich, biologische Funktionen mit Strukturmerkmalen der Viren zu korrelieren. Basierend auf der strukturellen Beschreibung von Virusantigenen wurden neue erfolgversprechende Ansätze gefunden, um bessere Impfstoffe zu entwickeln.

Trotz dieser Fortschritte sind bei **akuten Virusinfektionen** noch wichtige Fragen unbeantwortet, die daher einer weiteren intensiven Bearbeitung bedürfen. In diesem Zusammenhang ist daran zu erinnern, daß in den letzten Jahren, besonders in Afrika, Viren als Erreger schwerer Erkrankungen beim Menschen bekannt wurden, über deren Natur wir noch wenig wissen. Einige wenige Arbeitsgruppen haben begonnen, sich mit diesen Viren zu beschäftigen. Ihre Arbeiten sollten bevorzugt gefördert werden.

Neben den akuten Viruskrankheiten sind solche Prozesse in den Vordergrund des Interesses gerückt, die zu chronischen und rezidivierenden Erkrankungen führen. Zu ihnen gehören die sogenannten **persistierenden Virusinfektionen,** bei denen infektiöses Virus oder zumindest sein Engramm lange Zeit im Organismus nur als harmloser Passagier nachzuweisen ist, ehe es zu verschiedenen klinischen Manifestationen mit unterschiedlichen Verlaufsformen kommt. Hierzu gehören unaufgeklärte Infektionen des Zentralnervensystems, das Acquired Immunodeficiency Syndrome (AIDS) und Folgeerkrankungen, die bei immunsuppressiven Maßnahmen nach Organtransplantationen oder bei chemotherapeutischer Bekämpfung von Krebserkrankungen entstehen können. Aufgrund von Untersuchungen im Schwerpunktprogramm *„Persistierende Virusinfektionen"* nahm die Erkenntnis zu, daß erst immunologische Reaktionen nach der Virusinfektion zur Auslösung von Krankheitserscheinungen führen können. Im Rahmen dieses Schwerpunktprogramms und im Sonderforschungsbereich 47 *„Virologie"* (Gießen) wird versucht, derartige Prozesse weiter aufzuklären. Durch eine erweiterte, langfristige und gezielte Förderung, z. B. im Rahmen eines neuen Schwerpunktprogramms, in das neben Virologen auch Pathologen, Immunologen, Zellbiologen und Kliniker einbezogen werden sollten, müßten Erfolge auch auf diesem komplexen Forschungsgebiet zu erwarten sein. Die Unterstützung der wissenschaftlichen Untersuchungen über Aspekte solcher Projekte durch verschiedene Förderungsinstitutionen, wie z. B. die AIDS-Forschung, sollte nach Möglichkeit koordiniert werden.

Die **Tumorvirologie** erhielt einen entscheidenden Impuls durch die Entdeckung von etwa 20 verschiedenen viralen tumorinduzierenden genetischen Strukturen bei Retroviren, den sogenannten Onkogenen, die als wachstumsregulierende und Differenzierungsgene in jeder normalen Zelle vorkommen und nach strukturellen oder funktionellen Veränderungen zu „Krebsgenen" werden. Weiterhin zeigen Untersuchungen, daß über die Infektion neu in die Zelle eingeführte Virusgene zur Krebsentstehung führen können. Schließlich haben sich Virusinfektionen als Risikofaktoren bei einer inzwischen beachtlichen Zahl menschlicher Krebsformen erwiesen (z. B. Hepatitis-B-Virus beim primären Leberzellkrebs und Papillomviren beim Genitalkrebs). Dabei wird die funktionelle Beteiligung dieser Viren bei der Krebsentstehung immer wahrscheinlicher, so daß die Identifikation und Definition solcher Viren für die Diagnostik an Bedeutung gewinnt. Langfristig gesehen sind bei diesen Infektionen Vorbeugemaßnahmen, wie genetische Diagnose und Immunprophylaxe, denkbar.

Neben verschiedenen Sonderforschungsbereichen haben sich mehrere tumorvirologische Arbeitsgruppen etabliert, und zwar sowohl an Universitäten wie auch an anderen Forschungsinstitutionen, vor allem am Deutschen Krebsforschungszentrum. Alle diese Gruppen befassen sich mit den molekularen und biologischen Vorgängen der virusbedingten Krebsentstehung, mit der Charakterisierung der viralen und zellulären Onkogene und mit immunologischen Problemen bei der Erkennung und Beeinflussung von Krebszellen.

Die Bedeutung der Virussysteme zur Erforschung allgemeiner genetischer, molekularer und zellbiologischer Fragestellungen kommt darin zum Ausdruck, daß Viren in zunehmendem Ausmaß für derartige Forschungsprojekte eingesetzt werden. An solchen Projekten beteiligen sich eine Reihe von Sonderforschungsbereichen: 31 *„Medizinische Virologie"* (Freiburg), 47 *„Virologie"* (Gießen), 74 *„Molekularbiologie der Zelle"* (Köln) und 165 *„Genexpression in Vertebraten-Zellen"* (Würzburg). Besondere Erfolge wurden erzielt bei Studien zur Synthese und dem intrazellulären Transport von Membranproteinen, der Analyse von Signalrezeptoren sowie der Genregulation bei der Zelldifferenzierung. Weiterhin werden Viren vermehrt als Vektoren zur Einschleusung fremder, zur Expression befähigter Nukleinsäuren in Zellen verwendet. Es wird klar, daß durch die vielfältige Anwendung virologischer Systeme eine Trennung zwischen klassischen biomedizinischen Fächern häufig nicht mehr erkennbar ist. Eine wichtige Aufgabe wird die Förderung der auf diesen Gebieten besonders notwendigen Zusammenarbeit verschieden orientierter Forschungsdisziplinen sein.

3.1.6 Mikrobiologie

Mikrobiologie befaßt sich mit Bakterien und Pilzen unter naturwissenschaftlichen und medizinischen Aspekten. Protozoen und Algen werden traditionsgemäß unter Parasitologie (Abschnitt 3.1.7) bzw. Botanik (Abschnitt 3.1.8) abgehandelt. Die Virologie erscheint als selbständiges Fachgebiet (Abschnitt 3.1.5).

Bakterien haben ein großes **Stoffwechselpotential.** Sie können zahlreiche Reaktionen katalysieren, die in höheren Organismen fehlen. So sind z. B. nur Bakterien in der Lage, Stickstoff zu fixieren, chemolithotroph zu wachsen, Vitamin B 12 zu synthetisieren, viele Antibiotika zu bilden und wichtige Xenobiotika abzubauen. Und noch lange nicht ist das Stoffwechselpotential der Bakterien ausgelotet. Bisher wurde nur ein kleiner Anteil der in der Natur vorkommenden Bakterien isoliert und in Reinkultur untersucht. Neue Anreicherungsmethoden haben in den letzten Jahren zur Isolierung von Bakteriengruppen mit neuen Stoffwechselleistungen und Reaktionsmechanismen (neue Enzyme und Coenzyme) geführt. Es sind Bakterien gefunden worden, die bei 105 °C, bei pH 1 oder pH 12 ihr Wachstumsoptimum haben, und solche, die extrem hohe Schwermetallkonzentrationen tolerieren können. Die Untersuchung dieser Mikroorganismen auf biochemischer und genetischer Ebene steht noch in den Anfängen. Sicherlich werden sie wichtige Grundlagenerkenntnisse zutage fördern und auch zu praktischen Anwendungen führen. Hier gilt es, interdisziplinäre Ansätze zu fördern, wie sie im Schwerpunktprogramm *„Methanogene Bakterien"* (gefördert seit 1979) und in der Forschergruppe *„Lithoautotrophie"* (Göttingen, gefördert seit 1982) verwirklicht sind.

Die Gentechnik hat es prinzipiell möglich gemacht, Organismen mit neuen Stoffwechselleistungen zu konstruieren, z. B. Bakterien mit einem erweiterten Potential für den Abbau von Xenobiotika. Die Konstruktion von Stickstoff fixierenden Pflanzen ist aber z. B. noch ein futuristisches Ziel. Die Integration solch neuer Leistungen in den Gesamtstoffwechsel bietet viele Probleme, denn die regulatorische Vernetzung von Stoffwechselwegen ist hochkompliziert und weitgehend unerforscht.

Bakterien haben wegen ihrer geringeren Komplexität eine **wichtige Funktion als Modellsysteme.** Sie eignen sich zur Erforschung genereller, noch unverstandener Phänomene wie: Energiekonservierung in Photosynthese und Atmung; molekulare Organisation und Biosynthese von Funktionskomplexen; Translokation von Proteinen in und durch Membranen; Regulation von komplexen Vorgängen wie Zellteilung, Chemo- und Phototaxis und Zelldifferenzierung. Der Sonderforschungsbereich 143 *„Primärprozesse der bakteriellen Photosynthese"* in München (gefördert seit 1982) und die Forschergruppe *„Struktur, Funktion und Ausbildung von Membranen phototropher Prokaryonten"* in Freiburg (gefördert seit 1985) haben solche Untersuchungen zum Thema. Ein Schwerpunktprogramm *„Bioenergetik von Bakterien"* ist geplant.

Bakterien eignen sich auch in besonderem Maße für die **experimentelle Evolutionsforschung.** Mit der Verwendung von DNA-Sonden lassen sich die phylogenetischen Beziehungen zwischen verschiedenen Gruppen ermitteln, und aus dem Vergleich der Primärstruktur (ermittelt über die DNA-Basensequenz) einer möglichst großen Zahl von Schlüsselproteinen läßt sich die Evolution der Proteine ableiten. Die Evolution der Organismenreiche und die biochemische Evolution werden erst in den Anfängen verstanden. Untersuchungen auf diesem Gebiet bleiben daher wichtig.

Pilze sind im Gegensatz zu Bakterien eukaryontische Mikroorganismen. Zu ihnen zählen auch die Hefen, deren Stoffwechsel und Genetik relativ gut untersucht sind. Der Nachweis von Onc-Genen in Hefen hat diese Mikroorganismen als Untersuchungsobjekte für die Regulation der eukaryontischen Zellteilung in den Mittelpunkt des wissenschaftlichen Interesses gerückt. Die meisten anderen Pilze sind weit weniger gut untersucht. Ihre Entwicklungsbiologie ist jedoch hochinteressant. Die Untersuchungen mit molekular- und zellbiologischen Methoden stehen erst in den Anfängen. Projekte auf diesem Gebiet verdienen besondere Aufmerksamkeit.

Mikroorganismen produzieren meist eine Vielfalt von Sekundärmetaboliten, die, wie das Penicillin, interessante Wirkstoffe sind. Das Schwerpunktprogramm *„Wege zu neuen Produkten und Verfahren in der Biotechnologie"* (gefördert seit 1986) hat u. a. neue Wirkstoffe aus Mikroorganismen zum Thema.

Das Verhalten von Mikroorganismen an ihren natürlichen Standorten und ihre Beziehungen sowohl untereinander als auch mit anderen Organismen und ihrer Umwelt ist Gegenstand der **mikrobiellen Ökologie.** Viele Ökosysteme, in denen Mikroorganismen eine bedeutende Rolle spielen, sind nicht ausreichend oder gar nicht untersucht: Das gilt z. B. für den Boden, für das Grundwasser, für den Verdauungstrakt von Insekten und für den subgingivalen Zahnbereich im Mund vom Menschen. Im Boden gibt es mannigfaltige Wechselwirkungen zwischen den biotischen und abiotischen Komponenten, die den mikrobiellen Stoffumsatz, z. B. den Abbau von Pestiziden, auf noch unverstandene Weise beeinflussen. Im Grundwasser sind bisher unbekannte psychrophile Bakterien aktiv, die bei großer Nährstoffarmut und tiefen Temperaturen leben und im Grundwasser am Umsatz von Spurenverunreinigungen (z. B. durch Schwermetalle und Nitrate) beteiligt sind. Im Verdauungstrakt von Insekten muß es eine hochspezialisierte Mikroflora geben, die der einseitigen Ernährungsweise von Arthropoden angepaßt ist und der Nährstoffausnutzung dient. Und es ist immer noch unklar, welche Bakterien im subgingivalen Zahnbereich die Parodontitis verursachen.

Mikroorganismen haben vielseitige mutualistische Wechselbeziehungen untereinander und mit höheren Organismen. Aktuelle Beispiele sind Symbiosen zwischen methanogenen Bakterien und anaeroben Protozoen in Sedimenten, zwischen Knöllchenbakterien und Leguminosenpflanzen in den Wurzelknöllchen und zwischen Thiobazillen und Würmern und Muscheln in H_2S-haltigem Seewasser. Am intensivsten sind die Wechselbeziehungen in Endosymbiosen, die so weit entwickelt sein können, daß sogar ein Genaustausch zwischen den Partnern stattfindet. Das Schwerpunktprogramm „*Intrazelluläre Symbiose*" (gefördert seit 1986) untersucht Fragen der wechselseitigen Erkennung, des Stoffaustausches sowie der Genomorganisation und -evolution.

Symbiontische Beziehungen, durch die der Wirt einen mehr oder weniger stark ausgeprägten Schaden erleidet, bestehen zwischen Mikroorganismen untereinander und zwischen Mikroorganismen einerseits und Pflanzen oder Tieren andererseits. Mit den Wechselwirkungen zwischen den parasitischen Mikroorganismen und ihren Wirten beschäftigen sich die Pflanzenpathologie und die medizinische Mikrobiologie. Auf diesem Gebiet gilt es, in verstärktem Maße die Erkenntnisse der Molekularbiologie in die Forschung einzubeziehen. Hier können Fortschritte nur bei kombinierter Anwendung von biochemischen, molekulargenetischen, immunologischen und zellbiologischen Methoden erwartet werden.

Die parasitische Beziehung zwischen Mikroorganismen und Pflanzen bedarf verstärkter Untersuchungen. Der Pathogenitätsmechanismus vieler mikrobieller Erreger von Pflanzenkrankheiten ist noch nicht verstanden. Es gibt Pflanzenkrankheiten, bei denen Mikroorganismen als Verursacher nur vermutet werden. So ist es eine viel diskutierte und noch nicht widerlegte Arbeitshypothese, daß die „neuartigen" Waldschäden durch bisher unbekannte Mikroorganismen ausgelöst werden.

Auf dem Gebiet der **medizinischen Mikrobiologie** werden Untersuchungen über neue Erreger, über bakterielle Pathogenitätsmechanismen, über Mechanismen der immunologischen Abwehr und der Entwicklung antibakterieller Schutzimpfungen im Mittelpunkt des Interesses stehen. Im Schwerpunktprogramm „*Mechanismen der*

Pathogenität bei medizinisch bedeutsamen Bakterien" wird ein Teil dieser Aufgaben seit 1980 gefördert.

Die vor kurzem neu entdeckte Bakterienspezies *Borrelia burgdorferi* als Erreger der durch Zecken übertragenen Lyme-Erkrankung hat breite Aufmerksamkeit erfahren, da eine ganze Reihe bisher ätiologisch unklarer, vorwiegend neurologischer Syndrome, aber auch arthritischer Erkrankungen nunmehr erkannt und gezielt therapiert werden kann. Die Identifizierung von Bakterien und ihrer Produkte mit Hilfe monoklonaler Antikörper verbessert die Möglichkeiten der genaueren Identifizierung, der Korrelation zwischen In-vitro-Merkmalen und Virulenzeigenschaften und der Antikörperbestimmungen bei bakteriellen und pilzbedingten Infektionen. Die Untersuchung bakterieller Wirkstoffe, darunter auch von bakteriellen Toxinen, ist zu einem interdisziplinären Forschungsgebiet geworden, das Fächer wie medizinische Mikrobiologie, Immunologie, Biochemie, Zellbiologie, molekulare Genetik, Pharmakologie, Physiologie und Elektronenmikroskopie umfaßt, wobei die Einzelfächer wechselseitig von den Ergebnissen profitieren, wie es etwa das Beispiel der Beeinflussung von Kopplungsproteinen der c-AMP-Aktivierung durch Cholera- und Pertussistoxin anschaulich macht. Nicht nur das Verständnis der Pathogenese bakterieller oder pilzbedingter Infektionen wird vertieft. Es werden dadurch auch Angriffspunkte für die neben der antimikrobiellen in vielen Fällen immer dringlicher werdenden „antitoxischen" Therapie ermittelt. Umgekehrt sind mikrobielle Wirkstoffe bemerkenswert effektive Sonden, die in der molekularen Zellbiologie und Pathologie eingesetzt werden, wobei die heute gegebene Möglichkeit, gentechnisch Anreicherungen und Modifikationen an den Molekülen vornehmen zu können, zu interessanten Fragestellungen führt.

Die Wechselwirkung von Bakterien und Pilzen sowie ihrer Produkte mit dem **Immunsystem** der Wirtsorganismen muß unter vielfältigen Aspekten gesehen werden: Die Untersuchungen besitzen eine besondere Aktualität vor allem wegen der verschiedenen Formen von Immunschwächen (zytostatische Behandlungen, immunsuppressive Behandlung, AIDS u.a.) und den durch sie bedingten mehr oder minder opportunistischen Infektionen mit ihrem besonderen Erregerspektrum. Dabei sind Mechanismen des Immunsystems interessant, die Resistenz gegen die Mikroben vermitteln, daneben aber auch Toxine der Mikroben, die zur Zerstörung immunologischer Mechanismen führen, und schließlich auch Vorgänge, bei denen Mikroben und Immunsystem synergistisch pathogene Wirkungen entfalten. In dieses Gebiet gehören auch Wechselwirkungen von Mikroben untereinander, die unter Umständen virulenzsteigernd sein können. Schließlich ist die Entwicklung von Schutzimpfungen bei bakteriellen Infektionen von größtem Interesse. Chemotherapie vermag wohl die Letalität mancher bakterieller Infektionen zu senken, wenig jedoch Morbiditätsziffern, vor allem wenn man Weltmaßstäbe anlegt. Das gilt besonders für die Bekämpfung der Darminfektionen, der Hauptursache von Kindersterblichkeit in der Welt, ferner für Lepra, Typhus, Cholera, Tuberkulose, Keuchhusten, Meningokokkenmeningitis, Tetanus neonatorum, manche Eitererreger, Erreger von Geschlechtskrankheiten, Chlamydien (Trachom), ferner auch für Bakterien, die bei der Zahnplaque- und Parodontoseentwicklung beteiligt sind. Die Entwicklung wirksamer Schutzimpfungen gegen diese Erreger ist dringlich.

3.1.7 Parasitologie

Parasitologie befaßt sich mit tierischen Endo- und Ektoparasiten sowie ihren Überträgern. Zu den Endoparasiten gehören Protozoen und Helminthen (Würmer). Zu den Ektoparasiten zählen z. B. Läuse, Wanzen, Flöhe und Spinnentiere wie Zecken und Milben.

Die Parasitologie ist ein interdisziplinäres Wissenschaftsgebiet. Angesichts der Tatsache, daß in manchen Regionen der Erde über 50% der Erkrankungen von Menschen und Nutztieren von Parasiten verursacht werden, sieht sie sich vor großen, noch unbewältigten Aufgaben. Weitere Probleme ergeben sich auch aus der Notwendigkeit, in der Parasitenbekämpfung neue Verfahren zu entwickeln, die nicht zu Umweltbelastungen oder Belastungen des Menschen führen. Entsprechend ihrer Struktur ist ihr Fortschritt abhängig von einer interdisziplinären biologischen Grundlagenforschung und einer intensiven anwendungsbezogenen Forschung. An den Hochschulen in der Bundesrepublik ist die Parasitologie organisatorisch in verschiedenen Bereichen verankert: in der Veterinärmedizin, der Humanmedizin und der Zoologie.

Grundlage aller Fortschritte ist die Klärung der **Lebenszyklen von Parasiten.** Hierzu gibt es originäre und international anerkannte Beiträge deutscher Arbeitsgruppen, besonders zur Ultrastruktur und Epidemiologie. Ein erheblicher Nachholbedarf besteht im Bereich immunbiologischer Untersuchungen. Hier geht es um die Klärung der bei einer Parasitose ablaufenden Immunmechanismen, die Charakterisierung der Art der Antigene, die eine schützende Immunantwort auszulösen vermögen, die Kultivierung biologisch relevanter Parasitenkomponenten und die Entwicklung geeigneter Methoden der Therapie und Prophylaxe. Gentechnische Verfahren zur Herstellung von Vakzinen wurden bisher kaum angewandt. Defizite sind aber auch in der **systematischen und taxonomischen Grundlagenforschung** gegeben, die an personeller Auszehrung leidet. Es ergibt sich das Bild einer wichtigen, in hohem Maße förderungsbedürftigen Disziplin. Dabei muß es primär darum gehen, neue Methoden zugänglich zu machen, was im Rahmen der Nachwuchsförderung am ehesten erreichbar sein dürfte. Die Entwicklung biotechnologischer Verfahren setzt eine interdisziplinäre Zusammenarbeit voraus. Hier wäre eine Konzentration auf geeignete Parasitenarten anzustreben und zu unterstützen.

Während diese Schrift in Druck geht, befindet sich eine Denkschrift der DFG zur Situation der tropischen Parasitologie in Vorbereitung.

3.1.8 Botanik

Die Beschäftigung mit Pflanzen ist so alt wie die Menschheit, die wissenschaftliche Auseinandersetzung mit Pflanzen so alt wie die Wissenschaft. Dies birgt die Gefahr, daß die Botanik einen etwas altmodischen Anstrich erhält. Gelegentlich wird sogar die hergebrachte Bezeichnung Botanik (von gr. „botanē", die Weide) in „Pflanzenbiologie" umbenannt.

Ihren Stellenwert als integraler Zweig der modernen biologischen Forschung erhält die Botanik vor allem durch

- verstärkte Heranbildung exzellenter Nachwuchswissenschaftler;

- vermehrte Integration moderner Richtungen, die biochemische, biophysikalische, molekularbiologische, systemanalytische, genetische und zellbiologische Methoden anwenden, um damit pflanzliche Objekte und typische Struktur- und Funktionsmerkmale des pflanzlichen Organismus zu untersuchen;

- die volle Einbeziehung aller verfügbaren und neu auftauchenden Methoden, sofern sie für die Lösung botanischer Probleme nützlich sind, auch in traditionelle Forschungsrichtungen wie die Pflanzensystematik;

- die weitere Verstärkung der Zusammenarbeit von Spezialisten bei der Aufklärung komplexer Sachverhalte.

Als Beispiele für Gebiete, die in den nächsten Jahren sicher oder voraussichtlich im Mittelpunkt des Interesses und auch der Förderung stehen werden, sollen folgende genannt werden:

Zweifellos wird der grundlegende biochemische Prozeß auf Erden, die **Photosynthese,** weiterhin intensiv bearbeitet werden; hier ist die Forschung in der Bundesrepublik Deutschland in den verschiedenen Richtungen weltweit in der Spitzengruppe zu finden. Aktuelle, häufig auch durch laufende Förderungsprogramme der DFG intensiv geförderte Teilaspekte sind hier: die molekularen Grundlagen der Biogenese von Plastiden in Abstimmung mit anderen kooperierenden Zellorganellen bzw. -kompartimenten (Sonderforschungsbereich 184 *„Molekulare Grundlagen der Biogenese von Zellorganellen",* München, ab 1987 gefördert); die Charakterisierung von Struktur, Funktion, Interaktion und Lokalisierung der Komponenten in der Thylakoidmembran (Sonderforschungsbereiche 168 *„Ionengradienten",* Bochum, 171 *„Membrangebundene Transportprozesse",* Osnabrück, beide ab 1984; 312 *„Gerichtete Membranprozesse",* Berlin, ab 1985); die Interaktionen zwischen photosynthetisierenden Chloroplasten und den übrigen Zellkompartimenten; die photosynthetische Stoffproduktion unter dem Einfluß von Außenfaktoren und in der Auseinandersetzung mit Konkurrenten und Symbionten (Forschergruppen *„Ökophysiologie",* Würzburg, und *„Stoffwechsel- und membranphysiologische Grundlagen ökologischer Anpassung von höheren Pflanzen",* Darmstadt).

Zusammenfassend ist zu sagen, daß gerade der derzeitige wie sicher auch der künftige Ansatz der Photosyntheseforschung sich vom molekularbiologischen bis zum ökophysiologischen Bereich erstreckt.

Auch andere spezifische pflanzliche Stoffwechselleistungen werden weiterhin intensiv bearbeitet werden. Zu nennen wäre hier die Reduktion und biosynthetische Verwertung von anorganischen Stickstoff- und Schwefelverbindungen im Anschluß an das 1987 auslaufende Schwerpunktprogramm *„Stoffwechsel anorganischer Schwefel- und Stickstoffverbindungen".*

Da **molekularbiologische Methoden** noch nicht ausreichend als methodische Hilfen in die Arbeiten über Systematik, Entwicklung, Stoffwechsel- und Bewegungsphysiologie und in die über ökologische Anpassung von Einzelpflanzen an spezielle Standortbedingungen einbezogen sind, wird ein Schwerpunktprogramm mit der umfassenden Thematik „*Molekularbiologie der höheren Pflanzen*" seit 1983 gefördert.

Die Verwendung dieser Methoden zur Lösung wichtiger wissenschaftlicher Fragestellungen muß in der Botanik selbstverständlich werden.

Wesentlich für den Einsatz gentechnologischer Methoden in der Botanik und in der Pflanzenzüchtung wird die klare Definition von Zielen eventueller Veränderungen sein: Man muß von der akademisch interessanten, praktisch zunächst bedeutungslosen Expression von bakteriellen Genen in höheren Pflanzen weiterkommen zum Transfer von wohldefinierten, funktionierenden Genen von Pflanzen auf Pflanzen. Es wäre auf diesem Forschungsgebiet auch ein Fortschritt, klarzulegen, was *nicht* geht oder jedenfalls in nächster Zukunft vermutlich nicht geht. Intelligente Fragestellungen für molekularbiologische Arbeiten werden in Zukunft wichtiger sein als die bloße Anwendung der Methoden!

Von Fortschritten biochemischer, biophysikalischer, immunologischer und molekularbiologischer Methoden wird auch die pflanzliche Entwicklungsphysiologie wesentlichen Nutzen haben. Auch hier ist die botanische Forschung in der Bundesrepublik auf einigen Gebieten international konkurrenzfähig. Hier wird weiterhin die Verknüpfung von äußeren Signalen mit direkt oder über Genaktivierung gesteuerten Reaktionsketten im Vordergrund des Interesses stehen (Sonderforschungsbereiche 176 „*Molekulare Grundlagen der Signalübertragung und des Stofftransportes in Membranen*", Würzburg, seit 1985 gefördert, und 206 „*Biologische Signalreaktionsketten*", Freiburg, seit 1983 gefördert).

Eine genuine Aufgabe der Botanik wäre es, besonders geeignete Modellobjekte für die entwicklungsphysiologische Forschung vorzustellen und Voraussetzungen für ihre Detailanalyse zu schaffen.

Nach längerer Stagnation scheint auch die Bearbeitung sensorischer Prozesse bei Pflanzen (vor allem die Charakterisierung von Rezeptoren und der sensorischen Transduktion) wieder in Gang zu kommen. Dieses Gebiet sollte im Auge behalten werden.

Die enormen Fortschritte in den verschiedenen Meß- und Auswertungsmethoden haben es möglich gemacht, einige alte Forschungsgebiete einer kausalen Analyse näher zu bringen und neue zu erschließen. Zu den ersteren gehören z. B. symbiontische – neues Schwerpunktprogramm „*Intrazelluläre Symbiose*" seit 1986 – und parasitische Lebenseinheiten oder so komplizierte Organismen wie die Bäume – neues Schwerpunktprogramm „*Physiologie der Bäume*" seit 1986. In dem zuletzt genannten Schwerpunktprogramm sollen in den nächsten Jahren Grundlagenerkenntnisse über die Physiologie gesunder Waldbäume erarbeitet werden, eine Aufgabe, die angesichts der Waldschädenprobleme außerordentliche Bedeutung hat.

Auch die bedeutenden Fortschritte auf dem Gebiet der **ökophysiologischen Forschung** gehen auf apparative und methodische Weiter- oder Neuentwicklungen zurück. Sie haben es auch in diesem Bereich ermöglicht, die internationale Spitzenstellung der deutschen Botanik zu halten und auszubauen. Auch hier gibt es bisher bereits einige Sonderforschungsbereiche der DFG: 137 *„Stoffumsatz in ökologischen Systemen"* (Bayreuth) und 305 *„Ökophysiologie"* (Marburg). Vor allem auch neue Ansätze zu biochemischen und molekularbiologisch erfaßbaren Anpassungen der Pflanzen an spezielle Standortbedingungen können gefördert werden.

Ein in intensiver Entwicklung begriffener Schwerpunkt botanischer Forschung ist derzeit und in den nächsten Jahren die Charakterisierung chemotaxonomisch wichtiger oder praktisch (z. B. pharmakologisch) interessanter Pflanzeninhaltsstoffe und die Aufklärung ihrer Biosynthese und ihrer Bedeutung für die Einzelpflanze und ihrer Auseinandersetzung mit ihrer biotischen und abiotischen Umgebung. Trotz einiger Spezialförderungen (z. B. Schwerpunktprogramm *„Wege zu neuen biotechnologisch relevanten Produkten";* Sonderforschungsbereich 145 *„Grundlagen der Biokonversion",* München) befindet sich das Gebiet durchaus noch in den Anfängen und sollte nachhaltig entwickelt werden.

Synökologische und Ökosystembetrachtungen sind bisher wegen ihrer Komplexität und der daraus zwangsläufig resultierenden Unschärfe in den wissenschaftlichen Aussagen ein Sorgenkind nicht nur, aber auch der Botanik. Hier wird vielleicht der Einsatz von innovativ-heuristischen anstelle von deskriptiven Modellen weiterführen. Eine verstärkte Zusammenarbeit mit Systemanalytikern und grundsätzliche Vertrautheit mit elektronischer Datenverarbeitung auch bei den Biologen ist hierfür Voraussetzung und ebenso für andere Arbeitsrichtungen nützlich.

Schließlich ist mit Nachdruck darauf hinzuweisen, daß auch klassische botanische Disziplinen wie Systematik, Morphologie, Pflanzengeographie, Arealkunde, Paläobotanik, Histologie, Cytologie etc. weiterhin ihre Bedeutung behalten, auch wenn sie nur partiell neue Methoden verwenden sollten. Es steht derzeit zu befürchten, daß viele Organismen, auch höhere Pflanzen (vor allem in den Tropen) aussterben, bevor sie überhaupt wissenschaftlich erfaßt sind.

Bei der **Nachwuchsausbildung** ist besonders zu beachten, daß die immer komplizierter werdenden Methoden unausweichlich eine hohe Spezialisierung verlangen werden, daß aber die umfassende biologische Betrachtung von komplizierten Organismen, Interaktionen zwischen Einzelorganismen und schließlich von Ökosystemen auch Biologen mit fundiertem Grundwissen verlangt. Die Lösung des Problems liegt in einer soliden Grundausbildung in der Biologie (mit Chemie und Physik) bis zum Diplom und in einer harten Spezialisierung während der Dissertation und in den ersten Jahren nach der Promotion.

3.1.9 Zoologie

Es ist kennzeichnend für die Betrachtungsweise der Zoologie, daß sie Tiere unter dem Aspekt der durch die Evolution gegebenen Diversifikationen zu verstehen versucht. Über den Vergleich arttypischer Anpassungen führt die von der Zoologie betriebene kausalanalytische Forschung einerseits zu wichtigen idealtypischen Fiktionen generalisierender Konzepte wie dem des Organismus, des Bauplans oder des Mechanismus, andererseits eröffnet sie darüber hinaus ein Verständnis der Vielfalt. Damit richtet sie ihr wissenschaftliches Vorgehen auf eine fundamentale Eigenschaft ihres Forschungsgegenstandes, der Tierwelt, aus. Dies erscheint heute um so wichtiger, als Eingriffe in die Natur ohne so geartete wissenschaftliche Begleitung hinsichtlich ihrer erstrebten Ziele wie hinsichtlich ihrer unerwünschten Folgen unkalkulierbar bleiben müssen. Die Zoologie wirkt so der Tendenz der anthropozentrischen Verallgemeinerung entgegen.

Vertreter des Faches haben dies zuletzt 1986 in einer Schrift „Zoologie 1985 – Bilanz und Perspektiven" begründet. Sie haben zugleich darauf hingewiesen, daß die Zoologie erstens dieses Konzept mit den auf andere Bereiche der Lebewelt ausgerichteten Disziplinen – Botanik, Mikrobiologie – teile, zweitens mit den auf eine einzelne Lebewesenart – z. B. den Menschen – ausgerichteten Wissenschaften aufs engste verzahnt sei und drittens in ihrem Fortschritt von der Berücksichtigung neuer methodischer Entwicklungen in anderen Fachgebieten, vor allem Biophysik und Biochemie, abhängig sei. Diesen Gegebenheiten entsprechend findet zoologische Forschung vielfach jenseits der traditionellen Grenzen des Faches statt.

Essentiell ist die **Zusammenarbeit** mit anderen biologischen, aber auch nichtbiologischen naturwissenschaftlichen Disziplinen **in der Ökologie.** An drei 1985 bzw. 1986 eingerichteten Sonderforschungsbereichen (305 *„Ökophysiologie",* Marburg; 179 *„Wasser- und Stoffdynamik in Agrarökosystemen",* Braunschweig; 327 *„Wechselwirkungen zwischen abiotischen und biotischen Prozessen in der Tide-Elbe",* Hamburg) und dem Schwerpunktprogramm *„Antarktisforschung"* sind zoologische Arbeitsgruppen beteiligt. Allerdings haben die zoologischen Anteile hier noch nicht die Stärke entwickelt wie im Sonderforschungsbereich 137 *„Stoffumsatz in ökologischen Systemen"* (Bayreuth), der 1981 eingerichtet wurde. Zweifellos besteht im Bereich zoologischer Ökosystemforschung ein Nachholbedarf. Ferner ist ein Defizit an ökophysiologischen Untersuchungen festzustellen. Immerhin gibt es eine Reihe von stoffwechselphysiologisch arbeitenden Gruppen, die vorbildliche Fallstudien über Anpassungsleistungen vorgelegt haben.

Die Förderung im Rahmen von Schwerpunktprogrammen (bis 1987: *„Stoffwechsel unter Extrembedingungen")* hat sich bewährt. Biochemisch arbeitende Tierphysiologen haben in diesem Feld ein hohes Niveau erreicht und erfolgreich Nachwuchsförderung betrieben. Themen aus der Anaerobioseforschung, aber auch aus der vergleichenden Toxikologie und Immunologie sowie aus physiologisch orientierten Teilgebieten der Parasitologie ließen sich von dieser Grundlage aus erschließen. Anders als in diesem um Fortschritt bemühten Gebiet gibt es in der zoologisch orientierten Systemphysiologie einen beträchtlichen Nachholbedarf.

In der seit 1987 geförderten Forschergruppe *„Membrankontrolle der Zellaktivität"* (Bochum) werden zoophysiologische Grundlagenuntersuchungen mit dem Ziel durchgeführt, Signalketten, die an der Zellmembran ihren Ausgangspunkt und in der physiologischen Zellantwort ihren Endpunkt haben, in ihren molekularen Einzelschnitten und ihren Verknüpfungen aufzuklären.

Besondere Aufmerksamkeit und Förderung verdienen auch Bemühungen, einen Schwerpunkt im Bereich der chemischen Ökologie zu begründen. Seit den Arbeiten Butenandts über Insekten-Pheromone hat die Zusammenarbeit von Zoologen und Chemikern auf diesem Gebiet in der Bundesrepublik Tradition. Ihre Fortführung und Intensivierung verspricht auch für Anwendungen im Bereich des integrierten Pflanzenschutzes wichtige Ergebnisse.

Zu begrüßen sind Versuche, in der **Tropenbiologie** aus dem gegenwärtigen Zustand der Zersplitterung herauszufinden. Die Forschung auf diesem Gebiet ist in der Bundesrepublik nicht zuletzt auch aus historischen Gründen rückständig; die Max Planck-Gesellschaft hat allerdings auf ausgesuchten Sektoren sehr erfolgreich „Kristallisationskeime" entwickelt. Eine Ergänzung dieser Forschungsansätze auf anderen Feldern unter Bündelung der Aktivitäten von Zoologen und Botanikern erscheint geboten.

Rezeptorphysiologen und Neurobiologen (s. dazu auch Abschnitt 3.1.11) haben ihre in der Zoologie dominierende Rolle behauptet. Ihre Beiträge sind auch international anerkannt. Die Stärke der Disziplin beruht auf einer beeindruckenden Methodenvielfalt, der Verschmelzung morphologischer, physiologischer, zell- und verhaltensbiologischer Ansätze und vielfältigen Wechselwirkungen mit anderen Disziplinen. Entsprechend der großen Zahl von Arbeitsgruppen, aber auch ihrer lokalen Konzentration, wird die Förderung der DFG auf allen Ebenen, im Normalverfahren wie in Schwerpunktprogrammen und Sonderforschungsbereichen, intensiv und mit beachtlichen Ergebnissen in Anspruch genommen. Aus dem 1985 ausgelaufenen Schwerpunktprogramm „Neurale Mechanismen des Verhaltens" ist eine beträchtliche Zahl sehr guter Nachwuchswissenschaftler hervorgegangen.

Gleichwohl sind biochemische, immunologische und genetische Ansätze bisher erst zögernd aufgenommen worden, wogegen in der **Konzentration auf verhaltensrelevante und evolutionsbiologische Aspekte** eine besondere Stärke zoologischer Forschung zu sehen ist. Vier Sonderforschungsbereiche (4 „Sinnesleistungen", Regensburg; 45 „Vergleichende Neurobiologie des Verhaltens", Frankfurt/Darmstadt; 204 „Hörsystem von Vertebraten", TU München; 307 „Neurobiologische Aspekte des Verhaltens", Tübingen) haben ihre Arbeit ganz auf unterschiedliche Bereiche des Gebietes konzentriert; in anderen sind zoologische Arbeitsgruppen maßgeblich beteiligt. In dem 1985 eingerichteten Sonderforschungsbereich 307 „Neurobiologische Aspekte des Verhaltens" (Tübingen) ist eine enge Zusammenarbeit mit Psychologie und Psychiatrie begonnen worden, an die sich besondere Erwartungen knüpfen. 1987 wird ein Schwerpunktprogramm „Dynamik und Stabilisierung neuronaler Strukturen" begonnen, das sich auf die kausale Analyse plastischer Anpassungsreaktionen des Nervensystems konzentrieren soll. Neue Konzepte und Methoden liegen vor; die evolutionsbezogene Analyse erscheint besonders lohnend. Aktive und kompetente Gruppen sind vorhanden, von denen zu erwarten ist, daß sie neue Methoden gezielt assimilieren. Darüber hinaus verdienen vergleichende Untersuchungen zur chemischen Kommunikation in Nervensystemen (Neuromodulation) nachdrückliche Förderung.

Die zunehmende Verwendung von Primaten in der Grundlagenforschung hat dazu geführt, daß im Schwerpunktprogramm „Biologische Grundlagen für die Primatenhaltung" wichtige Beiträge für den artgerechten Umgang mit diesen empfindlichen Tieren erarbeitet wurden, und zwar in Zusammenarbeit von Ethologie, Ökologie, Reproduktionsbiologie, Ernährungsphysiologie und Genetik.

Die **Ethologie** hat zweifellos von der stürmischen Entwicklung neurobiologischer Forschung bei der Analyse tierischen Verhaltens profitiert. Andererseits haben manche wichtigen Bereiche der Ethologie in den letzten Jahren nicht die ihnen zukommende Aufmerksamkeit gefunden. Zwar gibt es bedeutende und spezifisch förderungswürdige Gruppen, die die Zusammenhänge von Endokrinium und Verhalten studieren oder orientierungsphysiologische und ökoethologische Themen verfolgen, doch ist die in der internationalen Diskussion dominierende Soziobiologie im Ausland begründet und dort auch, vor allem in den USA und England, weiterentwickelt worden. Eine gezielte Förderung des wissenschaftlichen Nachwuchses, vor allem durch Ermunterung zur Arbeit im Ausland, wird helfen können, hier Lücken zu schließen.

In der **Entwicklungsbiologie** sind in den letzten Jahren eindrucksvolle Fortschritte erzielt worden. Ausgehend von der Prokaryontengenetik sind Fragen der Genexpression und Zellinteraktion klärbar geworden. Ein eindrucksvolles molekulares Methodenarsenal steht zur Verfügung. Allerdings ist die Entwicklung zum Teil an der Zoologie vorbeigegangen. Aber gerade für die Zoologie ergeben sich heute neue Möglichkeiten, da nun jenseits des Niveaus der Einzelzelle Differenzierungsprozesse bis hin zur Gestaltbildung einer Analyse zugänglich werden. Es besteht die Chance, mit biochemischen und biophysikalischen Methoden unter Zusammenarbeit mit Vertretern anderer Disziplinen, insbesondere auch der Genetik, organismisch orientierte Konzepte weiterzuentwickeln und damit an frühe Erfolge der in Deutschland beheimateten Entwicklungsmechanik und experimentellen Morphologie anzuknüpfen. Trotz punktuell vorzüglicher Arbeit ist auch in diesem Gebiet vor allem eine Verstärkung der Wechselwirkungen mit ausländischen Gruppen erforderlich. Das 1977 begründete Schwerpunktprogramm „*Verhaltensontogenie*" hat demonstriert, daß sich die Mühe eines konsequent weitergeführten Gespräches zwischen entwicklungsbiologisch ausgerichteten Zoologen, Neurobiologen, Anthropologen und Psychologen lohnt. Besonders eindrucksvoll erscheinen derzeit Ansätze aus der Entwicklungsbiologie des Zentralnervensystems und der Neurogenetik.

Unter den zoologischen Problemgebieten ist die taxonomisch-systematische Forschung – ihre Situation wurde bereits 1982 in der Denkschrift der DFG „Biologische Systematik" beschrieben – besonders hervorzuheben. Die zu geringe Berücksichtigung neuer Methoden und Konzepte in dieser Disziplin erschwert nicht zuletzt Wechselwirkungen mit anderen Gebieten wie der Ökologie und der Evolutionsbiologie. Mehr noch, sie bringt das Gebiet in Gefahr, für qualifizierte Nachwuchswissenschaftler unattraktiv zu werden.

Die hohe Bedeutung des Gebietes besteht aber fort. Förderungsmaßnahmen, die zur Anwendung und Weiterentwicklung z. B. biochemischer und cytogenetischer Methoden führten, könnten eine Neuorientierung einleiten. Unter wissenschaftspolitischen Gesichtspunkten ist zu hoffen, daß die zoologischen Museen, an denen sich die taxonomische Arbeit konzentriert, wieder stärker mit den zoologischen Instituten der Hochschulen verflochten werden.

Die Ergebnisse zoologischer Grundlagenforschung sind für eine Reihe von Anwendungsbereichen von erheblicher Bedeutung. In den letzten Jahren haben vor allem Belange des Naturschutzes, der Umwelttoxikologie und des integrierten

Pflanzenschutzes zu Nachfragen geführt. Die Zoologie hat sich hierfür in der Regel aufgeschlossen gezeigt. Sie wird auch in Zukunft – möglicherweise mehr als bisher – ihre Kompetenz zur Verfügung stellen müssen.

3.1.10 Entwicklungsbiologie

Während der Entwicklung vielzelliger Organismen entsteht aus einer anfänglich wenig strukturierten Eizelle ein Gebilde von zunehmender räumlicher und zellulärer Komplexität. Die Frage nach den molekularen Grundlagen der räumlichen Differenzierung ist schon früh gestellt worden, allerdings ist man mit den Methoden der klassischen Biologie über die Beschreibung von Systemeigenschaften nicht hinausgekommen. Immerhin haben die klassischen Arbeiten, die in Deutschland eine reiche Tradition haben, zu der Entwicklung von Gradientenkonzepten geführt, nach denen die Bildung von Organen und Strukturen verschiedener Qualität von der Quantität eines oder mehrerer Morphogene abhängt. Die eindeutige Identifizierung von solchen postulierten Morphogenen ist jedoch noch nicht gelungen.

Im letzten Jahrzehnt wurde das Problem mit neuer Methodik in verschiedenen Systemen wieder aufgegriffen. Dabei haben sich Arbeiten an Systemen, die sich durch sehr einfache Morphologie und Zellzusammensetzung *(Hydra* und *Dictyostelium* als Modellsysteme für Embryonen) auszeichnen, als besonders innovativ erwiesen. In *Hydra* sind einige morphogenetisch aktive Substanzen nachgewiesen und isoliert worden, während die Details der Zellproportionierung in *Dictyostelium* mit Hilfe von Mutanten erforscht wurden.

Die Untersuchungsansätze der embryonalen Musterbildung haben *Drosophila* in jüngster Zeit in den Mittelpunkt des Interesses gerückt. Hier ist es gelungen, in systematischen Mutageneseexperimenten die Majorität der Genfunktionen, die für die musterbildenden Prozesse eine spezifische Rolle spielen, zu identifizieren. In verschiedenen Fällen läßt sich aus der molekularen Analyse der Genexpression ein, wenn auch erst ungenaues, Bild der Art und Weise der Unterteilung des unstrukturierten Eis in Bezirke und später Segmente gewinnen. Die Identifizierung von Morphogenen als Produkte bestimmter Gene und ihre Isolierung ist in greifbare Nähe gerückt.

Die Rolle der Zell-Zell-Wechselwirkungen sowie der extrazellulären Matrix wird ferner in Vertebratenembryonen wie im Maus-System und in *Xenopus* untersucht. Das 1987 begonnene Schwerpunktprogramm *„Molekulare Grundlagen der biologischen Musterbildung"* hat sich zum Ziel gesetzt, die verschiedenen Ebenen der Analyse des analogen Prozesses in verschiedenen Organismen zu beleuchten und zu vergleichen.

3.1.11 Neurobiologie

In den letzten Jahrzehnten hat sich die Neurobiologie weltweit als ein fachübergreifendes Thema herauskristallisiert, dem sich vielfältige Forschungsinitiativen zuwenden. Das Nervensystem fasziniert als Kontrollorgan der Aktivität der Tiere und Menschen und letztlich als Grundlage sozialen Verhaltens von kulturellen und geistigen Leistungen.

Forschung über das Nervensystem bedingt in den meisten Projekten das Zusammenwirken spezifischer Techniken aus verschiedenen Fächern: Morphologie, Chemie, physikalische Chemie und Biophysik, Genetik, Immunologie, Zoologie, Verhaltensforschung, Physiologie, Pharmakologie, Neurologie, Psychiatrie, aber auch zunehmend Psychologie und theoretische Disziplinen wie Kybernetik und Informatik („Künstliche Intelligenz").

In der Bundesrepublik hat diese Forschungsrichtung einige Schwerpunkte: Zuerst wären die **Membrankanäle** zu nennen, Proteinmoleküle, die Poren durch die Zellmembran öffnen, wenn sich die elektrische Spannung über der Membran ändert, oder wenn sich z. B. ein Überträgerstoffmolekül an sie bindet. Die Porenöffnung leitet Informationen weiter, die der Membran als Überträgerstoff oder Spannungsänderung angeboten werden. Die Registrierung von Strömen durch einzelne molekulare Kanäle ist in der Bundesrepublik entwickelt worden, und zwar sowohl an Modellsystemen, Lipidmembranen, denen Porenmoleküle eingepflanzt wurden, wie auch an Zellmembranen aus Organpräparaten und Zellkulturen. Sie wird international erstklassig in mehreren Gruppen vorangetrieben. Die chemische Isolierung und Charakterisierung solcher Kanalmoleküle und ihre gentechnologische Synthese befindet sich im schnellen Fortschritt. Forschung an Membrankanälen wird besonders gefördert im Schwerpunktprogramm *„Molekulare Mechanismen zellulärer Signalaufnahme"* und in den Sonderforschungsbereichen 220 *„Funktionsgerichtete Anpassung und Differenzierung neuronaler Systeme"* (München), 236 *„Zelluläre Signalvermittlung"* (Göttingen), 246 *„Proteinphosphorylierung und intrazelluläre Kontrolle von Membranprozessen"* (Saarbrücken) sowie 317 *„Neuro-Molekularbiologie"* (Heidelberg).

Die **Genese von funktionell zusammenarbeitenden Nervenzellverbänden** und die Modulation ihrer Aktivität sind ein weiterer Schwerpunkt. Auf diesem Gebiet arbeiten die Forschergruppe *„Morphogenese im Nervensystem und ihre Beziehung zur Funktiogenese"* (Göttingen), der genannte Sonderforschungsbereich 220 sowie die Sonderforschungsbereiche 325 *„Modulation und Lernvorgänge in Neuronensystemen"* (Freiburg) und 156 *„Mechanismen zellulärer Kommunikation"* (Konstanz). Auch der bereits erwähnte Sonderforschungsbereich 246 in Saarbrücken berührt mit der Proteinphosphorylierung die Grundlage von Modulationsmechanismen.

Mit einer für Modulationsprozesse wichtigen Gruppe von Substanzen, den „Neuropeptiden", beschäftigt sich ein Schwerpunktprogramm seit 1986. Ein weiteres Schwerpunktprogramm, *„Dynamik und Stabilisierung neuronaler Strukturen",* wird ab 1987 gefördert. Die Möglichkeit, Zellen und ihre Verbindungen mit Nachweisreaktionen für ihre spezifischen Überträgerstoffe, aber auch durch monoklonale Antikörper gegen Membrankomponenten hochdifferenziert zu charakterisieren, hat die Aufklärung funktionell zusammenarbeitender Nervennetze außerordentlich gefördert. Ein wichtiger klinischer Bezug dieser Forschungen ist die fortschreitende Klärung der Mechanismen, die Krampfanfällen wie dem epileptischen Anfall zugrunde liegen. Zu diesem Thema hat das ausgelaufene Schwerpunktprogramm *„Epilepsieforschung"* wichtige Ansätze geliefert, die fruchtbar weiterbearbeitet werden.

Als letztes großes Schwerpunktgebiet soll das **Sinnessystem,** besonders des Sehens, Hörens und der Schmerzempfindung genannt werden. In diesen in der Bundesrepublik traditionell gut entwickelten Gebieten wirken Morphologen, Physiologen, Verhaltensforscher und Psychologen erfolgreich zusammen. Dieser Bereich wird besonders gefördert im Schwerpunktprogramm *„Nociception und Schmerz",* in dem Morphologen, Sinnesphysiologen, Biochemiker, Pharmakologen, Psychologen und Kliniker zusammenarbeiten, sowie dem oben angeführten Schwerpunktprogramm *„Molekulare Mechanismen zellulärer Signalaufnahme".* Ferner widmen sich den Sinnesorganen die Sonderforschungsbereiche 45 *„Neurobiologie des Verhaltens"* (Frankfurt/Darmstadt), 204 *„Hörsystem von Vertebraten"* (München) und 307 *„Neurobiologische Aspekte des Verhaltens"* (Tübingen).

In diesen Forschungsthemen und ihren Ergebnissen wird die weite Spanne von Prozessen der Signalaufnahme in Rezeptormolekülen bis hin zur Wahrnehmung und zu Verhaltensänderungen deutlich.

Die Neurobiologie hat in der Bundesrepublik insgesamt eine erfreuliche Entwicklung genommen; in einigen Gebieten können wir international gut mithalten. Nachteilig ist eine gewisse Zersplitterung: Vor allem in den USA wurden viele „Departments of Neurobiology" gegründet, in denen jeweils verschiedene Disziplinen auf das Nervensystem ausgerichtet sind. Die notwendige intensive fachübergreifende Zusammenarbeit, z. B. zwischen Chemikern und Physiologen, ist an den Universitäten in der Bundesrepublik sehr schwierig und meist nur innerhalb von Sonderforschungsbereichen möglich. Einige Max-Planck-Institute entwickeln sich zu „Departments of Neurobiology".

Zu einer besonderen Schwierigkeit für das Gebiet scheint sich die Nachwuchssituation zu entwickeln. Die Arbeit in den sich überschneidenden Grenzgebieten etablierter Fächer, kaum geschützt durch formelle Ausbildungsgänge und Karrieren, erfordert besonders hohe Qualifikation und Einsatz. Hier steht die Neurobiologie in Konkurrenz mit anderen innovativen Disziplinen und der Industrieforschung, und es macht große Schwierigkeiten, Stellen qualifiziert zu besetzen. Es gibt eine Reihe von Ansätzen, eine Art „post-graduate"-Ausbildung in Neurobiologie informell zu organisieren. Für die neurobiologische Forschung muß ferner eine ernste Behinderung der Tierversuche befürchtet werden. Versuche an Tieren sind für das Verständnis des Zusammenwirkens der Mechanismen im wichtigsten „menschlichen" Organ, dem Gehirn, notwendig. Solche eigentlichen Tierversuche haben nur einen kleinen Anteil an der gesamten neurobiologischen Forschung, die schon aus Gründen der besseren Kontrolle der Bedingungen meist an entnommenen oder in Kulturen gezüchteten Zellverbänden, Einzelzellen oder Zellbestandteilen arbeitet.

Die Integration der Einzelmechanismen durch Versuche am Gesamttier ist jedoch gerade für die Erforschung des Gehirns, dessen Systemeigenschaften gegenüber den Einzelmechanismen eine besondere Qualität haben, unbedingt erforderlich.

Materiell ist die neurobiologische Forschung durch den koordinierten Einsatz verschiedener Techniken wie z. B. Elektronenmikroskopie, Elektrophysiologie und Molekularkinetik aufwendig. Allgemein kostspielig ist die Ausstattung mit Rechnern zur Analyse der komplexen Versuchsergebnisse. Diese Analyse ist in vielen Gebieten schon zeit- und kostenaufwendiger geworden als das Experiment. Rechner werden zwar billiger, sie müssen jedoch in wachsender Zahl und Komplexität und in manchen Fachrichtungen an jedem Arbeitsplatz installiert werden. Besondere Schwierigkeit bereitet es, für diese Rechner und die Erstellung der Programme ausgebildetes technisches Personal zu gewinnen.

3.1.12 Immunbiologie

Molekularbiologische Methoden haben jetzt auch zunehmend Eingang in immunbiologische Arbeitsgruppen gefunden. Damit werden im Sonderforschungsbereich 74 *„Molekularbiologie der Zelle"* (Köln) interessante Untersuchungen über die Umschaltung von Immunsystem-Klassen bei der humoralen Immunreaktion durchgeführt, wobei hauptsächlich die noch unbekannten Mechanismen untersucht werden, die diese Vorgänge gerichtet ablaufen lassen. In Köln und im Sonderforschungsbereich 165 *„Genexpression in Vertebratenzellen"* (Würzburg) wurden und werden auch Gene von Lymphokinen kloniert und u. a. zu Expressionsstudien in Lymphozyten verwendet. Die durch die rekombinante DNA-Technologie bisher verfügbar gewordenen definierten Lymphokine, wie Interleukin-2, Interferongamma und BSF-1, haben jedoch insofern nicht ganz die Erwartungen erfüllt, als jedes dieser Lymphokine pleiotrope Effekte zeigt. Die Physiologie dieser Lymphokine ist deshalb noch nicht eindeutig geklärt. Hier zeichnet sich die Notwendigkeit ab, von reduktionistischen In-vitro-Systemen wieder zunehmend auf In-vivo-Versuche überzugehen.

In allen Fällen, wo es um die Reinigung und Strukturaufklärung immunologisch wichtiger Strukturen, wie Lymphokin-Rezeptoren oder anderer Interaktions-Moleküle, geht, waren entsprechende **monoklonale Antikörper** entscheidend. Besonders die Kombination der monoklonalen Antikörper-Technik mit anschließenden molekularbiologischen Methoden führte zu neuen und raschen Ergebnissen und ist damit unersetzlich geworden. Das wohl wichtigste Ergebnis der immunologischen Forschung der letzten drei Jahre, das durch diese Methoden möglich wurde, war die völlige Aufklärung der Struktur des T-Zell-Rezeptors und dessen Genetik. Daran waren zwar deutsche Gruppen nicht direkt beteiligt, aber ein Stipendiat der DFG arbeitete entscheidend während eines Aufenthaltes in den USA daran mit.

Mit der Aufklärung des T-Zell-Rezeptors sind die klassischen immunologischen Interaktionen zwischen Antigen- und Immunsystem, was die beteiligten Primärstrukturen betrifft, weitgehend verstanden. Zwei für die Grundlagen der

Immunologie wichtige Forschungsgebiete sollten jetzt vorrangig bearbeitet werden:

Zum einen sind **biophysikalische Untersuchungen** notwendig, z. B. über Konformationsänderungen bei der Interaktion der immunologisch wichtigen Strukturen wie Produkte des Haupthistokompatibilitätskomplexes (MHC), Antigen und Rezeptoren. Einer der Gründe, warum diese Forschungsrichtung in Deutschland bis jetzt fast völlig fehlt, ist in der Schwierigkeit einer wirklich wirksamen interdisziplinären Kooperation zu suchen.

Wenn durch die äußerst spezifische Interaktion zwischen Antigen allein oder Antigen und MHC-Produkt einerseits und den diese erkennenden Strukturen auf den Lymphozyten andererseits eine Immunreaktion ausgelöst wird, führt dies zu allgemein zellbiologischen Phänomenen wie Proliferation und Differenzierung von Zellen. Die Immunologie sollte sich deshalb zweitens stärker einer **zellbiologischen Betrachtungsweise** zuwenden und von der Faszination durch „spezifische" Initialschritte etwas lösen. Gerade weil Zellen des Immunsystems experimentell so leicht zur Proliferation und Differenzierung stimuliert werden können, bieten sie hervorragende Voraussetzungen für entsprechende zellbiologische Studien. Dem wird teilweise in den schon erwähnten Sonderforschungsbereichen 74 in Köln und 165 in Würzburg Rechnung getragen. Dort werden zur Zeit frühe Phänomene der Lymphozytenaktivierung, der Proliferationserhaltung, der Differenzierung und der Expression dabei beteiligter Gene, u. a. auch zelluläre Onkogene, untersucht.

Ein unverändert großes Interesse finden die Strukturen des **Haupthistokompatibilitätskomplexes** und ihre Funktionen bei immunologischen Zell-Zell-Interaktionen. Hier wurden insbesondere im Schwerpunktprogramm *„Immungenetik"* wichtige Ergebnisse über die Bedeutung einzelner Domänen der beteiligten Polypeptidketten sowie über ihre Beteiligung auch bei der Tumorabstoßung zum Teil mit modernen molekularbiologischen Methoden erzielt. In diesem Programm wurden außerdem die erste vollständige Aminosäuresequenz eines Klasse II HLA-Genproduktes sowie die Teilsequenz einiger anderer Produkte aufgeklärt.

Weitgehend unverstanden und nur teilweise bearbeitet ist das Phänomen der **„Selbsttoleranz" des Immunsystems,** insbesondere auch die Toleranzentstehung von T-Lymphozyten im Thymus. Zu diesem Fragenkomplex gehören aber auch Verluste der Selbsttoleranz, wie sie bei immunologischen Autoaggressions-Reaktionen vorliegen. Hier wurden besonders im Schwerpunktprogramm *„Persistierende Virusinfektionen"* wichtige neue Befunde erhoben, die die zentrale Bedeutung der MHC-Produkte auch in dieser Beziehung deutlich machen. Im gleichen Schwerpunktprogramm wurde ein neuer Typ von immunologischen Effektorzellen beschrieben, der für den Schutz gegen eine letale Cytomegalie-Virusinfektion verantwortlich ist. Von besonderer klinischer Bedeutung u. a. für die Transplantation sind Arbeiten, die seit 1986 im Sonderforschungsbereich 322 *„Lympho-Hämopoese"* (Ulm) gefördert werden.

Mit Autoimmunitätsproblemen, besonders auch aus klinischer Sicht, beschäftigen sich u. a. die Sonderforschungsbereiche 111 *„Lymphatisches System und experimentelle Transplantation"* (Kiel), 217 *„Regulation und Genetik der humanen Immunantwort"* (München) und 311 *„Immunpathogenese"* (Mainz). In diesen und in den Sonderforschungsbereichen 47 „*Virologie*" (Gießen), 120 „*Leukämieforschung und Immungenetik*" (Tübingen) sowie 136 „*Krebsforschung*" (Heidelberg) werden zum Teil Tumoren des lymphatischen Systems, insbesondere Leukämien, bearbeitet, Tumorzellmarker mit Hilfe monoklonaler Antikörper definiert und Forschungen zur Verbesserung der Knochenmarkstransplantation durchgeführt.

Eine noch ungelöste Aufgabe der immunologischen Forschung, die extreme Klinikrelevanz besitzt, ist die **Erzeugung humaner monoklonaler Antikörper.** Zwar können antikörperproduzierende Hybridome aus menschlichen Myelomen und menschlichen B-Lymphozyten grundsätzlich erzeugt werden, jedoch ist deren bisher erzielte Produktionsleistung enttäuschend. Abgesehen davon wird die Vielfalt humaner monoklonaler Antikörper wesentlich eingeschränkt bleiben müssen, solange eine In-vitro-Aktivierung von B-Lymphozyten mit beliebigen Antigenen nicht gelingt. Hier bietet sich zur Zeit nur die Alternative molekularbiologisch hergestellter Hybridgene aus Maus-variablen und humanen konstanten Genen an, die in geeigneten Vektoren in Eukaryontenzellen exprimiert werden können. Daß dies prinzipiell zur Erzeugung monoklonaler Hybrid-Antikörper möglich ist, wurde von einigen ausländischen Gruppen gezeigt. Ähnliche Versuche sind in der Bundesrepublik Deutschland noch selten.

Die Immunologie verdient wegen ihrer großen Bedeutung für viele biologisch-medizinische Forschungsrichtungen weiterhin langfristig konzipierte und finanziell angemessene Förderung mit besonderem Akzent auf interdisziplinärer Zusammenarbeit. Viele wichtige Fragestellungen stoßen in wissenschaftliches Neuland vor, in dem trotz großen Aufwands kurzfristige Erfolge oft nicht zu erwarten sind.

3.1.13 Biotechnologie

Biotechnologie befaßt sich als Wissenschaft mit dem Einsatz von Mikroorganismen, Pflanzen und Tierzellen oder deren Bestandteilen (z. B. Enzymen) in technischen Verfahren und industriellen Produktionsprozessen. Dabei wird das katalytische Potential von Zellen zur Lösung praktischer Probleme ausgenutzt. Es ist inzwischen möglich geworden, dieses Potential mit **gentechnologischen Methoden** gezielt zu verändern. Damit hat sich eine neue Dimension in dieser Forschung und ihrer Anwendung aufgetan. Die Bioverfahrenstechnik ist bei den Ingenieurwissenschaften unter „Verfahrenstechnik" behandelt; chemische Aspekte der Biotechnologie werden in Abschnitt 4.4 erörtert.

Biotechnologie basiert auf dem Wissen von Biologie, Chemie und Verfahrenstechnik. Die DFG sieht es als ihre Aufgabe an, die Grundlagenforschung auf diesen Gebieten breitgefächert zu fördern, denn nur so können langfristig Erfolge in der angewandten Forschung erwartet werden.

Mikrobiologen, Biochemiker, Genetiker, Verfahrens-, Meß- und Regeltechniker müssen bei biotechnologischen Forschungsvorhaben eng zusammenarbeiten. Die DFG hat in den letzten Jahren versucht, solche Zusammenarbeit zu initiieren und zu fördern. Zwei Sonderforschungsbereiche und ein Schwerpunktprogramm sind entstanden, die sich mit Grundlagen der Biotechnologie befassen.

Der Sonderforschungsbereich 323 *„Mikrobiologische Grundlagen der Biotechnologie"* in Tübingen (gefördert seit 1986) befaßt sich mit Problemen des **wirkungsorientierten Naturstoff-Screening,** wobei Stoffe aus Mikroorganismen mit Wirkung auf Eukaryonten im Vordergrund stehen. Hier werden Strategien für die Entwicklung von Testsystemen erarbeitet, mit denen Sekundärstoffe aus Mikroorganismen mit pharmakologisch interessanten Aktivitäten entdeckt werden können. Der Sonderforschungsbereich 145 *„Biologische, chemische und technische Grundlagen der Biokonversion"* in München (gefördert seit 1982) untersucht, wie relevante Stoffe biotechnologisch durch Mikroorganismen und Pflanzenzellen oder deren Enzyme gebildet oder umgewandelt werden und wie man die Bildung bzw. Umwandlung durch äußere Faktoren beeinflussen sowie genetisch und prozeßtechnisch steuern kann. Das Schwerpunktprogramm *„Wege zu neuen Produkten und Verfahren der Biotechnologie"* (gefördert seit 1986) hat sich zum Ziel gesetzt, an einzelnen Beispielen zu zeigen, wie Naturstoffe mit neuen Wirkungen gefunden und produziert werden und wie Enzyme zur Synthese von schwer zugänglichen Stoffen technisch eingesetzt werden können.

Die Gentechnik als Teildisziplin der Biotechnologie steht im Mittelpunkt eines weiteren Schwerpunktprogramms *„Experimentelle Neukombination von Nukleinsäuren (Gentechnologie)",* das bereits seit 1980 gefördert wird. Die Projekte des Programms befassen sich mit der Entwicklung von Methoden zur Synthese und Sequenzierung von Nukleinsäuren, mit der Anwendung von gentechnologischen Methoden z. B. für die Ermittlung von Struktur-Funktions-Beziehungen von Proteinen und mit Fragen zur Abschätzung von potentiellen Risiken beim Arbeiten mit neukombinierter DNA. Zu letzteren sollen Untersuchungen des horizontalen Transfers von neukombinierter DNA zwischen Bakterien und anderen Mikroorganismen unter Freilandbedingungen im Labor beitragen. Geplant sind auch Untersuchungen zur Stabilität und Ausbreitung von Mikroorganismen mit neukombinierter DNA und zur Persistenz von Pflanzen mit gentechnologisch veränderten Genomen. Experimente, bei denen solche Organismen gezielt in die Natur freigesetzt werden müssen, bedürfen in jedem Einzelfall der Zustimmung des Bundesgesundheitsamts (s. hierzu auch Abschnitt 3.1.1).

Proteine innerhalb oder außerhalb der Zellen bestimmen das Anwendungspotential in der Biotechnologie. Ein attraktives Zukunftsziel der biotechnologischen Forschung ist es, Proteinmoleküle mit neuen, bisher unbekannten Eigenschaften (Stabilität, Aktivität, Spezifität) mit Hilfe von Computern am Bildschirm konstruieren zu können (Computer aided molecular design) und in Zellen synthetisieren zu lassen, um so zu einer **„synthetischen Biologie"** zu kommen. Dieses **„Protein-Engineering"** setzt Kenntnisse über Struktur-Funktions-Beziehungen von Proteinen voraus, die bisher noch weitgehend fehlen. Um solche Beziehungen aufzuklären, muß nicht nur die Primärstruktur von Proteinen ermittelt und gezielt verändert werden können. Es ist auch notwendig, die Sekundär-, Tertiär-, und Quartärstruktur zu bestimmen und die Protein-Substrat- und Protein-Protein-Wechselwirkungen sowie den Katalysemechanismus von Enzymen zu analysieren, da diese noch nicht (vielleicht auch nie) aus der Primärstruktur der Proteine allein abgeleitet werden können. Die zur Zeit etwas vernachlässigte Proteinforschung wird in der Biotechnologie in Zukunft eine dominierende Rolle spielen.

Es gibt eine immer stärker werdende Tendenz, den Begriff Biotechnologie weiter zu fassen und darunter auch die gezielte züchterische Verbesserung von Pflanzen und Tieren mit gentechnischen und fertilisationstechnischen Methoden einzubeziehen. Für diese Forschungsrichtungen sei auf das Kapitel „Agrar- und Forstwissenschaften" (Abschnitt 3.5) verwiesen.

3.2 Humanmedizinisch-theoretische Forschung

3.2.1 Einleitung

Die Entwicklung in den naturwissenschaftlichen Grundlagenfächern der Medizin ist u. a. dadurch charakterisiert, daß die methodischen und historisch bedingten Grenzen der klassischen Einzeldisziplinen Anatomie, Physiologie und Physiologische Chemie mit ihren strukturell bzw. funktionell orientierten Betrachtungsweisen immer unschärfer und durchlässiger werden. So erfordert z. B. eine funktionelle Morphologie in den ursprünglich mehr deskriptiven Fächern der Anatomie, Embryologie und Pathologie eine immer stärkere Ergänzung durch biochemische und zellbiologische Methoden und Fragestellungen. Umgekehrt bedürfen zellbiologische Arbeiten im Tierversuch, an isolierten Organen oder an Zellkulturen und neuerdings an artifiziellen Co-Kultursystemen, die künstlichen Organen nahekommen, zugleich morphologischer Techniken.

Dies wird für die Zukunft in verstärktem Maß dazu führen, daß für solche interdisziplinären Forschungsansätze und ihre Methodenvielfalt in den Instituten vermehrt Dauerpositionen für „fachfremde" Mitarbeiter aus naturwissenschaftlichen Nachbarfächern, vor allem auch aus der Biologie benötigt werden. Das hat naturgemäß auch kostenintensive Auswirkungen auf die Ausstattung, so daß sich in vielen Fällen eine Modifikation des in der Forschungsförderung wichtigen Begriffs der fachspezifischen Grundausstattung ergeben kann. Die Investitionskosten für analytische Großgeräte sowie der Aufwand für deren Wartung und Bedienung werden verstärkte Überlegungen zu ihrer optimalen Nutzung, z. B. in Servicezentren oder durch räumliche Zusammenführung der beteiligten Arbeitsgruppen, erfordern.

Durch diese Entwicklung wird die theoretische Grundlagenforschung in der Medizin zunehmend Bestandteil der allgemeinen Biologie und entfernt sich damit zugleich auch von der Forschung in der klinischen Medizin. Medizinische Grundlagenforschung wird infolgedessen oft von Naturwissenschaftlern und immer weniger von approbierten Medizinern auf internationalem Niveau vorangetrieben. An vielen Universitäten wird dieses Auseinanderdriften durch die Trennung in Fakultäten/Fachbereiche der theoretischen und der klinischen Medizin akzentuiert, in denen unter Umständen wissenschaftliche Leistungen in Promotion, Habilitation oder bei Berufungen nach unterschiedlichen Kriterien bemessen werden.

Damit sind nachteilige Auswirkungen auf die Heranbildung eines qualifizierten wissenschaftlichen Nachwuchses für die klinische Forschung verbunden, zumindest soweit dieser früher für zwei bis drei Jahre Stellen in den theoretisch-medizinischen Instituten durchlaufen und sich durch seine Mitarbeit methodisch weiterbilden konnte. Hier kommt den Ausbildungsstipendien der DFG und dem neuen Instrument der Postdoktorandenförderung eine erhöhte Bedeutung zu. Es bleibt zu prüfen, inwieweit auch die vom Wissenschaftsrat vorgeschlagene Einrichtung von Graduiertenkollegs an herausragenden Forschungsschwerpunkten der Universitäten hierzu genutzt werden kann.

Entscheidend für die unverändert notwendige **enge Verknüpfung zwischen Theorie und Praxis,** d. h. zwischen der Aufklärung medizinisch wichtiger biologischer Phänomene durch Grundlagenfächer und der Erforschung von Krankheitsursachen und -entstehung sowie von Krankheitserkennung und -behandlung durch die klinischen Disziplinen, wird aber vor allem die Förderung eines engen projektbezogenen Verbunds zwischen beiden sein, um sowohl das methodische Know-how als auch die thematischen Anstöße wechselseitig und möglichst rasch zu transferieren. Hierzu bietet sich Gelegenheit vor allem bei der Konzeption und Einrichtung von Forschergruppen, Schwerpunktprogrammen und Sonderforschungsbereichen.

Dabei wird noch stärker als bisher darauf zu achten sein, daß unter einem gemeinsamen Oberthema nicht nur unabhängige Einzelprojekte nebeneinander bearbeitet werden, sondern eine echte Verzahnung dadurch erreicht wird, daß jeweils klinische Projekte von der Mitarbeit von Theoretikern und umgekehrt grundlagenwissenschaftliche Projekte von der Mitwirkung von Klinikern abhängig gemacht werden.

3.2.2 Anatomie und Pathologie

Die rasche Weiterentwicklung der Zellbiologie, die durch eine interdisziplinäre Zielsetzung charakterisiert ist, wird die Forschungsarbeit in den morphologisch ausgerichteten Fächern zunehmend stärker beeinflussen. In diesem Zusammenhang werden immunzytochemische, molekularbiologische und bildanalytische Verfahrensweisen eine wachsende Bedeutung haben. Die thematisch und methodisch bedingte Überschreitung der Grenzen zwischen den klassischen Disziplinen wird eine entsprechende Anpassung der Forschungsplanung und -förderung erfordern. Bei der intensiven Beschäftigung mit molekularen Sachverhalten darf aber nicht die Bedeutung dieser Erkenntnisse für den ganzen Organismus aus den Augen verloren werden. Systemzusammenhänge, die der Erhaltung des Individuums und der Art dienen, haben einen übergeordneten Stellenwert. Rein vergleichende, deskriptive Forschung ohne funktionelle, analytische Bezüge erscheint wenig aussichtsreich.

Gute Ansätze für **moderne zellbiologische Entwicklungen** sind in der Bundesrepublik Deutschland vorhanden, sie müssen aber im Hinblick auf die in der nächsten Dekade zu erwartenden Fortschritte konsequent ausgebaut werden. Der Trend dieser Entwicklungen wie auch der konzeptuelle und technische Standard können schon jetzt anhand der führenden internationalen Publikationsorgane erkannt werden. Unsere Naturwissenschaftler müssen so früh und so direkt wie nur möglich mit dem internationalen Standard der zellbiologischen und funktionell-morphologischen Forschung vertraut werden. Zell- und molekularbiologische Gesichtspunkte bilden eine Brücke von der normalen biologischen zur pathologisch veränderten Struktur. Im Vergleich zur Ära vor der Elektronenmikroskopie und der molekularbiologisch orientierten Zellbiologie sind auch die Grenzen der morphologisch orientierten Fächer zur Physiologie und Biochemie viel durchlässiger geworden. Diesen Gesichtspunkten ist bei der Förderung von Einzelforschern und Forschergruppen Rechnung zu tragen. Insgesamt reflektiert die Entwicklung der wissenschaftlichen Erkenntnisse auch in den morphologisch orientierten Fächern den Standard des technischen Fortschritts. Im einzelnen sei auf die folgenden Aspekte hingewiesen:

Die **Immun-Zytochemie und -Histochemie** hat nicht nur bei der Sichtbarmachung und Lokalisation von Zellen, die lebenswichtige Wirkstoffe produzieren, eine eminente Rolle gespielt. Sie hat bereits jetzt eine außerordentliche Bedeutung in der Pathologie; z. B. ist aus einer modernen Klassifizierung maligner Tumoren und zum Teil auch aus der Beurteilung des Malignitätsgrades die Anwendung dieser Methoden nicht mehr wegdenkbar. Dabei ist die Methodenentwicklung noch im Fluß, und die Zahl der Anwendungsgebiete nimmt zu: Neben dem Nachweis von Zytoskelettstrukturen, Membranantigenen, aber auch bereits Rezeptorstrukturen, ergeben sich große methodische Fortschrittsmöglichkeiten auch bei der Ursachenforschung in der Pathologie, z. B. durch den Nachweis viraler Antigenstrukturen, und zwar auch dann, wenn sie in zelleigene Kernstrukturen integriert sind. Die zunehmende Anwendung der In-situ-Hybridisierungstechniken ist in der Pathologie deshalb so bedeutsam, weil hier die Brücken zu anderen theoretischen Fächern (Virologie, Zellbiologie usw.) geschlagen werden. Pathologie und allgemeine Zellbiologie haben hier einen direkten Zugang zu den molekularbiologischen Untersuchungsmethoden. Die Ausbildung wissenschaftlichen Nachwuchses gerade auch durch Stipendien ist hier besonders wichtig, wobei Ausbildungsmöglichkeiten sowohl in der Bundesrepublik als auch in den USA, England und Schweden bestehen. Die Forschungsförderung in der Anwendung immunzytochemischer Methoden ist dann besonders sinnvoll, wenn diese Verfahren nicht stereotyp (nur mit kommerziell beschafften Antikörpern), sondern mit analytischem Verstand, geschärft durch eigene präparative Erfahrung, eingesetzt werden. Besondere Beachtung ist hierbei der Entwicklung der verschiedenen Techniken der In-situ-Hybridisierung zu schenken. Molekularbiologisches Arbeiten hängt vielfach von der souveränen Anwendung der In-vitro-Techniken ab. Als Voraussetzung dafür können erhebliche Investitionen auf dem Sektor der Gewebe- und Organkultur erforderlich werden.

Eines besonderen Anstoßes bedarf in der Bundesrepublik Deutschland die **molekulare und experimentelle Embryologie** einschließlich der Neuroembryologie. Auf dem Gebiet der Embryologie war Deutschland in den zwanziger und dreißiger Jahren dieses Jahrhunderts führend (Spemann, Paul Weiss, Mangold). Zur Zeit arbeiten in der Bundesrepublik Deutschland nur wenige Biologen und Mediziner über diese Fragen. Die Bedeutung dieses Ansatzes zur Lösung von Fragen der Teratologie kann nicht hoch genug angesetzt werden.

Eine besondere Aufmerksamkeit verdienen weiterhin moderne **Fluoreszenzverfahren,** die Stoffe und Stoffwechselprodukte in ihrer exakten Lokalisation im Gewebeschnitt zu erfassen erlauben. Diese Verfahrensweisen spielen eine zunehmende Rolle in der neuropathologischen Hirnforschung, vor allem unter funktionellen und pathophysiologischen Gesichtspunkten (Ischämie, Hirninfarkt, Hirntumoren).

In der Zukunft werden die mit morphologischen Methoden arbeitenden Disziplinen in hohem Maße auf **Bildanalyse- und -rekonstruktionsverfahren** angewiesen sein. Diese Instrumente haben inzwischen einen bemerkenswerten Reifegrad erreicht. Eine besondere Rolle spielen solche Bildanalysen in der Hirnforschung, da sie die Quantifizierung von Differenzierungsvorgängen, involutiven Veränderungen und krankhaften Prozessen erlauben. Ist die Immunzytochemie auf die Mitwirkung von biochemisch ausgebildeten Forschern angewiesen, so sind beim Einsatz der Bildanalyseverfahren Mathematiker und Physiker unerläßlich. Für solche Fachleute sind oft Planstellen erforderlich, die aber nicht kapazitätswirksam werden dürfen.

Auf dem Sektor der **Elektronenmikroskopie** ist das Erscheinen einer neuen Generation von elektronisch gesteuerten Geräten zu verzeichnen. Der Vorzug dieser Geräte ist nur zu einem geringeren Teil im Bedienungskomfort zu suchen. Vielmehr zeichnen sie sich durch eine ganze Reihe von wesentlichen technischen Vorzügen aus. So kann man mit diesen Instrumenten auch dickere Gewebeschnitte untersuchen und immunzytochemische Präparate ohne Anwendung von Schwermetallkontrastierung photographieren. Ersatzbeschaffungen von Elektronenmikroskopen, die an Instituten mit morphologischem Schwerpunkt zur Grundausstattung gehören, sind auf dem universitären Sektor mit zunehmenden Schwierigkeiten verbunden. Die Elektronenmikroskope aus der Generation der frühen sechziger und siebziger Jahre, die – gut gewartet – noch an vielen Laboratorien zu finden sind, zeigen jetzt solche Verschleißerscheinungen, daß – beim Fehlen von Ersatzteilen – in zahlreichen Fällen mit ihrem totalen Ausfall gerechnet werden muß. Es muß aufmerksam verfolgt werden, wie – in Verbindung mit der Elektronenmikroskopie – akustische und Laser-Mikroskopie Eingang in die Zellbiologie finden werden.

Der interdisziplinäre Ansatz und der Stand der wissenschaftlichen Grundausbildung haben zur Folge, daß in steigendem Ausmaß einerseits Physiologische und Biochemische Institute Anträge auf Elektronenmikroskope stellen werden, andererseits schon jetzt Anatomische und Pathologische Institute in ihrer Forschungsarbeit auf Ultrazentrifugen, Gamma-Counter, HPLC-Geräte usw. angewiesen sind. Auch hier führt der wissenschaftliche Fortschritt zu einer Neudefinition der Grundausstattung.

3.2.3 Physiologie und Pathophysiologie

Die beiden Fächer untersuchen die normalen und pathologisch veränderten Funktionen des lebenden Organismus, analysieren die den Organ- und Zellfunktionen zugrundeliegenden Mechanismen und setzen sie mit den morphologischen Strukturen in Beziehung. Auf diese Weise arbeitet z. B. in Heidelberg eine anatomisch-physiologisch und pharmakologisch ausgerichtete Forschergruppe seit 1986 an dem Thema „*Funktionelle und strukturelle Adaptation der Niere*". Bestimmte Regulationsvorgänge, z. B. bei Hypertonie, Ischämie, Salzmangel oder Salzbelastung, werden von verschiedenen Seiten gleichzeitig und durch aufeinander abgestimmte Versuche angegangen. Wie sich schon bisher abgezeichnet hat, werden die Grenzen zwischen biophysikalisch und biochemisch orientierter Strukturforschung immer fließender. Physiologie läßt sich deshalb weder von den Methoden noch von der Zielsetzung her von den benachbarten Fächern, vor allem von Molekularbiologie, Biophysik und Biochemie, scharf abgrenzen. Moderne elektrophysiologische Methoden (Mehrfach-Elektrodenableitungen zur Potentialdifferenz- und Ionenaktivitätsmessung, ferner die von Neher und Sakmann entwickelte Patch-clamp-Technik, Impedanzanalyse u. a.), biochemische Trennmethoden, methodische Innovationen wie NMR-Spektroskopie, Positronen-Emissions-Spektroskopie und Mössbauer-Spektroskopie werden Eingang in immer mehr Laboratorien aller medizinischen Grundlageninstitute finden und zu einer sehr kostenintensiven Entwicklung führen.

Hinzu kommt, daß in Neuland vordringende Projekte sich immer intensiver immunologischer, genetischer und molekularbiologischer Methoden bedienen werden. Bei den absehbaren apparativen Innovationen bringt diese Entwicklung erhebliche Probleme mit sich. Großgeräte erfordern die Installation, Wartung und Überwachung durch fachexterne Wissenschaftler (Chemiker, Medizinphysiker, Mathematiker, Programmierer). Für diese müssen an medizinischen Grundlageninstituten vermehrt Stellen, auch Dauerstellen mit Zukunftsperspektiven, zur Verfügung gestellt werden. Die parallele Ausrüstung verschiedener medizinischer Grundlageninstitute mit teuren Geräten wird außerordentlich kostenintensiv sein. Es ist deshalb dringend geboten, einen besseren Verbund solcher Institute, z. B. im Rahmen von Forschergruppen oder, wo immer möglich, von Sonderforschungsbereichen, herzustellen. Nur so werden eine effiziente Gerätebeschaffung und der gebotene Austausch von Software und wissenschaftlichem Know-how zu bewältigen sein.

Ein besonderes Problem ist die zunehmende Erschwernis der Durchführung von Tierversuchen, vor allem an höheren Vertebraten. Der Zustand scheint durch die Novellierung des Tierschutzgesetzes nicht verbessert worden zu sein. In einer Zeit, in der zu viele Medizinstudenten zu theoretisch ausgebildet werden, droht nicht nur Gefahr für die Erforschung physiologischer und pathophysiologischer Grundmechanismen, sondern auch für den Unterricht in den experimentellen medizinischen Fächern wie z. B. im physiologischen Praktikum. Mit Nachdruck ist darauf hinzuweisen, daß nicht nur das Recht, sondern sogar die Pflicht zur Erforschung von physiologischen und pathophysiologischen Grundmechanismen besteht – wenn unumgänglich, auch in

Tierversuchen – und daß sogenannte „alternative Methoden" in aller Regel „zusätzlich verfügbare Methoden" sind (z. B. Experimente an Zellkulturen), die In-vivo-Tierversuche nicht vollständig ersetzen können.

Im Bereich der physiologischen Grundlagenforschung zeichnen sich folgende Schwerpunkte ab: die Aufklärung von Membranprozessen in erregbaren Strukturen, neuerdings auch an in vitro kultivierten Zellen des Herzens, der quergestreiften und glatten Muskulatur, Untersuchung von Calcium- und Kalium-Strömen mit Hilfe moderner elektrophysiologischer Methoden, Erfassung intrazellulärer Signalübermittlung durch second messenger wie cAMP, cGMP, ITP, Messung von intrazellulären Calcium-Konzentrationen und deren Änderung sowie Mechanismen der intrazellulären Calcium-Freisetzung. Untersuchungen dieser Art werden nicht nur unsere Kenntnis der physiologischen Grundlagen z. B. der Muskelkontraktion erweitern, sondern auch das Verständnis für pathologische Fehlfunktionen etwa des Herzmuskels bei Herzinsuffizienz oder der glatten Gefäßmuskulatur bei Hypertonie verbessern.

Ein weiteres Gebiet ist die Analyse von Grundmechanismen, die den trans- und parazellulären Flüssigkeits- und Stofftransport, vor allem den Nettotransport von Ionen durch epitheliale Membranen vermitteln. Solche Untersuchungen werden sich auf die verschiedenen biologischen Systeme wie Nierenkanälchen, den Magen-Darm-Kanal, Speichel- und Schweißdrüsen, Cornea und Linsenepithel des Auges und andere Membranen erstrecken. Das Ziel ist die Charakterisierung der einzelnen an der Aufrechterhaltung von extra- und intrazellulären Gradienten und am transepithelialen Nettotransport beteiligten Elementarvorgänge. Ein besonders aktuelles Gebiet ist das Studium des Ionentransports durch die Schlußleisten der epithelialen Membranen und der Mechanismen der Regulation der Permeabilität dieses Transportweges. Um die Eigenschaften von Ionencarriern und -kanälen in Zellmembranen zu erfassen, steht neuerdings ein großes Arsenal moderner Methoden zur Verfügung, die mit Erfolg an In-vivo- und In-vitro-Präparationen sowie an Zellkulturen und Zellinien angewandt werden.

Im Bereich der Endokrinologie konzentriert man sich auf die Analyse von neu entdeckten bzw. bisher unvollständig beschriebenen Hormonen (z. B. Peptide aus der Herzmuskulatur, Epiphysenhormone, Hormone, die in der Wand des Magen-Darm-Kanals gebildet werden), aber auch auf die Beschreibung von neuronotrophen Faktoren und Transmittern. Vor allem das Gebiet der Neuroendokrinologie wird sich rasch erweitern. Schließlich gewinnen Untersuchungen über den Hormonstoffwechsel in epithelialen Organen (z. B. Abbau von Corticosteroiden und Proteohormonen in der Niere) zunehmend an Bedeutung.

In der klassischen Physiologie der Organe und Organsysteme sind in den letzten Jahren gewisse Schwerpunktverlagerungen eingetreten. So konzentrieren sich die Arbeiten auf dem Gebiet der Kreislaufphysiologie hauptsächlich auf die Untersuchung der Mikrozirkulation und der Rheologie. Weitere Vorhaben beschäftigen sich mit der Aufklärung physiologischer Funktionen des Gefäßendothels. Auf dem Gebiet der Atmungsphysiologie liegen die Schwerpunkte derzeit auf der Analyse des Atemgasaustausches in den Geweben der Rhythmogenese des zentralen Atmungsantriebs. Während im Bereich der Nierenphysiologie – nicht zuletzt durch die Aufklärung der elementaren Transportprozesse – bedeutende Fortschritte erzielt werden konnten, hat die Physiologie des Gastrointestinaltrakts in der Bundesrepublik bisher noch nicht genügend Beachtung gefunden. Erfolgversprechende Forschungsinitiativen auf dem letztgenannten Gebiet sollten daher nachdrücklich gefördert werden. Für die Physiologie des Zentralnervensystems und der Sinnesorgane sind in Zukunft verstärkte Aktivitäten zu erwarten, deren Hauptziel die Aufklärung der Informationsverarbeitung in komplexen neuronalen Netzwerken sein dürfte. Ansätze hierzu bieten Untersuchungen zum Informationsfluß in kleinen Neuronenverbänden und zur Plastizität der Synapsen. Verstärkte Bemühungen zeichnen sich auch auf dem Gebiet der Schmerzforschung ab (vgl. Abschnitt 3.1.11, „Neurobiologie").

Physiologische Forschung hat darüber hinaus auch klinischen Bezug. Während die pathologische Morphologie schon seit langem als Grundlagenfach der klinischen Medizin fest etabliert ist, hat sich die pathologische Physiologie in der Bundesrepublik nur zögernd entwickelt. Zwar beschäftigen sich einige Arbeitsgruppen mit Problemen der Pathophysiologie, die Möglichkeiten der interdisziplinären Zusammenarbeit werden dabei jedoch nicht genug genutzt.

Aufgrund der gegebenen methodischen Voraussetzungen erscheint es zweckmäßig, Forschungsinitiativen zu fördern, die zur Aufklärung der Pathomechanismen bei folgenden Krankheiten und Funktionsstörungen beitragen können: Störungen der Erythro- und Leukopoiese, Hämostasestörungen, Myokardinsuffizienz, Hypertonien, obstruktive und restriktive Ventilationsstörungen, Störungen des Elektrolyt- und Säure-Basen-Haushalts, chronische Niereninsuffizienz und akutes Nierenversagen, intestinale Malabsorptionen und Motilitätsstörungen des Gastrointestinaltraktes, endokrine Störungen, neurologische Störungen und Funktionsstörungen der Sinnesorgane.

Auf dem Gebiet der Pathophysiologie der Tumoren sind wichtige Impulse von Arbeitsgruppen in der Bundesrepublik ausgegangen. An Tumormodellen (z. B. Tumorzellkolonien, Sphäroide, transplantierte Tumoren) konnten in vivo und in vitro der Einfluß des extrazellulären Milieus auf das Tumorwachstum sowie die Wirkung wachstumsfördernder und -hemmender Faktoren analysiert werden. Dieses Gebiet erscheint in besonderem Maße entwicklungsfähig.

Fortschritte sind außerdem zu erwarten bei der Entwicklung computergestützter Verfahren zur Prognose funktioneller Veränderungen im Elektrolyt-, Säure-Basen- und Glucosehaushalt sowie zur Therapieführung bei Dialyse, Beatmung und Insulinzufuhr. Der Ausbau dieser Verfahren zu geregelten Systemen ist davon abhängig, inwieweit es gelingt, implantierbare Sensoren mit Langzeitstabilität zu entwickeln.

Alle Aktivitäten auf dem Gebiet der Pathophysiologie und der klinischen Methodik können letztlich nur erfolgreich sein, wenn Wissenschaftler aus den Bereichen der Grundlagenforschung und der klinischen Medizin eng zusammenarbeiten.

3.2.4 Pharmakologie und Toxikologie

Unter den medizinisch-theoretischen Grundlagenfächern ist die Pharmakologie zwischen Molekularbiologie, Biochemie, Physiologie und Genetik einerseits und klinischen Disziplinen, vor allem der Inneren Medizin, andererseits am deutlichsten interdisziplinär orientiert, wobei die Grenzen zu den Nachbarfächern fließend sind. Dies bestimmt auch ihre Methodenvielfalt von der Zellbiologie über biochemische und immunologische Analytik bis zur Kombination mit der klinischen Forschung. Nicht wenige Hauptthemen heutiger biomedizinischer Forschung entstammen pharmakologischen Fragestellungen und stehen weiterhin im Mittelpunkt von Pharmakologie und Toxikologie.

In diesem Zusammenhang ist vor allem das umfassende, heute in zahlreichen Grundlagenfächern bearbeitete Thema der **zellulären Signal- bzw. Informationsübertragung** zu nennen (s. auch Abschnitt 3.1.2, „Biochemie"). Hier zuerst wurden Membranrezeptoren für Hormone und Neurotransmitter erkannt und Ionenkanäle für transmembranöse Ionenbewegungen zwischen Zellinnerem und Zellmilieu identifiziert. So wurden in den letzten Jahren zahlreiche Membranrezeptoren, die für die biologische Wirkung endogener und exogener Wirkstoffe wie z. B. Pharmaka oder toxische Chemikalien entscheidend sind, differenziert und in ihrer Struktur aufgeklärt und die nachgeschalteten Vorgänge wie Öffnung oder Schließung von Ionenkanälen, Aktivierung membranständiger Enzyme oder die Transkription im Zellkern analysiert. Hier ist von kommenden Arbeiten zu erwarten, daß lückenlose Reaktionsketten vom Rezeptor über Koppelungsproteine zu den intrazellulären Enzymsystemen der zyklischen Nucleotide und zum Inositoltriphosphat bis zur Modulation spezifischer Zellfunktionen aufgeklärt werden. Damit werden sowohl normale Funktionsabläufe wie vor allem ihre Beeinflussung durch Arzneimittel und Gifte mit bisher ungeahnter Genauigkeit zugänglich werden.

Untersuchungen mit dieser Zielsetzung werden in mehreren Schwerpunktprogrammen und Sonderforschungsbereichen gefördert, z. B. in den Schwerpunktprogrammen „*Molekulare Mechanismen zellulärer Signalaufnahme*", „*Physiologie und Pathophysiologie der Eicosanoide*" und „*Mechanismen toxischer Wirkungen von Fremdstoffen*" sowie in den Sonderforschungsbereichen 160 „*Eigenschaften biologischer Membranen*" (Aachen/Jülich) und 156 „*Mechanismen zellulärer Kommunikation*" (Konstanz).

Viele wichtige Pharmaka wirken durch die Beeinflussung der hiermit verbundenen Transportmechanismen wie z. B. die Calciumantagonisten bei Angina pectoris, Herzrhythmusstörungen oder Hochdruck, die Antidepressiva oder die Hemmsubstanzen des Converting enzyme im Angiotensin-Renin-System.

Neben der Aufklärung molekularer Mechanismen und parallel mit diesen besteht weiterhin die Notwendigkeit zur Vertiefung pharmakodynamischer Studien an komplexeren Systemen wie intakten Zellen, isolierten Organen und integrierten Organsystemen bis hin zum Gesamtorganismus, denn nur hieran lassen sich biologische Wirkungen, die auch für die Humanmedizin von größter Wichtigkeit sind, erforschen. Von großer Bedeutung sind z. B. Untersuchungen über die Wirkung von Gift- und

Arzneistoffen auf menschliche Embryonen und Feten, wie sie im Sonderforschungsbereich 174 „*Risikoabschätzung von vorgeburtlichen Schädigungen*" seit 1985 in Berlin gefördert werden. In diesem Zusammenhang bedarf es einmal mehr des Hinweises darauf, daß wir unsere Kenntnisse der Lebensvorgänge wie der Möglichkeiten, das Leben zu erhalten, Experimenten an Tieren verdanken, und daß diese Experimente in aller Regel mit Verantwortungsbewußtsein und minimalen Leiden für das Tier durchgeführt werden.

Entsprechend dem interdisziplinären Charakter pharmakologischer Fragestellungen haben sich die Verbindungen zu Nachbargebieten oft als eigene Forschungseinrichtungen etabliert: **Neuropharmakologie** ist bemüht, die Chemie, den Stoffwechsel und die Wirkungsweise der Neurotransmitter, besonders der Neuropeptide und ihrer höhermolekularen Präkursoren, aufzuklären und die spezifischen Wirkungen dieser peptidergen Systeme in und außerhalb des Zentralnervensystems besser zu verstehen, die so wichtige Funktionsbereiche wie Verhalten, Reproduktion, Schmerzwahrnehmung und viele andere Regulationen von Organfunktionen steuern.

In enger Beziehung hierzu stehen auch andere Fragestellungen aus der **Endokrinopharmakologie,** zumal mehrere Hormone wie z. B. Vasopressin oder TRH (thyreotropin releasing hormone) gleichzeitig Neurotransmitter sind. Gerade im Bereich der zentralen neuroendokrinen Regulation durch Hypothalamus und Hypophyse haben die Erkenntnisse rasch auch zu praktischen Anwendungen in der Pharmakotherapie auf ganz verschiedenen Gebieten wie z. B. Wachstumsstörungen, Fertilitätsstörungen, Prostatacarcinombehandlung usw. geführt.

Die **kardiovaskuläre Pharmakologie** verdankt ihre Bedeutung nicht zuletzt der Häufigkeit von Herz-Kreislauf-Krankheiten. Hier werden auch weiterhin neue Therapieprinzipien aus der Gruppe der Antihypertensiva, Antiarrhythmica, antianginöser Medikamente und der Antithrombotica bzw. Antiaggregantien zur Entwicklung kommen und der sorgfältigen pharmakologischen Analyse bedürfen.

Nicht nur aus Gründen, die in der Wissenschaft selbst liegen, sondern auch aus äußeren Ursachen ist die **toxikologische Forschung** in den letzten Jahren intensiviert worden, und das wird sich fortsetzen. Eng verbunden damit ist die klassische biochemisch-pharmakologische Forschung, welche die Biotransformation von Fremdstoffen, die in den Körper eingedrungen sind, entschlüsselt. Diese Biotransformationsreaktionen sind vor allem auch als Mechanismen der Giftwirkung und der Entgiftung wichtig. Die Konfrontation mit Problemen der Belastung durch verschiedene chemische Gifte aus der Umwelt, besonders auch neue Giftstoffe, sind Herausforderungen für die Toxikologie. Eine wichtige Funktion üben dabei die Senatskommissionen der DFG aus, indem sie die vorliegenden Erkenntnisse aufbereiten und unmittelbar der Praxis zugänglich machen (zur Zeit Senatskommission zur Prüfung gesundheitsschädlicher Arbeitsstoffe, Senatskommission zur Prüfung von Lebensmittelzusatz- und -inhaltsstoffen, Senatskommission zur Prüfung von Rückständen in Lebensmitteln, Senatskommission für Pflanzenschutz-, Pflanzenbehandlungs- und Vorratsschutzmittel, Farbstoffkommission, Senatskommission für Klinisch-toxikologische Analytik; vgl. dazu Abschnitt 1.8, „Koordinierung und Beratung").

Gerade weil die Kombination pharmakologischer Grundlagenforschung und klinischer Forschung in den letzten Jahren zu wichtigen Ergebnissen geführt hat, wird auch der Weiterentwicklung der in der Bundesrepublik noch unterentwickelten **Klinischen Pharmakologie** weitere Förderung zuteil werden müssen. Auch sie ist interdisziplinär angelegt und gehört für die klinischen Fragestellungen naturgemäß weithin zu den klinischen Fächern wie z. B. Innere Medizin und Pädiatrie oder Onkologie selbst, in denen sie wichtige Teilgebiete ausmacht.

3.2.5 Humangenetik

Die im Abschnitt „Genetik" (3.1.4) dargestellten grundlagenwissenschaftlichen Methoden und Fragestellungen haben mit ihrer praktischen Anwendung auch in der Humangenetik eine stürmische Entwicklung eingeleitet. Deren wichtigstes Forschungsthema ist die Aufklärung und damit auch die Verhinderung sowie schließlich die Behandlung menschlicher Erbkrankheiten. Methodisch steht dabei die sogenannte Gentechnologie, d. h. die Anwendung molekularbiologischer Arbeitstechniken auf humangenetische Probleme, im Mittelpunkt, eine Entwicklung, die im angloamerikanischen Ausland schon sehr erfolgreich ist. Wir verdanken ihr wichtige neue Einblicke in die **Struktur und Funktionsweise des menschlichen Genoms.** So konnten bereits die molekularen Ursachen vieler lange bekannter menschlicher Erbkrankheiten aufgeklärt werden; für andere, wie z. B. die Duchennesche Muskeldystrophie, die Mukoviszidose oder die Huntingtonsche Chorea, konnten die Genorte besser lokalisiert und die defekten Gene zum Teil kloniert werden. Hierbei hat sich die indirekte Analyse der Koppelungsbeziehungen zu bestimmten DNA-Strukturmerkmalen (RFLP-Analyse) bewährt. Solche Arbeiten werden seit 1985 im Schwerpunktprogramm *„Analyse des menschlichen Genoms mit molekularbiologischen Methoden"* gefördert. Die RFLP-Analyse wird in der genetischen Diagnostik weiter an Bedeutung gewinnen, wenn die bisherigen radioaktiven DNA-Sonden durch ebenso empfindliche, aber nichtradioaktive ersetzt werden können. Eine weitere Möglichkeit zur Aufklärung der Ätiologie menschlicher Erbleiden bietet sich dadurch, daß defekte Gene in die Keimbahn von Mäusen eingebracht werden, um damit Tiermodelle für das Studium monogener menschlicher Erbleiden zu gewinnen. Nur in solchen Modellen können Fragen des molekularen Pathomechanismus analysiert werden. Hierzu gehören die Aufklärung der Defekte komplexer biochemischer Stoffwechselwege, der Steuerung und Kontrolle der Genaktivität und der Beziehung zwischen den Nukleotidsequenzen der pathogenen Gene und der Funktion der durch sie kodierten Enzyme.

Mit diesen molekularbiologischen Methoden war es bisher bereits möglich, eine zunehmende Anzahl genetischer Defekte pränatal zu diagnostizieren und heterozygote Anlageträger zu erkennen. Die damit erzielte erhebliche Verbesserung der genetischen Beratung hat allerdings auch zu einer immer stärkeren Auslastung der Institute für Humangenetik mit solchen Dienstleistungsaufgaben geführt, so daß sie nurmehr mit Einschränkungen auf diesen kompetitiven Forschungsgebieten konkurrieren können. Die verbleibende, oft nur geringe Forschungskapazität ist daher vorwiegend noch klassisch zytogenetisch orientiert.

Schwerpunkte der humangenetischen Forschung werden in der nächsten Zeit u. a. sein:

- die genetischen Risikofaktoren für einige häufige Erkrankungen wie z. B. Diabetes, Arteriosklerose und Tumorkrankheiten;
- die spezifischen genetischen Defekte der lysosomalen Enzymausstattung und von Aktivatorproteinen;
- erbliche Defekte, die an Gene der Geschlechtschromosomen X und Y gebunden sind;
- pleiotrope Regulationsmechanismen im Zusammenhang mit Funktion und Mutation von Onkogenen;
- Probleme der Aneuploidien, d. h. des Auftretens überzähliger Chromosome 18 oder 21 mit Ausfallerscheinungen im Bereich des Zentralnervensystems oder in Form vorzeitigen Alterns, die bisher pathogenetisch nicht verständlich sind.

Die Bearbeitung dieser Themenkreise könnte dadurch begünstigt werden, daß sie auf ähnlichen methodischen Ansätzen basieren. Allerdings ist die Expertise auf dem Gebiet der Molekularbiologie zur Bearbeitung humangenetischer Fragestellungen an mehreren Forschungseinrichtungen noch zu begrenzt und entspricht nicht dem neuesten methodischen Entwicklungsstand, so daß hier der Förderung von Nachwuchswissenschaftlern besonders große Bedeutung zukommt. Gerade auch mit diesem Ziel wird seit 1986 in Göttingen die Forschergruppe *„Molekularbiologische Untersuchungen zur Keimzelldifferenzierung und frühen Embryonalentwicklung beim Säuger"* gefördert.

Angesichts der breiten öffentlichen Diskussion über die Gefahren einer immer weiter reichenden Genomanalyse des Menschen in Richtung auf einen „gläsernen Menschen", dessen zukünftige Eigenschaften sich bereits vorgeburtlich oder beim Erwachsenen z. B. vor Aufnahme eines Arbeitsverhältnisses feststellen ließen, könnte die Förderung humangenetischer Forschung vielleicht in Mißkredit geraten. Dies wäre um so bedauerlicher, als nicht nur viele der angenommenen Gefahren gegenstandslos sind und genügend Kontrollmöglichkeiten bestehen, um Mißbräuche zu verhindern, sondern vor allem deshalb, weil das Ziel humangenetischer Forschung in ihrer nutzbringenden medizinischen Anwendung liegt.

Hierfür seien zuletzt die künftigen, wenn auch gegenwärtig noch fernerliegenden Möglichkeiten der **Gentherapie** angeführt. Damit kann bei einigen (wenigen) monogenen Erbleiden durch Transfer und Einbau intakter genetischer Information in bestimmte somatische Zellen, z. B. des Knochenmarks, möglicherweise eine Heilung des Patienten erzielt werden, ohne daß dadurch jedoch der Erbgang auf weitere Nachkommen unterbrochen wird. Ein solcher Gentransfer in somatische Zellen wäre einer Organtransplantation vergleichbar.

Im Gegensatz dazu kommt eine Implantation von Genen in die menschliche

Keimbahn nicht in Frage. Da der Einbau transferierter Gene hierbei genau an der Stelle des defekten Gens erfolgen müßte, um eine gezielte Genexpression zu gewährleisten, jedoch nur ein ungerichteter Einbau erfolgt, wäre die Wahrscheinlichkeit einer Schädigung größer als diejenige eines Nutzens. Darüber hinaus verbietet sich eine solche Manipulation des Genoms in der Keimbahn aus ethischen Gründen auch deshalb, weil sie die Individualität und Identität der Person aufheben und auch die Nachkommen betreffen würde.

3.2.6 Medizinische Biometrie und Informatik

Die Fortschritte auf gerätetechnischem und informationstheoretischem Gebiet haben der medizinischen Biometrie und Informatik neue Aufgabenbereiche erschlossen, deren Bearbeitung für die klinische Medizin und die Grundlagenforschung von wachsender Bedeutung sein wird.

Für die nächste Zukunft zeichnen sich verstärkte Forschungsaktivitäten im Bereich der Algorithmisierung medizinischer Entscheidungsprozesse in Diagnostik, Monitoring und Therapie ab. Hierzu gehört u. a. auch die Ausarbeitung von Verfahren, die eine Gesamtbeurteilung der diagnostischen Aussagekraft mehrerer Befunde in Kombination ermöglichen. Einen weiteren Schwerpunkt bildet die Entwicklung von Methoden zur Bewertung komplexer diagnostischer, vor allem **bildgebender Verfahren.** Die Erstellung von Bilddatenbanken, d. h. von Systemen zur Speicherung der Information aus bildgebenden Verfahren, und ihre einfache Nutzung in den Kliniken wird intensive Entwicklungsarbeiten notwendig machen. Die weitere Entwicklung von sogenannten Expertensystemen und der Nachweis ihrer Praktikabilität werden einen Schwerpunkt der Forschungsaktivitäten bilden. Anstrengungen und Fortschritte sind auch in der Entwicklung von speziellen Arbeitsplatzsystemen für Ärzte und Forscher in Kliniken und Instituten zu erwarten.

Ein besonderer Nachholbedarf und Aussichten auf eine deutliche Weiterentwicklung kennzeichnen die Situation der **epidemiologischen Forschung.** Die Einwirkung der verschiedenen Noxen auf die Gesundheit des Menschen – besonders über längere Zeit und in minimalen Dosen – ist nicht aus Tierversuchen oder aus kontrollierten Studien allein abschätzbar. Epidemiologische Kohortenstudien und Fall-Kontrollstudien sind dazu unerläßlich. Es erscheint zweckmäßig, derartige Ansätze in die medizinische Biometrie und Informatik einzubeziehen, um dabei alle methodischen Möglichkeiten zu nutzen.

Die medizinische Biometrie und Informatik ist in besonderem Maße auf interdisziplinäre Zusammenarbeit angewiesen. Methodische Entwicklungen können nur dann zu praktischen Erfolgen führen, wenn konkrete medizinische oder biologische Probleme hierzu den Anstoß geben und wenn die Kooperation mit den Anwendern auch in der Erprobungsphase sichergestellt ist. Darüber hinaus ist bei größeren klinischen Forschungsvorhaben in der Regel die Mitwirkung von Biometrikern während der Planung, Durchführung und Auswertung der Studien unerläßlich.

Die Nachwuchssituation im Fach Medizinische Biometrie und Informatik muß derzeit noch als unbefriedigend bezeichnet werden. Da ein regulärer Ausbildungsgang fehlt, läßt sich eine Verbesserung der Situation nur durch ein entsprechendes Weiterbildungsangebot erreichen. Informatikern und Mathematikern sollte die Möglichkeit eröffnet werden, fundierte Kenntnisse in den Basisfächern der Medizin zu erwerben. Ebenso sollte interessierten Medizinern ein Aufbaustudium angeboten werden, das der Weiterbildung zum Biometriker dient.

3.3 Klinische Forschung

3.3.1 Einleitung

Probleme der klinischen Forschung sind in den letzten Jahren von der DFG in einer Denkschrift (1979) und im letzten „Grauen Plan" (1983) sowie vom Wissenschaftsrat in kürzlich erschienenen Empfehlungen (1986) dargelegt worden, auf die verwiesen wird. Diese Stellungnahmen stimmen darin überein, daß auch in der klinischen Forschung der Bundesrepublik einzelne international anerkannte Arbeitsgruppen mit hervorragenden Ergebnissen zu verzeichnen sind, daß aber insgesamt – zumal im Vergleich mit angloamerikanischen und skandinavischen Ländern und im Hinblick auf die vorhandene Ausstattung – erhebliche Defizite unverkennbar sind. Ohne die genannten Stellungnahmen im einzelnen zu wiederholen, lassen sich die Ursachen hierfür folgendermaßen zusammenfassen:

- In den Universitätskliniken stehen die Aufgaben der Lehre mit ihren gegenüber der Ausbildungskapazität viel zu hohen Studentenzahlen und die Aufgaben der maximalen Krankenversorgung mit ihren zeitaufwendiger und anspruchsvoller werdenden diagnostischen und therapeutischen Techniken in Konkurrenz zu den primären Forschungsaufgaben und erschweren deren Wahrnehmung. Dies hat nicht nur dazu geführt, daß die knappen Personal- und Sachmittel der Kliniketats für Forschung immer mehr in die Krankenversorgung fließen, sondern auch dazu, daß in der studentischen Ausbildung immer seltener Gelegenheit geboten wird, den Nachwuchs an wissenschaftlicher Arbeit zu interessieren.

- Die Bestimmungen des Hochschulrechts zur Personalstruktur wirken sich hemmend aus auf die längerfristige Förderung wissenschaftlichen Nachwuchses in der klinischen Forschung aus. Bei der Limitierung der Anstellungsverträge entsprechend den Bestimmungen der Facharztweiterbildung wird verkannt, daß in der klinischen Forschung die Verknüpfung ärztlicher und wissenschaftlicher Tätigkeit unabdingbar ist, aber nicht gleichzeitig mit der gebotenen Qualität ausgeführt werden kann. In den theoretischen Fächern ohne Krankenversorgung und ohne die Verpflichtung zur Beachtung von Weiterbildungsbestimmungen können anspruchsvolle Forschungsleistungen unbelasteter erbracht und wissenschaftliche Qualifikationen eher erworben werden. Im klinischen Bereich bedarf es daher für die Personalstruktur längerfristiger Dispositionen, um die notwendige Kontinuität der Forschung und die Motivierung des Nachwuchses zu gewährleisten. Gegenwärtig fällt der Beginn eigenständiger Forschungsphasen nicht selten mit dem Vertragsende zusammen, so daß Mediziner mit erheblichem persönlichem und öffentlichem Aufwand zunächst zu Wissenschaftlern herangebildet und anschließend aus arbeitsrechtlichen Gründen entlassen werden.

- Im Gefolge der Universitätsreformen ist es an vielen Stellen zu einer unrationellen Aufteilung von Kliniken in kleinere, weitgehend verselbständigte Spezialabteilungen gekommen, denen es sowohl von der Patientenzahl her wie von der personellen, sachlichen und finanziellen Ausstattung her an der kritischen Masse zu Einwerbung und zum wirkungsvollen Einsatz von Forschungsmitteln fehlt. Die Bemühungen um eine Integration solcher Abteilungen in Zentrumsstrukturen erschöpften sich dabei oft in der Etablierung zeitaufwendiger Gremien, ohne der Isolierung einzelner Forscher und ihrer Abteilungen entgegenzuwirken.

- Andererseits fehlt es zwischen einzelnen Universitäten bzw. einzelnen Kliniken einer Fachrichtung an der Bildung von Forschungsschwerpunkten mit einer Konzentrierung des beschränkt vorhandenen Forschungspotentials, so daß vielerorts gleichgerichtete Forschungen unkoordiniert gefördert werden. So notwendig eine Universitätsklinik in der Krankenversorgung die einzelnen Teilgebiete und Spezialisten vorzuhalten hat, so sehr muß sie sich gleichzeitig in der Forschung auf einige wenige, effektiv zu bearbeitende Schwerpunkte beschränken und kann nicht auf allen Teilgebieten gleichzeitig wissenschaftlich Konkurrenzfähigkeit anstreben.

- Anders als in den angloamerikanischen Ländern mit ihren in die Kliniken integrierten „Clinical Research Units" sind hierzulande die theoretischen Grundlagenfächer und ihre Wissenschaftler räumlich und organisatorisch mehr oder weniger streng getrennt von den Kliniken, so daß Arbeitsteilung und bedarfsweiser Austausch von Mitarbeitern mit speziellen methodischen Kompetenzen und erst recht eine dauerhafte Einbindung von Naturwissenschaftlern in klinische Forschungsvorhaben erschwert sind. Das bewirkt nicht nur Mängel der klinischen Forschung, sondern führt oft auch zur Verkennung der Schwierigkeiten und besonderen Bedingungen klinischer Forschung durch die Vertreter naturwissenschaftlicher und medizinisch-theoretischer Fächer.

Aus der Sicht der DFG und in weitergehender Übereinstimmung mit den Empfehlungen des Wissenschaftsrates bieten sich folgende Möglichkeiten, die Rahmenbedingungen der klinischen Forschung zu verbessern:

- Die rigiden gesetzlichen Bestimmungen zur Personalstruktur müssen - unbeschadet ihrer möglichen Eignung für andere Fakultäten - für die Medizin flexibler gestaltet werden. Die Dauer der wissenschaftlichen Mitarbeit darf hier nicht durch die zeitlichen Bestimmungen der Facharztweiterbildung terminiert werden. Vor allem für wissenschaftlich aktive und erfolgreiche Kliniker müssen längerfristige Dispositionen für ihre Forschungstätigkeit möglich sein. Hierzu gehört z. B., daß die Wahrnehmung von Ausbildungs- und Forschungsstipendien sowie Beurlaubung zu Auslandsaufenthalten nicht auf die Laufzeit gesetzlich festgelegter Anstellungsverhältnisse angerechnet werden. Innerhalb der Kliniken müssen die Bedingungen für den wissenschaftlichen Nachwuchs durch genügend lange, periodische Freistellung von Routineaufgaben der Krankenversorgung verbessert werden. Ohne Stellenmehrung erfordert dies eine Umverteilung dieser Versorgungsaufgabe auf diejenigen Assistenten, die nur eine Facharztweiterbildung an der Universität anstreben. Diese sollten dafür von einem mancherorts geforderten, aber wissenschaftlich unergiebigen Publikationssoll befreit werden. Eine solche Aufgabenteilung muß bedarfsweise auch auf Fach- und Oberärzte ausgedehnt werden können. Sie ließe sich weiterhin dadurch fördern, daß - wie z. B. in den USA oder in der Schweiz - erfahrene klinische Spezialisten durch Teilzeitverträge als Konsiliarii an die Universität gebunden bleiben und daneben in freier Praxis tätig sind.

- Neben der Personalstruktur bedarf es auch einer Reorganisation derjenigen Klinikstrukturen, die durch eine Aufsplitterung in kleine, weitgehend unabhängige, bettenführende Spezialabteilungen sowohl für eine sachgerechte Patientenbetreuung als auch für eine umfassende Aus- und Weiterbildung von Studenten und Ärzten ineffektiv und besonders für die Durchführung qualitativ anspruchsvoller Forschungsvorhaben hemmend geworden sind. Der Wissenschaftsrat hat hierfür geeignete Modellvorstellungen entwickelt.

- Die notwendige Konzentrierung des vorhandenen Forschungspotentials auf einzelne thematische Schwerpunkte anstelle gleichzeitiger Bearbeitung zu vieler Einzelprojekte auf minderem Niveau ist zunächst Aufgabe der Kliniken selbst. Hierzu gehört vor allem auch die Beratung des wissenschaftlichen Nachwuchses bei der Wahl von Forschungsrichtungen und von Ausbildungsstätten in den Grundlagenfächern mit dem Ziel, ihn nach Rückkehr in die Klinik in eine Arbeitsgruppe einzugliedern und diese dadurch zu erweitern, statt ein bisher an der Klinik nicht vorhandenes, anspruchsvolles Forschungsgebiet durch einen „Einzelkämpfer" begründen zu lassen. Oft genug fehlen den Stipendiaten nach der Rückkehr die zeitlichen Voraussetzungen wie auch die Ausstattung zur Anwendung der anderswo erlernten diffizilen Methoden. Dies muß auch bei der Beantragung von Stipendien bei der DFG vermehrt bedacht und wenn nötig gefordert werden. Durch entsprechende Förderverfahren trägt die DFG schon bisher in großem Umfang zur Bildung von Forschungsschwerpunkten bei. Es könnte sich jedoch als notwendig erweisen, die Bildung forschergruppenähnlicher Einheiten mehr als bisher zu fördern, z. B. auch durch die Annahme und Begutachtung von koordinierten Anträgen im Normalverfahren als Vorlauf zur Etablierung von Forschergruppen oder Sonderforschungsbereichen.

- Eine der wichtigsten Voraussetzungen für das Niveau einer international konkurrenzfähigen klinischen Forschung ist die dauerhafte Integration von Naturwissenschaftlern (Biochemikern, Biophysikern, Immunologen, Biologen usw.) in klinische Forschungsgruppen und -schwerpunkte. Je nach ihrer Qualifikation bedürfen sie nicht nur entsprechender Arbeitsbedingungen, sondern auf längere Sicht auch der Bereitstellung von Positionen mit aussichtsreichen Zukunftsperspektiven. Hierzu kann auch die Gleichstellung mit den übrigen klinischen Mitarbeitern in finanzieller Hinsicht gehören, z. B. durch Beteiligung an den Einnahmen aus Nebentätigkeitspools u. ä., wie sie den klinischen Oberärzten und oft auch schon jungen Assistenten ohne wissenschaftliche Eigenleistungen gewährt wird. In Großbritannien und den USA haben „Clinical Research Units", in denen diese Voraussetzungen gegeben sind, der klinischen Forschung zu einem Niveau verholfen, das von vielen rein theoretischen Institutionen der vorklinischen Fächer dort nur noch mit Mühe gehalten werden kann. In den letzten Jahren haben die von der Max-Planck-Gesellschaft modellhaft geförderten Klinischen Forschungsgruppen für Blutgerinnung und Thrombose (Gießen), für Reproduktionsmedizin (Münster) und für Multiple Sklerose (Würzburg) eindrucksvoll bewiesen, wie intensiv hierdurch international konkurrenzfähige klinische Forschung im Zusammenwirken von Klinikern und Theoretikern gefördert werden kann, freilich auch, wie schwierig es sein kann, die damit gewährten Rahmenbedingungen bei Auslaufen dieser zeitlich begrenzten Förderung weiterhin beizubehalten. Auch die DFG kann zu einer vergleichbaren Entwicklung nur mittelfristig Starthilfen bieten, die bei entsprechender wissenschaftlicher Leistung längerfristig durch die Universität bzw. deren staatliche Träger abgesichert werden müssen, etwa durch die Errichtung dauerhafter klinisch-experimenteller Abteilungen im Verbund mit einer forschenden Klinik bzw. zwischen dieser und einem theoretischen Institut. Diese Organisationsform klinischer Forschergruppen erscheint vorteilhafter als ihre Verselbständigung in Institutsform mit eigenem Lehrstuhl, die eine Auslagerung der Forschung aus der Klinik begünstigen würde.

- Bestimmte Bereiche anwendungsorientierter klinischer Forschung wie z. B. Erhebungen zur Epidemiologie von Krankheiten, über berufsbedingte oder psychosoziale Risikofaktoren, zur Effizienz des Gesundheitssystems (Versorgungsforschung) oder im Rahmen vergleichender Therapiestudien werden wegen ihrer gesundheitspolitischen Bedeutung in großem Umfang als Ressortforschung durch BMFT, BMJFFG und BMA gefördert, vor allem im Rahmen des Programms zur Förderung von „Forschung und Entwicklung im Dienste der Gesundheit" der Bundesregierung. Hier sollten entsprechend der Zweckbestimmung der Mittel die Grenzen zur klinischen Forschung im engeren Sinne, d. h. der Analyse von Krankheitsphänomenen mit naturwissenschaftlichen Methoden, wie sie von der DFG gefördert wird, auch in Zukunft eingehalten werden. Das schließt wie schon bisher gemeinsame Programme mit einer doppelten Zielsetzung in beiden Bereichen nicht aus. Auch kann es im Einzelfall sinnvoll sein, empirische Ergebnisse der Ressortforschung, z. B. aus der Sozialmedizin, anschließend bzw. parallel zu ihrer gesundheitspolitischen Auswertung, theoretisch im Rahmen einer DFG-Förderung aufarbeiten zu lassen, etwa um eine soziologische Theorie der Hilfe hieraus abzuleiten.

- Scheinbar vordergründig, aber von vielen Wissenschaftlern für praktisch wichtig gehalten, ist eine ausschließlich an den Bestimmungen der Drittmittelgeber statt an forschungshemmenden Haushaltsbestimmungen von Klinikadministrationen orientierte Verwaltung der Drittmittel. In einigen Bundesländern bedarf es hierzu gegebenenfalls einer Novellierung der entsprechenden Vorschriften. Die Disposition über Drittmittel muß dem Forscher gemäß den Bewilligungsbedingungen überlassen bleiben, gleichzeitig soll er durch die Verwaltung der Mittel administrativ entlastet werden.

Vergleicht man die Entwicklung der klinischen Forschung seit dem Erscheinen der DFG-Denkschrift (1979) und des letzten „Grauen Plans" (1983), so läßt sich zwar feststellen, daß die dort gegebenen Empfehlungen an einigen Institutionen der klinischen Forschung seither verwirklicht und die von der DFG hierzu gebotenen Förderinstrumente wahrgenommen wurden, daß jedoch die wesentlichen Probleme fortbestehen und weiterhin vielfältiger Bemühungen bedürfen, an denen sich die DFG im Rahmen ihrer Möglichkeiten beteiligen wird.

3.3.2 Ethische Fragen und medizinische Forschung

3.3.2.1 Medizinische Forschung am Menschen

Wenn medizinischer Fortschritt in unserer Gesellschaft ein anerkanntes Ziel ist, das für alle Menschen von Vorteil ist, so ist Forschung am Menschen eine unverzichtbare Voraussetzung hierfür, z. B. für die Erprobung neuer Behandlungsmethoden und für die Sicherheit ihrer Anwendung, aber auch für die Aufklärung von Krankheitsursachen und gestörten Organfunktionen, aus der sich erst eine rationale Therapie ableiten läßt. Voraussetzung für ethisch einwandfreie Versuche am Menschen sind die methodisch gesicherte, sorgfältige Durchführung nach anerkannten wissenschaftlichen und rechtlichen Regeln, ferner die vorangehende Ausschöpfung aller anderen Untersuchungs- und Erprobungsmöglichkeiten einschließlich Tierversuchen und schließlich die Publikation der Ergebnisse in gebotener Achtung vor dem Kranken und vor der Humanität. Die beiden wichtigsten Formen solcher Versuche sind zum einen der Heilversuch mit Anwendung nicht erprobter bzw. nicht gesicherter diagnostischer oder therapeutischer Verfahren im Interesse des individuellen Patienten, z. B. in Form randomisierter, kontrollierter Therapiestudien, und zum anderen das Humanexperiment ohne individuelle therapeutische Zielsetzung an freiwilligen Patienten oder gesunden Probanden zur Gewinnung neuer Erkenntnisse und Erfahrungen. Die rechtlichen Bestimmungen hierfür sind durch Rechtsprechung und Gesetzgebung, z. B. im Arzneimittelgesetz (AMG), festgelegt. Da im Recht nur das ethische Minimum kodifiziert ist, können sich im Einzelfall zusätzliche ethische Fragen ergeben. Die hierfür richtungweisenden, allgemein anerkannten Grundsätze sind in den Deklarationen von Helsinki (1964) und Tokio (1975) enthalten. Auf deren Basis wurden seit 1979 zunächst bei Sonderforschungsbereichen und später an allen medizinischen Fakultäten sowie bei einigen Landesärztekammern **Ethikkommissionen** aus Ärzten und Juristen, zum Teil auch Theologen gebildet, die Beratung und Entscheidungshilfen mit Empfehlungscharakter vermitteln und die Zulässigkeit von Humanversuchen prüfen. Darüber hinaus haben aber die Gutachter, der Hauptausschuß und die Geschäftsstelle der DFG eine eigenständige Pflicht zur rechtlichen und ethischen Selbstkontrolle aller Anträge für Forschungen am Menschen.

Vor die Ethikkommissionen gehören vor allem die folgenden wissenschaftlichen Untersuchungsprojekte: Studien an Gesunden mit höheren Risiken, invasiven Methoden, in Narkose und mit Strahlenbelastung; Studien an Kranken, sofern sie mit Risiko oder Belästigungen verbunden sind, besonders alle kontrollierten (randomisierten) Studien, und schließlich alle Umfrage- und Interviewstudien, die sehr datensensibel und oft psychisch belastend sein können. Auf die neue Problematik der Forschung an Embryonen wird unten gesondert eingegangen.

Prinzipiell kann bei der Forschung am Menschen im Rahmen ärztlicher Berufsausübung ein Interessen- und Normenkonflikt zwischen dem Forschungsinteresse der Gesellschaft und dem individuellen Heilungsinteresse des einzelnen Patienten bestehen, so z. B. bei der Arzneimittelprüfung. Dieser Konflikt gehört zu den Aporien des Arztberufs, die nur durch Rückgriff auf ethische Prinzipien und nicht allein durch rechtliche Güterabwägung aufzulösen sind. Dabei ist davon auszugehen, daß die bestmögliche Behandlung des Patienten als unbedingte Verpflichtung zu gelten hat, während das Erreichen des Forschungszieles nur eine Forderung sein kann, die im Konfliktfall hinter dem Heilungsinteresse des Patienten zurücksteht.

3.3.2.2 Forschung an Embryonen

Die durch Fortschritte der medizinischen Forschung ermöglichte extrakorporale Befruchtung mit anschließendem Embryotransfer zur Behandlung der Sterilität hat neue rechtliche und ethische Fragen zur Durchführung verbrauchender Experimente an überzähligen, nicht transferierbaren Embryonen aufgeworfen. Hierzu wurden nach ausführlichen Diskussionen weitgehend übereinstimmende Richtlinien von einer Arbeitsgruppe des BMFT/BMJ (sog. Benda-Kommission) und von der Bundesärztekammer erlassen, auf die verwiesen wird. Ob darüber hinaus für diesen Bereich ein rechtlicher Regelungsbedarf besteht, wird anläßlich des vorliegenden Entwurfes eines Embryonenschutzgesetzes diskutiert. Die prinzipielle Notwendigkeit einer Forschung an frühen menschlichen (Pro-)Embryonen maximal bis zum 14. Tag nach der Befruchtung wird für bestimmte wissenschaftliche Fragestellungen sowohl in den genannten Richtlinien wie im Gesetzentwurf anerkannt, aber weitgehenden Beschränkungen und einem Genehmigungsvorbehalt unterworfen. Bisher liegen der DFG diesbezügliche Anträge nicht vor. Auch diese müßten nach den derzeitigen Richtlinien und unbeschadet einer späteren gesetzlichen Regelung zunächst den örtlichen und anschließend einer hierfür besonders gebildeten zentralen (nationalen) Ethikkommission bei der Bundesärztekammer aus Medizinern, Biologen, Juristen und Moraltheologen vorgelegt werden, in der auch die DFG vertreten ist, ehe eine Antragsbehandlung durch die DFG erfolgen könnte.

Es sei nicht verschwiegen, daß nicht nur zwischen Juristen und Forschern, sondern auch unter den beteiligten Naturwissenschaftlern und Medizinern kein Konsens darüber besteht, ob Experimente an nichttransferierbaren frühen (Pro-)Embryonen aus verfassungsrechtlichen und ethischen Gründen der Vereinbarkeit mit der Menschenwürde überhaupt zulässig sind, und ferner, ob es sachgerecht ist, hierfür strafrechtliche Regelungen vorzusehen, statt von der (mit Recht oft geforderten) Eigenverantwortlichkeit der Wissenschaftler auszugehen und eine freiwillige, aber sanktionsfähige Selbstbindung zu institutionalisieren.

3.3.3 Konservative Medizin (nichtoperative Fächer)

Für die sogenannten konservativen Fächer der Medizin (Innere Medizin, Kinderheilkunde, Dermatologie, Neurologie, Radiologie, Zahnheilkunde und Arbeitsmedizin; zur Psychiatrie und Psychosomatik einschließlich Psychotherapie vgl. Abschnitt 3.3.4) gehen die wissenschaftlichen Fragestellungen von den Beobachtungen am Krankenbett aus; die eigentliche Forschungsarbeit muß dann jedoch in der Regel ins Labor verlagert werden. Hier müssen die Methoden der grundlagenwissenschaftlichen Fächer morphologischer, biochemischer, molekularbiologischer, immunologischer und zellbiologischer Art einschließlich ihrer statistischen Sicherung Anwendung finden, um neue Erkenntnisse zur Ätiologie, Pathogenese und Pathophysiologie von Krankheitszuständen zu finden und schließlich in verbesserte diagnostische und therapeutische Möglichkeiten umzusetzen. Neben Untersuchungen in vitro und an Zellkulturen sind Tierversuche hierfür unerläßlich. Es wäre nicht nur rechtlich (Arzneimittelgesetz!), sondern auch ethisch unvertretbar, neue eingreifende Behandlungsmethoden ohne ausreichende Gewährleistung ihrer Wirksamkeit und Sicherheit durch vorherige Erprobung im Tierversuch am Menschen anzuwenden oder gar erstmals zu versuchen.

Unter den Forschungsthemen der nichtoperativen Fächer stehen die großen Volkskrankheiten zwar im Vordergrund, doch wird in den geförderten Projekten eine Fülle weiterer Fragen bearbeitet, zumal sich die Bedeutung des Erkenntniszuwachses für die praktische Medizin keinesfalls nur an der Häufigkeit der untersuchten Krankheitsbilder orientiert. In den letzten vier Jahren kamen mehr als die Hälfte der bewilligten Anträge aus der Inneren Medizin, die übrigen in absteigender Reihenfolge aus der Kinderheilkunde, Psychiatrie und Psychosomatik einschließlich medizinischer Psychologie, Zahnheilkunde, Dermatologie, Radiologie und Neurologie sowie Arbeitsmedizin.

Bei den sogenannten Volkskrankheiten bedarf die Suche nach Ursachen und Prävention der **degenerativen Gefäßerkrankungen** (Arteriosklerose mit Herzinfarkt und Schlaganfall) verstärkter Erforschung der Wechselwirkung von Gefäßinhalt (Blutzellen, vor allem Blutplättchen), Gefäßwand und Extravasalraum mit Einsatz biochemischer und molekularbiologischer Methoden. Im Mittelpunkt steht dabei gegenwärtig die Erforschung des Gefäßendothels, welches in seiner Integrität und seinen Abwehrmechanismen zelluläre, chemische und biophysikalische Aggressoren aus dem Blut (Immunkomplexe, Fette, Zucker, Eiweiße) unter physiologischen Bedingungen neutralisiert bzw. metabolisiert, unter pathophysiologischen Bedingungen und nach Verlust seiner Integrität jedoch den ersten „Gangarten" der Arteriosklerose Vorschub leistet. Neue Erkenntnisse über den lokalen Mechanismus der Arachidonsäurederivate (Prostaglandine, Thromboxan, Leukotriene) und von Sauerstoffradikalen gehen in diese Forschungsansätze ebenso ein wie epidemiologische Beobachtungen über die nutritive Beeinflussung dieser Mechanismen durch hochungesättigte Fettsäuren, vor allem aus Kaltwasserfischen und Vegetabilien. Eng verbunden damit wird die weitere Aufklärung der Zellrezeptoren für die Bindung von Peptiden und lokalen Gewebs- und Steuerungsstoffen bzw. der neurohumoralen Kontrolle durch den Sympathicus bzw. die Katecholamine und Serotonin sein.

Im Hinblick auf die an der Spitze der Mortalitätsstatistik stehenden **Herzkrankheiten** wird vor allem eine weitere Verbesserung der thrombolytischen Therapie der obturierenden Koronarthrombose in Form des akuten Herzinfarkts durch verschiedene Formen der Fibrinolyse anzustreben und deren Indikation, Applikationsart und Kontraindikationen weiter abzuklären sein. Ähnliches gilt für die Verbesserung der mechanischen Ballondilatation stenosierter Herzkranzgefäße mittels Herzkatheter in den Fällen, in denen dadurch eine Bypass-Operation am Herzen vermieden werden kann. Es ist zu hoffen, daß die bisher nur im Experiment eingesetzte Beseitigung der Koronarstenosen durch Laserangioplastie auch Eingang in die klinische Medizin finden kann, da sie möglicherweise technisch noch einfacher und für die Patienten weniger belastend ist als die transluminale Ballondilatation.

Bei der weiteren Klärung des Zusammenwirkens von Störungen des Fettstoffwechsels, der koronaren Mikrozirkulationsstörungen, von Hyperviskositätssyndromen, Hyperkoagulabilität des Blutes usw. wird der koronaren und systemischen Hämorrheologie, d. h. den Untersuchungen der Fließeigenschaften des Blutes mit der Entwicklung neuer Meßmethoden, ein wichtiger Stellenwert zukommen, um die pathogenetische Rangfolge und Wechselwirkung der vorgenannten Faktoren bei der instabilen Angina pectoris und der fortschreitenden Koronarsklerose zu analysieren. In diesem Zusammenhang gilt es auch, weitere Möglichkeiten zu entwickeln, um die Belastbarkeit des Herzmuskels unter Sauerstoffmangelbedingungen zu verlängern und damit u. a. auch die oft lebensbedrohlichen Rhythmusstörungen besser beherrschen zu lernen. Mehrere Sonderforschungsbereiche widmen sich in engem Verbund zwischen Grundlagenforschung und Klinikern den Herzkrankheiten. Im Sonderforschungsbereich 320 *„Herzfunktion und ihre Regulation"* (Heidelberg) steht die neurale und humorale Kontrolle der Herzfunktion im Vordergrund. Im Hinblick auf eine verbesserte Vorbeugung und Therapie werden im Sonderforschungsbereich 242 *„Koronare Herzkrankheit"* (Düsseldorf) Ursachen, Entwicklungswege und Auswirkungen akuter und chronischer Verschlüsse von Herzkranzgefäßen untersucht. Die Überlebenssicherung von Organen, namentlich des Herzens, z. B. bei Unterbrechung der Blutzufuhr durch Gefäßverschlüsse oder zum Zwecke der Transplantation ist eines der Themen des

Sonderforschungsbereichs 330 „*Organprotektion*", der ab 1987 in Göttingen gefördert wird.

Frühzeitige Veränderungen am Gefäßendothel der peripheren Strombahn sind offensichtlich auch für die Komplikationen der **Zuckerkrankheit** von primärer Bedeutung. Bisher kaum bekannte glykolisierte Eiweiße scheinen initial für die Angiopathie am Augenhintergrund, an den Nierengefäßen und am peripheren Nervensystem maßgeblich zu sein. Deshalb werden für die Beurteilung der diätetischen oder medikamentösen Einstellung des Zuckerstoffwechsels noch bessere Kriterien benötigt, die u. a. in einem neuen Schwerpunktprogramm „*Ursachen und Folgen des Insulinmangels*" angestrebt werden sollen. Hier sind ferner die Bemühungen um die Verbesserung spezieller therapeutischer Verfahren wie z. B. von Insulinpumpensystemen und der Transplantation von Bauchspeicheldrüsen oder isolierten Inselzellen zu nennen.

Von ganz anderer Seite versuchen immunologische Forschungsvorhaben die Diabetesprobleme zu behandeln. Dies gilt insbesondere für den Diabetes mellitus Typ I bei Jugendlichen, der nach heutiger Kenntnis immunologisch (Mumps?) bedingt ist und auf diesem Weg zur Läsion der insulinproduzierenden Inselzellen führt. Aber auch an den Insulinrezeptoren der peripheren Erfolgsorgane können immunologische Vorgänge Defekte auslösen und den Zuckereinstrom in die Zellen ungenügend werden lassen, wie es vermutlich beim Diabetes mellitus Typ II (Altersdiabetes) der Fall ist. Auch primäre und sekundäre Insulinallergien gehören schließlich zu diesem Problemkreis.

Ein enger Verbund von klinischer **Rheumatologie** und Grundlagenfächern hat sich im Sonderforschungsbereich 244 „*Chronische Entzündung*" in Hannover gebildet; Wissenschaftler der Medizinischen Hochschule und der Tierärztlichen Hochschule sind daran beteiligt. Untersucht werden vor allem immunologische Prozesse, die Entzündungen chronisch werden lassen und zu Rheuma führen. Zu dieser Frage sind auch Beiträge aus dem Schwerpunktprogramm „*Eicosanoide*" zu erwarten.

In der **Endokrinologie** sind erfolgreiche Vorhaben vor allem auf dem Sektor der hypothalamo-hypophysären Regulation durch Neuropeptide zu verzeichnen, wofür hochpotente Analoga zu hypothalamischen Releasinghormonen zur Therapie von Sterilität und zur Antikonzeption entwickelt, aber auch Superagonisten und Antagonisten synthetisiert wurden. Die Funktionsstörungen und Erkrankungen der Schilddrüse und der Nebennieren werden auf internationalem Niveau bearbeitet, etwa im Sonderforschungsbereich 232 „*Rezeptordefekte*" (Hamburg/Lübeck). Forschungsdefizite bestehen für die entsprechenden Veränderungen der Nebenschilddrüsen einschließlich des Calcium- und Knochenstoffwechsels und – abgesehen von einer klinischen Forschungsgruppe der Max-Planck-Gesellschaft in Münster – für die Reproduktionsendokrinologie. Interessante Entwicklungen zeichnen sich ab für neu entdeckte Hormone wie das atriale natriuretische Hormon aus dem Herzen, für das sich auch erste therapeutische Ansätze zur Ödem- und Ascitesbehandlung abzeichnen.

In der **Hepatologie** werden im Sonderforschungsbereich 154 „*Klinische und experimentelle Hepatologie*" (Freiburg) Pathomechanismen chronischer Lebererkrankungen auf molekularer und zellulärer Ebene untersucht. Vor allem von neuen bildgebenden Verfahren werden Aufschlüsse über den Zusammenhang zwischen gestörten Funktionen und bestimmten Läsionen der Leber erwartet.

In der **Gastroenterologie** werden gegenwärtig besonders lokale Stimulatoren bzw. Inhibitoren der Darmmotorik, Sekretion und Resorption erforscht, und auch immunologische Vorgänge bei der Verdauung sollen schwerpunktmäßig bearbeitet werden.

Eine zentrale Rolle spielt in den pharmakotherapeutisch tätigen Disziplinen weiterhin die **klinische Pharmakologie,** die sich unmittelbar in der Klinik der Erarbeitung wissenschaftlicher Grundlagen für die Verbesserung der Arzneimitteltherapie widmet. Trotz ihres interdisziplinären Ansatzes ist eine enge Kooperation zwischen theoretischen Instituten der Pharmakologie und klinischen Pharmakologen bisher nur an einzelnen Stellen zustande gekommen. Ihre Aufgabe wäre u. a. die Erforschung der Arzneimittelkinetik und der Arzneimittelwechselwirkungen am Menschen sowie die Beratung für die Durchführung multizentrischer Arzneimittelstudien, auch wenn diese selbst in der Regel nicht zum Förderungsgebiet der DFG gehören.

In der **Neurologie** gibt es beachtliche Schwerpunkte vor allem in der neurophysiologischen Forschung einschließlich der Schmerzforschung, die in Zukunft immer mehr auch der methodischen Erweiterung in Richtung auf Neurobiochemie, Neuroimmunologie, Neuropharmakologie und Neurovirologie bedarf, wie dies teilweise etwa im Sonderforschungsbereich 200 *„Pathologische Mechanismen der Hirnfunktion"* (Düsseldorf) geschieht. Das gilt auch für die Erkenntnisgewinnung in der Neuropeptidchemie, für die 1986 ein neues Schwerpunktprogramm *„Neuropeptide"* begonnen wurde, und in der Transmitterforschung, die zahlreiche Berührungspunkte zur biologischen Psychiatrie aufweist. Immunologische Methoden lassen eine Aufklärung so wichtiger Erkrankungen wie der Multiplen Sklerose als einer Autoimmunerkrankung erwarten. Eine Forschergruppe in Aachen widmet sich besonders den neurologischen Grundlagen der *„Aphasie und kognitiven Störungen".*

In der **Intensivmedizin einschließlich Anästhesiologie** sind nach wie vor die Behandlung des Schocks nach Herzinfarkt, Unfällen oder bei Infektionen (Sepsis) und dessen Folgen die wichtigsten Forschungsthemen. Während hierbei früher das akute Nierenversagen im Vordergrund stand, gilt dies heute für die akute Lungeninsuffizienz unter dem Bild der Schocklunge, die für viele Kranke auf der Intensivstation zum limitierenden Faktor der Lebenserwartung wird. Es betrifft ebenso Kinder wie Erwachsene und auch Neugeborene, so daß hier enge Beziehungen zur **Neonatologie** und damit zur Kinderheilkunde bestehen. Zwei Schwerpunktprogramme der DFG *(„Grundmechanismen des posttraumatischen progressiven Lungenversagens"* und *„Physiologie und Pathophysiologie der Eicosanoide")* haben zum Ziel, die hieran beteiligten Aggressionsmechanismen von außen (Bakterien, Viren, Pilze, chemische Substanzen) und von innen (Kreislaufstörungen, zelluläre, immunologische und enzymatische Reaktionen, z. B. mit Proteasen und Elastasen) weiterhin abzuklären, um Möglichkeiten zur Verhinderung der fast gesetzmäßig ablaufenden Lungentransformation zu finden, an denen Neugeborene, Kinder und Erwachsene schließlich ersticken. Auch hierbei dürften wiederum Veränderungen an den Endothelgrenzflächen der Lungenstrukturen im Mittelpunkt des Forschungsinteresses stehen, deren Läsionen das Einströmen eiweißreicher

Sekrete in das Lungengewebe und damit den Beginn einer Lungenfibrose ermöglichen. Auch weitere medizintechnische Entwicklungen auf dem Gebiet der Beatmungstechnik und der extrakorporalen CO_2-Elimination durch eine „künstliche Lunge" werden angestrebt.

Die **klinische Virologie** thematisiert in der Forschung vor allem die Interaktionen zwischen Viren und Immunsystem bei den sogenannten persistierenden Virusinfektionen, hier mit einem eigenen Schwerpunktprogramm, ferner im Zusammenhang mit immunsuppresiven Behandlungsmaßnahmen bei Patienten nach Transplantation oder bei malignen Tumoren, sodann bei virusinduzierten Immundefekten, z. B. AIDS, und schließlich hinsichtlich der Bedeutung onkogener Viren als Ursachen für maligne Tumorenerkrankungen. Weitgefächerte und weiterführende Programme bedienen sich neuer Methoden wie z. B. der Immunoblot-Technik für die serologische Diagnostik bakterieller und viraler Infektionen, der Charakterisierung von Lymphozyten-Subpopulationen und Lymphozyten-Rezeptoren, der Analyse interzellulärer Mediatoren wie der Lymphokine und der gentechnischen Herstellung neuer Impfstoffe und körpereigener Substanzen wie der Interferone.

Eng verbunden mit der Immunantwort auf exogene Infekte oder andere Noxen ist das große Gebiet der **Autoimmunerkrankungen,** bei denen sich immunologische Abwehrprozesse gegen körpereigene Gewebe und Organsysteme richten, ein vielschichtiger Ansatz für klinische Forschung. Durch die Einführung der neuen Techniken wie monoklonaler Antikörper und der Kultivierung und Klonierung der verschiedenen Zellen des Immunsystems können sowohl diese Zellen als auch ihre Interaktionsmoleküle identifiziert und manipuliert werden. Ein anderer wichtiger Aspekt ist die immer weitergehende Differenzierung der genetischen Disposition für einzelne Krankheitsbilder dieser Gruppe, wie z. B. die chronische rheumatische Polyarthritis und andere Arthritiden, die alle durch das HLA-B 27-assoziierte Genprodukt gekennzeichnet sind. Hier erfordern u. a. plasmidcodierte Faktoren bei Yersinien sowie Interaktionen derartiger Erregermoleküle mit Membranantigenen der Lymphozyten, aber auch die prädisponierende Rolle bestimmter Genprodukte der HLA-Region für rheumatische Erkrankungen weitere Untersuchungen. Dasselbe gilt für die Interaktion von Immunzellen, Chondrozyten bzw. Fibroblasten an den erkrankten Gelenken. Insgesamt ist die Rheumaforschung bisher nur an wenigen Stellen etabliert, wobei die überwiegende Langfristbetreuung Rheumakranker in Heilstätten und Kurkliniken sie oft den Universitäten, Forschungsinstitutionen und Kliniken entzieht.

Probleme der **Onkologie** sind nahezu in allen biomedizinischen Grundlagenfächern und in den klinischen Disziplinen Gegenstand von Forschungsaktivitäten. Zahlreiche Sonderforschungsbereiche und Schwerpunktprogramme weisen dies als Forschungsziel aus, darunter vor allem die Sonderforschungsbereiche 31 *„Medizinische Virologie – Tumorentstehung und -entwicklung"* (Freiburg), 102 *„Leukämie- und Tumorforschung"* (Essen), 120 *„Leukämieforschung und Immungenetik"* (Tübingen), 136 *„Krebsforschung"* (Heidelberg), 172 *„Kanzerogene Primärveränderungen"* (Würzburg), 215 *„Tumor und Endokrinium"* (Marburg), 234 *„Experimentelle Krebschemotherapie"* (Regensburg), 302 *„Kontrollfaktoren der Tumorentstehung"* (Mainz), 322 *„Lympho-Hämopoese"* (Ulm) und 324 *„Die maligne transformierte Zelle"* (München), ferner das Schwerpunktprogramm „*Molekulare und klassische Tumorzytogenetik*". Doch reicht der Umfang von Projekten, die hierher zu zählen sind, darüber weit hinaus, weil viele zell- und molekularbiologische oder immunologische Untersuchungen, die basalen Mechanismen des Tumorgeschehens gewidmet sind, unter anderen Oberthemen bearbeitet werden. Im Zusammenhang mit klinischer Forschung sind hier aus dem Gebiet der Hämatologie die weiterführenden Forschungen zur Kombinations-Chemotherapie bei Leukämien und hochmalignen Lymphomen als Beispiele zu nennen.

Einen neuen Ansatz in Richtung auf eine zukünftige immunologische Tumortherapie in Ergänzung der etablierten Behandlungsmethoden der Chemotherapie, Operation und Bestrahlung bieten erste Pilotstudien mit Interferonen bei Haarzell-Leukämie und Plasmozytom und mit monoklonalen Antikörpern bei metastasierenden Darmtumoren und Mammacarcinomen. Die Modalitäten dieser Therapieformen bei malignen Tumoren entwickeln sich ständig weiter. Die zu ihrer Überprüfung notwendigen kontrollierten Therapiestudien sind allerdings wegen der erforderlichen langen Beobachtungszeiträume mit multizentrischer Durchführung besonders aufwendig und vielfach international angelegt. Voraussetzungen für eine weitere Optimierung der insgesamt noch unzulänglichen Therapieformen liegen vor allem auch in einer weiteren Differenzierung der morphologischen und immunologischen Diagnostik. Hier haben die monoklonalen Antikörper in letzter Zeit ganz neue und spezifische Möglichkeiten eröffnet und breite Anwendung gefunden. Fortschritte sind weiterhin von der **Radiologie** zu erwarten, die auf diagnostischem Gebiet eine Erweiterung ihrer Möglichkeiten, vor allem am Zentralnervensystem, durch die Kernspintomographie erfahren hat und in der Bestrahlungstherapie z. B. durch Kombination mit Hyperthermie neue Wege beschreitet.

Die Forschungssituation in der **Zahn-, Mund- und Kieferheilkunde** ist lange Zeit durch Numerus clausus und die Abwanderung des Nachwuchses in die zahnärztliche Praxis sehr ungünstig gewesen, läßt jedoch neuerdings wieder Ansätze erkennen, die 1985 zur Gründung eines Sonderforschungsbereichs 175 „*Implantologie*" (Tübingen) und eines Schwerpunktprogramms „*Verlaufskontrolle und Weiterentwicklung zahnärztlicher Implantate*" geführt haben.

Die **Arbeitsmedizin** bedarf hinsichtlich ihrer Schwerpunkte in der arbeitsmedizinischen Toxikologie, der angewandten Chrono-Biologie und der beruflichen Cancerogenese sowie vieler klinischer Einzelaspekte einer besonders engen Kooperation von Grundlagenforschung, Klinik, Epidemiologie und Statistik, um die der Komplexität der Arbeitswelt entsprechenden experimentellen Modelle, aber auch Feldstudien, retrospektive und prospektive Langzeitbeobachtungen bearbeiten zu können, die über die unmittelbaren Berufskrankheiten hinaus weitere allgemeinmedizinische Erkenntnisse erwarten lassen. Den **obstruktiven Atemwegserkrankungen,** die die häufigste Ursache der Frühinvalidität unter männlichen Berufstätigen darstellen, widmet sich eine Forschergruppe in Bochum; seit 1986 arbeiten dort Mikrobiologen, Pharmakologen und Pathologen mit Klinikern aus der Inneren Medizin zusammen mit dem Ziel, die Diagnostik, insbesondere die Frühdiagnostik, zu verbessern, die pathophysiologischen Grundlagen aufzuklären und die Therapie zu präzisieren.

3.3.4 Psychiatrie und Psychosomatik

Zur Lage der klinisch-psychiatrischen Forschung hat der Wissenschaftsrat in seinen Empfehlungen zur klinischen Hochschulforschung 1986 Stellung genommen, worauf verwiesen sei. Die hier bestehenden Defizite basieren u. a. auf den Besonderheiten der Situation des psychisch kranken Menschen, deren Komplexität nur durch eine möglichst gleichzeitige Anwendung naturwissenschaftlicher, verhaltens- und sozialwissenschaftlicher Betrachtungsweisen und Methoden adäquat zu erfassen ist. Statt einer solchen komplementären Anwendung dieser mehrdimensionalen Zugangswege überwog aber in der Vergangenheit an vielen Stellen der klinischen Psychiatrie einschließlich Psychotherapie und Psychosomatik ein mehr monokausales Krankheitsverständnis, das sich entweder an den biologischen Grundlagen oder alternativ an psychosozialen Faktoren der zugrundeliegenden Störungen orientierte. So stehen sich eine naturwissenschaftliche und eine verhaltenswissenschaftliche Psychiatrie oft als Gegensätze gegenüber.

Für die Förderung der in den angloamerikanischen und skandinavischen Ländern besonders erfolgreichen biologisch fundierten Psychiatrie bedarf es künftig einer verstärkten **Integration und Adaptation der Resultate und der Methodik der Grundlagenwissenschaften in die klinischen Forschungsansätze.** Dies gilt vor allem für die Neurobiochemie, die Psychopharmakologie und die Neuropsychoendokrinologie als den theoretischen Grundlagenfächern, zu denen in Zukunft auch die Molekularbiologie und die Immunologie hinzutreten müssen. Erstere wird für das bisher immer noch rückständige Gebiet der psychiatrischen Genetik von großer Bedeutung sein, letztere u. a. für viele Fragen der modernen Gedächtnis- und Motivationsforschung unter Verzicht auf alle spekulativen psychoimmunologischen Perspektiven.

Die damit angestrebten Einblicke in den Hirnstoffwechsel unter pathologischen Bedingungen werden neuerdings unter dem Stichwort „Brain-imaging" durch morphologisch und zugleich funktionell orientierte bildgebende Verfahren, nämlich NMR (Kernmagnetresonanz-Spektroskopie) und PET (Positronen-Emissions-Tomographie) wirkungsvoll erweitert. Hier sind in nächster Zeit wichtige medizintechnische Weiterentwicklungen zu erwarten, die auch mit kostenaufwendigen Investitionen verbunden sein werden.

Die Forschungsgebiete, die durch die vorgenannten methodischen Entwicklungen besonders befruchtet werden können, betreffen vor allem das Gesamtgebiet der Psychosen, also Schizophrenien und Depressionen, ferner die Alterskrankheiten, unter denen die bisher ungenügend bearbeitete Demenzforschung einen wichtigen Platz einnimmt, ferner die Suchtkrankheiten und schließlich die psychiatrische Epidemiologie, der allerdings durch den Datenschutz erhebliche Behinderungen erwachsen. Aber auch die traditionellen, deskriptiven und nosologisch-klassifikatorischen Forschungsthemen der klinischen Psychiatrie im Rahmen einer systematischen Verlaufsforschung bedürfen in Zukunft verstärkter Einbeziehung der grundlagenwissenschaftlichen Methoden einschließlich der Biometrie. Dagegen erscheint es für die Bereiche der Versorgungsforschung, die Sozialpsychiatrie, die Psychotherapie und die Psychosomatik einschließlich

Psychophysiologie gegenwärtig wichtiger, zunächst ihre Forschungsmethodik weiterzuentwickeln bzw. an internationale Standards anzugleichen, ehe auch hier relevante Forschungsarbeiten in Angriff genommen werden können. Ein weiteres förderungswürdiges Forschungsgebiet betrifft die Disposition (vulnerability) für psychiatrische Krankheiten, das in den USA sicher zu Recht im Mittelpunkt intensiver Forschung steht und sich an das lange Zeit als überholt geltende, besonders in Deutschland begründete Psychopathie-Konzept anlehnt. Im Sonderforschungsbereich 258 *„Entstehung und Verlauf psychischer Störungen"* (Heidelberg) werden ab 1987 Zusammenhänge zwischen Faktoren untersucht, die die Entstehung, den Verlauf und die Behandlung klinisch bedeutsamer psychischer Erkrankungen beeinflussen. Dabei werden biologische, psychologische und sozioökonomische Faktoren herangezogen und miteinander verknüpft.

Zu den erschwerenden Randbedingungen klinisch-psychiatrischer Forschung gehört, daß viele in Bezirks- und Landeskrankenhäusern oder in Spezialeinrichtungen untergebrachte chronisch Kranke wie vor allem die Alterskranken, Schwachsinnigen, Suchtkranken, zumal die Alkoholiker, aber auch Patienten mit bestimmten Appetitstörungen wie Anorexie oder Bulimie, für die Forschung an universitären oder anderen Forschungszentren meist unerreichbar sind. Hier könnte eine projektbezogene Verbundforschung zwischen diesen Zentren und den genannten Versorgungseinrichtungen besonders förderungswürdig sein.

Zusätzliche spezielle Forschungsdesiderate ergeben sich für die **Kinder- und Jugendpsychiatrie.** Hier finden die Krankheitsbilder der Schizophrenien und Borderline-Syndrome, die Depressionen im Kindesalter, der frühkindliche Autismus, ferner aggressives und autoaggressives Verhalten sowie Anti- und Dissozialität samt den dafür geeigneten Interventionsstrategien weltweite Aufmerksamkeit in der Forschung. Wünschenswert wäre hier eine Verbesserung der nur an wenigen Stellen bisher ausreichenden Ausstattung, um kontinuierlich größere Projekte bearbeiten zu können.

Die Situation in der **psychosomatischen Medizin und Psychotherapie** ist noch immer dadurch gekennzeichnet, daß sie an manchen Universitäten noch nicht ausreichend etabliert ist. Auch erschwert ihre Position zwischen innerer Medizin (aus der sie hervorgegangen ist), Psychiatrie, medizinischer Psychologie und Soziologie einerseits sowie ihrer konstitutiven Verknüpfung mit der Psychotherapie andererseits die Konsolidierung zur Eigenständigkeit der Fragestellungen und des Methodenarsenals. Zum anderen ist der interdisziplinäre Ansatz der psychosomatischen Betrachtungsweise zugleich ein Vorzug und Charakteristikum dieses Faches, der erhalten bleiben muß und sich noch mehr als bisher auch in einem Methodenpluralismus manifestieren sollte, der keine einseitigen Festlegungen auf Psychophysiologie, Psychodynamik oder Lerntheorien erlaubt. Dies gilt sowohl für die förderungswürdige Psychotherapieforschung wie auch für experimentelle psychophysiologische Forschungsansätze, die gegenwärtig mehr in der Psychologie als in der psychosomatischen Medizin verfolgt werden.

3.3.5 Operative Medizin

Die einleitend für die klinische Forschung dargestellten hemmenden Rahmenbedingungen gelten in verstärktem Maße für die operativen Fächer; denn hier besitzen die oft erschöpfende Inanspruchnahme des Arztes durch die chirurgische Krankenversorgung und die Abarbeitung von Operationskatalogen im Rahmen der Weiterbildung noch mehr Priorität gegenüber der Forschung als in den nichtoperativen Fächern. Zahl und Schwere der operativen Eingriffe haben ständig zugenommen und erhöhen nicht nur die Belastung des Chirurgen, sondern vermitteln ihm auch eine Selbstbestätigung, die eher auf eine wissenschaftliche Genugtuung verzichten läßt. Dementsprechend tritt die Antragstellung an die DFG aus den operativen Fächern gegenüber den nichtoperativen zahlenmäßig deutlich zurück. Die infolgedessen kleinere Zahl an forschungsaktiven Wissenschaftlern kann daher nur selten die von der DFG angebotenen Fördermaßnahmen im Rahmen von Schwerpunktprogrammen, Sonderforschungsbereichen und Forschergruppen in Anspruch nehmen, so daß die dennoch unverkennbaren Anstrengungen zu intensiver Bearbeitung aktueller Fragestellungen auch in den sogenannten „kleinen" klinischen Fächern im Normalverfahren gefördert werden können. Eine andere Konsequenz dieser Umstände ist die Verlagerung der klinischen Forschung in selbständige Institute für chirurgische Forschung. Hier gelingt die notwendige Kooperation mit theoretischen Medizinern und Naturwissenschaftlern leichter, an der Chirurgen dann, meist mit dem Ziel der Habilitation, nur begrenzte Zeit teilnehmen.

Eine der wenigen Ausnahmen betrifft die **Transplantationschirurgie.** Erfolge der Transplantation von Nieren, Leber, Pankreas, Herz und Lunge waren von Anfang an so abhängig von wissenschaftlichen Resultaten zur Immunologie der Gewebeverträglichkeit, der Transplantatabstoßung, der Immunsuppression und der Organkonservierung, daß hier günstige Bedingungen für die interdisziplinäre klinische Forschung gegeben waren, so in der Forschergruppe *„Weiterentwicklung der klinischen Transplantation von Leber, Herz und Lunge"* in Hannover.

Andere Themen aus der **Chirurgie** werden in den nächsten Jahren der Mikrochirurgie, der Gefäßchirurgie und der Organperfusion zur Metastasenbehandlung in Kooperation mit der internistischen Onkologie gelten. Auf die Bedeutung der Schockforschung, insbesondere im Rahmen des posttraumatischen progressiven Lungenversagens (Schocklunge), dem ein Schwerpunktprogramm gewidmet ist, wurde schon im Zusammenhang mit der Intensivmedizin und Anästhesiologie bei den nichtoperativen Fächern (s. Abschnitt 3.3.3) hingewiesen.

In der **Orthopädie** nehmen die neueren bildgebenden Verfahren wie Sonographie, Computer- und Kernspintomographie methodisch einen wichtigen Platz in der Funktionsdiagnostik und in der Weiterentwicklung operativer Techniken einschließlich der Erprobung neuer Implantatmaterialien zur Osteosynthese bei Knochenfrakturen und zum Gelenkersatz ein. Die klinikahe Grundlagenforschung der Orthopädie gilt zellbiologischen und biomechanischen Fragen bei Funktionsstörungen und Erkrankungen von Knochen und Gelenken.

Auch für die **Urologie** sind medizintechnische Entwicklungen anwendungsorientierte Forschungsthemen, so z. B. bei der intravesikalen Laserbestrahlung mit chemischer Photosensibilisierung des Tumorgewebes sowie bei der apparativen Vervollkommnung der Nierensteinzertrümmerung mittels Stoßwellen. Der Pathophysiologie und Pathogenese des Nierensteinleidens und seiner Prophylaxe sind darüber hinaus zahlreiche klinisch-experimentelle Untersuchungen gewidmet.

In der **Hals-Nasen-Ohrenheilkunde** sind vor allem in der Audiologie interessante Fortschritte zu erwarten, wobei die Zusammenarbeit mit Ingenieuren, Physikern und Neurophysiologen besonders wichtig ist bei der Erarbeitung von Modellen zur auditorischen Signalverarbeitung, die an mehreren Stellen in Angriff genommen wurde und letztlich der Hilfe für hörgeschädigte Patienten zugute kommen wird. Geplant sind weiterhin Untersuchungen zur molekularen Struktur und Funktion des Hörorgans, dessen mechanische Haarzell-Eigenschaften zugleich neue Erkenntnisse für die Rezeptorfunktion des Innenohres erbringen sollen.

Ähnlich wird es auch in der **Augenheilkunde** in Zukunft immer notwendiger werden, fächerübergreifend unter Hinzuziehung von Immunologen, Biochemikern und Molekularbiologen zu arbeiten. Dies wurde z. B. schon deutlich bei Forschungen zur Pathogenese der Retinopathia pigmentosa und bei der Bestimmung der Genloci für das kindliche Retinoblastom, deren Sequenzierung und Klonierung geplant ist.

Die **neurochirurgische Forschung** ist einerseits eng mit neuroendokrinologischen Forschungsrichtungen verknüpft und ergänzt sie durch ihre Eingriffe am hypothalamo-hypophysären System, z. B. bei Hypophysentumoren. Andererseits eröffnen die neuen bildgebenden Verfahren der Kernspintomographie verbesserte diagnostische Möglichkeiten, während mittels Positronen-Emissions-Tomographie darüber hinaus auch Stoffwechselvorgänge und genauere Lokalisationen spezifischer Hirnfunktionen erfaßt werden können, aus denen sich wiederum interessante psychophysiologische Zusammenhänge ableiten lassen werden.

In der **Gynäkologie** konnte in den letzten Jahren weitgehend belegt werden, daß Vorstufen bestimmter Genitalkarzinome Folge spezifischer Infektionen durch Papillomaviren sind. Dies gilt besonders für den Gebärmutterhalskrebs (Cervixkarzinom) und läßt auch neue Konzepte zur Bekämpfung zumindest einiger solcher Krebsformen erwarten. Neben dem Deutschen Krebsforschungszentrum Heidelberg werden an verschiedenen Frauenkliniken weiterführende Studien hierzu gefördert. Weiterhin stehen naturgemäß Untersuchungen zur Klinik und Biologie der menschlichen Reproduktion im Mittelpunkt des Forschungsinteresses.

Auf die in diesem Zusammenhang entstehenden ethischen Probleme wurde bereits hingewiesen (vgl. Abschnitt 3.3.2).

3.4 Veterinärmedizinische Forschung

Entsprechend ihrer Aufgabe in Forschung, Lehre und Dienstleistung behandelt die Veterinärmedizin ein außerordentlich breites wissenschaftliches Spektrum, das neben den analogen humanmedizinischen klinischen und theoretischen Fächern solche umfaßt, die sich mit der Bekämpfung von Infektionskrankheiten, besonders auch der Zoonosen, der Gewinnung qualitativ hochwertiger und hygienisch einwandfreier vom Tiere stammender Lebensmittel sowie mit ökologischen und ethologischen Fragen im Zusammenhang vor allem mit der Haltung landwirtschaftlicher Nutztiere zu befassen haben. Einen sowohl für die Grundlagenwissenschaften als auch für die klinische und anwendungsorientierte Forschung wichtigen Themenbereich bilden die Physiologie und Pathologie der Fortpflanzung. Embryotransfer, Fertilitätsstörungen sowie prä- und postnatale Verluste müssen auch zukünftig Schwerpunkte veterinärmedizinischer Forschung bleiben. Aktuelle Herausforderungen an die veterinärmedizinische Ethologie stellen die mit der heutigen Nutztierhaltung zusammenhängenden Probleme des Tierschutzes und der artgerechten Haltungssysteme dar. Die modernen Produktionstechniken in der Agrarwirtschaft haben daneben Fragen milieubedingter Einflüsse auf Gesundheit und Leistungsvermögen landwirtschaftlicher Nutztiere, aber auch weitere Probleme gesundheits- und umweltschädigender Auswirkungen von Emissionen aus Intensivbetrieben entstehen lassen, die neue Forschungsansätze erfordern.

Es muß damit gerechnet werden, daß die Novellierung des Tierschutzgesetzes neue Aufgaben in erheblichem Umfang für die Veterinärmedizin und auch einen großen Bedarf an entsprechend geschultem Personal mit sich bringt. Solche von außen immer wieder herangetragenen Aufgaben beeinträchtigen ohne Zweifel die dringend erforderliche Grundlagenforschung auf den eigentlich veterinärmedizinischen Gebieten, zumal hierfür nur eine geringe Anzahl von Forschungs- und Ausbildungsstätten zur Verfügung steht. Da jedoch vor allem die veterinärmedizinischen Grundlagenfächer mit denen anderer biomedizinischer Disziplinen nahezu identisch sind, sollte eine entsprechende Zusammenarbeit zumindest an den Universitäten intensiviert werden, an denen veterinärmedizinische Forschungsstätten vorhanden sind. Sie zwingt auf der einen Seite zur verstärkten Beschäftigung mit den wissenschaftlichen Konzepten und Methoden der Nachbarfächer, zum anderen aber auch zur Neuorientierung innerhalb des eigenen Aufgabenbereiches. Eine solche Zusammenarbeit käme auch der Ausbildung eines qualifizierten Nachwuchses zustatten, für den in einigen theoretischen Fächern, vor allem aber im klinischen Bereich, ein ausgesprochener Mangel besteht.

Beispiele einer fruchtbaren Kooperation zwischen veterinärmedizinischen und verschiedenen anderen wissenschaftlichen Disziplinen sind in den Sonderforschungsbereichen 47 *„Virologie"* (Gießen) und 244 *„Chronische Entzündung"* (Hannover) gegeben, in denen über Pathogenitätsmechanismen von Viren bzw. über rheumatoide Krankheiten mit Erfolg zusammengearbeitet wird. Ähnliches gilt für eine Zusammenarbeit von Arbeitsgruppen der Tierärztlichen Hochschule und der Medizinischen Hochschule in Hannover über wissenschaftliche Probleme der Magen-Darm-Funktion bei Mensch und Tier. Hier interessieren vor allem Fragen über die Bedeutung der Magen-

Darm-Wand als wirksame und veränderbare Barriere gegenüber chemischen Substanzen und Mikroorganismen sowie über Störungen und Erkrankungen, die aus Veränderungen dieser Barrierefunktionen resultieren. Gemessen an der Häufigkeit derartiger Erkrankungen und auch an deren wirtschaftlicher Bedeutung ist dieser Forschungsrichtung bisher nur wenig Aufmerksamkeit geschenkt worden.

Ab 1987 wird sich eine Forschergruppe unter dem Thema *„Gastrointestinale Barriere"* in Hannover diesen Problemen widmen.

3.5 Agrar- und Forstwissenschaften

Ein Rückblick auf frühere Darstellungen der „Aufgaben und Finanzierung" macht deutlich, daß sich die Akzente der agrar- und forstwirtschaftlichen Grundlagenforschung bereits seit längerer Zeit von mehr monofaktoriellen, produktionsorientierten Fragestellungen zu einer polyfaktoriellen, systemanalytischen Betrachtungsweise verschieben, welche die physiologischen Aspekte des heutigen Instrumentariums der Ertragsbeeinflussung nicht aus dem Auge verliert, zugleich aber deren Wechsel- und Nebenwirkungen ins Auge faßt.

Dieser Trend hat sich verstärkt fortgesetzt, nicht zuletzt auch unter dem Einfluß der aktuellen öffentlichen Diskussion, welche die heutige, mit Überschußproblemen konfrontierte Landwirtschaft als Mitverursacher und die Forstwirtschaft als das vorrangige Opfer ungelöster Probleme der Umweltbelastung in Zusammenhang bringt.

Kennzeichnend für die Entwicklung der Fächergruppe ist ferner ihr Bemühen, die methodischen Fortschritte vor allem im Bereich der naturwissenschaftlichen Grundlagenforschung in die Bearbeitung der spezifischen Forschungsthemen der Agrar- und Forstwissenschaften einzubringen. Richtungsweisend hat hier die Einrichtung des Schwerpunktprogramms *„Speicherungsprozesse in Kulturpflanzen und deren Regulation"* (1972 bis 1981) gewirkt, das in Kooperation von Wissenschaftlern der Pflanzenproduktion und der Pflanzenphysiologie durchgeführt wurde. Auch dieser Trend hat sich fortgesetzt. Die Förderungsinstrumente der DFG bieten besonders günstige Voraussetzungen, ihn konsequent und effektiv zu unterstützen.

Generell läßt sich ferner feststellen, daß der wissenschaftliche Fortschritt besonders in den Bereichen der Molekularbiologie sowie der computergestützten Systemanalyse in rasch zunehmendem Maß den Agrar- und Forstwissenschaften neue Forschungsbereiche erschließt, die sie in engere Berührung mit benachbarten Fächergruppen aus den Naturwissenschaften, den Ingenieurwissenschaften und der Medizin bringen.

Grundlegende Forschungsarbeiten an den **Kultur- und Nutzpflanzen** der Land- und Forstwirtschaft sowie des Gartenbaus haben sich dem komplexen System des Kontaktraums Boden/Pflanzen zugewandt. Das 1978 eingerichtete interdisziplinäre Schwerpunktprogramm *„Nährstoffdynamik im Kontaktraum Pflanze/Boden (Rhizosphäre)"* hat hierzu wertvolle Beiträge geliefert. Die bisherigen Ergebnisse rechtfertigen die Erwartung, daß dieses Schwerpunktprogramm in seiner abschließenden Förderungsphase (bis 1988) aufzeigen kann, wie ein höherer Ausnutzungsgrad von Boden- und Düngernährstoffen zu erreichen ist, wie sich das Düngungsbedürfnis bestimmter Standorte besser vorhersagen und wie sich langfristig das genetische Potential für ein erhöhtes Nährstoffaneignungsvermögen der Kulturpflanzen verbessern läßt. Ergänzend dazu begann im Jahre 1986 ein neues Schwerpunktprogramm *„Genese und Funktion des Bodengefüges"*, das mit methodischen Neuentwicklungen der jüngsten Zeit dazu beitragen soll, durch Analyse der Funktion des Bodengefüges, der Prinzipien der Gefügebildung und seiner Stabilität unter Belastungsbedingungen wissenschaftlich ausreichend begründete Vorstellungen über die physikalischen Grundlagen der durch Bodenbearbeitung erfolgenden Eingriffe in das Bodengefüge zu gewinnen. Hier werden zentrale Themen in Rahmen aktueller Bemühungen um einen **verbesserten Bodenschutz** bearbeitet.

Ebenfalls 1986 ist in Braunschweig der Sonderforschungsbereich 179 *„Wasser- und Stoffdynamik von Agrar-Ökosystemen"* eingerichtet worden, in dem Landwirte, Biologen, Geowissenschaftler und Ingenieure zusammenarbeiten, um die Problematik der Belastung, Belastbarkeit und langfristigen Stabilität von Agrar-Ökosystemen in allen wesentlichen Kompartimenten zu untersuchen mit dem Ziel einer Prognose flächenrepräsentativer Wasser- und Nährstoffbilanzen von Agrarlandschaften, wozu u. a. das in der Öffentlichkeit besonders stark beachtete Problem der Nitratbelastung des Grundwassers durch die heutige Landwirtschaft gehört.

Ein zunehmend bedeutsamer Themenkreis der Agrar- und Umweltforschung wurde mit der Einrichtung des Schwerpunktprogramms *„Mechanismen und populationsdynamische Aspekte der Resistenz von Pflanzen gegenüber Schadorganismen"* im Jahre 1978 gefördert. Das interdisziplinär betriebene und 1986 abgeschlossene Schwerpunktprogramm war darauf ausgerichtet, Ursachen der komplexen Wechselbeziehungen zwischen Wirtspflanzen und Parasiten aufzuklären und neue Ansätze für ihre Ausnutzung zur Sicherung der Erträge landwirtschaftlicher Kulturpflanzen aufzuzeigen.

Mit erweiterter Zielsetzung bei eingeschränkter Objektwahl folgte 1983 die Einrichtung des Schwerpunktprogramms *„Entwicklung eines integrierten Systems der Pflanzenproduktion unter Beachtung ökonomischer und ökologischer Aspekte des Pflanzenschutzes im Weizen"*, das nunmehr auch unter Mitwirkung der Wirtschaftswissenschaften anstrebt, Entscheidungskriterien über **Notwendigkeit und Wirtschaftlichkeit von Pflanzenschutzmaßnahmen** zu entwickeln, die geeignet sind, bisher offene Optimierungsprobleme einer Lösung näher zu bringen.

Eine verstärkte Mitwirkung ökologischer und ökonomischer Fächer ist in einem ab 1987 in Hohenheim geförderten Sonderforschungsbereich 183 *„Umweltgerechte Nutzung von Agrarlandschaften"* vorgesehen. Er geht davon aus, daß in den Industrieländern mit zunehmendem Wirtschaftswachstum die Gefährdung von Agrarlandschaften ansteigt, und verfolgt das Ziel, Aussagen darüber zu erarbeiten, wie Agrarlandschaften unter verschiedenen Standortbedingungen umweltgerecht zu nutzen sind, ohne die Existenz der landwirtschaftlichen Produzenten oder die Versorgung der Konsumenten mit preisgünstigen Nahrungsmitteln zu gefährden.

Der 1981 in Hannover eingerichtete Sonderforschungsbereich 110 *„Bioökono-*

mische Modelle gartenbaulicher Produktion" strebt die Entwicklung energie- und arbeitssparender Produktionsverfahren für den Gartenbau an. Mit Hilfe systemtheoretischer Ansätze sollen die vielfältigen Steuerungsmöglichkeiten der Gartenbauproduktion zu Informationssystemen integriert werden, die geeignet sind, dem Leiter eines Gartenbaubetriebes zuverlässige Entscheidungshilfen für zielgerichtete Reaktionen auf veränderte Rahmenbedingungen zu geben.

Nach ausführlichen Diskussionen und unter Berücksichtigung der von Bundes- und Länderministerien finanzierten Forschungsprojekte, die mit den **neuartigen Waldschäden** in Zusammenhang stehen, hat sich die DFG 1985 entschlossen, ein Schwerpunktprogramm *„Physiologie der Bäume"* einzurichten, das es ermöglicht, den aus der Sicht der Grundlagenforschung äußerst lückenhaften Wissensstand an physiologischen Grundkenntnissen durch kooperative Anstrengungen von Pflanzenphysiologen und Forstwissenschaftlern zu verbessern (s. auch Abschnitt 3.1.8, „Botanik").

Die rasche Entwicklung der Molekularbiologie und der Molekulargenetik berührt die Züchtungsforschung an Kulturpflanzen und an Nutztieren in mannigfacher Weise. Für den pflanzlichen Bereich ist daher die Einrichtung eines neuen Schwerpunktprogramms beschlossen, das sich ab 1987 mit den *„Genetischen Mechanismen für die Hybridzüchtung"* beschäftigen soll. Ziel ist die Aufklärung molekulargenetischer Grundlagen der Pollensterilität an ausgewählten Kulturpflanzenarten. Die dabei gewonnenen Erkenntnisse könnten aber auch dazu benutzt werden, dem praktischen Einsatz der Hybridzüchtung ein erweitertes Artenspektrum zu erschließen.

Für den Bereich der **Tierproduktion** wurde 1981 ein Schwerpunktprogramm *„Genetische und physiologische Grundlagen der Merkmalsantagonismen in der Tierzucht"* eingerichtet. Es strebt die Erforschung physiologischer und genetischer Wechselwirkungen im Hinblick auf Menge und Qualität tierischer Nahrungsmittel sowie Leistungsvermögen und Gesundheit der Tiere an, um Ursachen von Leistungsgrenzen in der Tierzucht zu erkennen und Methoden zu erarbeiten, die einer Minderung der Produktqualität und der konstitutionellen Überforderung der Nutztiere entgegenwirken können. Das Schwerpunktprogramm wird 1987 auslaufen.

Vorbereitende Gespräche haben deutlich gemacht, daß ein neuer Forschungsschwerpunkt die biologische Steuerung in der Tierzucht ins Auge fassen sollte. Dabei ist daran gedacht, eine Analyse von Struktur und Funktion tierzüchterisch wichtiger Gene vorzunehmen, Methoden zur Manipulation von Gameten und Embryonen zu entwickeln und physiologische Mechanismen zur Regulation der Leistungsmerkmale Reproduktion, Wachstum und Milchleistung aufzuklären.

Die Entwicklung in der Thematik und in der Zielsetzung laufender bzw. in Vorbereitung befindlicher Sonderforschungsbereiche bzw. Schwerpunktprogramme verdeutlicht die Akzentverschiebungen in der Fragestellung sowie den zunehmenden Trend zu interdisziplinärer Zusammenarbeit innerhalb der Agrar- und Forstwissenschaften und mit benachbarten Disziplinen. Dies darf jedoch nicht darüber hinwegtäuschen, daß diese beiden Förderungsinstrumente nicht ausreichen können, um auch andere zukunftsweisende Forschungsaufgaben dieser Fächergruppe angemessen zu berücksichtigen. Vielmehr wird die Förderung im Normalverfahren eine herausragende Bedeutung für diese Fächergruppe behalten.

Nur auf diesem Wege erscheint es möglich, dem noch immer wachsenden Umfang wissenschaftlicher Fragestellungen gerecht zu werden. Besonders häufig hat die DFG-Förderung im Normalverfahren lohnende Ansätze für die Einrichtung von Schwerpunktprogrammen bzw. Sonderforschungsbereichen mit agrar- und forstwissenschaftlicher Thematik entwickelt. Im Hinblick auf den wachsenden Bedarf an interdisziplinärer Kooperation ist es jedoch zweckmäßig, die Bildung von Forschergruppen als ein für die Agrar- und Forstwissenschaften besonders geeignetes Förderungsinstrument künftig stärker als bisher ins Auge zu fassen.

Neue Aufgaben der fachspezifischen Grundlagenforschung ergeben sich aus der **Weiterentwicklung molekular- und zellbiologischer Forschungsmethoden** für Kulturpflanzen und Nutztiere mit dem Ziel einer Genanalyse auf molekularer Ebene und der Erweiterung des Instrumentariums der Tier- und Pflanzenzüchtung. Sie erfordern zunehmend engere Kontakte zu den naturwissenschaftlichen Grundlagenfächern der Genetik und Zellbiologie.

Verstärkte Anstrengungen der Grundlagenforschung sind weiterhin notwendig, um mit der Ausweitung biotechnischer Verfahren in der Lebensmitteltechnologie Schritt halten zu können. Die Erforschung geeigneter Bioreaktoren und Trennverfahren für komplexe Mehrphasensysteme erscheint daher ebenso wichtig wie die Entwicklung produktspezifischer Biosensoren und der Einsatz neuartiger Verfahren wie Wirbelschichttrocknung und Granulierung, kombiniert mit aseptischer Verpackung. Die relativ kleine Gruppe lebensmitteltechnologischer Forschungsinstitute ist dabei auf die Mitwirkung der Mikrobiologen, der Verfahrenstechniker und Ernährungsphysiologen angewiesen, um einen größeren Rückstand im Vergleich zu den Forschungsanstrengungen anderer Industrieländer, insbesondere der USA und Japans, zu vermeiden.

Mikrobiologische Forschungsmethoden rücken aber auch stärker in das Zentrum ökologischer Fragestellungen der Land- und Forstwissenschaften. Für Waldböden ebenso wie für landwirtschaftlich genutzte Böden müssen die Leistungen des Edaphons unter dem Einfluß bodenchemischer und bodenphysikalischer Veränderungen genauer erfaßt werden, um eine bessere Interpretation des Indikatorwertes bestimmter Organismen (-gruppen) zu ermöglichen. Durch eine Intensivierung der Kooperation zwischen organischen Chemikern, Agrikulturchemikern und Mikrobiologen sollte aber auch die Erforschung des Langzeitverhaltens organischer Chemikalien im Boden vertieft und gleichzeitig die Kenntnis der chemischen Konstitution von Huminstoffen verbessert werden.

Die methodischen Fortschritte der **Ökophysiologie** ermöglichen die Erfassung kausaler Zusammenhänge für den Ablauf von Stoffwechselprozessen an Freilandpflanzen. Sie vermitteln der fachspezifischen Grundlagenforschung an Kultur- und Nutzpflanzen damit neue Ansätze für bisher ungelöste Fragen der Ertragsphysiologie, die nicht aus dem Auge verloren werden dürfen.

Neue Erkenntnisse sind auch im Bereich der Entwicklungsphysiologie und der Physiologie von Nutzleistungen der Haustiere zu erwarten. Sie stehen in engem Zusammenhang mit der Ernährungsphysiologie, die sich den Regulationsmechanismen für Verwertung und Stoffwechsel der eingesetzten Nährstoffe zuwendet. Ein besonderes Anliegen ist dabei der Aufbau von Versuchsmodellen, die es gestatten, den

Bedarf an den verschiedensten Wirkstoffen zu ermitteln und Nahrungsmittel exakter als bisher zu bewerten. Die heute vorhandenen tierexperimentellen Möglichkeiten zur Entwicklung derartiger Modelle können insbesondere auch einer Vertiefung wissenschaftlicher Kenntnisse im Bereich der Humanernährung dienstbar gemacht werden.

Von einer Weiterentwicklung populationsdynamischer Forschungsansätze sind wesentliche Beiträge zu ökologischen Fragestellungen der Land- und Forstwissenschaft zu erwarten, die mit Umweltproblemen in Zusammenhang stehen. Es geht dabei um die Quantifizierung der Regulationsfaktoren, die charakteristischen Populationsverschiebungen in stabilen und labilen Kompartimenten land- und forstwirtschaftlicher Ökosysteme zugrunde liegen. Besondere Bedeutung haben populationsdynamische Untersuchungen für alle Bereiche des biologischen Pflanzenschutzes, dem nicht nur wachsendes öffentliches Interesse, sondern auch ein wesentlicher Teil der phytopathologischen Grundlagenforschung gewidmet ist. Die stürmische Entwicklung der Molekularbiologie läßt darüber hinaus erwarten, daß den Forschungsanstrengungen der kommenden Jahre eine Aufklärung der Wirt-Parasit-Beziehungen für wichtige Pflanzenkrankheiten bis in den molekularen Bereich gelingt.

In allen Bereichen der **agrartechnischen Grundlagenforschung** ist eine zunehmende Konzentration auf die Entwicklung von Regel- und Steuerkreisen durch **Nutzung der Mikroelektronik** zu erwarten. Voraussetzung dafür ist u. a. die mathematische Erfassung funktionaler Zusammenhänge zwischen den technisch regelbaren Eingriffen und den Produktionszielen in der Tier- oder Pflanzenproduktion.

Aus der Integration von Teilfunktionen zu vollständigen Wachstums- und Simulationsmodellen und ihrer Verbindung mit einer zusammenfassenden Nutzung aktuellen Expertenwissens in Form geeigneter Datenbanken können schließlich computergestützte Entscheidungshilfen für den landwirtschaftlichen Betriebsleiter entwickelt werden, die es ihm ermöglichen, optimale Produktionsverfahren anzuwenden, die neben den ökonomischen Zielen der Landbewirtschaftung auch ihre Umweltrelevanz berücksichtigen. Die Verwirklichung dieser Forschungsziele stellt besondere Anforderungen an die Kooperation der verschiedenen Disziplinen innerhalb der Agrarwissenschaften. Es ist abzusehen, daß sich der Kleincomputer dabei zu einem wichtigen Forschungsinstrument der landwirtschaftlichen Betriebswirtschaft entwickelt.

Vor besonderen Problemen steht die Forschungsförderung im agrar- und forstwissenschaftlichen Bereich der **Tropen und Subtropen.** Die ohnehin nicht sehr große Forschungskapazität wird häufig durch Mitwirkung an bilateralen Entwicklungshilfeprojekten in Anspruch genommen, die wissenschaftlich zumeist wenig ertragreich bleiben. Es darf jedoch nicht übersehen werden, daß nur eigenständige Beiträge zu anspruchsvolleren Problemen der Landnutzung und Nahrungsmittelerzeugung in den Tropen und Subtropen geeignet sind, Gewicht und Einfluß auf die internationale Agrarforschung für die Entwicklungsländer auszuüben und den traditionell guten Ruf zu wahren, den die deutsche Wissenschaft z. B. auf dem Gebiet der Forst- und Holzwissenschaften in vielen Entwicklungsländern genießt.

Wesentlich erscheint eine stärkere Beteiligung an Langzeitforschungen über Notwendigkeit und Folgen diversifizierter Landnutzung sowie der Ressourcenerhaltung einschließlich ihrer sozioökonomischen Folgen. Mit der Einrichtung des Sonderforschungsbereiches 308 *Standortgemäße Landwirtschaft in Westafrika"* an der Universität Hohenheim im Jahre 1985 wurde hiermit ein Anfang gemacht.

Vergleicht man die heutige Struktur der im Bereich der Agrar- und Forstwissenschaften tätigen Forschungsinstitute mit den vordringlich zu bearbeitenden Forschungsaufgaben, so muß festgestellt werden, daß die generellen Probleme der Nachwuchsförderung im Hochschulbereich in vielen Bereichen der Agrar- und Forstwissenschaften in akzentuierter Form zutreffen. Selbst in den Kernfächern der Agrarwissenschaften sind bereits akute Schwierigkeiten bei notwendigen Neuberufungen aufgetreten. Darüber hinaus sind einzelne Teilbereiche zu erkennen, die besonders schwach besetzt sind. Hierzu zählen vor allem die Mikrobiologie des Bodens und in der Lebensmitteltechnologie, ferner die pflanzliche Virologie sowie die Forstpathologie und Entomologie. Der Nachwuchsförderung in diesen Bereichen kommt daher besondere Bedeutung zu.

Die Kostensteigerungen künftiger Forschungsaufgaben verlaufen im Agrar- und Forstbereich vielleicht weniger intensiv als in anderen Fächergruppen, weisen aber doch ihre Besonderheiten auf. Die Anwendung verbesserter Untersuchungsmethoden wird nicht selten dadurch behindert, daß die Anschaffung entsprechender Großgeräte im Hinblick auf die nur geringe Auslastung durch die relativ kleinen Institute häufig unterbleiben muß. Um so wichtiger wäre daher der Einsatz geeigneter Maßnahmen, um an anderer Stelle die notwendige Einweisung und ein Gastrecht für die Nutzung derartiger Geräte zu erhalten.

Der Entwicklungsstand, den die lange vernachlässigte Wurzelforschung inzwischen erreicht hat, legt nunmehr z. B. auch die Konstruktion und standardisierte Herstellung besonders geeigneter Versuchsapparaturen (Rhizotrone) nahe, die ohne besonderen Mitteleinsatz nicht realisiert werden kann.

Die zunehmende Bedeutung von computergestützten Entscheidungshilfen setzt eine intensivierte Ausbildung junger Mitarbeiter in entsprechenden Techniken der Datenverarbeitung der Systemsimulation, Kontroll- und Risikotheorie voraus, für die entsprechende Ausbildungsmöglichkeiten geschaffen werden müssen.

Mit der Einführung molekularbiologischer und anderer neuartiger Arbeitsmethoden in verschiedene Bereiche der Agrar- und Forstwissenschaften wird auch der Bedarf an Verbrauchsmaterial weit über die bisher verfügbaren Ansätze hinaus anwachsen.

4 Naturwissenschaften

4.1	Einleitung	191
4.2	Mathematik	195
4.3	Physik	201
4.4	Chemie	217
4.5	Wissenschaften der festen Erde	226
4.6	Meeresforschung	239
4.7	Wasserforschung	244
4.8	Atmosphärische Wissenschaften	248
4.9	Polarforschung	253

Unter dem Begriff Naturwissenschaften werden im folgenden Mathematik, Physik, Chemie und die Geowissenschaften zusammengefaßt. Der Meeresforschung, der Polarforschung, der Wasserforschung und den Atmosphärischen Wissenschaften, die zunehmend interdisziplinär werden und eine wesentliche Rolle für die Umweltforschung spielen, sind besondere Abschnitte gewidmet. Mit anderen Wissenschaftszweigen bestehen naturgemäß Verbindungen und Überschneidungen. So werden Fragen der Materialwissenschaft und der chemischen Verfahrenstechnik auch bei den Ingenieurwissenschaften, solche der Biophysik, Biochemie und Bioverfahrenstechnik u. a. auch bei den Biowissenschaften behandelt.

4.1 Einleitung

Viele Bereiche der Naturwissenschaften entwickeln sich weltweit sehr schnell und fruchtbar weiter. Das beruht auf der Einführung neuer Methoden (z. B. Laser, Tunnelmikroskop, Hochfeld-Kernresonanz und ihre Anwendung), auf neu entdeckten Erscheinungen der Quantenphysik (z. B. von-Klitzing-Effekt, Hochtemperatur-Supraleitung) und auf neuen theoretischen Ansätzen (z. B. Supersymmetrie). Auch die Anwendung bekannter Methoden auf neue Probleme, viele interdisziplinär ausgerichtete Forschungsvorhaben (z. B. Kontinentales Tiefbohrprogramm, Materialwissenschaften) und die Möglichkeiten, welche große Rechnerkapazitäten bieten, tragen dazu bei.

Die naturwissenschaftliche Grundlagenforschung steht heute in viel stärkerem Maße im Lichte öffentlichen Interesses als früher. Die Erwartung ist dabei deutlich auf wirtschaftliche Nutzung in möglichst kurzer Zeit gerichtet: „High Tech", neue Werkstoffe, Mikrochips und Biotechnologie mögen dies als Schlagworte verdeutlichen. Den großen Hoffnungen auf den Ertrag der Ergebnisse dieser Forschungsarbeit steht ein verbreitetes Unbehagen vor unerwünschten Auswirkungen naturwissenschaftlicher und biowissenschaftlicher Erkenntnisse gegenüber, welches nicht zuletzt daher rührt, daß manche dieser Erkenntnisse – hier sei als augenscheinlichstes Beispiel die moderne Mathematik genannt – oft nicht oder nur schwer der Öffentlichkeit vermittelbar sind, besonders dort, wo ein Grundstock naturwissenschaftlichen Verständnisses fehlt. Das soll keine Entschuldigung dafür sein, daß Naturwissenschaftler es oft versäumen, in der Öffentlichkeit ausreichend um Verständnis für ihre Wissenschaft und für ihre Arbeit zu werben. Besonders in Zusammenhang mit der Belastung der Umwelt (mit deren Auswirkung sich u.a. die Atmosphärischen Wissenschaften, die Wasserforschung, die Geowissenschaften und Biowissenschaften zu beschäftigen haben) ist der Öffentlichkeit wieder deutlich geworden, daß es viele Fragen gibt, die Naturwissenschaftler heute noch nicht beantworten können. Dies ist ganz natürlich. Es zeigt aber auch, daß sich Grundlagenforschung und ihre Thematik nur sehr selten oder gar nicht auf einen zukünftigen Bedarf hin programmieren läßt. Planen kann man nur den Gesamtumfang, in welchem Grundlagenforschung in den Naturwissenschaften betrieben werden soll.

Die Auswahl der Themen für echte Grundlagenforschung sollte in erster Linie Aufgabe des Forschers sein, von dem man erwarten darf, daß er am besten über Fragestellungen, die in Neuland führen können, Bescheid weiß. Von hier, und meist nur von hier, kommen die Beobachtungen, Entdeckungen, Erkenntnisse, die dann in zehn Jahren, vielleicht früher, vielleicht auch später die Grundlage für neue technische Entwicklungen bilden können.

Landesgrenzen für die Themenwahl gibt es in den Naturwissenschaften nicht. Auch die Konkurrenz ist international, und die Arbeitsbedingungen müssen diesem Umstand Rechnung tragen. Zielgerichtete und zeitlich begrenzte Forschungs- und Entwicklungsprogramme üben oft starke Anziehungskraft vor allem auf junge Forscher aus. Das ist, auch aus noch zu nennenden Gründen, verständlich. Es wirkt sich aber für das Fortkommen dieser jungen Kollegen in der Universität nicht immer günstig aus, wenn sie sich in ein vorgeschriebenes Projekt einfügen, statt sich mit eigenen Ideen – eventuell risikoreich – zu qualifizieren.

In den folgenden Abschnitten Mathematik, Physik, Chemie und Geowissenschaften werden die erkennbaren Entwicklungen in diesen Bereichen und die dort auftretenden Probleme dargestellt. Einige Themen betreffen alle Zweige der Naturwissenschaften gleichermaßen. Dazu gehören zum einen die Ausstattung mit Geräten und zum anderen die mit Rechenanlagen, sowie, besonders im Vergleich mit den USA, der Zugang zu Großrechnern.

Die Entwicklung der Rechner hat auch in den Naturwissenschaften vielfältigen Wandel geschaffen. Viele hochinteressante Probleme aus dem Bereich der Physik, der Astronomie, der theoretischen Chemie, der Geowissenschaften, der Meeresforschung und der Atmosphärischen Wissenschaften sind durch die neuen Hochleistungsrechner (Vektor- und Universalrechner) lösbar geworden. Eines der populärsten Beispiele dürfte die rechnergestützte Wetterprognose sein, die ebenso wie bestimmte mathematische, aerodynamische oder quantenchemische Fragestellungen nur mit den größten verfügbaren Maschinen handhabbar ist. Nach langjährigen Bemühungen ist es gelungen, Verbrennungsvorgänge ausgehend von chemischen Elementarprozessen zu berechnen. Hoffnungen scheinen sich abzuzeichnen, daß es möglich wird, das Phänomen der Turbulenz besser quantitativ zu fassen, das für fast alle Strömungs-, Energie- und Stoffübertragungsvorgänge – sei es in Sternen, im Weltraum, im Ozean, in der Atmosphäre, in Flüssen, in Leitungen, in Reaktoren und in Strömungs- oder Verbrennungsmaschinen – von Bedeutung ist. Man darf annehmen, daß die Bedeutung der Hochleistungsrechner für die Naturwissenschaften weiter deutlich zunehmen wird.

Unter Wissenschaftlern, die in den angesprochenen Gebieten arbeiten, besteht ernste Sorge, daß in der Bundesrepublik Deutschland die Ausstattung besonders mit hochleistungsfähigen Rechenanlagen zu stark hinter dem führenden amerikanischen Standard zurückbleiben könnte. Es wird klar gesehen, daß ein optimaler Zugang zu solchen Hochleistungsrechnern zum einen den Zugang zu geeigneten Vorrechnern für die Benutzer erfordert. Zum anderen übersteigen aber die Programmieranforderungen oft das Vermögen potentieller Nutzer. Dies ist ein sehr wichtiger Punkt, und hier wäre die Zwischenschaltung von Spezialisten, besonders im universitären Bereich, die vor allem bei der optimalen Programmgestaltung beraten können, eine ökonomische Lösung.

Im Bereich der Astronomie gibt es einige große erd- und weltraumgebundene Teleskope und mit speziellen Meßverfahren bestückte Satelliten. Um das intellektuelle Potential von Landes- und Universitätsinstituten neben den größeren Forschungszentren zu nutzen und an der Auswertung der erhaltenen Daten zu beteiligen, wird in einer kürzlich erschienenen Denkschrift der Forschungsgemeinschaft die Einrichtung eines Rechnerverbundes diskutiert.

Fast alle größeren Meßgeräte (Diffraktometer, Massenspektrometer, geodätische Empfangssysteme, geophysikalische Registriersysteme, NMR-Spektrometer, Laser, Versuchsapparaturen etc.) benutzen heute zur Steuerung, Datenerfassung, Datenspeicherung und zur Auswertung Rechner. Dies erhöht die Leistungsfähigkeit der Geräte. Diese werden zudem von einer Generation von Studenten benutzt, für die der Einsatz von Rechnern nicht nur selbstverständlich ist; sie drängen – das ist eine sehr positiv zu bewertende Entwicklung – auf eine rasche Weiterentwicklung der Kombination Meßgerät – Rechner. Es wird jetzt darauf ankommen, die Priorität der naturwissenschaftlichen Fragestellung zu wahren und die Auswahl des Rechners vor Ort dem Meßproblem anzupassen.

Ein besonderes und zunehmend drückender werdendes Problem in den Naturwissenschaften stellt zur Zeit die Beschaffung moderner experimenteller Ausrüstung dar. Geräte, die für naturwissenschaftliche Forschungsarbeiten gebraucht werden, können sich im Preis und in den Unterhaltungskosten um Größenordnungen unterscheiden: Die Skala reicht vom Mikroskop über das Massenspektrometer bis zu Forschungsschiffen, Satelliten oder Hochenergie-Teilchenbeschleunigern. Die Bedeutung des wissenschaftlichen Problems braucht dabei nicht mit dem Preis der benötigten Geräte zu korrelieren: Es gibt aber für bestimmte Wissenschaftszweige Geräte, die dort unerläßlich sind, wie z. B. Absorptionsspektrometer für Analytiker, Diffraktometer für Kristallographen, Laser für Spektroskopiker, Teleskope für Astronomen. Solche Geräte gehören meist zur Grundausstattung der betreffenden Fächer. In vielen Universitäten veraltet dieser Gerätebestand unaufhaltsam, und die Mittel für Wartung sowie der derzeitige Umfang der Ersatzbeschaffung für die Grundausstattung reichen nicht aus, die Leistungsfähigkeit der Forschung dort aufrechtzuerhalten.

Neben den großen und teuren Geräten (z. B. Beobachtungssatelliten für Fernerkundungsverfahren und Flugzeuge für die Geowissenschaften und die Astronomie oder Beschleuniger für die Kern- und Hochenergiephysik), die meist vom Bund getragen werden, sind es in weiten Bereichen der Naturwissenschaften die „kleinen Großgeräte", wie bestimmte Laser, Elektronenmikroskope, NMR-Spektrometer, FT-Spektrometer etc., die die tägliche Arbeit und auch den Erfolg der Forschung entscheidend mitbestimmen. Es gibt genügend Beispiele in der Festkörperphysik, der Polymerenentwicklung u.a., die in den folgenden Abschnitten beschrieben werden, wo sich ganz außerordentliche Möglichkeiten für die Forschung abzeichnen. Diese Entwicklungen leben natürlich von den Ideen der Forscher; ohne entsprechende Geräte sind sie aber nicht realisierbar. Im Pimentel-Report „Opportunities in Chemistry", der die voraussichtliche Entwicklung der Chemie für den Rest dieses Jahrtausends behandelt, werden als wichtigste Forschungsthemen genannt:

- Verständnis der chemischen Reaktivität,

- Katalyse,

- Chemie der Lebensprozesse,

- Chemie der menschlichen Umgebung,

- chemisches Verhalten unter extremen Bedingungen.

Der Report kommt zu dem Schluß, daß für die Lösung dieser Zukunftsaufgaben der Beschaffung der leistungsfähigsten und modernsten Geräte eine hervorragende Funktion zukommt. Dieser Schluß gilt nicht nur für die Chemie, sondern in gleichem Maße für die anderen Zweige der Naturwissenschaften.

Die Überalterung des Gerätebestandes wirkt sich auch auf den Unterricht und die Ausbildung aus. Kosten für Wartung und Reparaturen älterer Geräte belasten die Etats stark. Bei dem im Verhältnis zur Zahl der Universitäten geringen Umfang der Ersatz- und Neubeschaffung von Geräten wird es zunehmend schwieriger, moderne Geräte in den Laborübungen einzusetzen. Der Grundsatz „Geräte von gestern für die Forscher von morgen" führt aber in Naturwissenschaft und Technik ins Abseits.

Beschaffung, Unterhaltung und Betrieb sehr großer Geräte, die Großforschung, ist hauptsächlich Sache des Bundes. Diese ist aber auf die Kooperation mit der Grundlagenforschung an den Universitäten angewiesen. Die Unterhaltung der Universitäten und die Aufrechterhaltung ihrer Leistungsfähigkeit in Forschung und Lehre ist Aufgabe der Länder.

Die DFG sieht sich in den Naturwissenschaften zunehmend vor das Problem gestellt, daß die Infrastruktur der Hochschulen und damit die Grundausstattung der antragstellenden Forscher oft nicht mehr gesichert ist. Die Länder sind daher aufgerufen, ihre Verantwortung in ausreichendem Umfange wahrzunehmen.

Eine Reihe weiterer Probleme, die im Allgemeinen Teil dieser Schrift angesprochen werden, wie z. B. das des wissenschaftlichen Nachwuchses und der Absenkung der Eingangsbesoldung, betreffen auch die Naturwissenschaften. Dazu gehört ebenfalls die Entwicklung des Bibliothekswesens.

Für die zukünftige Entwicklung der Naturwissenschaften kann man sich am umfangreichen Brinkman-Report „Physics through the 1990s" orientieren: „Sie sind intellektuell und experimentell blühend, lebendig, schöpferisch und produktiv": Sie sind auch immer für Überraschungen gut, wie z. B. der gerade gefundene unerwartete Anstieg der Sprungtemperatur für die Supraleitung zeigt. Es ist zu hoffen, daß die Förderung der Naturwissenschaften durch die DFG zur Verwirklichung dieser guten Aussichten möglichst viel beitragen kann.

4.2 Mathematik

„Hochtechnologie ist mathematische Technologie" heißt es in einer richtungsweisenden Analyse und Denkschrift der U.S. National Academy of Sciences („Renewing U.S. Mathematics, Critical Resource for the Future", National Research Council, Washington, D.C., U.S.A.). Wird dies auch bei uns so gesehen?

In der Bundesrepublik Deutschland vollzieht sich die Entwicklung der mathematischen Forschung weitgehend außerhalb des öffentlichen Blickfeldes. Aufgrund der Abstraktheit der mathematischen Gegenstände und wegen der notwendigerweise subtilen mathematischen Ausdrucksformen können auch die Medien nur mühsam Einblicke in die Arbeitsweise und Fortschritte zeitgenössischer Mathematik vermitteln. Dennoch lassen sich die gegenwärtig dort ablaufenden Prozesse sowohl im Hinblick auf die Vielfalt ihrer Aspekte als auch auf die Geschwindigkeit, mit der die einzelnen Fortschritte aufeinander folgen, nur noch mit dem Wort „atemberaubend" beschreiben.

Besonders drei Ereignisse sind es, die in der letzten Zeit für Schlagzeilen in den Medien sorgten: 1. der Beweis der sogenannten Mordellschen Vermutung aus der Zahlentheorie durch den jungen Wuppertaler Professor Gerd Faltings (jetzt: Princeton University), dem dafür 1983 der Dannie-Heineman-Preis der Göttinger Akademie der Wissenschaften und 1986 die Fields-Medaille, die international höchste Auszeichnung der Mathematik, verliehen wurde; 2. der Beweis der seit fast 70 Jahren offenen Bieberbachschen Vermutung aus der klassischen Funktionentheorie durch den amerikanischen Mathematiker L. de Branges; 3. und schließlich die Lösung des „Jahrhundertproblems" der Bestimmung aller einfachen endlichen Gruppen. Von dieser soll hier kurz die Rede sein: Der Begriff der Gruppe spielt sowohl in der Mathematik als auch in der Physik, Chemie und Kristallographie eine fundamentale Rolle im Zusammenhang mit der Aufklärung von Symmetrien. Im Bereich der endlichen, aus jeweils endlich vielen Elementen bestehenden Gruppen spielen die sogenannten einfachen Gruppen die Rolle von Elementarbausteinen. Aus diesen Bausteinen lassen sich alle endlichen Gruppen durch geeignete Konstruktionen aufbauen; einige dieser Elementarbausteine kennt man seit langem. Jetzt aber kennt man sie alle. Daß man sicher ist, sie alle zu kennen, erforderte einen Beweis.

Er ist letzten Endes ein Gemeinschaftswerk von mehr als 100 Mathematikern in aller Welt; er setzt sich aus etwa 500 Facharbeiten zusammen und füllt nahezu 15 000 Druckseiten. Viele „kleine" Schritte waren nötig, um das Endresultat zu gewinnen, das man sich noch vor wenigen Jahren frühestens zum Ende dieses Jahrhunderts erhoffte. Auch Mathematiker aus der Bundesrepublik Deutschland haben an dieser Entwicklung herausragenden Anteil. Die Hauptschwierigkeit bei der Lösung des Problems bestand in der Entdeckung der sogenannten sporadischen Elementarbausteine, die sich in kein erkennbares Schema einordnen lassen und die nur mit Glück und kriminalistischem Spürsinn schließlich alle gefunden wurden. Von diesen sporadischen einfachen Gruppen gibt es, wie man jetzt weiß, nur 26 Stück. Die kleinste unter ihnen hat 7920 Elemente. Aber auch die Eigenschaften der größten, des sogenannten „Monsters", das allein aus ungefähr 10^{54} einzelnen Elementen besteht, konnten inzwischen aufgeklärt werden.

Diese Entdeckung belegt in eindrucksvoller Weise die allen Mathematikern geläufige These, daß in unserer Zeit entscheidende Fortschritte in der Mathematik häufig nur im Zusammenspiel mehrerer Mathematiker (gelegentlich auch im Zusammenspiel mit dem Computer) möglich sind. Dies ist – wie das letzte Beispiel zeigt – selbst auf einem wohl abgegrenzten Gebiet, wie dem der Gruppentheorie, der Fall; es ist erst recht der Fall, wenn – wie so häufig in der heutigen Mathematik – sich ursprünglich fremd gegenüberstehende Forschungsgebiete plötzlich miteinander zu einem neuen Gebiet verschmelzen. Im „Grauen Plan VII" der DFG wurde dargelegt, wie, aufbauend auf dem physikalischen Phänomen der Brownschen Molekularbewegung, Methoden der Wahrscheinlichkeitstheorie die Theorie der partiellen Differentialgleichungen 2. Ordnung und die Differentialgeometrie durchdringen konnten. Das Ergebnis dieser Durchdringung sind zwei neue mathematische Forschungsgebiete: Stochastische Analysis und Stochastische Riemannsche Geometrie. Die Anwendungsmöglichkeiten reichen bis in die Chemie der Polymere, die Reaktionskinetik und bis in die Ökologie hinein.

Vier inzwischen allgemein akzeptierte Einsichten werden durch das Vorausgehende belegt:

1. Entscheidende Durchbrüche in der Mathematik werden immer die Leistung eines einzelnen sein. Damit aber solche Durchbrüche erfolgen können, bedarf es in zunehmendem Maße des Zusammenwirkens mehrerer Mathematiker gleicher, benachbarter oder auch weitgehend fremder Spezialgebiete. Dies ist auch der Grund, warum inzwischen fast alle führenden Forschungseinrichtungen besonders im Ausland mit umfangreichen Gästeprogrammen arbeiten oder die international führenden Köpfe eines Spezialgebietes während eines akademischen Jahres (special year) zu gemeinsamer Forschungsarbeit zusammenbringen. Auf diese Weise ist es möglich, zeitlich begrenzt die aktuellsten Fragestellungen eines Spezialgebietes aufzugreifen und in einer interaktiv anregenden Arbeitsatmosphäre in kompetenter Weise konzentriert anzugehen.
Darüber hinaus wird durch die Einbeziehung des jungen begabten wissenschaftlichen Nachwuchses in solche Forschungskonzentrationen auch über die aktuelle Phase hinaus ein tiefgreifender Dauereffekt für das Gastland erzielt.

2. Mathematische Forschung entzieht sich in besonderem Maße der Planbarkeit. Jede externe Planung zur Forschungsförderung darf sich im Falle der Mathematik nicht auf einzelne, eng begrenzte Forschungsziele erstrecken. Notwendig ist aber sehr wohl eine Planung, welche die Schaffung möglichst günstiger Arbeitsbedingungen zum Ziel hat. Allgemeine Richtlinien der Forschungsplanung, die sich möglicherweise für andere Fächer als nützlich erwiesen haben, können im Fall der Mathematik unwirksam sein, mehr noch, sie können sogar mathematische Forschung ernsthaft blockieren. Dies betrifft nicht nur mathematische Forschung im theoretischen Bereich. Auch im angewandten Bereich läuft die mathematische Forschung in einer sehr offenen Form ab.

3. Mathematik ist eine internationale Wissenschaft. Es gibt kein Teilgebiet und keine Problemstellung in der Mathematik, deren Entwicklung sich allein innerhalb der Bundesrepublik Deutschland vollzieht. Kooperation mit ausländischen Forschern und Forschergruppen ist daher unbedingt erforderlich. Gastaufenthalte ausländischer Forscher und Reisen deutscher Forscher ins Ausland sind für die Fortentwicklung der Mathematik in unserem Land unentbehrlich. Vor allem müssen dem wissenschaftlichen Nachwuchs ausreichende Reisemöglichkeiten geboten werden. Vom heutigen Mathematiker wird Flexibilität in besonderem Maße gefordert. Er muß sich innerhalb kurzer Zeit in neue Gebiete einarbeiten können.

4. Die früher gezogenen Grenzen zwischen reiner und angewandter Mathematik verschwinden zusehends. Viele Gebiete der „reinen" Mathematik besitzen heute enge Kontakte zu den Anwendungen (z. B. Mathematische Logik – Formale Sprachen). Ebenso wird in Gebieten der „angewandten" Mathematik Grundlagenforschung mit bedeutsamen Rückwirkungen auf die „reine" Mathematik betrieben (z. B. Wahrscheinlichkeitstheorie – Stochastische Analysis und Stochastische Geometrie). Die gesamte mathematische Grundlagenforschung ist potentiell auch für Anwendungen in außermathematischen Gebieten verwendbar. Die Mathematik lebt vom Wechselspiel zwischen Grundlagenforschung und den Herausforderungen der Anwendungen.

Vor diesem Hintergrund muß die heutige mathematische Forschung und ihre Förderung in der Bundesrepublik Deutschland betrachtet werden. Im Normalverfahren der DFG beträgt der Anteil der Projekte von Mathematikern zur Zeit nur noch 0,6 %. Die Erklärung hierfür ist einfach; sie liegt in der Natur der Dinge: Der forschende Mathematiker, der das Risiko der Vorausplanbarkeit seiner Forschungen kennt, wagt erst dann einen Antrag im Normalverfahren zu stellen, wenn er einen ihm wichtig genug erscheinenden Durchbruch in seiner Forschung erzielt hat, den er nun mit zusätzlichem Personal- und Sachmitteleinsatz ausbauen und vollenden will. Diese Haltung verdient Respekt.

Den spezifischen Anforderungen mathematischer Forschung kann aber in Schwerpunktprogrammen, Forschergruppen und Sonderforschungsbereichen Rechnung getragen werden. Dabei setzt die Einrichtung einer Forschergruppe oder eines Sonderforschungsbereiches voraus, daß am Hochschulort ein für sich allein tragfähiges Forschungskonzept mit den dafür notwendigen Forscherpersönlichkeiten vorhanden ist. Zur Ergänzung können dann an anderen Orten angesiedelte Projekte in die Förderung miteinbezogen werden.

Reicht das lokale Potential nicht aus, so bietet sich zur Herleitung einer vernünftig bemessenen kritischen Masse an Forschungspotential eine gemeinsame Förderung von Mathematikern aus mehreren Universitäten im Rahmen eines Schwerpunktprogramms an. Auch die enge Zusammenarbeit von an benachbarten Universitäten tätigen Mathematikern kann in einem Schwerpunktprogramm gezielt gefördert werden. Wichtig ist vor allem ein ausreichend bemessenes Gästeprogramm, dessen Ausnutzung so flexibel wie nur möglich zu halten ist, um das lokale Personalpotential im Sinne der obigen Bemerkungen zu ergänzen.

Das 1984 mit Zentren in Essen, Bielefeld, Mainz und Aachen eingerichtete Schwerpunktprogramm *„Darstellungstheorie endlicher Gruppen und endlich-dimensionaler Algebren"* hat die Erwartungen erfüllt. Durch das Gästeprogramm wurden zahlreiche neue Initiativen angeregt, die jetzt im Rahmen konkreter Projekte ausgearbeitet werden können. Vor allem in Essen, aber auch in Bielefeld, Aachen und Mainz, wurde ein beachtliches wissenschaftliches Potential zusammengetragen und koordiniert. Fruchtbare neue internationale Kooperationen mit kompetenten amerikanischen Arbeitsgruppen in Charlottsville, Chicago, De Kalb, Eugene, Madison, Minneapolis und Pasadena oder aber auch mit europäischen Gruppen in Liverpool und Cambridge haben sich auf dieser Basis entwickelt. Die Zusammenarbeit mit den amerikanischen Gruppen wird inzwischen zum Teil auch von der amerikanischen National Science Foundation unterstützt.

Der ebenfalls an Fragestellungen der **Reinen Mathematik** orientierte Sonderforschungsbereich 170 *„Geometrie und Analysis"* (Göttingen) konnte sein Programm im vergangenen Jahr weiter entfalten. Auch hier wird durch besondere Gästemittel ein hochqualifiziertes Potential akkumuliert, um in engster Zusammenarbeit mit führenden Köpfen Fortschritte auf den Gebieten der Topologie, der komplexen Analysis, der algebraischen Geometrie, der automorphen Formen und der dynamischen Systeme zu erzielen.

Der Sonderforschungsbereich 123 *„Stochastische mathematische Modelle"* (Heidelberg) arbeitet an der **mathematischen Modellierung biologischer, physikalisch-chemischer und technischer Prozesse.** Dabei hat der Sonderforschungsbereich Neuland betreten und wichtige Fortschritte erzielen können: Bei der Behandlung komplexer chemischer Reaktionen, z. B. bei Verbrennungsprozessen, konnten große Erfolge erzielt werden; entsprechende Untersuchungen wurden von Chemikern, Mathematikern, Experimentatoren und Theoretikern gemeinsam durchgeführt. Für die Behandlung von Strömungen durch poröse Medien, von wandernden Fronten und Reaktionen sind ebenfalls wichtige Impulse ausgegangen. Die Beschreibung des Wachstums und der Ausbreitung biologischer Populationen und von Reaktions- und Diffusionsprozessen führte zu neuen mathematischen Fragestellungen und erforderte auch hier die Entwicklung neuer numerischer Verfahren.

Die im Sonderforschungsbereich verfolgte interdisziplinäre Zusammenarbeit hat sich für alle beteiligten Disziplinen als großer Erfolg erwiesen und führte zu einer starken Belebung der **anwendungsorientierten Mathematik.**

Der Sonderforschungsbereich 40 *„Theoretische Mathematik"* (Bonn) wurde im Jahr 1985 zum letzten Mal gefördert. Die weitere Förderung dieser international besonders herausragenden Arbeitsgruppe erfolgte anschließend im Rahmen des Bonner Max-Planck-Instituts für Mathematik. In der Bundesrepublik Deutschland ist es – neben dem Mathematischen Forschungsinstitut Oberwolfach – die einzige außeruniversitäre Institution, in der mathematische Forschung betrieben wird.

In einigen ausländischen Staaten (Sowjetunion und generell osteuropäische Staaten, Frankreich u.a.) ist die Situation günstiger. Dort wird ein beträchtlicher Anteil der mathematischen Forschung in außeruniversitären Institutionen (z. B. Akademien) erbracht. Die Bundesrepublik ist hier im Nachteil: Stellenkürzungen bei Mathematikern, verbunden mit steigender Lehrbelastung durch zahllose Service-Veranstaltungen, die besonders Mathematiker an Technischen Hochschulen und an Universitäten mit ingenieurwissenschaftlichen Fakultäten für andere Fachbereiche erbringen müssen, erschweren die mathematische Forschung gerade auch im Hinblick auf eine verstärkte Anwendungsorientiertheit beträchtlich.

Zu den beschriebenen laufenden Vorhaben treten im Jahr 1987 vier neue hinzu, die zu einer Verstärkung der Forschung auf wichtigen und entwicklungsfähigen Gebieten der reinen wie der angewandten Mathematik führen werden.

Thema des Schwerpunktprogramms *„Anwendungsbezogene Optimierung und Steuerung"* sind die mathematischen Grundlagen von Optimierungs- und Steuerungsproblemen sowie die Entwicklung von Algorithmen für die numerische Behandlung dieser Probleme. Auf diesem sehr aktiven und für zahlreiche Anwendungen bedeutsamen Gebiet der angewandten Mathematik soll eine Fortentwicklung des Potentials, das vor allem im süddeutschen Raum konzentriert ist, ermöglicht werden.

Arbeiten aus der reinen Mathematik zum Thema *„Komplexe Mannigfaltigkeiten"* sollen in einem weiteren neugegründeten Schwerpunktprogramm gefördert werden. Auf diesem Gebiet haben bundesdeutsche Mathematiker zentrale Beiträge geleistet; die erreichte starke Stellung im internationalen Vergleich soll durch die Förderung erhalten und ausgebaut werden.

Der Sonderforschungsbereich 256 *„Nichtlineare partielle Differentialgleichungen"* in Bonn hat die schwerpunktmäßige Entwicklung von Methoden zur Behandlung nichtlinearer partieller Differentialgleichungen zum Ziel. Im Mittelpunkt stehen die Untersuchung grundlegender Differentialgleichungen der Kontinuumsphysik und der Differentialgeometrie sowie deren numerische Behandlung einschließlich der graphischen Darstellung von Lösungen; von diesem Versuch einer „experimentellen" Mathematik sind wesentliche neue Impulse für das Fachgebiet zu erwarten.

Auf die Bedeutung des neuentstandenen Gebiets der Stochastischen Analysis ist bereits mehrfach hingewiesen worden. Mit der Gründung einer Forschergruppe dieses Titels in Erlangen wird auch hier eine besondere Förderungsanstrengung unternommen.

Wenngleich aus den vorangestellten allgemeinen Beispielen klar wird, daß präzise Forschungsplanung, ausgerichtet auf enge Forschungsziele, in der Mathematik weitgehend illusorisch ist, so lassen sich doch auch für die Mathematik Entwicklungstendenzen für die nähere Zukunft erkennen. Einige dieser Tendenzen sollen hier exemplarisch beschrieben werden.

Für die Mathematik ist der große Problemkreis **„Nichtlinearität"** eine unerhörte Herausforderung bis weit über die Jahrtausendwende hinaus. Nichtlineare Probleme begegnen dem Mathematiker fast überall; methodisch sind in den letzten Jahren entscheidende, vielversprechende Fortschritte erzielt worden. Facetten des vielschichtigen Problemkreises der Nichtlinearität sind: nichtlineare Gleichungen der Algebra und der Analysis, insbesondere nichtlineare Differentialgleichungen, Mannigfaltigkeiten, Variationsrechnung, Solitonen, Bifurkation, Turbulenz, Chaos (Synergetik), Verzweigungsprozesse, nichtlineare Stochastische Analysis. Leistungsstarke Großrechner werden bei der Bewältigung eines Teils dieser Probleme von größtem Nutzen sein.

Die neuen Großrechenanlagen ermöglichen heute Vorstöße in Richtung auf die Entwicklung einer **Experimentellen Mathematik;** Theorie-Entwicklung und praktische Erprobung gehen dabei eine Synthese ein. Man kann diese Art des Vorgehens, schwirige Probleme zu bewältigen, mit dem Begriff Wissenschaftliches Rechnen (Scientific Computing) beschreiben. Die gewaltigen, numerisch zu lösenden Aufgaben aus den Bereichen der Strömungsmechanik, der Optimierung, der Optimalsteuerung und der Differentialspiele, um nur einige zu nennen, sind bei traditionellem Vorgehen so kompliziert, daß eine A-priori-Entwicklung von Lösungsalgorithmen aus einer geschlossenen Theorie heraus nur selten möglich ist. Im Bereich der kombinatorischen Optimierung geht man zum Beispiel neuerdings immer stärker zur Entwicklung intelligenter Heuristiken über, weil die theoretischen Aussagen über die Komplexität von Algorithmen, die man aus einer allgemeinen Theorie ableiten kann, außerordentlich pessimistisch sind.

Der Nachwuchsförderung auf dem Gebiet des wissenschaftlichen Rechnens ist große Aufmerksamkeit zu widmen. Sie muß verstärkt werden, will die Mathematik nicht auch dieses Gebiet – wie so manches andere – zu ihrem eigenen Schaden an andere Disziplinen verlieren. Aus den Vorgängen der jüngeren Vergangenheit müssen Lehren gezogen werden.

Der Schritt in das Zeitalter der Hochtechnologie war auch ein Schritt in das Zeitalter der mathematischen Technologie. Die treibstoffsparende und geräuschmindernde Formgebung von Tragflügeln und Rumpf bei modernen Flugzeugen wäre ohne neue mathematische Verfahren überhaupt nicht möglich. Auch in der Raumfahrt wird vom Start der Raketen bis zur Übermittlung und störungsfreien Rekonstruktion der Bilder, die von den Raumsonden zur Erde gefunkt werden, in einem unvorstellbaren Maße von kunstvoll ersonnenen mathematischen Methoden Gebrauch gemacht. Der Entwurf immer leistungsfähigerer elektronischer Bauteile ist auf allen Ebenen der Entwicklung nur unter vollem Einsatz vielfältiger mathematischer Methoden möglich. Dies haben einige ausländische Firmen frühzeitig erkannt und in ihren heutigen großen Vorsprung umgemünzt.

Erfolgreiches Arbeiten auf diesem weiten und wichtigen Feld ist aber nur mit geeigneten Geräten möglich. Die **apparative Ausstattung** fast aller mathematischen Institute an den Universitäten der Bundesrepublik Deutschland ist völlig unzulänglich. Nur wenige Institute verfügen über rechnerausgestattete Arbeitsplätze und Graphik-Geräte. Die Mathematik befindet sich hier in einer unvergleichlich schlechteren Lage als andere, nichtmathematische Fachbereiche. Bund und Länder müssen in den nächsten Jahren Mittel in erheblichem Umfang für die etwa 50 mathematischen Institute in der Bundesrepublik aufbringen, wenn sich die Situation bessern soll.

Außerordentliche Bedeutung kommt dem großen Gebiet der **Mathematischen Modellbildung** zu. Hier ist besonders die Systemtheorie zu erwähnen. Wie bereits im Zusammenhang mit der Stochastischen Analysis angedeutet, können dabei ganz neue Anwendungsbereiche erschlossen werden. Das interdisziplinäre Gespräch, vor allem mit dem Ziel des Abbaus vorhandener Sprachbarrieren, wird dabei von entscheidender Bedeutung sein. Nicht übersehen werden sollte in diesem Zusammenhang die Mathematische Physik. Es ist im In- und Ausland eine neue Generation von „Theoretischen"

Physikern herangewachsen, die der Mathematik ebenso nahestehen wie der Physik. Bei deren Forschungen handelt es sich um mathematische Modellbildungen mit großer Rückwirkung auf die Mathematik selbst.

Trotz aller Einbindungen in die Ingenieurwissenschaft ist die Informatik eine letzten Endes mathematische Wissenschaft. Das Spannungsfeld, welches sich, aus welchen Gründen auch immer, zwischen Mathematik und Informatik aufgebaut hat, muß zum Nutzen beider Disziplinen abgebaut werden. In den USA spricht man nicht von Spannungsfeld, sondern richtungsweisend von „cultural gap": Diese Lücke gilt es zu überbrücken oder, besser noch, zu schließen. Die Analogie zwischen Programmen und mathematischen Beweisen wird zusehends enger. Alle auch nur im Ansatz erkennbaren Bemühungen, Mathematik und Informatik einander näher zu bringen, müssen nachdrücklich gefördert werden. Beide Fächer werden davon profitieren. Der Brückenschlag zwischen beiden Fächern bietet sich z. B. auf den Gebieten der höheren Programmiersprachen und der algebraischen Komplexitätstheorie an. In der Vision eines in Austin, Texas, tätigen Informatikers, E.W. Dijkstra, wird in der Zukunft Mathematik nicht mehr „abstract science of space, number and quantity" (Concise Oxford Dictionary), sondern „art and science of effective reasoning" sein.

4.3 Physik

Die Physik befindet sich gegenwärtig sowohl in der Grundlagenforschung als auch im anwendungsorientierten Bereich in einer sehr aktiven Phase, die durch äußerst interessante und teilweise stürmisch verlaufende Entwicklungen in vielen Teilbereichen gekennzeichnet ist.

In der Grundlagenforschung sind z. B. ganz neue Denkansätze zum Verständnis der Struktur der Materie entwickelt worden, die zu einer **„vereinheitlichten Theorie der Elementarteilchen"** führen können, die alle bisher bekannten Wechselwirkungen, einschließlich der Gravitation, umfassen soll. Dieses Gebiet wird weltweit als so wichtig angesehen, daß in den letzten Jahren bereits mehrere Nobelpreise für theoretische und experimentelle Entdeckungen in diesem Bereich vergeben wurden. Auch in der Bundesrepublik wird aktiv über die experimentelle Verifizierung dieser Theorie und über theoretische Ansätze zu ihrer Weiterentwicklung gearbeitet.

In der Öffentlichkeit finden naturgemäß die anwendungsorientierten Gebiete die größte Beachtung. Im folgenden soll gezeigt werden, in welchen Bereichen Grundlagenforschung besonders wichtig sein wird, damit die Bundesrepublik Deutschland technologisch konkurrenzfähig bleibt und gleichzeitig das ökologische Umfeld verbessert werden kann. Der Physik fällt hierbei eine zentrale Aufgabe zu, da ein großer Teil der technologischen Entwicklung der vergangenen Jahre auf physikalischer Grundlagenforschung beruht. Als Beispiele für technologisch relevante Teilgebiete der Physik seien hier die Festkörperphysik (Materialforschung, Halbleiterphysik, Oberflächenphysik, Tieftemperaturphysik), die moderne Optik (Laser, integrierte Optik, optische Sensoren, optische Informationsverarbeitung und Speicherung, Röntgenmikroskopie, Holographie) und die Kurzzeitphysik (Untersuchung ultraschneller Phänomene in Physik, Biologie, Chemie und Technik mit einer Zeitauflösung bis herunter zu wenigen Femtosekunden, 10^{-15}s) genannt. Ferner wird die Atom- und Molekülphysik für die Atmosphären- und Umweltforschung, die Reaktionskinetik, die Photochemie und die Astrophysik an Bedeutung gewinnen.

Obwohl die **Kernphysik und die Plasmaphysik** in den Großforschungseinrichtungen durch andere Geldgeber finanziert werden, gibt es wichtige Grundlagenforschung auf Teilgebieten, die in kleinen Gruppen an Universitäten betrieben wird. Diese haben durch neue Ideen und Ergebnisse häufig der Arbeit in den Großforschungseinrichtungen bedeutende Impulse gegeben; ohne die Unterstützung durch die DFG müßten sie ihre Forschungsaktivitäten stark einschränken.

Eine für die künftige technologische und ökologische Entwicklung besonders wichtige Aufgabe ist eine intensive Grundlagenforschung über alternative Wege für die Erzeugung, die Speicherung und den Transport von Energie und über optimale Methoden zur **Energieeinsparung.** Hier sind bisher noch keine überzeugende Konzepte gefunden worden, so daß völlig neue Ideen notwendig sind, die nur aus breit angelegter, fächerübergreifender Grundlagenforschung erwachsen können.

Eine Reihe **interdisziplinärer Forschungsgebiete,** in denen die Physik bereits jetzt eine entscheidende Rolle spielt, sind spezielle Bereiche der Biophysik und der medizinischen Physik, der relativ junge Forschungszweig der Synergetik und Chaosforschung sowie das interessante Gebiet nichtlinearer Phänomene. Diese Forschungsgebiete erleben zur Zeit eine schnelle Entwicklung mit oft überraschenden Resultaten, die nicht nur für Mathematik und Physik, sondern auch für Chemie, Biologie, Medizin und Meteorologie wichtige Denkansätze geben.

Eine solche fächerübergreifende Zusammenarbeit mehrerer Forscher aus verschiedenen Fachgebieten, wie sie z. B. von der DFG durch Einrichtung von Schwerpunktprogrammen, Forschergruppen oder Sonderforschungsbereichen gefördert wird, hat gerade für die Physik eine nicht zu unterschätzende Bedeutung für die Entwicklung neuer Ideen und Konzepte, die auf andere Zweige der Natur- und Biowissenschaften ausstrahlen. Durch gemeinsame Projekte und die damit verbundenen intensiven Diskussionen zwischen Wissenschaftlern verschiedener Disziplinen werden oft Denkansätze erweitert, weil Denkweisen aus anderen Fachgebieten eigene Vorstellungen korrigieren und in ganz neue Richtungen lenken können. Die DFG wird deshalb über die jetzige Förderung solcher Zusammenarbeit hinaus verstärkt gemeinsame, interdisziplinäre Projekte, z. B. durch finanzielle Hilfe bei vorbereitenden Kolloquien, unterstützen, auch unter Einbeziehung ausländischer Wissenschaftler.

Beispiele für den Nutzen solcher Kooperation zwischen Physik und Medizin sind die Kernspintomographie, die verschiedenen Anwendungen des Lasers in der Chirurgie und die sehr ermutigenden Versuche der Diagnostik und Therapie spezieller Krebsarten mit Hilfe der Laserspektroskopie. Auch das Verständnis biologischer Vorgänge, wie z. B. der komplexen Prozesse beim Sehvorgang oder des Mechanismus beim Transport von Stoffen durch Zellmembranen, konnte erst vertieft werden durch Anwendung moderner physikalischer Methoden, wie z. B. der Laserkurzzeitphysik, der Laserspektroskopie und moderner Detektionsmethoden in Kombination mit Massenspektroskopie und Chromatographie.

Im folgenden sollen nun einige Gebiete der Physik, deren weitere Entwicklung in den nächsten Jahren besonders dringlich und notwendig erscheint, näher erläutert werden.

4.3.1 Festkörperphysik

Wohl kaum ein Wissenschaftszweig hat unsere Technologie und damit auch unser tägliches Leben so entscheidend verändert wie die Festkörperphysik. Aus diesem Grunde ist sie das zur Zeit wohl am intensivsten geförderte Teilgebiet der Physik. Sie hat deshalb auch einen entsprechend großen Aufschwung in der Bundesrepublik erfahren und ist jetzt auf vielen Teilbereichen durchaus konkurrenzfähig mit den Arbeiten in den USA. Aus dem breiten Spektrum der möglichen Entwicklungen der Festkörperphysik sollen hier exemplarisch einige Teilbereiche herausgegriffen werden, deren Entwicklung besonders aussichtsreich erscheint.

Die **amorphen Festkörper,** bei denen die Atome nicht in einem regelmäßigen Gitter angeordnet sind, sondern ungeordnete Lagen im Festkörper einnehmen, haben wegen ihrer besonderen mechanischen (Festigkeit), magnetischen (kleine Koerzitivkraft) und elektrischen Eigenschaften in den letzten Jahren besonderes Interesse gefunden. Vor allem werden amorphe Halbleiter, z. B. als technologisch und wirtschaftlich attraktive Kandidaten für Solarzellen, favorisiert. Durch die bisher existierenden Theorien können einige der Eigenschaften amorpher Substanzen verstanden werden (z. B. die statische mechanische Stabilität, die Glasbildungstendenzen und die Zusammensetzung binärer Systeme). Noch unvollständig und teilweise völlig unzureichend sind jedoch die Kenntnisse über ganz wesentliche Eigenschaften, wie etwa die thermische Leitfähigkeit, die Supraleitung, elektronische Transporteigenschaften (Halleffekt), Kristallisationseffekte, Teilchendiffusion und Strahlenschäden. Deshalb sind hier noch Untersuchungen zum detaillierten Verständnis amorpher Substanzen notwendig, die dann auch zu optimalen Herstellungsverfahren für neue amorphe Verbundsysteme mit vorgegebenen Eigenschaften führen könnten. Solche Forschungen sind in großem Maßstab notwendig, ehe z. B. die **Solartechnik** einen nennenswerten Beitrag zur Energieversorgung leisten kann.

Auf dem Gebiet der Materialforschung ist die Entwicklung **nichtmetallischer Werkstoffe** wie z. B. von Verbindungshalbleitern oder Feinkeramiken mit speziell gewünschten mechanischen und elektrischen Eigenschaften von nicht zu unterschätzender technologischer Bedeutung. Überhaupt wird der Funktionswerkstoff stärker in den Vordergrund treten. Ebenso wichtig erscheint die Entwicklung von intermetallischen Verbindungen für Hochtemperaturanwendungen als hartmagnetische Werkstoffe und als korrosionsarme Materialien. Durch die kürzliche Entdeckung der „Hochtemperatur-Supraleitung" in Lanthan-Bariumoxid-Verbindungen haben zudem gesinterte Oxidkeramiken Interesse gefunden.

Immer wichtiger wird auch die Entwicklung und Untersuchung sogenannter **„synthetischer Metalle":** Hierunter versteht man verschiedene Substanzklassen, die als gemeinsames Merkmal metallische Transporteigenschaften mit einer hohen elektrischen Anisotropie aufweisen, weshalb man oft auch von eindimensionalen bzw. zweidimensionalen Metallen spricht. Diese Substanzklassen umfassen anorganische Verbindungen, die lineare Ketten von Übergangsmetallatomen (z. B. $NbSe_3$) enthalten. Eine andere Gruppe synthetischer Metalle stellen die organischen Metalle und Supraleiter auf der Basis von Radikal-Kationen-Salzen dar. Für technische Anwendungen sind die leitenden Polymere von besonderer Bedeutung. Deshalb werden sie in den Forschungslabors der Industrie besonders untersucht, obwohl auch hier noch viele offene Fragen der Grundlagenforschung bestehen.

Zu diesen Forschungsaktivitäten muß auch die Entwicklung neuer Untersuchungsmethoden und Meßverfahren gehören. Eine interessante Methode zur Untersuchung von Festkörpern ist z. B. die **akustische Phononenspektroskopie,** die sich in den letzten Jahren erfolgreich entwickelt hat und bis in den Terahertzbereich ausgedehnt wurde. Kürzlich wurde gezeigt, daß geladene Donatoren und Akzeptoren in dotierten Halbleitern durch frequenzspezifische Phononenabsorption mit großer Empfindlichkeit nachgewiesen werden können.

Viele grundlegende Experimente zum Verständnis von Festkörpern erfordern **tiefe Temperaturen** bis herab in den mK-Bereich. Die derzeit existierenden Kernentmagnetisierungsanlagen zum Erreichen tiefster Temperaturen sind zu mehr als 90 % zur Untersuchung der superfluiden Phasen des ^{3}He und der kernmagnetischen Ordnung in festem ^{3}He$_3$ eingesetzt. Zu den zukünftig wichtigen Tieftemperaturexperimenten gehört die Untersuchung der kernmagnetischen Ordnung in Metallen, des Energietransports in Metallen, des makroskopischen Quantentunnels und auch der Thermometrie.

Leider wurde, außer kürzlich in Bayreuth, die Tiefsttemperaturphysik an deutschen Hochschulen nicht als Forschungsgebiet etabliert. Sie wird bisher nur am Walther-Meissner-Institut in Garching und an der Kernforschungsanlage Jülich betrieben. Dadurch fehlt es an ausgebildeten Nachwuchswissenschaftlern. Diesem Mangel kann im Rahmen der Förderverfahren entgegengewirkt werden.

Die detaillierte Untersuchung von **Festkörperoberflächen,** ihrer strukturellen, katalytischen und reaktiven Eigenschaften ist für Technik und Chemie von besonderer Bedeutung. Arbeiten hierzu werden beispielsweise im Schwerpunktprogramm *„Hochenergetische Spektroskopie elektronischer Zustände in Festkörpern und Molekülen",* in der Forschergruppe *„Reaktivität an Oberflächen"* (Erlangen) und in den Sonderforschungsbereichen 6 *„Struktur und Dynamik von Grenzflächen"* (Berlin), 126 *„Festkörperreaktionen"* (Göttingen/Clausthal), 128 *„Elementare Anregungen"* (München), 225 *„Oxidische Kristalle"* (Osnabrück), 329 *„Physikalische und chemische Grundlagen der Molekularelektronik"* (Stuttgart) und 337 *„Energie- und Ladungstransfer in molekularen Aggregaten"* (Berlin) gefördert.

Als eine sehr vielversprechende experimentelle Technik hat sich die Oberflächenanalyse mit Hilfe des Elektronen-Raster-Tunnel-Mikroskops erwiesen, das vor einigen Jahren von Binnig und Rohrer, die dafür 1986 den Nobelpreis erhielten, entwickelt wurde. Bei diesem Verfahren wird eine mit speziellen Ätzverfahren hergestellte sehr scharfe Metallspitze (Krümmungsradius einige Angström) mit Hilfe eines raffiniert gebauten, durch Piezoelemente gesteuerten und erschütterungsfrei aufgebauten Apparates dicht oberhalb der zu untersuchenden Oberfläche bewegt. Legt man eine elektrische Spannung zwischen Spitze und Oberfläche an, so fließt ein elektrischer Strom, obwohl Spitze und Oberfläche sich nicht berühren. Dieser „Tunnelstrom", der quantenmechanisch dadurch erklärt werden kann, daß die Elektronen im Festkörper durch die schmale, isolierende Vakuumschicht (wenige Angström = 10^{-8} cm) „hindurchtunneln" können, hängt sehr empfindlich vom Abstand Spitze – Oberfläche ab und kann deshalb als Meßgröße für diesen Abstand verwendet werden. Mit einem solchen Tunnel-Mikroskop können einzelne Atomlagen auf der Oberfläche gemessen und die atomare Kristallstruktur auf der Oberfläche verfolgt werden. Inzwischen gibt es in der Bundesrepublik Deutschland bereits mehr als zehn Arbeitsgruppen, die diese neue Technik aufgegriffen haben und damit (zum Teil in Kombination mit laserspektroskopischen Methoden) Oberflächenstrukturen, Anlagerung von Atomen oder Molekülen an Oberflächen oder die Veränderung von Oberflächen bei reaktiven Prozessen (z. B. Katalyse) untersuchen.

Um Oberflächen nicht nur untersuchen, sondern auch modifizieren zu können, sind Verfahren erforderlich, die eine genaue Kenntnis der chemischen und physikalischen Prozesse an einer Oberfläche voraussetzen. Gerade die Entwicklung von Verfahren zur Oberflächenhärtung mit Lasern oder mit chemischen Methoden erfordert z. B. das Verständnis der Elementarprozesse an der Oberfläche. Hier ist eine Zusammenarbeit von Festkörperphysikern, Atomphysikern und Chemikern notwendig, wie sie bereits im Rahmen der genannten Fördermaßnahmen der DFG stattfindet. Besondere Aufmerksamkeit verdient die Korrosion von Oberflächen, durch die jährlich Materialien im Milliardenwert verlorengehen. Dieses Spezialgebiet der Oberflächenphysik spielt auch für die Archäologie eine wichtige Rolle. In der Schweiz sind in Zusammenarbeit von Physikern und Archäologen durch gezieltes Abtragen von Ablagerungen auf den Oberflächen von Fundstücken in einer Wasserstoff-Entladung oft überraschende Details alter Werkzeuge und Schmuckstücke zutage getreten, die manche Vorstellungen der Historiker über das handwerkliche Können im Altertum korrigiert haben.

4.3.2 Moderne Optik und Laserphysik

Von besonderer Bedeutung für moderne Technologien sind die in den letzten Jahren auch in der Bundesrepublik intensivierten Forschungen auf dem Gebiet der Optik und Laserphysik. Obwohl hier ein Grenzgebiet zwischen Grundlagen- und angewandter Forschung vorliegt und daher ein Teil der notwendigen experimentellen und theoretischen Untersuchungen auch bereits in Industrielabors durchgeführt wird, gibt es noch eine große Anzahl grundlegender Fragen. Im einzelnen geht es um folgende Bereiche:

- *Optische Informationserfassung (optische Meßtechnik, Sensorik)*
  Dieser Bereich umfaßt alle Probleme, die Grundlagenverständnis und Entwicklung empfindlicher, genügend schneller Detektoren für optische Strahlung betreffen. Die Bedeutung dieses Gebietes wird klar, wenn man an mögliche Anwendungen in der Roboterentwicklung, der Verkehrssicherheit, der Steuerung und Überwachung von Produktionsanlagen, an Emissionskontrollen für den Umweltschutz und die Schadstoffanalyse denkt. Wenn es auch bereits eine Anzahl von Sensorkonzepten, die auf neuartigen physikalischen Effekten beruhen, gibt, z. B. Sensoren auf Glasfaserbasis, so sind trotzdem noch viele Grundlagenfragen zu klären.

- *Optische Informationsübertragung (optische Nachrichtentechnik)*
  Obwohl dieser Bereich bereits voll in der technischen Ausbauphase (optische Nachrichtenübertragung über Glasfasern) ist, sind viele Grundlagenprobleme noch ungelöst. Beispiele sind die Reduktion der Absorptions- und Streuverluste in Fasern, die Entwicklung schnellerer Sender und Empfänger (Gigahertz-Laserdioden) und die Untersuchung der Ursachen für Degradation und damit verkürzte Lebensdauer. Hier ist sowohl auf dem Halbleitersektor, dem optischen Bereich als auch in der Glasforschung noch viel Grundlagenforschung nötig.

- *Optische Informationsverarbeitung (optische Computer-Bildverarbeitung) und Speicherung*
  Hier sind Grundlagenarbeiten mit dem Ziel der Realisierung optischer Computer angesprochen. Optische Speicher in Form von „Bildplatten" gibt es bereits. Jedoch sind auch hier neue Ideen nötig, um optische Computer-Bildverarbeitung sowie reversible und assoziative Speicher zu realisieren.

Die heutige Bedeutung der Mikroelektronik beruht zu einem großen Teil auf der Herstellungstechnologie von Halbleiter-Bauelementen in miniaturisierter Form. Eine verwandte Entwicklung zeichnet sich derzeit weltweit auch für die Optik ab; sie wird die weiteren Fortschritte der oben genannten Informationstechniken bestimmen. Die Konzepte der Faseroptik und der Integrierten Optik werden mit solchen der Mikrofabrikation zu einer umfassenderen Technologie der „Mikro-Optik" verschmelzen. Deren Produkte werden sich mit denen der Mikroelektronik gegenseitig ergänzen; sie werden (nach 1990) bedeutsam sein in der weiteren Automatisierung in Büro und Fertigung, im Umweltschutz (Schadstofferfassung und -minderung; z. B. im Kraftfahrzeug), in der Sicherheitstechnik (zuverlässigere Reaktoren und Flugzeuge) sowie in der Unterhaltungsindustrie (vgl. auch Kapitel 5.20, „Elektrotechnik").

Die auf diesen Gebieten in der Grundlagenforschung erzielten Ergebnisse lassen für die Zukunft erhebliche Fortschritte und Verbesserungen bei den oben aufgeführten Anwendungen erwarten. Hier ist die Umsetzzeit von Laborversuchen in die Praxis besonders kurz, und gerade wegen des großen industriellen Bedarfes ist es schwer, Doktoranden und vor allem promovierte Mitarbeiter mit Erfahrungen auf diesem Gebiet an den Universitäten zu halten.

Ein weiteres sehr wichtiges Gebiet für wissenschaftliche und technische Anwendungen ist die **Laserphysik**. Als neue Entwicklungen zeichnen sich vor allem die Ausdehnung des Spektralbereiches zu größeren Wellenlängen im Infrarot und zu sehr kurzen Wellenlängen im fernen Ultraviolettgebiet ab. Während die Entwicklung leistungsstarker UV-Laser für die Materialbearbeitung, die Lithographie und die Photochemie von großem Interesse ist und daher als anwendungsorientierte Forschung in erster Linie in den Förderungsbereich des BMFT fällt, kann die Forschungsgemeinschaft die Grundlagenforschung über durchstimmbare neue Lichtquellen und ihre wissenschaftlichen Anwendungen fördern.

Durch die Entwicklung durchstimmbarer Farbstofflaser im ultravioletten, sichtbaren und nahen Infrarotbereich stehen für Atom- und Molekülphysik, für die analytische Chemie und für biologische Untersuchungen leistungsstarke, spektral schmale kohärente Lichtquellen zur Verfügung, mit denen viele Experimente durchgeführt werden können, die früher undenkbar waren. Große Anstrengungen werden zur Zeit an vielen Forschungslabors unternommen, solche idealen durchstimmbaren Laser für einen weiteren Spektralbereich zu realisieren. Durch Fortschritte bei Halbleiterlasern, Farbzentrenlasern und Molekül-Kristall-Lasern ist dies für das nahe und mittlere Infrarot auch bereits gelungen, doch fehlt noch der Durchbruch bei kurzen Wellenlängen im fernen Ultraviolett.

Auch die Erzeugung und Messung ultrakurzer Laserpulse mit Pulszeiten bis herab zu 10^{-15}s (1 Femtosekunde) und ihre Anwendungen zur Untersuchung ultraschneller Relaxationsphänomene in Physik, Chemie und Biologie ist ein zukunftsträchtiges, unbedingt zu beachtendes Forschungsgebiet. Zur Zeit konzentrieren sich die meisten Arbeiten auf den sichtbaren und nahen Infrarotbereich. Die Ausdehnung der Subpikosekundentechnik auf den ultravioletten Spektralbereich würde die Palette möglicher interessanter Anwendungen sehr erweitern. Es gibt in vielen Bereichen der Naturwissenschaften sehr interessante, schnelle Phänomene, deren Aufklärung eine solch hohe Zeitauflösung erfordert. Ein Beispiel ist die Relaxation von Elektronen nach ihrer Anregung in das Leitungsband eines Halbleiters. Bisher gemessene Relaxationszeiten liegen bei 10^{-12}s (Pikosekunden) und darunter. Zur Realisierung superschneller elektronischer Schaltelemente braucht man eine entsprechend hohe Zeitauflösung. Ein zweites Beispiel betrifft Untersuchungen schneller Reaktionsvorgänge, wie z. B. des Protonentransfers oder der Isomerisierung (Änderung der geometrischen Struktur eines Moleküls durch Umstrukturierung seiner Elekronenhülle) angeregter Moleküle, die sich auch im Subpikosekundenbereich (unter 10^{-12}s) abspielen kann. Solche Isomerisierungsprozesse spielen eine erhebliche Rolle bei vielen biologischen und chemischen Prozessen. Die recht komplizierten chemischen Abläufe beim menschlichen Sehvorgang vom Eintreffen des Lichts auf die Netzhaut bis zur Registrierung der Sehempfindung im Gehirn schließen als Primärprozesse solche Isomerisierungen des Rhodopsin-Moleküls ein. Nur durch eine Zusammenarbeit von Physikern, Chemikern und Biologen, wie sie von der DFG z. B. im Sonderforschungsbereich 220 *„Neuronale Systeme"* in München gefördert wird, kann ein komplexer Prozeß völlig aufgeklärt werden.

4.3.3 Atom- und Molekülphysik

Die experimentelle Atom- und Molekülphysik hat sich in der Bundesrepublik Deutschland dank der Förderung durch die Forschungsgemeinschaft sehr erfolgreich entwickelt. Seit 1987 wird die theoretische Bearbeitung dieses Gebietes im Rahmen des Schwerpunktprogramms *„Atom- und Molekültheorie"* gefördert. Die detaillierte Untersuchung atomarer Stoßprozesse ist unbedingt notwendig für das Verständnis der physikalischen und chemischen Prozesse in der Atmosphäre. Auf dem zukunftsträchtigen Gebiet der Oberflächenphysik hat die Zusammenarbeit von Atomphysikern, Chemikern und Festkörperphysikern bereits gute Erfolge hinsichtlich des Verständnisses katalytischer Prozesse, von Clusterbildung, Korrosionserscheinungen und Adsorptions- bzw. Desorptionsphänomenen gezeigt. Die bisher durchgeführten Experimente betreffen hochauflösende Beugung von Heliumatomen an Einkristalloberflächen, inelastische Atom- und Molekülstreuung an Oberflächen, wo die Molekularstrahltechnik mit der UHV-Technologie der Oberflächenphysik eine Symbiose eingeht. Auch Sputterprozesse an Oberflächen, d.h. die Untersuchung der durch Ionenbeschuß aus der Oberfläche abgelösten Atome, Moleküle und größeren Atomverbände (Cluster), spielen für die Oberflächenphysik eine bedeutsame Rolle.

Auf dem Gebiet der Theoretischen Atom- und Molekülphysik besteht eine enge Kooperation mit Quantenchemikern, die von der DFG in den Sonderforschungsbereichen 91 *„Energietransfer bei atomaren und molekularen Stoßprozessen"* (Kaiserslautern), 216 *„Polarisation und Korrelation in atomaren Stoßprozessen"* (Bielefeld/Münster) und 42 *„Energiezustände einfacher Moleküle"* (Wuppertal) unterstützt wird. Inzwischen sind dank der Entwicklung leistungsfähiger Computer die Berechnungsmethoden für kleine Moleküle so weit fortgeschritten, daß Bindungsenergien, geometrische Strukturen und Potentialflächen mit großer Genauigkeit berechenbar sind.

Auf der experimentellen Seite liegt der Schwerpunkt bei deutschen Arbeitsgruppen auf der Untersuchung der Streuung von Elektronen, Atomen und Molekülen, der Aufklärung der Struktur von Molekülen in energetisch angeregten Zuständen und der Dynamik bei reaktiven Stößen, deren detaillierte Untersuchung erst ein vollständiges Verständnis chemischer Reaktionen erlaubt. Die Kombination spektroskopischer Methoden mit Streuexperimenten, die durch den Einsatz von Lasern möglich wurde, hat hier einen großen Durchbruch gebracht. Die Rolle eines intensiven Strahlungsfeldes für molekulare Stöße wird zur Zeit in mehreren Laboratorien untersucht.

Von besonderem Interesse sind schwach gebundene Moleküle (van der Waals-Moleküle), Excimere (dies sind Moleküle, die nur in angeregten Zuständen stabil sind, aber im Grundzustand dissoziieren) und Radikale, die bei chemischen Reaktionen oft als Zwischenprodukte auftreten. Experimentelle Fortschritte bei der Untersuchung solcher oft instabilen Moleküle brachten Ultraschallstrahlen, in denen die Moleküle bei der Expansion aus einem Vorratsbehälter durch eine enge Düse ins Vakuum so stark abgekühlt werden, daß ihre innere Energie (Rotationsenergie) einer Temperatur von etwa 1 Kelvin (−272° C) entspricht. Solche „kalten Moleküle" sind fast alle in ihrem tiefsten Energiezustand, so daß auch schwach gebundene Spezies nicht zerfallen. Weil die Moleküldichte im expandierenden Molekularstrahl so schnell abnimmt, lassen sich die experimentellen Bedingungen so wählen, daß die Moleküle nicht kondensieren. Man kann daher kalte, freie Moleküle erzeugen und damit die Verhältnisse in interstellaren kalten Molekülwolken, aus denen sich Sterne bilden können, im Labor simulieren.

Andererseits läßt sich durch Änderung von Druck und Temperatur im Vorratsgefäß erreichen, daß Moleküle sich zusammenlagern; es bilden sich sogenannte „**Cluster**", die aus wenigen bis zu vielen tausend Atomen bestehen können. Die „Clusterforschung" bearbeitet das interessante Übergangsgebiet zwischen Molekülphysik und Festkörperphysik und wird zur Zeit im Rahmen des Schwerpunktprogramms „*Physik anorganischer Cluster*" gefördert. Da sich das Verhältnis der Zahl der Atome an der Oberfläche zu der Zahl der Atome im Inneren eines Clusters mit zunehmender Clustergröße verringert, kann man hier den Einfluß der Oberfläche auf die Eigenschaften des Gesamtsystems in idealer Weise verfolgen. Die Clusterforschung wird sich sicher in den nächsten Jahren stark ausweiten. Außerdem werden die Prozesse der Clusterbildung, die z. B. für Kondensationsprozesse in der Atmosphäre und daher für unser Wetter eine große Rolle spielen, detailliert untersucht. Eine ähnlich wichtige Bedeutung hat die Clusterforschung für das Verständnis der Molekülbildung und der Staubbildung im interstellaren Raum.

Ein Teil der heutigen **Atomphysik** befaßt sich mit fundamentalen Fragen der Quantenmechanik bzw. der Quantenelektrodynamik, der grundlegenden Theorie der elektromagnetischen Wechselwirkung. Durch Präzisionsmessungen soll die Reichweite dieser Theorie geprüft werden. Solche Experimente erfordern großen Aufwand und vor allem Geschick und Geduld des Experimentators; ihre Vorbereitung und Optimierung dauern oft viele Jahre. Wenn man bedenkt, daß die Erweiterung einer physikalischen Theorie meist durch ein solches Präzisionsexperiment angestoßen wurde, erkennt man die Bedeutung solcher Untersuchungen, auch wenn ihr praktischer Nutzen nicht unmittelbar sichtbar ist. Beispiele für solche fundamentalen Experimente sind die genaue Untersuchung der Wechselwirkung einzelner freier Atome mit einem Strahlungsfeld, die Präzisionsmessung des Lambshifts (einer Energieverschiebung atomarer Energieniveaus, die von der Quantenmechanik nicht berücksichtigt wurde), die zur Prüfung der Genauigkeit der Quantenelektrodynamik benutzt wird, oder die genaue Untersuchung des Positroniums e^+e^-, eines wasserstoffähnlichen Systems, bei dem das Proton durch ein Positron e^+ ersetzt wird.

4.3.4 Nichtlineare Systeme, Synergetik und Chaosforschung

Auf dem Gebiet der **nichtlinearen Dynamik von komplexen Systemen** hat sich in jüngster Zeit eine stürmische Entwicklung vollzogen, die in vielen Teilbereichen der Naturwissenschaften zu einer völlig neuen Sicht der Phänomene geführt und auch einen beträchtlichen Einfluß auf die Art der Beschreibung und Vorhersage von Naturvorgängen hat. Es geht dabei u.a. um die Frage: Wie genau kann man den Ablauf eines physikalischen Geschehens vorhersagen, wenn man seine Anfangsbedingungen genau kennt? Vor der Entwicklung der Quantenmechanik hielt man das Prinzip des „Laplaceschen Dämons" für im Prinzip richtig: daß man nämlich mittels der Differentialgleichungen, die das Weltgeschehen bestimmen, aus den Jetztzeitbedingungen die zukünftigen Zustände berechnen kann. Diese Anschauung verlor ihre Berechtigung für mikroskopische Systeme (Atome, Moleküle) durch die Quantenmechanik, weil wegen der Heisenbergschen Unschärferelation Ort und Impuls prinzipiell nicht gleichzeitig genau bestimmbar sind und deshalb auch ein „allwissender Dämon" den Jetztzustand nicht exakt angeben könnte.

Nun hat sich aber gezeigt, daß bei komplexen Systemen in vielen Fällen instabile Lösungen der Differentialgleichungen für die Behandlung ihrer zukünftigen Entwicklung auftreten. Das heißt: Infinitesima (kleine Änderungen der Anfangsbedingungen) führen zu einem völlig anderen Verhalten dieser Systeme in der Zukunft. Dadurch verliert das Konzept des Laplaceschen Dämons nun auch seine Berechtigung für makroskopische Systeme. Diese empfindliche Abhängigkeit der Entwicklung eines Systems von den Anfangsbedingungen hat zur Folge, daß unvermeidliche kleine Meßfehler in den Anfangszuständen zu einer exponentiell anwachsenden Differenz zwischen dem tatsächlichen und dem vorher berechneten Zustand eines Systems führen. Damit ergibt sich, ähnlich wie bei der Wettervorhersage, die eine der Quellen dieser neuen Entwicklung war, nur ein begrenzter Zeitraum, in dem zuverlässige Vorausberechnungen möglich sind.

Die Disziplinen, die sich hauptsächlich mit nichtlinearer Dynamik befassen, sind Mathematik, Physik, Chemie und Biologie. Für die Mathematik ist die nichtlineare Dynamik ein faszinierendes neues Studienobjekt, das besonders durch die Verwendung von Computern und Farbgraphik auch hinreißende ästhetische Erfahrungen vermittelt, wie durch entsprechende Computerprogramme gezeigt wurde. Für die Physik, Chemie und Biologie ist die nichtlineare Dynamik ein Problem der wirklichen Welt, in der es zahllose Beispiele für nichtlineare Systeme gibt.

Die Aufdeckung neuer dynamischer Qualitäten hat, wie oben erwähnt, einen fundamentalen philosophisch-wissenschaftstheoretischen Aspekt: die Ambivalenz zwischen strenger Gesetzmäßigkeit und Determiniertheit einerseits und der Unvorhersagbarkeit andererseits. Die Ergebnisse der Forschung auf diesem Gebiet haben jedoch neben ihrer wissenschaftstheoretischen auch große praktische Bedeutung: Beispiele sind neben der Wetterprognose vor allem die Strömungs- und Aerodynamik, wo die nichtlineare Dynamik zum Verständnis des Übergangs von laminarer zu turbulenter Strömung, der Kavitationsphänomene, der Bildung und des Zerfalls von Blasen in Überschallströmungen und der Expansionsströmungen mit Phasenumwandlungen beitragen kann. Die Forschungsergebnisse werden ferner für den Umweltschutz bei der Weiterentwicklung der Verfahrens- und Raffiniertechnik sowie bei der Untersuchung von Verbrennungsvorgängen nützlich sein.

Weitere wichtige Anwendungsgebiete sind die Chemie komplexer Reaktionen, die nichtlinearen Kopplungen zwischen den Schwingungen hochangeregter großer Moleküle, die Akustik, die Elektronik und Nachrichtentechnik und die Geophysik (zeitliches Verhalten des Erdmagnetfeldes). Eines der wichtigsten und zukunftsträchtigsten

Teilgebiete der Struktur und Dynamik komplexer Systeme ist die Biomoleküldynamik. Der Zusammenhang zwischen Bewegung und Struktur, Hydratisierung und Dynamik von Proteinen und Nukleinsäuren ist noch weitgehend ungeklärt und stellt eines der wichtigsten Probleme der molekularen Biophysik dar.

Wegen der großen Bedeutung dieses Gebietes hat sich z. B. in den USA in Los Alamos ein „Center for Nonlinear Dynamics" gebildet, das bereits jetzt große Ausstrahlungskraft besitzt. In der Bundesrepublik gibt es eine bemerkenswerte Zahl hervorragender theoretischer Physiker, die sich dieser Fragen annehmen. Nachholbedarf besteht im Bereich der Experimentalphysik. Deshalb wurde u. a. 1987 ein Sonderforschungsbereich zum Thema *„Nichtlineare Dynamik"* in Frankfurt/Darmstadt eingerichtet, in dem die experimentelle Komponente einen breiten Raum einnimmt.

Die meisten Experimente zur nichtlinearen Dynamik erfordern, im Vergleich zu vielen anderen Forschungsvorhaben, einen relativ geringen Aufwand. Allerdings sind die Forderungen an genügende Rechenkapazität wesentlich größer. Auf längere Sicht ist deshalb dafür Sorge zu tragen, daß die mit Erfolg auf diesem Gebiet arbeitenden Gruppen Zugang zu schnellen Vektorrechnern erhalten.

Von besonderer Faszination ist die **„Synergetik"**: Es geht darum zu verstehen, wie aus zunächst ungeordneten Bewegungen einzelner Teile schließlich, gewissermaßen ganz von allein, hochgeordnete Strukturen und Bewegungsabläufe entstehen können. Ein Paradebeispiel hierfür ist der „Laser", wo die einzelnen Atome des verstärkenden Mediums ganz von sich aus in einer höchst geordneten Weise zusammenwirken, um das „kohärente" Laserlicht zu erzeugen. Andere Beispiele sind Wolkenstraßen in der Erdatmosphäre oder atmosphärische Ringzonen auf anderen Planeten (z. B. Jupiter) und chemische Schwingungen, d. h. periodische chemische Reaktionen, die sich z. B. in einem periodischen Farbumschlag von Rot nach Blau zeigen. Anhand der in der Synergetik erarbeiteten theoretischen Konzepte und mathematischen Methoden lassen sich auch kompliziertere Vorgänge in der Biologie, wie etwa Bewegungskorrelationen, oder gar soziologische Erscheinungen, wie bei der Bevölkerungsmigration, erfassen. Hier ist ein neues Wissenschaftsgebiet entstanden, das das systematische Studium kollektiver Erscheinungen in komplexen Systemen zum Gegenstand hat. Erstaunlicherweise zeigen die bisherigen Forschungen, daß das Auftreten geordneter Strukturen und Bewegungsabläufe in den unterschiedlichsten Systemen, die zu den verschiedensten Forschungsgebieten gehören, in sehr vielen Fällen durch die gleichen grundlegenden Prinzipien bestimmt wird. Erste Ergebnisse geben zu der Hoffnung Anlaß, eine Reihe von Phänomenen in der Biologie, wie z. B. Spracherzeugung, Bewegungskoordination und Morphogenese, von einheitlichen Gesichtspunkten aus verstehen zu können. Auch bei komplexen Rechenvorgängen in Parallelcomputern könnten diese Prinzipien eine erhebliche Rolle spielen.

Obwohl hier äußerst fruchtbare Querverbindungen zwischen den verschiedenen Disziplinen entstanden sind, fällt es den Hochschulen mit ihrer Fachbereichsstruktur schwer, einen institutionellen Rahmen für dieses interdisziplinäre Forschungsgebiet zu schaffen. Die DFG kann hier durch die Förderung interessierter Nachwuchswissenschaftler zu der Verankerung dieses wichtigen Gebietes in den Hochschulen beitragen.

4.3.5 Kernphysik und Hochenergiephysik

Ein in der Bundesrepublik Deutschland relativ stark vertretenes Gebiet ist die Kern- und Hochenergiephysik. Relevante Forschung auf diesem Gebiet erfordert teure und aufwendige Experimentieranlagen (Beschleuniger, Detektoren), deren Finanzierung den Etat der einzelnen Universitäten im allgemeinen übersteigt. Obwohl die meisten der auf diesem Gebiet arbeitenden Großforschungsanlagen vom BMFT finanziert werden, hat sich in den letzten Jahren mehr und mehr ergeben, daß Universitätsgruppen, die an solchen Einrichtungen experimentieren, einen nicht unerheblichen Teil der für ihre Experimente notwendigen Experimentierausrüstung aus dem Universitätsetat bzw. mit Hilfe der DFG finanzieren müssen. Für den Betrieb von Geräten, die in den Großforschungsanlagen verbleiben, sollten diese jedoch Sachmittel zur Verfügung stellen, da sich die Universitätsgruppen bereits durch die Bezahlung der Doktoranden an den Personalkosten beteiligen.

Da auf dem Gebiet der experimentellen Kern- und Hochenergiephysik zur Zeit ganz wesentliche Grundlagenergebnisse erzielt werden, ist neben der Förderung an den Großforschungsanlagen durch das BMFT eine Unterstützung der theoretischen Gruppen an den Universitäten von großer Wichtigkeit. Diese werden daher nach wie vor von der DFG unterstützt.

Über den Sonderforschungsbereich 201 *„Mittelenergiephysik mit elektromagnetischer Wechselwirkung"* (Mainz) leistet die Forschungsgemeinschaft ferner einen erheblichen Beitrag zum Bau, zum Betrieb und zur wissenschaftlichen Nutzung des Mainzer Mikrotrons, eines nach einem neuartigen Prinzip gebauten Beschleunigers. Sie hat sich hier in außergewöhnlichem Umfang engagiert, um auch in der experimentellen Kernphysik die Möglichkeit zu erhalten, innovative und notwendigerweise aufwendige Forschungsprogramme im Hochschulbereich durchzuführen. Davon wird in besonderer Weise der wissenschaftliche Nachwuchs profitieren.

Auf dem Gebiet der theoretischen Teilchenphysik nehmen Versuche, zu einer alle Wechselwirkungen umfassenden Theorie („grand unification") zu gelangen, einen großen Raum ein. Ein radikaler Schritt, der große Aufmerksamkeit erregte und sicherlich in den nächsten Jahren intensiv verfolgt werden wird, besteht in der **Erweiterung von Feldtheorien** mit einer endlichen Zahl von Feldern zu Theorien, die die Elementarteilchen nicht mehr als punktförmige Gebilde, sondern als eindimensionale Fäden (strings) beschreiben. Diese Entwicklung könnte zum ersten Mal die Möglichkeit bieten, eine endliche Quantentheorie der Gravitation zu formulieren und einen Zusammenhang mit den inneren Eigenschaften der Teilchen (Spin, Farbladung, Familienstruktur etc.) herzustellen.

Die **Supersymmetrie,** in wichtigen Teilen in der Bundesrepublik entwickelt, auf der die Stringtheorie aufbaut, sagt zu allen bisher bekannten Elementarteilchen Partnerteilchen voraus. Eine genaue Spezifizierung der zugehörigen theoretischen Modelle ist auch in Zukunft ein hochinteressantes Arbeitsfeld.

Ein weiteres zentrales Problem der Elementarteilchenphysik betrifft die Suche nach neuartigen Teilchen (Vektorbosonen mit Farbladung und skalare Higgsmesonen) sowie die Frage nach der Zahl der Neutrino-Sorten und deren Massen. Auch Hypothesen, nach denen Quarks und Leptonen als gebundene Zustände von sogenannten Preonen angesehen werden, bedürfen der weiteren Diskussion und experimentellen Prüfung.

Die bisherigen Ergebnisse haben schon jetzt großen Einfluß auf unser physikalisches Weltbild und initiieren neue Modelle in Astrophysik und Kosmologie über den Ursprung unseres Kosmos. Teilaspekte der theoretischen Hochenergiephysik in der Bundesrepublik werden von der DFG zur Zeit im Rahmen eines Schwerpunktprogramms *„Computersimulation von Gittereichtheorien"* und einer Forschergruppe *„Teilchenphysik, die über das Standardmodell hinausgeht: Flavourdynamik der Teilchengeneration, Supersymmetrie und Supergravitation"* in Karlsruhe gefördert.

Die Kernphysik hat sich in den letzten zehn Jahren vor allem in zwei große Gebiete weiterentwickelt:

- In der Schwerionenphysik untersucht man im Zusammenstoß zweier Atomkerne heiße und dichte Kernmaterie. Dies erlaubt neben einem besseren Verständnis der Kerne auch die Dynamik des Urknalls bei der Entstehung unseres Kosmos, Supernova-Explosionen und den Kollaps in Neutronensternen besser zu beschreiben. Schon dies zeigt die Relevanz der hier gewonnenen Ergebnisse für die Astrophysik.

- Die Erkenntnis, daß die Kernbausteine, die Nukleonen, selbst wieder aus je drei kleineren elementaren Teilchen, den Quarks, zusammengesetzt sind, hat die Quark- und mesonischen Freiheitsgrade in einem Kern in das Zentrum des Interesses gerückt. Man kann die Quarks im Nukleon durch Energiezufuhr (z. B. durch Stöße) in andere Zustände bringen und das Nukleon dadurch zu „Resonanzen", d.h. kurzlebigen Teilchenzuständen anregen.

Neben diesen beiden großen Trends spielt die Elektron-Kern-Wechselwirkung in den letzten Jahren wieder eine größere Rolle. Wegen seiner bekannten elektromagnetischen Wechselwirkung ist das Elektron eine wohlverstandene Sonde, die den Kern und seine Bausteine abtasten kann. Im Rahmen des bereits erwähnten Sonderforschungsbereichs 201 *„Mittelenergiephysik mit elektromagnetischer Wechselwirkung"* (Mainz) und im Normalverfahren fördert die DFG zahlreiche Universitätsgruppen, die an Einrichtungen in Mainz und bei der Gesellschaft für Schwerionenforschung in Darmstadt experimentieren oder die Projekte durch theoretische Arbeiten begleiten.

Ein Gebiet, das Atomphysik und Kernphysik kombiniert, ist die Untersuchung der **Hyperfeinstruktur von Kernen** mit Hilfe der Laserspektroskopie. Hier gibt es in der Bundesrepublik international führende Arbeiten, die unbedingt fortgesetzt werden sollten, weil man durch sie Informationen über die Anordnung der Nukleonen im Kern und über Deformationen der Kerne erhält.

4.3.6 Plasmaphysik

Die voraussichtlichen Schwerpunkte der Plasmaphysik in den nächsten Jahren werden die kontrollierte Kernfusion, die Untersuchung astrophysikalisch wichtiger Plasmen aus Satellitenmessungen und technische Anwendungen der Plasmaphysik sein. Die fusionsorientierte Forschung der Bundesrepublik ist konzentriert im Max-Planck-Institut für Plasmaphysik in Garching, im Institut für Plasmaphysik der Kernforschungsanlage Jülich und – in europäischer Zusammenarbeit – in Culham (England) am „Joint European Torus" (JET).

Die Tatsache, daß die experimentelle Plasmaphysik ganz überwiegend an außeruniversitären Großforschungseinrichtungen durchgeführt wird, ist nicht zuletzt auf den erforderlichen sehr hohen apparativen Aufwand zurückzuführen. Mit der Förderung des Sonderforschungsbereichs 162 „*Plasmaphysik*", Bochum (unter Beteiligung der Universitäten Düsseldorf, Essen sowie der Kernforschungsanlage Jülich), ist es jedoch gelungen, auch im Hochschulbereich einen Schwerpunkt experimenteller plasmaphysikalischer Forschung zu etablieren, der eine wichtige Aufgabe für die Ausbildung des wissenschaftlichen Nachwuchses in dieser Disziplin erfüllt. Der Sonderforschungsbereich wird mit Ablauf des Jahres 1989 enden. Die an ihm beteiligten Institutionen haben sich zu einer „Arbeitsgemeinschaft Plasmaphysik" zusammengeschlossen, um den Forschungsschwerpunkt auch nach dem Ende des Sonderforschungsbereichs zu erhalten.

Trotz großer Fortschritte blieben viele grundlegende Fragen bisher unbearbeitet. Dringend notwendige Schritte zu ihrer Lösung sind die Entwicklung neuartiger diagnostischer Verfahren und eine verbesserte Kenntnis atomarer Daten, insbesondere für hochgeladene Ionen. Hier setzt ein neues – 1985 begonnenes – Schwerpunktprogramm „*Diagnostik heißer Laborplasmen – plasmarelevante atomare Daten*" an. Im Rahmen dieses Programms werden in den Universitäten wichtige Vorhaben der Grundlagenforschung durchgeführt, die die Untersuchungen in den Großforschungsanlagen ergänzen. Außerdem wird der Nachwuchs an aktuelle Probleme der Plasmaphysik herangeführt. Ferner bieten sich viele Ansatzpunkte zu einer Zusammenarbeit mit Atomphysikern, Laserphysikern, Oberflächenexperten und Astrophysikern an.

4.3.7 Astronomie und Astrophysik

Eine sehr stürmische Entwicklung, sowohl technologisch als auch erkenntnismäßig, ist in der Astronomie und Astrophysik zu beobachten.

Traditionell hat die deutsche Astronomie einen hohen Stand auf den Gebieten der **Physik des Einzelsterns** (Sternatmosphären, Sternentwicklung, Spätstadien der Sterne) und der Untersuchung des **Milchstraßensystems** (Stellarstatistik, Interstellare Materie).

Das Schwergewicht der internationalen Forschung verlagert sich jedoch gegenwärtig unter Einsatz neuer potenter erdgebundener und extraterrestrischer Beobachtungsmöglichkeiten für den gesamten Wellenlängenbereich des elektromagnetischen Spektrums auf die Gebiete **Physik der Galaxien/Galaxienhaufen, Kosmologie.**

Um deutschen Astronomen die Teilnahme an der Erforschung dieser Gebiete zu ermöglichen, müssen die Strukturen für die Förderung der Astronomie, vor allem in den Universitäten, unter quantitativen und qualitativen Aspekten überprüft werden. Dieses Problemfeld wird in einer Denkschrift der DFG, die kürzlich erschienen ist, ausführlich diskutiert.

Innerhalb der extragalaktischen Forschung werden die Entstehung und Entwicklung von Galaxien, auch im Zusammenhang von Sternenentstehung und Strukturbildung von Galaxien, wie z. B. „Starbursts", Spiralstruktur, Jets auf Skalen von 1 pc bis 100 Megaparsec (1 parsec entspricht 3,26 Lichtjahren), und hier wiederum die Probleme der Aktivität von Galaxien im Vordergrund des Interesses stehen. Es scheint, daß fast alle Galaxien irgendwann Aktivitätsstadien mit oft enormer Energieausschüttung durchlaufen. Wodurch wird die Aktivität ausgelöst und was sind ihre Energiequellen? Wie wirkt sie sich auf die weitere Entwicklung der Galaxien aus? Wie kommt die Strukturbildung im Universum zustande? Ein Teil dieser Fragen wird in dem Sonderforschungsbereich 328 *„Entwicklung von Galaxien"* in Heidelberg aufgegriffen, in dem Wissenschaftler aus der Universität, der auf diesem Gebiet arbeitenden Max-Planck-Institute, des Astronomischen Rechenzentrums und der Landessternwarte zusammenarbeiten.

In der Kosmologie zielt die Forschung heute vor allem einerseits auf großräumige Strukturen (bis zu über 100 Mpc), andererseits auf die frühen und frühesten Stadien des Universums, in denen Teilchenenergien herrschten, die die mit heutigen Beschleunigern erreichbaren Energien um 10 bis 30 Größenordnungen übersteigen; eine immer engere Partnerschaft mit der Elementarteilchentheorie und der Hochenergiephysik ist die Folge. Die Entstehung und Frühphasen von Galaxien, damit auch die Probleme der Quasare, gehören ebenfalls in diesen Zusammenhang. Bei der Herausbildung neuer Forschungsschwerpunkte dürfte deshalb die Zusammenarbeit mit der Hochenergiephysik sowie der Kernphysik und der Physik kollektiver Prozesse von großem Vorteil sein.

Wegen ihrer prinzipiellen Bedeutung für die Physik und die Entstehungsgeschichte der fundamentalen kosmischen Strukturen, ja für die Naturphilosophie, wird die Untersuchung der Fragen der Kosmologie und der Galaxienforschung in den USA vergleichsweise viel stärker gefördert als in der Bundesrepublik. Hierbei spielt eine Rolle, daß die Beobachtung der extragalaktischen Objekte ein technologisch hochentwickeltes Instrumentarium erfordert. Namentlich in den USA, aber auch in europäischen Ländern wie England und Holland, sind Astronomie und Astrophysik seit jeher hochangesehene Naturwissenschaften. Die hohe technische Relevanz der Astronomie hat u. a. dazu geführt, daß rein kommerzielle Firmen wie die Bell Telephone Laboratories und IBM sich astrophysikalische Forschungseinrichtungen leisten, da sie glauben, nicht auf die Anregungen verzichten zu können, die von der Astrophysik ausgehen.

Die Kosmologie und die Galaxienforschung erfordern Großteleskope (sichtbarer Spektralbereich und Radioteleskope) und Satelliten-Röntgenteleskope. Da die für den Bau und den Betrieb solcher Großanlagen erforderlichen Mittel von den Universitätsinstituten nicht aufgebracht werden können, ist eine intensivere Zusammenarbeit zwischen Universitäten und Max-Planck-Instituten geboten, wie sie bereits an einigen Stellen, teilweise mit Hilfe der DFG, praktiziert wird. Beispiele für Projekte, in denen die Universitäten durch ihre Mitarbeit auf experimentellem und theoretischem Sektor wesentlich zum Erfolg beitragen können, sind

- das 1987 zu startende Röntgenteleskop ROSAT, mit dem man etwa 200 000 zum großen Teil extragalaktische Röntgenquellen zu entdecken hofft, also fast tausendmal mehr als bisher bekannt. Hierbei soll die Zusammenarbeit zwischen Universitätsinstituten und dem Max-Planck-Institut für Extraterrestrische Forschung in München durch das 1987 angelaufene Schwerpunktprogramm *„Theorie kosmischer Plasmen"* verstärkt werden;

- das 1986 eingeweihte, als Hilfseinrichtung der DFG mitaufgebaute Sonnenobservatorium auf Teneriffa;

- der Astrometriesatellit Hipparcos (gebaut von der European Space Agency, geplanter Start 1988), der Sternpositionen mit einer Genauigkeit von 0,002 Bogensekunden zu bestimmen gestattet;

- die Auswertung der GIOTTO-Mission zum Kometen Halley.

Um eine Auswertung des zu erwartenden umfassenden Beobachtungsmaterials unter Beteiligung der Universitätsinstitute zu ermöglichen, ist es unerläßlich, ein modernes Rechner- und Datenverbundsystem zu installieren, mit dem auch eine interaktive Bildauswertung sowie Datenaustausch zwischen den einzelnen Instituten möglich ist. In anderen europäischen Ländern sind solche Voraussetzungen bereits geschaffen worden (STARLINK in England und Holland, ASTRONET in Italien etc.).

Diese technisch-apparativen Fragen und vor allem auch das für die astronomischen Universitätsinstitute besonders prekäre Personalproblem werden ausführlich in der oben erwähnten Denkschrift behandelt. Zusammenfassend kann man sagen, daß auf dem faszinierenden Gebiet der Astronomie und Astrophysik auch in der Bundesrepublik bisher sehr erfolgreich gearbeitet wurde. Um auch in Zukunft Forschung auf hohem Niveau betreiben zu können, müssen jedoch große Anstrengungen hinsichtlich der apparativen und personellen Ausstattung des Rechnerverbundsystems und der Zusammenarbeit zwischen Max-Planck-Instituten und Universitäten unternommen werden.

4.4 Chemie

In der Chemie wurden durch die Forschung der vergangenen Jahre viele neue Entwicklungen eingeleitet, die in der näheren Zukunft und darüber hinaus außerordentlich interessante Ergebnisse erwarten lassen.

Während der Fortschritt in den einzelnen Bereichen der chemischen Forschung sich bisher zunehmend auf sehr spezielle Problemfelder konzentrierte, die sich immer weiter voneinander zu entfernen drohten, ist der Trend zur Zeit dadurch gekennzeichnet, daß fachübergreifende Probleme und Gebiete angegangen werden, die **Spezialrichtungen wieder zusammenführen.** Dies wird z. B. in der Material- und Festkörperforschung sehr deutlich, wo die präparative anorganische Chemie und die organische Polymerchemie mit den Methoden der physikalischen Chemie die Probleme der Festkörperphysik berühren und der technischen Chemie bis zu den Materialwissenschaften dienen. Oder es sei an die enorme Entwicklung der Methoden erinnert, durch die Gene von Pflanzen und Mikroorganismen so verändert werden, daß diese komplizierte organische Verbindungen in größeren Mengen gewinnen lassen, wo also die klassische Naturstoffsynthese der Organiker durch die Zusammenarbeit mit Biochemikern und Biologen bereichert wird. Als drittes Beispiel sei die Katalyseforschung genannt, die mit dem Nachweis der Besetzung bestimmter Positionen durch die Reaktionspartner auf der Oberfläche des Festkörpers beginnt und dann den Reaktionsverlauf im Detail verfolgt; oder die Kristallstrukturanalyse löslicher chiraler Substrat-Metall-Komplexe, die Verfahren wie die enantioselektive katalytische Hydrierung mechanistisch erklären läßt. Höhepunkte unter den Erfolgen sind die Aufklärung neuartiger Enzymmechanismen im Stoffwechsel anaerober Bakterien und die Strukturaufklärung des Reaktionszentrums von photosynthetischen Membranen.

Nicht vorherzusehen war die Entwicklung spektroskopischer Methoden, bei denen durch den Einsatz von Lasern und ultrakurzen Zeiten eine so hohe Auflösung erreicht werden konnte, daß damit **erstmals Einblicke in die Dynamik von elementaren Prozessen** bei chemischen Reaktionen in isolierten Molekülen, Molekülstrahlen, in Gasen und Flüssigkeiten und an Oberflächen möglich wurden. Solche Untersuchungen machen chemische Vorgänge erstmals wirklich sichtbar und bringen die theoretische Behandlung struktureller und dynamischer Probleme in direkten Zusammenhang mit experimentellen Beobachtungen.

Diese Beispiele aus der jüngsten Zeit zeigen deutlich die Eigendynamik der chemischen Forschung, die nur sehr bedingt geplant werden kann. Trotzdem können Entwicklungstendenzen aufgezeigt werden, die sich auch in den Förderungsmaßnahmen der Forschungsgemeinschaft widerspiegeln.

Normalverfahren

In allen Bereichen der Chemie wird auch in den nächsten Jahren die Förderung der zweckfreien Grundlagenforschung im Mittelpunkt stehen. Die Entdeckung neuer Reaktionen und Reagentien bleibt nach wie vor erstrebenswert und ebenso die Konzeption und Synthese neuer Molekülstrukturen oder die Isolierung und Konstitutionsermittlung wirksamer Naturstoffe bis zur Aufklärung ihrer biologischen Bildungswege und Wirkungsmechanismen. Aus der Vergangenheit wissen wir, daß es Chemikern immer wieder durch zufällige, aber konsequent verfolgte Entdeckungen gelungen ist, wesentliche neue Entwicklungen einzuleiten. Auch manches zunächst rein theoretisch entworfene Konzept oder vollkommen anwendungsfremd erscheinende Pläne eines jungen Wissenschaftlers haben schon oft zu einem größeren Durchbruch geführt als weniger originelle, aber von Institutionen beharrlich betriebene Programme.

Der Fortschritt in der Forschung auf allen Teilgebieten in der Chemie ist seit dem Beginn aus den beiden Antriebsquellen der Theorie und des Experiments genährt und gelenkt worden. Einerseits versucht man alles theoretisch „ab initio" zu verstehen. Zur Zeit bemühen sich die Theoretiker nicht nur darum, immer größere Moleküle vollständig zu berechnen; es gibt noch viele Bereiche, wo die **theoretische Chemie** herausgefordert wird, z. B. in der Polymerchemie und in der Stereochemie: Welches Vorzeichen und welchen Betrag hat die optische Rotation eines chiralen gesättigten Kohlenwasserstoffs, Carbosilans bzw. Phosphans? Oder wie werden sich wenig polare Moleküle über schwache Wechselwirkungen in ein Kristallgitter anordnen? Welche Gastmoleküle werden wie in Hohlräume eines Wirtes oder Wirtsgitters eingelagert, wann wird auf diesem Wege ein chirales Erkennen besonders wirksam, z. B. bei der chromatographischen Enantiomerentrennung?

Auf der anderen Seite bemühen sich die Chemiker aus bloßer Neugier und Freude am **Experiment,** Vorgänge aus der unbelebten und belebten Natur in unserer Umgebung aufzuklären und zu verstehen und dann zu imitieren, wie z. B. mit Enzymmodellen als Katalysatoren in biomimetischen Naturstoffsynthesen oder den verschiedensten Festkörperstrukturen mit besonderen Eigenschaften. In solchen Experimenten wird viel empirisch ausprobiert und oft mit erstaunlicher Zähigkeit und konsequenter Systematik, aber doch sehr mangelhaftem theoretischem Verständnis oder sogar mit völlig falschen Vorstellungen ein sehr wichtiges und interessantes Ergebnis erzielt.

Für Forschungsvorhaben dieser Art ist das Normalverfahren unverzichtbar. Deshalb sollten in diesem nicht vorauskalkulierbaren Bereich genügend Mittel bereitstehen, um alle gut beurteilten Anträge möglichst weitgehend bewilligen zu können. Junge, noch unbekannte, aber qualifizierte Wissenschaftler müssen ermutigt werden, unkonventionelle Ideen zu verfolgen und risikoreiche Vorhaben zu beginnen. Aus diesem Personenkreis muß der akademische Nachwuchs hervorgehen. Auch Anfänger sollen wissen, daß sie im Normalverfahren der DFG immer eine Chance haben und mit Unterstützung rechnen können.

Schwerpunktprogramme und Sonderforschungsbereiche

Obwohl schon zahlreiche Gemeinschaftsvorhaben im Gange oder geplant sind, wurde bisher die Möglichkeit noch zu wenig genutzt, durch koordinierte Förderung in einigen Gebieten mehr zu erreichen, als es Einzelvorhaben können: überregional durch Schwerpunktprogramme mit jährlichen Kolloquien, örtlich konzentriert durch Sonderforschungsbereiche und Forschergruppen.

Seit 1985 werden zwei Schwerpunktprogramme gefördert, die nichtklassische Beiträge zur chemischen Bindung behandeln. Das Schwerpunktprogramm *„Reaktionssteuerung durch nichtkovalente Wechselwirkungen"* soll dazu beitragen, die Prinzipien der Stereo- und Regioselektivitäten in Zusammenhang mit Reaktivitätsunterschieden in ihrer Abhängigkeit von Geometrie, Elektronenstruktur, Solvatations- und Templateffekten zu klären. Man hofft, wesentliche Faktoren molekularer Erkennungsprozesse zu erforschen. Hier geht es auch um die Fortentwicklung von Methoden zum tieferen Verständnis chemischer Reaktionen, z. B. mit Kraftfeldverfahren und anderen Rechenmethoden im Zusammenhang mit Bildschirmsimulation (Molecular Modelling).

Das Schwerpunktprogramm *„Neue Phänomene in der Chemie metallischer Elemente mit abgeschlossenen inneren Elektronenzuständen"* untersucht im klassischen Bindungsschema unverständliche Wechselwirkungen zwischen abgeschlossenen d(10)-Konfigurationen sowie Beteiligung von inerten („einsamen") Elektronenpaaren an Bindung und Stereochemie. Diese Phänomene können in der Festkörper- und Molekülchemie, aber auch in metallorganischen Verbindungen auftreten und führen zu besonderen Strukturprinzipien mit interessanten Konsequenzen und zu den lange in ihrer Bedeutung unterschätzten „schwachen Wechselwirkungen".

Bis 1988 werden voraussichtlich die Schwerpunktprogramme *„Neuartige Synthesen zur Veredelung von Naturstoffen"* und *„Thermotrope Flüssigkristalle"* gefördert. Im erstgenannten Programm steht die Chemie der Naturstoffnutzung im Vordergrund; hier soll erforscht werden, wie man durch neuartige präparative Methoden – einschließlich enzymatischer Reaktionen – die billig in großen Mengen verfügbaren Naturprodukte wie z. B. Kohlenhydrate und andere Pflanzeninhaltsstoffe in hochwertige Substanzen umwandeln könnte, und zwar unter möglichst weitgehender Erhaltung ihrer chiralen Strukturelemente. Solche Synthesen, die den sogenannten „chiral pool" mit hoher Stereospezifität ausnutzen, haben für die Wirkstoffchemie große Bedeutung.

Die Untersuchung von Flüssigkristallen führt Anorganiker, Organiker, Polymer- und Physikochemiker zusammen. In dem oben genannten Schwerpunktprogramm sollen vor allem Zusammenhänge zwischen der Struktur mesogener Moleküle und den Eigenschaften ihrer flüssigkristallinen Phasen studiert werden, ferner die Synthese neuer, bevorzugt polymerer Flüssigkristalle. Hinzu kommen Arbeiten über elektrooptische Eigenschaften und die Theorie solcher Systeme. Flüssigkristalle haben bereits eine Reihe wichtiger Anwendungen, von denen Anzeigenelemente („LCD") die bekanntesten sind.

Für das Verständnis des Ablaufs einer chemischen Reaktion muß man die Bewegung der beteiligten Atome und Atomgruppen während der Reaktion kennen. Deshalb wurde 1983 das Schwerpunktprogramm *„Dynamik zustandsselektierter chemischer Primärprozesse"* begonnen, in dem die Dynamik elementarer chemischer Prozesse in Molekülen in ihrem mikroskopischen Ablauf mit Lasermethoden untersucht wird. Zu den Zielen des Programms gehört die Entwicklung von Methoden zur Erzeugung definierter Anfangszustände; man möchte die ablaufenden dynamischen Prozesse theoretisch fundiert verstehen und auch die primäre Energieverteilung in den Produkten untersuchen. Dieses Programm hat einen so hohen Stellenwert und liefert bereits so wichtige Ergebnisse, daß ein Verlängerungsantrag vorbereitet wird. 1986 wurde der

Chemie-Nobelpreis für Arbeiten zur Dynamik chemischer Elementarprozesse verliehen.

Definierte Wechselwirkungen zwischen Energie und Materie wollen Physikochemiker in einem geplanten Photochemie-Schwerpunktprogramm untersuchen; vor allem heterogene Systeme einschließlich der Grenzflächeneffekte sollen hier erforscht werden.

Auf dem Gebiet der Materialforschung wird seit 1985 ein Schwerpunktprogramm *„Kristallstruktur, Realbau, Gefüge und Eigenschaften von anorganischen nichtmetallischen Mineralen und Werkstoffen"* gefördert, dessen Hauptakzent in der Mineralogie und Kristallographie liegt, das aber natürlich ohne entscheidende Beiträge aus der anorganischen Chemie nicht auskommen kann. Zur Zeit wird überlegt, ob ein deutlich auf den Sektor *„Hochleistungskeramiken"* (s. dazu auch Abschnitt 5.2, „Werkstoffe") ausgerichtetes Schwerpunktprogramm in der Werkstofforschung eingerichtet werden kann. In diesem sollen z. B. Phasendiagramme von keramischen Mehrstoffsystemen untersucht, Defektstrukturen erforscht und Beiträge zur Charakterisierung und Messung der Eigenschaften dieser wichtigen Werkstoffgruppe erarbeitet werden. Anorganiker, Analytiker und Physikochemiker müßten sich hier mit Werkstoffwissenschaftlern der Ingenieurseite zusammenfinden; ein derartiges Programm wäre ebenfalls ein wichtiger Beitrag der Grundlagenforschung zur Lösung unserer Energieprobleme, denn bei allen Hochtemperaturprozessen der Energietechnik und im Motorenbau werden zukünftig Spezialkeramiken eine Erhöhung des thermischen Wirkungsgrades – also Energieeinsparung oder zusätzliche Energieerschließung und -nutzung – ermöglichen.

Natürlich sieht die Chemie auch die molekularen Grundlagen der Biowissenschaften als ihre ureigensten und wichtigen Aufgabengebiete an. In allen lebenden Organismen finden Reaktionen statt, die durch ein- oder mehrkernige Metallzentren beeinflußt werden; hierzu gehören z. B. Aktivierung und Transport kleiner Moleküle wie Sauerstoff und Stickstoff und die Erkennung lebensnotwendiger oder toxisch wirkender Metall-Ionen. Im Organismus sind die Metallzentren meist in Proteine eingebettet, deren komplizierter Aufbau die Aufklärung von Struktur und Wirkungsweise erschwert. Weltweit wird daher versucht, Modelle für solche Zentren zu synthetisieren, die ein detaillierteres Studium ermöglichen. Es ist daher ein Schwerpunktprogramm geplant, das im Rahmen des Themenvorschlags *„Übergangsmetallproteine und ihre Modellkomplexe – Struktur und Reaktivität"* Anorganiker, Physikochemiker, Biophysiker, Biochemiker und Mikrobiologen zu gemeinsamer Arbeit vereint. Ebenfalls interdisziplinär angelegt ist das Schwerpunktprogramm *„Wege zu neuen Produkten und Verfahren der Biotechnologie"* (vgl. Abschnitt 3.1.13, „Biotechnologie"), in dem Organiker, Biochemiker und Mikrobiologen einerseits und technische Chemiker, Verfahrens- und Regeltechniker sowie Chemieingenieure andererseits zusammenarbeiten. Hier ist die Bearbeitung folgender Themenkomplexe vorgesehen: neue Wirkstoffe aus Bakterien, Pilzen, Algen oder Protozoen als biochemische Werkzeuge und zur Verwendung in Medizin und Landwirtschaft; neue Enzyme zur Synthese von Verbindungen, die auf üblichen Wegen nicht oder nur sehr schwer zugänglich sind; Entwicklung neuer mikrobiologischer, biochemischer und chemischer Testmethoden für die genannten Organismen; Entwicklung neuer Verfahren und Reaktorkonzepte sowie mathematischer

Prozeßmodelle für die Maßstabvergrößerung und Prozeßsteuerung. Die Laufzeit dieses Schwerpunktprogramms ist bis 1990 geplant.

Sowohl im biologisch-medizinischen als auch im ingenieurwissenschaftlichen Fächerbereich werden darüber hinaus weitere Schwerpunktprogramme gefördert und geplant, an denen Chemiker beteiligt sind. Genannt seien etwa die Schwerpunktprogramme *„Experimentelle Neukombination von Nukleinsäuren (Gentechnologie)"* und *„Physiologie und Pathophysiologie der Eicosanoide"* auf dem Naturstoffsektor sowie die Schwerpunktprogramme *„Spektroskopie mit ultrakurzen Lichtimpulsen", „Hochenergetische Spektroskopie elektronischer Zustände in Festkörpern und Molekülen", „Physik anorganischer Cluster", „Korrosionsforschung", „Intermetallische Phasen als Basis neuer Strukturwerkstoffe"* und schließlich *„Thermophysikalische Eigenschaften neuer Arbeitsstoffe der Energie- und Verfahrenstechnik".*

Sonderforschungsbereiche können sich nur dort formieren, wo sich örtlich konzentriert Forscher sachverwandter Arbeitsrichtungen zu gemeinsamer Arbeit im Rahmen eines Themas zusammenfinden, das die Trägerhochschule als einen ihrer Forschungsschwerpunkte besonders entwickeln möchte – Randbedingungen, die nicht überall zu erfüllen sind. Indessen kennt auch die Chemie seit langem erfolgreiche Sonderforschungsbereiche, z. B. 41 *„Chemie und Physik der Makromoleküle"* (Mainz/Darmstadt) und 93 *„Photochemie mit Lasern"* (Göttingen). In der Polymerforschung laufen weiterhin die Sonderforschungsbereiche 60 *„Makromolekulare Systeme"* (Freiburg) und 213 *„Spektroskopie und Chemie von Makromolekül-Systemen"* (Bayreuth); bei einem so praxisrelevanten Thema wie dem des Sonderforschungsbereichs 106 *„Bauteileigenschaften bei Kunststoffen"* (Aachen) trägt die Chemie zur Lösung analytischer Fragestellungen bei.

Mit der Physik bestehen enge Kontakte in den Sonderforschungsbereichen 6 *„Struktur und Dynamik von Grenzflächen"* (Berlin), 91 *„Energietransfer bei atomaren und molekularen Stoßprozessen"* (Kaiserslautern), 216 *„Polarisation und Korrelation in atomaren Stoßkomplexen"* (Bielefeld/Münster), 42 *„Energiezustände einfacher Moleküle: Quantentheoretische und experimentelle Untersuchungen"* (Wuppertal), 173 *„Teilchenbewegungen in Kristallen"* (Hannover), 130 *„Ferroelektrika"* (Saarbrücken), 329 *„Physikalische und chemische Grundlagen der Molekularelektronik"* (Stuttgart).

Mit der Astronomie gibt es eine wichtige Zusammenarbeit im Sonderforschungsbereich 301 *„Interstellare Molekülwolken"* (Köln), mit der Meteorologie im Sonderforschungsbereich 233 *„Dynamik und Chemie der Hydrometeore"* (Frankfurt).

Mit den Biowissenschaften bis hin zur Biotechnik bestehen Wechselbeziehungen in den Sonderforschungsbereichen 9 *„Peptide und Proteine"* (Berlin), 145 *„Grundlagen der Biokonversion"* (München), 323 *„Mikrobielle Grundlagen der Biotechnologie"* (Tübingen), 160 *„Eigenschaften biologischer Membranen"* (Aachen/Jülich), 43 *„Biochemie von Zelloberflächen"* (Regensburg) und 312 *„Gerichtete Membranprozesse"* (Berlin); im Sonderforschungsbereich 143 *„Primärprozesse der bakteriellen Photosynthese"* (München) reicht die Spannweite – mit Hauptbeteiligung der physikalischen Chemie – von der Botanik bis zur theoretischen Physik. In weiteren Sonderforschungsbereichen sind biochemische Forschungsvorhaben integriert; der Bezug chemischer Forschung zur Krebsforschung wird deutlich in den drei Sonderforschungsbereichen

234 *„Experimentelle Krebs-Chemotherapie"* (Regensburg), 302 *„Kontrollfaktoren der Tumorentstehung"* (Mainz) und 172 *„Kanzerogene Primärveränderungen"* (Würzburg). Dort sind natürlich auch die pharmazeutische Chemie und die Toxikologie beteiligt, die nach Inhalten und Methoden der organischen Chemie nahestehen.

Zur Verfahrens-, Apparate-, Energie- und Umwelttechnik bestehen enge Beziehungen chemischer Forschung in den Sonderforschungsbereichen 153 *„Zweiphasensysteme"* (München), 222 *„Heterogene Systeme bei hohen Drücken"* (Erlangen), 134 *„Erdöltechnik – Erdölchemie"* (Clausthal), 218 *„Verfahrensgrundlagen der Kohleumwandlung"* (Essen) und 250 *„Selektive Reaktionsführung an festen Katalysatoren"* (Karlsruhe).

Mit Beginn des Jahres 1987 sind folgende Sonderforschungsbereiche in die Förderung aufgenommen worden: An der Freien Universität Berlin wurde der Sonderforschungsbereich 337 *„Energie- und Ladungstransfer in molekularen Aggregaten"* eingerichtet, wo vor allem die Photoanregung der molekularen Aggregate, der Ladungstransfer und die Zerfallsprozesse untersucht werden sollen, die in der Photophysik biologisch relevanter Systeme wesentlich sind. Viele chemische Substanzen müssen daher gezielt synthetisiert und untersucht werden. An der Technischen Universität Berlin wurde der Sonderforschungsbereich 335 *„Anisotrope Fluide"* eingerichtet, in dessen Mittelpunkt chemische und physikalische Grundlagenforschung auf dem Gebiet der Flüssigkristalle steht. Schließlich ist an der Universität Marburg der Sonderforschungsbereich 260 *„Metallorganische Verbindungen als selektive Reagenzien in der Organischen Chemie"* eingerichtet worden. Die beteiligten Forscher planen, neue metallorganische Agenzien zu entwickeln, die in der organischen Synthese sowie in der Polymerchemie ein Höchstmaß an Effizienz und Selektivität möglich machen, wobei im Vordergrund C-C-Verknüpfungsreaktionen sowie Redoxprozesse stehen. Man hofft, letztlich ein tieferes Verständnis dafür zu erlangen, wie die Natur des Metallzentrums und die Eigenschaften der daran gebundenen Liganden die Reaktivität und Selektivität metallorganischer Reagenzien beeinflussen.

Aktuelle Probleme und reizvolle Perspektiven für zukünftige Forschung in der Chemie

Das Wachstum der Weltbevölkerung und deren Bedürfnisse stellen die Grundlagenforschung vor große Aufgaben, denn auf vielen Gebieten sind unsere Kenntnisse für die praktische Bewältigung zentraler Probleme noch unzureichend. Chemiker können für die Versorgung mit Nahrung, Werkstoffen und Energie sehr wichtige Beiträge liefern:

– Vordringliche Aufgabe ist eine Verbesserung der enantioselektiven Synthese essentieller Aminosäuren aus billigen und leicht zugänglichen Quellen. Die **nachwachsenden Rohstoffe** wie Stärke, Cellulose und Lignin müssen in Zukunft besser genutzt und durch möglichst wenige und einfache Reaktionsschritte in hochveredelte Produkte umgewandelt werden. Nach wie vor sind neue Methoden zur Fixierung des Luftstickstoffs von großem Interesse, um diesen stärker als bisher in geeigneter Form über Dünge- und Futtermittel für unsere Ernährung nützen zu können. Die durch Einsatz von Mikroorganismen und immobilisierten Enzymen verstärkte Anwendung enzymatischer Prozesse in der Nahrungs- und Genußmittelindustrie sowie eine Verbesserung der Konservierungsmöglichkeiten können ebenfalls dazu beitragen, den wachsenden **Nahrungsbedarf** zu decken.

- In unserer **Energiesituation** sind neue Reaktionen und Verfahren von großem Interesse, mit deren Hilfe es gelingen könnte, die Sonnenenergie anders als über die Photosynthese der grünen Pflanzen nutzbar zu machen. Verschiedene grundsätzliche Möglichkeiten dafür sind trotz intensiver Forschung noch längst nicht ausgeschöpft, denn es sind besonders schwierige Grundlagenprobleme zu lösen. Die Chemie kann durch Zusammenarbeit der verschiedenen Spezialrichtungen sicher zu Fortschritten beitragen: So erforschen z. B. theoretische und physikalische Chemiker die Zusammenhänge zwischen Lichtabsorption und Fluoreszenzausbeute organischer Farbstoffmoleküle, für die Polymerchemiker eine transparente, möglichst langlebige Kunststoffmatrix bestimmter Polarität herstellen müssen, die als Lichtleiter dient, um auch geringe Energiedichten über große Flächen einzufangen und am Rande konzentrieren zu können. Die Schlüsselprobleme liegen vor allem bei Speicherung und Konversion. Lade- und Entladeprozesse in der Elektrochemie, die Aufnahme und Abgabe von Wasserstoff aus Metallhydriden oder die thermische Umkehrung einer photochemischen Cycloadditionsreaktion dürfen bei vieltausendfacher Wiederholung keine Ermüdungserscheinungen zeigen, sollen sie praktisch nutzbar und wirtschaftlich sein.

Viele Bereiche der Chemie sind zur Zeit noch weit davon entfernt, die **Chancen der modernen Datenverarbeitung und Informationstechnik** voll zu nutzen. Zwar bedient sich die theoretische und physikalische Chemie schon sehr erfolgreich der neuen Möglichkeiten, die uns die Fortschritte in der Computertechnologie bieten. Aber auch hier liefert z. B. die Spektroskopie dem Chemiker immer noch ein Vielfaches mehr an stofflicher Information, als aus den Spektren unmittelbar ausgewertet werden kann.

Zur Zeit sind nur Experten in der Lage, die modernen Methoden der Kristallstrukturanalyse erfolgreich anzuwenden, die Programme der empirischen Kraftfeldrechnungen auf ein spezielles Problem anzupassen oder die Datenbanken sachgerecht anzuzapfen. Die meisten Chemiker werden das in den nächsten Jahren lernen und sehr viel Zeit, Anstrengung und Mittel investieren müssen, damit sie die Möglichkeiten der Daten- und Informationsverarbeitung in der Forschung voll nutzen können.

Darüber hinaus seien folgende Bereiche genannt, die reizvolle Ziele enthalten und bei intensiven Anstrengungen aussichtsreiche Entwicklungen erwarten lassen.

Hohe Anforderungen an die präparative Chemie stellen heute die **Materialwissenschaften.** Vollsynthetische Keramik soll Werkstoffe für extreme Belastungen liefern, die in der Raumfahrt und im Motoren- und Turbinenbau benötigt werden. Neben den Oxiden stehen Nitride, Carbide und Boride im Mittelpunkt des Interesses.

Kohleverstärkte **Verbundwerkstoffe** werden eine immer breitere Verwendung finden, doch müssen ihre Komponenten chemisch noch besser miteinander verbunden werden.

Höhere Temperaturbeständigkeit und größere Festigkeit kennzeichnen auch die Entwicklung bei polymeren Werkstoffen und **Kunststoffen** aus organischem Material (s. dazu auch Abschnitt 5.3.1, „Kunststofftechnik"). Auf dem Weg zur Fähigkeit, aus der chemischen Konstitution die Eigenschaften vorherzusagen, werden laufend Fortschritte erzielt. Je nachdem, wie die Untereinheiten miteinander vernetzt oder verknäult sind, wie sie ganz oder teilweise regelmäßig kristallisieren, durch Mischung von verschiedenen Polymeren, durch den alternierenden Einbau verschiedener Grundeinheiten und Seitenketten können die Eigenschaften variiert werden; Kristallinität und flüssigkristalline Strukturen sind von Bedeutung. Eine faszinierende Entwicklung bahnt sich bei „selbstverstärkenden" Polymeren an, wo dies in molekularen Dimensionen versucht wird, indem bereits bei der Polymerisation solche Verstärkung miterzeugt wird. Polymere Flüssigkristalle können enorme Festigkeiten aufweisen; eine Vielzahl von Systemen wird im Hinblick auf technische Anwendungen, z. B. für größere, schnell schaltende, farbige Anzeigesysteme untersucht.

Neben mechanischen sind z. B. auch optische, elektrische und magnetische Eigenschaften von solchen Werkstoffen wichtig; als Beispiel seien „Kunststoffgläser" hoher Brechkraft und Kratzfestigkeit genannt. Transparenz über mindestens einige Kilometer ist notwendig, um Glasfasern zur Informationsübertragung einzusetzen. Weniger augenfällig ist, in welch starkem Maße die gesamte Informationstechnik an Fortschritte in der Materialentwicklung gebunden ist. Nach dem höchstreinen Silicium, das die Basis der heutigen Chip-Technologie ist, werden wesentlich schnellere Taktzeiten und andere Frequenzbereiche, an deren Beherrschung jetzt mit großem Einsatz gearbeitet wird, nur mit anderen Materialien wie Galliumarsenid erreicht werden. Polymere als Basis von magnetischen Speichern, verbesserte Magnetbeschichtungen, aber auch neue Entwicklungen wie optische oder flüssigkristalline Informationsspeicher sind weitere Stichworte für zukunftsträchtige Forschungsbereiche.

Selbstorganisation und Chaos sind Schlagworte, die bei oszillierenden Reaktionen eine Rolle spielen, genauso wie bei dynamischen Phänomenen und der Kinetik von Mikroemulsionen, bei der Mizellenbildung und beim Einschluß von Substanzen in Vesikeln, Liposomen oder Nanokapseln. Die klassische **Kolloidchemie** erlebt eine Renaissance, denn die Entstehung und Funktion von Emulsionen und Membranen müssen besser verstanden werden, sowohl im Rahmen einer lebenden Zelle als auch bei vielen technischen Verfahren oder bei der Anwendung von Pharmaka oder anderen Wirkstoffen, die im Organismus geschützt an den Ort gelangen müssen, an dem sie ihre Wirkung zeitlich richtig dosiert entfalten sollen. Das Anwendungsspektrum wird hier von Farben und Lacken über Schmierstoffe und die Erdölgewinnung bis zur Galenik und Lebensmittelverarbeitung reichen.

Die **Hochleistungsspektroskopie** bemüht sich um immer höhere Empfindlichkeiten und kürzere Zeitimpulse; die verstärkte Anwendung von Lasern wird die Erforschung von Oberflächen fördern, und das ist z. B. für die **Katalyseforschung** äußerst wichtig. Wie bereits eingangs erwähnt, versucht man durch die Besetzung der Oberfläche eines heterogenen Katalysators mit den Reaktanden auf bestimmten Gitterplätzen den Reaktionsablauf besser zu verstehen. Bei der homogenen Katalyse gibt es bereits einige Beispiele, bei denen ein chiraler Ligand am Zentralatom die Asymmetrie mit über 90 % Selektivität auf das Produkt überträgt. Zur Zeit muß man Glück haben und viel empirisch probieren. Es fehlt an einer allgemeinen Theorie, mit deren Hilfe man auch die absolute Konfiguration voraussagen kann. Man versucht, Katalysator-Edukt-Komplexe zu kristallisieren und in der Struktur aufzuklären, um den stereochemischen Ablauf zu verstehen und die Induktion verbessern zu können.

Cluster (s. auch Abschnitt 4.3, „Physik") nennt man Anhäufungen von Teilchen, z. B. Metallatomen, die in ihrer Größe zwischen dem Gaszustand bzw. der homogenen Lösung und dem Festkörper liegen. Solche Cluster können in Molekularstrahlen in Lösung und in Festkörpern erzeugt und studiert werden. Ihre Strukturen und Eigenschaften müssen jedoch theoretisch besser erfaßt werden. Neue Erkenntnisse aus diesem Übergangsbereich zwischen Kristallgitter bzw. amorphem Festkörper und Gaszustand sind in vielen technischen Bereichen notwendig, z. B. für die Katalyse, die Bildung neuer Phasen oder auch die Rußbildung bei Verbrennungsvorgängen.

Die klassische **Chemie der Hauptgruppenelemente** ist wieder in den Blickwinkel aktueller Forschung gerückt. Im Vordergrund der Bemühungen steht die Synthese von Verbindungen mit niedriger Koordination, also mit Mehrfachbindungen zwischen Kohlenstoff, Silicium und Phosphor. In der **bioanorganischen Chemie** sind Probleme wie die Funktion von Zentren, die mehrere Eisen- und Schwefelatome enthalten, bis zum biologischen Einbau von Silicium in Algen und Gräser von großem Interesse.

Bei der Aufklärung des **Mechanismus von Enzymreaktionen** hofft man, durch die Synthese von vereinfachten Modellen des aktiven Zentrums zusätzliche Informationen zu erhalten und nach dem Vorbild der Natur wirkende Katalysatoren entwickeln zu können.

In der **Lebensmittelchemie** ist die Aufklärung von Geruchs- und Geschmacksstoffen, z. B. aus thermischen und enzymatischen Reaktionen beim Braten, Backen, Kochen, Fermentieren usw., nach wie vor ein zentrales Forschungsgebiet und geht mit der notwendigen Verfeinerung aller analytischen Verfahren Hand in Hand; Toxine und Rückstände in Lebens- und Genußmitteln, im Trinkwasser und in Gebrauchsgegenständen aller Art erfordern im öffentlichen Interesse hohe Aufmerksamkeit. Auf die Arbeit der hier einschlägigen Senatskommissionen der DFG (vgl. Abschnitt 1.8, „Koordinierung und Beratung") wird verwiesen.

Die **analytische Chemie** wird nicht als besonderes Gebiet hervorgehoben, denn sie wird in den meisten Vorhaben direkt oder indirekt mitbetroffen. Zwar werden selten neue analytische Verfahren entdeckt, aber bestehende werden in Empfindlichkeit und Anwendungsbreite laufend verbessert; man denke nur an die raffinierten neuen Pulstechniken in der kernmagnetischen Resonanzspektroskopie oder bei den Ionenreaktionen in der Gasphase eines Massenspektrometers.

Die klassische Spektroskopie im UV-, im sichtbaren und infraroten Spektralbereich ist nicht stehengeblieben; überall werden die neuen Geräte durch die Fouriertransformtechnik und moderne Datenverarbeitungssysteme sowie Laser verbessert. Die NMR-Geräte mit 500-MHz- und 600-MHz-Magneten und zweidimensionalen Spektren machen nun erstmals die Konformationsanalyse von Peptiden und Sacchariden in Lösung möglich; dazu kommt die Anwendung auf analytisch wichtige neue Atomkerne.

Mit Hilfe zeitabhängiger ESR-Spektroskopie kann man Radikalreaktionen viel genauer verfolgen als bisher. Immer kürzere Zeitimpulse, z. B. mit Laserlicht, gestatten es, die Dynamik von Adsorption und Desorption auf Oberflächen und die Relaxation in

Flüssigkeiten bis in den Picosekundenbereich zu verfolgen. Die Photoelektronenspektrometer sind so empfindlich geworden, daß man reaktive Zwischenstufen, d. h. sehr unbeständige Moleküle, damit eindeutig auch in sehr geringer Konzentration charakterisieren kann.

Die **Strukturanalyse** mit Röntgenstrahlung ist inzwischen so weit automatisiert worden, daß sie die Untersuchung von Molekülen sehr hohen Molekulargewichts mit vertretbarem Zeit- und Rechenaufwand ermöglicht. Hierdurch erhält man jetzt auch die wichtigsten Ausgangsdaten für die computergraphische Darstellung großer Moleküle („molecular modelling").

Auf unabdingbare Voraussetzungen für alles hier über die Chemie Gesagte muß eindringlich hingewiesen werden: Chemische Institute, in denen sinnvolle Forschung gemacht wird, brauchen ein **Inventar an Geräten und Rechnern** im Wert von 3 bis 5 Millionen DM; dazu kommen Betriebs- und Wartungskosten von ca. 10 % des Anschaffungswertes pro Jahr. Für die Chemie gilt stärker als für andere experimentelle Nachbardisziplinen, daß eine erhebliche Ausstattung mit Großgeräten und mittleren Geräten aus der Grundausstattung bereitstehen muß, damit ernstzunehmende Forschung in Angriff genommen werden kann (z. B. Röntgendiffraktometer, Massenspektrometer, Kernresonanzspektrometer). Die Geräte sind nur selten projektspezifisch zu begründen und können daher in der Regel nicht von der DFG finanziert werden. Die chemische Forschung ist deshalb in ganz besonderem Maße von apparativer Grundausstattung abhängig; dazu gehört neben den Beschaffungskosten auch der Aufwand für Betrieb und Wartung. Solche Mittel kann die DFG prinzipiell nicht bewilligen. Die übergreifenden Aspekte der Finanzierung von Großgeräten werden oben im Allgemeinen Teil (unter 1.7.8) behandelt.

4.5 Wissenschaften der festen Erde

Traditionell gliedern sich die Wissenschaften der festen Erde **(Geowissenschaften)** in der Bundesrepublik Deutschland in die großen, aber nicht scharf abgrenzbaren Bereiche der Geologie (mit Hydrogeologie, Ingenieurgeologie) und Paläontologie, Lagerstättenkunde, Mineralogie (mit Kristallographie, Petrologie, Geochemie) sowie Geophysik (Physik des Erdkörpers); dazu kommen die Planetologie, Photogrammetrie, Geodäsie, physische Geographie (s. dazu Abschnitt 2.8), Kartographie und geologisch-mineralogische Aspekte der Bodenkunde. Ein wesentlicher Anteil der geowissenschaftlichen Aktivitäten wird von der DFG im Rahmen der Einzelförderung im Normalverfahren unterstützt. Daneben gibt es zunehmend Bemühungen, die Erforschung unserer Erde und ihrer Geschichte durch die Zusammenarbeit mehrerer Disziplinen erfolgreich zu gestalten. Dies zu fördern ist die Aufgabe der Senatskommission für Geowissenschaftliche Gemeinschaftsforschung. Sie koordiniert den nationalen Anteil an internationalen Programmen, wie z. B. dem **International Geological Correlation Programme (IGCP)**, dem **International Lithosphere Program (ILP)** oder dem **Ocean Drilling Program (ODP)**. Sie plant und begleitet eigene nationale Gemeinschaftsunternehmen, stellt die Verbindung zwischen Geowissenschaftlern in Universitäten, Max-Planck-Instituten, staatlichen geologischen Diensten und Industrie her und hilft bei Koordinierungsaufgaben. Aus ihren Beratungen ist auch die Programmplanung für die Jahre 1987 bis 1990 hervorgegangen.

4.5.1 Planetologie

Die befruchtende Wechselwirkung zwischen der Planetologie und den erdorientierten Wissenschaften kann nicht genug betont werden. Die Kenntnisse über Chemismus und Akkretionsgeschichte der Erde führten zu wertvollen Aussagen über den Zustand des Sonnensystems vor der Bildung der terrestrischen Planeten. Andererseits stellen die kürzlich entdeckten Mond- und Marsmeteorite einen entscheidenden Fortschritt für die Planetologie dar. Die aus den Marsmeteoriten abgeleiteten Daten über die Zusammensetzung und Entwicklungsgeschichte des Mars erlauben erstmals Vergleiche mit der Erde. Daran haben die Forschergruppen in Mainz (*„Akkretion und Differentiation des Planeten Erde"*) und Münster (*„Erde-Mond-System als Modell binärer Planetensysteme"*) entscheidenden Anteil. Ihre Förderung wird 1987 auslaufen bzw. ist bereits ausgelaufen. Beide Gruppen werden nunmehr in dem 1987 anlaufenden, fächerübergreifenden Schwerpunktprogramm *„Kleine Körper im Sonnensystem"* mitarbeiten.

Für die nächsten Jahre bereiten die USA und die UdSSR Missionen zu unseren Nachbarplaneten Venus und Mars vor. Wenn auch einige deutsche Wissenschaftler daran beteiligt sind, so ist es doch bedauerlich, daß entsprechende westeuropäische Projekte bisher nicht realisiert wurden. Im Erdbeobachtungsprogramm der Europäischen Raumfahrt-Behörde ESA scheint jedoch die Einrichtung eines Programmbereichs „Solid Earth Physics" einen wesentlichen Fortschritt zu bedeuten.

Der Ausbau der Planetenforschung an der Universität Münster ist ein Gewinn. Es wäre wünschenswert, wenn vor allem die den Wissenschaften der festen Erde besonders nahestehende **Planetenforschung der festen Körper** noch an anderen Stellen eingerichtet werden könnte.

4.5.2 Geodäsie, Fernerkundung und Kartographie

Die geodätischen Meßverfahren haben durch die Einführung des satellitengestützten, weltweit verfügbaren NAVSTAR-Global Positioning Systems (GPS) eine ganz wesentliche Bereicherung erfahren. Die satellitengeodätischen Verfahren werden damit erstmals den terrestrischen gleichwertig und in vielen Fällen sogar überlegen sein. Daraus resultieren methodische Fragestellungen, wie z. B. die optimale Kombination von satellitengeodätischen und terrestrischen Meßverfahren sowie die Entwicklung geeigneter Auswertemodelle. Darüber hinaus kann eine Vielzahl kinematischer und somit auch geodynamischer Probleme neu aufgegriffen werden (rezente Vertikalbewegungen, Plattenbewegungen). Hohe Anforderungen werden z. B. im regionalen oder lokalen Bereich an die hochauflösende **Schwerefeldbestimmung** gestellt (Stichwort „cm-Geoid"). Hierzu sind Überprüfungen und Verbesserungen bestehender Auswertemodelle notwendig.

Die Präzisionsgravimetrie wird entscheidend beeinflußt durch das Vordringen operationeller Absolutmeßverfahren. Zu klären ist die Leistungsfähigkeit dieser Technik gegenüber der Relativgravimetrie, die Kombination der Methoden und die Modellierung nichttektonischer Störeffekte.

Durch diese Entwicklungen wird die geodätische Erfassung geodynamischer Erscheinungen sehr gefördert werden. Dazu gehören noch der Einsatz transportabler Laser für die Entfernungsmessung zu Satelliten und die Anwendung satellitengeodätischer Verfahren, z. B. im Rahmen von Folgeprojekten der erfolgreich beendeten Sonderforschungsbereiche 78 *„Satellitengeodäsie"* (München), 149 *„Vermessungs- und Fernerkundungsverfahren an Küsten und Meeren"* (Hannover) sowie des laufenden Sonderforschungsbereichs 228 *„Hochgenaue Navigation, Integration navigatorischer und geodätischer Methoden"* (Stuttgart).

Die künftigen Entwicklungen in der **Fernerkundung**, in der **Photogrammetrie** und in der **Kartographie** werden maßgeblich durch die Fortschritte in der graphischen Datenverarbeitung beeinflußt. Hier wird es u. a. verstärkt zum Auf- und Ausbau und einer notwendigen Vernetzung geowissenschaftlicher Informationssysteme kommen, in denen topographische, geowissenschaftliche und andere thematische Informationen überlagert und korreliert werden können. Die hierfür benötigten Methoden und ersten Erfahrungen werden im Schwerpunktprogramm *„Digitale geowissenschaftliche Kartenwerke"* zusammengestellt und in die Planung eines **„SCAN-Zentrums für die Geowissenschaften"** in Hannover einbezogen.

4.5.3 Bodenkundliche, geomorphologische, hydrogeologische und ingenieurgeologische Aspekte in den Geowissenschaften

Die Geowissenschaften tragen nicht nur zur Sicherung der Rohstoffversorgung und zur Verbesserung von Katastrophenvorhersagen, sondern auch Wesentliches zur Lösung von Problemen der Zivilisationsökologie, der Umweltkontamination und der Technikfolgenabschätzung bei. In den letzten Jahren sind **Umweltprobleme** stärker als je zuvor in den Vordergrund gerückt. Dies ist eine unausbleibliche Folge der intensiveren Nutzung der festen Erde als Geopotential für die menschliche Existenz. Die Auswirkungen auf die feste Erdoberfläche werden vor allem von der Bodenkunde, der Geomorphologie und – im Zusammenhang mit dem Grundwasser – von der Hydrogeologie untersucht. Hier kommen Fragen zum Tragen, wie sie auch das 1990 anlaufende International Geosphere-Biosphere-Programme: A Study of Global Change (IGBP-GC) zum Inhalt hat. Ziel dieses Programms ist es, die interaktiven physikalischen, chemischen, biologischen und geologischen Prozesse zu erfassen, die das „System Erde" steuern und die Rahmenbedingungen für das Leben auf der Erde sowie seine auch vom Menschen beeinflußten Veränderungen zu begreifen.

Die **Bodenkunde** untersucht in diesem Zusammenhang die pedogenen (geogenen und biogenen) Eigenschaften der Böden und ihre Veränderung durch anthropogene Einflüsse wie Einträge von Schadstoffen (z. B. Schwermetalle, Pestizide), Deponienutzung und saure Niederschläge. Ferner wird die Beeinträchtigung der Funktionen der Böden wie z. B. als Filter bei der Grundwasserneubildung oder als Standort für Pflanzen (vor allem Kulturpflanzen) durch Vorgänge wie Erosion, Verdichtung und Verknetung durch unsachgemäße Anwendung neuer Techniken erforscht.

Auf diesem Gebiet liegen auch die von Bund und Ländern unter dem Stichwort **Bodenschutz** aufgenommenen Aktivitäten. Hier müssen Bodenkundler, Geologen und Geomorphologen mit Chemikern, Land- und Forstwirten eng zusammenarbeiten.

Bodenkundliche Fragestellungen werden im Schwerpunktprogramm *„Hydrogeochemische Vorgänge im Wasserkreislauf"* bearbeitet, wobei in der Abschlußphase die Bereiche Huminstoffe, Mikrobiologie und Modellentwicklung im Vordergrund stehen. Ferner werden bodenkundliche Projekte auf paläopedologischen Gebieten und im Schwerpunktprogramm *„Genese und Funktion des Bodengefüges"* gefördert.

Andere, die Verknüpfung zwischen Bodenkunde und Geowissenschaften betreffende Forschungsgebiete sind im Kapitel 6 „Umweltforschung" dargestellt.

Die **Geomorphologie** (s. auch Abschnitt 2.8, „Geographie") untersucht Aufbau und Genese des Reliefs, des Trägers und „Reglers" vieler Erscheinungen der Erdoberfläche. Ein Schwerpunktprogramm diente der Entwicklung von großmaßstäblichen Kartierungsverfahren des Reliefs. Gegenwärtig ist ein zentrales Anliegen die Erforschung der Wirkung des fließenden Wassers auf das Relief in Mitteleuropa (Schwerpunktprogramm *„Fluviale Geomorphodynamik im Quartär"* ab 1987). Insbesondere sollen hierbei auch der Mechanismus und die Auswirkungen der anthropogen bedingten Bodenerosion durch Wasser untersucht werden. Das gilt ebenfalls für Forschungsvorhaben in den Tropen und Subtropen. In den ariden Gebieten sind geomorphologische Untersuchungen wichtiger Bestandteil der **Desertifikationsforschung.** Schließlich ist die geomorphologische Küstenforschung zu erwähnen, die vor allem auch den Einfluß menschlicher Tätigkeit berücksichtigt.

Eine bedeutende Rolle für unseren Lebensraum spielen **hydrogeologische Untersuchungen** des Grundwassers in Festgesteins-Aquiferen und ihrem Auflockerungsbereich.

Ähnlich wie im abgeschlossenen hydrogeologischen Mainprojekt sollte das **Grundwasser in Festgesteinen,** das für weite Teile der Bundesrepublik Deutschland von großer Bedeutung ist, systematisch und interdisziplinär untersucht werden (vgl. Abschnitt 4.7, „Wasserforschung"). Vor allem folgende Fragen sind anzugehen: Richtwerte und Variabilität der hydraulischen Leitfähigkeit und der Speichereigenschaften; Beziehungen zwischen Schichtaufbau, Tektonik und Landschaftsgeschichte, Tiefgang und Fließgeschwindigkeiten der Grundwasserzirkulation in verschiedenen „Stockwerken"; Aufnahme und Transport gelöster (und zum Teil partikulärer) Stoffe in Kluft- und Hohlraumsystemen.

Neben kausalistisch konzipierten Detailstudien am Bodenprofil oder am Standort müssen auch größere **Landschaftseinheiten** untersucht und beurteilt werden. Das Potential und das Verhalten solcher Flächen unter natürlichen und anthropogen veränderten Verhältnissen kann nur dann voll verstanden werden, wenn die Einflüsse des geologischen Untergrundes, der quartären Deckschichten und der jüngeren Landschaftsgeschichte beachtet werden. Wenn es um Probleme wie z. B. Bodenerosion, Untergrundabdichtung, Eintrag, Speicherung und Austrag von gelösten Stoffen, Einflüsse der Bodennutzung auf das Grundwasser etc. geht, ist die Mitarbeit geowissenschaftlicher Disziplinen an der Umweltforschung unerläßlich (z. B. durch Geomorphologen, Hydrogeologen, Geochemiker, kartierende Bodenkundler).

Alle Bestrebungen, durch Kopplung geowissenschaftlicher Informationen ein **erdwissenschaftliches Modellieren** zu ermöglichen, sollten auch im Hinblick auf unsere geowissenschaftliche Umwelt ermutigt werden. Die daraus resultierende quantitative Analyse wird gleichermaßen befruchtend für das Gesamtverständnis unserer Erde im Hinblick auf Grundlagenforschung, Angewandte Geologie, Rohstoffsuche und Landschaftsökologie sein.

Nach den erfolgreichen Arbeiten im Rahmen des ausgelaufenen Schwerpunktprogramms *„Ingenieurgeologische Probleme im Grenzbereich zwischen Locker- und Festgesteinen"* bieten sich weiterführende Untersuchungen besonders im Bereich der Erforschung von Naturkatastrophen, wie Rutschungen u. ä., an. Als sehr sinnvoll wird z. B. die Mitarbeit deutscher Gruppen am 1986 eingerichteten IGCP-Projekt „Regional crustal stability and geological hazards" angesehen.

4.5.4 Paläontologie und Stratigraphie

Eines der Hauptziele der derzeitigen paläontologischen Forschung in der Bundesrepublik ist die Schaffung einer möglichst genauen, weltweit einsetzbaren Zeitskala der Erdgeschichte. In Zusammenarbeit mit der Internationalen Kommission für Stratigraphie wird durch multidisziplinäre Untersuchungen das Spektrum der methodischen Möglichkeiten verbreitert und die Schlüsselstellung der **Stratigraphie** innerhalb der Geowissenschaften ausgebaut. Für den Zeitraum seit 600 Millionen Jahren liefern die Biostratigraphie und Biochronologie die Basis aller Zeitgliederungen. Sich ablösende Veränderungen in den Lebensräumen (Ökostratigraphie), Wechsel in der Lage der magnetischen Pole (Magnetostratigraphie) und großräumige, durch geophysikalische Methoden erkennbare Änderungen der marinen Sedimentation (Seismostratigraphie) liefern neue Möglichkeiten, die mit paläontologischen Zeitgliederungen kombiniert werden müssen.

Bei vielen tierischen und pflanzlichen Fossilgruppen – insbesondere bei Mikrofossilien – ist eine verfeinerte taxonomische Untergliederung notwendig. Die Informationsbasis muß durch Gewinnung neuer Daten verbreitert werden, wenn die Veränderung der morphologischen Merkmale in der geologischen Zeit konkret faßbar gemacht werden soll.

Ein faszinierendes Forschungsgebiet stellen einmalige oder wiederholt in der Erdgeschichte auftretende Ereignisse („Events") mit weltweiten Auswirkungen dar (Meeresspiegelschwankungen und Klimaschwankungen, das plötzliche Auftreten und Verschwinden von Faunen und Floren oder die Einwirkung extraterrestrischer Körper).

„Bio-Events" wie die Ereignisse an der Kreide-Tertiär-Grenze, an der Perm-Trias-Wende oder im Devon sollen durch gezielte Modellstudien unter Einbeziehung sowohl von paläontologischen als auch sedimentologischen und geochemischen Daten untersucht werden. Von großem Interesse ist der Zusammenhang zwischen „Events" und der Veränderung der Ökosysteme in der Zeit (Entwicklung der Riffbiotope, der Wattgebiete oder der terrestrischen Bereiche).

Die Beobachtung rezenter Organismen und Lebensräume (**Aktuopaläontologie**) ist für die Erklärung fossiler Ökosysteme und früherer Umweltparameter (z. B. Paläoklima) von wesentlicher Bedeutung. Die Untersuchung der Wechselbeziehung zwischen Bio- und Lithosphäre (Faziesanalyse) trägt mit bei zur Erkennung der – auch für die Gestaltung unserer eigenen Zukunft wichtigen – Langzeitprozesse, welche die Veränderung von Lebensräumen steuern. Eine Mitarbeit bei geplanten globalen Projekten (z. B. beim Geosphere-Biosphere Programme und Global Sedimentary Programme) ist wichtig.

Als international bekanntes und durch den Fossilreichtum und die ausgezeichnete Fossilerhaltung gekennzeichnetes Beispiel für ein fossiles Ökosystem sollte die Fundstelle **Messel** bei Darmstadt weiter bevorzugt multidisziplinär bearbeitet werden.

Von grundsätzlicher Bedeutung ist die Entwicklung von neuen und verbesserten Untersuchungsmethoden (Bildverarbeitung, Radiographie, Biogeochemie, elektronische Datenverarbeitung). Defizite bestehen in der Untersuchung von Chemofossilien und der Evolution organischer Verbindungen („molecular paleontology"). Auch die „Terrestrische Paläoökologie" hat einen Nachholbedarf. Paläontologische, sedimentologische und bodenkundliche Daten sind für die Beschreibung der Entwicklung der pflanzlichen Primärproduktion im terrestrischen Bereich erforderlich.

Verstärktes Augenmerk ist der paläontologischen **Evolutionsforschung** zuzuwenden. In enger Zusammenarbeit mit Biologen müssen Evolutionsmodelle (z. B. gradueller und schrittweiser Ablauf der Organismenentwicklung, Ursachen der Rassenbildung, ontogenetische Muster) überprüft und ausgebaut werden. Neue Impulse bringen die Untersuchung der Veränderung und Optimierung von Organismen-Bauplänen und der daran anknüpfende Vergleich zwischen Natur und Technik; Paläontologen und Architekten arbeiten hier im Rahmen des Sonderforschungsbereichs 230 „*Natürliche Konstruktionen – Leichtbau in Architektur und Natur*" (Stuttgart/Tübingen) erfolgreich zusammen (s. auch Abschnitt 5.17.1, „Konstruktiver Ingenieurbau").

4.5.5 Lithosphären-Forschung und Kontinentale Geowissenschaften

Lithosphäre heißt der äußere, rigide Bereich der Erde, der durch die Asthenosphäre in 80 bis 100 km Tiefe gegen den tieferen Mantel abgegrenzt wird. Sie besteht aus Erdkruste und den seichtesten Zonen des Mantels; in ihr vollziehen sich hauptsächlich die Prozesse der Tektonik, auch der globalen **Plattentektonik** mit der Kontinentaldrift. Im Zusammenspiel mit der Asthenosphäre und wenig tieferen Schichten des Mantels läuft in ihr der **Magmatismus** (Vulkanismus und Plutonismus) ab, durch welchen ihre äußeren Bereiche ständig um- und neugebildet werden. Sie ist der Sitz derjenigen Vorgänge, welche das Interesse vieler verschiedener geowissenschaftlicher Disziplinen finden. Lithosphären-Forschung ist daher notwendigerweise Gemeinschaftsforschung, an der Geowissenschaften von der Fernerkundung über Geodäsie, Geomorphologie, Bodenkunde, Petrologie, Geochemie, Kristallographie, Geologie bis hin zur Geophysik zusammenwirken, um ein konsistentes Bild von Aufbau, Struktur und Dynamik dieses für die menschliche Existenz wichtigsten Bereiches der Erde zu entwerfen.

Die intensive Erforschung der Vorgänge im oberen Erdmantel, insbesondere unter Verwendung der neuen Methode der seismischen **Tomographie,** wird uns näher an das Verstehen der Ursachen und des Mechanismus der Plattentektonik heranführen. Es wird künftig möglich sein, die Plattenbewegung selbst, also die Kontinentaldrift, nicht mehr nur aus indirekten Beobachtungen zu erschließen, sondern unter Einsatz des „Global Positioning System" (GPS) direkt zu messen. Das Verständnis des Antriebsmotors der globalen Tektonik beruht letztendlich auf dem Verständnis der Mantelkonvektion. Hier kommt es entscheidend auf das Zusammenwirken von Geophysik und Geochemie an. Eine zentrale Stellung für das Verständnis der Eigenschaften des Erdmantels nimmt beispielsweise die Natur der „670-km-Diskontinuität" ein: Ist sie Folge einer isochemischen Phasenumwandlung oder eines chemisch bedingten Dichtesprungs? Kann die Mantelkonvektion diese „Fläche" durchstoßen oder ist der Massenaustausch beschränkt oder ganz unmöglich? Hier können numerische Konvektionsmodelle fruchtbar mit physikalisch-chemischen Hochdruckexperimenten zusammenwirken.

Aktivitäten der Lithosphären-Forschung sind weltweit zusammengefaßt im **Internationalen Lithosphären-Programm** (ILP), das – 1980 begonnen – unter wesentlicher Beteiligung deutscher Wissenschaftler noch auf längere Sicht die einschlägigen Vorhaben ausrichten wird.

Globale, großräumige Prozesse erfordern die Ermittlung von Meßdaten in einem globalen Rahmen. Dies betrifft insbesondere die Geophysik; für sie ist die Gewinnung von Daten neuer Qualität und hoher Stationsdichte die unabdingbare Grundlage künftiger Krusten- und Mantel-Forschung. Neben moderner **Reflexionsseismik** (z. B. im Deutschen Kontinentalen Reflexions-Programm DEKORP) werden dabei Netze seismologischer Breitbandobservatorien in regionalem und globalem Maßstab die Hauptrolle spielen. Bahnbrechend auf dem Gebiet der Breitbandseismologie, die zahlreiche Beschränkungen der Seismologie alter Art überwindet, war in den letzten

Jahren als Hilfseinrichtung der Forschung das **Seismologische Zentralobservatorium Gräfenberg** mit seinem lokalen Stationsarray auf der Fränkischen Alb. Es zeigt damit gleichzeitig exemplarisch die Bedeutung von Hilfseinrichtungen für die Geowissenschaften. Gräfenberg wird das Zentrum eines in Vorbereitung befindlichen regionalen Breitbandnetzes bilden, das die Bundesrepublik überspannt und deren Beitrag zu einem europäischen Netz darstellt. Ein weltweites Breitbandstationsnetz mit großem Stationsabstand, das vor allem globale Manteltomographie ermöglichen soll, wurde von den USA initiiert. Hieran muß sich die Bundesrepublik beteiligen, wenn sie den Anschluß an den internationalen Stand in der Erforschung des Erdmantels nicht verlieren will.

Zur detaillierten Aufklärung geologischer, petrologischer und geophysikalischer Prozesse wird künftig die verbesserte Messung der Geschwindigkeit, Dämpfung und Anisotropie seismischer P- und S-Wellen auf langen, dicht besetzten refraktionsseismischen Profilen mit den Methoden der Sprengseismik eine große Rolle spielen.

Als Arbeitsgebiete – auch in internationaler Zusammenarbeit – wurden u. a. der **Himalaya** (Kontinent-Kontinent-Kollision mit weitreichenden Überschiebungen und Krustendeformationen), die zentralen **Anden** (seit ungefähr 200 Millionen Jahren aktive Ozean-Kontinent-Kollisionszone mit rezenter vulkanischer Aktivität und tiefreichender Seismizität), **Australien** (normale kontinentale Plattform im Vergleich zu anomalen geotektonischen Gebieten, interessante Erdbebenzonen am Rand des Kontinents), das **Malawi- und Kenia-Riftsystem** (aktiver kontinentaler Graben mit rezentem Vulkanismus) und **Island** (aktive mittelozeanische Riftzone mit aktivem Vulkanismus) ausgewählt. Im Bereich der seismisch sehr aktiven nordanatolischen Verwerfung werden im Rahmen eines deutsch-türkischen Gemeinschaftsprojekts umfassende geophysikalische, geodätische und geologische Untersuchungen zur Erforschung von Erdbeben durchgeführt.

Probleme der globalen Lithosphären-Forschung werden von der DFG bereits intensiv gefördert, z. B. in den Schwerpunktprogrammen *„Stoffbestand, Struktur und Entwicklung der kontinentalen Unterkruste", „Kinetik gesteins- und mineralbildender Prozesse"* und *„Kontinentales Tiefbohrprogramm der Bundesrepublik Deutschland"* sowie in dem Sonderforschungsbereich 108 *„Spannung und Spannungsumwandlung in der Lithosphäre"* (Karlsruhe), ferner in den Forschergruppen *„Akkretion und Differentiation des Planeten Erde"* (Mainz) und *„Mobilität aktiver Kontinentalränder"* (Berlin). Es ist geplant, die Aktivitäten zu intensivieren, z. B. im Rahmen eines Forschungsprojekts „Wechselwirkung zwischen Kruste und Mantel" in Mainz.

Die Erforschung der **Kontinentalen Erdkruste** ist in jüngster Zeit zu demjenigen Zweig der Lithosphären-Forschung geworden, der die Interessen und Aktivitäten besonders vieler Forscher aus unterschiedlichen Fachgebieten auf sich zieht. Ähnlich wie bei den Forschungsvorhaben der Ozeanischen Erdkruste (vgl. Abschnitte 4.5.7, „Marine Geowissenschaften", und 4.6, „Meeresforschung") wird von einer interdisziplinären Zusammenarbeit auch hier ein entscheidender Erkenntnisfortschritt erwartet. Das wohl ehrgeizigste und international höchste Beachtung findende Vorhaben ist das **Kontinentale Tiefbohrprogramm der Bundesrepublik Deutschland (KTB),** welches vom BMFT gemeinsam mit der DFG gefördert und betreut wird. In ihm vereinigen sich Wissenschaftler aus allen Bereichen der Geowissenschaften, um an einem sorgfältig ausgewählten Vertikalprofil bei Erbendorf/Windischeschenbach in der Oberpfalz Stoff- und Materialbestand sowie dynamische Prozesse der Kruste in situ zu untersuchen. Hierdurch werden bisher nur vermutete Zusammenhänge zwischen stofflichen und physikalischen Eigenschaften, Bewegungsvorgängen wie tektonischen Verschiebungen und Erdbeben, Stoff- und Wärmetransport (Lagerstätten, Geothermie) durch direkte Beobachtung aufgedeckt werden. Nach einer Vorbohrung soll die Tiefbohrung etwa ab 1989 bis zu einer Tiefe von mehr als 12 km abgebohrt werden.

Ein solches Großvorhaben kann selbstverständlich nicht für sich allein stehen. Daher ist es eingebunden in viele andere Programme wie z. B. die Europäische Geotraverse (EGT), das DEKORP oder das ILP. Das Schwerpunktprogramm *„Stoffbestand, Struktur und Entwicklung der kontinentalen Unterkruste"* liefert die Möglichkeit zur Korrelation der in der Tiefbohrung gewonnenen Erkenntnisse mit den Verhältnissen in anderen Regionen; Resultate aus den Schwerpunktprogrammen *„Kinetik gesteins- und mineralbildender Prozesse"* und *„Kristallstruktur, Realbau, Gefüge und Eigenschaften von anorganischen nichtmetallischen Mineralen und Werkstoffen"* werden im KTB Verwendung finden.

Zu einem klassischen Betätigungsfeld der deutschen Geowissenschaften gehört die Erforschung des mitteleuropäischen Teils des paläozoischen **Varistischen Gebirges.** Auch hier wird wesentlicher Erkenntnisfortschritt vom KTB erwartet, doch ist der Rahmen der laufenden und projektierten Arbeiten sehr viel weiter gespannt. Der Nachweis von großen Vorland-Überschiebungen und einer „Thin-skinned"-Tektonik an der nördlichen Front des varistischen Orogens durch geophysikalische Untersuchungen und die Entdeckung des Vorherrschens von Überschiebungs- und Decken-Tektonik haben die bisherigen Vorstellungen über den Bau und die Entwicklung der mitteleuropäischen Kruste grundsätzlich verändert. Insbesondere die nördliche Außenzone der europäischen Variszulen rückt zunehmend ins Blickfeld des Interesses. Deutliche Unterschiede im Bau und in der geologischen Entwicklung von Ardennen, Rheinischem Schiefergebirge und Harz sind unverkennbar. Eine vergleichende Analyse der unterschiedlichen sedimentären, magmatischen und strukturellen Entwicklung dieses Bereiches wird wesentlich zur Kenntnis der allgemeinen Zusammenhänge zwischen der geologischen Entwicklung von Außenzonen intrakontinentaler Orogene und der Krustenstruktur ihres nicht oder nur wenig in die Deformation einbezogenen Vorland-Basements beitragen. Auch hier ist eine genauere Kenntnis der Verhältnisse in tieferen Bereichen der Oberkruste notwendig. Daher wird die Notwendigkeit gesehen, über die geophysikalischen Methoden hinaus die Erkundung dieser Zonen durch Bohrungen bis etwa 5000 m voranzutreiben, um einen besseren Einblick in den Stockwerksbau der Orogene zu gewinnen.

4.5.6 Mineralogie, Kristallographie, Geochemie und Lagerstättenkunde

Großräumige, auch globale Prozesse auf der Erde stehen häufig im Zusammenhang mit stofflichen und strukturellen Vorgängen im kleindimensionalen, ja mikroskopischen Bereich. Hier ist im Rahmen der interdisziplinären geowissenschaftlichen Forschung das Einsatzgebiet der Mineralogie, Kristallographie, Geochemie und Lagerstättenkunde. Von besonderem Interesse ist die **Ermittlung physikalischer und chemischer Eigenschaften von Mineralen und Gesteinen,** auch unter außergewöhnlichen Bedingungen von Temperatur, Druck und chemischen Parametern (z. B. Redoxpotential). Dies umfaßt auch Experimente unter erhöhten bis hin zu höchsten Drücken im Megabar-Bereich (tiefer Erdmantel, Erdkern). Der Einsatz neuer Methoden, wie z. B. der hochauflösenden Transmissions-Elektronen-Mikroskopie (TEM), ist von essentieller Bedeutung, die Kooperation mit Werkstoffwissenschaftlern und Kristallographen notwendig. Die Forschung wird bisher schon intensiv gefördert (z. B. in den Schwerpunktprogrammen *„Kinetik gesteins- und mineralbildender Prozesse"* und *„Kristallstruktur, Realbau, Gefüge und Eigenschaften von anorganischen nichtmetallischen Mineralen und Werkstoffen"* sowie dem Sonderforschungsbereich 173 *„Teilchenbewegungen in Kristallen"*, Hannover), doch sind weitere Aktivitäten notwendig, um den Anschluß an das internationale Niveau zu halten. Vielversprechend sind die Gründung des Bayerischen Geoinstituts an der Universität Bayreuth und die Planung eines Projekts „Wechselwirkung zwischen Kruste und Mantel" in Mainz.

Die **Kristallographie** ist heute eine interdisziplinäre Wissenschaft im Feld Mineralogie-Chemie-Physik; sie liefert hinsichtlich der Aufklärung von Zuständen und Vorgängen im Mikrobereich entscheidende Beiträge zur geowissenschaftlichen Forschung. Ihre Methodik ist in jüngster Zeit bedeutend verbessert worden durch die Verwendung neuer Verfahren unter Einsatz etwa von Hochfluß-Neutronenquellen und Synchrotronstrahlung. Die klassische **Kristallstrukturanalyse** erfuhr hier eine Erweiterung und Abrundung ihrer Möglichkeiten zur Beschreibung und Interpretation des kondensierten Zustands der Materie in atomaren Größenordnungen. Besonders interessante Fragestellungen betreffen Oberflächen und Phasengrenzen in kristallinen und amorphen Festkörpern, die mit hoher (sogar subatomarer) Auflösung untersucht werden. Die Strukturforschung befaßt sich intensiv auch mit Festkörperreaktionen und anderen dynamischen Prozessen, die Strukturumwandlungen und Phasenübergänge bewirken. Dies steht in direktem Zusammenhang mit geowissenschaftlichen Fragestellungen wie z. B. Deformationen in Gesteinsmineralen oder Stofftransport im Erdinnern, insbesondere dann, wenn die entsprechenden Untersuchungen auch unter erhöhten Temperaturen und Drücken durchgeführt werden. Für dieses Forschungsgebiet werden leistungsfähige Neutronenquellen in der Bundesrepublik Deutschland schmerzlich vermißt.

Viele Prozesse des Erdinnern sind vom Vorkommen und **Gehalt an fluiden Stoffen** (H_2O, CO_2 usw.) abhängig. Nicht nur Magmatismus, Metamorphose und Lagerstättenbildung, sondern auch das Fließ- und Bruchverhalten der Gesteine sowie die Ausprägung geophysikalisch definierter Zonen im Erdinnern (z. B. „low-velocity-layers") werden hierdurch bestimmt. Die Erforschung der Wechselwirkung zwischen Gesteinsfluiden und den koexistierenden Mineralen und Gesteinen ist daher ein wichtiger Forschungsbereich der Mineralogie, der auch für interdisziplinäre Fragestellungen von großer Bedeutung ist. Auf diesem Gebiet ist eine Intensivierung der Forschungsbemühungen notwendig, um Anschluß an den internationalen Stand zu halten, auch durch Einsatz hochempfindlicher Analysegeräte wie Raman-Sonden oder Laser-angeregter Massenspektrometer. Zwar findet in diesem Bereich Forschung schon seit langem statt, doch bedürfen die Aktivitäten einer Zusammenführung und Koordination.

Das gilt auch für die **Lagerstättenforschung,** in der es nunmehr darauf ankommt, die klassisch-empirische Beobachtung, die nach wie vor weithin erfolgreich ausgeübt wird, mit geochemischen, experimentellen und physikalisch-chemischen Untersuchungen zu verknüpfen. Dabei spielen Dynamik und Eigenschaft fluider Phasen in weiten Druck- und Temperaturbereichen bei lagerstättenbildenden Prozessen eine wichtige Rolle. Auch die Lagerstätten von Nicht-Erzen sollten hierin einbezogen werden. Zur Unterstützung dieses Forschungszweiges wird ein Schwerpunktprogramm *„Intraformationale Lagerstättenbildung"* vorbereitet.

Verstärkt werden sollten auch die Bemühungen um die Erforschung des **Magmatismus.** Dies gilt – neben der Beschäftigung mit den physikochemischen Grundlagen und experimentell-petrologischer Forschung – insbesondere für die **Vulkanologie,** die bisher nur von wenigen Wissenschaftlern in der Bundesrepublik betrieben wird, für die Lithosphären-Forschung aber von grundlegender Bedeutung ist. Große Chancen werden hier in einem Zusammenwirken mit der Geochemie gesehen.

Die **Geochemie** als fächerübergreifende Forschungsrichtung befaßt sich mit Fragestellungen, die von der Stratigraphie und Tektonik (Geochronologie), Sedimentologie und Petrologie bis zu den Fragen der globalen Entwicklung von Kern, Mantel und Kruste reichen. Wesentlich wird sein, daß die **Isotopengeochemie** (einschließlich der Geochronologie) kombiniert wird mit den modernen Methoden der Spurenelementgeochemie. Dabei ist vielfach der Einsatz von apparativen Neuentwicklungen erforderlich.

Geochronologische Fragestellungen, die in verschiedenen Institutionen, u.a. auch der DFG-Hilfseinrichtung **„Zentrallaboratorium für Geochronologie"** (Münster) bearbeitet werden, lassen es ratsam erscheinen, in naher Zukunft vermehrt Projekte zur **„Isotopengeochemie und Geochronologie"** in Angriff zu nehmen. Mit dem Ausbau eines ultrasensitiven Tandem-Massenbeschleunigers in Erlangen werden vor allem Zielsetzungen der Quartärgeologie intensiver bearbeitet werden können.

Hiervon wird ein weiteres Gebiet der modernen Lithosphären-Förderung profitieren, die **Geologie und Mineralogie des sedimentären Stockwerks.** Hier kommt z. B. der quantitativen Analyse von Sedimentbecken (Abtragung, Ablagerung, Kompaktion, Diagenese) und der Erforschung ihrer Entwicklung eine besondere Rolle zu. Eine weitere lohnende Teilaufgabe ist, die in Schelfgebieten so erfolgreiche **seismische Stratigraphie** in Verbindung mit Sedimentfazies-Studien und gesteinsphysikalischen Untersuchungen auch auf dem Festland weiterzuentwickeln und auszubauen.

Ein auch international noch nicht erschöpfend behandeltes Thema ist die **Ver-**

zahnung der terrestrischen Verwitterungsgeschichte mit der Feinstratigraphie und Sedimentation im Meer. Da Verwitterungslagerstätten eine zunehmende Rolle spielen (z. B. Eisen, Bauxit), hat dieses Thema eine eminent praktische Bedeutung und wird z. B. im Sonderforschungsbereich 69 *„Geowissenschaftliche Probleme in ariden Gebieten"* (Berlin) mitbehandelt.

Insgesamt bleibt festzuhalten, daß eine moderne **Sedimentologie** mit dem Ziel differenzierter paläogeographischer Modellierung noch auf lange Sicht (auch in Anbetracht des attraktiven Stellenmarktes) ein zugkräftiges Forschungsfeld sein wird. Die moderne Erdölexploration und -exploitation erfordern eine Weiterentwicklung der Erforschung der Sedimentbildung und Diagenese unter Einbeziehung moderner Methoden wie der Untersuchung von Fluideinschlüssen und der Kathodolumineszenz sowie den Einsatz der Rasterelektronen-Mikroskopie, der Transmissions-Elektronen-Mikroskopie (TEM) und von Ionensonden (einschließlich stabiler Isotope). Auch die geophysikalische Methodik darf in dieser angewandten Forschungsrichtung nicht zu kurz kommen.

Nach wie vor muß die Forderung aufrechterhalten werden, die **geowissenschaftliche Erdölforschung** in der Bundesrepublik Deutschland zu verstärken. Nach der Entwicklung von organisch-geochemischen Methoden, der Erforschung der Genese und Migration von Kohlenwasserstoffen sowie deren Charakterisierung kommt der mathematischen Modellierung der Entwicklung von Sedimentbecken auch hier eine besondere Bedeutung zu. Diese Fragestellungen spielen im Sonderforschungsbereich 134 *„Erdöltechnik – Erdölchemie"* (Clausthal) eine wichtige Rolle.

Zur Bearbeitung der aufgeführten Forschungsprojekte benötigen die Geowissenschaften ein aufwendiges Instrumentarium, das nicht nur unterhalten und erneuert, sondern auch zum Teil neu angeschafft werden muß. Betroffen sind hiervon entweder Geräte, die in großer Zahl vorhanden sein müssen (etwa 200 moderne mobile refraktionsseismische Stationen in der Geophysik), oder Großgeräte. Bei diesen nehmen Hochleistungsrechner eine bedeutende Rolle ein.

In den Erdwissenschaften (Geophysik, Kristallographie) sowie verwandten Bereichen (Meteorologie) besteht zur Zeit schon ein hoher Bedarf an Rechnerkapazität mit steigender Tendenz. Wegen der schnellen Generationsfolge bei Hochleistungsrechnern ist davon auszugehen, daß in den nächsten Jahren einige Geräte ersetzt bzw. neu angeschafft werden müssen, um international konkurrenzfähig zu bleiben, und zwar sowohl Universal- als auch Vektorrechner.

Daneben sind weitere Ausgaben für Großgeräte erforderlich. Etwa 20 Global-Positioning-System-Empfänger werden für die moderne Geodäsie in der Bundesrepublik verfügbar sein müssen (bei sieben derzeit vorhandenen), und die Ausstattung mit Elektronen- und Ionenstrahl-Mikrosonden, hochauflösenden Elektronenmikroskopen, Massenspektrometern, Einkristall-Diffraktometern und Röntgenfluoreszenzanalyse-Systemen bedarf nicht nur der Pflege, sondern auch der Erweiterung.

4.5.7 Marine Geowissenschaften

Die Marinen Geowissenschaften erforschen die untermeerischen Bereiche der Lithosphäre; die Bezüge zur Meeresforschung (s. Abschnitt 4.6) sind somit sehr eng, Überschneidungen häufig und notwendig. Die Krustenbereiche der Ozeane und der Schelfmeere sind von deutlich unterschiedlichem Charakter, erstere hauptsächlich geprägt durch den submarinen Magmatismus, letztere durch Sedimentgesteine und ihre Folgeprodukte. Den Verlauf der Grenze zwischen ozeanischer und kontinentaler Kruste markieren meist die Kontinentalränder mit ihrem steilen Abbruch von den Schelfen in die benachbarten Tiefseebecken. In beiden Krustenbereichen finden wir wichtige Lagerstättentypen: submarin-exhalative Erzlagerstätten, Erzschlämme und -krusten, Konkretionen („Manganknollen") im Bereich der Ozeane, Kohlenwasserstoffe im Bereich der Schelfmeere.

Die Erforschung der ozeanischen Lithosphäre hat die Modelle zur Genese der äußeren Schalen unseres Planeten beeinflußt; sie hat zur Konzeption der Neuen Globalen Tektonik, der **Plattentektonik,** geführt, die in den nächsten Jahrzehnten auch auf die Geologie der Kontinente angewandt werden wird. Einen bedeutenden Anteil an diesem Erkenntniszuwachs – und somit auch bei der notwendigen Integration von kontinentalen und marinen Geowissenschaften – hatte das internationale Tiefseebohrprogramm „Deep Sea Drilling Project" (DSDP), das seit 1985 mit dem „Ocean Drilling Program" (ODP) fortgeführt wird. Die international abgestimmten Zielsetzungen dieses Projekts werden national durch ein Schwerpunktprogramm der DFG unterstützt.

Untersuchungen zum Potential mariner Lagerstätten, zur tektonischen Geschichte z. B. der Kontinentalränder, zur Festlegung der Grenze zwischen kontinentaler und ozeanischer Kruste oder generell zur geologischen Geschichte der Ozeane erfordern die direkte Beprobung dieser Gebiete und einen weiteren Ausbau geophysikalischer Meßmethoden. Durch den Einsatz von **Tiefseebohrschiffen,** wie z. B. der JOIDES RESOLUTION, über deren Einsatz deutsche Wissenschaftler im Rahmen des ODP mitbestimmen können, und durch Unterwasserexpeditionen mit **Tauchbooten** in Tiefsee oder Flachmeer haben die modernen marinen Geowissenschaften hervorragende Werkzeuge zur Erforschung des Meeresbodens zur Verfügung; die deutschen Geowissenschaften würden stark von einem eigenen Flachmeer-Tauchboot und einem kleinen, kosten- und arbeitseffektiven Bohrschiff profitieren.

Projekte der marinen Geowissenschaften werden in der Bundesrepublik Deutschland bisher durch zahlreiche, meist relativ kleine Arbeitsgruppen an mehr als 20 Universitäten oder Forschungsinstitutionen durchgeführt. Eine Diskussion über eine mögliche institutionelle Stärkung der marinen Geowissenschaften hat 1984 zum Vorschlag der Gründung eines großen, zentralen, fachlich sehr breit auf interdisziplinäre Zusammenarbeit mit anderen meereskundlichen Disziplinen ausgelegten **Instituts für marine Geowissenschaften (GEOMAR)** geführt. Dieser von der Senatskommission für Geowissenschaftliche Gemeinschaftsforschung erarbeitete Vorschlag hat eine lebhafte Diskussion bei den verantwortlichen Stellen in Bund und Ländern entfacht. Damit die deutschen marinen Geowissenschaften international weiter konkurrenzfähig bleiben können, ist die baldige Einrichtung eines Instituts für marine Geowissenschaften unbedingt notwendig.

Viele Fragestellungen der marinen Geowissenschaften lassen sich nur im internationalen Verbund lösen, innerhalb dessen deutsche Arbeiten zu sehen sind. Dies betrifft z. B. Forschungen in den polaren und subpolaren Tiefseebecken der Antarktis und Arktis, in subtropischen und tropischen Bereichen von Bermuda, vor Westafrika und im Europäischen Nordmeer (hier vor allem durch die Arbeiten des Sonderforschungsbereichs 313 *„Sedimentation im Europäischen Nordmeer",* Kiel).

Neben der Untersuchung von Stoffbestand, Struktur und Entwicklung der ozeanischen Lithosphäre wird auch dem Bau und der geologischen Entwicklung der Kontinentalränder besondere Aufmerksamkeit gewidmet werden. Zudem werden marine Geochemie und Petrologie, Paläoklimatologie, Paläozeanographie und marine (Mikro-)Paläontologie neben der Erforschung der nichtlebenden Ressourcen eine beherrschende Rolle in den kommenden Jahren und Jahrzehnten spielen.

4.6 Meeresforschung

Das Meer wird in seinen Strukturen und Prozessen durch Wissenschaftler aller naturwissenschaftlichen Disziplinen untersucht. Die DFG und ihre Vorgängerin, die Notgemeinschaft der deutschen Wissenschaft, haben von Anfang an multidisziplinäre Projekte der Meeresforschung besonders gefördert. Die Forschungsschiffe METEOR – die dritte Generation wurde 1986 in Dienst gestellt – haben 60 Jahre lang Expeditionen dieser Art durchgeführt.

Aus dem Nebeneinander der einzelnen an der Meeresforschung beteiligten Disziplinen wird in zunehmendem Maße ein Miteinander. Biologische Untersuchungen im Meer waren schon immer stark auf Beiträge aus Physik, Chemie und Geologie angewiesen. Je globaler und langfristiger die Fragestellungen angelegt sind, desto mehr wird die Bedeutung biologischer und chemischer Prozesse für das Verständnis des Meeres und der Atmosphäre, z. B. in bezug auf den CO_2-Haushalt, erkennbar. Auch hinsichtlich der untersuchten Skalen zeichnen sich Annäherungen ab. In der physikalischen Ozeanographie und maritimen Meteorologie standen im letzten Jahrzehnt regional begrenzte prozeßorientierte Studien im Mittelpunkt. Mit einem verbesserten Verständnis der kleinskaligen Prozesse und der Erfassung weiter Meeresräume durch Satelliten ist in den achtziger Jahren das Interesse an großräumigen bzw. globalen Untersuchungen der ozeanischen Zirkulation gewachsen. Bei den biologischen Disziplinen findet man dagegen eine Konzentration auf küstennahe oder auf räumlich begrenzte Hochseegebiete. Ansätze dafür, diese unterschiedlichen Tendenzen anzunähern, finden sich bei den Vorstellungen im Internationalen Geosphere Biosphere Programme (IGBP), das im Rahmen des Internationalen Rates wissenschaftlicher Vereinigungen (ICSU) entwickelt wird.

Die **Wechselwirkung Ozean – Atmosphäre** ist auch ein zentrales Thema der modernen Meeresforschung. Ohne sichere quantitative Kenntnisse der ozeanischen Zirkulation als Mechanismus des meridionalen und zonalen Wärme- und Stofftransports ist weder das Klima der Gegenwart und früherer erdgeschichtlicher Epochen zu verstehen, noch sind Prognosen auf künftige Klimaentwicklungen möglich. Dabei spielen die unterschiedlichen Zeitkonstanten der Prozesse in der ozeanischen Deckschicht und der mit ihnen im Austausch stehenden tieferen Wasserschichten eine bisher wenig erfaßte Rolle. Erderkundungs-Satelliten, Tracer-Ozeanographie, physikalische Langzeitmessungen von verankerten und treibenden Sonden und die großen Zirkulations- und Klimamodelle liefern wichtige Unterlagen für die Klimaforschung.

Einer vertieften Kenntnis des Energie-, Impuls- und Stofftransports in Schelfgebieten und Konvektionszonen dient das Studium der mesoskaligen Zirkulation und des Wassermassenaustausches. Noch kleinräumiger sind die stark anwendungsorientierten Untersuchungen zur Vorhersage von Sturmfluten und Seegang.

Stoffkreisläufe spielen sich in der gesamten marinen Umwelt ab, dabei sind biologische und geochemische Prozesse eng miteinander verkoppelt. Ozeanographen, Meteorologen, Chemiker, Biologen und Sedimentologen arbeiten gemeinsam an Fragenkomplexen wie dem Kohlenstoffkreislauf, der über lange Zeitskalen eine essentielle Wirkung auf das Klima hat. Das Weltmeer ist im Zusammenspiel von physikalischen, chemischen und biologischen Vorgängen die große Senke für das atmosphärische CO_2, es gibt aber auch CO_2 an die Luft ab. In den bisherigen Modellen des CO_2-Haushalts der Erde wird diese Rolle des Meeres mangels ausreichender Daten nur sehr kursorisch behandelt. Das World Ocean Circulation Experiment (WOCE) mit seiner intensiven Meßphase 1990 bis 1995 bestimmt bereits heute viele Langzeitplanungen in der Ozeanographie und maritimen Meteorologie. Es ist abzusehen, daß neben dem Nordatlantik in den nächsten Jahren auch der Südatlantik und die polaren Regionen für die deutschen Forschungsgruppen wichtige Arbeitsgebiete sein werden.

Eine bessere Kenntnis der Zirkulation und des Umsatzes von **Schadstoffen** ist für die Beurteilung der Gefährdung mariner Lebensräume durch toxische und eutrophierende Substanzen noch wichtiger als die Analyse des gegenwärtigen Belastungszustandes. Insgesamt fehlen objektive Kriterien für die Beurteilung des Schädigungsgrades der Meeresumwelt und für die Vorhersage von Entwicklungen, die zu einer Schädigung führen. Konzentrationsschwellen müssen ermittelt werden, unterhalb deren eine schädigende Wirkung auszuschließen ist, wobei allerdings die möglichen Synergismen verschiedener Schadstoffe besondere Aufmerksamkeit verdienen. Die numerische Simulation des Transports und der Ausbreitung von Schadstoffen muß schrittweise Prognosecharakter erhalten. Hierfür fehlt es aber noch an einer befriedigenden Beschreibung der diffusen Flüsse, die den Austausch von Stoff, Impuls und Energie bestimmen.

Eng verbunden mit der Frage nach den Stoffkreisläufen im Meer ist die Untersuchung von **Lebensgemeinschaften.** In Nord- und Ostsee als den traditionell von der deutschen Meeresforschung intensiv untersuchten Gebieten rückt die Frage nach der kurz- und langfristigen Veränderlichkeit im Zusammenhang mit Wetterereignissen, Klimaschwankungen und menschlichen Eingriffen immer mehr in den Vordergrund.

Fragen der Besiedlung der Polarmeere und flachen Nebenmeere sind unter tiergeographischen, evolutionsgeschichtlichen und ökophysiologischen Gesichtspunkten zu betrachten. Die Steuerung der Ontogenese und des Stoffwechsels durch Umweltfaktoren wie Photoperiode und Temperatur spielen hier eine besonders wichtige Rolle. Das Wattenmeer als ein vom Gezeitenwechsel und starken Temperaturschwankungen geprägter Lebensraum wird unter biologischen, geochemischen und sedimentologischen Gesichtspunkten untersucht. Es bietet sich für ökologische Experimente an.

Arbeiten im **offenen Ozean** und in der **Tiefsee** können zu einem weiteren Schwerpunkt der deutschen biologischen Meeresforschung werden. Seine besondere Begründung liegt in der Bedeutung des offenen Ozeans und der Tiefsee für das Verständnis oligotropher Lebensgemeinschaften und globaler Kreisläufe (z. B. CO_2), für die Folgenabschätzung menschlicher Eingriffe (z. B. Tiefseebergbau, Atommüll-Versenkung und ozeanische Fischerei) und zur Klärung der Frage nach der Entstehung der Tiefseeböden im Gefolge von „Sea Floor Spreading", organischer Sedimentation und Umsetzungsprozessen durch Mikroorganismen und Meiofauna. Insbesondere für den offenen Ozean und die Tiefsee ist die Bestandsaufnahme der Fauna einschließlich der taxonomischen Bearbeitung bei weitem noch nicht abgeschlossen. Die neue METEOR und die Entwicklung von verankerten Sedimentfallen und Sensorenpaketen bieten die technischen Voraussetzungen für ein verstärktes Engagement im offenen Ozean und in der Tiefsee.

Ein Teil der marinen Geowissenschaften (s. Abschnitt 4.5.7) ist unmittelbar der Meeresforschung zuzurechnen. Marine Geochemie, Paläoklimatologie, Paläoozeanographie und Mikropaläontologie stehen dabei im Vordergrund.

Sedimentologische Arbeiten in der Ostsee und in der Nordsee mit ihren Wattenmeeren und Ästuaren sowie im Vergleich dazu in anderen Flachmeeren haben eine lange Tradition. Bei den Diskussionen um die Problematik des neuen Seerechts und die Zusammenarbeit mit den Entwicklungsländern zeichnen sich hier neue Perspektiven ab.

Paläo-Ozeanographie und Paläoklimatologie haben sich in den vergangenen Jahren als eigenständige Fachdisziplinen der marinen Geowissenschaften herausgeschält. In enger Zusammenarbeit verschiedener Institute wurden sie in internationalem Verbund betrieben; sie haben dazu geführt, daß in jüngster Zeit mehrere internationale Forschungsprojekte begonnen worden sind, die einen Teil der Forschungskapazitäten und verfügbaren Schiffszeit noch weit bis in die neunziger Jahre hinein belegen werden. Dazu zählen Messungen des globalen Partikelflusses in den Ozeanen, das Paläoklimaprojekt mit seiner lebhaften marinen Komponente und eine Reihe von Forschungsvorhaben in den polaren und subpolaren Tiefseebecken der Antarktis, der Arktis und am Norwegischen Kontinentalrand.

Jede der oben genannten Forschungsrichtungen ist – wenn auch in unterschiedlichem Ausmaß – auf drei Typen von Arbeitsmitteln angewiesen, auf:

- Feldmessungen durch Schiffe und verankerte Bojensysteme,
- Fernerkundung mit passiven und aktiven Sensoren auf Flugzeugen und Satelliten,

– Modellsimulationen mit kleinen Rechnern an Bord und in den einzelnen Laboratorien sowie mit zentralen Großrechnern.

Hinsichtlich der **Feldmessungen** ist die deutsche Meeresforschung seit der Indienststellung der Forschungsschiffe POLARSTERN und METEOR gut ausgerüstet. Lediglich das Forschungsschiff VALDIVIA muß demnächst durch ein Schiff für die Hamburger Meeresforschung ersetzt werden. Die marinen Geowissenschaften würden stark von einem Flachmeer-Tauchboot und einem kleinen, kosten- und arbeitseffektiven Bohrschiff profitieren.

Die ozeanographische satelliten-, flugzeug- und bodengebundene **Fernerkundung** ist bisher in der Bundesrepublik unterentwickelt. Algorithmen zur Assimilation und Interpretation der Daten sind z. B. im Hinblick auf ERS-1 zu erarbeiten.

Für die Entwicklung neuer Sensorensysteme für verankerte Bojen und für die verschiedenen Fernerkundungsträger muß die deutsche Meeresforschung einen engen Verbund mit der Industrie eingehen. Auf diesen technologisch interessanten Gebieten soll die europäische Zusammenarbeit, z. B. im Rahmen von EUROMAR, verstärkt werden.

Die derzeitige **Rechnerkapazität** für die Meeresforschung ist unzureichend. Sie könnte in Kiel durch einen Vektorrechner für ozeanische Modellrechnungen verbessert werden. Darüber hinaus wäre ein Rechnerverbund mit dem Klimarechner in Hamburg hilfreich, um die numerischen Arbeiten im Küstenraum zu optimieren.

Organisation und Personal der Meeresforschung der Bundesrepublik sind vor allem in Bremerhaven, Hamburg und Kiel konzentriert. In Bremerhaven (Alfred-Wegener-Institut für Polar- und Meeresforschung) und Kiel (Institut für Meereskunde an der Universität) haben sich tragfähige Strukturen entwickelt, während das in Hamburg vorhandene Forschungpotential in Ozean- und Klimaforschung noch eines organisatorischen Zusammenschlusses bedarf, dem auch ein nationales Klimaforschungszentrum mit dem Klimarechner CYBER 205 anzugliedern wäre. Einer organisatorischen Stärkung bedürfen

– die marinen Geowissenschaften; hierzu hat die Senatskommission für Geowissenschaftliche Gemeinschaftsforschung einen Vorschlag erarbeitet (s. Abschnitt 4.5.7),

– die biologische Erforschung der Tiefsee und des offenen Ozeans sowie

– die biologische und chemische Forschung im Rahmen des marinen Umweltschutzes.

Der personelle Bereich bereitet in der Meeresforschung die größten Sorgen. Die Personaldecke in der Meeresforschung ist vielfach zu kurz, um Anforderungen aus der Grundlagenforschung und ihren Anwendungen abzudecken. Dem Wunsch nach Mitwirkung deutscher Meeresforscher im internationalen Rahmen kann daher nur schwer nachgekommen werden. Dies trifft besonders die Zusammenarbeit mit Ländern der Dritten Welt. Mit Ausnahme der Polarforschung ist in den siebziger und achtziger Jahren kein Arbeitsgebiet der Meeresforschung dauerhaft aufgebaut worden. Die Drittmittelfinanzierung zahlreicher Projekte konnte keinen starken wissenschaftlichen

Mittelbau schaffen. Die DFG kann Nachwuchskräfte nur für beschränkte Zeit fördern. Die staatlichen Institutionen müssen durch eine zukunftsweisende Personalpolitik den jungen begabten Meeresforschern die Perspektiven liefern, die sicherstellen, daß in fünf bis zehn Jahren genügend qualifizierte Meeresforscher zur Verfügung stehen, um die dann einsetzende Pensionierungswelle aufzufangen.

Die Förderung der Meeresforschung durch die DFG ist im wesentlichen in den Schwerpunktprogrammen *„METEOR-Expeditionen", „Auswertung von METEOR-Expeditionen"* und *„Antarktisforschung"* sowie in folgenden Sonderforschungsbereichen zusammengefaßt: 133 *„Warmwassersphäre des Atlantiks"* (Kiel), 205 *„Küsteningenieurwesen"* (Hannover/Braunschweig), 313 *„Sedimentation im Europäischen Nordmeer"* (Kiel), 318 *„Klimarelevante Prozesse im System Ozean – Atmosphäre – Kryosphäre"* (Hamburg), 327 *„Wechselwirkungen zwischen abiotischen und biotischen Prozessen in der Tide-Elbe"* (Hamburg).

Das Forschungsschiff METEOR ist eine im Betrieb überwiegend von der DFG finanzierte Hilfseinrichtung der deutschen Meeresforschung; hierfür wurde ein Beirat eingerichtet.

Die Senatskommission für Ozeanographie der DFG, unterstützt durch die Senatskommissionen für Geowissenschaftliche Gemeinschaftsforschung und für Atmosphärische Wissenschaften, befaßt sich mit der mittel- und langfristigen Planung der Meeresforschung in der Bundesrepublik Deutschland. Die wissenschaftliche Einsatzplanung für FS METEOR gehört zu den besonderen Aufgaben der Senatskommission für Ozeanographie. Ferner nimmt sie die Aufgaben des Landesausschusses SCOR wahr, der die Einbindung der deutschen Aktivitäten in die Programme des Scientific Committee on Oceanic Research betreibt.

Ihrem globalen Charakter entsprechend ist die Meeresforschung auf **internationale Zusammenarbeit** angewiesen. In den vergangenen zwanzig Jahren haben die meereskundlichen Institute der Bundesrepublik mit starker Unterstützung durch die DFG einer starken Stellung innerhalb der internationalen Kooperationsprogramme besondere Aufmerksamkeit geschenkt. Das neue Seerecht mit den breiten nationalen Wirtschaftszonen hat nun aber zu ernsthaften Behinderungen der deutschen Meeresforschung geführt, denen durch eine Verstärkung der Kooperation mit Entwicklungs- und Schwellenländern entgegengewirkt werden muß. Der internationale Austausch von wissenschaftlichem Personal muß verstärkt werden. Hierzu fehlt es zur Zeit in der Bundesrepublik an den nötigen Anreizen. Von gegenseitigem Nutzen sind gemeinsame Forschungsvorhaben in den Interessengebieten dieser Länder. Die METEOR-Expeditionen, aber auch lokale Untersuchungen bieten sich hierfür an; die Koordination und gezielte Förderung von Unternehmen dieser Art einschließlich der stellenmäßigen Absicherung von Auslandsaufenthalten sind entwicklungsbedürftig.

4.7 Wasserforschung

In der Wasserforschung, die sich mit dem Wasser des Festlandes befaßt, ist kennzeichnend, daß zentrale Fachgebiete, wie Hydrologie, Hydrogeologie, Hydraulik, Wasserbau, Limnologie sowie Grundlagen der Wasserwirtschaft, auf das Zusammenwirken der zahlreichen Nachbardisziplinen angewiesen sind, um die Probleme des natürlichen sowie anthropogen veränderten Wasserkreislaufs nach Menge und Qualität angehen zu können. Hierin ist begründet, daß seit Anfang der fünfziger Jahre die interdisziplinär zusammengesetzte Senatskommission für Wasserforschung der DFG die Förderungsmaßnahmen begleitet und in ihren Beratungen auch eine mittelfristige Planung künftig notwendiger Arbeiten fortschreibt. Im Normalverfahren wird die Wasserforschung in ihrer gesamten Breite aufgrund der Initiativen einzelner Forscher gefördert; dies ist in den jährlich von der DFG herausgegebenen „Themenlisten Wasserforschung" dokumentiert.

Dabei schälen sich jedoch Arbeitsgebiete heraus, die einer besonderen Förderung bedürfen. So konnten in den vergangenen Jahren gezielt Arbeiten in Schwerpunktprogrammen angegangen werden über **Schadstoffe in Oberflächengewässern,** über **anthropogene Einflüsse auf den Landschaftswasserhaushalt** und über **Grundlagen eines naturnahen Gewässerausbaus** unter dem Gesichtspunkt der Rehabilitation von Gewässern. In einem 1986 ausgelaufenen Schwerpunktprogramm wurden neue Grundlagen zu Steuerungsproblemen bezüglich Wassermenge und -qualität erarbeitet (in Kanalisationsnetzen, Wasserversorgungssystemen, Bewässerungsanlagen, Fließgewässern usw.). Insbesondere die Betriebssteuerung von Wasserspeichern und Kläranlagen bedarf jedoch noch weiterer Untersuchungen.

Der Erfassung des Wasser- und Stoffhaushaltes von landwirtschaftlich und forstwirtschaftlich genutzten Ökosystemen galten die Arbeiten der Forschergruppe *„Wasser- und Stoffhaushalt landwirtschaftlich genutzter Einzugsgebiete unter besonderer Berücksichtigung von Substrataufbau, Relief und Nutzungsform"* in Braunschweig, die jetzt im Sonderforschungsbereich 179 *„Agrar-Ökosysteme"* fortgesetzt werden, und die Untersuchungen im Gemeinschaftsprogramm „Schönbuch-Projekt" in Tübingen. Ebenso wurde in einem Gemeinschaftsprogramm in Braunschweig die systematische Untersuchung des Wasser- und Stoffhaushalts von verschiedenen Abfalldeponie-Typen in Angriff genommen.

Immer steht dabei das Ziel im Vordergrund, mögliche Gefahren für unser Trinkwasser zu erkennen und abzuwenden. Neue Akzente wurden in den letzten Jahren durch die Einrichtung der Forschergruppe *„Modellierung des großräumigen Wärme- und Schadstofftransports im Grundwasser"* in Stuttgart und durch das Schwerpunktprogramm *„Schadstoffe im Grundwasser"* gesetzt. Dabei wurde deutlich, daß in Zukunft neben den physikalisch-chemischen Grundlagen der Stoffbewegung im Boden auch die mikrobiologischen Aspekte einer verstärkten Bearbeitung bedürfen.

Wegen ihrer vorrangigen **Bedeutung für die Trinkwasserversorgung** konzentrieren sich die laufenden Forschungsarbeiten zum Thema *„Schadstoffe im Grundwasser"* primär auf Grundwasservorkommen im Lockergestein. Über Vorkommen, Beschaffenheit und Verhalten von Grundwasser in Festgesteinsaquiferen ist hingegen vergleichsweise wenig bekannt. In Ergänzung des Schwerpunktprogramms „*Hydrogeochemische Vorgänge im Wasserkreislauf*" besteht hier ein Forschungsbedarf zu grundlegenden und methodischen Aspekten der Erfassung der Strömungsverhältnisse, der Mechanismen des Stofftransports und der Wechselbeziehungen mit der Gesteinsmatrix. Die Grundlagenforschung könnte hiermit die Basis schaffen für eine fundierte Beurteilung der hydrologisch und ökologisch vertretbaren Nutzungsmöglichkeiten und der Umweltempfindlichkeit der weitverbreiteten Grundwasservorkommen in Kluft- und Karstgrundwasserleitern.

Neben dem Wasser unter der Erdoberfläche, dem Grund- und Bodenwasser, spielen aber auch die Wasservorkommen auf der Erdoberfläche, Flüsse, Seen und künstliche Speicher, in unserem Lebensraum eine wesentliche Rolle. Auch sie dienen zum Teil der Trinkwasserversorgung, werden aber zudem intensiv für andere wasserwirtschaftliche Zwecke genutzt und bedürfen eines besonderen Schutzes. Deshalb wird das wassergüteorientierte Forschungspotential z. B. durch die ökosystemar angelegten Sonderforschungsbereiche 327 „*Wechselwirkungen in der Tide-Elbe*" in Hamburg und 248 „*Stoffhaushalt des Bodensees*" in Konstanz ergänzt.

Güteaspekte können aber nicht ohne Mengenbetrachtungen bearbeitet werden. Die Entwicklung der letzten Jahre hat gezeigt, daß beide mehr noch als bisher miteinander verkoppelt betrachtet werden müssen.

Für die quantitative Hydrologie erwächst daraus die Notwendigkeit, zukünftig neben die „bewährten" Verfahren, die die Hydrologie als Black-box-System betrachten, etwas Besseres zu stellen. Dazu muß aber der gesamte Wasserkreislauf mit seinen verschiedenen Komponenten, wie Niederschlag, Verdunstung, oberirdischer und unterirdischer Abfluß, Bodenwasser, Grundwasser, wesentlich detaillierter als bisher erfaßt werden. Die Zuordnung der einzelnen Abflußmengen und -arten nach ihrer Herkunft ist erforderlich. Auch ist die raum-zeitliche Verteilung detaillierter zu berücksichtigen. Dazu müssen neue Methoden entwickelt werden, mit denen wesentliche Wasserhaushaltsgrößen (Niederschläge, Verdunstung) und bodenspezifische, den Abfluß bestimmende Parameter in Form von Feldern mathematisch dargestellt werden können (evtl. auch dynamisch). Die üblicherweise in der Hydrologie verwendete Datenbasis (aus den Meßnetzen der gewässerkundlichen Dienste, des Deutschen Wetterdienstes und von Sondermeßnetzen) wird dazu nicht ausreichen. Die Verfügbarkeit dieser Daten und ihre Qualität sind auch nicht immer zufriedenstellend. Wegen der notwendigen räumlichen Auflösung der Informationen müssen **Fernerkundungsmethoden** eingesetzt werden, deren Entwicklung jedoch erst am Anfang steht. Die Adaptation vorhandener Methoden für hydrologische Zwecke und ihre spezielle Weiterentwicklung müssen verstärkt vorangetrieben werden (auch durch Einsatz entsprechender Großgeräte zur Bildauswertung und -interpretation). Die Fernerkundung muß begleitet werden durch bodennahe terrestrische Untersuchungen der maßgebenden Parameter, die den mengenmäßigen Wassertransport, aber auch den Transport von Feststoffen und Schadstoffen bestimmen, wobei die Frage der Übertragung von Daten aus einem Gebiet in andere Gebiete, die sogenannte Regionalisierung, für so wichtig erachtet wird, daß zu diesem Thema ein Schwerpunktprogramm vorbereitet wird. Vorarbeiten für einen besonders wichtigen Spezialfall, nämlich den der „*Hydrologie bebauter Gebiete*", werden seit 1987 in dem gleichnamigen Schwerpunktprogramm gefördert. In seinem Rahmen werden nicht nur die rein wassermengenmäßigen und hydraulischen Fragen der Stadthydrologie, sondern gleichzeitig auch die wassergütespezifischen Aspekte mit dem Transport des Wassers zusammen behandelt.

Denn in allen natürlichen und künstlichen Gewässern wird die Wasserqualität nicht nur von den Transportwegen, den Verweilzeiten, dem Absetzverhalten und den hydromechanischen Gesetzmäßigkeiten, sondern auch von den mitgeführten organischen und anorganischen Schwebstoffen bestimmt. Mit diesen Schwebstoffen erfolgt aber auch der Schadstofftransport. Er wird geprägt vom komplexen Zusammenwirken zwischen den jeweiligen Strömungsverhältnissen und den Reaktionen der Suspensa sowie den chemischen und biologischen Wechselwirkungen zwischen gelösten und suspendierten Wasserinhaltsstoffen und den Sedimenten. Die Beurteilung vieler praktischer Fragen – beispielsweise der Schadstoffbelastung von Flußsedimenten oder auch des Schlickfalls in Hafenbecken – setzt deshalb die grundlegende Erforschung der chemischen, biologischen und hydromechanischen Prozesse beim Schwebstofftransport voraus. Zu diesem Thema wird ein interdisziplinär orientiertes Schwerpunktprogramm vorbereitet.

Allerdings ist der Transport und die Menge der Schadstoffe nur ein Teilaspekt, der zweite ist die Beurteilung der Schädlichkeit, d.h. die **Wirkung der Schadstoffe im Wasser.**

Die Entwicklung und Überprüfung von neuen Beurteilungskriterien für die Güte des Oberflächen-, Grund- und Trinkwassers besitzt hierbei insofern Priorität, als das bisher übliche Vorgehen, d.h. die permanente Erweiterung der Liste spezifischer Güteparameter, unweigerlich früher oder später in einer Sackgasse enden wird. Ansätze für die neue Richtung sind bereits vorhanden, aber die Forschung darf nicht bei den bekannten Summen- und Gruppenparametern stehen bleiben.

Natürlich wird bei dieser Art der Bewertung die Forschung über Vorkommen, Verhalten, Auswirkungen und Eliminierung einzelner Schadstoffe nicht überflüssig; schließlich benötigen wir den Nachweis von gefährlichen Einzelsubstanzen für den Fall des Ansprechens eines der Summenparameter. Bei derartigen Forschungsprojekten müssen allerdings Gewichtungen vorgenommen werden. Eine Abwägung zwischen den Notwendigkeiten, die zum Schutze der Gesundheit außer Zweifel stehen, und den qualitätsmäßigen Ansprüchen, die nicht mehr mit der Gesundheit begründet werden können, wird künftig vermehrt erforderlich sein. Diese Probleme reichen deutlich über die engere Wasserforschung hinaus. Es stellt sich nämlich die Frage, ob Güteanforderungen bis hin zum Null-Wert überhaupt wissenschaftlich begründet werden können.

Neben den gesundheitlich relevanten Schadstoffen (wie Pflanzenschutzmitteln oder Halogenkohlenwasserstoffen) ist auch die Gruppe der im Wasser „unerwünschten Stoffe" in den nächsten Jahren mehr als bisher zu berücksichtigen. Dies gilt vor allem für solche, aus denen durch Reaktionen mit weiteren Substanzen, sei es im Gewässer oder bei der Aufbereitung, Schadstoffe entstehen, die entweder den Menschen gefährden oder aber das ökologische Gleichgewicht des Gewässers beeinträchtigen können.

Hinsichtlich der „unerwünschten Stoffe" seien die geplanten Untersuchungen an aquatischen Huminstoffen genannt, die nur in interdisziplinärer Zusammenarbeit angegangen werden können. Huminstoffe zählen zu den am häufigsten vorkommenden organischen Substanzen auf der Erde, gleichwohl liegen nur bescheidene Kenntnisse über ihre Struktur und die ableitbaren Reaktionsmechanismen, z. B. bei der Wasseraufbereitung (u. a. Chloroformentstehung), und über die Wechselwirkungen mit organischen und anorganischen Schadstoffen in der Umwelt vor. Über dieses Beispiel hinaus bedarf es jedoch generell der Entwicklung von Grundlagen für eine Bewertung und eine fundierte Grenzwertbemessung der unerwünschten Stoffe und schädlichen Substanzen.

Über den gesundheitsbezogenen Aufgaben dürfen die Untersuchungen zur **Ökologie der Gewässer** nicht vernachlässigt werden. Auch in diesem Bereich stehen die Schadwirkungen anthropogener Substanzen im Vordergrund, d. h. es bedarf der Analyse ökotoxischer Wirkungen von Wasserinhaltsstoffen auf den aquatischen Lebensraum und seine Organismen. Sofern entsprechende Testsysteme bereits existieren, mangelt es aber noch an den Untersuchungen bezüglich ihrer tatsächlichen Aussagefähigkeit. In jedem Falle sollten Toxizitätstests mit einzelnen Organismen und ökotoxikologische Testmethoden an simulierten oder tatsächlichen Ökosystemen im Hinblick auf eine sichere Reproduzierbarkeit der Resultate verbessert werden, wobei die Schadwirkung möglichst quantitativ zu erfassen ist.

Auf die große Bedeutung der Abwasserklärung und der Klärschlammbeseitigung im anthropogen beeinflußten Wasserkreislauf wurde schon in den früheren Schriften „Aufgaben und Finanzierung" der DFG hingewiesen. Forschungsziele sind hier bessere Klärverfahren, und auch das Problem einer vertretbaren Verwertung und Deponie ist keineswegs allgemein gelöst. In der Zwischenzeit sind zwar neue Erkenntnisse gewonnen worden, doch zeigt sich, daß bei den konventionellen Reinigungsmethoden derzeit nur begrenzte Verbesserungen möglich sind.

Verbesserungen können hier am ehesten durch optimierte Verfahrenstechnik, weitergehende Reinigung zur Nährstoffelimination, Einsatz besonders stoffwechselaktiver Mikroorganismen etc. erreicht werden (vgl. auch Abschnitt „Biotechnologie"; 3.1.13).

Zur weiteren Verbesserung der Gewässergütesituation bietet sich eine Minimierung der Schmutzfrachten an (Anforderungen an Bau und Betrieb des Entwässerungssystems).

Durch die Entwicklung alternativer Produktionstechniken ist die Entstehung nicht abbaubarer Substanzen in Industrie- und Deponiewasser, von denen die Gewässer freigehalten werden müssen, zu verhindern. Erst wenn dies nicht möglich ist, müssen gezielt Verfahren (z. B. nichtbiologische) zur weiteren Abwasserreinigung entwickelt werden.

Je effektvoller die Abwasserreinigung ist, um so größer wird der Anfall von Klärschlamm, dessen Ablagerung nicht infolge Kontamination mit Schadstoffen beeinträchtigt werden sollte. Hierbei würde eine bessere Aufbereitung auf mikrobiologischer Grundlage einen wichtigen Fortschritt bringen.

Da die menschlichen Aktivitäten den Wasserkreislauf sowohl mengen- als auch gütemäßig beeinflussen, entsteht für die Wasserforschung auch die Aufgabe, die Auswirkungen wasserwirtschaftlicher Anlagen abzuschätzen und daraus Vorschläge für die Bemessung und den Betrieb abzuleiten. Der Betrieb wird um so besser auf die natürlichen Gegebenheiten, etwa des Niederschlags, oder auf zufällige menschliche Einwirkungen, wie z. B. Schmutzstoffzufuhr, reagieren können, je besser die zu erwartenden Belastungen und Störungen vorausgesagt werden können. Daher werden Vorhersageverfahren eine wesentliche Rolle in der Forschung spielen. Bisher liegt auf diesem Gebiet zu wenig Erfahrung vor . Dies liegt einerseits daran, daß die klassischen Methoden der Regelungstechnik, die dazu oft adaptiert werden, nicht besonders brauchbar sind wegen des stark zufälligen Charakters der genannten Prozesse. Andererseits muß die Datengrundlage (z. B. durch Fernerkundung) unbedingt verbessert werden. Da für jede Vorhersage und den daraus resultierenden Betrieb der wasserwirtschaftlichen Anlagen auch ein Aufwand zu treiben ist, muß aber auch gesichert sein, daß sich der Aufwand lohnt. Deshalb müssen Vorhersageverfahren im Zusammenhang mit dem Nutzen gesehen werden, der aus ihnen entsteht. Hier ist der Berührungspunkt zu einem weiten Feld erforderlicher Forschung zur Entwicklung von brauchbaren und akzeptablen Methoden für die Projekt- und Betriebsregelbewertung. Bewertungsverfahren können von der Ermittlung der statistischen Zuverlässigkeit oder einer empirischen Abschätzung der Sicherheit reichen bis zu optimalen Kosten-Nutzen-Abwägungen. Die besonderen Schwierigkeiten bei der Bewertung wie auch bei der Aufstellung von Modellen erfordern neue Strukturen der Zusammenarbeit der Wissenschaftler, z. B. durch Entwicklung von Expertensystemen, deren Anwendung in der Wasserwirtschaft untersucht werden müßte.

Bewertungsprobleme spielen auch eine Rolle in einem bisher stark vernachlässigten Gebiet der Forschung, nämlich der Sanierung von Bewässerungsanlagen, die vor vielen Jahren gebaut und nie oder seit langem nicht mehr die Bemessungskapazität erreicht haben oder erreichen. Alle Verfahren, die für die quantitative Hydrologie zu entwickeln sind, kommen auch der Untersuchung solcher Systeme zugute, die nicht nur als zu sanierende Bauwerke gesehen werden dürfen, sondern auch vom Betrieb her sanierungsbedürftig sind. Hier ist ein dringender Bedarf für einen Technologietransfer von den theoretischen und verfahrenstechnischen Grundlagen zu einer der wichtigsten Grundtechniken, von denen die menschliche Zivilisation abhängt.

4.8 Atmosphärische Wissenschaften

Die atmosphärischen Wissenschaften haben das Ziel, die Zustände der Atmosphäre und die in ihr ablaufenden Prozesse zu beschreiben, wozu auch die Erforschung der weiteren Umgebung der Erde (Ionosphäre, Magnetosphäre) vom Boden aus gehört. Will man bei der Vorhersage der Änderung von Zuständen über den Zeitraum der üblichen Wettervorhersage hinaus, so ist dies nur möglich, wenn der Austausch von Stoffen, von

Energie und Impuls mit dem Ozean, den Inlandeismassen und der Biosphäre berücksichtigt wird. Für die Stoffhaushalte haben auch photochemische Prozesse große Bedeutung.

Die Beobachtung der Atmosphäre wird in zunehmendem Maße durch satelliten- wie auch bodengestützte Fernerkundungsmethoden erfolgen. Weltweit ist auf diesem Gebiet eine intensive Entwicklung im Gange, die auch in der Bundesrepublik Deutschland besonders gefördert werden muß. Für die Vermessung kleinräumiger und kurzlebiger Strukturen müssen spezielle Forschungsflugzeuge mit zum Teil noch zu entwickelnden Sensoren zum Einsatz kommen.

Die zum Verständnis der beobachteten Zustände notwendigen Modelle sind äußerst aufwendig und erfordern den Einsatz der jeweils leistungsfähigsten Rechner.

Im folgenden werden die für die nächsten Jahre zu übersehenden Aufgaben der atmosphärischen Wissenschaften skizziert; sie gehen über die von der DFG geförderten hinaus.

Da in den letzten Jahren Befürchtungen aufgetreten sind, daß menschliche Tätigkeiten zu einer **Veränderung des Klimas der Erde** führen könnten und dadurch bedingte Änderungen des Ernteertrags mit zunehmender Zahl der Erdbevölkerung zu schwerwiegenden Folgen führen würden, wurde von der Weltorganisation für Meteorologie (WMO), einer UNO-Unterorganisation, und dem International Council of Scientific Unions (ICSU) ein Weltklimaprogramm ins Leben gerufen, das mit mehreren Unterprogrammen zu vielen internationalen Aktivitäten geführt hat. Die Befürchtungen haben allerdings ihre Ursachen nicht nur in den möglichen schädlichen Konsequenzen menschlicher Aktivitäten, sondern auch in den in der Vergangenheit beobachteten Änderungen (z. B. der sogenannten kleinen Eiszeit nach dem Ende des Mittelalters), die wir noch nicht verstehen, die aber verstanden werden müssen, um gegebenenfalls künftige Änderungen voraussehen zu können.

Beobachtete Temperaturänderungen der Atmosphäre mit Perioden bis zu etwa 100 Jahren, die als Klimavariationen bezeichnet werden, könnten allein durch den Austausch von Impuls, Wärme und Wasserdampf zwischen Ozean und Atmosphäre erklärt werden, ohne daß dazu z. B. Veränderungen der Zusammensetzung der Atmosphäre oder der von der Sonne zugestrahlten Energie angenommen werden müssen. Zur vollen Bestätigung dieser Annahme fehlt jedoch noch ein **Ozean-Atmosphären-Modell,** das die Strömungen und den damit verbundenen Wärmetransport des gesamten Ozeans und der Atmosphäre sowie den Wasserkreislauf zwischen Ozean und Atmosphäre mit der Wolken- und Niederschlagsbildung hinreichend gut beschreibt.

Die Behandlung der Wolken- und Niederschlagsbildung in einem die gesamte Atmosphäre umfassenden Modell ist schwierig, da dieses nicht Prozesse mit Dimensionen, wie sie für viele Wolken gegeben sind, explizit behandeln kann.

Bei den Ozeanmodellen treten Schwierigkeiten dadurch auf, daß die für den Wärmetransport wichtigen Wirbel nur 100 km Durchmesser besitzen, während ihr Analogon in der Atmosphäre, die Tiefdruckgebiete mit 1000 km Durchmesser, viel besser erfaßbar ist. Insbesondere sind auch die wichtigen Prozesse, die die Deckschicht mit dem tiefen Ozean verbinden, so kleinräumig, daß sie in den Weltozeanmodellen nicht aufgelöst werden können.

Für ein Klimamodell müssen zumindest Atmosphäre und Ozean in einem Modell zusammengefaßt werden, und hierbei bereiten die sehr unterschiedlichen Reaktionszeiten beider Komponenten große Schwierigkeiten. Wird die Temperaturverteilung in der globalen Atmosphäre stark gestört, dann dauert es etwa 100 Tage, bis sich der alte Zustand wieder eingestellt hat. Bei einer Störung der Temperatur des Ozeans dauert es, wenn nur die oberen 500 m betroffen sind, einige hundert Jahre, bis das Gleichgewicht wiederhergestellt ist.

Um unsere Kenntnis der Ozeanzustände zu verbessern und ihre Wirkung auf die Atmosphäre besser kennenzulernen, werden Untersuchungen im Rahmen des „World Ocean Circulation Experiment (WOCE)" in den nächsten zehn Jahren mit Beteiligung von Meteorologen durchgeführt werden. Erste Arbeiten über die Wirkung von großräumigen Temperaturanomalien im tropischen Pazifik (El Nino-Phänomen) auf die Atmosphäre waren schon recht erfolgreich; auf der anderen Seite jedoch konnte die Ursache jener Temperaturanomalien noch nicht gänzlich geklärt werden. Auf diesem Gebiet wird sich eine noch engere Zusammenarbeit von Wissenschaftlern der physikalischen Ozeanographie und der Meteorologie entwickeln (s. Abschnitt 4.6, „Meeresforschung").

Wegen der großen Bedeutung der Bewölkung für das Klima unseres Planeten wurde im Rahmen des Weltklimaprogramms das „International Satellite Cloud Climatology Project (ISCCP)" initiiert.

Das Verständnis der **Wolken- und Niederschlagsbildung in der Atmosphäre** setzt auch die Kenntnis der Verdunstungsprozesse an der Erdoberfläche und der Fähigkeit der Wasserspeicherung des Erbodens voraus, die von der Geländeform, der Bodenart und dem Bewuchs abhängen (z. B. führt der vom Atlantik nach Europa und Eurasien transportierte Wasserdampf in Moskau nicht direkt zum Niederschlag, sondern der dort fallende Niederschlag ist zum großen Teil bereits mehrfach in der Atmosphäre auskondensiert, als Regen gefallen und wieder verdunstet). Daher ist auch die Kopplung der Atmosphärenmodelle mit einem Modell, das die Bodeneigenschaften beschreibt, notwendig; auch für andere Aufgaben ist dies wichtig, z. B. um Fragen der Auswirkung des Klimas auf den Wasserhaushalt und die Pflanzenwelt zu beantworten.

Bodenzustand und Zustand der Pflanzendecke können zum Teil aus Satellitensignalen abgeleitet werden, jedoch sind zur Kontrolle dieser Interpretationen ausgedehnte Experimente am Erdboden in ausgesuchten Gebieten notwendig. Zur Intensivierung dieser Untersuchungen ist das „International Satellite Land Surface Climatology Project (ISLSCP)" eingerichtet worden, dessen Arbeiten in den nächsten Jahren beginnen werden.

Für längerfristige Änderungen – etwa in einem Zeitraum von 1000 Jahren – muß neben der schon genannten Wechselwirkung zwischen Atmosphäre und Ozean auch die mit der Kryosphäre berücksichtigt werden. Ob es allerdings gelingen wird, zuverlässige Modelle über die Bildung der Eiszeiten zu entwickeln, ist zur Zeit noch offen. In jedem Fall müssen die diesbezüglichen **paläoklimatologischen Untersuchungen** vorangetrieben werden, um mit einer möglichst detaillierten Kenntnis des Verlaufs der Eiszeit auch spätere Überprüfungen der Modelle zu ermöglichen.

Die durch die anthropogen verursachte CO_2-Zunahme in der Atmosphäre denkbare Klimaänderung hat auch die Bedeutung der **Spurengase der Atmosphäre** deutlich werden lassen. Neben den anthropogen und durch die Biosphäre bedingten Quellstärken für das CO_2 bestimmt die Senkenstärke des Ozeans die Masse des CO_2 in der Atmosphäre. Außer dem CO_2 wirken auch andere Spurengase (O_3, CH_4, N_2O und Fluorkohlenwasserstoffe u.a.) in ihrer Summe ähnlich wie das CO_2. So hat anscheinend das Methan in den letzten zehn Jahren stark zugenommen; seine Quellen sind jedoch nur wenig bekannt. Für die Konzentration dieser Gase, wie auch für die des CO_2, ist die Wechselwirkung zwischen Atmosphäre und Biosphäre von großer Bedeutung. Daneben aber sind die chemischen Reaktionen maßgebend, die in der unteren Atmosphäre selbst ablaufen, so daß die **Chemie der Troposphäre** künftig ein größeres Gewicht erhalten wird. Zur Aufklärung der in der Troposphäre gefundenen Konzentrationen und zur Beobachtung ihrer zeitlichen Änderung werden in zunehmendem Maße auch bodengebundene Fernerkundungsverfahren (LIDAR u. ä.) eingesetzt werden. Dies gilt zunächst für die Gase O_2 und H_2O. Die anderen Gase, Kohlenwasserstoffe, auch deren Oxidationsprodukte (Aldehyde, Ketone, Peroxide), NO_x, HNO_3, PAN und H_2O_2 werden in absehbarer Zeit noch in situ bestimmt werden müssen. Zu ihrer Analyse und – wenn möglich – auch zur Bestimmung ihrer Transporte zwischen Atmosphäre und Ozean, bzw. Atmosphäre und Biosphäre, werden Flugzeuge mit geeigneten zeitlich hochauflösenden Sensoren für die Konzentration, für die Temperatur und den Vertikalwind eingesetzt werden müssen. Wissenschaftler der USA haben für die Intensivierung dieser Arbeiten ein internationales „Global Tropospheric Chemistry Program" vorgeschlagen.

Für die **Stratosphäre** hat die Luftchemie eine ähnliche Bedeutung. Hier ist das **Ozon** das für die Haushalte anderer Spurenstoffe wesentliche Gas. Mögliche Änderungen der Stratosphärentemperatur werden im langwelligen Spektralbereich durch das CO_2, im solaren Spektralbereich durch Variationen des O_3 sowie durch die von Vulkanausbrüchen und der Gas-Teilchen-Umwandlung von Schwefelverbindungen stammenden Sulfatteilchen und anderen Teilchenarten bestimmt. Die Behandlung der Spurenstoffhaushalte muß auch die Transporte in der Atmosphäre berücksichtigen; ihr volles Verständnis setzt deshalb gute Zirkulationsmodelle voraus.

Viele der luftchemischen Prozesse waren lange Zeit unsicher, da die Reaktionsgeschwindigkeiten der in äußerst geringen Konzentrationen auftretenden Spurenstoffe nur unzureichend bekannt waren. Die Notwendigkeit hochgenauer Messungen wird auch für die künftigen erweiterten Spurenstoffhaushalte gelten, so daß die Analytik und Kinetik in den Laboratorien für diese Zwecke gerüstet sein müssen.

Neben den geschilderten chemischen Prozessen sind auch die bei der Kondensation und bei der Anlagerung von Spurenstoffen an Wolken und Niederschlagströpfchen sowie die in den Tropfen auftretenden chemischen Reaktionen von großer Bedeutung, z. B. für die Entfernung des Schwefeldioxids aus der Atmosphäre. Aber auch die bei der Wolken- und Niederschlagsbildung auftretenden physikalischen Prozesse haben für das Auswaschen von Aerosolteilchen aus der Atmosphäre eine wichtige Funktion. Dem intensiven Studium dieser Prozesse ist der 1986 gegründete Sonderforschungsbereich 233 *„Dynamik und Chemie der Hydrometeore"* (Frankfurt) gewidmet.

Für viele praktische Fragen ist das **regionale Klima**, z. B. das der norddeutschen

Tiefebene oder das des Oberrheingrabens, von großer Bedeutung, so etwa für den Wasserhaushalt und den ihn zu einem großen Teil bedingenden Niederschlag. Das vorhandene Beobachtungsnetz reicht für die Klärung dieser Fragen noch nicht aus. Sogenannte mesoskalige Modelle müssen entwickelt oder weiterentwickelt werden, um z. B. die Wirkung der orographischen Struktur eines Gebietes auf die Entwicklung von Wetterfronten und die Niederschlagsverteilung oder etwa die Ursachen für die Entwicklung schwerer Unwetter verstehen zu können. Um dieses Verständnis zu fördern, hat die DFG 1985 das Schwerpunktprogramm *„Fronten und Orographie"* eingerichtet.

Ozean, Atmosphäre und Biosphäre sind über viele kleinräumige Prozesse gekoppelt, die in der **atmosphärischen Grenzschicht** ablaufen (Turbulenz, Konvektion, Bildung von Grenzschichtbewölkung u. a.). Sie können in Zirkulations- und Klimamodellen nicht explizit behandelt werden. Sie werden vielmehr für diesen Zweck parametrisiert, d.h. ihre Wirkung wird in Abhängigkeit von den im Modell aufgelösten Feldgrößen dargestellt. Dies erfolgt vielfach heuristisch ohne ein wirkliches Verständnis des zu parametrisierenden Prozesses. Notwendig ist daher das Studium dieser Prozesse (für die Turbulenz gilt dies generell und nicht nur für die Grenzschicht) durch Beobachtungen und eine begleitende Entwicklung geeigneter Theorien. Für die Beobachtungen werden wiederum vorwiegend Flugzeuge und bodengebundene Fernerkundungsverfahren herangezogen werden müssen. Man wird aber versuchen, nicht nur Höhenprofile der Feldgrößen, ihrer Varianzen und Kovarianzen mit Hilfe der Fernerkundungsverfahren abzuleiten, sondern mit noch zu entwickelnden Methoden auch die räumliche Verteilung jener Felder zu bestimmen. In dem 1986 in Hamburg eingerichteten Sonderforschungsbereich 318 *„Klimarelevante Prozesse im System Ozean – Atmosphäre – Kryosphäre"* werden unter anderem auch diese Prozesse untersucht.

Die obere Stratosphäre und die Mesosphäre sind noch wenig erforscht, da sie oberhalb der mit Routinemessungen der Wetterdienste erreichbaren Höhen liegen und meist nur stichprobenartig durch Raketen erfaßt werden. Hier gewinnen der Energietransport durch Schwerewellen und durch Turbulenz sowie die Temperaturvariation durch großräumige Vertikalbewegungen ein wesentlich höheres Gewicht als in Troposphäre und Stratosphäre. Zum Verständnis des Strahlungstransports und der damit verbundenen Temperaturverteilungen müssen die Abweichungen vom lokalen thermodynamischen Gleichgewicht berücksichtigt werden. Zur Verbesserung unserer noch geringen Kenntnisse wurde das internationale Mittelatmosphären-Programm (MAP) organisiert und ein gleichnamiges Schwerpunktprogramm eingerichtet, das nach erfolgreicher Arbeit bis 1988 verlängert wurde. Dabei werden die bodengebundenen aktiven und passiven Fernerkundungsverfahren (RADAR-Rückstreuung aller Frequenzen, LIDAR und Emissionsspektroskopie im sichtbaren und im Mikrowellenbereich) zunehmendes Gewicht erhalten.

Die Vertiefung unseres Verständnisses der Zirkulation und des Klimas, aber auch der mesoskaligen und kleinräumigen Prozesse unter Verwendung immer komplexerer physikalischer Modelle, ist ohne die Nutzung von Großrechnern nicht möglich.

In den sehr komplexen Modellen bekommt aber zunehmend eine Fülle von räumlich und zeitlich nicht auflösbaren Prozessen, die prinzipiell unbekannt bleiben, eine große Bedeutung. Heute noch müssen diese, völlig ohne theoretische Grundlage, rein heuristisch in Abhängigkeit von den auflösbaren Prozessen dargestellt, d. h. parametrisiert werden.

Diese Situation spiegelt die Tatsache wider, daß in Physik, Meteorologie und Physikalischer Chemie das Problem „Turbulenz in fluiden Systemen" immer noch zu den theoretisch ungelösten fundamentalen Problemen gehört.

Seit Mitte der siebziger Jahre existieren neue Ansätze zur Lösung dieses Problems in der **nichtlinearen Dynamik und Thermodynamik irreversibler Prozesse,** welche jedoch noch weit von jeder Anwendungsmöglichkeit in der Meteorologie entfernt sind (vgl. dazu Abschnitt 4.3). Hier erscheinen, unter Hinweis auf das oben angeführte Parametrisierungsproblem, Untersuchungen zum Thema „Strukturbildung in dissipativen meteorologischen Systemen" besonders wichtig.

Die Aufgaben, die der atmosphärischen Forschung gestellt sind, sind so umfangreich, daß sie zum Teil nur in internationaler Zusammenarbeit gelöst werden können. Ihre Bearbeitung erfordert erhebliche Mittel für die Entwicklung und den Einsatz von Fernerkundungsmethoden, für die Entwicklung geeigneter Sensoren und die Nutzung von Forschungsflugzeugen, aber auch für die Entwicklung geeigneter Methoden der Spurenstoffanalyse und für die Reaktionskinetik. Für die Modelle müssen die jeweils leistungsfähigsten Großrechner zur Verfügung stehen, die, soweit Ozeanographie und Atmosphärenforschung betroffen sind, zu einem Verbund zusammengefaßt werden sollten. Die experimentell arbeitenden Gruppen können nur dann international konkurrenzfähig bleiben, wenn ihnen das modernste Instrumentarium zur Verfügung steht.

Für die Koordinierung der Fördermaßnahmen der Forschungsgemeinschaft trägt die Senatskommission für Atmosphärische Wissenschaften Sorge. Außerdem berät sie über sich abzeichnende Forschungsdesiderate, wobei auch Fragen der Fernerkundung, der Luftverschmutzung sowie der Luftchemie miteinbezogen werden.

4.9 Polarforschung

Ähnlich wie die Meeresforschung ist die Polarforschung multidisziplinär. Fast alle Naturwissenschaften sind an der Erforschung der Polargebiete beteiligt. Seit die DFG 1978 dem Scientific Committee on Antarctic Research (SCAR) angehört und die Bundesregierung 1979 dem Antarktis-Vertrag beigetreten ist, hat sich die Polarforschung in der Bundesrepublik kräftig entwickelt. Die Bereitstellung des Forschungseisbrechers POLARSTERN, der ganzjährig betriebenen „Georg-von-Neumayer-Station" und der Sommerstationen „Filchner" und „Gondwana" in der Antarktis sowie zweier Meß- und Transportflugzeuge schufen eine solide logistische Basis für ein starkes wissenschaftliches Engagement im Südpolarmeer und auf dem antarktischen Kontinent. Sie werden ergänzt werden durch neue Konfigurationen von Meß- und Nachrichtensatelliten und leistungsfähigen Rechnern.

Die Polarforschung der Bundesrepublik wird personell getragen vom 1981 gegründeten Alfred-Wegener-Institut für Polar- und Meeresforschung, von Bundesforschungsanstalten, Max-Planck-Instituten und einer großen Anzahl von Hochschulinstituten. Das Schwerpunktprogramm *„Antarktisforschung"* der DFG hat wesentlich zur Stärkung der Hochschulforschung auf diesem Sektor beigetragen. Ein umfassender Bericht über das bisher in der Antarktis Erreichte wurde Anfang 1986 zum Abschluß der ersten Fünfjahresperiode des Schwerpunktprogramms vorgelegt. Da wichtige Teile der Polarforschung bereits in den vorstehenden Abschnitten (z. B. im Abschnitt 4.6, „Meeresforschung") behandelt wurden, genügt hier eine Darstellung künftiger Forschungsschwerpunkte, die, wie die bisherigen Arbeiten, vielfach in internationale Programme eingebunden sind.

Das deutsche Antarktisprogramm soll sich in den kommenden Jahren vor allem auf die Weddell-See und ihre Umrandung konzentrieren. Dieses Gebiet ist geologisch als Randzone zwischen dem alten ostantarktischen Schild und der jungen Westantarktis sehr interessant. Bereits die ersten deutschen Arbeiten in den Kottas- und Kraul-Bergen ergaben wichtige neue Datierungen. Die Sedimente der Weddell-See bergen einen Schlüssel zur Vereisungsgeschichte der Antarktis und zur Paläozeanographie des Südpolarmeeres.

Im Rahmen des internationalen Filchner-Schelfeis-Projekts wollen Glaziologen in Zusammenarbeit mit Geodäten und Geophysikern die Dynamik und Massenbilanz des zweitgrößten **Schelfeises** der Erde bestimmen. Im Vergleich zu ihren wissenschaftlichen Aufgaben und logistischen Möglichkeiten ist die deutsche Glaziologie unterbesetzt.

Das Weltklimaprogramm und die Pläne für das „World Ocean Circulation Experiment" geben der Antarktisforschung hohe Priorität. Zwei umfangreiche Winterexpeditionen der POLARSTERN in die Weddell-See sind mit großer internationaler Beteiligung hierfür angesetzt. Austausch- und Transportvorgänge im Packeis, besonders in den temporär eisfreien Arealen (Polynyen), sind eng verknüpft mit der Entstehung des antarktischen Bodenwassers, dessen Bildungsrate mit Hilfe von Tracern untersucht werden soll.

Die Rolle der Antarktis und des Südpolarmeeres als Senke natürlicher und anthropogener Stoffe ist Forschungsobjekt zahlreicher Arbeitsgruppen der **Spurenstoffchemie.** Die Langzeitkonservierung von Gasen und Partikeln in Firn und Eis und die Feinschichtung mariner Sedimente bieten gute Voraussetzungen für die Paläoklimatologie.

Die **biologischen Arbeiten** auf dem antarktischen Kontinent und seinen Inseln werden sich weiterhin mit der Ökophysiologie von Flechten unter den herrschenden extremen Klimabedingungen befassen.

In der antarktischen Meeresbiologie wird die Analyse der Lebensgemeinschaften und ihrer trophischen Wechselbeziehungen im Weddell-Meer weiterhin im Vordergrund stehen. Die zeitweilig vom Eis bedeckten Meeresteile haben sich in den letzten Jahren als besonders ergiebig zum Studium pflanzlicher und tierischer Sukzessionen und unterschiedlicher Überlebensstrategien erwiesen. Die Winterexpeditionen eröffnen auch hier neue Perspektiven für die Klärung der Frage nach Überlebensstrategien in einem weitgehend vom Packeis beherrschten und trotzdem dicht besiedelten Meer.

Untersuchungen zur Populationsdynamik werden gekoppelt mit ökophysiologischen Experimenten und Beobachtungen an Schlüsselorganismen.

Physiogeographen werden in den Polargebieten u. a. Energieumsätze an den Grenzflächen zwischen Atmosphäre und eisfreiem Untergrund durch Meßreihen und Modelle zu erfassen suchen. Hierfür gibt es Projekte auf dem antarktischen Kontinent und auf Spitzbergen, und es bestehen enge Beziehungen zur geowissenschaftlichen Hochgebirgsforschung. Dauerfrostböden sind charakteristisch für weite Gebiete Nordasiens und Nordamerikas, für die arktischen und antarktischen Inseln sowie die eisfreien Oasen des antarktischen Kontinents. Die **Permafrostforschung** befaßt sich auch mit den geoökologischen Auswirkungen auf Bodenmorphologie und -struktur.

Während die meisten der genannten Arbeiten zu Gemeinschaftsprojekten zusammengefaßt werden, planen Wissenschaftler der Hochschulinstitute auch eine Reihe von antarktisspezifischen Einzeluntersuchungen, z. B. zur Physik der Hohen Atmosphäre und zur Suche von Meteoriten auf Blaueisfeldern.

Im Nordpolarmeer bestehen starke Forschungsinteressen im geowissenschaftlichen Bereich vor allem in der Fram-Straße und im nördlich anschließenden Teil des arktischen Beckens. Über die Erdgeschichte dieser Seegebiete zwischen Eurasien und Amerika ist bisher wenig bekannt. Das gleiche gilt für den Wasser- und Faunenaustausch durch die Fram-Straße und für die physikalischen und biologischen Verhältnisse in der Packeiszone der Grönland-See. Die großen Unterschiede hinsichtlich der Morphologie und des erdgeschichtlichen Alters und andererseits die Übereinstimmungen in physikalischen Umweltgrößen fordern zu vergleichenden Untersuchungen in den Meeren der Antarktis und Arktis heraus. Mit dem Forschungsschiff POLARSTERN hat die deutsche Polarforschung dafür ein einmalig gutes Werkzeug.

5 Ingenieurwissenschaften

5.1	Einleitung	259
5.2	Werkstoffe	260
5.3	Kunststofftechnik, Textiltechnik	263
5.4	Meß- und Regelungstechnik	265
5.5	Technische Mechanik	266
5.6	Arbeitswissenschaft	268
5.7	Konstruktionstechnik	268
5.8	Kolbenmaschinen, Turbomaschinen	270
5.9	Energietechnik, Wärme- und Kältetechnik	272
5.10	Verfahrenstechnik	274
5.11	Fahrzeugtechnik	276
5.12	Fertigungstechnik	277
5.13	Luft- und Raumfahrttechnik	280
5.14	Strömungsforschung	281
5.15	Materialflußtechnik	284
5.16	Architektur, Städtebau und Landesplanung	286
5.17	Bauingenieurwesen	289
5.18	Bergbau	295
5.19	Hüttenwesen, Metallurgie	296
5.20	Elektrotechnik	298
5.21	Informatik	304

5.1 Einleitung

Das mit den Synonymen Technikwissenschaften und Ingenieurwissenschaften bezeichnete Gebiet ist mit Abstand das jüngste unter den von der Deutschen Forschungsgemeinschaft unterstützten Wissensbereichen. Ingenieurwissenschaftliche Fragestellungen als Grundlagenforschung – dies schien im vergangenen Jahrhundert, als die ersten Technischen Hochschulen gegründet wurden, ein Widerspruch in sich zu sein, denn ingenieurwissenschaftliche Forschung hat immer einen mittelbaren oder unmittelbaren Anwendungsbezug. Geht man jedoch der Entwicklung von Naturwissenschaften und ganzen Zweigen der Mathematik auf den Grund, so findet man technische und damit ingenieurmäßige Fragestellungen als Motor. Im 17. und 18. Jahrhundert gab es keine Abgrenzungsprobleme, und so ist es nicht überraschend, daß sich heute die Erkenntnis durchgesetzt hat, eine Unterscheidung oder gar Abgrenzung zwischen Grundlagenforschung und Angewandter Forschung in den Technikwissenschaften sei schlechterdings nicht möglich. Mit einer Zunahme der Verwissenschaftlichung der industriellen Technik, die einherging mit einem stetigen Ausbau ingenieurwissenschaftlicher Forschungsinstitute, stieg auch das Engagement der DFG für diesen Wissenschaftsbereich. Betrug der Anteil der Ingenieurwissenschaften an den Fördermitteln der DFG für alle Förderverfahren 1967 noch 17 %, so waren es im Jahre 1985 bereits 23,5 %, und dies bei einer Steigerung der nominalen Fördermittel auf mehr als das Fünffache.

Ingenieurwissenschaftliche Forschung wird heute mit beträchtlichen Mitteln an vielen Stellen betrieben und von vielen Seiten gefördert. Das Spektrum reicht von der meist geheimgehaltenen, eng entwicklungsbezogenen Industrieforschung über die Programme der Arbeitsgemeinschaft Industrieller Forschungsvereinigungen sowie der Fraunhofer-Gesellschaft bis zu den Projekten, die das BMFT im Rahmen seiner Programme fördert. Wenn auch alle genannten, auch mit öffentlichen Mitteln geförderten Programme nicht ohne Bezug zur industriellen Entwicklung sind, so ist doch überall eine Hinwendung zur Grundlagenforschung mit allgemeiner Aufgabenstellung zu beobachten. Es bleibt aber selbst bei solchen Grundlagenprojekten die mit dem finanziellen Engagement der Industrie verbundene Einflußnahme bestehen.

Die DFG sieht ihre Rolle darin, unabhängig von unmittelbaren Einflußnahmen durch industrielle Interessenten technikwissenschaftliche Forschung zu fördern, wobei natürlich der inhärente Praxisbezug möglichst erhalten bleiben soll. Dabei geht es weniger darum, durch andere Programme verbliebene Lücken zu füllen, sondern vielmehr die aus der Freiheit der Forscher entspringenden neuen Ideen in ihrer Vielfalt zu fördern, selbst wenn sie in keine der jeweiligen Trends passen sollten. So können auch grundlegende, wissenschaftlich anspruchsvolle und von unmittelbaren Anwendungsperspektiven weiter entfernte Fragestellungen bearbeitet werden, ohne daß Wettbewerbs- und Wirtschaftlichkeitsgesichtspunkte der Industrie oder anderer Interessenten dies beeinflussen.

Die Förderung der Technikwissenschaften durch die DFG bildet damit ein notwendiges Instrument freier Forschungsförderung, das den großen Programmen der staatlichen Förderung mit Industriebeteiligung gegenüberstehen muß. Dieses Instrument bedarf für die Zukunft weiterer Stärkung sowohl in der Forschungsgemeinschaft als auch in der Grundausstattung der ingenieurwissenschaftlichen Forschungseinrichtungen in den Hochschulen. Nur wenn diese dem Stand der Wissenschaft und der Technik entsprechend ausgerüstet sind, kann dort Forschung auf einem Niveau betrieben werden, das geeignete Grundlagen für künftige Anwendungen verspricht. Nur dann sind auch die Arbeitsbedingungen für hochqualifizierte junge Ingenieure in den Hochschulen so, daß diese mit der materiell wesentlich attraktiveren Industrie konkurrieren können.

Bei technikwissenschaftlichen Forschungsaufgaben ist die Zusammenarbeit mehrerer Wissenschaftler oder Teams häufig erforderlich. Die Schwerpunktförderung wird daher hier besonders gerne aufgegriffen. Mehr als die Hälfte aller Fördermittel der DFG auf diesem Gebiet fließt in die Förderung von Schwerpunktprogrammen und Sonderforschungsbereichen. Die von den Wissenschaftlern bestimmten Themen der Schwerpunktprogramme werden im Senatsausschuß für Angewandte Forschung der DFG beraten, dem auch Vertreter der Industrie und der Ministerien angehören. Hier findet die gegenseitige Information und die Abstimmung von Initiativen statt.

In den folgenden Kapiteln ist eine Auswahl ingenieurwissenschaftlicher Forschungsthemen dargestellt, denen die von der DFG befragten Wissenschaftler heute und in den nächsten Jahren Bedeutung beimessen. Allerdings wäre es verfehlt, wenn dies als programmatische Begrenzung oder als feste Kopplung mit den Fördermaßnahmen der DFG gesehen würde. Künftige Kreativität wird Neues hinzufügen. Beschränkte Möglichkeiten der Forscher und ihrer Einrichtungen sowie stets knappe Mittel werden manches ungetan bleiben lassen.

Die Kapiteleinteilung folgt mit einigen von der Sache gebotenen Abweichungen der Fachausschuß-Gliederung der DFG. Naturgemäß gibt es viele Berührungspunkte zwischen den einzelnen Feldern. Überschneidungen bzw. Doppelnennungen wichtiger Themen sind daher immer wieder zu finden. Sie machen auch wiederholt die Gemeinsamkeiten auf dem großen und vielfältigen Gebiet der Technikwissenschaften sichtbar.

5.2 Werkstoffe

Verfügbarkeit und Beherrschbarkeit geeigneter Werkstoffe sind eine zentrale Voraussetzung für fast alle innovativen Ingenieurleistungen. Daraus erklärt sich, daß ein besseres Verständnis der Eigenschaften von Werkstoffen und Möglichkeiten, diese bei der Herstellung sowie der Be- und Verarbeitung im jeweils gewünschten Sinne zu beeinflussen, Ziele von Forschungsarbeiten in zahlreichen ingenieurwissenschaftlichen Disziplinen sind. Dazu gehören nicht nur die Werkstoffkunde im engeren Sinn, sondern auch Gebiete, die weiter unten in gesonderten Abschnitten dargestellt werden wie

Kunststofftechnik (5.3) sowie Hüttenwesen und Metallurgie (5.19). Auf diese Abschnitte sei hier ausdrücklich verwiesen. Ebenso sind Werkstoffe beispielsweise im Bauingenieurwesen (5.17) und in der Elektrotechnik (5.20) von zentraler Bedeutung und werden dort behandelt. Schließlich und vor allem sind aber für die Werkstoffwissenschaften in dem Maße, wie die Beherrschung der makroskopischen Eigenschaften sich auf eine detaillierte Kenntnis der Mikrostruktur stützen muß, Erkenntnisse und Methoden der naturwissenschaftlichen Grundlagendisziplinen von Belang, so daß werkstoffrelevante Fragen auch in den Kapiteln über Physik, Chemie und Geowissenschaften (Mineralogie, Kristallstrukturforschung) erörtert werden. Leitender Gesichtspunkt für werkstoffwissenschaftliche Arbeiten wird es in den nächsten Jahren sein, fundierte Kenntnisse als Grundlage für moderne Fertigungsprozesse, für einen optimierten Werkstoffeinsatz und für die Realisierung sicherer und zuverlässiger Bauteile zu erarbeiten.

Dem Zusammenhang zwischen dem mikroskopischen Aufbau von Werkstoffen und ihren für die Technik wichtigen Eigenschaften kommt erhebliches Interesse zu, das in den nächsten Jahren noch zunehmen wird. Ein wichtiges Aufgabenfeld ist hier die Erforschung der Struktur von **Grenzflächen.** Dabei kann es sich um Oberflächen, um Grenzflächen zwischen Körnern in quasikristallinen und feinstkristallinen Legierungen sowie um Phasengrenzen zwischen verschiedenen Metallen handeln. Solche Arbeiten werden bereits seit 1974 und noch bis Ende 1987 im Sonderforschungsbereich 152 *„Oberflächentechnik"* (Darmstadt), seit 1985 im Sonderforschungsbereich 319 *„Stoffgesetze für das inelastische Verhalten metallischer Werkstoffe"* (Braunschweig) und in den Schwerpunktprogrammen *„Feinkristalline Werkstoffe"* (seit 1985) und *„Intermetallische Phasen als Basis neuer Strukturwerkstoffe"* (seit 1985) gefördert.

Grenzflächenprobleme stehen auch im Mittelpunkt des Interesses bei der Erforschung von **Verbundwerkstoffen,** sowohl aus verschiedenen Metallen als auch in der Kombination mit anderen Werkstoffgruppen wie z. B. Keramik und Kunststoffen. Neuartige Materialkombinationen mit besonderen Eigenschaften werden hier zunehmende Aufmerksamkeit beanspruchen. Auf diesem Gebiet besteht seit 1985 der Sonderforschungsbereich 316 *„Herstellung, Be- und Verarbeitung sowie Prüfung von metallischen und metallkeramischen Verbundwerkstoffen"* in Dortmund. Zu den Gebieten, auf denen weiterführende Forschungsarbeiten zu erwarten sind, gehören u.a. Beschichtungstechnologien für metallische Überzüge und funktionelles Werkzeug- oder Bauteilverhalten sowie Fragen der Werkstoffpaarung für tribologische Systeme.

Bei den **metallischen Werkstoffen** (siehe dazu auch den Abschnitt 5.19, „Hüttenwesen, Metallurgie") werden weitere intensive Forschungsarbeiten zur Verbesserung der Herstellungsverfahren unter gezielter Beeinflussung der Werkstoffeigenschaften erforderlich sein, so z. B. auf folgenden Gebieten:

– Beeinflussung der Eigenschaften pulvermetallurgisch hergestellter Werkstoffe und Bauteile,

– Elektrokristallisation unter höheren Drücken und Temperaturen (Hochgeschwindigkeitsabscheidung).

Von großer Bedeutung für die Beurteilung der Zuverlässigkeit und Betriebsfestigkeit von Bauteilen ist die Kenntnis der Eigenschaften und des Verhaltens der Werkstoffe in Abhängigkeit von äußeren Einflüssen, beispielsweise mechanischer, chemischer oder thermischer Art. Hier werden in den nächsten Jahren weiterführende Arbeiten unter anderem auf folgenden Gebieten von Bedeutung sein:

- Mechanisches Werkstoffverhalten bei Temperaturen oberhalb der 0,5fachen Schmelz- oder Liquidustemperaturen;

- Oberflächen- und Randschichteinflüsse auf Ermüdungsvorgänge bei zyklischer Beanspruchung;

- Werkstoffwiderstandserhöhung gegenüber Komplexbeanspruchungen;

- Hochtemperaturkorrosion und Hochtemperaturkorrosionsschutz.

Solche Arbeiten werden zum Teil laufende Forschungen ergänzen und erweitern, die z. B. in den Schwerpunktprogrammen *„Korrosionsforschung"* (seit 1983) und *„Schädigungsfrüherkennung und Schadensablauf bei metallischen Bauteilen"* (seit 1985) sowie im Sonderforschungsbereich 211 *„Zeitabhängige Vorgänge und Schadenserkennung in Komponenten wärmetechnischer Anlagen"* (Hannover) seit 1983 gefördert werden.

Nachdem die DFG in der Vergangenheit verschiedentlich Untersuchungen von Bruchvorgängen gefördert hat, sollten in Zukunft mit Priorität die Möglichkeiten und Grenzen der elasto-plastischen Bruchmechanik erforscht werden. Für den Einsatz metallischer Werkstoffe ist ferner die Kenntnis der Wechselfestigkeit von erheblicher Bedeutung. Ein besseres Verständnis des Zusammenhangs zwischen Gefüge und Verhalten bei Wechselbeanspruchung ist dringend erwünscht.

Von gleich großer Bedeutung wie der Einfluß externer Faktoren auf den Werkstoff sind Einflüsse des Herstellungs- und Bearbeitungsverfahrens. Wichtige Themen der nächsten Jahre werden hier u.a. sein:

- Messung, Berechnung und Bewertung von Eigenspannungen nach komplexen Werkstoff- und Bauteilbehandlungen;

- Werkstoffprobleme beim Fügen, Trennen und Wärmebehandeln mit Laserstrahlen;

- Optimierung thermischer, thermo-chemischer und thermo-mechanischer Werkstoffbehandlungen.

Seit 1984 werden einschlägige Arbeiten u.a. in Hannover im Sonderforschungsbereich 300 *„Werkzeuge und Werkzeugsysteme der Metallbearbeitung"* gefördert.

Neben den metallischen Werkstoffen und Verbundwerkstoffen auf Metallbasis wird im Planungszeitraum auch den **anorganisch-nichtmetallischen Werkstoffen** erhebliches Interesse zukommen. Insbesondere keramische Materialien verfügen über interessante Eigenschaften, die sie für manche Anwendungen in der Hochtechnologie attraktiv machen. Eine koordinierte Förderung von Arbeiten aus Physik, Chemie, Mineralogie und Werkstoffwissenschaften zur Untersuchung moderner Hochleistungskeramiken wird angestrebt. Wichtige weitere Themen sind u.a.:

- Vertiefung der Grundlagenkenntnisse bei protonen-, halb- und ionenleitenden Keramiken;
- Weiterentwicklung biokompatibler Keramiken;
- Weiterentwicklung und Eigenschaften faserverstärkter Keramiken, Gläser und Glaskeramiken;
- physikalische und mechanische Eigenschaften von Gläsern;
- mechanisches Verhalten und Stoffgesetze von miniaturisierten Bauelementen;
- plasmagestützte Vakuumbeschichtungstechnologien für keramische Überzüge und funktionelles Werkzeug- und Bauteilverhalten.

5.3 Kunststofftechnik, Textiltechnik

5.3.1 Kunststofftechnik

Die Kunststofftechnik und der dazugehörige Maschinenbau nehmen weltweit eine herausragende Stellung ein. Der Bedarf an begleitender Forschung ist groß und anspruchsvoll.

Bis auf wenige Ausnahmen arbeiten die Kunststoffinstitute integral werkstoffbezogen, d.h. Fertigungstechnik, Werkstoffkunde, Konstruktion und Anwendungstechnik bis zur Qualitätssicherung sind in unterschiedlicher Zusammenfassung Inhalt der Forschungsarbeiten der Institute.

Die chemische und physikalische Grundlagenforschung auf dem Polymergebiet wird durch zentrale Forschungsstätten, z. B. das Max-Planck-Institut für Polymerforschung, in mehreren Sonderforschungsbereichen (60 *„Funktion durch Organisation in makromolekularen Systemen",* Freiburg; 213 *„Topospezifische Chemie und toposelektive Spektroskopie von Makromolekül-Systemen",* Bayreuth) und durch Koordination seitens der chemischen Industrie wirkungsvoll gefördert (s. dazu auch Abschnitt 4.4, „Chemie").

Von besonderem Interesse werden in den nächsten Jahren vor allem folgende Forschungsthemen sein, ohne daß freilich spezielle Forschungsziele besonderen Inhalts als weniger wichtig angesehen werden sollten:

- Struktur-Eigenschaftsprofile besonderer Stoffklassen wie Polymerblends, fremd- und eigenverstärkter Polymere, Erzielung spezieller Strukturen durch neue Verarbeitungsmethoden, Hochleistungsverbundwerkstoffe unter Berücksichtigung von Verarbeitungsverfahren und Qualitätssicherung bei großen Stückzahlen. Dazu gehören u.a. die Herstellung und Erprobung von Bauteilen aus Kunststoffen mit speziellen Eigenschaften (eigenverstärkt, fremdverstärkt, modifiziert, z. B. elektrisch leitend). Hier ist auf den Sonderforschungsbereich 106 *„Korrelation von Fertigung und Bauteileigenschaften bei Kunststoffen"* an der RWTH Aachen hinzuweisen.

- Mathematisch-physikalische Modelle für Urform-, Umform- und Fügeprozesse, für thermodynamische Stoffdaten und für das Verhalten bei mehrachsiger Beanspruchung als Grundlage zur Entwicklung von Rechenprogrammen für die Auslegung von Fertigungsprozessen und von Werkzeugen sowie für die Vorherbestimmung von Eigenschaftsprofilen der Fertigteile. Dazu gehört der Einsatz von Sensoren und regelungstechnischen DV-Programmen. Besondere Beachtung erfordert die Lauffähigkeit oder Übertragbarkeit der Programme auf Mikrorechner. Es sollte – auch hierdurch – vermieden werden, daß immer neue Programme zu ähnlichen oder gleichen Themen erstellt werden.

- Als wünschenswerter Schwerpunkt wird die Verbindungstechnik (Kleben, Schweißen, Schrauben, Schnappen, Klemmen etc.) von Kunststoffen untereinander und mit anderen Werkstoffen angesehen. Für das Verbinden von Kunststoffen mit Bauteilen aus anderen Werkstoffen fehlen Untersuchungen zur werkstoffgerechten und daher häufig unkonventionellen Lösung. Neben den Gestaltungs- und Konstruktionsfragen und dem Verhalten bei statischer und dynamischer Langzeitbelastung muß hierbei auch die Montage- und Werkstoffgerechtigkeit des Fertigungsprozesses bedacht werden.

- Im Bereich der Werkstoffprüfung findet das Verhalten von Verbundwerkstoffen und ihrer Einzelkomponenten bei dynamischer Belastung und in extremen Beanspruchungssituationen zur Klärung von Deformations- und Schädigungsmechanismen sowie Reibung und Verschleiß, insbesondere bei gleichzeitiger zyklischer Beanspruchung, besonderes Interesse. Ein Sonderforschungsbereich 332 *„Produktionstechnik für Bauteile aus nichtmetallischen Faserverbundwerkstoffen"* hat Anfang 1987 seine Arbeit in Aachen aufgenommen.

- Beim Recycling von Polymeren liegen Interessenschwerpunkte bei nicht sortenreinen Abfällen und bei Großteilen, z. B. aus Verbundwerkstoffen oder Werkstoffverbunden. Neben der Beurteilung der Eigenschaftsprofile fehlen Methoden zur Schnellanalyse und Qualitätssicherung.

5.3.2 Textiltechnik

Schwerpunkte der Forschungsaktivitäten der Textiltechnik in den nächsten Jahren werden auf den Gebieten

- neue Rohstoffe und bessere Rohstoffnutzung,
- neue Produkte für technische Anwendungen,
- neue automatisierte Fertigungsverfahren,
- Verbesserung der Fertigungssteuerung durch CIM und CAD, Einsatz von Sensoren, Expertensystemen und Prognosemodellen liegen.

Im Prinzip sind die Aufgaben durchaus mit denen der Kunststofftechnik vergleichbar. Einige Überschneidungen, aber auch sich ergänzende Aufgaben, wie der Einsatz hochfester Fasern, Verstärkung von Polymeren, Einsatz der Sensortechnik, Automatisierung und Fertigungssteuerung, zeigen den engen Zusammenhang und eine vergleichbare Sicht der Forschungsschwerpunkte.

5.4 Meß- und Regelungstechnik

Um die heute anstehenden Probleme einer wirtschaftlich optimalen und sicheren Prozeßführung komplexer Anlagen lösen zu können, reichen die klassischen Methoden der Meß-, Steuer- und Regelungstechnik nicht mehr aus. Für die gerätetechnische Realisierung weitreichender und anspruchsvoller Automatisierungskonzepte bieten zwar moderne Prozeßleitsysteme nahezu ideale Voraussetzungen; ihre Möglichkeiten lassen sich aber nur dann ausschöpfen, wenn auch im Bereich der Methoden zur Steuerung und Regelung komplexer Prozesse entsprechende Fortschritte erzielt werden. Den steigenden Forderungen nach Sicherheit, Wirtschaftlichkeit und Umweltfreundlichkeit kann daher nur entsprochen werden, wenn auch die den Produktionsprozeß begleitenden Informationsströme auf der Basis einer hinreichend genauen Prozeßkenntnis durchschaubar sind. Die mathematische Modellierung komplizierter Prozesse stellt daher auch zukünftig eine wichtige Aufgabe dar (s. auch Abschnitt 5.12, „Fertigungstechnik"). Arbeiten dazu werden im Schwerpunktprogramm *„Messen, Steuern, Regeln von dynamischen Systemen mit komplexer Struktur"* gefördert.

Als zentraler Gegenstand künftiger Forschung ist die Entwicklung geeigneter Automatisierungskonzepte für komplex strukturierte Systeme zu betrachten. Bei der Realisierung einer flexiblen Betriebsweise komplexer Anlagen sowie bei der Automatisierung von An- und Abfahrvorgängen treten stark nichtlineare Steuer- und Regelprobleme auf, für die bis heute nur in bescheidenem Umfang Lösungsansätze existieren.

Im Vergleich zu dem stürmischen Fortschreiten auf dem Gebiet der Informationsverarbeitung ist die Entwicklung der Sensortechnik bisher eher bescheiden zu nennen. Sie muß im Hinblick auf die Prozeßautomatisierung als eine Art Schlüsseltechnologie betrachtet werden. Modellgestützten Meßverfahren kommt daher besondere Bedeutung zu, da sie A-priori-Wissen über das Prozeßgeschehen nutzen, um die Aussagefähigkeit von Meßgrößen zu erhöhen. Auch die Auswertung von Sensorinformationen zur Erhöhung der Anlagensicherheit muß als eine wichtige Aufgabe der Regelungstechnik betrachtet werden. Hier kommen auch Methoden der Mustererkennung zur Anwendung. Bei der Sensortechnik zeichnen sich vor allem die Entwicklung neuartiger Sensoren und Sensorsysteme sowie die Multisensortechnik als wichtige Forschungsfelder ab.

Auf dem hiermit unmittelbar verknüpften Sektor Meßwerterfassung und -auswertung werden folgende Forschungsfelder sichtbar:

- Signalanalyse:
  Entwicklung mikrorechnerverträglicher Algorithmen und Ausgleichsrechnungen zur Signalauswertung und -bewertung bzw. -analyse.

- Signalkodierung:
  Entwicklung von einfachen Standard-Software-Schnittstellen für die Daten- und Signalübertragung von Sensoren.

- Meßbetriebssysteme:
  Mikroverträgliche Meßbetriebssysteme zur Eigensteuerung der Meßprogramme, zur leichteren Anpassung an die Meßaufgabe, zur Verwaltung und Verknüpfung von Sensorsignalen sowie zur schnellen Reaktionsmöglichkeit auf Meßwertüberschreitung bzw. Störfälle.

- Expertensysteme:
  Fehlerdiagnose in Multisensorsystemen und vermaschten Meßnetzen; Entwicklung und Konzipierung von Meßnetzen.

5.5 Technische Mechanik

Die Technische Mechanik ist Grundlagenwissenschaft für alle Ingenieuraufgaben, bei denen die Festigkeit, die Verformungen oder die Bewegungen materieller Systeme untersucht werden. Der Einsatz neuer Werkstoffe, die immer genauere Beherrschung zunehmend komplexer werdender Probleme der Technik erfordern Forschung und Weiterentwicklung vor allem auf den folgenden Gebieten:

- Stoffgesetze:
  Es besteht ein großer Bedarf an zutreffenden (d.h. experimentell verifizierten) Stoff-

gesetzen für makroskopisch inhomogene Werkstoffe (z. B. Verbundwerkstoffe) und das inelastische, nichtlineare Verhalten von Werkstoffen (Stichworte: Umformvorgänge, Kriechen, Werkstoffdämpfung). Darauf aufbauend müssen Probleme der Lebensdauervorhersage (z. B. Rißausbreitung, high cycle fatigue, Schadensakkumulation, Zuverlässigkeit) behandelt werden (s. dazu auch Abschnitt 5.2).

- Wechselwirkungen zwischen den Teilen komplexer Systeme:
  Die Schwingungen und die Stabilität eines mechanischen Systems hängen wesentlich von den Wechselwirkungen zwischen seinen Teilen und der Umgebung ab. Beispiele sind Verformungen an Fügestellen und Kontaktflächen sowie Fluid-Struktur-Wechselwirkungen und Baugrunddämpfung, Erregung durch Schallfelder und Schallabstrahlung. An physikalisch fundierten Beschreibungsweisen wird gearbeitet, weitere Anstrengungen sind erforderlich.

- Aufstellen von Verformungs- und Bewegungsgleichungen:
  Die Komplexität der anliegenden Probleme verlangt die Verbesserung des werkstoff- und gestaltgerechten Diskretisierens kontinuierlicher Gebilde (etwa mit Finiten Elementen und Randelementen) und das Automatisieren des Aufstellens verwickelter Bewegungsgleichungen.

- Modellfindung:
  Eine Reihe von technischen Phänomenen (z. B. die u.a. seit 1986 im Sonderforschungsbereich 181 *„Hochfrequenter Rollkontakt der Fahrzeugräder"*, Berlin, untersuchte Riffelbildung auf Eisenbahnschienen, mannigfache selbsterregte Schwingungen) harrt der Erklärung durch einfache Modelle, die den Ursache-Wirkung-Mechanismus aufdecken. Nichtlineare Effekte herrschen dabei vor.

- Methodenentwicklung:
  Zur rechnerischen Simulation an umfangreichen linearen, nichtlinearen und stochastischen Systemen müssen effiziente Methoden weiter erforscht, entwickelt und in Datenverarbeitungsanlagen implementiert werden.

- Aktive Beeinflussung:
  Die Entwicklung der Meß- und Regelungstechnik und ihrer apparativen Umsetzung erlauben es, sich auch in mehr konventionellen Gebieten mit aktiven Elementen zu befassen. Beispiel: Magnetlager.

- Experimentelle Mechanik:
  Es geht einerseits um die Meßmethoden (z. B. optische Methoden), andererseits um die Interpretation der Ergebnisse (z. B. Modalanalyse, Identifikation), auch hinsichtlich einer Verbesserung der zugrunde gelegten Modelle.

Der Fortschritt auf allen diesen Gebieten ist um so größer, je besser Konstrukteur und Mechaniker an konkreten Problemen zusammenarbeiten. Andererseits ist eine enge Rückkopplung zu Physik, Mathematik und Informatik unumgänglich. In einem Schwerpunktprogramm *„Dynamik von Mehrkörpersystemen"*, das seit 1987 gefördert wird, soll diese Zusammenarbeit verwirklicht werden.

5.6 Arbeitswissenschaft

Seit Vorlage der DFG-Denkschrift „Zur Lage der Arbeitsmedizin und Ergonomie" 1980 sind positive Entwicklungen für die arbeitswissenschaftliche Grundlagenforschung in Gang gekommen. Die Arbeitswissenschaft wurde an weiteren Hochschulen etabliert; bestehende arbeitswissenschaftliche Einrichtungen wurden ausgebaut. Innerhalb der Ingenieurwissenschaften gehört die Arbeitswissenschaft jedoch nach wie vor zu den „kleinen Fächern": Dies läßt sich zum Teil so erklären, daß das arbeitswissenschaftliche Themengebiet – Analyse und Gestaltung der technischen und organisatorischen Bedingungen von Arbeitsprozessen nach Maßstab der Produktivität und Menschengerechtigkeit – naturgemäß eine Reihe weiterer Disziplinen interessiert. So befassen sich einerseits technische Disziplinen mit den arbeitenden Menschen in dem von ihnen bearbeiteten Techniksegment (z. B. Fahrzeugtechnik, Regelungstechnik); andererseits sind mit menschlichen Arbeitsprozessen unter ihrem spezifischen Erkenntnisinteresse auch Disziplinen außerhalb der Ingenieurwissenschaften befaßt (z. B. Arbeitsmedizin, Arbeitsphysiologie, Arbeitspsychologie).

Sowohl die Anwender arbeitswissenschaftlicher Forschungsergebnisse als auch die Arbeitswissenschaftler selbst schätzen eine systematische Behandlung folgender Themenkreise mit hoher Priorität ein:

- Verlagerung von projektorientierter zu problemorientierter Forschung,
- Entwicklung von Methoden zur Arbeitsanalyse und zur Arbeitssystemgestaltung,
- Superposition von Teilbelastungen und deren Auswirkungen auf die Beanspruchung,
- Entwicklung und Anwendung epidemiologischer Forschungsmethodik,
- Arbeitswissenschaft der Mensch-Computer-Interaktion und Entwicklung der Software-Ergonomie,
- Verstärkung der Produkt-Ergonomie,
- Untersuchung und Verbesserung der wechselseitigen Anpassung zwischen Mensch und Arbeit durch Auswahl, Übung und Training von Mitarbeitern.

5.7 Konstruktionstechnik

Die Forschung in der Konstruktionstechnik gilt den Konstruktionselementen und der Schaffung einer wissenschaftlich fundierten Konstruktionslehre. In der Vergangenheit konnte insbesondere durch den Einsatz von Computern bei der Bildung und numerischen Auswertung von Modellen sowie bei der Erfassung und Verarbeitung von Meßwerten das Verständnis der Beanspruchung und der Einsatzgrenzen der Konstruktionselemente erheblich vertieft werden. Es zeigt sich allerdings, daß die „klassische", allein an den Gesetzen der Mechanik und Thermodynamik orientierte Konstruktionswissenschaft immer häufiger an ihre Grenzen stößt. Hier ist in verstärktem Umfang eine interdisziplinär angelegte Forschung erforderlich. Die Forderungen nach Leichtbau, verbesserter Energieumsetzung und verringertem Verschleiß erfordern den Einsatz neuartiger Werkstoffe auf metallischer und nichtmetallischer (insbesondere keramischer) Grundlage. Die Anwendung in der maschinenbaulichen Praxis setzt naturwissenschaftlich begründete und experimentell abgesicherte Berechnungsverfahren voraus, aber auch Gestaltungsregeln, die durch gemeinsame Forschung von Werkstoff- und Konstruktionswissenschaftlern gewonnen werden müssen. Von erheblicher volkswirtschaftlicher Bedeutung ist die tribologische Verschleißforschung. Hier spielen neben mikrophysikalischen auch chemische Prozesse eine bisher nur unzureichend geklärte Rolle. Dringend erscheint die Entwicklung abgesicherter Berechnungsmodelle für die Vorhersage der Lebensdauer technischer Bauteile, die im Betrieb Verschleiß ausgesetzt sind.

Ein wichtiges Bindeglied zwischen der Forschung auf den Gebieten der Konstruktionselemente und der Konstruktionslehre stellte das ausgelaufene Schwerpunktprogramm „Ressourcenbewußte Gestaltung von Bauteilen des Maschinenbaus" dar, in dem zukunftsweisende Impulse gegeben werden konnten. Die eigentliche Konstruktionslehre ist eine noch sehr junge Disziplin. Die Konstruktionslehre soll dem Konstrukteur systematische Anleitungen für die Gestaltung technischer Produkte zur Verfügung stellen. Nach bedeutenden Anfangserfolgen, in denen wichtige Teilschritte des Konstruktionsprozesses wie Konzipieren, Entwerfen, Gestalten sowie Bewerten von Alternativen wissenschaftlich durchdrungen wurden, schien eine gewisse Stagnation einzutreten. Um so erfreulicher ist es, daß sich auch auf diesem Gebiet interdisziplinäre Ansätze erfolgreich abzeichnen. Das Konstruieren ist ein geistiger Prozeß sehr großer Komplexität. Viele entscheidende Arbeitsschritte führt der gute Konstrukteur intuitiv aus. Die DFG fördert daher die Zusammenarbeit von Psychologen und Konstruktionswissenschaftlern, so u.a. seit 1987 in der Forschergruppe „Nichttechnische Komponenten des Konstruktionshandelns bei zunehmendem CAD-Einsatz" an der Technischen Universität Berlin. Von großer Bedeutung ist es auch, Prognoseverfahren zu schaffen, mit deren Hilfe der Konstrukteur bereits bei der Konstruktion die zukünftigen Herstellungskosten von Bauteilen und kompletten Maschinen bestimmen kann. Schließlich sind auch Forschungsarbeiten zur Integration von Konstruktionslehre und rechnergestütztem Konstruieren (CAD) voranzutreiben.

Ein generelles Merkmal der heutigen Technologie ist die Bildung großer, hochkomplexer Systeme. Wichtige Forschungsaufgaben betreffen die Simulation des Verhaltens derartiger Systeme, das Schaffen von Modellen für die Analyse und Vorhersage ihrer Zuverlässigkeit und das Zusammenwirken elektronischer Meß- und Regelungselemente mit mechanischen Komponenten. Eine verbesserte Computersimulation von Mensch-Maschine-Regelkreisen soll z.B. Hinweise für den Entwurf „intelligenter" Systemkomponenten liefern, die sich weitgehend automatisch wechselnden Betriebsbedingungen anpassen. Von großer volks- und betriebswirtschaftlicher Bedeutung ist die Entwicklung von Expertensystemen, mit deren Hilfe konstruktives Wissen erfaßt und flexibel angewendet werden kann. Ferner ist es wichtig, durch den Einsatz von Mikroprozessoren „intelligente" Produkte zu schaffen, z. B. Wandler, die sich in Fahrzeugen so an die Fahrbedingungen anpassen, daß die Verbrennungskraftmaschine mit möglichst günstigem Wirkungsgrad betrieben werden kann.

5.8 Kolbenmaschinen, Turbomaschinen

5.8.1 Kolbenmaschinen

Als wichtigste Anwendung der Kolbenmaschinen hat der Verbrennungsmotor eine weltweit steigende Bedeutung in der Antriebs- und Energietechnik. Bedeutende Forschungsaufgaben gibt es u.a. auf folgenden Gebieten:

- Der Verbrennungsprozeß ist für den Wirkungsgrad sowie die Schadstoff- und Geräuschemission maßgeblich. Für den äußerst komplexen Vorgang sind chemische Reaktionen in enger Wechselwirkung mit Impuls-, Wärme- und Stofftransport bei instationärer Strömung von Bedeutung. Wichtig sind auch die Anfangsbedingungen wie Gemischbildung und Einströmvorgang. Es bestehen höchste Anforderungen an Meß- und Auswertetechnik. Der Sonderforschungsbereich 224 *„Motorische Verbrennung"* in Aachen befaßt sich mit den Grundlagen dieser Abläufe.

- Systeme zur Abgasreinigung ermöglichen die Erfüllung strenger Umweltanforderungen. Instationär beaufschlagte katalytische Systeme sowie regenerierbare Filter arbeiten unter neuartigen Randbedingungen und erfordern grundlegende Untersuchungen zur Wirksamkeit und Haltbarkeit.

- Schwingungen und Geräuschemissionen des Motors als System enthalten eine Vielfalt noch ungelöster Aufgaben. Kennzeichnend sind eine Vielzahl unterschiedlicher Fügestellen, hydraulische und hydrodynamische Elemente sowie eine komplexe Anregung. Meß- und Auswertetechnik sowie mathematische Modellierung werden hier besonders gefordert.

- Schmierungs-, Reibungs- und Verschleißvorgänge sind immer noch nicht genügend erforscht. Instationäre Mischreibung unter Berücksichtigung thermischer, chemischer und geometrischer Einflüsse stellt hier hohe Anforderungen. Neue Werkstoffe (Keramik) sind mit zu berücksichtigen.

- Das Betriebsverhalten von Motor- und Motoraufladesystemen wird durch eine komplexe Kopplung thermodynamischer, strömungsmechanischer und mechanischer Vorgänge gekennzeichnet, für die eine aussagefähige Modellierung noch erarbeitet werden muß. Erkenntnisse aus entsprechenden Untersuchungen sollen auch Grundlagen für die zunehmende Anwendung elektronischer Steuerungen (Motormanagement) liefern.

- Alternative Kraftstoffe (Wasserstoff, Alkohole und andere sauerstoffhaltige Kraftstoffe) beeinflussen den Verbrennungsprozeß und haben Auswirkungen auf das Betriebsverhalten. Trotz zahlreicher früherer Untersuchungen sind noch viele Fragen offen.

5.8.2 Turbomaschinen

Die wissenschaftlichen Arbeiten auf dem Gebiet der Turbomaschinen haben im wesentlichen vier Zielrichtungen:

- Die Rechenverfahren für die Strömung durch Axial- und Radialbeschaufelungen sind zu vervollkommnen, um die Energieumsetzung so sicher voraussagen zu können, daß zeitraubende und teure Versuche weitgehend entfallen können. Dazu wären prinzipiell dreidimensionale Rechenprogramme für die reibungsbehaftete Strömung notwendig, die sowohl mögliche Ablösungsgebiete wie auch die instationäre Wechselwirkung zwischen den relativ zueinander bewegten Schaufelreihen berücksichtigen müßten. Dieses Ziel läßt sich nur schrittweise erreichen und wird unter anderem in den Schwerpunktprogrammen *„Finite Approximationen in der Strömungsmechanik"* und *„Physik abgelöster Strömungen"* verstärkt angegangen. Zur Verifizierung der Verfahren bedarf es entsprechender Versuchsanlagen mit entsprechend fein auflösenden Meßtechniken.

- Rechenverfahren für alle die Festigkeit der Bauteile beeinflussenden Vorgänge müssen weiterentwickelt werden, um die Verfügbarkeit der Anlagen zu erhöhen. Zu berechnen sind die Spannungs- und Temperaturverteilungen und Schwingungsvorgänge unter Berücksichtigung aller möglichen Anregungsmechanismen. Hierzu wird unter anderem im Sonderforschungsbereich 211 *„Zeitabhängige Vorgänge und Schadenserkennung in Komponenten wärmetechnischer Anlagen"* (Hannover) gearbeitet. In diesen Problemkomplex gehört es auch, alle Verformungen, insbesondere die transienten, in ihrem zeitlichen Ablauf zu ermitteln, um für alle Betriebsbedingungen die notwendigen Spiele richtig bemessen oder durch aktive Maßnahmen aufrechterhalten zu können.

- Fortschritte werden bei den Turbokraftmaschinen vor allem in der Möglichkeit gesehen, das Arbeitsfluid von höherer Temperatur und auch höherem Druck ausgehend in der Turbine expandieren zu lassen. Das gilt sowohl für Dampf- als auch vor allem für Gasturbinen. Hier gilt es, sowohl besser geeignete Werkstoffe wie auch Methoden zu finden, die hochbeanspruchten Bauteile noch besser zu kühlen oder mit Schichten abzudämmen und gegen korrosive Einflüsse zu schützen. Um diese Entwicklungen voranzutreiben, haben Hochschulinstitute, die Deutsche Forschungs- und Versuchsanstalt für Luft- und Raumfahrt (DFVLR) und Industriefirmen die Arbeitsgemeinschaft AGTurbo gegründet, deren Verbundvorhaben „Hochtemperatur-Gasturbine" vom BMFT gefördert werden soll.

- Gesteigertes Umweltbewußtsein verlangt nach geringerem Lärm, d.h. bei Turbomaschinen vor allem nach Verringerung des Drehklanges. Bei Gasturbinen ist außerdem der Verbrennungsvorgang so zu beeinflussen, daß möglichst wenig Schadgaskomponenten entstehen können. Problemlösungen werden unter anderem von dem Sonderforschungsbereich 167 *„Hochbelastete Brennräume"* (Karlsruhe) und von der Arbeitsgemeinschaft Technische Flammen (Tecflam) vorangetrieben, die vom BMFT und vom Land Baden-Württemberg gefördert wird.

5.9 Energietechnik, Wärme- und Kältetechnik

Obwohl im Vergleich zu den Vorjahren sich der Energiemarkt weitgehend entspannt zu haben scheint, muß die Grundlagenforschung über Energieumwandlungsverfahren weiterhin als eine wesentliche Aufgabe nationaler und internationaler Forschungsförderung angesehen werden. Nur so kann auch für die Zukunft bei nach wie vor begrenzten Ressourcen eine ausreichende Energieversorgung aufrechterhalten werden.

- Möglichkeiten zur Energieeinsparung bestehen vor allem im Bereich der Hausheizung und der Niedertemperaturprozeßwärme. Mit dem seit 1985 geförderten Schwerpunktprogramm *„Thermophysikalische Eigenschaften neuer Arbeitsstoffe der Energie- und Verfahrenstechnik"* sollen die thermodynamischen Eigenschaften von Stoffen und Stoffgemischen untersucht werden, die sich für den Einsatz in Absorptionsgeräten zur Heizung und Kühlung und für Niedertemperaturprozesse besonders eignen. Darauf aufbauend sollten auch weiterhin systematische Untersuchungen über die technische Durchführbarkeit derartiger Prozesse angestellt werden, mit dem Ziel, langfristig Verfahren zu entwickeln, mit denen gerade im Bereich der Heizung und der Niedertemperatur-Prozeßwärme erhebliche Energien eingespart werden können.

- Mit dem Auslaufen des Sonderforschungsbereichs 163 *„Nutzung der Prozeßwärme aus Hochtemperaturreaktoren"* (Aachen) wurden zunächst die Grundlagenuntersuchungen über die Umwandlung von Kernenergie in gasförmige oder flüssige Energieträger zu einem gewissen Abschluß gebracht. Für eine langfristig orientierte Energiewirtschaft sind solche Verfahren außerordentlich wichtig, und daher muß es als eine besondere Aufgabe angesehen werden, Grundlagenuntersuchungen zu diesem Thema auch weiterhin voranzutreiben. Die Methoden, die zur Analyse derartiger Verbundprozesse entwickelt werden, eignen sich auch allgemein zur Beurteilung von Energieumwandlungsverfahren, wie zum Beispiel Kohlevergasungsverfahren und Methoden zur Wasserstofferzeugung. Alle diese Verfahren haben gemeinsam, daß die verfahrenstechnische Auslegung derartiger Prozesse gegenüber heutigen Energieumwandlungsverfahren im allgemeinen sehr viel komplexer ist, dafür aber auch Möglichkeiten der Schadstoffreduzierung bietet, welche mit heute üblichen Verfahren nur schwer erreicht werden können.

- Ein physikalisch fundiertes Verständnis und eine mathematisch wie physikalisch sinnvolle Beschreibung der Zwei- und Mehrphasenströmung – insbesondere die der Dampf-Flüssigkeits-Gemische – ist nur möglich, wenn man die Austauschvorgänge für Impuls, Energie und Stoff über die Phasengrenzen kennt. Solche Untersuchungen sind experimentell äußerst schwierig, und zuverlässige Ergebnisse liegen bis heute nur für sehr einfache Randbedingungen, wie zum Beispiel für Schichtenströmung oder Sprühströmung, vor. Für solche Untersuchungen müssen auch neue Meßverfahren entwickelt werden. Bei Vorliegen umfassender neuer Erkenntnisse über den Impulsaustausch an den Phasengrenzen könnten zum Beispiel die Berechnungen über den Druckverlust bei der Strömung von Gas-Flüssigkeits-Gemischen auf eine völlig neue und wesentlich zuverlässigere Basis gestellt werden. Untersuchungen über den Wärme- und Stoffaustausch könnten nicht nur das Verständnis der Transportvorgänge beim Sieden und Kondensieren verbessern, sie würden auch auf das Gebiet der Verfahrenstechnik ausstrahlen, da sie helfen, verfahrenstechnische Prozesse der Rektifikation, Extraktion bis hin zur chemischen Reaktion besser zu verstehen.

- Besondere Bedeutung wird auch in Zukunft die Verbrennungsforschung haben müssen, vor allem deswegen, weil die notwendige Begrenzung schädlicher Reststoffe, so etwa der Stickoxide, sowohl bei Verbrennungskraftmaschinen als auch in der Kraftwerkstechnik und bei Industrie- und Kleinfeuerungen immer vordringlicher wird. Berechnungsverfahren zur Simulation der realen Verhältnisse in den Brennräumen derartiger Maschinen und Anlagen sind eine notwendige Voraussetzung dafür, die Entstehung von Reststoffen während des Verbrennungsvorgangs zu verringern. Hierzu sind sowohl experimentelle als auch theoretische Untersuchungen notwendig, um den komplexen Zusammenhang zwischen den reaktionskinetischen Abläufen und den turbulenten Strömungsvorgängen sicher zu erfassen.

- Für eine abgerundete Behandlung des Gesamtkomplexes „Minimierung von Reststoffen" aus der Energie- und Kraftwerkstechnik ist es schließlich noch notwendig, Verfahren zur Behandlung dieser Reststoffe, sei es mit dem Ziel einer Nutzung oder dem der gesicherten Deponie, zu untersuchen. Auf diesem Gebiet ist zwar anwendungstechnisch eine Reihe von Entwicklungsarbeiten im Gange, diese sind jedoch überwiegend empirisch ausgerichtet. Das auch nur einigermaßen hinreichende Verständnis der physikalisch-chemischen Vorgänge bedarf hier noch einer intensiven Grundlagenforschung.

5.10 Verfahrenstechnik

Verfahrenstechnik ist Stoffwandlungstechnik. Um Stoffe wandeln zu können, ist Energie erforderlich. Der Energieeinsatz kennzeichnet deshalb auch die großen Gebiete der Verfahrenstechnik: mechanische, thermische, chemische und biologische Verfahrenstechnik. Verfahrenstechnische Problemstellungen kommen aus fast allen Bereichen der industriellen Produktionstechnik. Sie sind mit folgenden Zielen zu lösen: Verringerung des Verbrauchs von Energie und Rohstoffen, insbesondere der fossilen Grundstoffe, und verbesserter Umsatz der Einsatzstoffe zu Wertstoffen. Nicht nur um die Wirtschaftlichkeit der Stoffwandlungsprozesse zu steigern, sondern auch um den Anfall von Abfallstoffen zu verringern, müssen sich künftige Forschungsarbeiten vorrangig der Aufgabe annehmen, möglichst alle gasförmigen, flüssigen und festen Abfallstoffe im Prozeß wieder einzusetzen, um damit zu einem anlagenintegrierten Umweltschutz zu kommen.

Für die Entwicklung verbesserter Verfahren in den genannten vier Teilbereichen der Verfahrenstechnik sind vor allem die Kenntnisse über mehrphasige Strömungen zu verbessern, weil deren genaue physikalische Beschreibung noch erhebliche Lücken aufweist. Auf dem Gebiet der Gas/Feststoff-Strömungen kommt dabei der Betrachtung feinster Partikel mit einem Durchmesser unter 10 Mikrometern besondere Bedeutung zu. Hier sind es insbesondere die Erzeugung, Trennung und Abscheidung, die wesentlich verbessert werden müssen, aber auch die Partikelmeßtechnik, ohne die kaum wirkliche Fortschritte zu erzielen sind. Auch die Nutzung der Gas/Feststoff-Strömungen, beispielsweise in der zirkulierenden Wirbelschicht, zur umweltfreundlichen, schwefel- und stickoxidarmen Kohlenverbrennung und die Lösung der Feststoffabscheidung aus heißen und/oder unter Druck stehenden Gasen bedürfen dringend verstärkter Forschungsarbeiten.

Über die Strömung fluider Phasen haben sich die Kenntnisse in den letzten Jahren wesentlich verbessert. Da an der Phasengrenze zwischen Fluiden alle für die Verfahrenstechnik wesentlichen Vorgänge ablaufen, wie Impuls-, Wärme- und Stoffaustausch, chemische Reaktionen und biologische Umsetzungen, ist die Forschung auf dem Gebiet der Grenzflächen weiter zu stärken.

Von großer Bedeutung für Fortschritte bei der energetischen und stofflichen Optimierung der Trennverfahren werden die mathematische Modellierung und die Regelung der Prozesse sein. Neben der Entwicklung geeigneter Modelle steht hier in den nächsten Jahren die Sensorentwicklung im Vordergrund. Die verzögerungsfreie Messung von Drücken, Temperaturen und Konzentrationen ist die Voraussetzung für eine optimale Überwachung und Steuerung chemischer und biologischer Prozesse, auch im Hinblick auf die rechtzeitige Erkennung kritischer und gefährlicher Betriebszustände.

Unmittelbare Folge einer verbesserten Meßtechnik und der Möglichkeit der mathematischen Modellierung verfahrenstechnischer Prozesse wäre die Optimierung chemischer und biologischer Systeme im Hinblick auf Produktqualität, Umweltbelastung und Energieverbrauch. Zukünftige Entwicklungen müssen besonders der

Systemoptimierung Aufmerksamkeit widmen und hier vor allem den dynamischen Vorgängen, die heute für komplexe, viele Verfahrensstufen umfassende Prozesse noch in den Anfängen steckt.

Nicht zu unterschätzende Bedeutung bei der Stoffwandlung haben chemische Reaktionen, die sinnvoll nur bei Einsatz von Katalysatoren durchzuführen sind. So ist es unvorstellbar, sich beispielsweise mit den geringen Umsätzen von Wasserstoff und Stickstoff zu Ammoniak zu begnügen, die bei den heute beherrschbaren Temperaturen und Drücken zu erzielen sind. Hier hat die Katalyse enorme Fortschritte gebracht, die nicht nur die Produktausbeute erhöht und der Energieeinsparung dient, sondern auch durch den erhöhten Stoffumsatz eine Verringerung der Abfallstoffe bewirkt.

Kaum abschätzen läßt sich derzeit die zukünftige Entwicklung der Biotechnologie. Die Prognosen sind unterschiedlich und sagen zum Teil dramatische Veränderungen voraus. Biologische Prozesse zeichnen sich dadurch aus, daß sie überwiegend bei Normaldruck und -temperatur ablaufen. Dies ist ein nicht zu unterschätzender Vorteil. Allerdings ist die Konzentration, in der die Bioprodukte anfallen, meist um den Faktor 10 oder 100 geringer als bei chemischen Umwandlungen. Dieser Sachverhalt stellt eine Herausforderung an den Verfahrensingenieur dar, weil die wirtschaftliche mechanische und thermische Abtrennung der Wertprodukte über Erfolge oder Mißerfolg eines biologischen Verfahrens entscheidet. Besondere Fortschritte erzielte in den letzten zehn Jahren die Verfahrenstechnik auf den Gebieten der biologischen Abwasser- und Abluftreinigung.

Ein noch weitgehend ungeklärtes Problem ist, wie bei größeren Produktionseinheiten der Übergang von der diskontinuierlichen zur kontinuierlichen Fahrweise zu vollziehen ist. Hier treten neue, ungelöste Probleme bei der Strömung sowie dem Wärme- und Stoffaustausch auf, die durch die Belastbarkeit des biologischen Systems bedingt sind. Viele wohlerprobte Verfahren der mechanischen Verfahrenstechnik – beispielsweise die mechanische Feststofftrennung aus Flüssigkeiten mit Zyklonen, Filtern, Zentrifugen und Membranen – oder der thermischen Verfahrenstechnik – etwa der Extraktion oder Trocknung – lassen sich nicht ohne weiteres auf biologische Systeme übertragen. Auch die Bioreaktorentwicklung hat andere, neue Wege zu gehen. Unverzichtbar für die technische Umsetzung biologischer Prozesse ist die Entwicklung geeigneter Sensoren, die eine Messung, Steuerung und Regelung biotechnologischer Verfahren erst ermöglichen.

Mit dem Ziel, biotechnische Prozesse energetisch und stofflich zu optimieren oder neue Prozeßtechniken zu entwickeln, ist die verfahrenstechnische Forschung in besonderem Maße auf mikrobiologisches, biochemisches und genetisches Grundlagenwissen angewiesen. (Die Grundlagen der Biotechnologie werden im Rahmen der Biowissenschaften im Kapitel „Biotechnologie" – Abschnitt 3.1.12 – behandelt). Bei der Untersuchung der eingangs erwähnten physikalischen und chemischen Prozesse besteht ein ebenso großer Bedarf an naturwissenschaftlichen Grundlagenkenntnissen. Vor allem dann, wenn die verfahrenstechnische Forschung hier auf Lücken stößt, ist eine enge interdisziplinäre Zusammenarbeit angebracht, die in der Vergangenheit auch erfolgreich praktiziert wurde.

Als Beispiel für eine langjährige Kooperation zwischen Verfahrenstechnikern,

Thermodynamikern und Chemikern ist der 1987 auslaufende Sonderforschungsbereich 153 *„Reaktions- und Stoffaustauschtechnik disperser Zweiphasensysteme"* (München) zu nennen. Die Förderung dieser Zusammenarbeit zwischen Ingenieur- und Naturwissenschaftlern ist auch ein wesentliches Anliegen des neu eingerichteten Schwerpunktprogramms *„Kristallkeimbildung und -wachstum"*. Das Programm soll zu einer Erweiterung der Kenntnisse über die komplexen physikalischen und physikochemischen Vorgänge bei der Kristallbildung beitragen und auf dieser Basis sichere verfahrenstechnische Grundlagen für die Modellierung, für die Auslegung und den Betrieb von Kristallzuchtanlagen schaffen.

Energie- und Verfahrenstechnik sind bisher häufig weitgehend getrennte Gebiete. Die Verfahrenstechnik kann hier nicht nur zur verbesserten Nutzung der Rohstoffe bei der Verbrennung beitragen, sondern auch zur Ausbeutesteigerung bei der Förderung fossiler Rohstoffe. Dies gilt beispielsweise für die Tertiäre Erdölförderung. Geeignete Zusätze zum Flutwasser, wie Polymere oder Tenside, helfen die Ausbeute zu verbessern. Die gezielte Anwendung der Tertiären Förderung erfordert genaue Kenntnisse der Strömungen nicht mischbarer Flüssigkeiten in porösen Strukturen, die heute noch sehr dürftig sind. Als zukunftsträchtiger Energieträger ist auch Wasserstoff zu nennen. Er läßt sich leicht speichern und transportieren, aber nur bei Nutzung der Kernenergie wirtschaftlich gewinnen. Eine wichtige Anwendung dürften hier die Brennstoffzellen werden.

5.11 Fahrzeugtechnik

Das Kraftfahrzeug als eines der wichtigsten Transport- und Eigenmobilitätsmittel des Menschen induziert eine nahezu unübersehbare Fülle von Forschungsaufgaben. Bedeutende gibt es u.a. auf folgenden Gebieten:

- Fahrzeugkonzepte und -komponenten werden sich unter dem Einfluß neuer Technologien, Insassenanforderungen, Umweltbedingungen und Wirtschaftlichkeitsaspekte teilweise kontinuierlich, teilweise aber auch sprunghaft (insbesondere beim Nutzfahrzeug) ändern. Verstärkte Untersuchungen über die Wirkung der einzelnen Faktoren unter Einbeziehung weltweiter Bedürfnisse sind erforderlich.

- Der Einsatz neuartiger Werkstoffe (s. Abschnitt 5.2.) in allen Fahrzeugbaugruppen ist ein vordringlicher Forschungsgegenstand. Neben Leichtbau sind Verbesserungen der Formgebung, des Korrosionsverhaltens, der Sicherheit, des Fahrkomforts und des Umweltschutzes (z. B. Geräuschemission) Ziele. Hier haben Faserverbundwerkstoffe einen hohen Stellenwert.

- Schwingungen und Geräusche bleiben aus Gründen der Materialbeanspruchung, der Insassen- und Umweltbelastung ein Schwerpunkt der Forschung. Triebwerksstrang,

Reifen sowie Luftum- bzw. -durchströmung der Karosserie stellen die wesentlichen Schwingungsanregungen sowie Geräuschquellen in Kraftfahrzeugen dar. Der Einfluß von Fahrzeugstruktur, Antriebsart, Antriebswirkungsgrad, Material etc. bedarf intensiver Untersuchung.

- Die Beeinflussung des Fahrverhaltens von Solofahrzeugen und Fahrzeugketten bei Berücksichtigung neuartiger Antriebskonzepte stellt noch eine Fülle von Aufgaben, die zum Teil erst heute lösbar werden. Es geht dabei u.a. um die elektronische Regelung von Fahrwerksparametern sowie des Brems- und Lenkverhaltens während der Fahrt bis hin zum aktiven Fahrwerk.

- Die Elektronik im Kraftfahrzeug eröffnet auch neue Wege der Führung, Steuerung, Regelung, Überwachung und Kommunikation. Fortschritte bei Hard- und Software bringen den Einsatz „intelligenter Systeme", etwa zur Triebwerks- und Fahrwerksregelung. Der Weg wird von fest programmierten Elektroniken zu adaptiven, sich z. B. an Beladungszustand, Fahrverhalten etc. anpassenden Systemen führen.

- Sicherheits- und Unfallforschung bleiben Schwerpunkte und münden in weitere Forschung zur Verbesserung der aktiven und passiven Sicherheit unter Einbeziehung der Biomechanik. Neben dem Insassen- gilt der Partnerschutz, vor allem bei ungleichen Kollisionspartnern wie Kraftrad/Pkw oder Pkw/Lkw, als Ziel.

- Kraftfahrzeug und Verkehr führen entsprechend der Entwicklung von Technik und Gesellschaft zu immer neuen Problemen. Die zu entwickelnden Subsysteme wie spezielle Verkehrsleitsysteme, Führungs- und Sicherheitssysteme sollten zu einem integrierten Gesamtsystem zusammenwachsen unter Einbeziehung menschlicher Kommunikation. Vor allem der Individualverkehr wird mit Kraftrad, Pkw und Nutzfahrzeug durch neue Techniken und Umweltforderungen andere Eigenschaften erhalten.

5.12 Fertigungstechnik

Die Fertigungstechnik, mit ihren Teilgebieten Fertigungsverfahren, Werkzeugmaschinen und Betriebsorganisation, nimmt in der Förderung der DFG seit vielen Jahren nach Umfang und Zahl der Forschungsvorhaben eine herausragende Stellung ein. Dies ist nicht verwunderlich, da in einem Land, das den größten Teil seiner Rohstoffe importieren muß, der Produktion von Gütern, der Entwicklung von Fertigungsverfahren und Fertigungsanlagen ein besonderer volkswirtschaftlicher Stellenwert zukommt. Darüber hinaus besaß die Bundesrepublik auf dem Gebiet der Werkzeugmaschinen eine traditionell starke Stellung, von der sie lediglich in den letzten Jahren durch erhebliche Anstrengungen in den USA und in Japan verdrängt werden konnte, was das Umsatzvolumen insgesamt angeht. Dieser relative Rückgang ist vor allem bei den Fertigungsanlagen zu verzeichnen, die einen sehr hohen Automatisierungsgrad aufweisen, wie: Bearbeitungszentren, flexible Fertigungssysteme und Fertigungszellen. Besonders Japan hat hier durch eine hohe Konzentration auf Fertigungsanlagen dieser Art erhebliche Zugewinne zu verzeichnen. Dennoch beträgt der Exportanteil der Bundesrepublik bei diesem Wirtschaftszweig, dem eine Schlüsselposition zukommt, 65 bis 70 %.

Die Fertigungstechnik befindet sich in weiten Bereichen in einem grundlegenden Umbruch. Insbesondere die Entwicklung neuer Techniken und neuer Werkzeugwerkstoffe (Hartstoffe, Keramik), die Substitution bekannter Werkstückwerkstoffe durch neue Materialien sowie die Bemühung um die vollständige Integration der Datenverarbeitung in den gesamten Produktionsbereich beeinflussen die fertigungstechnischen Entwicklungen in starkem Maße und setzen die Schwerpunkte heutiger und künftiger Forschungsanstrengungen. Das Wort von der „Flexiblen Automation" ist auf Fachkongressen und Fachmessen Thema Nummer eins.

Leistungsfähige Rechner eröffnen Wege der rechnergeführten Produktion, im technischen Sprachgebrauch mit CIM (Computer integrated manufacturing) bezeichnet. Hierzu ist leistungsfähige Software für alle Stufen der Produktion, angefangen von der Konstruktion über die Arbeitsplanung, Prozeßsteuerung bis hin zur Qualitätskontrolle und Montage, notwendig. Von der DFG ist ein neues Schwerpunktprogramm mit dem Thema *„Planungs- und Steuerungsverfahren in indirekten Produktionsbereichen"* 1986 begonnen worden. Ein Schwerpunktprogramm *„Prozeßdatenverarbeitung in der Fertigungstechnik"* wird seit 1983 gefördert; der Sonderforschungsbereich 326 *„Prozeßintegrierte Qualitätsprüfung"* hat 1986 in Hannover und Braunschweig seine Arbeit aufgenommen.

Große Anstrengungen sind auf dem Gebiet der Software-Schnittstellen erforderlich, um die Verträglichkeit der unterschiedlichen Systeme, das heißt den Datenaustausch zur Weiterverarbeitung zu ermöglichen.

Standardisierungsaufgaben sind auch auf dem Gebiet der Hardware-Schnittstellen unumgänglich. Die Fabrik der Zukunft wird ein Datenübertragungsnetz benötigen, das hohe Leistungsanforderungen an Übertragungssicherheit und Datenmengen erfüllt.

Die Prozeßabläufe werden aufgrund der hohen Integration von vielen Maschinen zu einer Gesamtanlage immer komplexer und unübersichtlicher. Deshalb ist die Erforschung und Entwicklung angepaßter Sensoren, Überwachungs- und Diagnosesysteme für die Prozeß- und Maschinenidentifikation notwendig. Hier wurde 1985 ein Schwerpunktprogramm *„Diagnosesysteme für Maschinen und Anlagen der Fertigungstechnik"* initiiert. Es wird erwartet, daß die hier zur Zeit noch herrschende große Wissenslücke geschlossen werden kann, wenn es gelingt, in der Sensortechnik entsprechende Entwicklungen einzuleiten.

Das Fachwissen in allen Bereichen der Betriebe stellt heute mehr denn je einen wichtigen Produktionsfaktor dar. Mit herkömmlichen Techniken läßt sich dieses Wissen nur schwer darstellen und archivieren. Hier können wahrscheinlich künftig die Mittel der Künstlichen Intelligenz weiterhelfen – insbesondere Expertensysteme. Eine neue Forschungsrichtung tut sich auf: die sogenannte „Produktionsinformatik". Expertensysteme sind im Bereich der Konstruktion, Fabrikplanung und Qualitätskontrolle genauso denkbar wie bei der Diagnose und Inbetriebnahme von komplexen Fertigungsanlagen.

Da das Risiko von Fehlplanungen aufgrund der unübersehbaren Komplexität der Anlagen sehr groß ist, kommt der Anlagen- und Prozeßsimulation künftig eine große Bedeutung zu. Geeignete Software zur Simulation zeitdiskreter und kontinuierlicher Prozesse ist zu entwickeln. Diese Simulationstechniken sind ebenfalls für alle Bereiche sinnvoll. Beispiele sind: Planung von Fabriksystemen, verketteten Fertigungsanlagen, Prüfung von NC-Programmen und Kollisionskontrolle sowie eigentliche Prozeßabläufe zwischen Werkzeug und Werkstück anhand von Prozeßmodellen.

Große Bemühungen in Forschung und Entwicklung sind auf die Erhöhung der Flexibilität automatisierter Fertigungsanlagen gerichtet. Das heißt, es wird versucht, die Zahl der Prozesse innerhalb einer Anlage zu erhöhen und das Umrüsten innerhalb eines bestimmten Werkstückspektrums zu vermeiden oder zu automatisieren. So sind Grundlagenarbeiten auf dem Gebiet der Verfahrenssynthese von spanenden und umformenden Fertigungsverfahren erforderlich. Das Ziel liegt hierbei aus Gründen einer ressourcenbewußten Produktion in einer möglichst weitgehenden ur- bzw. umformtechnischen Fertigung der Werkstückgeometrie. Nur die Endbearbeitung sollte noch mit spanenden Verfahren durchgeführt werden. Um diesen Fragenkomplex aufzugreifen, wurde 1982 der Sonderforschungsbereich 144 mit dem Thema *„Methoden zur Energie- und Rohstoffeinsparung für ausgewählte Fertigungsprozesse"* in Aachen gegründet; bereits seit 1981 wird das Schwerpunktprogramm *„Präzisionsumformtechnik"* gefördert.

Zu den neuartigen Fertigungsverfahren, die ältere in bestimmten Anwendungsbereichen substituieren werden, gehören die Laserstrahlverfahren: Schneiden, Schweißen, Härten, Oberflächenbeschichten. Auf diesem Gebiet sind intensive Forschungsarbeiten erforderlich.

Die immense Belastbarkeit moderner Werkzeuge aus Hartstoffen (oxidische und nichtoxidische Keramiken) eröffnet Leistungssteigerungen bei allen spanenden sowie auch umformenden Fertigungsverfahren, die man vor Jahren noch nicht für möglich hielt. Insbesondere die Erforschung der Oberflächenabhängigkeiten bei extrem hohen Bearbeitungsgeschwindigkeiten ist notwendig. Die hohen Leistungsmerkmale der Werkzeuge fordern die Maschinenkonstrukteure heraus, die Leistungskenndaten der Maschine entsprechend anzupassen. Das zur Zeit laufende Schwerpunktprogramm *„Feinbearbeitungstechnik"* deckt nur ein Teilgebiet der angeführten Fragestellungen ab. Das Stichwort hier heißt „Hochgeschwindigkeitsbearbeitung": Reaktionsfähige Vorschubantriebe mit den dazugehörigen NC-Steuerungen und Hochgeschwindigkeits-Hauptspindelsysteme sind die Forderungen.

Im Bereich der Werkstoffsubstitution sind die Reaktionsharzbetone zu nennen, die ein konkurrenzfähiges Material zu Grauguß und Stahl für viele Gestellbauteile mittlerer Größe darstellen. Für den Leichtbau kommen konstruktive Lösungen aus Faserverbundwerkstoffen in Betracht. Auf diesem Gebiet sind ebenfalls grundlegende Forschungsarbeiten notwendig. Ein neuer Sonderforschungsbereich 332 *„Produktionstechnik für Bauteile aus nichtmetallischen Faserverbundwerkstoffen"* (Aachen) wird seit Anfang 1987 gefördert.

Zur Optimierung der konstruktiven Gestalt von Bauteilen ist eine übergreifende Betrachtung aus der Sicht der Funktionsanpassung, der wirtschaftlichen Fertigung, der einwandfreien Spannmöglichkeit in der flexiblen Fertigung sowie der automatischen Montage erforderlich. Der in Stuttgart seit 1984 geförderte Sonderforschungsbereich 158 *„Die Montage im flexiblen Produktionsbetrieb"* deckt einen Teilaspekt dieses Themenkreises ab. Zur Befriedigung aller genannten Anforderungen sind umfangreiche Entscheidungsprozesse von einer Vielzahl von Fachleuten aus allen genannten Gebieten erforderlich. Systematisch arbeitende Hilfestellungen zu erarbeiten ist eine wichtige Aufgabe für die Zukunft. Vielleicht helfen auch hier die schon erwähnten Expertensysteme weiter.

Die genannten Forschungsschwerpunkte erheben keinesfalls Anspruch auf Vollständigkeit. Jedoch sollte aus dieser Zusammenstellung deutlich werden, daß viele Teilfragen bereits in Schwerpunktprogrammen und Sonderforschungsbereichen in Angriff genommen werden. Nach einhelliger Ansicht aller fertigungstechnischen Lehrstuhlinhaber stellen Schwerpunktprogramme eine sehr effektive Form der Forschungsdurchführung dar. Durch die koordinierte Forschung auf einem begrenzten Gebiet kommt es zu einem Erfahrungsaustausch zwischen den Forschern, der den einzelnen Projekten zugute kommt. Auch die Gewähr, daß die Förderung der Zusammenarbeit auf mittlere Frist, nämlich fünf bis sieben Jahre, angelegt ist, fördert die Kontinuität und damit die Erfolgsaussichten der Arbeiten.

5.13 Luft- und Raumfahrttechnik

Die in der Luft- und Raumfahrttechnik zu behandelnden Systeme sind in der Regel sehr komplex und erfordern die Anwendung interdisziplinärer Methoden.

Bei den Luft- und Raumfahrzeugen muß der Ingenieur Modellvorstellungen über die Systemeigenschaften entwickeln und sie in Simulation und wenn möglich im Betrieb realisieren. Das Umsetzen von Modellvorstellungen in mathematische Gleichungssysteme, die Ermittlung und Identifizierung der relevanten Parameter einschließlich der dazugehörigen Meßtechnik ist ein ständiger Prozeß, der sowohl Grundlagen- als auch Angewandte Forschung erfordert. Waren in den letzten Dekaden die Modellvorstellungen wegen des begrenzten Handwerkszeugs (z. B. Windkanäle, Rechner, Simulatoren, Versuchsflugzeuge) vergleichsweise einfach, so ist ein Trend zu komplexeren und vollständigeren Modellen erkennbar, die eine bessere Übereinstimmung mit der Wirklichkeit ermöglichen. Auf der Basis solcher Forschungs- und Entwicklungsergebnisse konnte sich die europäische Luft- und Raumfahrtindustrie im internationalen Wettbewerb behaupten.

Luft- und Raumfahrtforschung setzen eine enge internationale Zusammenarbeit voraus. Trotz der Komplexität der Materie und des Zwangs zur Zusammenarbeit haben Forscher einzeln und in Gruppen mit Unterstützung der DFG sehr gute wissenschaftliche Leistungen erbracht. Häufig war der heilsame Zwang zur Zusammenarbeit bei der Nutzung von aufwendigem Experimentalgerät (z. B. Windkanal-Meßausrüstung, Simulatoren, Versuchsflugzeuge) in Sonderforschungsbereichen und Schwerpunktprogrammen die Basis zum Erfolg. Als Beispiel ist der Sonderforschungsbereich 212 *„Sicherheit im Luftverkehr"* (Braunschweig) zu nennen, in dem Wissenschaftler aus den Fachdisziplinen Flugmechanik, Flugführung, Flugregelung, Nachrichten- und Verkehrssicherungstechnik sowie Meteorologie eng zusammenarbeiten.

Wegen des großen Umfangs der einzelnen Fachdisziplinen soll nur zu einigen ausgewählten Trends Stellung genommen werden. In der **Aerodynamik** werden konzentrierte Anstrengungen unternommen, in die Probleme der abgelösten Strömungen (s. dazu auch den folgenden Abschnitt 5.14, „Strömungsforschung") vorzudringen. Die Themenstellung ist sowohl von Interesse für die Grundlagenforschung als auch für die Erhöhung der Wirtschaftlichkeit und Sicherheit von Luftfahrzeugen. Im Bereich der **Flugmechanik/Flugführung** bestimmt das ständige Vordringen der aktiven Regelung zur Verbesserung der Flugeigenschaften und Flugleistungen einen erheblichen Teil der Forschungsaktivitäten. Die Einführung der Mikroelektronik und Datenverarbeitung in der Flugführung erscheint in den Grundlagen weitgehend abgeschlossen. Zur Zeit werden aktuelle (zum Teil modische) Trends der Entwicklung von Expertensystemen und Künstlicher Intelligenz diskutiert. Im Bereich der **Raumfahrt** bieten einerseits das Großprojekt der Raumstation und die grundlegenden Experimente an Bord von Spacelab, andererseits der Einsatz von wissenschaftlichen Satelliten und Raumsonden die Ausgangsbasis für interessante und erfolgreiche Forschung. Die Fähigkeit von Satelliten in bezug auf Kommunikation, Fernmeßtechnik und Navigation hat außerordentlich interessante Möglichkeiten in anderen Wissenschaftsbereichen wie etwa Geodäsie, Geologie, Meteorologie eröffnet, die beispielsweise im Sonderforschungsbereich 228 *„Hochgenaue Navigation"* (Stuttgart) genutzt werden.

5.14 Strömungsforschung

In der Strömungsforschung lassen sich, wie auch in anderen ingenieurwissenschaftlichen Forschungsgebieten, drei größere Bereiche unterscheiden: Theoretische Strömungsmechanik, Numerische Strömungsmechanik und Experimentelle Strömungsmechanik. Obwohl diese Bereiche mehr oder weniger stark miteinander verflochten sind und gemeinsam zu einem Forschungsthema beitragen, soll im folgenden jeder dieser Bereiche getrennt behandelt werden.

5.14.1 Theoretische Strömungsmechanik

Das wichtigste bisher ungelöste Problem der Strömungsmechanik stellt die Turbulenz dar. Obwohl in der Vergangenheit immer wieder neue Konzeptionen zur Beschreibung turbulenter Strömungen aufkamen (Mischungsweghypothese, Ähnlichkeitshypothese, Wirbeltransporttheorie, Transportgleichungen höherer Ordnung, Statistik, Kohärente Strukturen, Strange Attractors, Chaos-Theorie), muß wohl auch in Zukunft die Turbulenz-Forschung zum dauernden wichtigsten Bestandteil der strömungsmechanischen Forschung gezählt werden. Im Zuge der Entwicklung von immer leistungsfähigeren Computern ist auch die Tendenz erkennbar, immer komplettere Bewegungsgleichungen numerisch zu lösen, um so die durch Näherungen (z. B. zeitliche Mittelungen) notwendigen Turbulenz-Modellierungen zu reduzieren. Hierbei ist der Trend für die Zukunft durch die Methode der Grobstruktur-Simulation (large eddy simulation) vorgezeichnet, bei der nur für die Feinstruktur Turbulenz-Modellierungen benötigt werden, während die Grobstruktur der turbulenten Schwankungsbewegung in ihrem zeitlichen Verlauf komplett berechnet wird. Heute sind diese Methoden für die Ingenieurpraxis noch zu aufwendig, aber durch die Computerentwicklungen werden sie zunehmend an Bedeutung gewinnen.

Neben der Beschreibung ausgebildeter turbulenter Strömungen ist die Entstehung der Turbulenz ein weiteres ungelöstes Problem der Strömungsmechanik. Obwohl auf diesem Gebiet einst Pionierarbeiten in Deutschland geleistet worden sind, vor allem in der Stabilitätstheorie, verbunden mit den Namen Tollmien, Schlichting und Görtler, ist die Forschung auf diesem Gebiet heute in der Bundesrepublik, abgesehen von verstreuten Aktivitäten an einigen Universitäten und bei der DFVLR, unzureichend und nicht genügend koordiniert. Hierzu wären in Zukunft erhöhte Anstrengungen erwünscht, weil die Stabilität von Stömungen und auch von Wirbeln („Wirbelaufplatzen") und der Umschlag laminar-turbulent gegenwärtig besonders aktuelle Bedeutung haben im Zusammenhang mit dem „Laminarflügel", einem auch für die Airbus-Weiterentwicklungen wichtigen Konzept, bei dem aus Gründen der Energieeinsparung die Umströmung des Tragflügels ganz oder teilweise stabil, d.h. laminar, gehalten werden soll.

Bis vor wenigen Jahren konnte die Theoretische Strömungsmechanik nur Strömungen ohne Ablösung berechnen. Durch die Computerentwicklung, durch neue Meßtechniken und neue Entwicklungen in der Theorie nichtlinearer partieller Differentialgleichungen (asymptotische Theorie, singuläre Strömungstheorie) eröffneten sich zunehmend Möglichkeiten, Strömungen mit Ablösung zu behandeln. Um hierzu die Forschungsaktivitäten aus den verschiedensten Anwendungsbereichen der Strömungsmechanik zu koordinieren, wurde das Schwerpunktprogramm *„Physik abgelöster Strömungen"* (seit 1984 gefördert) eingerichtet. Strömungsablösung war bisher in der Technik meistens unerwünscht, da sie mit hohen Energieverlusten (Widerstand), mit Lärmerzeugung und mit Schwingungsanregung verbunden sein kann. In letzter Zeit sind jedoch zunehmend Entwicklungen zu erkennen, die Eigenschaften abgelöster Strömungen positiv zu nutzen, z. B. Zusatzkräfte durch freie Wirbel, Erhöhung von Wärme-

und Stoffübertragung, Flüssigkeitsverstärker. Abgelöste Strömungen sind besonders leicht manipulierbar, und deshalb sind mit wachsendem Verständnis der Physik abgelöster Strömungen neue technische Nutzungsmöglichkeiten zu erwarten.

5.14.2 Numerische Strömungsmechanik

In der Vergangenheit wurden im wesentlichen nur vereinfachte Formen der allgemeinen Erhaltungsgleichungen für Masse, Impuls und Energie zur Beschreibung von Strömungen behandelt. Dank der Computerentwicklung ist die Tendenz erkennbar, die vollständigen Bewegungsgleichungen numerisch zu berechnen. Hierzu sind neue numerische Methoden zur Lösung großer nichtlinearer Differentialgleichungssysteme, auch im Hinblick auf die Möglichkeiten der Vektorrechner, zu entwickeln. Um in diesem Bereich in der Bundesrepublik den Anschluß an den internationalen Standard, insbesondere den der USA, zu erreichen und zu halten, wurde das Schwerpunktprogramm *„Finite Approximationen in der Strömungsmechanik"* (gefördert seit 1983) eingerichtet.

Die für die Ingenieurpraxis wichtigen Strömungen sind durch sehr kleine Viskositäten, d.h. große Reynolds-Zahlen gekennzeichnet. Derartige Strömungen weisen einen „Schichten-Charakter" auf, das heißt, das gesamte Strömungsfeld läßt sich in Gebiete bzw. Schichten und Zonen unterschiedlicher Struktur aufteilen. In der Vergangenheit wurden die einzelnen Zonen mit unterschiedlichen Differentialgleichungen beschrieben (z. B. in der Grenzschichttheorie). Heute sind hierzu zwei Schulen erkennbar: Zum einen wird, ungeachtet der Zonenstruktur des Strömungsfeldes, mit einem Typus von Differentialgleichungen das gesamte Strömungsfeld beschrieben. Zum anderen wird das Strömungsfeld aus den verschiedenen Zonen, für die jeweils entsprechend vereinfachte Differentialgleichungen gelten, zusammengesetzt. In den kommenden Jahren ist hier mit einer Entscheidung zu rechnen, welche Richtung sich durchsetzen wird. Sicherlich wird die erstgenannte Schule die Zonenstruktur bei der Erzeugung der Maschengitter berücksichtigen müssen, vor allem bei turbulenten Strömungen.

5.14.3 Experimentelle Strömungsmechanik

In den letzten Jahren hat es eine beachtliche Entwicklung der „Berührungslosen Meßtechnik"; d.h. der optischen Meßmethoden gegeben. Das war zum einen durch die neuen Möglichkeiten des Lasers ausgelöst, zum anderen durch den Einsatz hochentwickelter elektronischer Datenverarbeitung. Die Laser-Doppler-Anemometrie, das Laser-2-Fokus-Verfahren und die Speckle-Methode sind Beispiele dieser Entwicklung, die noch nicht abgeschlossen ist.

In der Windkanaltechnik sind umwälzende Entwicklungen in Gang gekommen durch den Einsatz von adaptiven Kanalwänden zur Vermeidung von Windkanalkorrekturen und durch den Einsatz der Tieftemperaturtechnik zur Erzeugung von hohen Reynolds-Zahlen. Der in diesem Zusammenhang zu nennende Europäische Transsonische Windkanal (ETW), bei dem Stickstoff bis zu Temperaturen von -180° C verwendet wird und der in den neunziger Jahren in Köln in Betrieb gehen soll, wird sicherlich eine beachtliche Ausstrahlung auf die strömungsmechanische Forschung in der Bundesrepublik haben.

5.14.4 Wissenschaftliche Zusammenarbeit

Die Erkenntnis, daß durch Koordinierung und Kooperation der wissenschaftlichen Potentiale in der Bundesrepublik die Effizienz der Forschung entscheidend verbessert werden kann, hat in den letzten Jahren zu einer beachtlichen Zusammenarbeit zwischen den Wissenschaftlern der Strömungsmechanik geführt. Neben den beiden bereits genannten Schwerpunktprogrammen und den Sonderforschungsbereichen in Aachen (25 *„Wirbelströmungen in der Flugtechnik",* 27 *„Wellenfokussierung"*), Hannover (61 *"Strömungsprobleme in der Energieumwandlung"*), Karlsruhe (210 *„Strömungsmechanische Bemessungsgrundlagen für Bauwerke"*) und Stuttgart (85 *„Thermodynamische und strömungsmechanische Probleme der Luft- und Raumfahrtantriebe",* gefördert bis 1985) sind vor allem die Arbeitsgemeinschaft „Strömungen mit Ablösung (AG STAB)" und die von der Stiftung Volkswagenwerk geförderte Verbundforschung „Entwicklung von Berechnungsverfahren für Probleme der Strömungstechnik" zu nennen. Bei der AG STAB, in deren Kuratorium auch die DFG vertreten ist, handelt es sich um den Zusammenschluß von Wissenschaftlern der Universitäten, der Forschungsanstalten (DFVLR, MPI) und der Industrie zwecks Koordinierung, Planung und Kooperation der Forschung auf dem Gebiet der Strömungsmechanik. Als ein Ergebnis dieser Aktivitäten ist das oben erwähnte Verbundforschungsvorhaben zu nennen, an dem zehn Hochschulinstitute beteiligt sind.

5.15 Materialflußtechnik

Die kurz- und mittelfristigen Forschungsinhalte für das Fachgebiet „Materialflußtechnik" bestimmen sich im wesentlichen aus den Weiterentwicklungen der Automatisierungstechnik und dem Einsatz neuer Kommunikationssysteme. Ausgehend von der Aufgabenstellung der Materialflußtechnik, die gesamten in das Unternehmen eingehenden, dort anfallenden und ausgehenden Materialströme auf wirtschaftliche Zielsetzungen ausgerichtet im technischen System optimal zu gestalten, sind die Impulse aus den Möglichkeiten der Automatisierungstechnik und des Angebots neuer Kommunikations- und Informationstechnik im Hinblick auf eine Optimierung der Materialflußsysteme und Transportketten zu erschließen. Der Einsatz der Mikroelektronik, neuer Datenerfassungs- und Datenübertragungsverfahren sowie leistungsfähiger Prozeßrechner führen zu neuen wissenschaftlichen Aufgabenstellungen für das Fachgebiet.

Durch diese Entwicklungen wird – ähnlich der Produktionstechnik – die gesamte Förder- und Lagertechnik in ganzheitliche Materialflußsysteme zu integrieren sein, die in ihrer Leistungsfähigkeit und Flexibilität den Markterfordernissen entsprechen.

Der heutige Stand der Entwicklungen ist noch gekennzeichnet durch betriebsspezifische Insellösungen und weitgehend nicht übertragbare Ansätze für Systemlösungen. Die Zielrichtung der Forschungsarbeiten muß deshalb folgende Schwerpunkte betreffen:

- Entwicklung neuer methodischer Ansätze und Verfahren für eine rechnergestützte Planung von Materialflußsystemen, in denen CAD-Ansätze aus der Konstruktionstechnik weitgehend an übergeordnete Logistiksysteme adaptiert werden. In besonderem Maße müssen noch simulationsmethodische Instrumente und Expertensysteme für die Förder- und Lagertechnik und Materialflußsysteme neu geschaffen werden. Verallgemeinerte Analyse- und Bewertungsmethoden im Materialflußsystem sind zu entwickeln. Der Sonderforschungsbereich 11 *„Materialflußsysteme"* in Dortmund befaßt sich mit solchen Themen.

- Für eine automatisierte Prozeßsteuerung unterschiedlicher Stetig- und Unstetigfördertechniken sind die wissenschaftlichen Grundlagen für den modulartigen Aufbau solcher Systeme zu erarbeiten und der Einsatz neuartiger Identifikationsverfahren, Steuerungsalgorithmen sowie Lenkungs- und Positionierverfahren zu vollziehen.

- In besonderem Maße geht es darum, flexible Handhabungsgeräte mit förder- und lagertechnischen Lösungen automatisierungsgerecht zu verketten (vgl. Abschnitt 5.12, „Fertigungstechnik"). In diesem Zusammenhang ist das Gebiet der Transportroboter wissenschaftlich ebenso aufzuarbeiten wie das neuer automatischer Lagersystemlösungen. Als Schnittstelle zu den außerbetrieblichen Transportsystemen ist auch der Umschlagstechnik besondere Bedeutung einzuräumen.

- Voraussetzung für automatische Lösungen ist eine angepaßte standardisierte Gestaltung der Ladeeinheiten und eine wissenschaftlich fundierte Analyse und Gestaltung der Verpackung.

- Für die Konstruktion neuer Fördertechniken werden unter dem Gesichtspunkt der Automatisierung besonders Leichtbaulösungen (Verbundwerkstoffe) ebenso von wissenschaftlichem Interesse sein wie arbeitswissenschaftliche Überlegungen und sicherheitstechnische Aspekte. Anforderungen aus dem Umweltschutz sind hier vor allem unter Bezugnahme auf die Antriebstechnik zu integrieren.

– Die von der Automation ausgehenden Anforderungen werden zu neuen konstruktiven Lösungen auch im Peripheriebereich der Arbeitsmittel (z. B. Greifer) führen und eine verstärkte Einführung von Baukastensystemen notwendig machen.

Logistische Gesamtmodelle müssen hinsichtlich ihres wirtschaftlichen Einsatzes optimiert werden. Automatische Materialflußsysteme werden in Zukunft eine tragende Säule der Produktivität unserer Industrie sein. Um solche Prozesse zu beherrschen, bedarf es in den nächsten Jahren großer Forschungsanstrengungen.

5.16 Architektur, Städtebau und Landesplanung

Forschungsprojekte im Bereich Architektur, Städtebau und Landesplanung haben sich mit grundsätzlichen Schwierigkeiten auseinanderzusetzen:

Architektur wird von vielen weniger als wissenschaftliche, sondern mehr als handlungsbezogene Disziplin verstanden. Da Architekten sich jedoch in aller Regel auf wissenschaftliche Erkenntnisse der eigenen ebenso wie anderer Disziplinen stützen müssen, sind sie in hohem Maße auf wissenschaftliche Kooperation angewiesen (s. dazu die Abschnitte 2.7, „Geographie", und 2.14, „Sozialwissenschaften"). Die zunehmende Komplexität von Bau- und Erhaltungsaufgaben erfordert mehr Forschung in einem Bereich, der auch dem Anspruch künstlerischer Subjektivität entwerfender Architekten unterliegt.

Städtebau und Landesplanung sind zudem Gegenstand politischen Interesses. Mit zunehmender Verwissenschaftlichung von Politik steigt der Anspruch an wissenschaftliche Erkenntnisse dieser Disziplinen. Themen und Anforderungen wechseln jedoch häufig: Zwischen der Anforderung an Verdichtung und Auflockerung, zwischen den Problemen von Wohnungsnot und Wohnungsleerständen, zwischen Strategien gegen Entleerung ländlicher Räume und später gegen Stadtflucht liegen nur wenige Jahre. Mit wechselnden Aufmerksamkeiten geraten Eigenständigkeit, Eigenverantwortlichkeit, vor allem die Kontinuität wissenschaftlicher Arbeit in Gefahr.

Förderung von Forschung in diesen Bereichen muß sich daher einerseits auf die äußeren Zusammenhänge konzentrieren, in die Entwicklungen von Architektur, Städtebau und Landesplanung eingebunden sind, andererseits aber auf die Sicherung der Kontinuität bisheriger, nach wie vor aktueller Forschungsthemen.

Aus den zur Zeit geförderten Projekten und den erkennbaren Forschungsdefiziten zeichnen sich folgende Schwerpunkte ab.

5.16.1 Zusammenhänge zwischen physischer und sozialer Umwelt

Die Einflüsse sozialer, ökonomischer und ökologischer Entwicklungen auf Lebensverhältnisse sind bereits langjähriges Forschungsthema. Bestehen schon Forschungsdefizite zu raumwirksamen Rahmenbedingungen der einzelnen Komponenten dieses Wirkungsgefüges, so erst recht hinsichtlich ihrer wechselseitigen Verknüpfungen. Das größte Kenntnisdefizit dürfte auf dem Gebiet der Ökologie bestehen. Aber auch zu den Auswirkungen neuer Kommunikations- und Produktionstechniken auf Wohn- und Arbeitsverhältnisse liegen zur Zeit noch kaum gesicherte Forschungsergebnisse vor. Das Fehlen von Grundlagenforschung wird besonders deutlich angesichts des Unvermögens der Steuerung städtischer Schrumpfungsprozesse. Interdisziplinäre Zusammenarbeit ist hier auf allen Ebenen räumlicher Planung und Gestaltung unerläßlich.

5.16.2 Bedürfnisse von Mensch und Gesellschaft nach wünschenswerten Umwelten

Planung muß von einer Vorstellung wünschbarer Umwelt ausgehen; nur so läßt sich ihre steuernde Einflußnahme auf Marktprozesse und politische Entscheidungen rechtfertigen. Dabei kann es um Initiierung, Lenkung oder auch um Abwehr von Veränderungen gehen. Wünschenswert muß diese Umwelt für ihre Bewohner und Nutzer sein. Dies legt Forschung im Bereich menschlicher Bedürfnisse nahe, deren Ergebnisse sich letztlich in funktionale und ästhetische Überlegungen umsetzen lassen müßten. Forschungsergebnisse können die politische Gestaltung auf kommunaler und regionaler Ebene beeinflussen, jedoch auch Gegenstand von Kollisionen mit anderen politischen Zielen sein. Sie sind abhängig von Wertorientierungen, also stark vom Einzelfall. Regeln, die verallgemeinern, können hier kaum erwartet werden.

5.16.3 Entscheidungs- und Implementationsprozesse

Forschung im Bereich Architektur, Städtebau und Landesplanung wird beherrscht von der Auseinandersetzung mit Zielen, Leitbildern und Konzepten. Dem besonderen Gewicht dieses Forschungsbereichs stehen Defizite im Wissen über die Realität räumlicher Entwicklungen und ihrer tatsächlichen Einflußgrößen gegenüber – was aus Zielen und Leitbildern Realität gewinnt, weckt Staunen und Unverständnis bei Forschern und Öffentlichkeit. Besonders erwünscht wären Beiträge zur Klärung der Frage, in welcher

Weise widerstrebende Mechanismen von Markt und Plan koordiniert werden können, um jene „sozialgerechte Bodennutzung" herbeizuführen, die auch vom neuen Bundes-Baugesetzbuch angesprochen wird. Weitere instrumentelle Fragen stellen sich im Bereich der Koordinierung von Planungsrecht und Umweltrecht, von Bauleitplanung und Landschaftsplanung, von übergreifender Planung und Fachplanung.

5.16.4 Stadterneuerung

Stadterneuerung und andere Aufgaben der „inneren Stadtentwicklung" haben über ihren engeren Maßnahmenbereich hinaus auch kultur-, sozial- und arbeitsmarktpolitische Bedeutung – dies ist heute unstrittig, nicht zuletzt aufgrund von Ergebnissen früher geförderter Einzelprojekte. Problematisch hingegen ist die Formulierung und Umsetzung mehrdimensionaler, meist auf verschiedene Ressorts abgestimmter Programme. Verstärkter Forschungsschwerpunkt sollten die Voraussetzungen für solche Programme innerhalb des politisch-administrativen Systems auf verschiedenen Handlungsebenen sein. Die Zusammenfassung bisheriger und neuer Aktivitäten im Bereich Stadterneuerung – die in der Forschung wie in der Praxis eine Daueraufgabe oder Dauerlösung ist – in einem koordinierenden Schwerpunktprogramm mit den damit verbundenen Vorteilen könnte erneut versucht werden.

5.16.5 Bauen in der Dritten Welt

Fallstudien zu den Urbanisierungsprozessen, Entwicklung der ländlichen Räume, Planungsmodelle für Spontansiedlungen, Entwicklung klima- und kulturgerecht bleibender Bauweisen trotz des Einsatzes neuer Bautechnologien sind nach wie vor wichtige Themen. Einen neuen Schwerpunkt der Forschung bilden die „Spontansiedlungen der Dritten Welt". Wenn auch die Einzelprojekte notwendigerweise auf Teilaspekte beschränkt sind, sollte die gesamte Komplexität des Urbanisierungsprozesses erfaßt werden. Gerade die Neuorientierung der Entwicklungshilfe-Politik erfordert ein Mehr an Grundlagenforschung. Andere Gebiete sind hier zu intensiver Mitarbeit aufgerufen.

Forschungsprojekte zur Architektur gibt es – gemessen an den aktuellen Problemen wie Wildwuchs baulicher Erscheinungsformen, negative Veränderungen des Lebensraums, Kostenentwicklung bei steigenden Qualitätsanforderungen an die Gebäudehülle und an den Komfort (Raumklima, Ausstattung, Flächenbedarf u.a.m.) – nach wie vor zuwenig. Defizite liegen auch in der mangelnden Ausstattung der Fachbereiche Architektur, die einerseits den ingenieurwissenschaftlichen Disziplinen zugerechnet, auf der anderen Seite aber nur wie geisteswissenschaftliche Fachbereiche eingerichtet sind. Besonders wichtig erscheinen Versuchseinrichtungen, die auf die Entwicklung sinnvoller, verträglicher Bauweisen abzielen. Auch die verstärkte Durchführung von Projekten zur Erforschung der eigenen Disziplin läßt hoffen, daß ein entwickeltes Wissenschaftsverständnis zu einem erhöhten Anspruch an Forschungsförderung führen wird.

5.17 Bauingenieurwesen

Die Forschung der im folgenden einzeln beschriebenen Bereiche des Bauingenieurwesens (Konstruktiver Ingenieurbau, Stadtbauwesen, Wasserbau und Bodenmechanik sowie Werkstoffe im Bauwesen) wird in den kommenden Jahren zunehmend durch zwei übergreifende Entwicklungen gekennzeichnet sein:

Zum einen gewinnen EDV-gestützte Verfahren zur Berechnung und Bemessung sowie die Aufbereitung von Normen und Kenntnissen zu Expertensystemen in allen Gebieten des Bauwesens wachsende Bedeutung.

Zum anderen geht es im Ingenieurbau zunehmend um Anwendungen der Zuverlässigkeitstheorie, die lange Zeit Gegenstand eines Sonderforschungsbereichs in München war: Nahezu alle Berechnungen im Bauingenieurwesen betreffen Vorhersagen z. B. über das Verhalten von Werkstoffen, des Baugrundes, von Baukonstruktionen. Hierzu gehören auch Fragen der vergleichenden Risikoanalyse, der Bewertung von „Restrisiken" u.a.

5.17.1 Konstruktiver Ingenieurbau

Die klassischen Aufgaben des Konstruktiven Ingenieurbaus werden auch im Planungszeitraum Gegenstand weiterer Forschungsanstrengungen sein müssen. So geht es beim **Entwurf** neben herkömmlichen Optimierungsproblemen von Kosten, Energiebilanz und Materialeinsatz zunehmend um eine ganzheitliche Betrachtungsweise, die unter Einbeziehung von Umweltaspekten Bau, Betrieb, Unterhaltung, Abbruch und Recycling der wiederverwendbaren Materialien als eine Gesamtheit auffaßt („ressourcenbewußter Entwurf").

In der **technischen Bearbeitung** sind Probleme des rechnergestützten Konstruierens (CAD) und Fertigens (CAM) weiterhin aktuell und verlangen zunehmend die Entwicklung von Expertensystemen, beispielsweise für die Berechnung und Bemessung, für die Ausbildung konstruktiver Details bis hin zur Ablauforganisation.

In der **Ausführung** geht es weiterhin um Fragen der Optimierung in der Abwicklung aller Bauvorgänge und Transporte; hierzu gehören auch Güteüberwachungsverfahren und Probleme des Risiko-Managements. Sonderverfahren für witterungsunabhängiges Bauen stellen eine besondere Herausforderung dar.

Die **Unterhaltung von Bauwerken** wirft wichtige Fragen der Schadensfrüherkennung auf, wobei zerstörungsfreie Prüfmethoden an Bedeutung noch zunehmen werden. Das Verhalten von Bauwerken unter Betrieb in Abhängigkeit verschiedener Belastungsfaktoren (Nutzerverhalten, thermische und chemische Einflüsse, Korrosionsgefahren, Erschütterungen) bedarf weiterer Bearbeitung, wobei die Erhaltung historischer Bauten zunehmendes Gewicht gewinnt. Ihr widmet sich der 1985 eingerichtete Sonderforschungsbereich 315 *„Erhalten historisch bedeutsamer Bauwerke"* (Karlsruhe).

Für die **Bauverfahrenstechnik** und den **Baubetrieb** stellen sich vielfältige Probleme wie die Einflüsse der Materialtechnologie auf das Bauverfahren und die der Herstellungsvorgänge auf die Konstruktion. Konkurrierende – auch automatisierte – Bauverfahren müssen unter zahlreichen Optimierungsgesichtspunkten (Energie- und Ressourceneinsparung, ergonomische Probleme, Arbeitsschutz und -sicherheit, technische und wirtschaftliche Folgen gestörter Bauabläufe u.a.) analysiert und verglichen werden. Ein wichtiges Forschungsproblem bietet auch die Einbeziehung von Meßergebnissen der Bauzustände in die Standsicherheitsnachweise. Der Einsatz umweltschonender Bauverfahren und Fragen des „sanierungsfähigen Bauens" gewinnen an Bedeutung. Zu nennen sind hier schließlich auch Probleme des Bauens in Entwicklungsländern.

Unter den **speziellen Forschungsgebieten** des Konstruktiven Ingenieurbaus behalten die Berechnungsmodelle unverminderte Bedeutung. Hier hat das seit 1981 geförderte Schwerpunktprogramm *„Nichtlineare Berechnungen im Konstruktiven Ingenieurbau"* erhebliche Fortschritte gebracht: Durch Festlegung gemeinsamer Schnittstellen sowie durch hinreichende Dokumentation wurde erreicht, daß insgesamt etwa 500 in diesem Schwerpunkt entwickelte Programmbausteine und Rechenprogramme „standardisiert" und in eine „Bibliothek" (die DFG-BIB) aufgenommen wurden, wo sie sämtlichen Forschern zur Verfügung stehen und (im Idealfall) ohne fremde Hilfe benutzt werden können. Durch „bench-mark-tests" wird die Effektivität der einzelnen Programme getestet.

Wichtige Forschungsaspekte bieten weiterhin die Gebiete der Bauphysik, Baukonstruktionslehre und Baustoffkunde. Es geht vor allem darum, bereits die Entwurfsgrundlagen im Hinblick auf die Vermeidung künftiger Bauschäden zu optimieren und hierbei alle Arten von Belastungen einschließlich wechselnder Klimabedingungen, extremer Temperaturbeanspruchungen usw. zu berücksichtigen. Spezielle Bauwerke wie Schornsteine, Flüssiggasbehälter, Wärmespeicher und Silobauwerke (denen der seit 1985 geförderte Sonderforschungsbereich 219 *„Silobauwerke und ihre spezifischen Belastungen",* Karlsruhe, gewidmet ist) stellen spezifische Anforderungen an die Forschung.

Leichtbaukonstruktionen stellen seit jeher eine besondere Herausforderung an den Ingenieurbau dar. Ihnen widmet sich in interdisziplinärer Zusammenarbeit der Sonderforschungsbereich 230 *„Natürliche Konstruktionen – Leichtbau in Architektur und Natur"* (Stuttgart/Tübingen). Weiterhin stellen die Stabilität dünnwandiger Stahlkonstruktionen und die Bemessungsgrundlagen für ihre Trag- und Gebrauchsfähigkeit besondere konstruktive Anforderungen, mit denen Forschungsfragen verbunden sind.

Dazu gehören u.a. das plastische Verformungsverhalten einschließlich „kombinierter" Verformungen (z. B. Beulknicken) und die Entwicklung neuartiger Verbindungsmittel.

Hier sind auch die besonderen Fragen seilverspannter Tragsysteme im Brücken- und Hochbau zu nennen, die beispielsweise hohe Masten, vorgespannte Seilsysteme und dynamisches Verhalten derartiger Konstruktionen betreffen.

Die Verbindung verschiedener Baustoffe und -konstruktionen, wie z. B. Stahl und Beton, Skelettbauweise und Mauerwerk, zu gemeinsamer Tragwirkung wirft ebenfalls noch ungelöste Fragen auf, wozu auch der Einsatz neuartiger Baumaterialien (Glasfasern, Kunststoffe u.a.m.) gehört. Auch neuartige Verbindungstechniken, z. B. Steckverbindungen und Gußkörper, gehören in diesen Zusammenhang.

5.17.2 Stadtbauwesen, Verkehrwesen

Dieser Bereich ist durch eine große Vielfalt von Themenbereichen gekennzeichnet, die in der nächsten Zeit von besonderer Bedeutung sein werden:

Der Forschungsbereich **Aktionsräumliches Verhalten** umfaßt die Aufdeckung und Analyse komplexer Wirkungen und Wirkungsketten im Verhalten der Bevölkerung, seine Bedingungen und Auswirkungen (Wohnstandortwahl, Arbeitsplatzwahl, Verkehrssicherheit und Umwelt sowie Reaktionen oder Antizipationen der Gesellschaft in Form von Verwaltungshandeln oder Planen). Für diese Fragen ist eine Zusammenarbeit mit Sozialwissenschaftlern erforderlich.

Umweltschutz im Stadtbauwesen befaßt sich mit den Auswirkungen der unterschiedlichen Flächennutzungen auf die Umwelt sowie Rückwirkungen auf die Nutzungen selbst (Nutzungsbegrenzungen, Nutzungsausschluß). Ausbreitung und Immissionen sowie die Empfindlichkeit von Flächennutzungen müssen noch weitgehend in interdisziplinärer Zusammenarbeit mit Ökologen, Stadt- und Landschaftsplanern erforscht werden.

Die Verbesserung der Situation des **öffentlichen Personennahverkehrs** stellt durch ständig wachsende öffentliche Zuschüsse und stetig schlechter werdende Bedienung vor allem im ländlichen Raum eine besondere Herausforderung dar. Es fehlen nach wie vor grundlegende Kenntnisse über Möglichkeiten zur Bedienung ländlicher Regionen mit öffentlichen Verkehrsmitteln auf andere Art als im Linienverkehr.

„**Verkehrs-System-Management**" bezeichnet eine Richtung im Verkehrswesen, unter Verzicht auf baulich-investive Maßnahmen Verkehrsprobleme durch organisatorische und betriebliche Vorkehrungen zu lösen oder nicht entstehen zu lassen. Während bisherige Aufgabenstellungen der Verkehrsplanung im wesentlichen längerfristigen Aspekten galten, ist bei kurzfristigen Maßnahmen ein in der Regel völlig neues Instrumentarium der Nachfrageabschätzung sowie der Auswirkungsanalyse notwendig.

Informatik im Verkehrswesen umfaßt die vielfältigen Einsatz- und Anforderungsbereiche der Informationstechnik im Verkehrswesen. Angesprochen sind interaktive Arbeits-, Entwurfs- und Organisationsverfahren (CAE, CAD, CAO) zur Bearbeitung von Verkehrsnetzen, zur Optimierung des Netzbetriebes und zur Lösung komplexer Aufgaben, für die geschlossene Algorithmen nicht verfügbar sein werden. Darüber hinaus ergeben sich durch ständige Verbesserungen der Hardware Möglichkeiten, die Informationstechnik zur Steuerung des Verkehrs besser zu nutzen. Modelle des Verkehrsablaufs beschreiben die aktuellen Verkehrssituationen durch entsprechende Modelle des Verkehrsflusses. Sie bilden die Grundlage für das Arbeitsfeld der Informatik im Verkehrswesen.

Der **Güterverkehr** stellt wegen seiner vom Personenverkehr stark abweichenden Variabilität und Entscheidungsstrukturen über Fahrtweiten, Verkehrsmittelwahl, Routenwahl ein besonderes Forschungsfeld dar mit Auswirkungen auf die Siedlungs- und Wirtschaftsstruktur.

5.17.3 Siedlungswasserwirtschaft

In der Siedlungswasserwirtschaft werden im Planungszeitraum vermehrt Fragen der Verminderung anthropogener Einflüsse auf Oberflächenwasser, Böden und vor allem auf das Grundwasser zu bearbeiten sein.

Im Komplex „Nitrat im Grundwasser" sollen Möglichkeiten erarbeitet werden, bei auskömmlicher Landwirtschaft eine Trendumkehr des Anstiegs des Nitratgehalts im oberflächennahen Grundwasser zu erreichen. Daneben sind alle möglichen Verfahren der Nitratelimination weiter zu untersuchen.

Einen weiteren wichtigen Problemkomplex stellen chlorierte Kohlenwasserstoffe (Lösungsmittel) im Boden und Grundwasser dar. Die Rückhalte- und Eliminationsmechanismen im Boden und Grundwasser müssen weiter erforscht und biologische Mechanismen ihres Abbaus aufgeklärt werden. Weiter ist eine Aufklärung der Schadwirkung adsorbierbarer organischer Halogene (AOX) dringend notwendig. Eine geringe Konzentration in einer großen Wassermenge kann schädlicher sein als eine hohe Konzentration in einer geringen Wassermenge.

Ungelöste Fragen wirft auch der Gütezustand langsam fließender Gewässer auf, der sich nicht in dem Maße verbessert, wie Abwasserbelastungen infolge verbesserter Klärtechniken zurückgehen. Die Ursachen dieses Problems bedürfen dringend weiterer Forschung.

5.17.4 Wasserbau und Bodenmechanik

Im Abschnitt „Wasserforschung" (4.7) werden im Rahmen der Geowissenschaften ausführlich diejenigen Grundlagenforschungen beschrieben, die in der Wasserwirtschaft interdisziplinär mit der Meteorologie und der Geologie verbunden sind. Es sind dies

Fragestellungen aus der Hydrologie, die unmittelbar mit meteorologischen Vorgängen (z. B. Niederschläge) verbunden sind, und Probleme des Grundwasserhaushaltes, die zugleich solche der Ingenieurgeologie sind.

Im eigentlichen Wasserbau werden im Sonderforschungsbereich 205 „*Küsteningenieurwesen*" (Hannover) Fragen der hydromechanischen Vorgänge im Küstenraum behandelt, wobei hier besonders die Forschungen am Großen Wellenkanal (GWK) im Vordergrund stehen, der, mit Mitteln der DFG erbaut und 1983 in Betrieb genommen, bereits wichtige Ergebnisse auch in bezug auf die Ähnlichkeitsmechanik erbracht hat. In einem Sonderforschungsbereich in Karlsruhe werden die Forschungsarbeiten über strömungsmechanische Bemessungsgrundlagen fortgesetzt, die sowohl Windbelastungen als auch Belastungen durch Flüssigkeitsströmungen erfassen.

Abgesehen von den Forschungsarbeiten, die im Normalverfahren gefördert werden können, zeichnen sich bestimmte Forschungsschwerpunkte ab, die einer breiteren Basis bedürfen. Hierzu gehört z. B. ein Thema, das sowohl im Wasserbau als auch in der Bodenmechanik immer größere Bedeutung gewinnt und das in der Fragestellung besteht, wie sich wassergesättigter Boden unter hoher dynamischer Belastung verhält. Diese Fragestellung kommt z. B. im Küstenwasserbau bei der Wellenbelastung, bei Fragen der Vibrationsrammung bis hin zum Denkmalschutz vor; die Bauwerksschäden, die an historischen Bauten in den letzten Jahrzehnten entstanden sind, können teilweise mit den Erschütterungen durch den schweren Verkehr erklärt werden, die als dynamische Kräfte in den Baugrund geleitet werden. Hier ist vor allem physikalisch-mathematische Grundlagenforschung wichtig, die erklärt, unter welchen Umständen die inneren Stützkräfte im Korngerüst des Bodens zusammenbrechen können und wie es zum Versagen des Baugrundes kommt.

Über den konventionellen Tunnelbau hinaus besteht weiterhin ganz allgemein ein Bedürfnis zur Erforschung der Standfestigkeit von unterirdischen Hohlräumen (Kavernen). Hier ist die Ingenieurgeologie von großer Wichtigkeit; ebenso gilt es aber, die mechanisch-mathematischen Zusammenhänge bei den teils elastischen, teils plastischen Verformungen des Gesteins exakter zu fassen.

Als weitere mögliche Forschungsschwerpunkte der Bodenmechanik können genannt weden: Stoffmodelle, die auch durch Fremdmaterialien gebundene Böden (z. B. durch Injektionen, bituminöse Bindemittel, Eis) beschreiben, die erweiterte Anwendung numerischer Methoden, konstruktive und bodenmechanische Probleme von Deponien einschließlich der Altlasten sowie unterirdische Verkehrsbauten, insbesondere sogenannte Stadtunterfahrungen, und die Entwicklung umweltschonender Bauverfahren für die Verlegung und Erneuerung von Leitungen.

5.17.5 Werkstoffe im Bauwesen

Die Aufgabe der Werkstoffwissenschaften im Bauwesen ist es, dem konstruierenden Ingenieur die für seine Aufgaben benötigten Stoffgesetze möglichst in so aufbereiteter

Form bereitzustellen, daß sie unmittelbar für Berechnung und Bemessung genutzt werden können. Hierbei sollten auch die stochastischen Eigenschaften der Werkstoffe erfaßt werden, um den Einbau der Stoffgesetze in eine auf probabilistischer Basis aufbauende Sicherheitstheorie zu erleichtern. Die Anwendung der Polymerwerkstoffe als eigenständiger (Verbund-)Baustoff als auch als Additiv zu anorganischen Stoffen bzw. Bindemitteln sollte durch systematische Untersuchungen abgesichert werden.

Zwei Fragengebiete sind in den nächsten Jahren bevorzugt zu behandeln:

- Entwicklung neuartiger Bau- und Werkstoffe, Verbesserung der Eigenschaften vorhandener Konstruktionsbaustoffe, Abfallverwertung und Recycling. Hierzu gehören u.a. folgende Forschungsprobleme:

  - Hoch- und Tieftemperaturverhalten im Gebrauchszustand und unter außergewöhnlichen Beanspruchungen (Reaktorsicherheit, Verhalten von Beton gegenüber flüssigen Metallen, Einsatz von Faserbetonen, Lagerung von Flüssiggas, Temperaturschock);

  - Baustoffe zur zuverlässigen Abdichtung vorhandener und neu anzulegender Mülldeponien, begleitende Entwicklungsarbeiten im Zusammenhang mit neuartigen Bauverfahren;

  - Weiterentwicklung der Polymerwerkstoffe zu Verbundwerkstoffen bzw. als Bindemittel, Langzeitverhalten, Klebetechnik;

  - Werkstoffverhalten unter ermüdender und dynamischer Beanspruchung, Sammlung tatsächlich und Abschätzung zukünftig auftretender Beanspruchungskollektive, Entwicklung vereinfachter Ermüdungs-Prüfverfahren, Überprüfung der Theorie der Schadensakkumulation;

  - Verwertung von häuslichen und industriellen Abfallstoffen, Kapselung und Unschädlichmachung von Sonderabfall;

  - Rückgewinnung von Rohstoffen aus Müll und Abfall (evtl. Aufschließung durch bakteriologische Prozesse);

  - Wiederverwendung von Abbruchmaterial (Betonzuschläge).

- Sicherung der Dauerhaftigkeit durch Werkstoffwahl und -modifikation sowie durch geeignete Schutz- und Qualitätssicherungssysteme; Weiterentwicklung zerstörungsfreier Prüfmethoden, um zu einem möglichst frühen Zeitpunkt zu nutzbaren Feststellungen zu gelangen.

5.18 Bergbau

Im Vordergrund der Forschung wird im Planungszeitraum weiterhin die Untersuchung grundsätzlicher Zusammenhänge bei der Bewältigung von Problemen tiefer Bergwerke in der Bundesrepublik Deutschland stehen. So sehen sich die Steinkohlen- und Kaligruben mit weiterem Vordringen in die Tiefe Erschwernissen ausgesetzt, die im wesentlichen durch höheren Gebirgsdruck und durch vermehrten Zustrom an Wärme aus dem Gebirge verursacht sind.

Beim Gebirgsdruck geht es darum, Verfahren der Planung zu verbessern, so daß schon durch geeignete Positionierung und Gestalt der Grubenbaue wie durch entsprechenden Ausbau spätere Unterhaltsarbeiten während der Lebensdauer des Bergwerks möglichst vermieden bleiben.

Lösungsansätze zur Beherrschung des Gebirgsdrucks bieten rechnerische Prognosemethoden, Querschnittsoptimierung und Maßnahmen zur Entlastung des Gebirges um den Hohlraum herum. Außerdem müssen Ausbau-Verbundsysteme entwickelt werden, die geeignet sind, außer dem ursprünglichen mehr statischen Überlagerungsdruck auch sekundäre dynamische Last aus Abbau aufzunehmen.

In Bewetterung und Klimatisierung geht es um Begrenzung der Wärmequellen, wozu außer der Selbstverdichtung der Grubenwetter das freigelegte Gebirge, hereingewonnenes Gestein sowie Energieumsatz aus Maschinen zu rechnen sind.

Bei der Bekämpfung ungünstigen Klimas wird man sich mit der optimalen Gestaltung von Kühleinrichtungen nach Erzeugung und Verteilung der Kälteleistung befassen müssen. Bei der Übertragung der Kälte an die Grubenwetter scheint die Sprühkammer aussichtsreich. Auch in Handhabung des Betriebes sind Verbesserungen möglich mit dem Ziel, die Wärmeabgabe aus dem Gebirge zu begrenzen oder weiter zu vermindern. Daneben verdient die Individualklimatisierung Aufmerksamkeit, sei es durch Kühlkleidung oder durch Kapseln des Arbeitsplatzes.

Ein bedeutendes Arbeitsfeld der Forschung bietet die Verbesserung der Versorgungsstruktur des Bergwerks. Besseres Durchdringen der Logistik erfordert nicht nur das Abfördern gelösten Haufwerks, sondern, mehr noch, Materialtransport und Personenbeförderung. So hat Fortschritt der Technik unter Tage mit teils immer schwereren und sperrigeren Maschinen Defizite in der Versorgungsstruktur erkennbar gemacht, die den Blick vor allem auf automobile Technik lenken. Hier wird man den technischen und betriebswirtschaftlichen Nutzen eines Individualverkehrs mit Selbstfahrern erforschen müssen, wie er zu erwarten ist aus höherer Disponibilität der Betriebsmittel, räumlich wie zeitlich.

Ein Schwerpunkt zukünftiger Forschung in der Aufbereitung ist die Sortierung von Fein- und Feinstkorn. Das wirtschaftlich bedeutendste Verfahren zur Sortierung ist hier die Flotation. Obwohl heute bereits viele mineralische Rohstoffe auf diese Weise gewonnen werden können, steht man vor allem im Bereich der Oxidflotation sowie der Feinstkornflotation noch vor ungelösten Aufgaben. So arbeitet man beispielsweise seit längerem an der Verbesserung der Zinnsteinflotation und auch an der Trennung von Columbit und Wolframit.

Auch in der Steinkohlenaufbereitung hat der gestiegene Feinstkornanteil in der Rohförderkohle Probleme mit sich gebracht. Auf dem Gebiet der Aufbereitung von Kohleschlämmen befaßt man sich mit dem Schlammsetzprozeß als Alternative zur Flotation und als Verfahren zur Entschwefelung. Mit modernen Hilfsmitteln soll umfangreiche Grundlagenforschung zum kollektiven hydrodynamischen Transport sehr feiner Partikel angestellt werden, um Kriterien für die Anwendung dieser Sortierverfahren für Feinstkorn genauer beschreiben zu können.

Mit Blick auf die physikalische Sortierung sehr fein verwachsener Erze beschäftigt sich die Forschung mit einer möglichst kornschonenden Zerkleinerung, die einen optimalen Mineralaufschluß erreicht und starke Feinstkornbildung vermeidet. Im Feinstkornbereich ergeben sich hier größere analytische Probleme, die nur mit Hilfe elektronenoptischer Untersuchungsverfahren zu lösen sind. Bei den Löse- und Laugeverfahren kann eine intensive Mahlbeanspruchung zu einer höheren Werkstoffausbeute führen. Mechanische Aktivierung zur besseren Lösbarkeit mineralischer Rohstoffe ist seit langem Gegenstand der Forschung.

Analytische Schwierigkeiten beim Erfassen physikalischer und chemischer Eigenschaften von Feinstkorn bieten ein weiteres Feld, auf dem in Zukunft verstärkte Forschung zu leisten ist. Ähnliches gilt für die Bestimmung von Strukturen mineralischer Kristallgitter, die für die Flotation, aber auch für die Magnetscheidung und Elektrosortierung von Bedeutung sein können.

Da Bergbauforschung an einer verhältnismäßig kleinen Zahl von Hochschulen in der Bundesrepublik betrieben wird, bietet sich für die Förderung das Normalverfahren an, wobei eine enge Abstimmung mit Sachprogrammen anderer Institutionen leicht herbeizuführen ist.

5.19 Hüttenwesen, Metallurgie

Die Anstöße für die Forschung auf dem metallurgischen Sektor kommen aus innovativen Entwicklungen und aus dem Bedürfnis nach Optimierung bestehender Prozesse. Größere innovative Entwicklungen vollziehen sich bei der Eisenerzeugung durch Schmelzreduktion mit Kohle und mit vorangehender Vorreduktion, bei der Herstellung von Stahl aus Einsatzstoffen mit höheren Schrottanteilen und beim endabmessungsnahen Gießen. Bei der Prozeßoptimierung sind vorrangig der Hochofen (beispielsweise Grundlagenuntersuchungen zum Einblasen von Kohle statt Öl), die Pfannenmetallurgie (beispielsweise die Erforschung chemisch-thermodynamischer Grundlagen neuer Raffinationsverfahren), das Stranggießen (beispielsweise die Entwicklung hochwertiger Oberflächenqualität), Energiesparmaßnahmen (beispielsweise die Nutzung des Abwärmepotentials der Hochofenschlacken) und der Umweltschutz (beispielsweise die Beherrschung von Abgas- und Lärmemissionen bei neuen Erzeugungsprozessen) zu nennen. Aus dem Bereich der Prozeßkinetik und der Prozeßtechnik wird auf das neu eingerichtete Schwerpunktprogramm *„Mischung mit Energie- und Stoffumsatz in schmelzmetallurgischen Systemen"* hingewiesen. Das Interesse richtet sich hier vor allem auf Auflösungs-, Emulgierungs- und Vermischungsvorgänge und deren Zusammenwirken mit den chemisch-metallurgischen Reaktionen in der Konvertermetallurgie, in der Pfannenmetallurgie und bei der Schmelzreduktion. Bessere Kenntnisse auf diesen Gebieten können dazu beitragen, sowohl die Leistungsdichten der Prozesse zu verbessern als auch Stähle mit möglichst niedrigen Gehalten an störenden Begleitelementen herzustellen. Insgesamt nimmt in der Metallurgie die Verflechtung der insbesondere von der DFG geförderten Grundlagenforschung mit der angewandten Forschung und Entwicklung zu, weil sich diese Wechselwirkung als fruchtbar erwiesen hat.

An den deutschen metallurgischen Instituten wird vorzügliche Forschung auf den traditionellen Gebieten betrieben. Eine Zuwendung zu den Werkstoffen für neueste Techniken ist bisher nicht feststellbar. Intensive Forschung auf dem Gebiet dieser Werkstoffe ist für die technologische Entwicklung aber von großer Wichtigkeit. Die Verfahren zur Herstellung von Werkstoffen für die Elektronik, die Kommunikationstechnik und die direkte Energieumwandlung sind meist im Kleinstmaßstab entwickelt; die industrielle Herstellung und Verarbeitung ist aber vielfach außerordentlich kostenintensiv. Es ist dringend erforderlich, grundlegendes Wissen über die optimale Herstellung dieser neuen Werkstoffe zu erarbeiten.

In der Nichteisenmetallurgie wird die rückstandslose Gewinnung und Verarbeitung der Rohstoffe bald eine besondere Rolle spielen. Der metallurgischen Thermodynamik eröffnen sich bei der Aufbereitung von Reststoffen neue Ziele. Die Altlastenbewältigung – Deponie- und Haldenwirtschaft – wird nur durch Zusammenfassen eines breiten Fächerspektrums voranzutreiben sein.

Die Vorgänge beim Gießen und Erstarren werden auch in Zukunft ein wichtiges Forschungsfeld sein. Gießen und Erstarren sind dem Urformen zuzurechnen und gehören zu einer grundlegenden Technologie, die am Beginn zahlreicher weiterführenden Techniken steht. Ein interessantes Potential für Rohstoff- und Energiesparen in der Fertigungstechnik ist die Erstarrung aus der rasch abgekühlten Schmelze, die am Beginn zahlreicher neuer Band- und Blechgießverfahren steht, sowie die Herstellung schnell erstarrter Pulver in der Pulvermetallurgie. Dazu zählt auch die bereits im Abschnitt 5.2 („Werkstoffe) erwähnte gelenkte Erstarrung zur Erzeugung lokal unterschiedlicher Gradientengefüge, um die Werkstoffeigenschaften gezielt zu beeinflussen. In diesem Zusammenhang ist vor allem das Schwerpunktprogramm *„Feinkristalline Werkstoffe"* zu nennen. Eine zukunftsweisende Technologie dürfte das rechnerische Simulieren und Modellieren der Gieß- und Erstarrungsvorgänge sein. Auch wäre an Verfahrenskombinationen: Urformen/Umformen, Urformen/Oberflächenveredeln, Urformen/Fügen zu denken.

In der Umformtechnik gewinnt die Ausnutzung der Formgebung zur Beeinflussung der Werkstoffeigenschaften zunehmend an Bedeutung. Auch bei dieser „thermomechanischen Behandlung" von Halbzeug ist vor allem beim Profilwalzen die rechnergestützte Analyse des Formgebungsprozesses erforderlich (Computer aided engineering).

Das Verhalten eines metallischen Werkstoffs im Bauteil hängt weitgehend von den Schweißverbindungen ab. Zur genaueren Bewertung der Eigenschaften von Schweißverbindungen ist das Zusammenwirken von Fachleuten aus verschiedenen Gebieten der Werkstofftechnik gefordert.

Durch die Entwicklung neuer Technologien kommt dem Verhalten von Stahl und anderen Werkstoffen bei hohen Temperaturen und unter Einwirkung von korrosiven Medien große Bedeutung zu. Deswegen sollten Arbeiten zur Hochtemperaturkorrosion angeregt werden. Sie ergänzen das laufende Schwerpunktprogramm „*Korrosionsforschung*", in dem es vorrangig um den Angriff von ionenleitenden, flüssigen Medien auf Werkstoffe – insbesondere metallische Werkstoffe – geht.

Zahlreiche weitere Forschungsaufgaben auf dem Gebiet der metallischen Werkstoffe, die auch für Hüttenwesen und Metallurgie von Interesse sind, werden oben in Abschnitt 5.2. („Werkstoffe") behandelt, auf den hier verwiesen sei.

5.20 Elektrotechnik

Maschinenbau, Chemie und Elektrotechnik sind in der Bundesrepublik Deutschland die Industriezweige mit dem größten Umsatzvolumen. Ihre Produkte tragen mehr als die Hälfte zum Exportumfang bei. Berücksichtigt man, daß die Bundesrepublik Deutschland nahezu ein Drittel ihres Bruttosozialprodukts durch den Export verdient, so wird die Bedeutung dieser Industriezweige für die gesamte Volkswirtschaft offensichtlich. Eine wichtige Voraussetzung für ihre Konkurrenzfähigkeit ist eine zukunftsorientierte Grundlagenforschung an den Hochschulen.

Unter den genannten Industriezweigen werden der Elektrotechnik die größten Wachstumsraten prognostiziert. Dazu trägt vor allem die Informationstechnik bei, die derzeit zweistellige Wachstumsraten vorweisen kann und sich in zunehmendem Maße auch in Bereiche des Maschinenbaus, insbesondere des Kraftfahrzeugbaus und der Verfahrenstechnik sowie der Automatisierungs- und Produktionstechnik, ausbreitet.

Innerhalb der Elektrotechnik ist eine wachsende Verflechtung und Wechselwirkung einerseits zwischen der Informationstechnik und der Kommunikationstechnik wie auch andererseits zwischen der Informationstechnik und der Energie- und Regelungstechnik zu beobachten. So können in der Kommunikationstechnik durch Einführung der Digitaltechnik in Verbindung mit einer Informationsverarbeitung bestehende Übertragungsnetze für neue zusätzliche Kommunikationsdienste verwendet werden. Als Beispiel sei das Integrated Services Digital Network (ISDN) erwähnt. Mit der Verfügbarkeit optischer Übertragungssysteme können auch große Datenraten übertragen und damit breitbandige Kommunikationsdienste realisiert werden. Neue Rechner- und Softwaretechniken geben die Voraussetzungen, intelligente Systeme der Automatisierungstechnik zu konzipieren und auf diese Weise die Prozeßführung in Anlagen aller Art weiter zu verbessern. Der schnelle Fortschritt der Mikroelektronik, der modernen

Nachrichtenübertragungstechnik, der Rechner- und Softwaretechnik stellt die Industrie vor schwierige Aufgaben und Entscheidungen. In Anbetracht der begrenzten verfügbaren Personalkapazität wächst die Verantwortung der Hochschulen, die Industrie bei der Lösung dieser Probleme zu unterstützen, insbesondere indem sie zur Grundlagenforschung beitragen und qualifizierten wissenschaftlichen Nachwuchs auch für die Wirtschaft ausbilden.

Zur Einordnung und Orientierung ihrer eigenen Forschungsarbeiten müssen die Wissenschaftler an den Hochschulen die überregionalen und interdisziplinären Wechselwirkungen berücksichtigen. Unter diesem Aspekt kommt eine besondere Bedeutung den Schwerpunktprogrammen in der Elektrotechnik zu. In der Elektrotechnik werden seit langem mehr Forschungsvorhaben in den verschiedenen Schwerpunktprogrammen als im Normalverfahren gefördert. Zur Lösung der heute anstehenden Aufgaben ist ein laufender Erfahrungsaustausch zwischen den Wissenschaftlern eines Arbeitsgebiets eine notwendige Voraussetzung dafür, unter Vermeidung von Doppelarbeit zu Ergebnissen zu kommen, die auch den Anforderungen der jeweils angrenzenden Randgebiete Genüge tun. Schwerpunktprogramme gewährleisten dies und ermöglichen darüber hinaus die Einbindung von Wissenschaftlern benachbarter Disziplinen. Sie kommen den Wünschen nach gegenseitiger Information weitgehend entgegen, indem sie die Möglichkeit bieten, Arbeitsgruppen zu bilden und gemeinsame wissenschaftliche Kolloquien abzuhalten. Dadurch wird besonders auch den an den verschiedenen Hochschulen tätigen jungen Wissenschaftlern die Möglichkeit gegeben, mit den auf gleichen oder benachbarten Gebieten tätigen Kollegen an anderen Hochschulen Verbindung aufzunehmen und so, auf andernorts gewonnenen Ergebnissen aufbauend, die eigenen Arbeiten weiterzuführen. Die Mitarbeit von Wissenschaftlern aus den Forschungs- und Entwicklungslaboratorien der Industrie bei den Kolloquien und Arbeitsgruppen sichert auch den notwendigen Praxisbezug der Hochschulforschung und gestattet, diese innerhalb der gesamten Forschung richtig einzuordnen.

In der Vergangenheit hat es relativ selten rein elektrotechnische Sonderforschungsbereiche gegeben. Ein wesentlicher Grund hierfür liegt darin, daß es an jeder Hochschule für ein Arbeitsgebiet der Elektrotechnik zu wenige Hochschullehrer gibt, als daß sie allein einen Sonderforschungsbereich bilden könnten. Die zunehmende Wechselwirkung mit anderen Disziplinen kann hier in Zukunft zu einer Veränderung führen. Es gibt bereits erste Beispiele für interdisziplinäre Sonderforschungsbereiche, an denen Wissenschaftler aus dem Bereich der Elektrotechnik und aus anderen Disziplinen beteiligt sind. So ist beispielsweise die Elektrotechnik fachlicher Schwerpunkt im Sonderforschungsbereich 331 *„Informationsverarbeitung in autonomen, mobilen Handhabungssystemen"* (München), in dem entsprechend der Aufgabenstellung fachübergreifend die Fakultäten für Elektrotechnik, für Maschinenwesen und für Mathematik und Informatik zusammenwirken. Weiterhin besteht eine interdisziplinäre Zusammenarbeit zwischen Maschinenwesen und Elektrotechnik im Sonderforschungsbereich 208 *„Grundlagen und Komponenten flexibler Handhabungsgeräte im Maschinenbau"* (Aachen).

In der bevorstehenden Planperiode werden einige Schwerpunktprogramme fortgeführt und zum Teil auch beendet, andererseits werden neue Schwerpunktprogramme vorbereitet oder diskutiert.

5.20.1 Elektrische Energietechnik

Im Bereich der elektrischen Energietechnik laufen derzeit die Schwerpunktprogramme *"Neue leit- und schutztechnische Verfahren in der elektrischen Energieversorgung", "Neue Systeme der elektromechanischen Energiewandlung"* sowie *"Komponenten und Systeme für die Versorgung verdichteter Siedlungsräume mit elektrischer Energie"* im 2., 5. und 7. Jahr.

Im Schwerpunktprogramm *"Neue leit- und schutztechnische Verfahren in der elektrischen Energieversorgung"* soll die Entwicklung verbesserter Methoden zur zuverlässigen und optimalen Betriebsführung der Energieversorgungsnetze über störfeste Informationssysteme mit schneller und zuverlässiger Signalverarbeitung gefördert werden. Weiterhin sollen Verfahren zur Störungsanalyse und Strategien zur Netzwerkrestauration nach Großstörungen entwickelt werden.

Im Schwerpunktprogramm *"Neue Systeme der elektromechanischen Energiewandlung"* sollen durch eine systemtechnische Betrachtungsweise die drei Hauptteile eines elektromechanischen Energiewandlungssystems auf spezifische Anwendungen zugeschnitten werden mit dem Ziel, kompakte und verlustarme Energiewandler mit netzfreundlichen und schnell steuerbaren Stellgliedern unter Verwendung flexibler Steuerungs- und Regelungseinrichtungen zu einem optimierten Antriebssystem zu verschmelzen. Das Schwerpunktprogramm *"Komponenten und Systeme für die Versorgung von verdichteten Siedlungsräumen mit elektrischer Energie"* hat eine weitgehende Kompaktierung der Geräte und Anlagen zum Ziel durch besser ausgenutzte Isoliermedien, neuartige Überspannungsableiter sowie durch eine verbesserte Stromtragfähigkeit auf engstem Raum. Bedeutend ist hierbei eine sichere Störfallbeherrschung, die genaue Kenntnisse über die Lichtbogenauswirkungen und zuverlässig arbeitende moderne Schaltgeräte voraussetzt.

5.20.2 Mikroelektronik

Im Bereich der Mikroelektronik laufen derzeit die Schwerpunktprogramme *"Integrierte Optik"* und *"Physikalisch-technische Grundlagen von III-V-Halbleiterstrukturen"* im 3. bzw. 2. Jahr.

Das Schwerpunktprogramm *"Integrierte Optik"* behandelt die Grundlagen der Lichtausbreitung in Schicht- und Streifenwellenleitern, die Integration von optischen und faseroptischen Komponenten und Systemen der optischen Signalübertragung. Dieses Schwerpunktprogramm unterstützt damit u.a. die Entwicklung der optischen Nachrichtenübertragungstechnik.

Im Rahmen des Schwerpunktprogramms *„Physikalisch-thechnische Grundlagen von III-V-Halbleiterstrukturen"* werden Probleme physikalisch-technischer Natur erforscht, die für die Entwicklung mikroelektronischer Bauelemente sehr hoher Arbeitsgeschwindigkeit bedeutend sind. Beide Schwerpunktprogramme werden durch Sondermittel des BMFT unterstützt.

5.20.3 Informations- und Kommunikationstechnik

Im Bereich der Informations- und Kommunikationstechnik laufen derzeit die Schwerpunktprogramme *„Grundlagen digitaler Kommunikationssysteme"* und *„Modelle und Strukturanalyse bei der Auswertung von Bild- und Sprachsignalen"* im 3. und 6. Jahr.

Das Schwerpunktprogramm *„Grundlagen digitaler Kommunikationssysteme"* soll die Entwicklung der digitalen Nachrichtenübertragungstechnik unterstützen. Im Vordergrund stehen die systemtechnischen Aspekte digitaler Übertragungssysteme und mikroelektronische Schaltungen für die Nachrichtenübertragungstechnik. Zur Beschreibung der immer komplexer werdenden Systeme werden neue einheitliche Beschreibungsformen gesucht. Zur Unterstützung dieser Arbeit sind auch Informatiker an diesem Schwerpunktprogramm beteiligt.

Das Schwerpunktprogramm *„Modelle und Strukturanalyse bei der Auswertung von Bild- und Sprachsignalen"* hat das Ziel, mit Hilfe zu entwickelnder rechnerinterner Modelle beispielsweise Bildinhalte automatisch zu interpretieren oder zusammenhängend gesprochene Sprache zu analysieren. Die automatische Auswertung dieser Signale bildet die Grundlage für intelligente Sensoren z. B. in der Automatisierungstechnik. Die Probleme liegen in der komplexen Struktur der Modelle. Die Erarbeitung der Lösungen wird von Wissenschaftlern der Nachrichtenübertragungstechnik und Informatik gemeinsam angegangen. Grundlagen für diese Arbeiten sind von 1977 bis 1986 im Schwerpunktprogramm *„Digitale Signalverarbeitung"* gefördert worden, das interdisziplinären Charakter hatte. Sein Ziel war die Förderung neuer Systeme, Methoden und Algorithmen in den Bereichen Ingenieur-, Natur- und Biowissenschaften. Es kann auf eine sehr erfolgreiche Arbeit mit großer Beteiligung zurückblicken. Die geförderten Forschungsaktivitäten haben moderne industrielle Entwicklungsrichtungen nicht unmaßgeblich gefördert.

Für die Zukunft sind bereits neue mögliche Schwerpunktprogramme in der Diskussion. Im Bereich der elektrischen Energietechnik und der Regelungstechnik bedürfen die bisher in Schwerpunktprogrammen geförderten Arbeiten auch in der nächsten Zukunft einer weiteren Unterstützung. So müssen im Rahmen des Schwerpunktprogramms *„Neue Systeme der elektromechanischen Energiewandlung"* auch die Probleme des Einsatzes moderner Bauelemente wie z. B. Smart-Power-Bausteine oder Ring-Emitter-Transistoren sowie neue Techniken mit Rechnerunterstützung für die Antriebstechnik untersucht werden.

Ein derzeit noch in Vorbereitung befindliches Schwerpunktprogramm soll sich mit der Kompaktierung von Maschinen, Geräten und Anlagen durch verbesserte Materialausnutzung, neue Materialien und Prinzipien unter Beachtung der Zuverlässigkeit, Energieersparnis und Umweltverträglichkeit befassen. Faserverbundstoffe, neuartige mechanische Werkstoffe und Supraleitung in elektrischen Maschinen sowie fehlstellenarme, hochisolierende und umweltfreundliche Isoliermedien in Geräten und Anlagen zusammen mit verbesserten numerischen Feldberechnungsverfahren zur Erfassung der teilweise gekoppelten elektrischen, magnetischen und thermischen Felder sind Voraussetzungen für die Entwicklung von Betriebsmitteln mit hoher Leistungsdichte und Zuverlässigkeit. Weitere Gebiete, auf denen Initiativen zur Vorbereitung koordinierter Förderungsprogramme in Gang sind, umfassen u.a. folgende Themen:

– Elektromagnetische Verträglichkeit von elektronischen Sekundärsystemen

EMP (Elektromagnetische Impulsquellen) aller Art treten insbesondere in energietechnischen Anlagen auf. Sie werden erzeugt durch moderne Schaltgeräte, durch Blitzvorgänge in Stromrichter-Stellgliedern bis hin zum NEMP (Nuklear-Elektromagnetischer Impuls) und erfordern wegen der steilen und hochfrequent schwingenden Überspannung ein besonderes Schutzkonzept für sensible Isolationssysteme und elektronische Einrichtungen.

– Steuerung komplexer Prozesse und Systeme

Neuartige Aufgabenstellungen ergeben sich durch die Notwendigkeit einer systemtechnischen Behandlung vielschichtiger Steuerungs-, Regelungs-, Überwachungs- und Führungsaufgaben komplexer Prozesse und großer Systeme. Neben den kontinuierlichen Fließprozessen sind verstärkt diskrete Stückgutprozesse zu betrachten. Dazu sind intelligente Automatisierungsfunktionen notwendig. Zur Führung und für den Schutz großer Systeme wie Kernkraftwerke oder des europäischen Energieverbundnetzes sind verbesserte Konzepte zu entwickeln. Hierbei hat das Zusammenwirken von Mensch und Maschine besondere Bedeutung. Fortschritte auf den Gebieten der Mikroelektronik, Rechner-, Software- und Informationstechnik werden besonderen Einfluß auf diese Forschung haben. Darüber hinaus werden rechnergestützte Methoden vom Entwurf bis zur Inbetriebnahme derartiger komplexer Regelungs- und Automatisierungssysteme an Bedeutung gewinnen.

5.20.4 Halbleitertechnik

Forschungsgebiete in der Halbleitertechnik, die der Mikroelektronik, der Optoelektronik und der Hochfrequenzelektronik ganz neue Möglichkeiten eröffnen, sind die Bandkantentechnologie und die integrierte Optoelektronik. Kennzeichnend für die neuen Entwicklungen ist, daß nicht mehr Silicium, sondern andere Halbleitermaterialien mit zum Teil maßgeschneiderten Überstrukturen die entscheidende Funktion im Bauelement übernehmen. Die Bandkantentechnologie mit gitterangepaßten Heterostrukturen aus III-V-Halbleitern wie AlGaAs oder InGaAsP eignet sich zur Herstellung extrem schneller (ballistischer) Transistoren, für die Optimierung von Laserdioden mit Potentialtopfstruktur oder für die Konzeption neuartiger Photodioden mit innerer Verstärkung. Nichtgitterangepaßte Epitaxie zum Beispiel von GaAs auf Silicium ermöglicht die Integration optoelektronischer Komponenten mit klassischen rein elektronischen Schaltkreisen. Dies ist von großer Bedeutung für den Aufbau kompakter Sende- und Empfangssysteme der optischen Nachrichtenübertragungstechnik und spielt auch eine wichtige Rolle für die praktische Realisierung von Wellenlängenmultiplextechniken und kohärent-optischen Übertragungstechniken. Die Beherrschung der Integration ist letztlich unerläßlich für eine konkurrenzfähige optoelektronische Datenverarbeitung, angefangen von optoelektronischen Koppelfeldern und einfachen Signalprozessoren bis hin zum optischen Computer mit bistabilen optischen Speicherzellen.

5.20.5 Signal- und Datenverarbeitung

Die wachsende Integrationsdichte mikroelektronischer Bauelemente ermöglicht eine wirtschaftliche Realisierung immer komplexer werdender Strukturen auf einem Chip. Damit werden in Zukunft auch Algorithmen realisierbar, deren Anwendung bisher aus Gründen ihrer Komplexität nicht in Betracht kam. Um die Leistungsfähigkeit einer Halbleitertechnologie voll auszuschöpfen, müssen diese fortgeschrittenen Algorithmen der Signalverarbeitung und die Prozessorarchitekturen der verfügbaren Technologie angepaßt werden. Es ist bereits erkennbar, daß neben dem Fortschritt der Halbleitertechnologie neue Systemtechniken einen wesentlichen Beitrag zur Steigerung der Leistungsfähigkeit mikroelektronischer Bauelemente leisten werden. Da diese Bauelemente für die Informations- und Kommunikationstechnik beispielsweise für die Echtzeitverarbeitung von Bildsequenzen von großer Bedeutung sind, werden die

- Methoden und Prozessorarchitekturen für fortgeschrittene Signalverarbeitung

einen wichtigen Schwerpunkt der zukünftigen Forschung bilden. Ferner gibt es Bestrebungen, gemeinsam mit der Informatik Förderungsprogramme auf den Gebieten

- Verteilte Systeme der Informationsverarbeitung,
- Methoden und Prozessorarchitekturen für die Wissensverarbeitung,
- Entwurf komplexer Systeme

einzurichten. Im Bereich der Informations- und Kommunikationstechnik wird die Digitalisierung und digitale Codierung von Nachrichten zu einer zunehmenden Fusion von

Nachrichtenübertragungstechnik und Informationsverarbeitung führen. Sie ermöglicht es, die Leistungsmerkmale bestehender Kommunikationssysteme zu verbessern und darüber hinaus auch Systeme mit ganz neuen Leistungsmerkmalen zu entwickeln. So werden verteilte Systeme der Informationsverarbeitung wie beispielsweise Rechner, Signalprozessoren, intelligente Sensoren, Aktuatoren und CAD-Systeme über Netze verbunden zu einem großen System zusammenwachsen. Für diese verteilten Systeme müssen die Probleme der Kommunikation, der Datenbanken, der Konsistenzprüfung gelöst und dazu Verfahren der Modellierung und Bewertung erarbeitet werden. Verteilte Systeme der Informationsverarbeitung werden unter anderem für eine wirtschaftliche, flexible Fertigungs- und Produktionstechnik benötigt.

Mit der Entwicklung von neuen Methoden der Wissensdarstellung und Wissensverarbeitung werden Prozessorsysteme in Zukunft nicht nur Zahlen, sondern auch Wissensinhalte verarbeiten können und sich zu sogenannten „intelligenten" Systemen entwickeln. Beispielsweise wird ein intelligenter, visueller Sensor mit Hilfe einer Fernsehkamera ein Bild nicht nur in Form von Zahlenwerten abspeichern oder übertragen, sondern auch in der Lage sein, Bildinhalte wie die räumliche Anordnung von Gegenständen zu erkennen. Heute bereits verfügbare sogenannte Expertensysteme werfen umfangreiche Anwenderprobleme auf und erfordern für ihre wirtschaftliche Implementierung neue angepaßte Prozessorarchitekturen. Die Lösung der Anwenderprobleme von Expertensystemen und andererseits die wirtschaftliche Implementierung von Expertensystemen könnte durch ein Schwerpunktprogramm *„Methoden und Prozessorarchitekturen für die Wissensverarbeitung"* gefördert werden.

Die wachsende Komplexität der informationsverarbeitenden Systeme erfordert neue systemtechnische Beschreibungsformen und stellt neue Anforderungen an die Entwurfswerkzeuge, die von derzeitigen verfügbaren Werkzeugen nicht erfüllt werden. Beispielsweise werden hierarchisch strukturierte Beschreibungen der Systeme benötigt, so daß ein komplexes System in mehreren Ebenen unterschiedlicher Detaillierung der Funktionseinheiten überprüfbar wird.

Diskutiert wird auch die Frage, inwieweit noch stärkere Förderungsmaßnahmen auf dem Gebiet der Molekularelektronik erforderlich sind. Diesem Problem ist bisher ein Sonderforschungsbereich in Stuttgart gewidmet. Es erfordert in besonderem Maße eine interdisziplinäre Zusammenarbeit zwischen Wissenschaftlern der Chemie, Biologie, Halbleitertechnik und Informationstechnik.

5.21 *Informatik*

Informatik ist in der kurzen Zeit seit ihrer Einführung als naturwissenschaftlich-technisches Fach eine anerkannte selbständige Wissenschaft geworden, die Methoden der Mathematik und der Elektrotechnik (vor allem Nachrichtentechnik) sowohl miteinander verbindet als auch erweitert. Eine intensive Zusammenarbeit der Informatik mit diesen Gebieten wird auch in Zukunft notwendig sein, um signifikante Fortschritte in der Forschung zu erzielen.

Informatik ist für eine große Zahl von Anwendungen als Werkzeug von entscheidender Bedeutung. Umgekehrt sind Bedürfnisse und Erfahrungen aus diesen Anwenderbereichen von zentraler Bedeutung für die zielgerichtete Weiterentwicklung der Informatik selbst. In der Förderung der DFG spiegelt sich diese Situation einerseits in der Einbeziehung von Informatikern in zahlreiche Vorhaben anderer Disziplinen, vor allem in Schwerpunktprogrammen und Sonderforschungsbereichen, andererseits darin, daß viele Vorhaben der Informatik von Problemen ihrer Anwendungsfelder geprägt sind. Darüber hinaus hat die Informatik zahlreiche und wichtige Anwendungen in ihrem eigenen Gebiet; sie ist somit nicht nur Grundlagenwissenschaft, sondern stellt auch ein technisches Fach eigener Prägung dar.

Die wissenschaftliche Entwicklung der Informatik schreitet noch immer außerordentlich rasch fort. In den letzten Jahren war ein unterschiedliches Wachsen der Bedeutung von Informatikteilgebieten zu erkennen, und die Bildung von neuen Teilgebieten ist noch keineswegs abgeschlossen. Eine Aussage über die zukünftig besonders wichtigen Arbeitsfelder der Forschung in einem – für die Informatik – relativ langen Zeitraum von vier Jahren muß daher unter dem Vorbehalt eines Freiraums für heute noch nicht zu erkennende Neuentwicklungen gemacht werden, die eine schnelle und gezielte Förderung benötigen könnten.

In den letzten Jahren hat sich eine Reihe von Teilbereichen der Informatik und ihrer Hauptanwendungsgebiete besonders rasch entwickelt, und es kann vermutet werden, daß sie auch im Planungszeitraum Schwerpunkte der wissenschaftlichen und technischen Entwicklung bilden werden. Hierzu gehören (die Liste ist unvollständig):

- Künstliche Intelligenz und wissensbasierte Systeme,

- Mustererkennung,

- Robotik,

- Software-Technologie,

- Verteilte Systeme und Kommunikation,

- Graphische Datenverarbeitung,

- Automatisierungssysteme in Büro und Fabrik,

- Modellierung und Leistungsbewertung von Systemen,

- Datensicherheit und Zuverlässigkeit von Systemen,

- Einfache und daher benutzerfreundliche Mensch/Maschine- Kommunikation,

- Innovative Rechnerarchitekturen.

Der zukünftige Bedarf an Forschung in der Informatik hat drei Hauptwurzeln:

1. Anforderungen an die Informatik durch Anwendungen,
2. Herausforderungen neuer technologischer Möglichkeiten,
3. Lösung von Grundlagenproblemen.

Zu 1.:
Es gibt heute nahezu kein Fachgebiet mehr, welches ohne Anwendung von Methoden und Hilfsmitteln auskommt, die auch Gegenstand der Forschung in der Informatik sind. In verschiedenen Fächern (z. B. Elektrotechnik, Wirtschaftswissenschaften, Maschinenbau, Bauwesen, Medizin, Linguistik) ist der Bedarf hierfür bereits heute unübersehbar geworden. Das wird unter anderem auch durch Verweise und Querbezüge in den entsprechenden Abschnitten dieser Schrift erkennbar. Die Bedeutung der Informatik für ein breites Fächerspektrum aus allen Wissenschaftsbereichen läßt sich kaum überschätzen. Einige Beispiele sollen dies verdeutlichen:

- Der Bau großer, schneller und zuverlässiger Rechner für spezielle Anwendungen stellt immer neue Anforderungen an die Informatik. Gleichzeitig müssen existierende Systeme aufgrund neuer technologischer Entwicklungen verbessert werden; ein Beispiel dafür ist die verstärkte Ersetzung von Software durch Hardware ('put it into silicon'), ein Bereich, in dem die Bedeutung der Informatik (hier zusammen mit der Halbleitertechnik) für die gesamte Volkswirtschaft besonders auffällig ist.

- Eine Vernetzung von Einzelrechnern auf verschiedenen Ebenen ist ein Gebot der Stunde: Die enge Kopplung (Multiprozessoren) ebenso wie die lose Kopplung (lokale Kommunikationssysteme) und die weite Kopplung (Weitverkehrsnetze) stellen jeweils spezifische Anforderungen und bedürfen unterschiedlicher Lösungsmethoden.

- Der Entwurf von Chips muß durch Verifikationstechniken, Korrektheitsbeweise und Testverfahren unterstützt werden, um den beiden Fehlerquellen 'unkorrektes Design' bzw. 'Fertigungsfehler' zu begegnen; hierbei werden Techniken des hierarchischen Entwurfs anzuwenden sein, die durch geeignetes Suchen in komplexen geometrischen Strukturen unterstützt werden müssen.

- Eine besondere Herausforderung liegt bei automatisierten Entwurfssystemen (CAD) vor. Solche Systeme sollen keine neuen Probleme schaffen, sondern dem Nicht-Informatiker bei der Lösung seiner Aufgaben helfen. Dies kann nur dann gelingen, d.h. von umfassender Akzeptanz und wirtschaftlichem Durchbruch begleitet sein, wenn in Zusammenarbeit von Informatikern und Anwendern Zugang zu und Nutzung von solchen Systemen erheblich vereinfacht werden, was wiederum die Entwicklung besserer und bequemerer Mensch-Maschine-Schnittstellen erfordert; in verstärktem Maße werden hier Methoden und Hilfsmittel aus dem linguistischen Bereich einzusetzen sein.

Zu 2.:

In der geeigneten Nutzung neuer technologischer Möglichkeiten liegt die wohl wichtigste Herausforderung an die Informatik. In einem sehr kurzen Zeitraum ist eine Marktsituation entstanden, in der Komponenten (Mikroprozessoren) zu einem sehr niedrigen Preis verfügbar sind. Eine wesentliche Aufgabe für die Informatik ist es daher, Konzepte zu entwickeln, mit denen die neugeschaffenen Kapazitäten sinnvoll und möglichst effizient genutzt werden können. Zur Lösung dieser Aufgabe ist vor allem ein besseres Verständnis paralleler Prozesse und der Kommunikation zwischen parallel arbeitenden Komponenten erforderlich.

In das genannte Umfeld fallen auch die Chancen und Risiken des Bereichs, der gemeinhin mit dem Schlagwort „Künstliche Intelligenz" bezeichnet wird. Diese Wortschöpfung ist sicher nicht sehr glücklich und hat in der Vergangenheit ebenso wie heute zu Mißdeutungen und irrigen Spekulationen geführt. Dennoch muß man die Begriffsbildung akzeptieren. Zahlreiche Versuche zur Schaffung einer klaren Bezeichnung waren und sind jedenfalls bisher erfolglos geblieben.

In sehr verkürzter Form kann man Künstliche Intelligenz als denjenigen Aufgabenkomplex verstehen, durch den ein möglichst einfacher und effizienter Zugriff auf sehr große Datenmengen durch die Verwendung sowohl natürlichsprachlicher als auch logischer Hilfsmittel ermöglicht werden soll und durch den Methoden zur Bearbeitung dieser Daten mit Unterstützung des Systems gefunden und angewendet werden können. Auch hierbei sind Werkzeuge aus der mathematischen Logik und der Linguistik erforderlich.

Zu 3.:

Grundlagenforschung in der Informatik ist ebenso wie in anderen naturwissenschaftlich-technischen Bereichen erforderlich, um klassische Probleme aufzuarbeiten und neue unter verstärkter Beachtung von Effizienzgesichtspunkten zu lösen. Diese Fragen werden von der Informatik gleichzeitig theoretisch und experimentell angegangen.

In Zukunft werden sich dabei Fragen nach der Zuverlässigkeit von Systemen in verstärktem Maße stellen. Daher muß die Erforschung von Algorithmen, die ein Funktionieren auch bei Komponentenausfall, und zwar mit tragbarer Leistungseinbuße, gewährleisten, ebenso vorangetrieben werden wie die Entwicklung unkonventioneller und zum Teil heuristischer Methoden.

Durch Sonderforschungsbereiche der Informatik wird verschiedenen oben genannten Gebieten bereits teilweise Rechnung getragen: 314 *„Künstliche Intelligenz"* (Karlsruhe/Kaiserslautern/Saarbrücken), 124 *„VLSI – Entwurfsmethoden und Parallelität"* (Kaiserslautern/Saarbrücken), 182 *„Multiprozessorstrukturen"* (Erlangen), 254 *„Höchstfrequenz- und Höchstgeschwindigkeitsschaltungen aus III-V-Halbleitern"* (Duisburg).

Das Schwerpunktprogramm *„Grundlagen digitaler Kommunikationssysteme"* steht methodisch der Informatik sehr nahe; mehrere Informatikforschungsgruppen sind an ihm beteiligt; gleiches gilt für das Schwerpunktprogramm *„Modelle und Strukturanalyse bei der Auswertung von Bild- und Sprachsignalen".*

Drei weitere Schwerpunktprogramme werden wichtige Fortschritte bei der

308   5 Ingenieurwissenschaften

Lösung der zuvor angesprochenen Informatik-Fragestellungen liefern: *„Datenstrukturen und effiziente Algorithmen", „Zuverlässigkeit von Multiprozessorsystemen"* sowie *„Objektbanken für Experten".*

Bei weiteren bereits im Abschnitt 5.20 („Elektrotechnik") genannten Initiativen für künftige Schwerpunktförderungsmaßnahmen wird die Mitarbeit von Informatikern wesentlich sein:

- Verteilte Systeme der Informationsverarbeitung,

- Methoden und Prozessorarchitekturen zur fortgeschrittenen Signalverarbeitung (insbesondere Bildsequenzen),

- Methoden und Prozessorarchitekturen für die Wissensverarbeitung,

- Entwurf komplexer elektronischer Systeme.

Eines der wichtigsten im „Grauen Plan VII" genannten Hemmnisse für eine effiziente Forschung in der Informatik ist inzwischen ausgeräumt: Ein umfassendes Rechnernetz für die Forschungseinrichtungen (Deutsches Forschungsnetz, DFN) wurde vom BMFT initiiert und steht allen interessierten Forschungsgruppen zur Verfügung, auch wenn die Nutzung durch laufende Entwicklungsarbeiten derzeit zu wünschen übrig läßt.

Die Mehrzahl der im Normalverfahren geförderten Informatikvorhaben ist der theoretischen Informatik zuzuordnen. Zwar gibt die Förderung dieser Projekte der Weiterentwicklung der Informatik auf dem Grundlagensektor wichtige neue Impulse, doch kann die Betrachtung der im Normalverfahren geförderten Vorhaben noch weniger als die der gesamten Förderung der DFG ein vollständiges und zutreffendes Bild der laufenden Forschungsaktivitäten vermitteln, da die Informatik – nicht anders als die anderen technischen Disziplinen – auch von zahlreichen anderen öffentlichen und privaten Förderern unterstützt wird. Allerdings gilt für die Informatik wie für alle Disziplinen, daß die Forschungsgemeinschaft, indem sie unabhängig von vorab definierten Programmen und von Anwendungsinteressen allein nach Gesichtspunkten der wissenschaftlichen Qualität fördert, auch künftig für neuartige, innovative Entwicklungen und für die Förderung des wissenschaftlichen Nachwuchses besondere Bedeutung behalten wird.

6 Umweltforschung

6.1	Atmosphäre.	312
6.2	Meeresforschung	314
6.3	Geowissenschaften	315
6.4	Gewässer.	317
6.5	Biosphäre	318
6.6	Geistes- und Sozialwissenschaften	320

Umweltprobleme – und damit auch der Beitrag der Wissenschaften zu ihrer Klärung und Bewältigung – sind seit einiger Zeit in allen westlichen Industrieländern Gegenstand großen und weiterhin zunehmenden Interesses in Politik und Öffentlichkeit. Die wissenschaftliche Beschäftigung mit diesen Problemen und ihre Unterstützung durch die DFG haben lange vorher begonnen, wie aus zahlreichen Veröffentlichungen der DFG, darunter auch den früheren Aufgaben- und Finanzplänen, die seit Beginn der siebziger Jahre ein eigenes Kapitel „Umweltforschung" enthalten, deutlich wird.

Umweltforschung ist keine eigenständige wissenschaftliche Disziplin und wird daher im vorliegenden Abschnitt so wenig wie in früheren als solche verstanden. Zweck dieser Darstellung ist vielmehr, einen zusammenfassenden Überblick über die zahlreichen für das Verständnis und die Lösung von Umweltproblemen wichtigen Forschungsaktivitäten zu geben, die in den vorhergehenden Abschnitten im Zusammenhang mit ihren jeweiligen Arbeitsgebieten vorgestellt werden.

Der wichtigste Beitrag der Wissenschaft zur Bewältigung von Umweltproblemen aller Art war und ist die Erarbeitung fundierter wissenschaflicher Aussagen, die für eine sachgerechte Bewertung der Probleme und für die Suche nach Wegen zu ihrer Lösung die notwendige Voraussetzung bilden. In der Förderung von Forschung, die zu solchen fundierten Aussagen führen kann, sah und sieht die DFG ihre zentrale Aufgabe.

Der Umweltforschung kommt für die Politik eine herausragende Bedeutung zu, die in den nächsten Jahren weiter zunehmen wird. In der Politik wächst das Bewußtsein für die Probleme, die sich aus dem Wachstum der Weltbevölkerung und der vielfach in unvollständiger Kenntnis ihrer Wirkungen begonnenen und fortgesetzten Nutzung technischer Möglichkeiten für die Lebensbedingungen auf der Erde ergeben und die zu irreversiblen Schädigungen, womöglich auch zu ihrer Zerstörung führen könnten, wenn es nicht gelingt, Abhilfe zu finden. Beispiele dafür sind die vom Menschen verursachten Veränderungen in der chemischen Zusammensetzung der Atmosphäre, die Verschmutzung der Oberflächenwässer bis hin zu den Meeren, die zunehmende Belastung der Böden und des Grundwassers, der Raubbau an den tropischen Regenwäldern, das Aussterben zahlreicher Tier- und Pflanzenarten und schließlich die von vielen zunehmend als bedrückend empfundenen Wirkungen anthropogener Umweltbelastungen auf den Menschen selbst.

Die Aufgabe einer wissenschaftlich fundierten Umweltforschung ist die Zusammenschau der vielen interagierenden Einzelkomponenten und -faktoren in der „Umwelt": Dieser Anspruch bedeutet Reiz und Schwierigkeit zugleich: Reiz deshalb, weil es sich um eine intellektuell höchst anspruchsvolle, nur durch konsequente interdisziplinäre Zusammenarbeit lösbare Aufgabe handelt. Die Schwierigkeit der Umweltforschung besteht darin, daß mit zunehmender Komplexität der betrachteten Systeme die Aussagen immer unschärfer werden und – vor allem bei Hinzutreten historischer Komponenten – die Feststellungen immer schwieriger zu reproduzieren sind. Dies kann zu einer weitgehend deskriptiven Betrachtung ohne Versuch einer kausalen Analyse oder einer Formulierung allgemeingültiger Gesetzmäßigkeiten führen. Die Ergebnisse einer solchen Betrachtungsweise, so engagiert sie auch vorgetragen werden, wären aber kein nützlicher Beitrag der Wissenschaft zur Lösung von Umweltproblemen, weil allein eine zuverlässige Analyse von Ursachen und Wirkungen eine rationale Grundlage für politisches Handeln schaffen kann.

Eine Forschung, die zur Aufdeckung der komplexen Ursache-Wirkung-Beziehungen in der Umwelt beiträgt, ist von eminenter Bedeutung für die Praxis und von großer Tragweite sowohl für langfristige als auch für tagespolitische Entscheidungen. Die Rolle der DFG besteht dabei vor allem in zwei Punkten:

- in der Förderung der Erarbeitung wissenschaftlich einwandfreier Daten auf den verschiedenen Gebieten der Grundlagenforschung (Naturwissenschaften, Biologie, Medizin, Technik, Geistes- und Sozialwissenschaften) und ihrer sinnvollen Verknüpfung möglichst schon bei der Forschungsplanung;
- in der vorausschauenden Erfassung und Präzisierung von Problemen, die die Umwelt und ihre wissenschaftliche Betrachtung betreffen, und in der Unterstützung und Förderung von entsprechenden Initiativen (Schwerpunktprogramme, Sonderforschungsbereiche, Forschergruppen).

In den übrigen Kapiteln der vorliegenden Schrift sind zahlreiche Probleme der Umweltforschung im Kontext der einzelnen Disziplinen dargestellt. Auf diese Abschnitte, in denen auch die laufenden und geplanten Förderungsprogramme der DFG dargestellt sind, wird im folgenden jeweils verwiesen. In der nachfolgenden zusammenfassenden Betrachtung werden einige der dort genannten Gesichtspunkte erneut aufgegriffen.

Vorausgeschickt sei, daß die Umwelt und ihre Gesetzmäßigkeiten nicht allein vom Menschen aus betrachtet werden können, wenn auch für den forschenden Menschen seine eigenen Belange naturgemäß im Mittelpunkt stehen. Charakteristisch in den Abläufen in der Natur und auch für die Auseinandersetzung des Menschen mit ihr ist die enge Verflechtung der Vorgänge in der Atmosphäre, der Pedosphäre, der Lithosphäre, der Hydrosphäre und der Biosphäre. In dieser nimmt der Mensch insofern eine Sonderstellung ein, als er durch konsequente Anwendung seiner Fähigkeiten in einem – erdgeschichtlich betrachtet – kurzen Zeitabschnitt von wenigen Jahrtausenden vom Objekt der Umwelteinflüsse und der Evolution zu deren maßgeblichem Gestalter geworden ist. Der Mensch und speziell der Forscher muß begreifen, daß zunehmende Macht moralisch nur durch entsprechendes Verantwortungsbewußtsein gerechtfertigt ist. Auch dazu kann die Umweltforschung einen Beitrag leisten.

Es wird im folgenden auf Probleme einzelner Teilgebiete der Umweltforschung eingegangen.

6.1 Atmosphäre

In der Atmosphären-Forschung (s. Abschnitt 4.8) wird in den nächsten Jahren der Erarbeitung vertiefter Kenntnisse der globalen Luftchemie eine besondere Priorität zukommen. Daß hier erhebliche, meist durch menschliche Aktivitäten bedingte Veränderungen stattfinden, ist seit einigen Jahren besonders sichtbar geworden. Probleme, die mit Stichworten wie „saurer Regen", „Photooxidantien", „antarktisches Ozonloch" gekennzeichnet werden können, sind heute im öffentlichen Bewußtsein als dringlich erkannt. Unsere wissenschaftlichen Kenntnisse, die zu effektiven Vorsorge- oder Gegenmaßnahmen führen könnten, sind aber vielfach noch lückenhaft. Daher ist für die Grundlagenforschung ein umfangreiches Programm entwickelt worden, das u.a. folgende Punkte einschließt:

- Die Bestimmung der globalen Verteilung von Spurengasen und Aerosolen und deren physikalischen Eigenschaften. Erforderlich sind koordinierte Feld- und Flugzeugmessungen besonders von solchen Gasen, die für die Photochemie der Troposphäre bedeutsam sind. Für einige der wichtigen Gase müssen noch geeignete Probenahmemethoden und Meßapparaturen entwickelt werden. Besonders lückenhaft sind die Kenntnisse der Luftchemie in den Tropen. Änderungen in der Konzentration und Verteilung der Spurengase in der Troposphäre können wichtige und langdauernde Folgen auch für das Klima haben.

- Labormessungen von wichtigen Reaktionen in der Gas- und in der Wasserphase sowie von heterogenen Reaktionen an Wasser- und Aerosoloberflächen.

- Die Entwicklung von meteorologisch-photochemischen Modellen der globalen Luftchemie (und von Submodellen auf kleineren Skalen) zur Unterstützung der Meßkampagnen und zu Vorhersagen künftiger Veränderungen der luftchemischen Zusammensetzung.

- Weitere Erforschung der mittleren Atmosphäre, insbesondere der Stratosphäre und Mesosphäre. Der erhebliche Abbau des stratosphärischen Ozons, der seit zehn Jahren besonders im Frühjahr in der Antarktis beobachtet wird, ist wissenschaftlich noch nicht definitiv geklärt. Das Phänomen kann darauf hindeuten, daß die Ozonproblematik bisher erheblich unterschätzt wurde. Jedenfalls ist es offenkundig, daß die Aeronomie der mittleren Atmosphäre noch nicht hinreichend bekannt ist. Klar ist allerdings, daß der menschliche Einfluß von großer und wachsender Bedeutung ist.

- Bestimmung der gegenseitigen Beeinflussung von Biosphäre und Atmosphäre. Viele bedeutende atmosphärische Spurenstoffe haben sowohl wichtige natürliche als auch anthropogene (industrielle) Quellen. Für zahlreiche Gase fehlt es besonders an zuverlässigen Informationen über die biologischen Quellstärken. Zum Beispiel ist nicht eindeutig klar, warum das atmosphärische Methan mit mehr als 1% pro Jahr zunimmt. Auch die Aufnahmeraten atmosphärischer Spurenstoffe und ihre Verweildauer in der Biosphäre sind ungenügend bekannt.

- Der seit längerem aktuellen, aber immer noch nicht ausreichend beantwortbaren Frage nach den langfristigen klimatischen Auswirkungen des Konzentrationsanstieges des CO_2 und verschiedener Spurenstoffe in der Atmosphäre wird weiterhin angestrengte Aufmerksamkeit zu widmen sein, zumal ihre Klärung von eminenter Bedeutung für die globale Energiepolitik sein kann. Die langfristigen Veränderungen müssen vor dem Hintergrund der natürlichen Schwankungen des Paläoklimas gesehen werden, die von verschiedenen geowissenschaftlichen Disziplinen untersucht werden.

Mit den Interaktionen Atmosphäre/Biosphäre/Geosphäre will sich auch das geplante „International Geosphere-Biosphere Program" (IGBP) des ICSU beschäftigen, an dem sich neben Atmosphärenforschern auch Biologen, Ozeanographen, Geologen usw. beteiligen werden.

Auf europäischer Ebene ist als Teil von EUREKA auch ein luftchemisches Forschungsprogramm „Eurotrac" geplant. Sein Hauptgewicht wird voraussichtlich auf regionaler, europäischer Umweltproblematik liegen. Wieviel Grundlagenforschung innerhalb von „Eurotrac" möglich sein wird, muß sich noch zeigen.

Für alle Teilgebiete der luftchemischen Forschung sind die Fragen der Gewinnung und Förderung wissenschaftlichen Nachwuchses besonders problematisch. Einerseits ist die Ausbildung wegen des interdisziplinären Charakters dieses Gebiets anspruchsvoll und zeitraubend; andererseits gibt es derzeit nur geringe Berufsaussichten für Wissenschaftler.

6.2 Meeresforschung

Die Meeresforschung ist aufs engste mit der Atmosphärenforschung verknüpft; sie wird in Abschnitt 4.6 ausführlich behandelt. Für die Umweltforschung sind auf diesem Gebiet folgende Probleme besonders wichtig und aktuell:

- Die Ozeane als Quelle und Senke für wichtige Komponenten der Atmosphäre, z. B. für das CO_2.

- Die Folgen der Zufuhr toxischer oder eutrophierender Stoffe durch den Menschen, vor allem in Binnenmeeren und küstennahen Bereichen, aber auch in Verklappungsgebieten. Hier ist vor allem auf Folgen für marine Ökosysteme und Nahrungsketten sowie auf Kombinationswirkungen von Noxen zu achten. Hier wie in vielen anderen ökologischen und vor allem ökosystemaren Fragestellungen wird die mangelnde Kenntnis der ungestörten Lebensräume und -gemeinschaften als hinderlich empfunden. Gerade hier, bei der Förderung der Grundlagenforschung, liegt das vornehmste Gebiet für die Forschungsförderung durch die DFG.

6.3 Geowissenschaften

Die Geowissenschaften im engeren Sinne sind in Abschnitt 4.5 („Wissenschaften der festen Erde") dargestellt. Im weiteren Sinne gehören zu ihnen auch Bodenkunde, physische Geographie, regionale Hydrologie, Hydrologie des Grundwassers usw. In der Erforschung der festen Erde liefern sie Grundlagen zum Verständnis der für die Menschen verfügbaren Geopotentiale wie Lagerstätten, Böden und nutzbare Grundwasserreserven. Die Erkundung, vor allem aber die Nutzung dieser Geopotentiale, birgt Gefahren für die Umwelt, die am Beispiel der Erschließung von Rohstoffen im Tiefseebereich deutlich werden. Die Erarbeitung von geowissenschaftlichen Karten des Naturraumpotentials soll es den Benutzern ermöglichen, im Einklang mit der Umwelt mit den natürlichen Ressourcen sparsam umzugehen und gleichzeitig Nutzungskonflikte zu vermeiden helfen.

Eine der wichtigsten Quellen der Umweltprobleme sind **Abfallstoffe** aller Art. Insbesondere waren es die radioaktiven Abfälle, die zum ersten Mal – zunächst in der Wissenschaft und später in der Öffentlichkeit – bewußt machten, daß Abfälle Risiken für Umwelt und Gesundheit bedeuten. Eine geordnete Beseitigung, die zur langfristigen und vollständigen Isolierung von der Biosphäre führt (die sogenannte Endlagerung), erfordert in wachsendem Maße die Beteiligung der Geowissenschaften, vor allem unter ingenieurgeologischen Aspekten.

In diesem Zusammenhang gewinnt die Erfassung der umweltbedeutsamen geologischen Parameter als **umweltgeologische Kartierung** an Bedeutung. Hier werden landschafts-ökologische, lagerstättenkundliche, mineralogische und geologische Aspekte berührt, die Einfluß auf die Gesundheit und Sicherheit der Menschen haben können, wenn es um Voraussetzungen für die Standfestigkeit von Bauten, um Rutschungsgefährdung u.a. geht.

Die Untersuchung von Naturgefahren und Naturkatastrophen (z. B. Erdbeben, Rutschungen, Vulkanausbrüche etc.) und die Einschränkung ihrer Folgen durch Vorhersagen sind ein wichtiges Ziel der internationalen geowissenschaftlichen Programme „Internationales Lithosphärenprogramm" und „Internationales Geologisches Korrelationsprogramm" (IGCP). So werden z. B. deutsche Geowissenschaftler anknüpfend an Ergebnisse des Schwerpunktprogramms *„Ingenieurgeologische Probleme im Grenzbereich zwischen Locker- und Festgesteinen"* besonders im Hinblick auf Rutschungen in tektonisch aktiven Gebieten im IGCP-Projekt 250 „Regional crustal stability and geological hazards" mitarbeiten.

In Zusammenarbeit mit Werkstoffwissenschaftlern tragen Kristallographen, Mineralogen und Geochemiker dazu bei, mit Hilfe natürlicher Minerale und Gesteine neue, umweltverträgliche und zugleich leistungsfähige Werkstoffe zu entwickeln. Ferner sind die durch Umwelteinflüsse bedingten Verwitterungsprozesse an Gebäuden und Kulturdenkmälern Gegenstand geowissenschaftlicher Untersuchungen.

Hydrogeologen werden in Zusammenarbeit mit Geochemikern, Mineralogen, Bodenkundlern und Mikrobiologen in wachsendem Ausmaß mit Fragen des Grundwasserschutzes befaßt sein. Wichtige Ansatzpunkte zur Lösung derartiger Fragen werden z. B. in dem Schwerpunktprogramm „*Hydrogeochemische Vorgänge im Wasserkreislauf der ungesättigten und gesättigten Zone*" erarbeitet.

Die **Böden** sind in den letzten Jahren als zu schützendes Kompartiment der Ökosysteme, einschließlich der Umwelt des Menschen, Gegenstand besonderer Aufmerksamkeit geworden, wie z. B. das Bodenschutzprogramm der Bundesregierung zeigt. Ihre ökosystemaren Funktionen werden weltweit durch Stoffeinträge (Schwermetalle, Nitrat, Protonen, Industrie- und Agroorganika), durch Erosion, Versalzung, Versandung, Humusschwund und Gefügezerstörung zunehmend geschwächt. In der Erforschung der Böden und der Einflüsse, denen sie ausgesetzt sind, wird daher versucht, die Entstehung und die Eigenschaften der Böden als Bestandteile der Pedosphäre und ihre Funktionen in Ökosystemen aufzuklären.

Hinsichtlich der Bestandsaufnahme, Bodenbewertung und Bodennutzungsplanung trägt auch die **geodätische** Forschung zum Bodenschutz bei.

Im Mittelpunkt der umweltorientierten Erfassung der Böden steht das Verhalten der zahlreichen potentiell schädigenden Stoffe in verschiedenen Böden (Reaktion mit Bodenbestandteilen, Umwandlungsreaktionen, Transport). Es ist entscheidend für die stofflichen Wechselwirkungen zwischen der Pedosphäre und den benachbarten Ökosystemkompartimenten (insbesondere Biosphäre, Grundwasser, Gewässer, Luft) und somit für die Stoff- und Energiebilanz ganzer Landschaften. Der Anteil der Bodenorganismen an solchen Umsetzungen ist erheblich, im einzelnen jedoch ungenügend bekannt. Die Forschung in der Bodenbiologie, für die in der Bundesrepublik bisher nur begrenzte Forschungskapazität existiert, sollte verstärkt werden. Der Ablauf der Prozesse kompliziert sich dadurch, daß diese – etwa im Gegensatz zu Wasser und Luft – in einem heterogenen, insbesondere im Mikrobereich stark anisotropen Milieu stattfinden. Dies kommt u.a. durch die Aggregierung von Bodenbestandteilen und die dadurch entstehenden Porensysteme zustande, ein Forschungsgebiet, das in einem 1986 eingerichteten Schwerpunktprogramm *„Genese und Funktion des Bodengefüges"* behandelt wird. In ihm sollen u.a. Umfang, Mechanismen und Auswirkungen von anthropogenen Gefügeveränderungen erforscht werden. Mit solchen Prozessen ist auch das Phänomen des Bodenverlustes durch Erosion verknüpft, das zwar empirisch erfaßt, jedoch als physikalischer Prozeß nur unzureichend verstanden wird und quantifiziert werden kann.

An diesem Programm wird eine für die Umweltforschung allgemein charakteristische Notwendigkeit sichtbar: Solche Untersuchungen müssen mehr und mehr im Feld statt im Labor durchgeführt werden, um Prozesse im natürlichen Verbund zu erfassen. Die Ergebnisse solcher Prozeßforschung sind erforderlich zur besseren Parametrisierung von existierenden und zu entwickelnden Modellen, mit deren Hilfe ganze Ökotope erfaßt und quantitative Aussagen über Stoffhaushalte gemacht werden sollen.

Die genannten Forschungsgebiete der Bodenkunde haben zwei kostenintensive Aspekte: Der eine liegt in den hierzu erforderlichen Geräten, die sowohl im Hochauflösungsbereich der Mikroskopie als auch im Bereich der Spektroskopie (z. B. solid state NMR, Mößbauerspektroskopie, ESCA, XAFS, Mikrosonde) teuer sind und Spezialisten erfordern. Zum anderen sind langwierige und extensive Datenerfassungen im Feld notwendig, die hohe Anlage- und Meßkosten verursachen.

6.4 Gewässer

Auf dem Gebiet der Wasserforschung ist im Zusammenhang mit der Umweltforschung als zentrales Problem die Belastung des Wassers durch Schadstoffe zu nennen (s. auch Abschnitt 4.7, „Wasserforschung").

Die Nutzung des Wassers und die damit verbundenen Ansprüche an seine Qualität, aber auch die durch sie bedingten Veränderungen, haben in einem dichtbesiedelten Industriestaat mit hohem Gesamtwasserbedarf große Auswirkungen auf den Wasserkreislauf und die Wassergüte. Auf der einen Seite werden bisher nicht bekannte, teilweise auch bisher nicht gesuchte Substanzen aus industriellen und gewerblichen Aktivitäten mit einer sich ständig verfeinernden Analysentechnik im Wasser aufgefunden. Andererseits werden hieraus erhöhte Güteanforderungen abgeleitet und neue Aufbereitungstechnologien gefordert. Eine Abwägung bzw. Abgrenzung zwischen den Notwendigkeiten, die zum Schutz der Gesundheit außer Zweifel stehen, und den qualitativen Ansprüchen, die nicht mehr mit der Gesundheit begründet werden können, ist daher künftig erforderlich.

Darüber hinaus sind nicht mehr die Nutzungsanforderungen allein maßgebend; es muß vielmehr der Selbstwert des Gewässers als intakt bleibendes aquatisches Ökosystem in die Untersuchung und Beurteilung der Wassergüte eingeschaltet werden. Auch hierfür mangelt es noch an Kriterien.

Vorkommen, Verhalten, Auswirkungen und Eliminierung der Schadstoffe, einzeln oder in Kombination, einschließlich der Bewertungskriterien zur Begründung von Maßnahmen zur Sicherung der Wassergüte stellen vorrangige und langfristige Forschungsaufgaben. Die grundlegenden Untersuchungen sind sowohl auf die Oberflächenwässer mit Einschluß der Einströmung in die Nord- und Ostsee als auch verstärkt auf das derzeit im Brennpunkt der Belastungsdiskussionen stehende Grundwasser auszurichten.

Das zunehmende Auftreten von Belastungsstoffen anthropogenen Ursprungs im Grundwasser schränkt die bisher selten in Frage gestellte Auffassung, daß der Begriff „Grundwasser" gleichbedeutend mit hoher Qualität sei, zunehmend ein. Die Bewertung der Wassergüte wird neben den naturgegebenen Eigenschaften und Inhaltsstoffen künftig auch organische und anorganische Schadstoffe des aquatischen Ökosystems einbeziehen müssen. Wirkung und Verhalten bieten als Kriterien die zweckmäßigste Möglichkeit zur Einteilung und Bewertung solcher Schadstoffe.

Die Auswirkungen der Wassernutzung sollen mit der Erhaltung des ökologischen Gleichgewichtes eines aquatischen Systems im Einklang stehen und das Gleichgewicht nicht überfordern, so daß gegebenenfalls eine Kompensation möglich ist. Es muß also erforscht werden, ob und wann die anthropogen bedingten Einflüsse die natürlichen und kompensierbaren Schwankungen übersteigen. Wichtig ist hier einerseits die Erfassung der Emissionen und Immissionen in Grund- und Oberflächenwasser bei gleichzeitiger Verbesserung der Gewässerreinhaltung. Andererseits muß das Verhalten von Schadstoffen im Hinblick auf ihre Immobilisierung und die Remobilisierung geklärt werden. Dabei geht es um die Fixierung der Schadstoffe mit ihrer Überführung in den unlöslichen Zustand und umgekehrt um ihren Übergang in Lösung und damit um ihre Wiederverfügbarkeit.

Die praktischen Aussagen der Wasserforschung müssen sich einerseits auf eine zuverlässige Analytik, vor allem auch der Spurenstoffe, und zum anderen auf fundierte Aussagen über deren biologische, speziell auch toxikologische Wirkung stützen, und dies nicht nur beim Menschen, sondern im gesamten Ökosystem. Für die Wasseranalytik ist mit steigenden Kosten für empfindliche Geräte und für die Ausbildung und Bezahlung qualifizierten Bedienungspersonals zu rechnen. Auch die Aufwendungen für die erforderlichen superreinen Chemikalien sind nicht zu unterschätzen.

6.5 Biosphäre

Aufs engste mit den Gegebenheiten, Vorgängen und Umsetzungen in der Atmosphäre, Pedosphäre, Lithosphäre und Hydrosphäre verknüpft ist das Schicksal der Biosphäre, von den Bakterien über Pilze, Pflanzen und Tiere bis zum Menschen. Wie schon erwähnt und allgemein geläufig, nimmt der Mensch in der Natur eine Sonderstellung ein, die mit der Zahl der Menschen, ihren Ansprüchen und technischen Möglichkeiten immer ausgeprägter wird: Der Mensch bestimmt das Schicksal der Atmosphäre, des Meeres, der Pedo- und Hydrosphäre und vor allem auch das der übrigen Glieder der Biosphäre maßgebend mit.

Diese Feststellung gilt naturgemäß ganz besonders für dichtbesiedelte, hochindustrialisierte Regionen wie die Bundesrepublik und Mittel- und Westeuropa im allgemeinen. Es ist in den letzten Jahren besonders im Zusammenhang mit den Waldschäden augenfällig geworden, daß uns für die Beurteilung auch grundsätzlicher Fragen noch vielfach die Grundlagen fehlen. Als Beispiele für offene Fragen seien genannt:

- Kann eine Verschiebung des Nährstoffgleichgewichtes in ökologisch realistischem Ausmaß das Gedeihen von Bäumen und Wäldern nachhaltig beeinflussen? Ein Schwerpunktprogramm *„Physiologie der Bäume"* soll Beiträge zur Beantwortung dieser Frage liefern.

- Welche Effekte können interagierende Luftschadstoffe bei Langzeitwirkung bei verschiedenen Pflanzen und Tieren, eventuell im Zusammenwirken mit Klimafaktoren und Infektionskrankheiten, bedingen?

- Wie sieht eigentlich die „Umwelt" aus, die wir durch Schutzmaßnahmen erhalten und durch Umgestaltung „gestörter" Umwelt wieder regenerieren wollen? Es kann sich in Mitteleuropa ja kaum um die Landschaft handeln, die einer geringen Zahl von Menschen bei notgedrungen minimalen Ansprüchen ein (kurzes) Leben ermöglichte. Wenn in diesem Zusammenhang von Biotopschutz die Rede ist, was ist unter Biotop zu verstehen, oder auch, welches Ökosystem ist kein Biotop?

- Die Evolution ist gekennzeichnet durch ein Kommen und Gehen von Arten. In dieses Geschehen hat die bislang erfolgreichste Art, der Mensch, dramatisch eingegriffen. Welche Arten von Organismen sind schützenswert, bei welchen kann sich der Mensch das Recht nehmen, ihr evolutionäres Verschwinden zu beschleunigen? Ein Malariakranker wird kaum einen Schutz für Anopheles und den Malariaerreger befürworten.

- Fortschritte in der Molekularbiologie und Gentechnologie könnten den Menschen künftig befähigen, nicht nur durch gezielte Kreuzung, sondern auch durch systematischen Umbau des Genoms neue Organismen zu konstruieren. Die Frage ihrer Verträglichkeit mit einer „wünschenswerten" Umwelt wird von großer Tragweite sein. Die Enquête-Kommission „Chancen und Risiken der Gentechnologie" des 10. Deutschen Bundestages hat sich in ihrem Anfang 1987 veröffentlichten Bericht mit dieser und verwandten Fragen einschließlich ihrer ethischen Implikationen eingehend befaßt. Ihre Arbeit wird für die nächste Zeit die Grundlagen weiterführender Überlegungen, vor allem der Behördern und des Gesetzgebers, sein.

Forschung in der Bundesrepublik Deutschland wird sich auch künftig nicht nur mit den eigenen Umweltproblemen, sondern auch mit der Umwelt in anderen Klimagebieten befassen müssen. Dies sollte nicht nur für die noch relativ einfachen ökologischen Probleme von ariden, vor allem von Wüsten-Gebieten gelten, mit denen sich deutsche Ökologen seit langem erfolgreich befassen, sondern auch für diejenigen tropischer Gebiete, vor allem des tropischen Regenwaldes (vgl. Abschnitt 3.1.8). Aussichtsreiche Grundlagenforschung wird hier nur durch Beschränkung auf einen sinnvollen Ausschnitt aus dem überaus komplexen Ökosystem möglich sein.

Bei der wissenschaftlichen Erforschung von Ökosystemen ist auf dem Gebiet der Interaktionen von Pflanzen mit Pflanzen und Tieren sowie von Tieren untereinander noch vieles ungeklärt. Eine besonders gravierende Lücke stellen jedoch die fehlenden Kenntnisse über die Rolle der Mikroorganismen in dem Beziehungsnetz (vgl. Abschnitt 3.1.6) dar. Die mikrobielle Ökologie ist nicht nur von eminenter praktischer Bedeutung, sondern bietet auch faszinierende Aspekte in der Grundlagenforschung.

Forscher, die sich mit wissenschaftlichen Problemen der Biosphäre unserer Umwelt beschäftigen, können in ihrer Ausbildung keinesfalls auf allen einschlägigen Gebieten gleich intensiv unterrichtet werden. Notwendig sind daher ein Verständnis für übergreifende Fragen, die über die jeweilige Spezialdisziplin hinausgehen, und die Bereitschaft zur fairen Kooperation mit Forschern aus anderen Fachrichtungen. Dieser Gesichtspunkt ist auch für die Beurteilung von Forschungsvorhaben von Bedeutung.

Besondere Beachtung verdient auf dem Gebiet der Umweltforschung die Einwirkung von Wirkstoffen und Noxen aus Luft, Wasser, Boden und Nahrung auf Einzelglieder des Ökosystems – insbesondere auch auf den Menschen – und ihre Verteilung in den Nahrungsketten und im Gesamtsystem (vgl. Abschnitt 3.1.9).

In den nächsten Jahren sind auf dem Gebiet der **Toxikologie** wichtige Fortschritte im Nachweis von umweltbürtigen Spurenstoffen im menschlichen Organismus zu erwarten. Diese können als Grundlage der Risikoabschätzung für prospektive epidemiologische Erhebungen dienen. Sie werden wichtige Schlüsse auf das tatsächliche

Ausmaß der Gefährdung durch einzelne Schadkomponenten ermöglichen und damit die Grundlagen für eine rationale Prioritätensetzung in der Risikoprävention weiter verbessern. Die für solche Untersuchungen notwendige Entwicklung und Verfeinerung chemisch-analytischer und immunchemischer Nachweismethoden im Bereich extrem geringer Spuren von Umweltstoffen ist kostenintensiv.

Auf dem Gebiet der experimentellen Toxikologie wird insbesondere im Hinblick auf die Erforschung gentoxischer (erbgutschädigender und krebserregender) Wirkungen weiterhin der Förderung des wissenschaftlichen Nachwuchses besondere Aufmerksamkeit zu widmen sein.

Auch beim **Pflanzenschutz** ist weiterhin die Ausarbeitung geeigneter Methoden zur Erfassung geringer Rückstandsmengen von Pflanzenschutzmitteln und ihrer Umwandlungsprodukte erforderlich. Untersuchungen der Wirkung und des Verhaltens dieser Stoffe und ihrer Kombinationen können Anhaltspunkte für deren Einfluß auf das Ökosystem geben und die Erarbeitung von verbesserten Kriterien für ihre Anwendung ermöglichen. Auf dem Gebiet der **Phytomedizin** geht die Tendenz zum biologischen bzw. integrierten Pflanzenschutz. Hierzu gehören Untersuchungen zur Resistenzzüchtung und zur Resistenz gegenüber Pflanzenschutzmitteln, die in einem laufenden Schwerpunktprogramm gefördert werden.

Nur angedeutet werden können hier die immer stärker beachteten Gesichtspunkte der Umweltschonung, des Energieverbrauchs, des Recycling, der toxikologischen Unbedenklichkeit von Baumaterialien, der biologisch einwandfreien Anlage von Deponien, der zweckmäßigen Abfallverwertung oder -beseitigung usw., auf die im Kapitel **„Bauingenieurwesen"** detailliert eingegangen wird (vgl. Abschnitt 5.17).

Umweltaspekte waren auch bestimmend für die Einrichtung mehrerer Schwerpunktprogramme und Sonderforschungsbereiche in den **Agrarwissenschaften** (vgl. Abschnitt 3.5). Hierzu gehören das Schwerpunktprogramm *„Rhizosphärenforschung"* (1978 bis 1988), die Sonderforschungsbereiche 179 *„Wasser- und Stoffdynamik von Agrar-Ökosystemen"* in Braunschweig (seit 1984) und 183 *„Umweltgerechte Nutzung von Agrarlandschaften"* in Hohenheim (seit 1986) sowie das Schwerpunktprogramm *„Integrierte Pflanzenproduktion".* In allen diesen Aktivitäten wird deutlich, daß auch in der Agrarproduktion das Bewußtsein für Eingriffe in den Naturhaushalt von Landschaften wächst und daher stärker als bisher auch ökologische Gesichtspunkte berücksichtigt werden.

6.6 Geistes- und Sozialwissenschaften

Auch die Geistes-, Sozial- und Wirtschaftswissenschaften leisten wichtige Beiträge zur Umweltforschung. In Arbeiten verschiedener Fachdisziplinen wird die Reaktion des Menschen auf Umweltprobleme untersucht und analysiert, wie das Umweltverhalten verbessert und ökonomische und politische Maßnahmen zur Bewältigung und letztlich zur Verhinderung von Umweltkrisen eingeleitet werden können. Da wissenschaftlich fundierte Umweltforschung in ihrer interdisziplinären Anlage und aufgrund der Komplexität des Analysegegenstandes gerade in diesem Bereich besonders hohe Anforderungen an den Forscher stellt, ist allerdings nur ein kleiner Teil der von der DFG geförderten Umweltforschung direkt diesem Sektor zuzurechnen.

Im neu eingerichteten Schwerpunktprogramm *„Philosophische Ethik – interdisziplinärer Ethikdiskurs"* werden ökologische norm- und werttheoretische Fragestellungen eine wichtige Rolle spielen. So sollen in Kooperation zwischen Philosophen und Vertretern anderer Fächer u.a. Fragen einer ökologischen Ethik, der Entwicklung eines öko-ethischen Denkens und des Spannungsverhältnisses von privaten und öffentlichen Tugenden angegangen werden.

In einem vor kurzem um weitere fünf Jahre verlängerten Schwerpunktprogramm *„Ökonomik der natürlichen Ressourcen"* wird die Knappheit verschiedener natürlicher, nicht regenerierbarer Ressourcen zum Thema gemacht. Es wird die Rolle von Märkten bei der Zuweisung von Ressourcen und die Bedeutung staatlicher Eingriffe untersucht. Zentral ist die Frage nach der Verteilung nicht erneuerbarer Ressourcen zwischen der jetzigen und der zukünftigen Generation. Die zweite Förderungsphase ist in ihrer Thematik um die Wassernutzung und ökonomische Aspekte von Umweltbelastungen erweitert worden.

Im auslaufenden Schwerpunktprogramm *„Psychologische Ökologie"* werden u.a. empirische Studien zu Bedingungsfaktoren des Umweltbewußtseins durchgeführt und der Erwerb von Wissen über Umweltfragen und die Rolle, die Wertvorstellungen dabei spielen, untersucht. Besonderes Interesse verdienen weiterhin Untersuchungen zur psychischen und physischen Auswirkung von speziellen Umweltstressoren wie Lärm, aber auch zur allgemeinen Belastung des Menschen durch die erlebte Unsicherheit, Teil einer vielfältig bedrohten Umwelt zu sein. Aus methodischer Sicht ist auf die Bedeutung von sozialwissenschaftlichen Arbeiten zu verweisen, die das Instrumentarium zur Abschätzung zukünftiger Entwicklungen und Entscheidungshilfen für die Umweltgestaltung verbessern sollen.

Ein hoher Stellenwert wird auch künftig der Analyse von Umweltproblemen in ihrer ordnungs- und steuerungspolitischen Dimension zukommen. Dazu gehören Fragen des umweltpolitischen Risikomanagements ebenso wie die Analyse der Informationspolitik bei Umweltproblemen mit ihren Folgen für die Risikowahrnehmung in der Bevölkerung, die Analyse von Modellen der Öffentlichkeitsbeteiligung an der Umweltgestaltung sowie Untersuchungen zu Problemen regionaler Umweltpolitik.

Der Umfang historischer Umweltforschung nimmt deutlich zu; auch in Verbindung mit kulturgeographischen Fragen der Veränderung der Umwelt in der Vergangenheit. Die Anthropogeographie liefert ferner wichtige Beiträge zur Analyse umweltschädigender und umweltschonender Formen der Flächennutzung in verschiedenen Regionen der Erde.

7 Tabellenteil

	Vorbemerkung	325
7.1	Finanzbedarf bis 1990	326
7.2	Liste der Schwerpunktprogramme 1987	337
7.3	Liste der Sonderforschungsbereiche 1987	344
7.4	Liste der Forschergruppen 1987	352
7.5	Verzeichnis der Mitglieder des Präsidiums und des Senats 1986 und 1987	354

Vorbemerkung

Die folgenden Tabellen enthalten eine nach Förderungsverfahren gegliederte Übersicht über den Finanzbedarf der Deutschen Forschungsgemeinschaft in den Jahren 1986 bis 1990 (Tabellen 7.1.0 bis 7.1.10). Anschließend daran sind die im Textteil zumeist näher beschriebenen einzelnen Förderungsprogramme in den verschiedenen Verfahren tabellarisch zusammengestellt; diese Tabellen (7.2 bis 7.4) dienen zugleich als Index für den Textteil.

Die angegebenen Beträge für 1987 und 1988 sind den Wirtschaftsplänen der DFG entnommen (Wirtschaftsplan 1987 in der von Bund und Ländern durch Beschluß der Bund-Länder-Kommission für Bildungsplanung und Forschungsförderung vom 19. 9. 1986 gebilligten und vom Kuratorium am 23. 12. 1986 festgestellten Fassung; Wirtschaftsplan 1988: erster Entwurf vom 27. 2. 1987).

Die Planzahlen für 1989 und 1990 sind, entsprechenden Beschlüssen des Präsidiums folgend, auf der Grundlage einer Steigerungsrate von je 5,5 % für die Allgemeine Forschungsförderung und die Sonderforschungsbereiche errechnet. Ausgenommen sind die zweckgebundenen Sonderzuwendungen für spezielle Programme, deren Höhe von Fall zu Fall festgelegt wird; für diese sowie für das Heisenberg-Programm, das Gottfried Wilhelm Leibniz-Programm und das Postdoktoranden-Programm beruhen die Planzahlen auf den bei Drucklegung möglichen Schätzungen.

Tabelle 7.1.0: Förderungsmittel[1] der Deutschen Forschungsgemeinschaft nach Ausgaben aus gemeinsamen Zuwendungen von Bund und Ländern (Gemeinsame Zuwendungen) und Ausgaben aus Sonderzuwendungen von Bund, Ländern, Stifterverband und anderen Zuwendungsgebern (Sonderzuwendungen).

	1986 bis 1990				
	AUSGABEN				
	1986 Ist	1987 Soll[7]	1988 Soll	1989 Plan	1990 Plan
	Mio. DM	Mio. DM	Mio. DM	Mio. DM	Mio. DM
Allgemeine Forschungsförderung	663,7	707,0	734,8	777,7	803,6
davon: Gemeinsame Zuwendungen	615,5	638,2	665,6	702,2	740,8
Sonderzuwendungen	48,2	68,8	69,2	75,5	62,8
Normalverfahren einschließlich Forschergruppen[2]	420,4	418,1	440,6	462,5	488,0
davon: Gemeinsame Zuwendungen	417,0	414,6	437,9	461,3	486,7
Sonderzuwendungen	3,4	3,5	2,7	1,2	1,3
Schwerpunktverfahren[3]	156,4	173,1	178,2	182,9	179,6
davon: Gemeinsame Zuwendungen	132,7	140,0	145,0	153,0	163,5
Sonderzuwendungen	23,7	33,1	33,2	29,9	16,1
Wissenschaftliches Bibliothekswesen[4]	23,6	24,0	24,6	26,0	27,4
davon: Gemeinsame Zuwendungen	21,1	21,1	21,7	22,9	24,2
Sonderzuwendungen	2,5	2,9	2,9	3,1	3,2
Wissenschaftliche Beziehungen zum Ausland[5]	18,9	22,1	22,8	34,1	35,4
davon: Gemeinsame Zuwendungen	8,2	10,2	10,5	11,1	11,7
Sonderzuwendungen	10,7	11,9	12,3	23,0	23,7
Hilfseinrichtungen der Forschung[6]	16,9	18,7	17,6	17,2	18,2
davon: Gemeinsame Zuwendungen	15,0	16,3	14,5	13,9	14,7
Sonderzuwendungen	1,9	2,4	3,1	3,3	3,5
Großgeräte einschließlich Rechenanlagen - Gemeinsame Zuwendungen -	21,5	36,0	36,0	40,0	40,0
Postdoktoranden-Programm - Sonderzuwendungen -	6,0	15,0	15,0	15,0	15,0

Tabelle 7.1.0 (Fortsetzung)

	1986 bis 1990				
	AUSGABEN				
	1986 Ist	1987 Soll[7]	1988 Soll	1989 Plan	1990 Plan
	Mio. DM	Mio. DM	Mio. DM	Mio. DM	Mio. DM
Sonderforschungsbereiche	310,1	328,8	344,9	362,2	375,8
davon: Gemeinsame Zuwendungen	307,3	321,5	337,6	356,2	375,8
Sonderzuwendungen	2,8	7,3	7,3	6,0	–
Heisenberg-Programm – Gemeinsame Zuwendungen –	13,3	13,6	14,1	14,1	14,1
Gottfried Wilhelm Leibniz-Programm – Sonderzuwendungen –	6,0	16,0	18,0	24,0	30,0
Förderungsmittel insgesamt	993,1	1.065,4[7]	1.111,8	1.178,0	1.223,5
davon: Gemeinsame Zuwendungen	936,1	973,3	1.017,3	1.072,5	1.130,7
Sonderzuwendungen	57,0	92,1	94,5	105,5	92,8

[1] Mittel für Verwaltungskosten des Kapitels 01 des Wirtschaftsplans (z. Z. ca. 3,5 % der Gesamteinnahmen) sind hier nicht einbezogen.
[2] Kapitel 02, Titel 68501 bis 68508, 68531, 68561, 68591, 68599, 68614/4, 68614/7, 68701/2-5, 68702 des Wirtschaftsplans.
[3] Kapitel 02, Titel 68521 bis 68526, 68614/5, 68614/9, 68614/10, 68616 sowie Titelgruppen 01 und 02 des Wirtschaftsplans.
[4] Kapitel 02, Titel 68541, 68613/2-3, 68615 und 68701/1 des Wirtschaftsplans.
[5] Kapitel 02, Titel 68571, 68581, 68601 bis 68603, 68613/1, 68614/1, 68614/2 und Titelgruppe 04 des Wirtschaftsplans.
[6] Kapitel 02, Titel 68614/3 sowie 68802 bis 68826 des Wirtschaftsplans.
[7] Davon vorläufig gesperrt: 17,5 Mio. DM (Allgemeine Forschungsförderung: 8,0 Mio. DM; Sonderforschungsbereiche: 8,0 Mio. DM; Heisenberg-Programm: 0,5 Mio. DM; Leibniz-Programm 1,0 Mio. DM).

Tabelle 7.1.1: Normalverfahren 1986 bis 1990 (einschließlich Forschergruppen).

	Beträge in Millionen DM				
	1986 Ist	1987 Soll	1988 Soll	1989 Plan	1990 Plan
Förderungssumme	420,4	418,1	440,6	462,5	488,0
davon: Gemeinsame Zuwendungen	417,0	414,6	437,9	461,3	486,7
Sonderzuwendungen	3,4	3,5	2,7	1,2	1,3

Im Normalverfahren kann jeder Forscher mit einer abgeschlossenen wissenschaftlichen Ausbildung Anträge auf Finanzierung von Forschungsvorhaben eigener Wahl stellen. Er muß lediglich bereit sein, seine Ergebnisse zu veröffentlichen und so der Allgemeinheit zur Verfügung zu stellen und sein Vorhaben der Kritik seiner als Gutachter gewählten Fachkollegen zu unterwerfen. Die besondere Bedeutung des Normalverfahrens im Rahmen der Förderungsverfahren der DFG ist oben im Allgemeinen Teil (vgl. 1.7.1) beschrieben; dementsprechend sind für die Jahre ab 1987 wiederum hohe Zuwächse an Mitteln erforderlich.

In die Vorausschätzung einbezogen sind die Mittel zur Förderung von Forschergruppen, da neue Forschergruppen seit 1976 aus Mitteln des Normalverfahrens mit Sachbeihilfen finanziert werden (vgl. oben, Abschnitt 1.7.2).

Im einzelnen vergibt die Forschungsgemeinschaft im Normalverfahren

	Ansätze im Wirtschaftsplan 1987 (Mio. DM)
Sachbeihilfen (Mittel für Personal, Verbrauchsmaterial, Geräte, Reisen, Aufträge an Dritte etc.)	369,9
Reisebeihilfen (für Auslandsreisen zu Forschungszwecken)	3,7
Forschungsstipendien (zur Durchführung von Forschungsvorhaben)	10,0
Ausbildungsstipendien (zum Erlernen spezieller Forschungsmethoden)	10,0
Habilitandenstipendien (zur Anfertigung einer Habilitationsschrift)	3,0
Druckbeihilfen (zur Drucklegung von Monographien und Zeitschriften)	8,5
Forschungsfreijahre (zur Freistellung bzw. Beurlaubung von Hochschullehrern für die Durchführung eines Projektes)	1,2
Mittel für sonstige Förderungsmaßnahmen (z.B. aus zweckgebundenen Zuwendungen, für die Arbeiten der Kommissionen und Ausschüsse des Senats etc.)	11,8

Eine Liste der Forschergruppen findet sich in Tabelle 7.4

Tabelle 7.1.2: Schwerpunktverfahren 1986 bis 1990.

	Beträge in Millionen DM				
	1986 Ist	1987 Soll	1988 Soll	1989 Plan	1990 Plan
Förderungssumme	156,4	173,1	178,2	182,9	179,6
davon: Gemeinsame Zuwendungen	132,7	140,0	145,0	153,0	163,5
Sonderzuwendungen	23,7	33,1	33,2	29,9	16,1

In Schwerpunktprogrammen werden Forschungsvorhaben gefördert, die im Rahmen einer übergreifenden Thematik von Forschern an verschiedenen Orten und Institutionen in Zusammenarbeit durchgeführt werden. Innerhalb des Rahmenthemas sind die Teilnehmer frei in der Wahl ihrer Forschungsziele und -methoden. Die Abstimmung der Vorhaben erfolgt durch die meist jährlich durchgeführten Kolloquien, durch die gemeinsame Begutachtung aller Vorhaben, durch Arbeitsbesprechungen usw.; in vielen Schwerpunktprogrammen übernimmt ein Wissenschaftler oder eine Gruppe von Wissenschaftlern die Funktion eines Koordinators.

Die Beteiligung an Schwerpunktprogrammen steht grundsätzlich allen an der Thematik interessierten Forschern in der Bundesrepublik einschließlich West-Berlin offen. Sie werden in der Regel von einer Gruppe interessierter Forscher geplant; über die Aufnahme in die Förderung – im Regelfall für fünf Jahre – entscheidet der Senat der DFG, der auch den finanziellen Rahmen festlegt (vgl. oben im Allgemeinen Teil, Abschnitt 1.7.3).

Die Förderungsformen sind grundsätzlich dieselben wie im Normalverfahren.

Eine Liste der Schwerpunktprogramme findet sich in Tabelle 7.2.

Tabelle 7.1.3: Wissenschaftliches Bibliothekswesen 1986 bis 1990.

	Beträge in Millionen DM				
	1986 Ist	1987 Soll	1988 Soll	1989 Plan	1990 Plan
Förderungssumme	23,6	24,0	24,6	26,0	27,4
davon:					
Gemeinsame Zuwendungen	21,1	21,1	21,7	22,9	24,2
Sonderzuwendungen	2,5	2,9	2,9	3,1	3,2

In der Förderung des wissenschaftlichen Bibliothekswesens konzentriert sich die Forschungsgemeinschaft auf Maßnahmen, die in ihrer Wirkung über die Erfüllung lokaler Bedürfnisse hinausgehen und dem Bibliothekswesen im Interesse der Forschung unter überregionalen Gesichtspunkten zugute kommen (vgl. dazu näher im Allgemeinen Teil, Abschnitt 1.7.9).

Im einzelnen wurden für 1987 veranschlagt für

	Beträge in 1.000 DM
Zentrale Fachbibliotheken	1.070
Sondersammelgebiete	8.286
Spezialbibliotheken von überregionaler Bedeutung	1.580
Sonstige Maßnahmen zur Verbesserung der Literaturversorgung	1.674
Nachweis und Erschließung von Beständen	7.700
Rationalisierung und Modernisierung	790
Sonstige Ausgaben für Bibliothekszwecke	415
Buchspenden	2.500

Tabelle 7.1.4: Wissenschaftliche Beziehungen zum Ausland 1986 bis 1990.

	Beträge in Millionen DM				
	1986 Ist	1987 Soll	1988 Soll	1989 Plan	1990 Plan
Förderungssumme	18,9	22,1	22,8	34,1	35,4
davon: Gemeinsame Zuwendungen	8,2	10,2	10,5	11,1	11,7
Sonderzuwendungen	10,7	11,9	12,3	23,0	23,7

Die Wahrnehmung der Interessen der deutschen Wissenschaft im Verhältnis zur Wissenschaft im Ausland ist eine der satzungsmäßigen Aufgaben der DFG. Als zentrale Selbstverwaltungsorganisation der Wissenschaft ist die Forschungsgemeinschaft Partner der zentralen nicht-gouvernementalen Wissenschaftsorganisationen anderer Länder (vgl. oben im Allgemeinen Teil, Abschnitt 1.9).

Neben den Verpflichtungen aus bilateralen Abkommen und aus der Mitgliedschaft in multilateralen internationalen Organisationen sind hier auch die Förderungsmaßnahmen für Gastprofessuren, für Kongreß- und Vortragsreisen, zur Durchführung von internationalen wissenschaftlichen Veranstaltungen u. a. aufgeführt. Diese Programme werden zum Teil aus Sondermitteln des Bundesministeriums für Forschung und Technologie und des Auswärtigen Amtes finanziert.

Im einzelnen sind für 1987 veranschlagt:

	Beträge in 1.000 DM
Fachkonferenzen mit internationaler Beteiligung	1.400
Gastprofessuren ausländischer Gelehrter	3.000
Kontakte zwischen deutschen und ausländischen Wissenschaftlern (Mittel des Auswärtigen Amtes)	6.500
Austausch von Wissenschaftlern mit der UdSSR und Einzelvorhaben von überregionaler Bedeutung, u. a. internationale Kongresse (Mittel des BMFT)	5.385
Mitgliedsbeiträge zu internationalen Organisationen, Wahrnehmung internationaler Verpflichtungen, Förderung des internationalen Forschungsverbundes	5.770

Für 1989 und 1990 sind zusätzliche Sonderzuwendungen in Höhe von jährlich 10 Mio. DM zur Verstärkung der Förderung der internationalen Zusammenarbeit vor allem in Europa veranschlagt.

Tabelle 7.1.5: Hilfseinrichtungen der Forschung 1986 bis 1990.

	Beträge in Millionen DM				
	1986 Ist	1987 Soll	1988 Soll	1989 Plan	1990 Plan
Förderungssumme	16,9	18,7	17,6	17,2	18,2
davon:					
Gemeinsame Zuwendungen	15,0	16,3	14,5	13,9	14,7
Sonderzuwendungen	1,9	2,4	3,1	3,3	3,5

Hilfseinrichtungen der Forschung sind Einrichtungen von überregionaler Bedeutung, in denen hochwertige personelle und/oder apparative Voraussetzungen für wissenschaftliche und wissenschaftlich-technische Dienstleistungen an einem Ort konzentriert sind. Die Forschungsgemeinschaft ist bestrebt, Hilfseinrichtungen nach der Errichtung und Anlauffinanzierung, wenn sich ihre Aufrechterhaltung als langfristig erforderlich erweist, nach Möglichkeit auf andere Unterhaltsträger zu übertragen. Die oben angegebenen Beträge können sich insoweit vermindern, als die derzeit laufenden Bemühungen in dieser Richtung zum Erfolg führen (vgl. näher im Allgemeinen Teil, Abschnitt 1.7.10).

Im einzelnen sind für 1987 veranschlagt:

	Beträge in 1.000 DM
Zentralinstitut für Versuchstiere, Hannover	5.450
Forschungsschiff „Meteor", Hamburg	5.600
Seismologisches Zentralobservatorium, Gräfenberg	780
Zentrallaboratorium für Geochronologie, Münster	100
Zentrum für Umfragen, Methoden und Analysen, Mannheim[1]	3.250
Sonnenphysik, Teneriffa[2]	1.100

---

[1] 1987 letztmalig gefördert.
[2] Das Observatorium geht mit Abschluß des Investitionsprogramms in die Trägerschaft der Länder Baden-Württemberg und Niedersachsen über.

Tabelle 7.1.6: Großgeräte einschließlich Rechenanlagen 1986 bis 1990.

	Beträge in Millionen DM				
	1986 Ist	1987 Soll	1988 Soll	1989 Plan	1990 Plan
Förderungssumme (Gemeinsame Zuwendungen)	21,5	36,0	36,0	40,0	40,0

Wissenschaftliche Geräte sind auf vielen Gebieten der Forschung für eine erfolgreiche wissenschaftliche Arbeit unentbehrliche Hilfsmittel. Zur Abstimmung der Beschaffung von Großgeräten (mit einem Beschaffungspreis von mehr als 100 000 DM) mit der Ausstattung der Hochschulen mit Großgeräten im Rahmen des HBFG hat der Hauptausschuß am 30. 8. 1974 beschlossen, daß aus Mitteln der Forschungsgemeinschaft beschafft werden können:

a) Großgeräte zur Förderung spezieller Forschungsprojekte oder der Forschungsrichtung eines einzelnen Forschers, soweit dieser das betreffende Großgerät allein in der Regel zu wenigstens 25 % der üblichen Nutzungszeit benötigt;

b) einzelne Großgeräte, die wegen der besonderen Forschungsaktivitäten in einer Hochschuleinrichtung zusätzlich zu der vorhandenen Ausstattung benötigt werden;

c) Großgeräte, die über die Grundausstattung hinaus im Rahmen von Schwerpunktprogrammen benötigt werden[1];

d) neuartige Geräte, die im Hochschulbereich für Forschung noch nicht eingeführt sind.

(Vgl. ferner oben im Allgemeinen Teil, Abschnitt 1.7.8)

---

[1] Großgeräte der Sonderforschungsbereiche werden aus den Mitteln für die Sonderforschungsbereiche finanziert.

Tabelle 7.1.7: Postdoktoranden-Programm 1986 bis 1990.

	Beträge in Millionen DM				
	1986 Ist	1987 Soll	1988 Soll	1989 Plan	1990 Plan
Förderungssumme (Sonderzuwendungen)	6,0	15,0	15,0	15,0	15,0

Im Rahmen des Postdoktoranden-Programms können promovierte junge Wissenschaftlerinnen und Wissenschaftler, die sich durch die Qualität ihrer Promotion als besonders befähigt ausgewiesen haben, gefördert werden. Ihnen soll ermöglicht werden, in der Regel unmittelbar nach der Promotion für eine begrenzte Zeit in der Grundlagenforschung mitzuarbeiten und sich dadurch für eine Tätigkeit auch außerhalb der Hochschulen weiterzuqualifizieren. Die Bewerber(innen) sollen bei Förderungsbeginn nicht älter als 30 Jahre sein. Die Förderung erfolgt in der Regel durch Stipendien. Antragsberechtigt sind die Hochschulen (vgl. Allgemeiner Teil, Abschnitt 1.7.7).

Die Mittel werden aus zweckgebundenen Zuwendungen des Bundesministeriums für Bildung und Wissenschaft bereitgestellt.

Tabelle 7.1.8: Sonderforschungsbereiche 1986 bis 1990.

	Beträge in Millionen DM				
	1986 Ist	1987 Soll	1988 Soll	1989 Plan	1990 Plan
Förderungssumme	310,1	328,8	344,9	362,2	375,8
davon:					
Gemeinsame Zuwendungen	307,3	321,5	337,6	356,2	375,8
Sonderzuwendungen	2,8	7,3	7,3	6,0	–

Sonderforschungsbereiche sind langfristig, in der Regel auf die Dauer von 12 bis 15 Jahren angelegte Forschungseinrichtungen, in denen Wissenschaftler im Rahmen eines fächerübergreifenden Forschungsprogramms zusammenarbeiten. An einem Sonderforschungsbereich können außeruniversitäre Einrichtungen sowie, unter der Voraussetzung einer wissenschaftlich überzeugenden Schwerpunktbildung an einem bestimmten Hochschulort, benachbarte Hochschulen beteiligt sein.

Sonderforschungsbereiche ermöglichen Forschung unter Konzentration der personellen und materiellen Ausstattung durch Planung und Abstimmung in den Hochschulen und zwischen mehreren Hochschulen. Sie sollen die Kooperation, auch über die Grenzen der Fächer, der Institute, Fachbereiche und Fakultäten hinweg, sowie die Zusammenarbeit zwischen den Hochschulen und Forschungseinrichtungen außerhalb von Hochschulen verbessern.

Sonderforschungsbereiche sind Einrichtungen der wissenschaftlichen Hochschulen. Die Hochschulen sind deshalb Antragsteller und Empfänger der Förderung durch die DFG.

Den Wünschen der Hochschulen wie den Empfehlungen des Wissenschaftsrates entsprechend ist die DFG bemüht, auch in den nächsten Jahren weitere neue Sonderforschungsbereiche in die Förderung aufzunehmen. Bei der Vorausschätzung des Finanzbedarfs wurde davon ausgegangen, daß die Förderungsmittel 1988 um 5 %, 1989 und 1990 um je 5,5 %, jeweils gegenüber dem Vorjahr, ansteigen sollen.

Eine Liste der geförderten Sonderforschungsbereiche findet sich in Tabelle 7.3. Zur Entwicklung des Programms vgl. im Allgemeinen Teil, Abschnitt 1.7.4.

Tabelle 7.1.9: Heisenberg-Programm 1986 bis 1990.

	Beträge in Millionen DM				
	1986 Ist	1987 Soll	1988 Soll	1989 Plan	1990 Plan
Förderungssumme (Gemeinsame Zuwendungen)	13,3	13,6	14,1	14,1	14,1

Das Heisenberg-Programm zur Förderung des hochqualifizierten wissenschaftlichen Nachwuchses wurde auf der Grundlage einer Empfehlung der Bund-Länder-Kommission für Bildungsplanung und Forschungsförderung am 4. November 1977 von den Regierungschefs des Bundes und der Länder zunächst für fünf Jahre beschlossen und inzwischen vorerst bis Ende 1988 verlängert. Kandidaten sollen möglichst nicht älter als 33 Jahre, sie müssen habilitiert oder gleichwertig qualifiziert sein. Stipendien – für drei Jahre mit Verlängerungsmöglichkeit bis zu fünf Jahren – werden an Bewerber bewilligt, die in ihrer Disziplin zur Spitzengruppe der Nachwuchswissenschaftler zählen.

Die obige Bedarfsschätzung geht davon aus, daß die bisherigen sehr strengen Maßstäbe bei der Vergabe der Stipendien beibehalten werden und daß über 1988 hinaus weitere Stipendien vergeben werden können (vgl. oben im Allgemeinen Teil, Abschnitt 1.7.6).

Tabelle 7.1.10: Gottfried Wilhelm Leibniz-Programm 1986 bis 1990.

	Beträge in Millionen DM				
	1986 Ist	1987 Soll	1988 Soll	1989 Plan	1990 Plan
Förderungssumme (Sonderzuwendungen)	6,0	16,0	18,0	24,0	30,0

Mit dem Förderpreis im Gottfried Wilhelm Leibniz-Programm der DFG können hervorragende Wissenschaftlerinnen und Wissenschaftler bzw. Forschergruppen für herausragende wissenschaftliche Leistungen ausgezeichnet und vor allem in ihrer weiteren Forschungsarbeit gefördert werden (vgl. im Allgemeinen Teil, Abschnitt 1.7.5).

Die Mittel werden als Sonderzuwendungen des Bundes und der Länder bereitgestellt. Pro Forscher(in) bzw. Forschergruppe können bis zu 3 Mio. DM, verteilt über bis zu fünf Jahren, bewilligt werden. Das Programm ist zunächst auf fünf Bewilligungsperioden von ca. zehn Bewilligungen pro Jahr begrenzt. Dadurch wird die Zahl der Geförderten bis 1990 um jährlich etwa zehn steigen. Der entsprechende Finanzbedarf entspricht den Schätzungen der Bund-Länder-Kommission für Bildungsplanung und Forschungsförderung.

Tabelle 7.2: Schwerpunktprogramme der Deutschen Forschungsgemeinschaft 1987.
Geistes- und Sozialwissenschaften

Kenn-ziffer	Schwerpunktprogramm (Kurzbezeichnung)	Förde-rung seit	Bewilligungs-rahmen 1987/88 (1.000 DM/Jahr)	Textteil Seite
	Gesellschaftswissenschaften, Geographie			
143	Publizistische Medienwirkungen	1983	1.300	87, 89, 94
145	Interaktive betriebswirtschaftliche Informations- und Steuerungssysteme	1984	1.500	109
146	Theorie der Innovation in Unternehmen	1986	1.250	108
147	Monetäre Makroökonomie	1986	1.250	105
149	Ökonomik der natürlichen Ressourcen	1980	800	104, 321
151	Empirische Sanktionsforschung	1979	1.500	115
153	Fluviale Geomorphodynamik im jüngeren Quartär	1987	1.800	77, 229
169	Institutionen und Methoden der friedlichen Behandlung internationaler Konflikte	1986	900	102
170	Entstehung militanter Konflikte in Staaten der Dritten Welt	1986	1.800	102
	Geschichts- und Kunstwissenschaften			
124	Siedlungsarchäologische Untersuchungen im Alpenvorland	1983	1.450	73
129	Nepal-Forschung	1980	1.000	75
134	Historische Statistik in Deutschland	1981	800	69, 110
135	Westeuropa und Nordamerika – Geschichte der transatlantischen Wechselbeziehungen	1985	400	69
155	Die Stadt als Dienstleistungszentrum. Zusammenhänge zwischen Infrastruktur-politik, Dienstleistungen und sozialer Daseinsvorsorge im 19. und 20. Jahrhundert	1987	900	69
	Sprach- und Literaturwissenschaften			
127	Formen und Funktionen der Intonation	1983	700	82
154	Kognitive Linguistik	1987	1.000	82
161	Spracherwerb	1986	1.200	82
	Philosophie, Erziehungswissenschaften, Psychologie			
163	Physiologische Psychologie des Lernens	1983	1.150	86 ff.
166	Interozeption und Verhaltenskontrolle	1985	1.110	86 f.

Tabelle 7.2 (Fortsetzung)
Geistes- und Sozialwissenschaften

Kenn-ziffer	Schwerpunktprogramm (Kurzbezeichnung)	Förderung seit	Bewilligungs-rahmen 1987/88 (1.000 DM/Jahr)	Textteil Seite
167	Einstellung und Verhalten	1981	1.200	86
168	Wissenspsychologie	1985	1.600	86 ff.
171	Philosophische Ethik – Interdisziplinärer Ethikdiskurs	1987	1.000	64, 321

Biologie und Medizin

Kenn-ziffer	Schwerpunktprogramm (Kurzbezeichnung)	Förderung seit	Bewilligungs-rahmen 1987/88 (1.000 DM/Jahr)	Textteil Seite
	Medizin			
227	Mechanismen toxischer Wirkungen von Fremdstoffen	1978	1.750	127, 160
228	Biologie und Klinik der Reproduktion	1978	2.150	126
238	Persistierende Virusinfektionen	1981	2.150	134, 150
239	Grundmechanismen des posttraumatischen progressiven Lungenversagens	1982	1.800	126, 174
250	Mechanismen der Pathogenität bei medizinisch bedeutsamen Bakterien	1980	1.200	137 f.
255	Immungenetik	1982	1.500	150
256	Analyse des menschlichen Genoms mit molekularbiologischen Methoden	1985	2.000	125, 162
257	Molekulare und klassische Tumorzytogenetik	1985	2.500	125, 176
258	Verlaufskontrolle und Weiterentwicklung zahnärztlicher Implantate	1985	1.100	176
259	Nociception und Schmerz	1985	1.500	87, 126, 148
260	Physiologie und Pathophysiologie der Eicosanoide	1985	3.000	126, 160, 173 f., 221
261	Neuropeptide	1986	1.850	174
262	Ursachen und Folgen des Insulinmangels	1986	2.500	173
	Biologie			
232	Molekularbiologie der höheren Pflanzen	1983	1.750	141
233	Zytoskelett	1983	1.750	126, 129

Tabelle 7.2 (Fortsetzung)
Biologie und Medizin

Kenn-ziffer	Schwerpunktprogramm (Kurzbezeichnung)	Förderung seit	Bewilligungs-rahmen 1987/88 (1.000 DM/Jahr)	Textteil Seite
236	Molekulare Mechanismen zellulärer Signalaufnahme	1979	1.650	147 f., 160
237	Biophysik der Organisation der Zelle	1983	1.900	129
244	Methanogene Bakterien	1979	1.350	136
246	Biologische Grundlagen für die Primatenhaltung	1979	1.000	144
248	Gentechnologie	1980	1.200	125, 152, 221
254	Molekulare Biologie und Pathobiochemie des Bindegewebes	1983	1.900	126
263	Physiologie der Bäume	1986	1.400	141, 184, 318
264	Wege zu neuen Produkten und Verfahren der Biotechnologie	1986	1.850	136, 142, 152, 220
265	Intrazelluläre Symbiose	1986	1.000	137, 141
266	Dynamik und Stabilisierung neuronaler Strukturen	1987	1.500	144, 147
267	Molekulare Grundlagen der biologischen Musterbildung	1987	1.500	146
	Agrar- und Forstwissenschaften			
223	Integriertes System der Pflanzenproduktion	1983	1.000	183, 320
710	Nährstoffdynamik im Kontaktraum Pflanze/Boden (Rhizosphäre)	1978	1.300	182, 320
713	Genese und Funktion des Bodengefüges	1986	1.850	183, 229, 316
714	Genetische Mechanismen für die Hybridzüchtung	1987	1.500	184

Tabelle 7.2 (Fortsetzung)
Naturwissenschaften

Kennziffer	Schwerpunktprogramm (Kurzbezeichnung)	Förderung seit	Bewilligungsrahmen 1987/88 (1.000 DM/Jahr)	Textteil Seite
	Mathematik			
442	Darstellungstheorie endlicher Gruppen und endlich-dimensionaler Algebren	1984	1.350	198
448	Komplexe Mannigfaltigkeiten	1987	1.200	199
449	Anwendungsbezogene Optimierung und Steuerung	1987	1.600	199
	Physik			
431	Spektroskopie mit ultrakurzen Lichtimpulsen	1983	2.200	221
434	Physik anorganischer Cluster	1984	1.700	209, 221
435	Hochenergetische Spektroskopie elektronischer Zustände in Festkörpern und Molekülen	1984	1.500	204, 221
445	Diagnostik heißer Laborplasmen – plasmarelevante atomare Daten	1985	1.000	214
446	Computersimulation von Gittereichtheorien	1986	1.300	213
447	Atom- und Molekültheorie	1987	1.300	208
450	Theorie kosmischer Plasmen	1987	1.500	216
451	Kleine Körper im Sonnensystem	1987	1.700	227
	Chemie			
417	Dynamik zustandsselektierter chemischer Primärprozesse	1983	1.700	219
439	Thermotrope Flüssigkristalle	1984	2.500	219
441	Neuartige Synthesen zur Veredelung von Naturstoffen	1984	1.800	219
443	Neue Phänomene in der Chemie metallischer Elemente mit abgeschlossenen inneren Elektronenzuständen	1985	1.700	219
444	Reaktionssteuerung durch nichtkovalente Wechselwirkungen	1985	1.750	219
	Wissenschaften der festen Erde			
521	Kinetik gesteins- und mineralbildender Prozesse	1981	900	233 ff.

Tabelle 7.2 (Fortsetzung)
Naturwissenschaften

Kenn-ziffer	Schwerpunktprogramm (Kurzbezeichnung)	Förderung seit	Bewilligungsrahmen 1987/88 (1.000 DM/Jahr)	Textteil Seite
527	Ocean Drilling Program	1975/76	5.700	227, 238
532	Digitale geowissenschaftliche Kartenwerke	1984	2.100	228
533	Kristallstruktur, Realbau, Gefüge und Eigenschaften von anorganischen nichtmetallischen Mineralen und Werkstoffen	1985	1.900	220, 234 f.
534	Stoffbestand, Struktur und Entwicklung der kontinentalen Unterkruste	1985	2.000	233 f.
536	Kontinentales Tiefbohrprogramm der Bundesrepublik Deutschland	1987	7.500	233 f.
	Meeresforschung			
511	„Meteor"-Expeditionen	1964	1.200	243
516	Auswertung der „Meteor"-Expeditionen	1970	1.000	243
	Wasserforschung			
531	Hydrogeochemische Vorgänge im Wasserkreislauf	1982	1.200	229, 245, 316
809	Schadstoffe im Grundwasser	1986	3.100	244
810	Hydrologie bebauter Gebiete	1987	1.300	246
	Atmosphärische Wissenschaften			
530	Mittelatmosphärenprogramm	1981	900	252
535	Fronten und Orographie	1986	1.400	252
	Polarforschung			
529	Antarktisforschung	1981	3.000	77, 143, 243, 254

Tabelle 7.2 (Fortsetzung)
Ingenieurwissenschaften

Kenn-ziffer	Schwerpunktprogramm (Kurzbezeichnung)	Förderung seit	Bewilligungs-rahmen 1987/88 (1.000 DM/Jahr)	Textteil Seite
	Allgemeine Ingenieurwissenschaften, Maschinenwesen			
643	Finite Approximationen in der Strömungsmechanik	1983	2.400	271, 283
650	Präzisionsumformtechnik	1981	2.200	279
651	Messen, Steuern, Regeln von dynamischen Systemen mit komplexer Struktur	1981	1.700	265
654	Dauerhaftigkeit nichtmetallischer anorganischer Baustoffe	1983	1.700	–
656	Prozeßdatenverarbeitung in der Fertigungstechnik	1983	4.500	278
657	Feinbearbeitungstechnik	1983	2.400	279
658	Physik abgelöster Strömungen	1984	3.000	271, 282
662	Thermophysikalische Eigenschaften neuer Arbeitsstoffe der Energie- und Verfahrenstechnik	1985	2.500	221, 272
663	Schädigungsfrüherkennung und Schadensablauf bei metallischen Bauteilen	1985	3.000	262
664	Diagnosesysteme für Maschinen und Anlagen	1986	4.000	278
669	Neue Planungs- und Steuerungsverfahren in indirekten Produktionsbereichen	1986	2.000	278
673	Dynamik von Mehrkörpersystemen	1987	2.000	267
674	Kristallkeimbildung und -wachstum (Mechanismen und Kinetik)	1987	1.800	276
	Architektur, Städtebau, Bauingenieurwesen			
649	Nichtlineare Berechnungen im Konstruktiven Ingenieurbau	1981	1.450	290
	Bergbau, Hüttenwesen, Werkstoffkunde			
655	Korrosionsforschung	1983	1.600	221, 262, 298
665	Intermetallische Phasen als Basis neuer Strukturwerkstoffe	1985	1.800	221, 261
666	Feinkristalline Werkstoffe	1985	1.800	261, 297
668	Mischung mit Energie- und Stoffumsatz in schmelzmetallurgischen Systemen	1986	1.600	297

Tabelle 7.2 (Fortsetzung)
Ingenieurwissenschaften

Kenn-ziffer	Schwerpunktprogramm (Kurzbezeichnung)	Förderung seit	Bewilligungsrahmen 1987/88 (1.000 DM/Jahr)	Textteil Seite
	Elektrotechnik			
646	Elektrische Energieversorgung verdichteter Siedlungsräume	1980	2.200	300
652	Auswertung von Bild- und Sprachsignalen	1981	1.500	301, 307
653	Neue Systeme der elektromechanischen Energiewandlung	1982	1.800	300 f.
659	Integrierte Optik	1984	3.000	300
660	Grundlagen digitaler Kommunikationssysteme	1984	2.700	301, 307
661	Neue leit- und schutztechnische Verfahren in der elektrischen Energieversorgung	1985	1.400	300
667	Physikalisch-technische Grundlagen von III/V-Halbleiterstrukturen	1985	3.000	300 f.
675	Hochkomplexe Signalverarbeitung	1987	2.500	–
	Informatik			
670	Datenstrukturen und effiziente Algorithmen	1986	1.400	307 f.
671	Zuverlässigkeits- und Leistungssteigerung in modularen Multi-Mikro-Rechnersystemen	1986	1.800	308
672	Objektbanken für Experten	1987	2.000	308

Tabelle 7.3: Geförderte Sonderforschungsbereiche 1987 (Stand: Januar 1987).
Geistes- und Sozialwissenschaften

SFB Nr.	Kurzbezeichnung, Ort	Förderung seit	Bewilligung 1987 in 1.000 DM	Textteil Seite
	Gesellschaftswissenschaften, Geographie			
3	Mikroanalytische Grundlagen der Gesellschaftspolitik, Frankfurt/Mannheim	1979	5.722	94
5	Staatliche Allokationspolitik, Mannheim	1979	1.241	104
178	Internationalisierung der Wirtschaft, Konstanz	1986	1.774	106, 111
214	Identität in Afrika – Prozesse ihrer Entstehung und Veränderung, Bayreuth	1984	1.721	79, 83
221	Verwaltung im Wandel, Konstanz	1985	1.320	100
227	Prävention und Intervention im Kindes- und Jugendalter, Bielefeld	1986	2.353	91, 111
303	Information und die Koordination wirtschaftlicher Aktivitäten, Bonn	1985	3.455	105
333	Entwicklungsperspektiven von Arbeit, München (Uni)	1986	1.825	95
	Geschichts- und Kunstwissenschaften			
12	Zentralasien-Forschung, Bonn	1969	814	74
19	Tübinger Atlas des Vorderen Orients, Tübingen	1969	2.248	74
177	Sozialgeschichte des neuzeitlichen Bürgertums, Bielefeld	1986	1.614	69
	Sprach- und Literaturwissenschaften			
226	Wissensorganisierende und wissensvermittelnde Literatur im Mittelalter, Würzburg/Eichstätt	1984	1.574	70, 83
231	Träger, Felder und Formen pragmatischer Schriftlichkeit im Mittelalter, Münster	1986	1.003	69, 83
240	Bildschirmmedien, Siegen	1986	1.182	83
309	Die literarische Übersetzung, Göttingen	1985	835	83
321	Übergänge und Spannungsfelder zwischen Mündlichkeit und Schriftlichkeit, Freiburg	1985	1.559	69, 82 f.
	Erziehungswissenschaft, Psychologie			
129	Psychotherapeutische Prozesse, Ulm	1980	1.641	89

Tabelle 7.3 (Fortsetzung)
Biologie und Medizin

SFB Nr.	Kurzbezeichnung, Ort	Förderung seit	Bewilligung 1987 in 1.000 DM	Textteil Seite
	Medizin			
31	Medizinische Virologie – Tumorentstehung und -entwicklung, Freiburg	1969	1.541	135, 175
47	Virologie, Gießen	1968	3.346	134 f., 151, 181
102	Leukämie- und Tumorforschung, Essen	1979	2.318	175
111	Lymphatisches System und experimentelle Transplantation, Kiel	1973	2.041	150
113	Diabetesforschung, Düsseldorf	1973	1.582	–
120	Leukämieforschung und Immungenetik, Tübingen	1982	1.648	151, 175
136	Krebsforschung, Heidelberg	1974	633	151, 175
154	Klinische und experimentelle Hepatologie, Freiburg	1984	3.295	173
165	Genexpression in Vertebraten-Zellen, Würzburg	1984	2.775	135, 149
172	Kanzerogene Primärveränderungen, Würzburg	1985	1.932	175, 222
174	Risikoabschätzung von vorgeburtlichen Schädigungen, Berlin (FU)	1985	1.962	161
175	Implantologie, Tübingen	1985	1.399	176
200	Pathologische Mechanismen der Hirnfunktion, Düsseldorf	1982	1.626	174
207	Grundlagen und klinische Bedeutung der extrazellulären limitierten Proteolyse, München (Uni)	1983	2.177	126
215	Tumor und Endokrinium, Marburg	1984	1.956	175
217	Genetik der humanen Immunantwort, München (Uni)	1985	1.991	150
220	Neuronale Systeme, München (Uni)	1984	3.116	147, 207
232	Rezeptordefekte, Hamburg/Lübeck	1985	1.868	173
234	Experimentelle Krebschemotherapie, Regensburg	1985	1.287	175, 222
242	Koronare Herzkrankheit, Düsseldorf	1986	1.253	172
244	Chronische Entzündung, Hannover	1986	1.386	173, 181
246	Proteinphosphorylierung und intrazelluläre Kontrolle von Membranprozessen, Saarbrücken	1986	2.041	147
258	Entstehung und Verlauf psychischer Störungen, Heidelberg	1987	1.605	178
302	Kontrollfaktoren der Tumorentstehung, Mainz	1984	2.476	175, 222

Tabelle 7.3 (Fortsetzung)
Biologie und Medizin

SFB Nr.	Kurzbezeichnung, Ort	Förderung seit	Bewilligung 1987 in 1.000 DM	Textteil Seite
307	Neurobiologische Aspekte des Verhaltens, Tübingen	1985	1.528	144, 148
311	Immunpathogenese, Mainz	1985	1.870	150
320	Herzfunktion und ihre Regulation, Heidelberg	1986	1.635	172
322	Lympho-Hämopoese, Ulm	1986	1.946	150, 175
324	Die maligne transformierte Zelle, München (Uni)	1986	1.460	175
325	Modulation und Lernvorgänge in Neuronensystemen, Freiburg	1986	2.129	147
330	Organprotektion, Göttingen	1987	3.009	173
	Biologie			
4	Sinnesleistungen, Regensburg	1979	1.484	144
9	Peptide und Proteine, Berlin (TU)	1979	2.307	125, 221
43	Biochemie von Zelloberflächen, Regensburg	1981	2.313	126, 221
45	Neurobiologie des Verhaltens, Frankfurt/Darmstadt	1979	2.725	144, 148
74	Molekularbiologie der Zelle, Köln	1970	5.021	135, 149
103	Zellenergetik, Marburg	1972	2.011	126
137	Stoffumsatz in ökologischen Systemen, Bayreuth	1981	1.871	142 f.
145	Grundlagen der Biokonversion, München (TU)	1982	2.180	142, 152, 221
156	Mechanismen zellulärer Kommunikation, Konstanz	1984	3.597	147, 160
160	Eigenschaften biologischer Membranen, Aachen/Jülich	1973	1.393	160, 221
168	Ionengradienten, Bochum	1984	1.482	140
169	Membranständige Proteine, Frankfurt	1984	2.319	125
171	Membrangebundene Transportprozesse, Osnabrück	1984	2.275	140
176	Molekulare Grundlagen der Signalübertragung und des Stofftransports in Membranen, Würzburg	1985	2.091	141
184	Biogenese von Zellorganellen, München (Uni)	1987	2.977	140
204	Hörsystem von Vertebraten, München (TU)	1983	1.471	144, 148
206	Biologische Signalreaktionsketten, Freiburg	1983	2.413	141
223	Pathobiologie zellulärer Wechselwirkungen, Bielefeld/Münster	1985	1.729	126
229	Genexpression und Differenzierung, Heidelberg	1986	2.461	125

Tabelle 7.3 (Fortsetzung)
Biologie und Medizin

SFB Nr.	Kurzbezeichnung, Ort	Förderung seit	Bewilligung 1987 in 1.000 DM	Textteil Seite
236	Zelluläre Signalvermittlung, Göttingen	1985	2.192	147
304	Genomorganisation, München (Uni)	1984	1.359	125
305	Ökophysiologie, Marburg	1985	1.238	142 f.
310	Zelluläre Erkennungssysteme, Münster	1985	1.296	126
312	Gerichtete Membranprozesse, Berlin (FU)	1985	1.752	140, 221
317	Neuro-Molekularbiologie, Heidelberg	1985	1.657	147
323	Mikrobiologische Grundlagen der Biotechnologie, Tübingen	1986	1.778	152, 221
	Veterinärmedizin, Agrar- und Forstwissenschaften			
110	Bio-ökonomische Modelle gartenbaulicher Produktion, Hannover (Uni)	1981	1.174	183 f.
146	Versuchstierforschung, Hannover (TiHo)	1973	1.152	–
183	Umweltgerechte Nutzung von Agrarlandschaften, Hohenheim	1987	1.940	183, 320
308	Tropenlandwirtschaft, Hohenheim	1985	1.977	187

Naturwissenschaften

SFB Nr.	Kurzbezeichnung, Ort	Förderung seit	Bewilligung 1987 in 1.000 DM	Textteil Seite
	Mathematik			
123	Stochastische mathematische Modelle, Heidelberg	1978	2.817	198
170	Geometrie und Analysis, Göttingen	1984	1.201	198
256	Nichtlineare partielle Differentialgleichungen, Bonn	1987	1.435	199
	Physik			
6	Struktur und Dynamik von Grenzflächen, Berlin (FU)	1981	2.231	204, 221
91	Energietransfer bei atomaren und molekularen Stoßprozessen, Kaiserslautern	1978	3.317	208, 221

Tabelle 7.3 (Fortsetzung)
Naturwissenschaften

SFB Nr.	Kurzbezeichnung, Ort	Förderung seit	Bewilligung 1987 in 1.000 DM	Textteil Seite
125	Magnetische Momente und Unordnungsphänomene, Köln/Aachen/Jülich	1974	1.501	–
126	Festkörperreaktionen, Göttingen/Clausthal	1972	2.400	204
128	Elementare Anregungen, München (TU)	1974	2.054	204
130	Ferroelektrika, Saarbrücken	1974	1.534	221
162	Plasmaphysik, Bochum/Jülich	1973	2.991	214
166	Strukturelle und magnetische Phasenübergänge, Duisburg/Bochum	1984	1.546	–
185	Nichtlineare Dynamik, Frankfurt/Darmstadt	1987	1.585	211
201	Mittelenergiephysik mit elektromagnetischer Wechselwirkung, Mainz	1982	6.811	212 f.
213	Spektroskopie und Chemie von Makromolekül-Systemen, Bayreuth	1984	2.912	221, 263
216	Polarisation und Korrelation in atomaren Stoßkomplexen, Bielefeld/Münster	1983	2.986	208, 221
225	Oxidische Kristalle, Osnabrück	1985	946	204
233	Dynamik und Chemie der Hydrometeore, Frankfurt	1986	2.246	221, 251
252	Elektronisch hochkorrelierte metallische Materialien, Darmstadt/Frankfurt/Mainz	1986	1.937	–
301	Interstellare Molekülwolken, Köln	1985	2.008	221
306	Prozesse der atomaren und molekularen Bewegung, Konstanz	1984	1.702	–
328	Entwicklung von Galaxien, Heidelberg	1987	1.068	215
329	Physikalische und chemische Grundlagen der Molekularelektronik, Stuttgart	1986	1.345	204, 221
337	Energie- und Ladungstransfer in molekularen Aggregaten, Berlin (FU)	1987	2.765	204, 222
	Chemie			
41	Chemie und Physik der Makromoleküle, Mainz	1969	1.398	221
42	Energiezustände einfacher Moleküle, Wuppertal	1980	1.118	208, 221
60	Makromolekulare Systeme, Freiburg	1983	2.005	221, 263
93	Photochemie mit Lasern, Göttingen	1978	3.313	221
134	Erdöltechnik – Erdölchemie, Clausthal	1981	2.760	222, 237
143	Primärprozesse der bakteriellen Photosynthese, München (TU)	1982	1.723	136, 221
173	Teilchenbewegungen in Kristallen, Hannover	1985	1.464	221, 235

Tabelle 7.3 (Fortsetzung)
Naturwissenschaften

SFB Nr.	Kurzbezeichnung, Ort	Förderung seit	Bewilligung 1987 in 1.000 DM	Textteil Seite
222	Heterogene Systeme bei hohen Drücken, Erlangen-Nürnberg	1984	3.239	222
250	Selektive Reaktionsführung an festen Katalysatoren, Karlsruhe	1986	1.740	222
260	Metallorganische Verbindungen als selektive Reagenzien in der Organischen Chemie, Marburg	1987	1.450	222
335	Anisotrope Fluide, Berlin (TU)	1987	2.042	222
	Geowissenschaften			
69	Geowissenschaftliche Probleme arider Gebiete, Berlin (TU)	1981	4.633	237
108	Spannung und Spannungsumwandlung in der Lithosphäre, Karlsruhe	1981	3.574	233
133	Warmwassersphäre des Atlantiks, Kiel	1980	2.572	243
179	Wasser- und Stoffdynamik von Agrar-Ökosystemen, Braunschweig	1986	2.502	143, 183, 244, 320
228	Hochgenaue Navigation, Stuttgart	1984	2.351	228, 281
248	Stoffhaushalt des Bodensees, Konstanz	1986	1.849	245
313	Sedimentation im Europäischen Nordmeer, Kiel	1985	2.284	239, 243
318	Klimarelevante Prozesse im System Ozean – Atmosphäre – Kryosphäre, Hamburg	1986	2.575	243, 252
327	Wechselwirkungen in der Tide-Elbe, Hamburg	1986	2.230	143, 243, 245

Ingenieurwissenschaften

SFB Nr.	Kurzbezeichnung, Ort	Förderung seit	Bewilligung 1987 in 1.000 DM	Textteil Seite
	Allgemeine Ingenieurwissenschaften und Maschinenwesen			
11	Materialflußsysteme, Dortmund	1980	1.760	285
25	Wirbelströmungen in der Flugtechnik, Aachen	1981	2.726	284
27	Wellenfokussierung, Aachen	1981	1.762	284
106	Bauteileigenschaften bei Kunststoffen, Aachen	1980	2.396	221, 264

Tabelle 7.3 (Fortsetzung)
Ingenieurwissenschaften

SFB Nr.	Kurzbezeichnung, Ort	Förderung seit	Bewilligung 1987 in 1.000 DM	Textteil Seite
121	Geräusch- und Schwingungsvorgänge, Hannover	1979	1.881	-
144	Methoden zur Energie- und Rohstoffeinsparung, Aachen	1983	2.958	279
151	Tragverhalten und Tragfähigkeit von Baukonstruktionen, Bochum	1983	2.170	-
152	Oberflächentechnik, Darmstadt	1974	1.107	261
153	Zweiphasensysteme, München (TU)	1973	2.126	222, 276
158	Flexibler Montagebetrieb, Stuttgart	1984	2.848	280
167	Hochbelastete Brennräume, Karlsruhe	1984	2.853	272
180	Konstruktion verfahrenstechnischer Maschinen, Clausthal	1986	1.624	-
181	Hochfrequenter Rollkontakt der Fahrzeugräder, Berlin (TU)	1986	1.558	267
203	Rechnerunterstützte Konstruktionsprozesse, Berlin (TU)	1982	2.815	-
208	Flexible Handhabungsgeräte, Aachen	1983	2.622	299
209	Stoff- und Energietransfer in Aerosolen, Duisburg	1983	1.887	-
211	Zeitabhängige Vorgänge und Schadenserkennung in Komponenten wärmetechnischer Anlagen, Hannover	1983	2.049	262, 271
212	Sicherheit im Luftverkehr, Braunschweig	1983	2.575	281
218	Verfahrensgrundlagen der Kohleumwandlung, Essen	1984	1.228	222
224	Motorische Verbrennung, Aachen	1984	3.322	270
300	Werkzeuge und Werkzeugsysteme, Hannover	1984	3.079	262
316	Metallische und metall-keramische Verbundwerkstoffe, Dortmund	1985	2.046	261
319	Inelastisches Verhalten metallischer Werkstoffe, Braunschweig	1985	1.725	261
326	Prozessintegrierte Qualitätsprüfung, Hannover/Braunschweig	1986	1.784	278
332	Bauteile aus nichtmetallischen Faserverbundwerkstoffen, Aachen	1987	2.257	264, 279

Tabelle 7.3 (Fortsetzung)
Ingenieurwissenschaften

SFB Nr.	Kurzbezeichnung, Ort	Förderung seit	Bewilligung 1987 in 1.000 DM	Textteil Seite
	Architektur, Städtebau und Bauingenieurwesen			
205	Küsteningenieurwesen, Hannover	1983	2.530	243, 293
210	Strömungsmechanische Bemessungsgrundlagen für Bauwerke, Karlsruhe	1983	2.604	284
219	Silos, Karlsruhe	1985	1.444	290
230	Natürliche Konstruktionen – Leichtbau in Architektur und Natur, Stuttgart/Tübingen	1984	1.743	231, 290
315	Erhalten historisch bedeutsamer Bauwerke, Karlsruhe	1985	2.050	290
	Elektrotechnik			
238	Meßtechnik mehrphasiger Systeme, Hamburg-Harburg	1986	1.170	–
254	Schaltungen aus III-V-Halbleitern, Duisburg	1987	5.581	307
331	Informationsverarbeitung in autonomen, mobilen Handhabungssystemen, München (TU)	1986	1.871	299
	Informatik			
124	Very Large Scale Integration (VLSI), Saarbrücken/Kaiserslautern	1983	2.797	307
182	Multiprozessor- und Netzwerkkonfigurationen, Erlangen-Nürnberg	1987	3.637	307
314	Künstliche Intelligenz – Wissensbasierte Systeme, Karlsruhe	1985	3.454	307

Tabelle 7.4: Geförderte Forschergruppen (Stand: 31. Mai 1987).

Kurzbezeichnung, Ort	Leiter	Förderung seit	Textteil Seite
Geistes- und Sozialwissenschaften			
Strukturanalyse – Theoretische Fundierung, methodische Aspekte und wirtschaftspolitische Relevanz, Augsburg	Prof. Dr. Heinz Lampert	1982	104
Sprechen und Sprachverstehen im sozialen Kontext, Heidelberg	Prof. Dr. Carl-Friedrich Graumann	1983	–
Modellierung von Kohärenzprozessen, Bielefeld	Prof. Dr. Gert Rickheit	1986	82
Internationale Wirtschaftsordnung, Tübingen	Prof. Dr. Josef Molsberger	1987	111, 114
Nichttechnische Komponenten des Konstruktionshandelns bei zunehmendem CAD-Einsatz, Berlin	Prof. Dr. Rainer Mackensen	1987	88, 269
Konstitution und Funktion fiktionaler Texte, Konstanz	Prof. Dr. Jürgen Schlaeger	1987	83
Biologie und Medizin			
Ökophysiologie, Würzburg	Prof. Dr. Otto Ludwig Lange	1980	140
Pflanzliche Tetrapyrrole, München	Prof. Dr. Wolfhart Rüdiger	1981	–
Lithoautotrophie, Göttingen	Prof. Dr. Hans Günther Schlegel	1982	136
Ökologische Anpassung höherer Pflanzen, Darmstadt	Prof. Dr. Manfred Kluge	1982	140
Dynamische und statische Biostereometrie, Münster	Dr. Eberhard Hierholzer	1982	–
Aphasie und kognitive Störungen, Aachen	Prof. Dr. Klaus Poeck	1983	174
Proteinbiosynthese: Mechanismen und Regulation, Hamburg	Prof. Dr. Dietmar Richter	1984	125
Morphogenese im Nervensystem, Göttingen	Prof. Dr. Joachim R. Wolff	1984	147
Funktionelle und strukturelle Adaptation der Niere, Heidelberg	Prof. Dr. Wilhelm Kriz	1985	157

Tabelle 7.4 (Fortsetzung)

Kurzbezeichnung, Ort	Leiter	Förderung seit	Textteil Seite
Weiterentwicklung der klinischen Transplantation von Leber, Herz und Lunge, Hannover	Prof. Dr. Rudolf Pichelmayr	1985	179
Struktur, Funktion und Ausbildung von Membranen phototropher Prokaryonten, Freiburg	Prof. Dr. Gerhart Drews	1985	136
Obstruktive Atemwegserkrankungen, Bochum	Prof. Dr. Wolfgang T. Ulmer	1986	–
Molekularbiologische Untersuchungen zur Keimzelldifferenzierung und frühen Embryonalentwicklung beim Säuger, Göttingen	Prof. Dr. Wolfgang Engel	1986	163
Virus-Zell-Wechselwirkung: Modulation durch virale und zelluläre Kontrollelemente, München	Prof. Dr. Ellen Fanning-Honegger	1987	125
Kontrolle der Zellaktivität, Bochum	Prof. Dr. Helfried G. Glitsch	1987	143
Gastrointestinale Barriere, Hannover	Prof. Dr. Wolfgang von Engelhardt	1987	182
Naturwissenschaften			
Wasser- und Stoffhaushalt landwirtschaftlich genutzter Einzugsgebiete, Braunschweig	Prof. Dr. Heinrich Rohdenburg	1980	244
Akkretion und Differentiation des Planeten Erde, Mainz	Prof. Dr. Alfred Kröner	1981	227, 233
Mobilität aktiver Kontinentalränder, Berlin	Prof. Dr. Peter Giese	1984	233
Modellierung des großräumigen Wärme- und Schadstofftransports im Grundwasser, Stuttgart	Prof. Dr. Helmut Kobus	1984	244
Reaktivität an Oberflächen, Erlangen	Prof. Dr. Klaus Müller	1985	204
Teilchenphysik, Karlsruhe	Prof. Dr. Julius Wess	1986	213
Stochastische Analysis und ihre Anwendungen, Erlangen	Prof. Dr. Heinz Bauer	1987	–

7.5 Verzeichnis der Mitglieder des Präsidiums und des Senats der Deutschen Forschungsgemeinschaft 1986 und 1987

Präsidium

Hubert Markl, Zoologie, Universität Konstanz (Präsident)
Eberhard Buchborn, Innere Medizin, Universität München
Hein Kötz, Rechtswissenschaften, Max-Planck-Institut für ausländisches und internationales Privatrecht, Hamburg
Oskar Mahrenholtz, Mechanik, Technische Universität Hamburg-Harburg
Franz Pischinger, Angewandte Thermodynamik, Technische Hochschule Aachen
Rudolf Smend, Theologie, Universität Göttingen
Rudolf Kurt Thauer, Biochemie/Mikrobiologie, Universität Marburg
Heinz Georg Wagner, Physikalische Chemie, Universität Göttingen
Der Vorsitzende des Vorstandes des Stifterverbandes für die Deutsche Wissenschaft, Klaus Liesen, Essen

Senat

Helmut Altner, Zoologie, Universität Regensburg
Theodor Berchem, Präsident der Westdeutschen Rektorenkonferenz, Bonn
Matthias Bohnet, Verfahrenstechnik, Universität Braunschweig
Hartmut Boockmann, Mittlere und Neuere Geschichte, Universität München
Karl Dietrich Bracher, Politische Wissenschaft, Universität Bonn
Rudolf Cohen, Psychologie, Universität Konstanz
Wolfgang Demtröder, Experimentalphysik, Universität Kaiserslautern
Walter Doerfler, Genetik, Universität Köln
Klaus Dransfeld, Festkörperphysik, Universität Konstanz
Hartmut Fetzer, Nixdorf Computer AG, Paderborn
Gerhard Fischbeck, Pflanzenbau/Pflanzenzüchtung, Technische Universität München
Wolfgang Frühwald, Neuere deutsche Literaturwissenschaft, Universität München
Alfred Führböter, Hydromechanik und Küstenwasserbau, Technische Universität Braunschweig
Eike Haberland, Völkerkunde, Frobenius-Institut, Frankfurt
Horst Hagedorn, Physische Geographie, Universität Würzburg
Klaus Hierholzer, Physiologie/Pathophysiologie, Freie Universität Berlin
Georg Kossack, Vor- und Frühgeschichte, Universität München
Franz von Kutschera, Philosophie, Universität Regensburg
Hanns G. Lasch, Innere Medizin, Universität Gießen
Hans Musso, Organische Chemie, Universität Karlsruhe
Manfred Paul, Informatik, Technische Universität München
Rudolf Rott, Virologie, Universität Gießen
Philipp K. Sattler, Elektrotechnik, Technische Hochschule Aachen
Heinz Staab, Präsident der Max-Planck-Gesellschaft zur Förderung der Wissenschaften e.V., München

Wolf-Dieter Stempel, Romanische Sprachwissenschaft, Universität München
Klaus Stern, Staats- und Verwaltungsrecht, Universität Köln
Jan Thesing, Organische Chemie, Persönlich haftender Gesellschafter der Firma E. Merck, Darmstadt
Gerhard Thews, Vorsitzender der Konferenz der Akademien der Wissenschaften in der Bundesrepublik Deutschland, Mainz
Hans Kurt Tönshoff, Fertigungstechnik, Universität Hannover
Volker Ullrich, Biochemie, Universität Konstanz
Jürgen Untiedt, Geophysik, Universität Münster
Hubert Ziegler, Botanik, Technische Universität München
Rolf Ziegler, Soziologie, Universität München

Ständiger Gast

Kurt Kochsiek, Vorsitzender des Wissenschaftsrates, Köln

8 Stichwortregister

In diesem Register werden Stichwörter vor allem an solchen Fundstellen nachgewiesen, an denen der Leser sie nicht bereits mit Hilfe des Inhaltsverzeichnisses aufgrund des unmittelbaren fachlichen Bezugs auffinden kann. Bei Stichwörtern, die zugleich Bestandteil von Kapitelüberschriften sind, wird deshalb in der Regel auf den Seitenverweis auf das entsprechende Kapitel verzichtet; nachgewiesen werden jedoch wichtige Erwähnungen des Begriffs außerhalb dieses Kapitels.

Ergänzt wird das Register durch die Tabellen 7.2 bis 7.4. Sie verweisen auf die Erwähnung der zur Zeit geförderten Sonderforschungsbereiche, Schwerpunktprogramme und Forschergruppen im Textteil.

Damit werden – über die zahlreichen Querverweise im Text hinaus – vor allem vielfältige interdisziplinäre Verflechtungen erkennbar.

Stichwortregister

Abfall 320
Abfalldeponien 244
Abfallstoffe 274, 294, 315
Abgas 296
Abgasreinigung 270
Absenkung der
  Eingangsvergütungen 10, 104
Abwasser 275
Abwasserklärung 247
Ägypten 53
Ägyptologie 70, 75
Aerodynamik 281
Aeronomie 313
Afrika 53, 73, 76, 78f., 81
AGB-Gesetz 113
Agrargeschichte 110
Agrarwissenschaften 80, 320
AIDS 134, 138, 175
Akademien der Wissenschaften 24
Akustik 210
Akustische Phononenspektroskopie 204
Akustisches Mikroskop 30f., 123, 156
Alexander von Humboldt-Stiftung 51
Alfred-Wegener-Institut für Polar- und
  Meeresforschung 242, 254
Algorithmen 199f.
Allergien 126
Alltagsgeschichte 67
Alte Geschichte 70f.
Altersforschung 87, 96
Alterssicherung 98
Altphilologie 70
Amerika 73
Anästhesiologie 174
Analytik
– biochemische 124
– Chemie 221, 225
– chemische 31
– von Umweltschadstoffen 320
Analytische Chemie 207, 225f.
Anatomie 153, 157
Angelsächsische Überseeländer 52
Angewandte Forschung 46
Angewandte Mathematik 198ff.
Antarktis 241, 253ff.
Anthropogeographie 76ff., 321
Anthropologie 145
Antigene 149f., 155
Antikörper 132
Antragsberechtigung 15
Antragszeitraum 12

Apparateausschuß 49
Arbeit 95
Arbeiterwelt 83
Arbeitsgemeinschaft Industrieller
  Forschungsvereinigungen 259
Arbeitslosigkeit 93, 105
Arbeitsmarkt 97
Arbeitsmedizin 171, 176, 268
Arbeitsprozesse 268
Arbeitspsychologie 268
Arbeitsrecht 114
Arbeitsschutz 48, 290
Arbeitsstoffe 46
Arbeitswelt 97
Arbeitswissenschaft 89
Archäobotanik 73
Archäologie 80, 205
– amerikanische 79
– vorderasiatische 75
Archäozoologie 73
Architektur 84, 231
Argentinien 52
Arktis 77, 241, 253ff.
Artensterben 122, 311
Arthritis 138
Arzneimittel 48, 160
Asien 73f.
Assyriologie 70
Astronomie 192f, 214ff., 221
Astrophysik 202, 209, 213ff.
Atemwegserkrankungen 176
Atmosphäre 208f., 211, 239, 248ff., 255,
  311f.
Atmosphärische Wissenschaften 202
Atmungsphysiologie 158
Atomphysik 202, 205, 207ff.
Audiologie 180
Augenheilkunde 180
Auslandsaufenthalte 26
Ausschuß für Internationale
  Angelegenheiten 50
Ausschuß für langfristige
  Unternehmen 49
Außenpolitik 101
Australien 52, 233
Auswärtiges Amt 49f., 54, 331
Autoimmunerkrankungen 175
Autoimmunität 150
Automatisierung 20, 31, 206, 265f.,
  277ff., 284f., 290
– in Büro und Fabrik 305
Automatisierungstechnik 298ff.

Bakterien 122, 152, 220
- als Modellsysteme 136
- Genetik 130f.
- Stoffwechselpotential 135
Bakteriophagen
- Genetik 130f.
BAT-Werte 47
Bauelemente 263
- elektronische 30
- Optik 30
Bauingenieurwesen 320
Bauwesen 306
Bayerische Akademie der
  Wissenschaften
- Historische Kommission 68
Bayerische Staatsbibliothek München 43
Befristung von
  Beschäftigungsverhältnissen 10
Begutachtungssystem der DFG 11
Begutachtungszeitraum 12
Benda-Kommission 170
Berufsbildungsforschung 46, 91, 93, 96
Beschichtung 261
Beschleuniger 193, 212
Betriebsorganisation 277
Bewilligungsausschuß für die Förderung
  der Sonderforschungsbereiche 19
Bewilligungszeitraum 12
Bibliotheken 40ff., 124
- Einsatz der EDV 43
- Erschließung von Beständen 43
- Modernisierung 44
- überregionale Literaturversorgung 41
Bibliotheksausschuß 40ff.
Bibliotheksförderung 330
Bieberbachsche Vermutung 195
Bildanalyse 29
Bildanalyseverfahren 32, 37, 154, 156,
  164, 173f., 177, 179f., 206, 216, 231,
  245, 301
Bildungsforschung
- historische 91
Bildungsgeschichte 83
Bioanorganische Chemie 225
Biochemie 138, 140, 143f., 151, 153, 155,
  157, 160, 168, 171, 191, 217, 220, 275
Biochemische Analytik 124
Biochemische Pharmakologie 161
Biochronologie 230
Biokatalysatoren 128

Biologie 65, 151, 168, 170, 202, 207,
  210f., 242, 314
- Geschichte der 69
Biologische Meeresforschung 241
Biomechanik 277
Biometrie 164, 177
Biomoleküldynamik 211
Biophysik 140, 143, 147, 150, 157, 168,
  191, 202, 211, 220
Biostratigraphie 230
Biotechnologie 121, 123, 125, 129f., 136,
  139, 142, 191, 220f., 247, 275
Biotopschutz 318
Bioverfahrenstechnik 151
Boden
- Bakterien 137
- Chemikalien im 185
Bodenbiologie 316
Bodenkunde 73, 226, 229, 232, 315f.
Bodennutzung 288
Bodenschutz 183, 229
Botanik 80, 143, 221
Bruchmechanik 262
Buchspenden 45, 330
Bundesärztekammer 170
Bundesforschungsanstalten 254
Bundesgesundheitsamt 48, 122
Bundesministerium der Justiz 170
Bundesministerium für Arbeit und
  Sozialordnung 168
Bundesministerium für Bildung und
  Wissenschaft 50, 334
Bundesministerium für Forschung und
  Technologie 7, 50, 54, 168, 170, 207,
  212, 233, 259, 272, 308, 331
Bundesministerium für Jugend, Familie,
  Frauen und Gesundheit 47, 168
Bundesministerium für Wirtschaft 50
Bundesministerium für wirtschaftliche
  Zusammenarbeit 50
Bundesverfassungsgericht 116

CAD/CAM-Systeme 28, 88, 109f., 265,
  269, 289
Chaosforschung 199, 202, 209ff., 224
Chemie 147, 151, 157, 161, 202, 205,
  207, 210, 239, 242, 251, 262f., 275
- biophysikalische 128
- Geschichte der 69
China 74

360 *Stichwortregister*

Chirurgie 179
CIM 278
Cluster 208f., 225
Computer 34, 210
– am Arbeitsplatz 34ff.
– für die Lehre 35
– für Klimamodelle 252f.
– im Bibliothekswesen 44
– in den Geowissenschaften 231
– in den Ingenieurwissenschaften 264, 267
– in den Naturwissenschaften 192f.
– in den Wirtschafts-, Sozial- und Verhaltenswissenschaften 63
– in der analytischen Chemie 225
– in der Biophysik 128
– in der Chemie 223
– in der Fernerkundung, Photogrammetrie und Kartographie 228
– in der Fertigung 278
– in der Konstruktionstechnik 268
– in der Landwirtschaft 186
– in der Mathematik 196
– in der Medizin 32, 164
– in der Meeresforschung 242
– in der Neurobiologie 149
– in der Physik 208
– in der Physiologie 159
– in der Polarforschung 253
– in der Strömungsmechanik 271, 282f.
– optischer 303
– und Kognitionswissenschaften 87
– Vernetzung 36ff.
Computer-Investitionsprogramm (CIP) 35, 49, 109
Computer-Simulationen
– s. Simulationen
Computer-Tomographie 32
Costa Rica 52
CSSR 52
Cytogenetik 145

Datenkommunikationsnetze 39
Datenschutz 116
Datensicherheit 305
Datenverarbeitung 303f.
– graphische 305
Datenverarbeitungsanlagen 34

Deklarationen von Helsinki und Tokio 169
Demographische Entwicklung 106
Denkmalpflege 84
Denkmalschutz 290, 293
Deponien 293, 297, 320
Deponiewasser 247
Dermatologie 171
Desertifikationsforschung 77, 229
Deutsche Demokratische Republik 14, 75
Deutsche Forschungs- und Versuchsanstalt für Luft- und Raumfahrt (DFVLR) 272, 284
Deutscher Akademischer Austauschdienst 51
Deutsches Bibliotheksinstitut (DBI) 40, 43
Deutsches Forschungsnetz (DFN) 39, 44, 308
Deutsches Institut für Wirtschaftsforschung (Berlin) 95
Deutsches Kontinentales Reflexions-Programm (DEKORP) 232, 234
Deutsches Krebsforschungszentrum 135
Diabetes 163, 173
Dialektforschung 81
Dibenzodioxine 47
Differentialgeometrie 199
Differentialgleichungen 199
Diffraktometer 31, 193, 226, 237
DNA-Schäden 131
DNA-Sequenzen 125
DNA-Sonden 136, 162
DNA-Synthesizer 32, 123
Dogmengeschichte 66
Dritte Welt 288
Drittmittel
– der Hochschulen 56
– Verwaltung der 169
Druckbeihilfen 69, 112, 328
Druckkostenzuschüsse 62

Editionen 38, 62f., 66, 68ff., 82, 85
Ektoparasiten 139
Elektrochemie 223
Elektronen-Energie-Verlustspektroskopie 31
Elektronenmikroskope 193

Elektronenmikroskopie 30f., 128, 138, 149, 155f., 237
Elektronik 210, 297
– im Kraftfahrzeug 277
Elektrophysiologie 149, 157f.
Elektrotechnik 304, 306
Elementarteilchen 201, 212ff.
Embryologie 153, 156
Embryonen 146f., 161, 170f., 184
– Forschung an 170ff.
Embryotransfer 170, 181
Empirische Sozialforschung 92ff., 110
Endokrinologie 158, 173
Endoparasiten 139
Energie 222ff.
Energieeinsparung 202, 272, 274f., 279, 297, 302, 320
Energieforschung 276
Energietechnik 220, 222
– elektrische 300f.
Entwicklungsbiologie 132, 145
Entwicklungshilfe 79f.
Entwicklungsländer 106, 186, 243, 288
Entwicklungsländerforschung 78
Entwicklungsphysiologie
– pflanzliche 141
Entwicklungspolitik 100, 102f.
Entwicklungstheorie 79
Enzyme 125, 128, 162ff., 217f., 220, 222
Enzymreaktionen 225
Epidemiologie 139, 164, 168, 172, 268, 319
– psychiatrische 177
Erbkrankheiten 163
Erdölforschung 222, 237
Ergonomie 268
Ernährungsphysiologie 144, 185
Erschließung historischer Dokumente 68
Erschließung von Buchbeständen 330
Ethik 64, 123, 164, 319, 321
– und medizinische Forschung 169ff.
Ethikkommissionen 170
Ethnologie 78ff., 83
– Musik- 85
Ethologie 144f., 181
EUREKA 314
Europa 14, 116, 331
Europäische Gemeinschaften 14, 107, 116
Europäische Geotraverse (EGT) 234
Europäische Rechtsangleichung 114
Europarat 116

European Academic and Research Network (EARN) 36
European Science Foundation (ESF) 53
European Space Agency (ESA) 216, 227
Eurotrac 314
Evolution 122, 142, 312, 319
Evolutionsbiologie 125, 144
Evolutionsforschung 136, 231
Experimentelle Mathematik 200
Experten-Systeme 28, 39, 88, 110, 164, 248, 266, 269, 278, 281, 285, 289, 304
Extrakorporale Befruchtung 170

Fachausschüsse 11
Fachgutachter 11
Fachkonferenzen
– internationale 331
Fahrzeugtechnik 268
Familienrecht 113
Farbstoffkommission 48, 161
Farbstofflaser 207
Fasern 265
Faseroptik 206
Feldtheorien 212
Fernerkundung 76, 193, 227f., 232, 241f., 245, 248ff.
Fertigungsverfahren 28, 277ff.
Fertilisationsbiologie 123
Festkörper-NMR-Geräte 30
Festkörperoberflächen 204
Festkörperphysik 193, 201, 203ff., 217f.
Fiebiger-Programme 8, 24, 65
Film
– ethnographischer 79
Finanzwissenschaft 106f.
Flexible Fertigungssysteme 278
Flüssigkristalle 219, 222
– polymere 224
Flugmechanik/Flugführung 281
Flugzeuge 193
Fluoreszenzverfahren 156
Föderalistische Systeme 107
Formale Sprachen 197
Forschergruppen 6, 16f., 328
– biologische und medizinische Grundlagenforschung 123
– Geistes- und Sozialwissenschaften 61
– in der Chemie 218
– in der klinischen Forschung 167
– Wirtschaftswissenschaften 104

Forschung
- wirtschaftliche Bedeutung 3ff.
Forschungseinrichtungen
- außeruniversitäre 5
Forschungsethik 64
Forschungsflugzeuge 249
Forschungsfreijahre 61, 328
Forschungsfreisemester 61
Forschungspolitik 4
Forschungsschiff METEOR 239, 241ff.
Forschungsschiff POLARSTERN 242, 253ff.
Forschungsschiff VALDIVIA 242
Forschungsschiffe 193
Frankreich 76, 84, 198
Frauen
- in der Wissenschaft 13f.
- und Erwerbstätigkeit 106
Frauenforschung 98
Fraunhofer-Gesellschaft 259
Friedens- und Konfliktforschung 46, 102
Futtermittelzusatzstoffe 47

Galaxien 215
Gartenbau 182, 184
Gastaufenthalte auswärtiger Wissenschaftler 12
Gastprofessuren 331
Gastroenterologie 174, 181f.
Gastwissenschaftler 17, 196f.
Gefäßerkrankungen 171
Gehirn 148f.
Geisteswissenschaften 320
Genetik 20, 125, 140, 144f., 147, 151, 157, 160, 162, 184f., 275
- psychiatrische 177
Genexpression 132
Genom 122
Genomanalyse 131, 162f.
Genregulation 131
Gentechnologie 32, 46, 64, 111, 116, 121ff., 128, 130ff., 135f., 138f., 141, 147, 149, 151f., 162f., 217, 319
- Risiken der 122
Gentherapie 163
Gentransfer 163f.
Geochemie 226, 232, 236, 315
Geochronolgie 236
Geodäsie 226f., 232, 254, 281, 316

Geographie 80, 96, 286
- antike 72
Geologie 232, 239, 281, 292, 314
Geomorphologie 229, 232
Geoökologie 76
Geophysik 210, 226, 232, 254
Geowissenschaften 226ff.
Geräte 26ff., 123, 192f, 212, 237
- Betreuung 27
- Betriebsalter 27
- in der Biochemie 127
- Unterhaltung 27, 194, 226
Germanistik 69
Gesamtbudget Forschung
- Anteil der Hochschulen 4
- Anteil der Wirtschaft 4
Geschichte 80
- afrikanische 78
- politische Institutionen 100
Gesellschaft für Information und Dokumentation (GID) 42
Gesellschaft für Mathematik und Datenverarbeitung (GMD) 42
Gesellschaft Sozialwissenschaftlicher Infrastruktureinrichtungen e.V. (GESIS) 94
Gesellschaftsrecht 114
Gesteinsfluide 235f.
Gesundheitspolitik 98
Gesundheitspsychologie 89
Gifte 48, 160
Gläser 263
Glasfasern 291
Glaskeramiken 263
Glaziologie 254
Global Positioning System (GPS) 232
Gottfried Wilhelm Leibniz-Programm 23f., 325, 336
Grabungen 62, 71ff., 75
Graduiertenkolleg 9, 104, 154
Gravimetrie 228
Grenzflächen 261
Griechenland 70
Grönland 255
Großbritannien 36f., 84, 155, 168, 215
Großforschungseinrichtungen 7, 18, 51, 70, 202, 212, 214
Großgeräte 26f., 49, 245, 333
- in den Erdwissenschaften 237
- in den Ingenieurwissenschaften 28
- in den Naturwissenschaften 29

– in der Biologie 31, 123
– in der Medizin 32
– in der Physiologie 157
Grundausstattung 9f., 124, 156
– Folgekosten 39, 123
– Geräte 26f., 193f., 200, 226
– Großgeräte 333
– in den Ingenieurwissenschaften 260
– in den Naturwissenschaften 194
– in den Wirtschafts-, Sozial- und
  Verhaltenswissenschaften 63
– in der Medizin 153
– in der Physiologie 157
– Rechenanlagen 38
– Sonderforschungsbereiche 19
Grundlagenforschung 3ff.
– Planbarkeit 6
Grundrechte 116
Grundwasser 183, 229f., 244ff., 292f.,
  311, 315
– Bakterien 137
Gruppentheorie 195f.
Gutachter 4, 6, 11, 15, 170
– Mehrbelastung 12f.
Gynäkologie 180

Halbleiter 203f., 206f., 224
– Keramik 263
Halbleiter-Bauelemente 301, 306
Halbleiterphysik 201
Halbleitertechnik 302f., 306
Hals-Nasen-Ohrenheilkunde 180
Handelsrecht 114
Handhabungstechnik 29
Handschriften 43, 74f.
Hauptausschuß 15f., 18, 24, 49, 170
Hauptgruppenelemente 225
Haupthistokompatibilitätskomplex 150
Heisenberg-Programm 8, 24f., 65, 325,
  336
Hepatitis 134
Hepatologie 173
Herzinfarkt 126
Herzkrankheiten 158ff., 172f.
Hilfseinrichtungen der Forschung 45,
  332
Hilfskräfte
– studentische 8
– wissenschaftliche 8
Historische Pädagogik 91

Hochbegabtenforschung 88
Hochdruckflüssigkeitschromatographie
  (HPLC) 124, 156
Hochenergiephysik 215
Hochenergie-Teilchenbeschleuniger 193
Hochfrequenzelektronik 302f.
Hochleistungsrechner 34, 36, 39, 192f.,
  199, 253
– in den Erdwissenschaften 237
Hochschulen
– Schwerpunktbildung 5
– Wettbewerb und Differenzierung 5
Hochschulforschung 4ff.
Hochtemperatur-Supraleitung 191, 194,
  203f.
Holographie 29, 202
Hormone 126, 158, 160f., 173
Humanexperiment 169
Humanmedizin
– Parasitologie 139
Hydraulik 244
Hydrogeologie 226, 229, 244
Hydrologie 77, 80, 244, 293, 315
Hyperfeinstruktur von Kernen 213

Immunbiologie 139
Immun-Histochemie 155
Immunologie 124, 134, 138, 143f., 147,
  157, 168, 171, 173, 177, 179
Immunsystem 127, 132, 138
– Selbsttoleranz 150
Immunzytochemie 154f.
Indologie 75, 80
Indonesien 52, 78, 81
Industrie
– Kooperation mit der 37, 259, 299
Industrieökonomik 105
Industrieroboter 28
Industriesoziologie 97
Infektionen 138
Infektionskrankheiten 181
Influenza 134
Informatik 20, 88, 116, 147, 164f., 201,
  267, 291, 301, 303
– Wirtschafts- 109f.
Information und Dokumentation
  (IuD) 42, 94
Informations- und
  Kommunikationstechniken 108
Informationsökonomie 105

Informationstechnik 20, 206, 223f., 285, 292, 298ff.
Informationsverarbeitung 89, 266
Ingenieurgeologie 226
Innere Medizin 160, 162, 171, 176, 178
Institut für marine Geowissenschaften (GEOMAR) 238f.
Integrated Services Digital Network (ISDN) 298
Integrierte Optik 206, 300
Integrierter Pflanzenschutz 48, 144
Intensivmedizin 174
International Council of Scientific Unions (ICSU) 49
International Foundation for Science (IFS) 53
International Geological Correlation Programme (IGCP) 226
International Geosphere Biosphere Programme: A Study of Global Change (IGBP-GC) 229, 239, 314
International Lithosphere Program (ILP) 227, 232, 234
International Satellite Cloud Climatology Project (ISCCP) 250
International Satellite Land Surface Climatology Project (ISLSCP) 250
Internationale Beziehungen 100ff.
Internationale Kongresse 51
Internationale Organisationen
– Recht 117
Internationale Unternehmenstätigkeit 108
Internationale wissenschaftliche Veranstaltungen 331
Internationale Zusammenarbeit 14, 49, 331
– in der Mathematik 196f.
– in der Meeresforschung 243
– in der Orientalistik 75
– innerhalb Europas 52
– mit Entwicklungsländern 51
Internationales Privatrecht 114
Internationales Wirtschaftsrecht 114
Inverses Mikroskop 32
Irak 75
Islamwissenschaften 75
Island 233
Isotopengeochemie 236
Italien 69f., 84

Japan 4, 36f., 42, 74, 277f.
Joint European Torus (JET) 214

Kanada 52
Kapillargaschromatographie 124
Kartographie 226ff.
Karzinogenität 47
Katalysatoren 270, 275
Katalyse 194, 205
Katalyseforschung 217f., 224f.
Kenia 233
Keramik 203, 220, 223, 261ff., 270, 278f.
– faserverstärkte 263
Kernenergie 272
Kernenergietechnik 11
Kernforschungsanlage Jülich 214
Kernphysik 215
Kinder- und Jugendpsychiatrie 178
Kinderheilkunde 171, 174
Kindersterblichkeit 138
Kirchengeschichte 66
Kirchenrecht 117
Klärschlammbeseitigung 247
Klassische Archäologie 70
Klassische Philologie 71
Klima 240, 254, 313, 318
– regionales 251
– Veränderung 249f.
Klimaforschung 242
Klimageographie 77
Klimatologie 73, 80
Klinische Chemie 124f.
Klinische Forschergruppen 167
Klinische Forschung 159, 165ff.
Klinische Pharmakologie 162
Klitzing-Effekt 191
Kognition 82, 86f.
Kohlevergasung 273
Kolloidchemie 224
Kommission für Rechenanlagen 35ff., 49
Kommissionen
– s. Senatskommissionen
Kommunikation
– politische 101
Kommunikationsforschung 97
Kommunikationssysteme
– digitale 301

Kommunikationstechniken 287, 298ff.
Kommunikationswissenschaften 87, 93ff.
Konferenz für Sicherheit und
 Zusammenarbeit in Europa
 (KSZE) 50
Kongreß- und Vortragsreisen 51, 331
Kontinentale Erdkruste 233
Kontinentales Tiefbohrprogramm der
 Bundesrepublik Deutschland
 (KTB) 191, 233f.
Korrosion 262, 272, 276, 290, 298
Kosmologie 213
Kraftfahrzeugbau 298
Krebsforschung 46, 126, 134f., 150f., 155,
 159, 161ff., 175f., 180, 202, 222, 320
Krebszellen 122
Kreislaufphysiologie 158
Kreolistik 82
Kriminalität 96
Kriminalpolitik 115
Kriminologie 115
Kristallbildung 276
Kristallographie 220, 226, 232, 235, 315
Kristallstrukturanalyse 235
Kristallstrukturforschung 261
Kristallzuchtanlagen 30
Kryotechniken 32
Künstliche Intelligenz 147, 278, 281, 305,
 307
Kultur- und Nutzpflanzen 182
Kulturgeographie 76ff., 321
Kunststoffe 223, 261ff., 291
Kurzzeitphysik 202
Kybernetik 147

Längsschnittstudien 94f.
– methodische Probleme 90
Lärmbelastung 321
Lärmemissionen 270, 272, 276, 282, 296
Lagerstätten
– marine 238
Lagerstättenforschung 236
Lagerstättenkunde 226
Landesuntersuchungsämter 48
Landschaftsökologie 76, 230
Landwirtschaft 182
Landwirtschaftliche Nutztiere 181
Langfristprojekte 62
Laser 28, 191, 193, 202f., 208, 211, 219,
 225, 228, 236f., 262, 279, 283

Laser-Geräte 31, 33
Laserphysik 205ff., 214
Laser-Scan-Mikroskop 30f., 123, 156
Laserspektroskopie 213, 217, 224
Lateinamerika 52, 76, 78
Lebensmittel 47, 181
Lebensmittelchemie 225
Lebensmittelgesetzgebung 47
Lebensprozesse
– Chemie der 194
Lehr-Lern-Forschung 87, 93
Leichtbau 269, 276, 279, 290
Lichtmikroskopie 31
Limnologie 244
Linguistik 87, 306
Lithosphäre
– ozeanische 238
Luftchemie 253, 312
Luftverschmutzung 253

Magmatismus 232, 236
Mainzer Mikrotron 212
Makromoleküle 124f., 128
MAK-Werte 46
Malawi 233
Malaysia 52
Marine Geowissenschaften 238ff.
Marokko 53
Maschinenbau 298, 306
Massenspektrometer 31, 226, 236f.
Massenspektrometrie 124
Materialforschung 29, 201, 203, 217, 220
Materialwissenschaften 191, 223
Mathematik 156f., 165, 191, 202, 210,
 267, 304
– Geschichte 69
Mathematische Logik 197
Mathematische Physik 200
Mathematisches Forschungsinstitut
 Oberwolfach 198
Mauretanien 74
Max-Planck-Gesellschaft 24, 51, 144
– Klinische Forschungsgruppen 168, 173
Max-Planck-Institut für
 Extraterrestrische Forschung 216
Max-Planck-Institut für
 Mathematik 198
Max-Planck-Institut für
 Plasmaphysik 214

Max-Planck-Institut für
  Polymerforschung 263
Max-Planck-Institute 18, 227, 254, 284
Mechanik 269
Mediävistik 66
Medien 116
– sprachliche 82
Medienforschung 83, 87, 89, 94, 96
Medizin 80, 83, 96, 202, 306
– Geschichte 69f.
Medizingeschichte
– mittelalterliche 70
Medizinische Physik 202
Meeresbiologie 254
Meeresboden 238
Meeresforschung 239, 254, 314
Meeresvölkerrecht 117
Membranen 136, 155, 158, 160, 202, 221, 224, 275
– biologische 121
Membranforschung 140, 143
Membrankanäle 147
Membranmodelle 129
Membranproteine 135
Mensch/Maschine-Kommunikation 305f.
Mesosphäre 252, 313
Meßtechnik 267, 274, 283
– Meß- und Regeltechnik 151
Metalle 204
Metallische Werkstoffe 261f., 298
Meteorologie 221, 239, 250, 281, 292, 313
Mexiko 52
Mikrobiologie 124, 143, 151, 176, 185, 220, 229, 247, 275, 315
– medizinische 137
Mikroelektronik 186, 206f., 281, 285, 298ff., 300, 302f.
Mikrofossilien 231
Mikroinjektion 32
Mikromanipulator 32
Mikro-Optik 206
Mikroorganismen 151f., 247, 319
– in der Biotechnologie 136
– in extremen Umwelten 131, 136
Mikroprozessoren 307
Mikrorechner 34
Mikrosonden 237
Mikrostruktur 261
Milchstraßensystem 214
Mineralogie 220, 226, 235, 261ff., 315

Mittelalterforschung
– kunstgeschichtliche 84
– musikwissenschaftliche 85
Mittelatmosphären-Programm (MAP) 252
Modellbildung
– mathematische 200f.
Modellrechnungen
– s. Simulationen
Molecular Modelling 219, 226
Molekülphysik 202, 207ff.
Molekülstrahlepitaxieanlagen 30
Molekularbiologie 123, 137, 140f., 149, 154f., 157, 160, 162, 171, 177, 182, 185f., 319
– der Viren 133f.
Molekulare Genetik 130, 138, 146
Molekularelektronik 304
Molekularkinetik 149
Mongolei 74
Monoklonale Antikörper 121f., 125, 138, 147, 149, 176
– humane 151
Mordellsche Vermutung 195
Morphogene 146
Morphologie 145, 153, 155, 171
Museen 71, 79f., 84f.
Musik 83
Musterbildung
– embryonale 146
Mustererkennung 29, 266, 305
Mutagenese 128, 146
Mutagenität 47, 320

Nachkriegszeit 67
Nachrichtentechnik 210, 299f., 304
Nachwachsende Rohstoffe 222
Nachwuchs, wissenschaftlicher 5, 7ff., 22, 24, 142
– in den Geistes- und Sozialwissenschaften 61
– in den Ingenieurwissenschaften 260
– in der klinischen Forschung 165ff.
Nachwuchswissenschaftler
– eigene Arbeitsgruppen 13
Nahrung 222f.
Nahrungsketten 314
National Science Foundation (NSF) 37, 198
Naturschutz 145
Naturstoffe 219
Naturstoff-Screening 152

Naturstoffsynthese 217f.
Naturwissenschaften 83
– in der Archäologie 73
– in der Geographie 76
– in der klinischen Forschung 168
– in der Kunstgeschichte 84
– in der Psychiatrie und
  Psychosomatik 177
– und Rechtswissenschaft 111
Navigation 281
Neonatologie 174
Nepal 74f.
Nervensystem 144, 147, 159
Neurobiochemie 177
Neurobiologie 121, 144f., 207
Neurochirurgie 180
Neuroembryologie 156
Neuroendokrinologie 158
Neurologie 87, 138, 147, 171, 174
Neuropharmakologie 161
Neuropsychoendokrinologie 177
Neuropsychologie 88
Neuseeland 52
Nichteheliche
  Lebensgemeinschaften 113
Nichtlineare Probleme 265, 267, 282, 290
Nichtlineare Systeme 209ff., 253
Nichtlinearität 199
Nichtmetallische Werkstoffe 262
Niederlande 84, 215
Nierenphysiologie 158f.
Nordafrika 74
Normalverfahren 6f., 15f., 328
– Chemie 217
– Geistes- und Sozialwissenschaften 61
– Rechtswissenschaft 112
Norwegen 241
Nukleinsäuren 211

Oberflächen 205, 217, 261
Oberflächenanalysesysteme 31
Oberflächenphysik 201, 208, 214
Oberflächentechnik 29
Oberflächenwasser 292f.
Ocean Drilling Program (ODP) 227, 238
Ökologie 87, 122, 143ff., 181, 196, 240f.,
  244f., 254, 287, 291
– chemische 143f.
– der Gewässer 247
– Mikroorganismen 137

– Paläo- 73
Ökophysiologie 140ff., 185, 254f.
Ökostratigraphie 230
Ökosysteme 122, 127, 231, 244, 247
– aquatische 317
– marine 314
– Mikroorganismen 137
Ökosystemforschung 142f., 183
Ökotoxikologie 318
Onc-Gene 132, 134ff., 163, 175
Onkologie 162, 175
Optik 202, 205ff.
Optimierung 200
Optische
  Computer-Bildverarbeitung 206
Optische Informationsspeicher 224
Optische Meßtechnik 206
Optische Nachrichtentechnik 206
Optische Speicher 206
Optoelektronik 302f.
Organization for Economic Cooperation
  and Development (OECD) 50
Organtransplantation 116
Orientalistik 80
Orogene 234
Orographie 252
Orthopädie 179
Ortsprinzip
– Forschergruppen 13
– Sonderforschungsbereiche 13, 22
Ostasien 52
Osteuropa 50ff., 198
Ozean 249
Ozeanische Erdkruste 233
Ozeanographie 239f., 250, 314
Ozon 251
Ozonloch 313

Pädagogik 96
Pädiatrie 162
Paläoklimatologie 241, 254
Paläontologie 226, 230f.
Paläo-Ökologie 73
Paläoozeanographie 241, 254
Parallelcomputer 211
Parasiten 183
– Pflanzen- 137
Parasitologie 123, 143
Pastoraltheologie 67

Patch-Clamp-Technik 121, 129, 147, 157
Pathologie 153, 155
Pedosphäre 316
Peptidchemie 125
Peptid-Synthesizer 32, 123
Permafrostforschung 255
Personal 8
Personal Computer (PC) 37
Personennahverkehr 291
Petrologie 226, 232
Pflanzen 139ff.
– Genetik 133
– Stickstoff fixierende 136
Pflanzeninhaltsstoffe 142
Pflanzenpathologie 137
Pflanzenphysiologie 182, 184
Pflanzenschutz
– biologischer 186
– integrierter 146, 183, 320
Pflanzenschutzmittel 246
Pflanzenzüchtung 141
Pharmaka 160, 224
Pharmakologie 124, 138, 142, 147, 157, 176
– biochemische 126
– klinische 174
Pharmazeutische Chemie 222
Pharmazie
– Geschichte 69
Philosophie 87, 210, 321
– Geschichte 64
– interdisziplinäre Forschung 64
– und Verhaltensforschung 65
Photochemie 202, 220, 249, 313
Photoelektronenspektroskopie 30
Photogrammetrie 226
Photographie 84
Photosynthese 128, 136, 140, 217, 223
Physik 156, 239, 262f., 267, 275
– Geschichte 69
Physikalische Chemie 147f., 217
Physiologie 87, 124, 138, 147ff., 153, 155, 157, 160
Physiologische Chemie 153
Physische Geographie 76ff., 226, 315
Pilze 135f.
Planetologie 226f.
Planungsrecht 288
Plasmaphysik 214
Plattentektonik 232, 238
Plutonismus 232
Polarforschung 77, 253ff.

Polargeographie 76
Polen 68
Politikwissenschaft 111
Polychlorierte Biphenyle (PCB) 47
Polygene Vererbung 133
Polymerchemie 217f.
Polymere 224
– leitende 204
Polymerforschung 193, 221, 263ff.
Polymerwerkstoffe 294
Positronen-Emissions-Tomographie 33
Postdoktoranden-Programm 8, 25f., 325, 334
Pränatale Diagnostik 162
Präsidium 6
Primaten 144
Promotionen 8
Proteinchemie 125
Protein-Design 128, 152
Proteine 211, 220f.
Provinzialrömische Archäologie 71
Prozessorarchitekturen 303f.
Prozeßwärme 272
Psychiatrie 115, 144, 147, 171, 174
Psychologie 115, 121, 144f., 147, 178, 321
Psychomotorik 89
Psychopharmakologie 177
Psychosomatik 171
Psychotherapie 171, 178
Pulverdiffraktometer 30

Quantenchemie 208
Quanten-Hall-Effekt 191
Quantenmechanik 209f.

Radiologie 171, 176
Radioteleskope 216
Rahmenvereinbarung Forschungsförderung 10, 41
Randgruppen 83, 93
Rasterelektronen-Mikroskopie 237
Raster-Tunnel-Mikroskop 31f., 191, 205
Raumfahrt 281
Reaktionen 219
Reaktionskinetik 202, 253

Reaktivität
- chemische 194
Reaktorsicherheit 294
Rechenanlagen 34, 49, 333
Rechnerarchitekturen 305
Rechnergestützte Systeme 35
Rechnernetze 36, 216, 304, 305ff.
Recht
- ökonomische Analyse 107
Rechtsgeschichte 112f.
Rechtsordnung 83
Rechtsvereinheitlichung 113
Rechtswissenschaft 96, 100, 170
Recycling 264, 274, 289, 294, 297, 320
Reflexionsseismik 232
Regeltechnik 220
Regelungstechnik 248, 264, 267f., 301
Regierungssysteme 99
Regionalgeschichte 68
Reibung 264, 269f.
Reine Mathematik 198ff.
Reisebeihilfen 328
Reisemittel 51
- globale Bewilligung 12
Religionspädagogik 67
Reproduktionsbiologie 144
Resistenz
- gegen Mikroben 138
Ressortforschung
- staatliche 7
Ressourceneinsparung 104, 269, 279, 290, 321
Retroviren 132, 134
Rezeptoren 125f., 129, 132, 135, 141, 148f., 155, 160, 172
Rezeptorphysiologie 144
Rheuma 126
Rheumatologie 173, 181
Robotik 305
Röntgenmikroskopie 202
Röntgenstrukturanalyse 125, 129, 226
Röntgenstrukturkristallographie 128
Röntgenteleskope 216
Rohstoffe 276f., 294f., 297, 315
Rohstoffeinsparung 274, 279, 297
Rohstoffnutzung 265

Sanktionsforschung 115
Satelliten 193, 240ff., 250
Satelliten-Röntgenteleskope 216

Saurer Regen 313
Schadstoffanalyse 206
Schadstoffe 240, 292f., 311, 317ff.
- im Grundwasser 244ff.
- in Flußsedimenten 246
- in Oberflächengewässern 244ff.
Schadstoffreduzierung 273
Scheidungsrecht 113
Schmerzforschung 148, 159, 161, 174
Schutzimpfungen 138
Schweden 155
Schweißverfahren
- Elektronen- und Laserstrahlen 29
Schweiz 76, 167
Schwerionenphysik 213
Schwerpunktprogramme 7, 17ff.
- biologische und medizinische Grundlagenforschung 123
- Geistes- und Sozialwissenschaften 62
- in den Ingenieurwissenschaften 260
- in der Chemie 218
- Sozialwissenschaften 94
- Wirtschaftswissenschaften 104
Schwerpunktverfahren 329
Scientific Committee on Oceanic Research (SCOR) 243
Scientific Computing 200
Sedimentologie 236f., 254
Seerecht 241, 243
Seismik 232ff.
Sekundärionenmassenspektroskopie 30
Senat 6, 16, 46, 329
Senatsausschüsse 46ff.
Senatsausschuß für Angewandte Forschung 260
Senatskommission für Atmosphärische Wissenschaften 243, 253
Senatskommission für Friedens- und Konfliktforschung 102
Senatskommission für Geowissenschaftliche Gemeinschaftsforschung 226, 238, 243
Senatskommission für Germanistische Forschung 82
Senatskommission für Klinisch-toxikologische Analytik 48, 161
Senatskommission für Ozeanographie 243
Senatskommission für Pflanzenschutz-, Pflanzenbehandlungs- und Vorratsschutzmittel 48, 161

Senatskommission für Sicherheitsfragen
  bei der Neukombination von
  Genen 122
Senatskommission für
  Wasserforschung 244
Senatskommission zur Prüfung
  gesundheitsschädlicher
  Arbeitsstoffe 46f., 161
Senatskommission zur Prüfung von
  Lebensmittelzusatz- und
  -inhaltsstoffen 47, 161
Senatskommission zur Prüfung von
  Rückständen in Lebensmitteln 47f.,
  161
Senatskommissionen 46ff., 225, 328
Sensor
– teilintelligenter 29
Sensoren 38, 264f., 274, 278, 301, 304
Sensorik 206
Sensortechnik 266
Signalverarbeitung 301, 303
Simulationen 29, 37, 94, 130, 192, 198,
  209, 219, 230, 242, 252, 265, 267ff.,
  273f., 279f., 297
Singapur 52
Sinnesorgane 159
Sinnessystem 148
Sinologie 80
Software-Technologie 305
Solarforschung 223
Solartechnik 203
Sonderforschungsbereiche 7, 19ff., 335
– biologische und medizinische
  Grundlagenforschung 123
– Geistes- und Sozialwissenschaften 62,
  94
– in den Ingenieurwissenschaften 260
– in der Chemie 218
– in der klinischen Forschung 167
– Wirtschaftswissenschaften 104
Sondergutachter 11
Sondersammelgebiete 42, 74, 76, 330
Sonnenenergie 223
Sozialanthropologie 78
Soziale Sicherung 98, 106
Sozialindikatorenforschung 94
Sozialpolitik 106
Sozialwissenschaften 80, 286, 291, 320
– in der Psychiatrie und
  Psychosomatik 177
Soziobiologie 145
Soziologie 83, 93ff., 115, 178, 211
Spacelab 281

Spektrometer 123, 193
Spektroskopie 31, 125, 128ff., 157, 177,
  202, 225f., 316
Spezialbibliotheken 42, 330
Sprachtypologie 82
Sprachwissenschaften 79f.
Spurengase 251, 313
Spurenstoffchemie 254
Staats- und Universitätsbibliothek
  Göttingen 43
Staatsbibliothek Preußischer
  Kulturbesitz 43
Staatsrecht 116
Stadt 83
Stadterneuerung 288
Stadtforschung 78, 287
Stadtgeschichte 69
Stadthydrologie 246
Stadtökonomik 105
Stereochemie 218
Stifterverband für die Deutsche
  Wissenschaft 8, 54
Stiftungsprofessuren 8f., 24
Stipendien 155, 167, 328, 334
– Ausbildungs- 7f., 167
– Forschungs- 7f., 67, 167
– Habilitations- 7f., 67
– Heisenberg- 7f., 24
– Postdoktoranden- 7f., 25f., 154
– Teilzeit- 14
Stochastische Analysis 196f., 199
Stochastische Riemannsche
  Geometrie 196f.
Stoffgesetze 266f., 293f.
Stoffwechselleistungen
– pflanzliche 140
Strafrecht 115
Strahlendiagnostik 33
Strahlentherapie 33
Stratigraphie 230f.
Stratosphäre 251, 313
Strömungen 274
Strömungsdynamik 210
Strömungsmechanik 200
Subtropen 186
Suchtkrankheiten 177
Südasien 52
Südostasien 52
Südosteuropa 52
Südsee 81
Supersymmetrie 191, 212
Supraleitung 30, 203, 302
Symbiose 137, 141

Symmetrien 195
Synergetik 199, 202, 209ff.
Synthetische Biologie 152
Synthetische Metalle 204
Syrien 75
Systemphysiologie
– zoologische 143
Systemtheorie 200

Tauchboote 238
Taxonomie 122, 139, 145, 241
Technik
– Geschichte der 69, 72
Technologietransfer 5
Tektonik 232, 234, 238
Telekommunikation 78
Teleskope 193, 215ff.
Teratogenität 47
Teratologie 156, 161
Textbearbeitung 38
Texterschließung 38
Theologie 170
Thermoanalysesysteme 31
Thermodynamik 269, 276, 297
– nichtlineare 253
Tibet 74
Tiefseebohrschiffe 238
Tiefsttemperaturphysik 204
Tieftemperaturphysik 202
Tierarzneimittel 47
Tierproduktion 184
Tierschutz 181
Tierversuche 88, 123, 148f., 153, 157f., 161f., 164, 171, 186
– Ersatz 37
Tomographie 29, 129f., 176f., 179f., 202, 232
Toxikologie 46ff., 124, 143, 222, 319
– biochemische Methoden 127
Toxine
– Mikroben 138
Transmissions-Elektronen-Mikroskopie (TEM) 235, 237
Transplantation 150f., 173, 175
Transplantationschirurgie 179
Trennverfahren 274
Trinkwasser 244ff.
Tropen 142, 186, 311, 313
Tropenbiologie 144
Troposphäre 251, 313

Tumoren 150, 155, 159, 175f., 180
Tumorforschung 20
Tumorvirologie 134
Turbulenz 282

UdSSR 50, 68, 101, 198, 227
Umfrageforschung 94
Umwelt 90, 95, 98, 191, 194, 240, 247, 255, 265, 270, 272, 287ff., 293, 302
Umweltbelastungen 139, 182
Umweltchemikalien 47
Umweltethik 64
Umweltforschung 46, 87, 121, 183, 202, 311ff.
Umweltprobleme 122, 186, 228ff.
Umweltrecht 288
Umweltschutz 48f., 116, 206, 210, 242, 274, 276, 285, 291, 296
Umweltschutzrecht 116
Umweltstraftaten 115
Umwelttechnik 222
Umwelttoxikologie 145
Unfallforschung 277
Universalienforschung 82
Universalrechner 36
Unterrichtsforschung 91
Urbanisierung 78
Urologie 179
USA 4, 14, 36f., 42, 52, 84f., 101, 103, 148f., 155, 167f., 178, 192, 198, 201, 211, 215, 227, 233, 277, 283

Varistisches Gebirge 234
Vegetationsgeographie 77
Vektorrechner 36, 39, 192f, 242, 283
Venezuela 52
Verbände 101
Verbindungstechnik 264
Verbrennung 276
Verbrennungsmaschinen 192
Verbrennungsvorgänge 270ff.
Verbundwerkstoffe 223, 261, 264, 267, 276, 279, 285, 294, 302
Verfahrenstechnik 151, 185, 210, 220, 222, 247, 298
– Bio- 191
– chemische 191

Verfassungsgerichte 116
Verfassungsgeschichte 112
Verhaltensforschung 147
Verkehr 277
Verkehrssysteme 106
Verkehrswesen 291f.
Verlagsausschuß 49
Vernetzung 306
Verschleiß 264, 269f.
Versuche am Menschen 169
Versuchstierforschung 46
Verwaltung 100
Verwaltungsrecht 116
Verwaltungswissenschaft 116
Veterinärmedizin
– Parasitologie 139
Viren 128, 133ff.
– molekulare Genetik 131
Virologie 155, 181
– klinische 175
– medizinische 133
Virusinfektionen 150
– akute 134
– persistierende 134
Völkerrecht 117
Volkskunde 83
Volksmedizin 79
Volksrepublik China 52
Volkswirtschaftslehre 111
Vor- und Frühgeschichte 71, 73
Vulkanismus 232
Vulkanologie 236

Währung 107
Wahrscheinlichkeitstheorie 196
Waldschäden 137, 141, 184, 318
Waldsterben 122
Wasserbau 244
Wasserforschung 292
Wasserstofferzeugung 273
Wasserwirtschaft 244, 248
Wattenmeer 241
Wechselwirkungen 201, 212, 220
Weltraumforschung 11
Werkstoffe 222ff., 260ff., 266f., 269, 271, 278f., 289, 297, 302, 315
– im Bauwesen 293f.
– nichtmetallische 203
Werkstofforschung 220
Werkzeuge 279
Werkzeugmaschinen 277ff.

Wertewandel 96, 101
Westafrika 187
Westdeutsche Rektorenkonferenz 51
Westeuropa 51f., 69, 95, 318
Wettbewerbsrecht 114
Wetter 209, 221, 240
Wettervorhersage 192, 210, 248f.
Windkanaltechnik 284
Wirtschafts- und Sozialgeschichte 67, 72
Wirtschaftspolitik 106
Wirtschaftsrecht 114
Wirtschaftsstraftaten 115
Wirtschaftswissenschaften 306
Wissenschaftsausgaben
– Bundesrepublik Deutschland 4
Wissenschaftsforschung 65
Wissenschaftsgeschichte 65, 70
Wissenschaftsrat 20, 27, 49, 56, 85, 104, 165ff., 177
Wissenschaftstheorie 64, 210
Wissenssoziologie 97
Wörterbücher 38, 62, 81
Wohlfahrtsstaat 106
World Ocean Circulation Experiment (WOCE) 240, 250, 254

Zahn-, Mund- und Kieferheilkunde 171, 176
Zeitgeschichte 100
Zeitschriftendatenbank 43
Zeitvertragsgesetz 10
Zellbiologie 20, 31f., 123f., 129, 134, 138, 140, 150, 153ff., 160, 171, 185
Zelldifferenzierung 136
Zellfusion 129
Zellkommunikation 126, 133, 146f., 150, 160
Zellkulturen 125
Zellstoffwechsel 126
Zellteilung 136
Zellwachstum 126
Zentrale Fachbibliotheken 41, 330
Zentrale Kommission für die Biologische Sicherheit (ZKBS) 122
Zivilrecht 113
Zoologie 147
– Parasitologie 139
Züchtungsforschung 184
Zusammenarbeit, überregionale 17
– unter Forschern 16